油气田地下地质学

张立强　主编

U0809555

中国石化出版社
·北京·

内容提要

本书系统介绍了油气藏评价和开发阶段的地质研究理论、方法和技术，内容主要包括钻井及录井地质、地层及油层划分与对比、储层沉积微相研究、储层特征研究、油气田地下构造研究、油层压力与油藏驱动方式、石油及天然气储量估算、储层地质建模、非常规油气地下地质研究、剩余油的成因与分布等10章。从钻井地质资料的录取，到综合运用地质、地球物理和实验室化验分析资料来研究钻井地质设计、油气田地下构造、油气层沉积及储层特征、地下压力条件、油气储量估算、剩余油分布等地质问题，为油气田勘探、开发方案的编制和调整提供可靠的地质依据。

本书可作为高等学校资源勘查工程、地质学、勘查技术与工程、石油工程等专业的本、专科生教材，也可供油田生产和科研单位从事油气藏勘探、评价和开发地质、油藏工程技术人员以及相关学科的研究生和技术人员参考。

图书在版编目(CIP)数据

油气田地下地质学 / 张立强主编．—北京：中国石化出版社，2023.12
ISBN 978-7-5114-7376-9

Ⅰ.①油… Ⅱ.①张… Ⅲ.①石油天然气地质-高等学校-教材 Ⅳ.①P618.130.2

中国国家版本馆CIP数据核字(2023)第238897号

未经本社书面授权，本书任何部分不得被复制、抄袭，或者以任何形式或任何方式传播。版权所有，侵权必究。

中国石化出版社出版发行

地址：北京市东城区安定门外大街58号
邮编：100011　电话：(010)57512500
发行部电话：(010)57512575
http://www.sinopec-press.com
E-mail:press@sinopec.com
北京捷迅佳彩印刷有限公司印刷
全国各地新华书店经销

*

787毫米×1092毫米 16开本 29印张 733千字
2023年12月第1版　2023年12月第1次印刷
定价：88.00元

前　　言

“油气田地下地质学”又称为“油气田开发地质学”或“油矿地质学”，是高等院校资源勘查工程、石油工程等专业必修的一门综合性和实践性都很强的专业核心课程。其主要内容包括钻井地质资料的录取，综合运用地质、地球物理和实验室化验分析资料来研究钻井地质设计、油气田地下地质结构、油气储层特征、油气水分布、地下温度和压力条件、油气储量估算等地质问题，以及储层地质建模、剩余油分布等，为油气田勘探开发方案的编制和调整提供可靠的地质依据。

本教材根据最新教学大纲编写，是资源勘查工程国家级一流专业建设点、“油气田开发地质课程”国家级虚拟教研室建设点、山东省本科教改重点项目（Z2023185）以及国家级一流本科课程、国家级课程思政示范课程、课程思政教学名师和教学团队等的建设成果及配套教材。

与目前国内外已有的同类教材相比，本教材有以下特点：①产教融合，以油气藏地质工程问题为主线设计教材体系，内容系统。②聚焦行业前沿和学科交叉，补充、丰富了油气田地下地质学研究领域的最新进展，如非常规油气地质、油气储量的最新规范、人工智能在油田开发地质研究中的应用等。③科教融合，引入丰富的典型科研案例，培养学生科学思维、工程实践及创新能力。④融入了思政案例，如功勋井、石油英模等。⑤各章前面增加了学习引导。⑥建有线上开放课程、虚拟仿真实验、知识图谱等多元、丰富的数字资源，方便学生自主学习。

本教材共分10章，由张立强教授主编和统稿。参加编写的人员分工如下：

绪论，第一、二、四、五章和第六章第一节由张立强编写。

第三章由张立强、严一鸣编写。

第六章第二节由张世奇编写。

第七章由张立强、李红南编写。

第八章由刘太勋、严一鸣编写。

第九章由张立强、林腊梅编写。

第十章由孙廷彬、刘太勋编写。

本教材由中国石油大学（北京）纪友亮教授主审，中国石油大学（华东）杨少春教授审阅了部分章节，并提出了宝贵建议、给予认真指导。王金友、李宝刚、陈丽君等参加了教材的讨论和校对等工作。在此表示衷心的感谢！

本课程在中国大学 MOOC 平台建有油气田地下地质学开放课程：

https://www.icourse163.org/course/UPC-1205909802

在国家虚拟仿真实验教学课程共享平台建有《油田地质实习虚拟仿真实验项目》，并入选国家级虚拟仿真实验教学一流课程：

https://www.ilab-x.com/details/page?id=3018&isView=true

在智慧树在线教育平台建有知识图谱（http://t.zhihuishu.com/N0Ar2）。另外，《油气地质类专业课程思政典型案例》（张立强主编，中国石油大学出版社，2023）可作为本教材的辅助材料。

由于时间仓促，加之编者水平有限，书中难免有不当之处，衷心欢迎使用本教材的师生和广大读者批评指正。

通信地址：山东省青岛市中国石油大学（华东）地球科学与技术学院，邮编：266580。

电子邮箱：zhanglq@upc.edu.cn

张立强

2023 年 9 月

目　录

绪　论……………………………………………………………………（1）

第一章　钻井及录井地质……………………………………………（13）

第一节　钻井地质设计…………………………………………………（14）
第二节　地质录井………………………………………………………（27）
第三节　固井与完井……………………………………………………（77）

第二章　地层及油层划分与对比……………………………………（83）

第一节　地层划分与对比………………………………………………（83）
第二节　碎屑岩油层的划分与对比……………………………………（91）
第三节　碎屑岩储层层序地层学对比分析……………………………（110）
第四节　碳酸盐岩储集单元对比………………………………………（121）

第三章　储层沉积微相研究…………………………………………（124）

第一节　沉积微相研究程序……………………………………………（124）
第二节　沉积微相的研究方法…………………………………………（126）
第三节　沉积微相研究在油田开发中的应用…………………………（155）

第四章　储层特征研究………………………………………………（158）

第一节　储层研究的主要内容…………………………………………（158）
第二节　储层非均质性研究……………………………………………（163）
第三节　储层裂缝研究…………………………………………………（204）
第四节　储层综合评价…………………………………………………（222）

第五章　油气田地下构造研究………………………………………（229）

第一节　地下构造研究的内容及方法…………………………………（229）
第二节　断层研究………………………………………………………（238）
第三节　微构造与低序级断层研究……………………………………（258）
第四节　油气田地质剖面图及构造图的编制…………………………（269）

第六章　油层压力与油藏驱动方式……………………………………………………（281）
第一节　油层压力……………………………………………………………………（281）
第二节　油井生产压力与油藏驱动方式………………………………………………（314）
第七章　石油及天然气储量估算……………………………………………………（323）
第一节　油气储量的分类、估算条件与方法…………………………………………（323）
第二节　容积法估算油气地质储量……………………………………………………（334）
第三节　动态法估算天然气储量………………………………………………………（360）
第四节　可采储量的估算………………………………………………………………（367）
第八章　储层地质建模…………………………………………………………………（374）
第一节　储层地质建模概述……………………………………………………………（374）
第二节　储层地质建模的方法…………………………………………………………（378）
第三节　储层地质建模的过程…………………………………………………………（398）
第九章　非常规油气地下地质研究……………………………………………………（409）
第一节　致密砂岩油气藏开发地质研究………………………………………………（409）
第二节　页岩油气开发地质研究………………………………………………………（420）
第十章　剩余油的成因与分布…………………………………………………………（433）
第一节　剩余油宏观成因类型与分布…………………………………………………（433）
第二节　剩余油的微观赋存状态与形成机理…………………………………………（442）
参考文献…………………………………………………………………………………（452）

富媒体资源目录

彩图 2 - 21　岩性对比与等时地层对比
彩图 3 - 25　塔里木盆地轮南地区 × × 区块三叠系 × × 层振幅属性平面图
彩图 5 - 13　井旁构造分析成果
彩图 8 - 1　三维断层模型
彩图 8 - 2　三维层面模型
彩图 8 - 3　储层相模型
彩图 8 - 4　储层参数(孔隙度)模型
彩图 8 - 5　曲流河点坝内部构型模型
彩图 8 - 6　曲流河点坝内部侧积层镂空显示
彩图 8 - 19　多点地质统计学(上)与二点地质统计学(下)模拟结果对比
彩图 8 - 21　基于沉积过程正演模拟示意图
彩图 8 - 22　基于沉积过程碎屑岩正演模拟过程示意图
彩图 8 - 23　基于沉积正演模拟的深度学习 CGAN 建模过程示意图
彩图 8 - 25　三维地震数据体
彩图 8 - 26　地震解释层面及断层数据
彩图 9 - 14　泥页岩孔隙类型划分
彩图 10 - 2　渤海 LD 油田 A4 井低阻油层特征
彩图 10 - 7　层状砂岩油藏砂组间优势渗流通道纵向分布模式
彩图 10 - 8　不同水洗程度的岩心内部剩余油分布特征
彩图 10 - 10　不同时刻的油相三维分布
彩图 10 - 14　剥离作用过程图(微观仿真模型)
彩图 10 - 16　突进分隔作用过程图(微观仿真模型)
彩图 10 - 18　毛细管绕流作用过程图(微观仿真模型)

《油气田地下地质学》开放课程：

https://www.icourse163.org/course/UPC-1205909802

虚拟仿真实验：

https://www.ilab-x.com/details/page?id=3018&isView=true

彩图二维码　　线上开放课程　　虚拟仿真实验

知识图谱链接

钻井及录井地质　http://t. zhihuishu. com/N0Ar2

油层对比及沉积微相研究　http://t. zhihuishu. com/61Nak

储层非均质性与剩余油分布　http://t. zhihuishu. com/L0yaq

油气田地下构造研究　http://t. zhihuishu. com/pna1x

地层压力与油气的储量计算　http://t. zhihuishu. com/VDMrk

非常规油气地下地质研究　http://t. zhihuishu. com/JAvaP

绪　论

自20世纪60年代以来，随着世界人口的增加，油气的需求量不断上升，人们长期广泛关注着石油资源的未来。在可预知的未来，石油和天然气仍将是全球能源的主体，持续、高效的全球性资源勘探和开发是很有必要的。

随着技术的进步，全球油气资源量是逐步增加的。20世纪50年代，全球石油资源量为1.3×10^{12} t；到2011年，增加到5×10^{12} t，石油资源平均每20年增长约57%（翟光明，2015）；全球天然气资源，由20世纪50年代初的138万亿立方米，增加到2011年的474万亿立方米，平均每20年增长约51%（图0－1）。随着深海、极地等新地区的油气勘探不断推进、非常规油气资源的逐渐发展，今后全球油气资源总量还会有很大的增长空间（图0－1）。

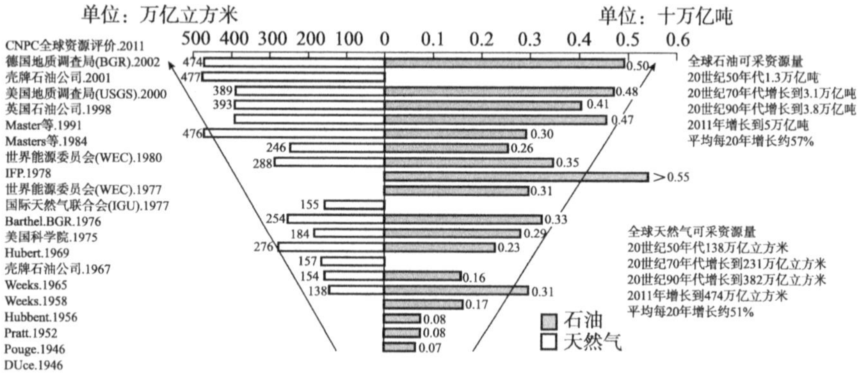

图0－1　全球历次油气可采资源评价结果（据中国工程院，2015）

根据英国石油公司（BP）发布的《BP世界能源统计年鉴（2020）》，1999年年底，全球石油探明储量为12771亿桶；2009年年底，全球石油探明储量为15318亿桶；2019年年底，全球石油探明储量为17339亿桶，储采比为49.9年，20年间增长了40%（图0－2）。2019年全球天然气探明储量为$198.8\times10^{12}m^3$，比2018年（$197.1\times10^{12}m^3$）增长了$1.7\times10^{12}m^3$。

有专家统计，通过勘探新油田得到的石油储量呈递减趋势，但通过提高现有油田的采收率增加了相当一部分储量。数据表明，目前全球勘探发现的原油储量和已开发油田的储量增长基本相当（IHS－Energy，2007）。那么，为什么已开发油田能增加这么多储量？这些石油又是从何而来？

图0－3是大庆油田历年油气当量产量变化的曲线图，可以看到，1976～2002年，大庆油田实现原油5000万吨以上连续27年高产稳产。2003～2014年，大庆油田又实现了原油4000万吨连续12年稳产，是什么支撑着这样一个“老油田”，在开发60余载后仍能保持世界级生产水平呢？

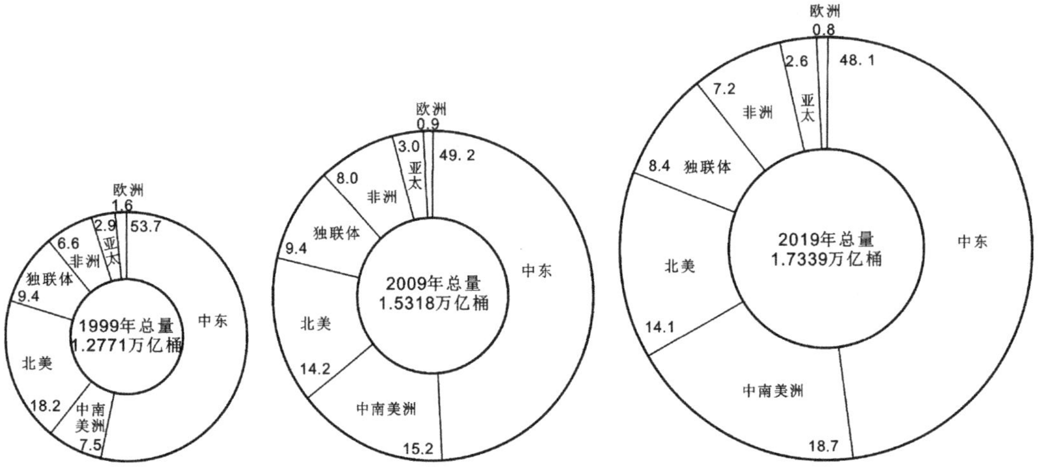

图 0-2　1999 年、2009 年和 2019 年全球石油探明储量分布(%)

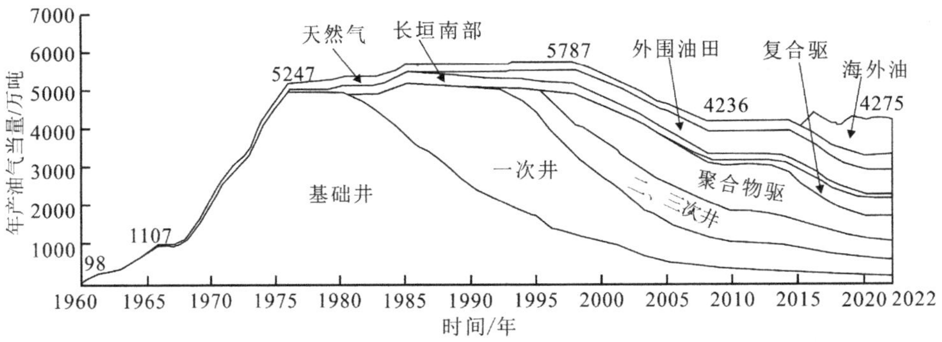

图 0-3　大庆油田历年油气当量产量变化(据 CCTV13，2023)

(基础井为老井产油量，一次井为调整井，二、三次井为措施井)

一、油气田(或油气藏)的生命周期

油气的勘探开发是个连续的过程，典型的油藏生命周期如图 0-4 所示，包括区域勘探、圈闭预探与发现、评价、开发与生产、废弃。

1. 区域勘探

区域勘探是从区域出发，进行盆地的整体调查，了解地质概况，查明生、储、盖条件，指出油气聚集的有利地带，进行油气地质储量的估算，为进一步开展油气田工业勘探指出有利的含油构造。

区域勘探的主要目标是选择油气勘探的战略“靶区”，并不以直接发现油气为目的。主要研究以下几个基本问题：①区域沉积地层特征，包括沉积层的时代、厚度、岩性、岩相、分布情况，建立地层剖面，划分构造层。②区域构造特征，指盆地内区域构造单元的分布特征，各构造层之间的关系、断裂展布特征与构造发育史等。③烃源条件与储盖组合特征，包括生油凹陷的分布，烃源岩的分布与生烃潜力，区域盖层的岩性、岩相特征与空间分布，主要的储盖组合，主力勘探目的层系。④盆地水文地质、温度压力特征及油气显示情况。

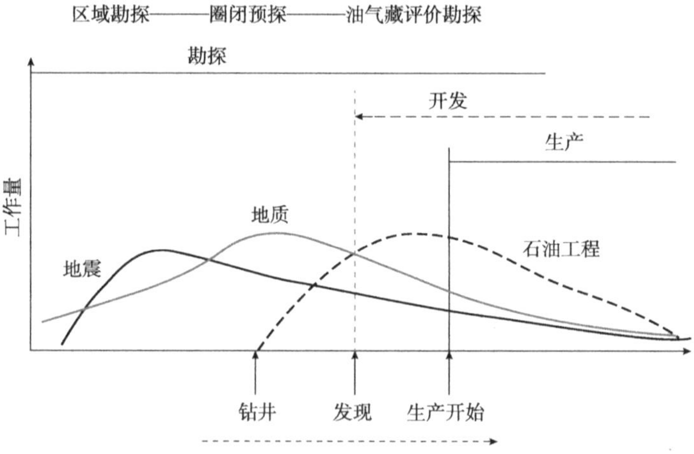

图 0－4　油气藏的生命周期

区域勘探是从盆地开始的，重点研究二级构造带或成藏区带，潜力与风险共存。就常规石油勘探而言，潜力区域是指在综合考虑地质构造（如背斜）、区域地层、储集层、盖层、烃源岩、油气运移通道和圈闭有效性后，最有可能发现石油的区域。

对一些非常规储层，如页岩油和页岩气则并非如此，烃源岩就是储集岩，储集层与运移通道的存在与否不再是一个需要考虑的因素；地球化学与地质力学的研究在勘探中起到重要的作用。

2. 圈闭预探与发现

预探阶段是指通过地震等物化探以及预探井钻探，圈定出有利含油气区带和优选有利圈闭（“甜点”区），基本查明构造、储层、盖层、油气藏特征等情况，发现油气藏。

如果幸运的话，预探井就能发现新的油田或气田。历史数据表明，在全球勘探井成功找到油气储量的概率低于30%。在这个阶段，地质家的主要工作是基于有限的地质资料，去估计油气的地质储量和潜在资源；确定产层，研究储层厚度、孔隙度、含油饱和度、油水界面、储层压力和可能的产量等信息。

非常规储层与常规储层是有区别的。如今，世界上许多地方都已经发现大规模的页岩油气等非常规油气资源，新井钻遇油气的概率十分惊人，页岩地层通常能延伸几十甚至上百公里，钻井的目的层很明确，但获取高采收率还存在技术和经济上的困难。

3. 油气藏（田）评价

评价阶段是指在预探阶段发现油气藏后，进行地震勘探和评价井钻探，查明构造形态、储层分布、储层物性变化等地质特征，了解储集层类型、油气藏特征、油气藏驱动类型、流体性质和分布、产能等特征，明确开采技术条件和开发经济价值，完成开发概念设计。

钻探评价井对正确认识油气藏大小和性质具有重要作用。在此阶段，主要揭示油气藏地质结构的复杂性，包括储层分层、断层、裂缝、隔层、岩相变化等。通常需要开展多学科的综合研究，测试或研究关于储层连续性、产层厚度、面积、含油饱和度及油藏压力等数据；进行取心，开展室内实验研究，获得岩心的孔隙度、绝对渗透率、相对渗透率等物性参数；采集流体样本获得地层体积系数、压缩系数和黏度等流体性质参数数据。随着钻井数目的增加，地质结构和储层特性相关的不确定性会减少。

4. 油气藏(田)开发与生产

开发阶段包括编制开发方案，按开发方案实施开发井网钻探，完成配套设施的产能建设，进行油气开采生产活动，并在生产过程中对开发井网进行调整、改造和完善，提高采收率和经济效益，直至油气田废弃。

从资金投入的角度看，开发阶段是油藏生命周期中最重要的阶段。在开发阶段，需要确定出合理的井距及井数。在深海环境、深层和高度复杂的地质背景下，开发油气田可能会给技术和经济方面带来巨大的挑战。海上油田钻井常常被设计成水平井以增大和储层的接触面积来获取经济产量。地质研究将为油气藏开发策略和未来补充钻井提供依据，实现复杂地质条件下的油气藏经济、有效的开发。

油气藏生产和开发存在交叉，完钻的井生产与开钻一批新井将同时进行，生产阶段通常可以划分为一次采油、二次采油和三次采油(提高采收率)等多个阶段。一次采油阶段是指通过油气藏的天然能量获取油气资源的阶段；二次采油是指通过注入流体来补充天然能量开采石油，二次采油主要有水驱、气驱或气液混驱等方式；提高采收率阶段(三次采油阶段)包括热力采油、化学驱和混相驱等。

5. 油气藏(田)废弃

当不能继续经济地获取油气资源的时候，油气田就要被废弃了。在废弃一个油气藏的时候，要综合考虑生产速度、油气藏位置(陆上与海洋)、管理花费、市场条件、环境及其他因素。

受油藏非均质性、技术、经济及人为原因等因素影响，原油采收率一般较低，据估计，目前世界上已发现原油总储量中，预计可采储量仅为30% ~35%(Conn，2006)，大量的原油储量被遗弃在世界范围内的各个油田中。储层复杂性使确定各油藏中原油的分布及评估剩余储量难度增大，经济开采面临重大的技术挑战。

开发方式和技术手段不同会影响油田的开发生命周期。通过不断创新应用方法和技术，增加地质储量和可采储量，可有效延长油田的开发生命周期。大庆油田萨北开发区早期注水、分层开采、加密调整为主的二次采油技术和以聚合物驱、三元复合驱为主的三次采油技术以及以自适应驱油体系为主的化学驱后四次采油技术延长了萨北开发区开发生命周期。未来勘探开发技术水平的不断提高，将增加油田地质储量和可采储量，预计萨北开发区可以开采至2100年以后(孙龙德等，2021)(图0－5)。

在油气藏的生命周期早期，产能高，管理较容易。随着时间的推移，油气藏会逐渐出现许多问题，能量逐渐降低和产量相应下降，最终被废弃。地质家在油气藏勘探开发的各个阶段起到了不同的作用(表0－1)。

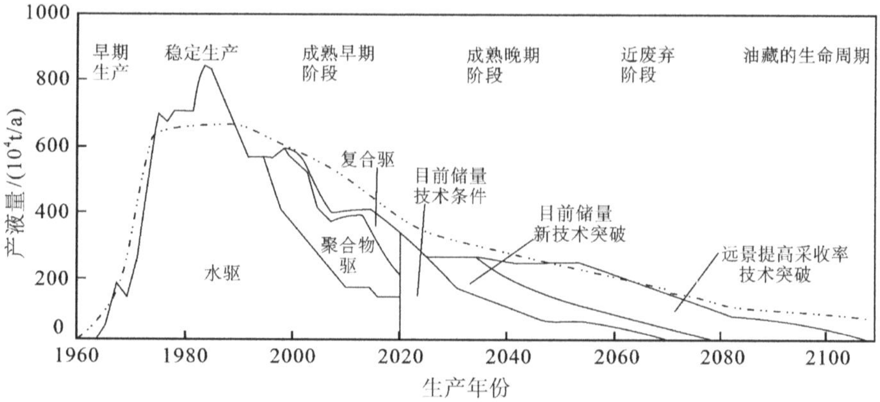

图0-5 大庆油田萨北开发区原油产量和油田开发生命周期预测(据孙龙德等，2021，修改)

表0-1 地质家的主要工作

工作大类	对油藏的贡献
地球物理资料的解释	油藏深度、构造形态、断层、砂体或油藏边界、油藏可视化
油气藏的形成与分布	油气的生成、运移、聚集，储集层和盖层的岩石类型、分布，沉积环境，构造和地层学
地球化学特征	有机质含量、烃源岩热成熟度等
油层物理特征	产层厚度、小层厚度、岩石类型、岩石孔隙度、流体饱和度
油气藏动态	岩石性质、流体性质、试井(储层压力、温度、井筒条件、断层、有效渗透率) 注入与生产数据及效果分析 计算地质储量；地质建模，为生产与注入优化提供建议

一个油气藏从勘探到发现油气，再到油藏评价和开发生产，其间会产生海量的数据，而这些数据有利于对储层和油藏有更好的理解，也为现今智慧油田建设打下了基础。加深对储层和油藏的认识会提高对资源量估计的精确度，进而减小关于储量计算和最终开采量预测的不确定性。

二、油气田地下地质学的含义

石油勘探和开发的目的不同，勘探的目的是快速、经济地发现油气田，探明盆地内的主力油气田；开发的目的是在油气田发现后，经济快速以尽可能高的采收率把油气开采出来。

勘探地质研究石油的生成、运移、聚集、形成油气藏以及油气藏的分布规律；开发地质研究控制和影响石油从油气藏中采出的地质因素和如何提高采收率(表0-2)。开发地质学以描述油气藏开发地质特征为主要任务，是正确地管理油气田、经济有效地开发油气田的基础。

油气藏深埋地下，人们通过钻孔取得各种直接和间接的信息来认识油气藏。勘探地质需要进行一定的野外考察等地面地质工作；而开发地质则全部依赖地下地质工作方法，属于地下地质范畴，开发地质又被称为地下地质学。

油气田地下地质学是研究钻井地质设计、地质录井等地质资料的获取方法以及综合运用地质、地球物理、油层物理、地层测试、分析化验等资料，进行地层及油层对比，研究油气田地质构造、储层特征、温压条件、计算油气储量等地下地质问题，为油气田详探、开发方案的编制和调整提供可靠依据的地质学科。

表0－2　勘探与开发地质对比简表

分工	勘探地质	地下地质/开发地质
任务	发现油气田(藏)	高效开发油气田(藏)
对象	含油气盆地、区带	油气田(藏)
阶段	盆地分析－布区域探井－布预探井钻探有利圈闭－发现油气田	评价油气田(藏)－布开发井、投入开发－布调整井－油气田废弃
研究内容	油气从生成到形成油气藏，以及油气藏分布规律	油气田(藏)储层表征、油气水分布，以及开发过程中影响流体运动的地质因素
研究层次	全球、盆地地质－油气藏	油气田、油气藏、流动单元

油田地质家的工作包括“预测”—“观测”—“评价”—“反馈”。

以我国某断块油藏井位部署为例，通过已钻井、地震及岩心等资料研究，认为是一个低幅背斜油藏，在高部位设计C井、翼部设计B井。利用相关地质图件分析，起草C井的钻井地质设计(“预测、计划”)，包括待钻油藏目的层、完钻井深和地层压力等。

然后，根据对钻井时从C井中取的岩样及流体检查(观测)，分析该井在钻达设计深度时，并未钻遇目的层，而是钻遇断层；通过研究决定该井实施侧钻，结果钻遇高产油层，并通过测井、试油证实这个结论。

同时，油田地质学家把新的资料补充到油田分布图和剖面图中(记录)，对B井进行重新评估。

在考虑与预测(评价)符合或不符的各种可能解释后，得出新的结论和最合适的解释；继续或修改原方案设计的下一口生产井，并说明原因(反馈)(图0－6)。

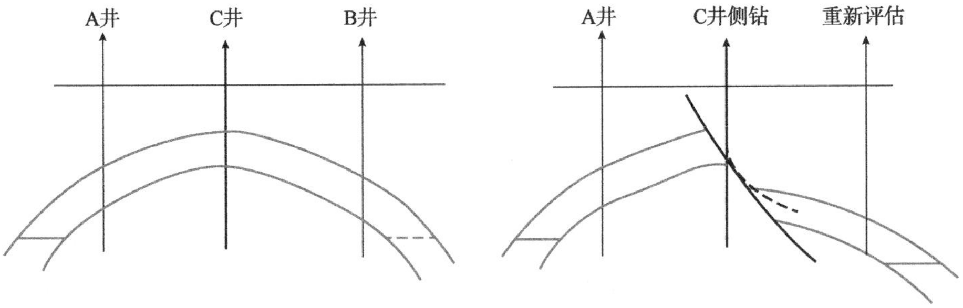

图0－6　C井钻探前后的地质预测、评价和反馈

根据这段小小的历史，把对油田地质学家的基本要求简述如下：

(1)必须尽可能地保证地质图与实际情况相符。相应的图件为油田地质家的评价提供充分的依据。

(2)这个可能性最大的地质图在不断地完善，地质学家应充分了解在正开发的油田中所发生的一切情况，并且肯定他自己的地质结论能被操作人员适当地采用。

(3)找油是勘探地质学家的任务，开发地质学家的主要任务就是尽最大努力来提高现有油田的采收率。当然，如果在研究过程中，在油田中发现了新增储量，这是最好的。

地下地质研究具有显著的增值作用。对一个油气田做了准确的储层表征或地下地质研究，油气产量很可能超过预期值，提高经济价值。当掌握了储层的展布方向、几何形状与分区特征的时候，可以通过合理的钻井部署来提高采收率(图0-7)；通过分层开采(图0-8)、更精细的地质评价或者应用更新的技术来提高采收率，如许多成熟油气田通过利用三维地震生成精细的、以前没有引起人们注意的地层和构造图来增加地质储量(图0-9)。

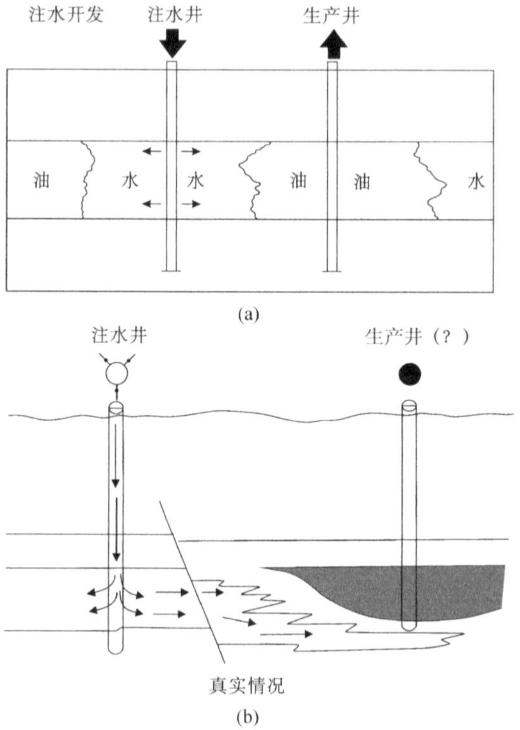

图0-7 (a)进行注水开发的连续砂岩储层的简单认识；(b)影响注水开发效果的井间地层和构造变化的复杂性 (Roger M Slatt，2006)

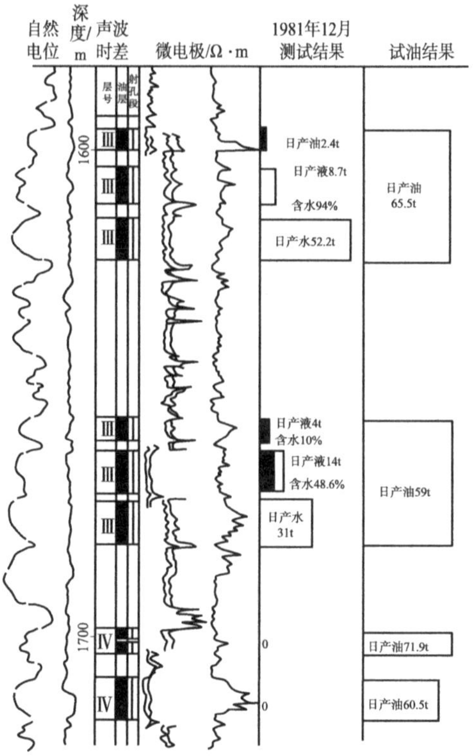

图0-8 双河油田双439井分层测试剖面

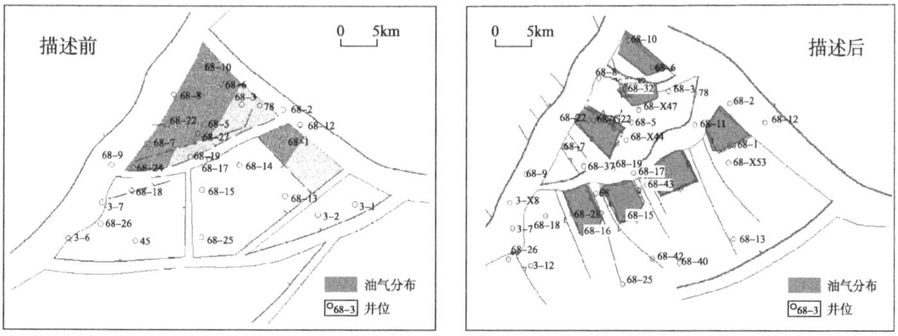

图0-9 构造图精细解释

例如，图0－8中的双439井，调整前开采Ⅲ、Ⅳ砂组8个小层，据1981年12月产液剖面资料分析，由于开采层多，有效厚度大，层间干扰十分严重，全井只有2个小层动用状况较好；细分开发层系调整后，将生产层分成4个层生产，日产油量由不到20t上升到近300t，增加了产能和延长了稳产期。

三、油气田地下地质学的发展历史

从1859年算起，现代石油工业已有近150年的历史。早期的石油工业，以地质学家为主体进行石油勘探，油气田发现以后交由石油工程师管理开采，地质学家不参与石油开采活动。

20世纪30年代以前，油田发现以后，油田开发比较盲目，属于“掠夺式开采”。例如，美国的东德克萨斯大油田，发现于1930年9月，到1932年年底就钻成近万口采油井，10年内在560km^{2}含油面积内钻成26000口生产井。油井出现明显的井间干扰、过早见水、产量递减过快等问题，促使石油工程师们采用限制井距和单井产量等措施来保护油田的生产，油田开发转入了“保守开采”阶段。这个时期，仅仅利用油田天然能量开采石油，地质研究相对简单，一张构造图、一张等厚图以及几个平均参数就可以满足石油开发的需要。

油气田地下地质学研究起始于20世纪40年代，经历了出现和萌芽时期、学科创立和成熟阶段以及学科快速发展阶段。

1. 出现和萌芽时期

20世纪40年代，由于污水回注，带来油田开发的一次历史性革命；注水开发(当时称二次采油)在20世纪50年代很快成为普遍工业性应用的主导开发方式，为油气田地下地质学产生并逐步成熟提供了契机和动力。

注水开发首先遇到的问题是储层连续性和连通性问题，分单层的储层等时对比是搞清每个储层连续性和连通性的基础。因此，油层的小层(单层)对比是开发地质工作者最基础和最重要的研究工作。

注水开发紧接着遇到的第二个问题是储层客观存在的非均质性问题，储层各种尺度的非均质性极大地影响到注水开发效果，包括层内、层间、平面等宏观规模的非均质性，要求把每口井每个储层的岩石物理属性求准，掌握它们的空间分布规律。这些问题推动了地下地质学的产生和发展。

油气田地下地质学的出现和萌芽时期，以苏联M米尔钦克1946年出版的《油矿地质学》和美国L W里诺1949年出版的《地下地质学》为标志。前者应用于油田早期开发，后者侧重于录取和建立钻孔地质剖面的方法。

2. 学科创立和成熟阶段

苏联专家M N马克西莫夫编写的《油田开发地质基础》(1975)、美国塔尔萨大学的P A迪基的《石油开发地质学》(1979)标志着开发地质学学科的创立和成熟。斯伦贝谢公司

(1976)提出了油气藏描述的概念，开了油气藏开发地质研究从单井到多井、定性到定量、研究过程计算机化与成果可视化的先河。

20 世纪 60 年代，我国大庆油田首创小层对比及油砂体描述的方法进行油气藏非均质性研究，极大地提高了陆相油田的开发效果。大庆油田是非均质性相当严重的陆相多油层油田，非常重视开发地质工作，成立了油田地质科研队伍，专门从事当时投入开发的喇萨杏油田的开发地质研究；建立了陆相碎屑岩储层的小层对比技术以及测井定量解释分层孔隙度、饱和度、渗透率的技术，形成了一套以油砂体为核心的储层地质研究方法。以王启民为代表的油田专家探索客观规律，提出了“中国式高效注水开采方法”，打破了当时国内外普遍采用的“温和注水”开采方式，开创出中低含水阶段油田稳产的新路子。

20 世纪 70 年代，随着注水开发的深入，储层非均质性对采收率的影响表现得更为明显，出现了以主力油层单层突进为标志的层间矛盾、注入水平面上的条带状水淹和“南涝北旱”等水驱油过程的平面非均质性。为解决这些矛盾，沉积相分析引进到开发地质的研究中，研究油砂体的沉积成因、分布和储层特征。例如，微相研究揭示了大庆油田河道砂体、河口坝砂体及三角洲前缘席状砂储层的不同水驱油特点，为大庆油田加密调整提供了重要的地质依据。王启民等专家坚持辩证思维，提出“非均匀”注采理论，创出“分层开采、接替稳产”新技术，使日产百吨以上的高产井成批涌现，为大庆油田提高原油产量提供了重要保证。

3. 学科快速发展阶段

进入 20 世纪 80 年代，油田地下地质向更高更深层次发展。随着高含水油气藏精细挖潜的深入和三次采油、计算机技术的发展，开发地质由宏观向微观，由定性向定量，由单一的地质学科向与地球物理、油藏工程、采油工程、数学、计算机等多学科协同综合的方向快速发展，兴起了地质统计学、储层地震学等交叉学科。

20 世纪 80 年代，一些主要产油国面临已开发的油气田进入勘探开发高成熟期，但平均采收率仅 35%。老油田深化认识储层非均质性，通过钻加密井(包括水平井、多底井、侧钻等)和其他改善采油的方法，提高了老油田采收率。

针对大庆油田高含水期的主要矛盾，王启民等成功摸索出一套“薄差层”(表外储层)开发技术，解放了人们的思想，扩大了开发领域，实现了世界油田开发史上一个新的突破。

进入 21 世纪以来，我国开发地质研究在高含水阶段中高渗油气藏，低渗、致密、页岩储集层，缝洞型油气藏开发地质等方面取得了较大的进展(李阳，2017)。①对于高含水阶段中高渗油气藏，刻画不同级次、不同规模的储集层构型单元叠置关系、储集层内部不同级次的渗流屏障，揭示油气藏开发中后期地下油水运动规律和潜在的宏观剩余油富集区；形成了包括以细分韵律层、低序级断层描述和砂体内部构型解剖为主的剩余油综合定量描述技术。②在低渗、致密储集层方面，研究了储集层致密化机理、相对优质储集层分布模式、多级次裂缝成因机理、油气差异分布机理、脆性矿物及地应力分布规律、“甜点”预测及评价体系；在页岩油气方面，着眼于烃源性质、岩性、物性、脆性、含油气性及其赋存方式(游离、吸附)、应力各向异性匹配等，评价“甜点”区。③对于缝洞型油气藏，明确了储集体成因及发育分布规律，形成了定量刻画缝洞系统空间展布的缝洞型油气藏三维地质建模方法，提出了离散裂缝建模(DFN)方法，刻画裂缝三维空间形态和发育程度，分类分级建立缝洞型储集体三维地质模型。

目前，我国油气开发已进入深海、深层、非常规油气及高含水油田开发领域阶段。深海、深层油气藏研究难度大、开发钻井成本高、储集层预测难；非常规油气资源类型多(如致密油气、页岩油气、煤层气等)、潜力大，开发方式不同于常规油气藏；高含水老油田经长期开发和调整，油水分布和赋存方式复杂多样。

多学科协作是油气行业发展大趋势，也将不断提升油气勘探开发的数字化水平。大数据、人工智能与地质研究深度融合；基于大数据、云计算、物联网、人工智能技术，打造勘探开发一体化智能化协同平台，提升勘探开发数字化、网络化、智能化、一体化水平，促使复杂的建模、数值模拟、数据分析和预测等更加智能、高效，实现由地质大数据向智慧地质的升级，更高效地圈定最具潜力区、储层和井位，促进增储上产。以地震解释为例，利用机器学习与大数据分析技术进行地震属性分析，应用于岩相预测、薄层解释、直接烃类指示等，减少地震解释的不确定性，推动定量解释的发展，获得更精确的地下信息、提高钻探成功率。

四、油气田地下地质学的研究内容

地下地质工作的核心任务是描述油气藏开发地质特征，围绕油气藏连通性、可流动性及时变性等关键问题，开展机理和分布规律研究。

1. 钻井地质设计及录井

地下地质工作从钻井地质设计和取好每个钻孔的地质资料开始，首先要建立起每个钻孔正确的一维地层柱状剖面。钻井地质设计及录井是地下地质工作的基础和重要内容。

2. 油气藏开发地质特征、成因机理与分布规律

依赖少量取心、大量的测井等井孔信息，对整个油气藏地质特征作出推理和预测评价储集层连通性及可流动性。主要包括：不同尺度的等时地层对比；沉积微相与储层分布模式；储集层各项属性的宏观、微观非均质性，裂缝(缝洞)形成机理及分布规律；低渗、致密、页岩等非常规油气储集层质量差异的控制因素、作用机理及非常规油气分布模式；地下储层构造形态、断层分布及其封闭性、微构造及低序级断层的特征及其对地下流体运动和剩余油气分布的控制作用；油气藏的压力、温度场及储层内油、气、水的差异分布及相互关系；石油储量估算等。

3. 地质因素对油气开采的控制、作用机理及油气藏动态演变规律

描述和预测剩余油气在储集层中的空间分布特征及变化规律，研究剩余油气形成机理与分布模式；油气开发过程中储集层与地下流体性质的动态演变及预测；深层、深水等环境下的温度场、压力场、应力场的耦合作用及其对储集层时变的影响机制。

4. 油气藏地质建模

综合应用多类别信息(岩心、测井、地震、动态、露头等)识别、描述和预测油气藏地质特征及其在开发过程中的动态变化特征，建立一个合乎地下实际的三维油藏地质模型，并评价其不确定性。油气藏三维地质模型包括地层—构造格架模型、相模型、岩石物性模型、应力场及裂缝模型、脆性模型、流体分布模型等。

五、油气田地下地质学的研究特点

1. 实践性

实践、认识、再实践、再深化认识是油气田地下地质工作的重要特征，即认识油气田(藏)—合理布井—提升对油气藏的认识—合理布井、提高采收率，随着油田开发的深入和开发技术的不断提高，不断揭示一些影响油气藏开发的地质因素，及时发现和有预见地进行超前研究，逐步完善对油藏的认识，提高采收率。

2. 综合性

油气田地下地质是一项高度综合的研究工作，需要综合多样资料、多种技术。地质录井是获取直接地质信息的主要手段，岩心分析测试可以取得各种静态和动态储层参数，工程测试直接获取油气藏流体及各种动态资料，地球物理测井获取井孔所钻遇的储层资料信息。

油气田(藏)地质特征包括构造的、储层的和流体的多方面内容，从宏观到微观、从现象到机理、由定性向定量综合研究。研究技术包括多井分析预测技术、多学科多信息融合技术、实验及物理模拟技术、复杂油气藏三维地质建模技术等。

综合岩心、测井、地震技术，以岩心刻度测井，以测井约束地震，以高密度的地震弥补钻井资料控制点的不足，成为开发地质工作采集油气藏静态资料信息的一个核心系统。

3. 层次性

不同勘探开发阶段目的、任务不同，所要重点把握的特征不同。采取的开发措施不同，所要研究的地质特征不同或侧重点不同，开发地质认识油藏必须分阶段、分层次，以不同尺度逐步渐进。

油气田(藏)地下地质特征必须从宏观到微观，分成不同层次来描述、分析。不同层次的地下地质特征对油藏开发过程的影响不同。

油气田(藏)地下地质特征离不开构造、地层(储层)和流体(油、气、水)等基本石油地质要素，储层是核心，主要任务是油气藏地质描述，建立一个定性、定量的油气藏地质模型。首先，建立井孔柱状剖面(一维)，这是基础；其次，建立分层井间等时对比关系(二维)，形成若干个二维展布的时间地层单元；最后，建立油气藏属性空间分布(三维)模型。

4. 相对性

开发地质特征存在相对性，“渗透层”(有效储层)和“隔层”二者之间是相对的，有效储层下限和隔层标准都可能随着采油工艺技术的发展而改变。在大庆油田开发历程中，随着采油工艺技术的提高，把有效储层渗透率下限从 $50\times10^{-3}\mu m^2$ 降至 $10\times10^{-3}\mu m^2$，低于这一标准的“表外储层”，使之上升为有效储层；隔层的厚度标准逐步由 5m 降至 3m，随后又降至 1m 左右，使更多的薄储层投入了开发。

储层非均质性具有相对性，如注水开发多油层油藏，层间干扰是核心问题，以剖面上具最高渗透率的主力层与受干扰层的渗透率比值(级差)来表征层间非均质性。平面非均质性的储层连续性是砂体规模，也是相对井距来讲的。

知识图谱

第一章　钻井及录井地质

钻井及录井地质是地下地质工作的基础和重要内容。

任务是在钻井过程中取全取准各项直接和间接反映地下地质情况的资料和数据（表1－1），为油气层评价提供可靠的第一手资料。

表1－1　钻井取全取准10类92项资料(据《勘探监督手册》，2002)

资料类别及编号	项目内容
1. 井位资料	(1)井位；(2)井别；(3)井位坐标；(4)海拔高度
2. 岩屑资料	(5)岩性；(6)结构；(7)荧光；(8)含油气程度；(9)化石；(10)裂缝；(11)孔洞
3. 岩心资料(包括井壁取心)	(12)取心井段、进尺、心长、收获率；(13)壁心设计颗数、实取颗数、收获率；(14)岩性；(15)结构；(16)构造；(17)裂缝；(18)孔洞；(19)接触关系；(20)化石；(21)地层倾角；(22)荧光；(23)含油气程度；(24)含气情况；(25)破碎、磨损情况
4. 钻井液及压力资料	(26)泵冲次；(27)钻井液体积，进、出口温度、密度、电阻率；(28)出口流量、入口流量；(29)钻井液性能变化；(30)钻井液处理；(31)槽面显示；(32)漏失；(33)井涌、井喷；(34)地层压力；(35)泥(页)岩密度
5. 钻时、气测及工程资料	(36)钻时；(37)气测值；(38)组分；(39)全脱气分析；(40)放空；(41)后效气；(42)大钩负荷；(43)钻压；(44)扭矩；(45)立管压力；(46)转盘转速；(47)井深；(48)二氧化碳、硫化氢气体、氢气；(49)录井图；(50)碳酸盐含量
6. 测井资料	(51)标准测井；(52)综合测井(感应或侧向系列，密度、中子系列)；(53)放大曲线；(54)地层倾角测井；(55)垂直地震测井；(56)电缆测试；(57)工程测井；(58)其他测井
7. 试油或测试资料	(59)完井方法；(60)射孔资料；(61)洗井液和诱喷；(62)求产；(63)压力；(64)温度；(65)原油含水、含砂；(66)井间干扰或层间干扰
8. 特殊作业资料	(67)酸化；(68)压裂；(69)无电缆射孔；(70)打水泥塞；(71)封隔器、地层测试器试油资料
9. 分析化验资料	(72)岩石矿物；(73)油层物性；(74)古生物；(75)三敏实验；(76)无机分析；(77)力学实验；(78)岩屑热解色谱分析；(79)罐装气分析；(80)酸解烃分析；(81)生油指标；(82)地面原油性质；(83)天然气性质；(84)地层水性质；(85)高压物性；(86)开发试验；(87)扫描电镜
10. 井身资料	(88)钻完井深度；(89)井身结构；(90)井身质量；(91)工程大事纪要；(92)侧钻资料

各项钻井地质工作质量，将直接关系到能否迅速查明地下地层、构造及含油气情况，

影响油气田的勘探速度和开发效果。因此，钻井地质工作是整个油气田勘探、开发过程的一项非常重要的工作。本章的研究会涉及以下问题。

(1)钻井地质设计的主要思路和内容有哪些?

(2)如何设计定向井?定向井的应用有哪些?

(3)常规地质录井方法有哪些?

(4)如何利用常规地质录井恢复钻井地层剖面?

(5)如何利用常规地质录井发现油气显示、分析油气层?

(6)如何利用常规地质录井保障安全钻进?

(7)钻完井需要开展哪些工作?常见的完井方式有哪些类型?

(8)如何保证录井资料的真实、可信?

第一节　钻井地质设计

在一个新探区，为了迅速发现油气藏，及时扩大勘探成果，在已掌握区域地质、地球物理勘探资料的基础上，需要编制钻探的总设计。在总设计中规定了勘探总任务，进行全区勘探的程序与方法、井别、井位部署等。

钻井地质设计是根据钻探总体设计的要求编制的，也是完成总设计任务的一部分，还是顺利完成钻探任务必不可少的一环(图 1－1)。

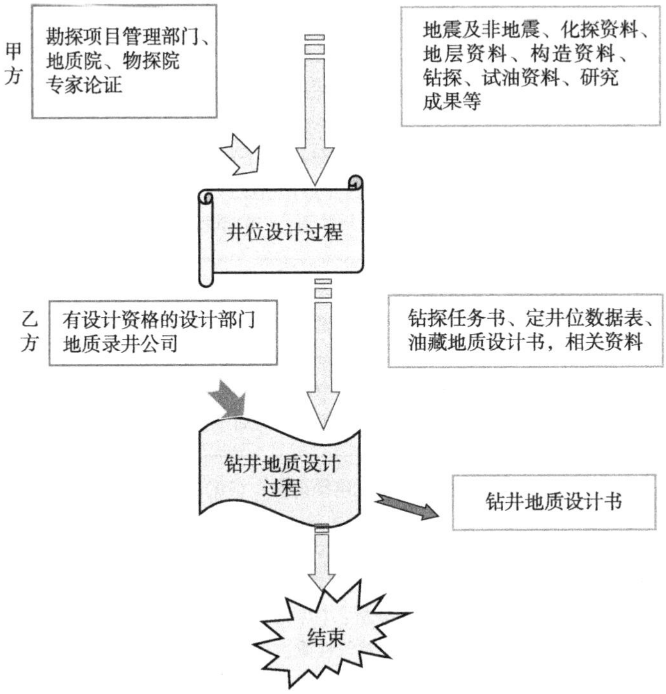

图 1－1　钻井地质设计过程

一、井别

井别的分类原则包括：①与目前的勘探开发阶段和程序结合起来；②与油气勘探开发目的紧密结合起来；③便于油气勘探开发生产管理及科学分析研究工作。

(一)井别划分

我国各油气田目前可将单井井别划分为探井和开发井2个大类11个小类。

1. 探井分类

探井分类不仅要与我国目前的勘探阶段划分、勘探程序结合起来，还要与油气勘探的钻探目的紧密结合起来。探井井别包括区域探井(含参数井、基准井、科学探索井)、预探井、评价井(详探井)、地质井、水文井。

1)区域探井

参数井是在油气区域勘探阶段，在地质普查或物探普查的基础上，为了解一级构造单元的区域地层层序、岩性、生油条件、储层条件、生储盖组合关系，为物探解释提供参数而钻的探井。它与基准井同属盆地(坳陷)进行区域早期评价的探井，也称地层探井。科学探索井简称科探井，是为了探索某一新的含油气领域、类型，验证某种新的思路而进行的探井，强调它的科学研究意义，如深地塔科1井为我国首口设计井深超万米的科学探索井。

2)预探井

在油气勘探的圈闭预探阶段，在地震详查的基础上，以发现油气藏、计算控制储量和预测储量为目的的探井，属于新油气藏(田)的发现井，按其钻井目的又分为两类。

(1)新油气田预探井，在新的圈闭上找新的油气田的探井。

(2)新油气藏预探井，在油气藏已探明的边界外钻的探井，或在已探明的浅层油气藏之下，寻找较深油气藏的探井。

3)评价井

已证实有工业性的含油气构造或圈闭上，在地震精查的基础上(复杂区应在三维地震评价的基础上)，为查明油气藏类型，探明构造形态、油气层分布及厚度和储层物性变化，评价油气田的规模、产能及经济价值，以建立探明储量为目的而钻的探井。

滚动勘探开发中与新增储量密切相关的井，亦可被列为评价井。

4)地质井

在盆地普查阶段，由于地层、构造复杂，用地球物理勘探方法不能发现和查明地层、构造时，为了确定构造位置、形态和查明地层层序及接触关系而钻的井。

5)水文井

为了解水文地质问题和寻找水源而钻探的井。

2. 开发井的分类

开发井是在地震精查构造图可靠、评价井所取得地质资料较齐全、探明储量的计算误差在规定范围内时，根据编制的油气田开发方案，为完成产能建设任务按开发井网设计所钻的井。

开发井井别包括生产井、注水井、注气井、观察井、资料井、检查井。

(1)生产井指已探明储量的区块或油气田，为完成产能建设任务和生产油、气所钻的井。生产井包括采油井、采气井、热采井等。

(2)注水井是为保持油藏压力而向油层注水的井，目的是改变地层油气驱动能力，提高产能和采收率。

(3)注气井是因产层注水效果不好或产层不适合注水，为保持油藏压力而向油层注气的井，目的是稳定产层地层压力，提高产能和采收率。

(4)观察井是通过改变油、气井工作制度等方法观察油气生产能力的井。

(5)资料井是为获取油、气层物性资料或特殊资料所钻的井，如开发取心井。

(6)检查井是为检查油气层开发效果、注水或注气效果、产层物性变化等情况所钻的井。

(二)井号编排

1. 探井井号编排

1)区域探井(参数井)

以基本构造单元—盆地或一级(坳陷)、亚一级(凹陷)构造单元统一命名。取井位所在盆地名称的第一个汉字加“参”字组成前缀，后面再加盆地内参数井部井顺序号(阿拉伯数字)命名。如塔里木盆地第一口参数井命名为“塔参1井”；吐哈盆地台北凹陷第2口参数井，称“台参2井”。

2)预探井

以井位所在的十万分之一分幅地形图为基本单元命名或以二级构造带名称命名。当以二级构造带命名时，采用二级构造带名称中的某一或两个汉字或局部构造的名字加预探井部井顺序号命名。预探井井号应采用1—2位阿拉伯数字。例如“普光1井”是四川盆地东岳寨—普光背斜带北段普光1号构造上的第一口探井。坨11井完钻于1964年12月29日，是渤海湾盆地东营凹陷胜利—坨庄构造带坨11南断块上的第一口探井，是我国第一口千吨井。

3)评价井

以发现工业油气流之后的控制储量所命名的油气田(藏)名称为基础，没有控制储量的以预测储量所命名的油气田(藏)名称为准进行井号命名。

取井位所在油气田(藏)名称的第一个汉字(若油气田名称的第一个汉字与该盆地内其他井别井号名称中的字同音或同字时，应取第一个以外的汉字)加油气田(藏)内评价井部井顺序号组成。评价井井号应采用3位阿拉伯数字。如松辽盆地中央坳陷三肇凹陷宋芳屯鼻状构造上的宋芳屯油田，在芳22断块获工业油气流后部署的第一口评价井，命名为“芳221井”。

4)地质井

以一级构造单元统一命名。取井位所在一级构造单元名称的第一个汉字加大写英文字母“D”组成前缀，后面再加一级构造单元内地质井部井顺序号(阿拉伯数字)命名。

5)水文井

以一级构造单元统一命名。取井位所在一级构造单元名称的第一个汉字加汉语拼音字母“S”组成前缀，后面再加一级构造单元内水文井部井顺序号命名。

6)定向井

定向井的井号命名应在上述规定基础上，在井号的后面加小写的英文字母“x”，再加阿拉伯数字。如永921x2井表示在永921井井口处钻探的第二口定向井。

2. 开发井井号编排

按井排编号，一般采用油气田(藏)名称－开发区－井排－井号命名。如孤东7－30－295井为孤东油田7区25井排第295号井。

3. 海上钻井井号编排

海上探井按区－块－构造－井号命名。采用经度一度、纬度一度面积分区，分区用海上或岸上的地名命名。区内按经度10分、纬度10分分块，每区划分为36块，每块内根据物探解释对局部圈闭进行编号。

每个圈闭所钻的预探井为1号井，评价井为2、3……号井。如BZ28－7－1井即渤中(Bo Zhong)区28块7号构造1号井，为预探井。

海上油田开发井按油田的汉语拼音字头－平台号－井号命名。如埕北(Cheng Bei)油田用两座钻井平台A、B进行开发，每个平台设计钻开发井27口，A平台的井号编排为CB－A－1至CB－A－27；B平台的井号编排为CB－B－28井至CB－B－54井。

二、直井地质设计

(一)设计的依据

由于不同井别的钻井目的和任务不同，其地质设计的内容及要求也不完全一致，但设计时所考虑的因素、设计的步骤及方法大体上相似。钻井设计前需要收集以下资料。

1. 区域地质概况

收集地层综合柱状图，以及有关的地层研究报告。对于新探区还应到盆地边缘露头区踏勘剖面，了解区域地层层序、接触关系、岩性组合特征、岩性标准层、地层厚度及生储盖组合条件。

收集构造图、构造剖面图，了解本井所处的构造部位、断层情况(断层性质、断距大小、断层延伸等)。收集通过本井的地震剖面图，了解地震标准层的特征、地层产状等。有时在一个新探区，当上述资料缺乏或不足时，还应收集重、磁力异常平面图和剖面图，以及通过地面实测的构造图和剖面图。

另外，还要收集本区油、气、水层资料，了解油、气、水性质，纵向上的组合关系，横向上的分布规律以及油、气、水层的压力。

2. 邻井资料

收集邻井地层剖面图、地层对比图、钻时、钻井液、气测、电测等资料。熟悉地层岩性特征，分析岩电关系，研究地层分段标志与标准层特征，掌握分层界线，以供设计参考。

收集邻井油、气显示和试油资料，预测本井油气显示井段；收集邻井地层岩石的可钻性以及对钻井液性能的影响；收集邻井井斜资料，分析井斜规律，预计易斜井段和井斜方位。

在开发区钻井，要收集邻井采油、注水层位压力等资料，了解油层连通情况及注水后的影响。收集有关的地质、工程数据，进行分析研究，预测本井可能出现的各种情况。

（二）地质设计的主要内容

按照我国石油天然气行业标准（SY/T 5965—2017《油气探井钻井地质设计规范》），地质设计包括以下内容。

1. 基本数据

基本数据包括：①钻探项目、井号、井别、井型。②井位：包括地理位置、构造位置、地震测线位置、井位坐标、地面海拔、磁偏角、井位校正情况。③完钻层位、原则及目的层。④设计井深。格式如表1－2所示。

表1－2　基本数据表

<table>
<tr><td rowspan="13">基本数据</td><td>钻探项目</td><td colspan="8"></td></tr>
<tr><td>井号</td><td colspan="2"></td><td>井别</td><td colspan="2"></td><td>井型</td><td colspan="2"></td></tr>
<tr><td>地理位置</td><td colspan="8"></td></tr>
<tr><td>构造位置</td><td colspan="8"></td></tr>
<tr><td rowspan="2">测线位置</td><td>二维</td><td colspan="7"></td></tr>
<tr><td>三维</td><td colspan="7"></td></tr>
<tr><td rowspan="2">井位坐标</td><td>X</td><td colspan="2">m</td><td rowspan="2">经纬度</td><td>经度</td><td colspan="3"></td></tr>
<tr><td>Y</td><td colspan="2">m</td><td>纬度</td><td colspan="3"></td></tr>
<tr><td>地面海拔</td><td colspan="3">m</td><td colspan="2">磁偏角</td><td colspan="3"></td></tr>
<tr><td>完钻层位</td><td colspan="3"></td><td>完钻原则</td><td colspan="4"></td></tr>
<tr><td>设计井深</td><td colspan="3">m</td><td>目的层</td><td colspan="4"></td></tr>
<tr><td rowspan="2">井位水深</td><td>高潮</td><td>m</td><td rowspan="2">水域位置</td><td rowspan="2" colspan="5"></td></tr>
<tr><td>低潮</td><td>m</td></tr>
<tr><td rowspan="5">靶心数据</td><td colspan="2">设计分层</td><td colspan="7">靶点设计</td></tr>
<tr><td rowspan="2">层位</td><td rowspan="2">设计靶点垂深/m</td><td rowspan="2">靶点</td><td rowspan="2">测线位置</td><td colspan="2">靶心坐标/m</td><td rowspan="2">靶区半径/m</td><td rowspan="2">靶心方位/(°)</td><td rowspan="2">靶心距/m</td></tr>
<tr><td>X</td><td>Y</td></tr>
<tr><td></td><td></td><td></td><td></td><td></td><td></td><td></td><td></td><td></td></tr>
<tr><td></td><td></td><td></td><td></td><td></td><td></td><td></td><td></td><td></td></tr>
</table>

2. 井区自然状况

包括地理简况、气象水文和海况、灾害性地理地质现象等三个方面。其中，地理简况包括：①地理环境，如自然环境、地貌特征、水资源、高空障碍物、民宅、学校、医院、国防设施、矿井、地下管道、油库、水库、人口密集及高危场所等；海上探井需增加海底土质调查资料、海底扫描资料、浅海数字地震资料等内容。②交通、通信，描述井场周围交通、通信情况，如设计井井口与铁路、公路、机场、码头的距离等。气象、水文和海况包括设计井所在地区的气温、风情、冰情、雨量、汛期水位、高低潮水位等。灾害性地理地质现象包括设计井所在地区季节性、地域性地理地质灾害现象，含硫化氢油气井，井口500m范围内进行人居调查。

3. 区域地质简介

区域地质简介指设计井所处的构造、地层概况、生储盖条件及邻井钻探成果。

构造概况包括：①区域构造背景（概况）、构造发育史及构造单元划分；②构造基本特征，局部构造展布、形态、走向及断层基本特征；③圈闭地质条件分析，钻探圈闭特征、圈闭有效性简析及圈闭资源量估算。

地层概况包括地层序列及岩性简述、标准层、特殊岩性及其他矿产等内容。简述区域（区块）地层分布、纵横向变化情况，自上而下设计井可能钻遇的各地质时代的岩性、厚度、产状、分层特性；区域（区块）标准层层位及岩性；特殊岩性及其他矿产，简述区域（区块）地层分布的相应岩石矿物特征。

生、储、盖条件包括区域（区块）生油层层位、岩石类型、有机质丰度、类型、成熟度指标等烃源岩特征，区域（区块）储集层层位、储集岩岩性、厚度、物性、分布及流体特征等储集层特征，区域盖层及辅助性盖层层位、岩性等盖层特征。生、储、盖层组合分析包括区域（区块）生、储、盖层组合特征、明确主要储盖组合。

邻井钻探成果包括邻井各项录井、测井、测试（中途测试）和试油成果。

4. 设计依据及钻探目的

设计依据包括：①确定井位的单位及井位设计任务书名称；②设计所依据的图幅，包括地理位置图、主要目的层构造图、砂体预测图、圈闭预测图、地震解释剖面等；③邻井地震、录井、测井、测试等资料；④设计井区相邻注采井动静态资料。

钻探目的根据井位设计任务书填写。

5. 地层分层、油气预测、风险提示

地层数据及风险提示如表1－3所示。

表1－3　地层分层数据表

地层					油层或地震反射标准层	设计分层		地层产状		风险提示
界	系	统	组	段		底界深度/m	厚度/m	倾向/(°)	倾角/(°)	

油气预测根据井位设计任务书及邻井资料，按钻探揭示顺序依次简述油气预测的层位、埋深及显示情况。

风险提示包括地层岩性变化、构造的落实和断层平面、空间展布等对钻探效果有影响的地质因素；可能含 H_2S 和 CO_2 等有毒有害气体的特殊层的层位、埋藏深度情况；本区浅层气分布层位、井段及设计井浅层气分布层位、井段；邻井钻井过程中发生油气侵、溢流、井涌、井喷、井漏、井塌、井斜等有关工程情况；设计井可能钻遇的断层、漏层、超压层位和井段等。

6. 地层压力、地层温度预测及钻井液使用要求

地层压力、地层温度包括邻井实测压力成果、邻井测温情况、邻井实钻钻井液使用情况、地层压力预测等。其中，地层压力预测主要指依据地震、钻井、录井、测井、测试(中途测试)和试油试采资料预测本井地层压力。

钻井液使用要求：根据井位设计任务书给出目的层钻井液性能的使用范围；特别关注设计井可能存在的异常压力层、漏失层、易垮塌层及可能发生油气侵、水侵的层位、深度等，并给出相应的处理原则，满足保护油气层和资料录取的要求。

7. 录井项目及要求

包括：①岩屑录井的取样井段、间距、数量、质量；气测、工程录井的仪器类别、测量项目、井段、间距；②循环观察和取资料要求；③钻井取心的设计目的、原则、层位、设计井段、取心进尺、收获率、取心方式及要求；④井壁取心的方式、原则及要求；⑤钻井液录井的项目、间距、取样要求、槽面观察要求；⑥荧光录井、岩石热解分析、岩石热蒸发烃气相色谱分析、轻烃分析、核磁共振录井、岩心图像扫描、岩屑图像采集、X 射线衍射分析、元素录井、其他录井项目等的分析原则及要求；⑦化验分析选送样品要求。

8. 地球物理测井

包括：①表层测井、中途测井、完钻测井及完井套后测井的测井系列、项目、井段、比例及要求；②特殊测井项目及选测测井项目的井段、比例及要求；③随钻测井项目、井段及要求。

9. 测试(中途测试)的原则、要求

10. 井身质量及井身结构

根据钻探目的、井控风险类别提出井身质量及井身结构的原则。

11. 保护油气层的措施及要求

包括对钻井液类型和性能要求、注采井钻关方案。

12. 健康、安全与环境管理

根据钻井工区自然地理条件给出环境保护提示，由施工单位采取措施保证环境保护符合国家有关法规、标准要求；对可能钻遇的异常高压地层、缝洞地层、高含硫地层，给出钻井工程风险提示，由施工单位采取措施保证安全生产。

13. 资料归档要求

原始资料、成果资料归档及保密要求。

14. 钻井地质设计附表、附图

附表包括：①邻井地层分层数据表；②邻井实钻地层深度与地震反射层深度对照表。

附图包括××井(区)井位关系及地理位置图、××井(区)三(或二)维地震××反射

层构造图、××井(区)地震时间剖面图(标注设计井位置)、××井(区)过井地质解释横剖面图、××井设计地层柱状剖面图、××井地层压力预测图。

(三)地质设计的关键技术

1. 井深及地层剖面的设计

包括三个方面：(1)地层分层，根据区域构造图、目的层构造图、过井地震测线或三维地震数据，结合邻井实钻地层分层数据，预测设计井将钻遇的层位及分层数据、断层数据、地层接触关系等，编制过邻井和设计井的地层对比图。(2)岩性剖面，预测各层位的岩性组合，绘制设计井的综合柱状图。(3)油气层，根据邻井录井剖面油气显示、测试和区域等相应资料预测有利的储盖组合和含油气层位。

设计井深及地层剖面时，首先根据地形地质图、构造图及正钻井与完钻井资料做出通过设计井的横剖面图，由此图按钻穿的最终目的层定出井深及该井穿过的地层剖面，即由完钻井的实际资料向设计井推测剖面岩性和厚度。此时应考虑因所处构造位置不同和断层的影响，可能产生的岩性和厚度变化。由于地层厚度和倾角的变化，设计深度与实际情况可能有所不符，因此在设计井深时，常常附加5%～10%的后备深度。如目的层井深是2000m，设计井深可定为2100m。在钻井过程中，应随时根据实际资料对原设计进行检验和修正。

例如，某构造上已完钻1井、3井、4井、5井等4口探井(图1－2)，现设计2井以了解构造顶部含油气及地层情况。

经1井、3井、4井、5井等4口井地层对比得知，Nm底界深度与构造图基本吻合，各井Ng厚度接近一致。5井位于断层上盘，在Nm下段及Ng处共有三组油层。4井在Ng钻遇两组油层并与5井Ng油层相当。1井位于构造翼部，含油性差，仅有Ng下部一组油层，厚度已减小。

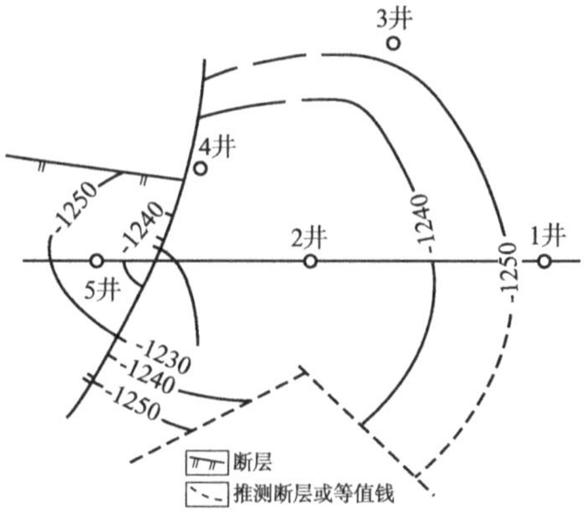

图1－2 某油田构造图(单位：m)

设计时，首先通过设计2井及1井、5井作横剖面图(图1－3)。据2井在构造上的位置确定Nm底界为1235m。据邻井Ng厚度(250m左右)推断2井Ng底界为1485m。2井油层井段由横剖面推断为1285～1310m及1380～1420m，Ng共有两组油层；设计井要求钻穿Ng，考虑到地层厚度变化的可能性，设计井深度定为1550m。

对钻井较少的新探区，设计井深及地层剖面时要充分利用地震资料及附近的露头资料，特别是通过设计井的地震剖面和构造图。如预探井的设计，往往将仅有几口的钻井资料同过井地震剖面结合起来，通过层位标定、追踪闭合等手段，获取设计井深及地层剖面。设计井深是否准确，关键在于通过设计井的地震剖面层位的解释精度。

2. 压力预测及油气层保护设计

根据地震资料、测井资料、邻井实测压力、钻井液使用情况，以及钻探过程中的卡、喷、漏、油气显示等复杂情况，综合分析、预测并合理设计出设计井使用钻井液类型、性能要求，并提出油气层保护措施，特别是预测的主要含油气目的层段，达到近平衡钻井，保护好油气层。

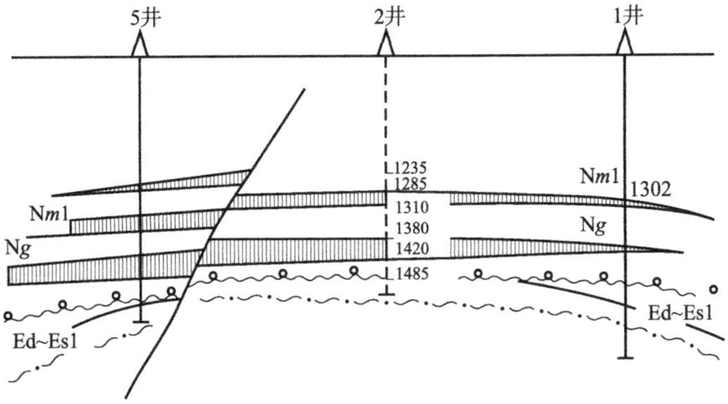

图 1-3　探井设计井深及地层剖面(单位：m)

3. 地质资料录取工程项目设计

不同的地质剖面，不同的油气性质，设计不同的地质录井工程项目，形成不同井别、不同井型的单井录井系列。要求设计人员具有现场工作经验，熟悉各录井工程项目的作用、录取方法，结合地层预测等技术，能设计出完成设计井钻探目的的最佳录井工程项目，并且可以利用设计井实施过程中的最新资料修改录井工程项目。

4. 钻井工程复杂情况预测

通过邻井钻探过程中的卡、喷、漏、油气显示等复杂情况综合分析，预测设计井可能出现的复杂情况，提出预防井喷、井漏、油气侵、盐水侵等预案。

三、定向井地质设计

1905 年定向钻井技术首先在非洲的特兰士瓦尔(Transvaal)与兰德(Rand)的采矿业上应用。1920 年该技术开始在石油钻井中采用。设计这种井的首要任务是打准目标，按目标要求，井的轨迹不仅要有合适的斜度，还要有准确的方位。定向井可分为丛式井、抢险井、水平井等类型(图 1-4)。

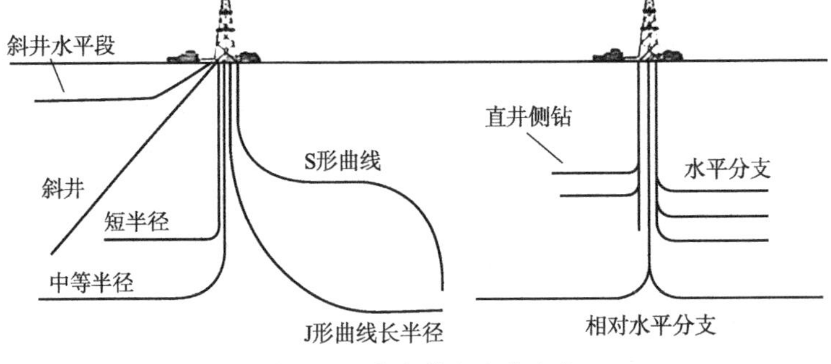

图 1-4　定向井和多分支井

水平井最靠近垂直井段的部分称为脚跟，水平段的末端称为脚尖，水平段通常称为分支。从主井眼辐射出多个分支的井称为多分支井，主井称为主干，分段称为分支。

定向井钻井技术发展迅速，尤其在随钻测量技术(MWD)方面。随钻测量技术通过产生压力脉冲，将钻井液传输到地面，并在地面解码，从而得到井底钻具组合传输的直接信息。井底钻具组合的前半部分通常包括方向传感器、钻井液脉冲控制器、钻井液马达、0°～4°弯头和钻头。随钻测量可以频繁地更新井斜方位和井底钻具组合的水平面方向，通常称为地质导向钻井。

(一)定向钻井的概念及井身参数

定向井是指按照预先设计的井斜方位和井眼轴线形状进行钻进的井。它是相对于直井而言的，而且是以设计的井眼轴线形状为根据。定向井的井身参数包括以下几个。

(1)井斜角：指井眼轴线的切线与铅垂线的夹角，一般用 α 表示。

(2)井斜方位角：指井眼轴线的切线在水平面上的投影与正北方向之间的夹角，一般用 β 表示。

(3)井斜变化率：指单位长度井段井斜角的变化值。

(4)井斜方位变化率：指单位长度井段井斜方位角的变化值。

(5)垂深：指井眼轴线某一点同井口之间的垂直距离。

(6)水平位移：指井眼轴线某一点在水平面上的投影至井口的距离。

(7)全变化角(狗腿角，ε)：指某井段相邻两测点间，井斜与方位的空间角变化值，简称全角，如图1－5所示。该角也就是某井段相邻两测点的切线所在空间的夹角。

(8)全角变化率(狗腿严重度或井眼曲率，$K\varepsilon$)：指单位井段内全角的变化值，表示井眼钻进方向变化的快慢或井眼弯曲的程度。

如果井眼轴线形状只在某个铅垂剖面中变化，即井斜角变化而井斜方位角不变化，这种井称为二维定向井；如果井眼轴线既有井斜角的变化，又有井斜方位角的变化，则称为三维定向井。

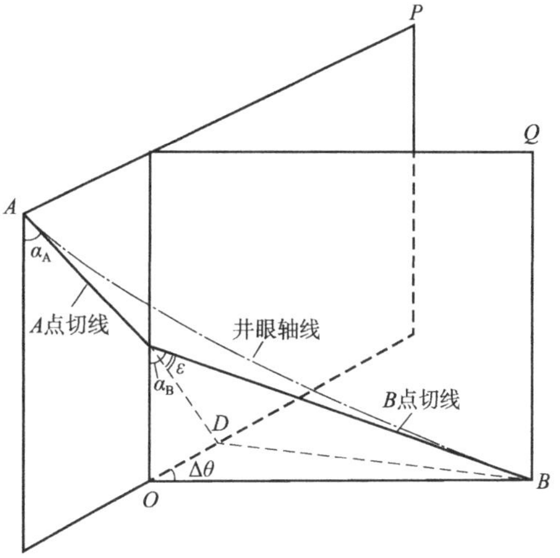

图1－5 全变化角
(据《钻井工程》，1992)

(二)定向钻井的应用

1. 设计定向井的优点

从我国的初步实践中总结，发展定向井技术有以下好处。

(1)打定向井克服了直井或斜井钻遇油层厚度小、成功率低的缺点。对断块油气田、裂缝性灰岩油气藏，打一口定向井可穿越几个储集层或几个裂缝发育带，有利于发现油气田，增加储量及产量。从国外水平井钻探情况来看，水平井成本约为直井的2倍，钻井成

二、常规地质录井方法

录井方法主要有岩心录井、井壁取心、岩屑录井、钻时录井、钻井液录井、气测录井、荧光录井等。

(一)岩心录井

岩心是最直观、最可靠地反映地下地质特征的第一性资料。通过岩心分析，可研究钻遇地层的岩性、物性、电性、含油气性；掌握生油层特征及其地球化学指标；考察古生物分布和沉积构造，判断沉积环境；了解构造和断裂情况，如地层倾角、地层接触关系、断层位置；查明开发过程中所必需的资料和数据，检查开发效果，为增产措施提供地质依据。

岩心是储层评价和表征的主要信息来源，主要提供以下几个方面信息。

(1)地质评价。包括：①岩石学特征，岩性、岩石的矿物组成及其含量，应用于地质及岩石物理研究；②地层学研究，使用化石记录、测定绝对年龄等建立生物地层序列，应用化石、地球化学、沉积特征开展不同尺度的地层对比；③沉积相、储层非均质性，确定储层的沉积相类型及其二维和三维展布特征；④储层成岩作用研究；⑤裂缝分析；⑥孔隙结构，对孔隙进行分类；⑦元素等地球化学分析，更有效、更准确地分析和解释沉积物源和储层成因。

(2)油藏工程评价。包括：①确定孔隙度、渗透率；②流体饱和度；③测定毛细管压力；④储层岩石分类和确定流动单元；⑤油水界面或油气界面；⑥测定声波速度、伽马放射性等，标定测井曲线(如孔隙度、声波速度、伽马放射性等)；⑦确定岩石密度；⑧测定润湿性；⑨测定相对渗透率，测定孔隙体积压缩系数；⑩分析电相性质。

(3)地质力学属性。包括：①测定抗压强度；②测定杨氏模量；③测定泊松比；④测定硬度。

1. 取心原则

由于取心成本高、钻速慢、技术较复杂，所以不能在勘探开发过程中每口井都进行取心，也不能轻易布置很多的取心井。在确定取心井段时通常遵循以下原则。

(1)区域探井、预探井、重点扩边评价井，见到油气显示(如气测中有明显异常，槽面见油气显示，岩屑中见油气显示)，都必须立即取心，油气显示好可连续取心，特好直到取完油、气层为止；若油气显示差，在油斑级以下可间断取心。

(2)参数井、预探井、重点扩边评价井，若钻遇可疑的油、气显示，岩性又不清时，为弄清含油气性、岩性，也必须立即取心证实。

(3)预测含油、气层段外，发现新的含油气显示，必须立即取心，以利于新的发现。

(4)新探区无显示，必须取储层和深色泥岩作储层物性及生油岩分析。

(5)特殊情况具体确定，如出现设计以外的新地层，层位不清，与设计有出入的剥蚀面、断层等也应取心证实；为了确定地层岩性、地层时代而临时决定取心。

2. 取心工具与取心方式

1)取心工具

常用的取心工具有单筒取心和双筒取心两种。单筒取心工具由一根岩心筒和筒形的合金钢钻头组成，适用于浅井和中深井。双筒取心工具主要由分水接头、内岩心筒、外岩心筒、岩心抓和取心钻头等组成(图1－9)。

(1)取心钻头是钻取岩心的切削工具。对软或中硬地层，常用三翼或四翼刮刀取心钻头，对硬或坚硬地层常用牙轮取心钻头。取大直径的岩心，可用硬质合金钢钻头。

(2)岩心筒包括外岩心筒和内岩心筒两部分。外岩心筒连接钻头与钻具，承受和传递钻压，带动钻头旋转并保护内岩心筒。内岩心筒用以容纳和保护岩心，下面接岩心抓，上面装有回压凡尔。回压凡尔能保证钻井液不进入内岩心筒冲刷岩心，而钻井液可以通过内岩心筒往外排出。内外岩心筒连接处，装有悬挂式滚动轴承，取心钻进时，使内岩心筒不转动而保护岩心。

(3)岩心抓接在内岩心筒下部，割取岩心和承托已割岩心顺利到达地面。目前常用的有适用于硬或坚硬地层的卡板式、卡箍式和适用于松软地层的卡箍式(又称“一把抓”)。

(4)分水接头连接在悬挂轴承之上，作用是引导钻井液从内岩心筒的环形空间流至钻头水眼冲刷井底，与回压凡尔一起保护内岩心筒的岩心不受钻井液冲损。

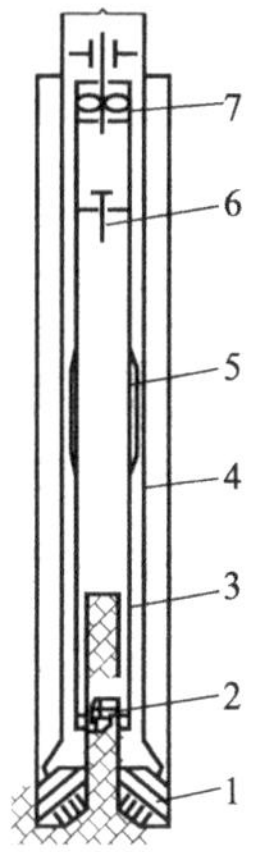

图1－9 取心工具结构示意图
1—取心钻头；2—岩心抓；
3—内岩心筒；4—外岩心筒；
5—扶正器；6—回压凡尔；
7—悬挂轴承

2)取心方式

按取心目的和工具结构，分为加压式常规取心、自锁式常规取心、软地层密闭取心、硬地层密闭取心、保形取心、保形密闭取心、保压密闭取心、定向取心、海绵筒取心、水平井取心等。

(1)密闭取心是在取心钻进中，使用密闭取心液保护岩心不受污染的取心方法。

(2)定向取心是能确定岩心所处地层裂缝的倾角、倾向等要素的取心方法。

(3)保压取心是取出的岩心能保持原地层中的压力状态的取心方法。

(4)保形取心是在疏松地层中取得接近原始形状岩心的方法。

(5)保形密闭取心是在水基钻井液条件下取得既能接近地层原始形状又几乎不受自由水污染的岩心的取心方法。

(6)水平井取心是在井斜角大于或等于86°，并保持该角度钻一定长度的水平段的定向井中进行取心的方法。

(7)水基钻井液取心(常规取心)的成本低、方便生产，能满足一般地质及工程取心要求，受浸泡、渗滤、冲刷作用影响大，对储层原始物性、含油气性特征影响较大。

(8)油基钻井液取心的钻井液滤失性小，原始油气水饱和度准确，有利于求准储层原始油气水饱和度，为储量计算和合理制定油田开发方案提供依据，适用于砂岩油田。

(9)密闭液取心是在取心内筒中加密闭液以保护岩心尽可能不受钻井液的浸洗与冲刷。

(10)保压密闭取心是采用保压密闭工具与密闭液、水基钻井液，取得能保持储层流体完整性的岩心。岩心不受钻井液污染并保持井底条件下储层压力，能准确求取井底条件下

②缝洞性含油。

缝洞性含油以岩石的裂缝、溶洞、晶洞作为原油储集场所，岩心缝洞的含油级别划分为油浸、油斑、荧光3级(表1-8)。

表1-8　缝洞性岩心(石)含油级别划分(据《地质监督与录井手册》，2001)

含油级别	缝洞壁被原油浸染/%	缝洞壁及充填物含油产状	油脂感	颜色及油味
油浸	>40	缝洞壁见岩石及充填物本色部分较少	强，污手	含油颜色较深，油味较浓
油斑	<40	缝洞壁绝大部分见岩石及充填物本色	弱或较弱，微污手或不污手	含油颜色较浅，油味较淡或无油味
荧光	肉眼观察无含油痕迹，干照、滴照可见荧光显示，浸泡定级≥7级	缝洞壁岩石及充填物本色清晰可见	无，不污手	无

2)岩心的常规描述内容

(1)岩性：如颜色、矿物成分、结构构造、胶结物及胶结程度、其他含有物、岩石名称等。

(2)相标志：如沉积结构(粒度、成分、颗粒形态、颗粒排列)、沉积构造(波痕、泥裂、雨痕、载荷模等层面构造，各种层理构造，生物成因构造等)、生物特征(种类、分布、含量、保存情况等)、地球化学标志(如有机质含量和微量元素)等，用来恢复沉积环境。

(3)储层物性：如孔隙性、渗透性、孔洞缝发育情况与分布特征等。对裂缝性储层，要通过岩心寻找缝洞的分布规律，对其产状、密度、连通性及油气情况进行详细研究。

按照小层对裂缝进行描述统计，对缝宽小于0.1mm及分支缝长度小于5cm的裂缝一般不作统计。相邻岩心段被同一条裂缝贯穿只统计1次，并只统计张开缝和方解石充填缝。缝合线和其他物质充填缝不统计，只描述其发育和分布情况。

裂缝发育程度可用以下参数表示：

$$\text{裂缝密度}=\frac{\text{裂缝总条数}}{\text{岩心长度}}(\text{条/m}) \tag{1-6}$$

$$\text{裂缝有效密度}=\frac{\text{张开缝条数}}{\text{岩心长度}}(\text{条/m}) \tag{1-7}$$

$$\text{裂缝开启程度}=\frac{\text{张开缝条数}}{\text{裂缝总数}}\times 100\% \tag{1-8}$$

孔洞描述统计，包括孔洞个数、类型、连通性、分布情况、含油气情况及充填情况，还包括充填物、充填程度、结晶程度、晶体大小及透明度等。孔洞发育程度可用以下参数表示：

$$\text{孔洞密度}=\frac{\text{孔洞总个数}}{\text{岩心长度}}(\text{个/m}) \tag{1-9}$$

$$\text{孔洞连通程度}=\frac{\text{连通孔洞个数}}{\text{孔洞总数}}\times 100\% \tag{1-10}$$

缝洞组合，指缝洞关系及其分布状况。以层为单位，逐层统计缝洞发育参数，对缝洞组合关系必须详细描述。缝洞组合关系通常有缝连洞、缝中缝、缝中洞和切割缝等。

(4)含油气性及岩心的含油级别，主要依据岩心的含油面积和含油饱满程度确定。由于各地区的地质情况不同，所以含油级别的区分也略有差异。

(5)岩心倾角测定、断层的观察、接触关系的判断。岩心倾角测定可利用三角板和量角器直接测定；断层的观察应注意断层面的擦痕及杂乱产状，正断层通常表现为地层缺失，逆断层则为地层重复；不整合接触在接触面上常见到角砾岩、铝土岩或风化壳产物等，角度不整合面上下岩层相交并有地层缺失。

5. 岩心录井图的编绘

1)岩心录井草图的编绘

为了便于及时分析对比，指导下一步工作，应将岩心录井取得的各种资料、数据用规定的符号绘制岩心录井草图(图1-13、图1-14)。绘制时应注意以下事项：

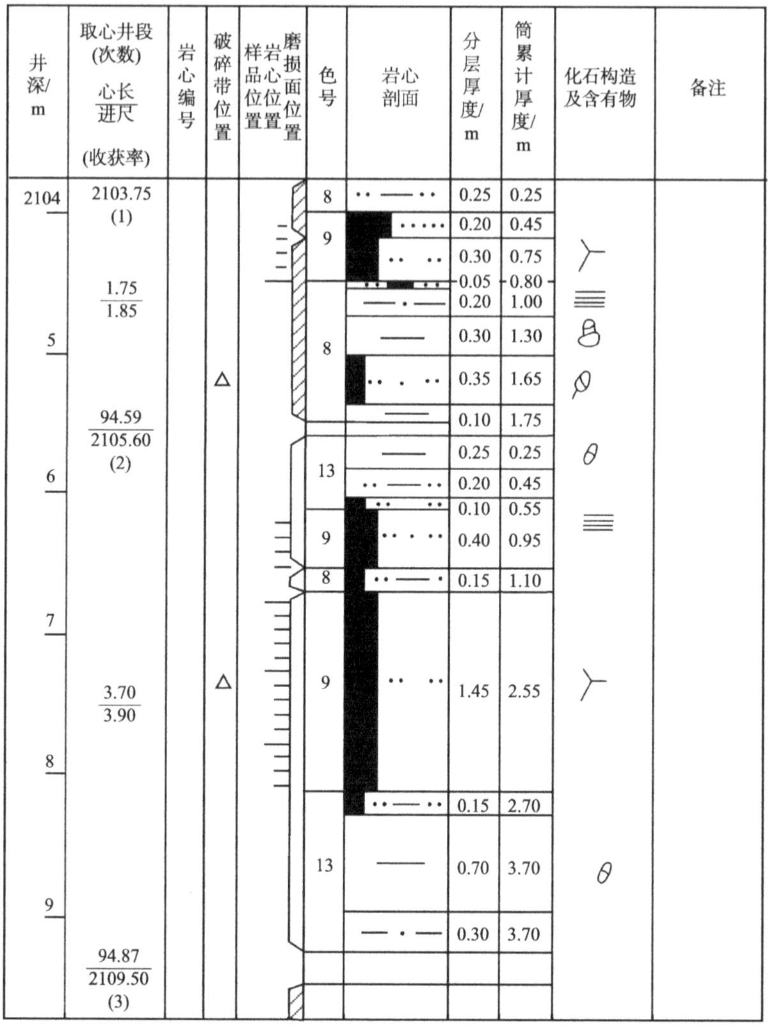

图1-13 一般岩心录井草图

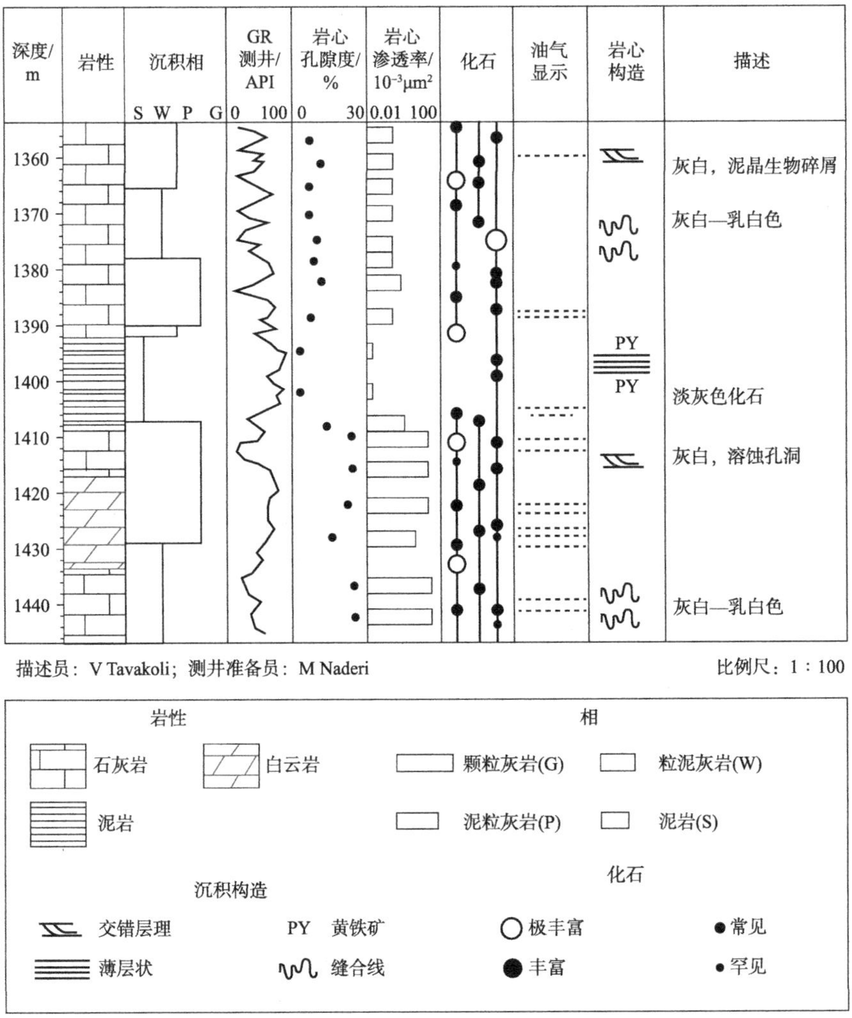

图 1-14 岩心描述格式和图例

(1)图中用的岩心数据(如岩心收获率、编号、分段长度等)必须与原始记录完全一致。深度比例尺与电测放大曲线比例尺一致(一般为1∶50或1∶100)。

(2)图中的岩性剖面在绘制时用筒界作控制。岩心收获率低于100%时，从上往下绘制，底部留空，待再次取心收获率大于100%时(即套有前次余心)，向上补充(自下而上绘制)，即套心一律画在前次取心之下部。因岩心膨胀或破碎而收获率大于100%时，应根据岩心实际情况在泥质岩段或破碎处合理压缩成100%绘制。

(3)化石及含有物、取样位置、磨损面等，用统一图例绘在相应深度。以黑框及白框表示不同次取心，框内斜坡指向位置为磨损面位置，框外标记样品位置，样品可逢5、逢10编号，根据样品顶界距本筒顶界的距离标定样品位置。

(4)岩心编号栏内根据分段情况写起止号。分层厚度(分段长度)即岩性段的长度。

2)岩心综合录井图的编制

岩心综合录井图是在岩心录井草图的基础上，综合其他资料编制而成，反映钻井取心井段的岩性、含油性、电性和物化性质的一种综合图件。具格式如图 1－15、图 1－16 所示。

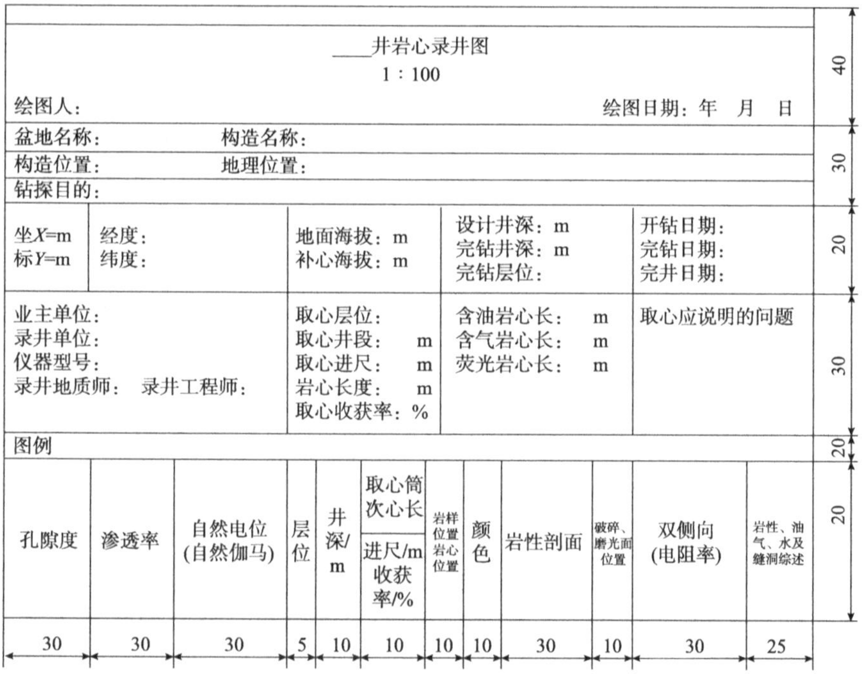

图 1－15　碎屑岩岩心综合录井图格式

注：图框下面和右侧的数字表示应画的宽度，以厘米为单位。

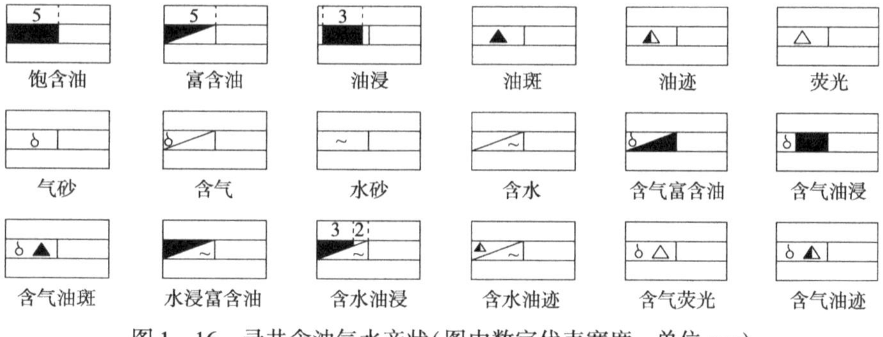

图 1－16　录井含油气水产状(图中数字代表宽度，单位 mm)

由于地质和钻井技术及工艺等原因，并非每次取心收获率都能达到百分之百，因此需要恢复岩心的原来位置，使整个剖面岩性、电性相互符合，解释合理。

依据电测、岩屑、钻时等录井资料判断钻取岩心井段的地层在地下的实际面貌，如实地反映在岩心综合录井图上。通常把这项工作叫作岩心“装图”或“归位”。岩心装图要在测出放大曲线之后，参照测井曲线进行。岩心装图原则：以每筒岩心为基础，用标准层控制，在磨光面或筒界面适当拉开。

编图方法和步骤一般应包括以下几项。

（1）校正井深。

岩心录井是以钻具长度计算井深。由于钻具和电缆的伸缩系数不同，岩心录井剖面与电测曲线之间可能在深度上有出入。编图时首先要找出钻具井深和电测井深之间的深度差值，并加以校正。

校正方法是将电测图和岩心录井草图比较，选用数筒连根割心、收获率高的筒次中的标准层，算出标准层的深度差值（又称岩电差）。根据其规律性，选择适当数值作为钻具深度和电测深度的差值。以电测深度为准，确定剖面上提或下放数值，根据上提或下放数值校正取心井段。如图1－17所示，灰质砂岩层在岩性和电性上容易与泥质岩和一般砂岩区别，但在电性上呈高尖峰，根据电性上的反映找到相应的岩性，准确地卡出灰质砂岩，此时二者的深度差即电测与录井的深度差值。灰质砂岩底界的电测深度为1800m，钻井取心深度为1800.5m，此时深度差为0.5m，剖面应上提0.5m。同一连续取心段一般只有一个岩电差，不同取心段或连续井段很长，有两个以上岩电差时，各岩电差应随井深增加而增加。

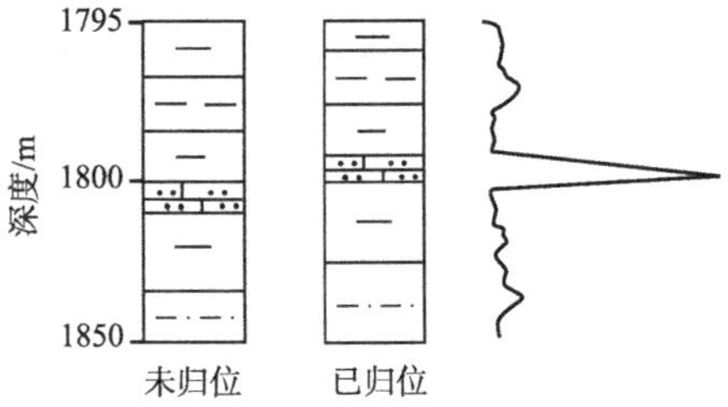

图1－17　岩心深度校正示意图

（2）岩心归位。

根据归位原则，先从最上面的一个标准层开始，上推归位至取心井段顶部，再依次向下，达到岩性与电性吻合，把收获率高的筒次首先装完。收获率低的筒次，在本筒顶、底界内，根据标准层、岩性组合分段控制归位。

特殊情况的岩心归位通常有以下几种：

①破碎岩心归位：破碎岩心的长度一般有丈量误差，按电测解释厚度，消除误差归位，视破碎程度适当拉长、压缩均可。但是同一岩性段内各块破碎岩心均应按长度、破碎程度均匀拉长、压缩。

②磨损面位置可根据电测厚度拉开归位，达到岩性、电性吻合，拉开处为空心位置。

③实取岩心长度大于电测解释厚度，岩心也较完整。这种情况可视为岩心取至地面改变了在井下原始压力状态而膨胀，可按比例压缩归位，以恢复其真实长度（即电测解释的厚度）。但岩心长度变化一般应在1.5%左右。

④乱心处理：由于某种原因在岩心出筒时岩心顺序混乱，整理时应认真对茬口，尽量恢复岩心的真实顺序并详细记录现场情况。在归位时按电测解释结合岩性特征使岩性、电性吻合。

（3）岩心位置的绘制。

岩心位置以每筒岩心的实际长度绘制，当岩心收获率为100%时，应与取心井段一致；当岩心收获率低于100%，或大于100%时，则与取心井段不一致。为了看图方便，可将各筒岩心位置用不同符号表示出来，如图1－18中第三筒为空白，第四筒画上斜线。

（4）样品位置标注，样品位置就是在岩心某一段上取分析化验用的样品的具体位置。在图上标注时，用符号标在距本筒顶的相应位置上。样品位置是随岩心拉开、压缩而移动的，所以样品位置的标注必须注意综合解释时岩心的拉开和压缩。

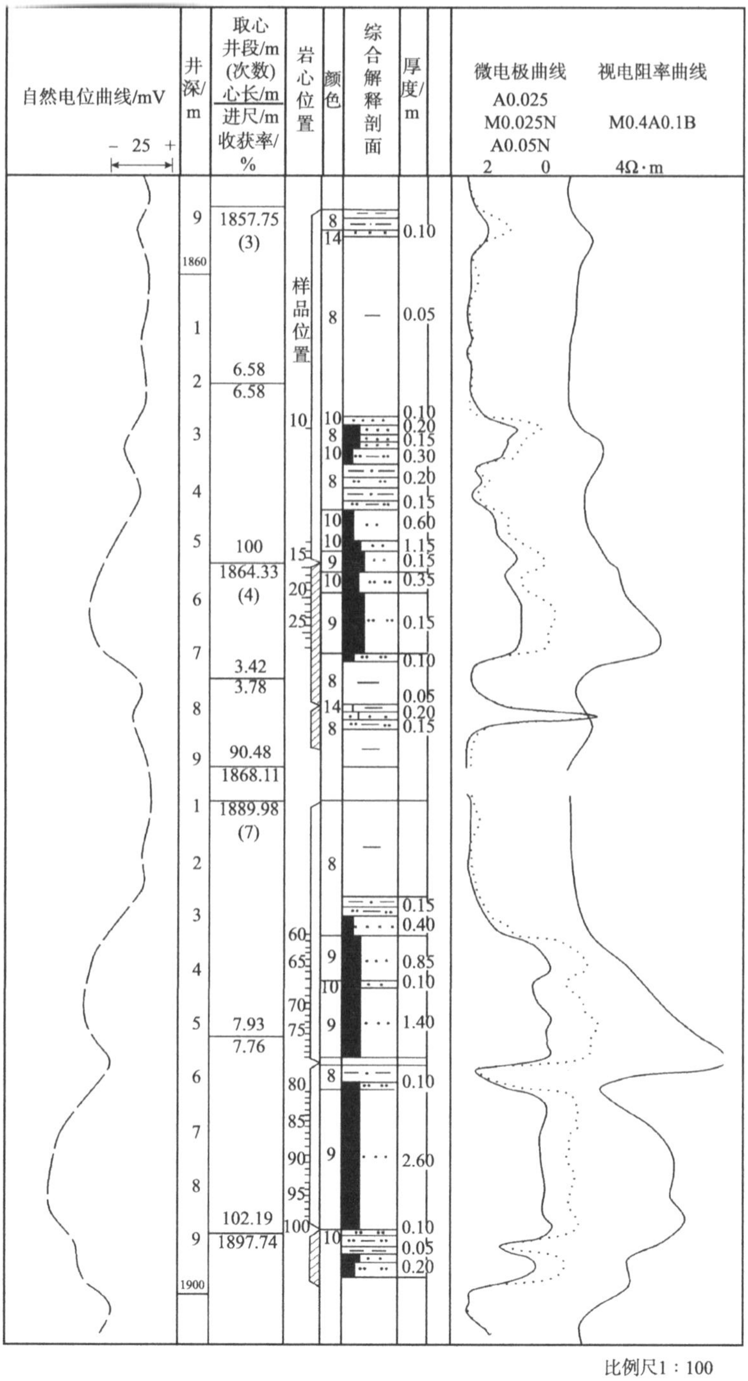

图1－18 岩心归位示意图

(二)井壁取心

井壁取心指用井壁取心器(图1－19)按预定的位置在井壁上取出地层岩样的过程。井壁取心是钻井取心的补充和辅助手段，以获取储层岩性、物性及含油性资料。

取心器一般有36个孔，孔内装有炸药，通过电缆接到地面仪器上，在地面控制取心

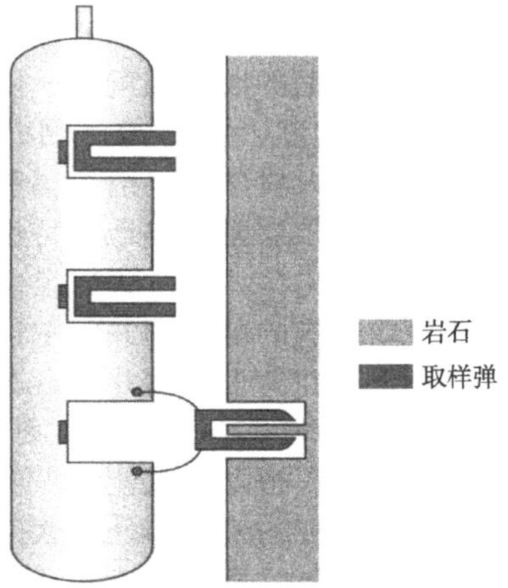

图 1－19　井壁取心器

深度并点火、发射。点火后，炸药将取心筒强行打入井壁，取心筒用钢丝绳连接在取心器上，上提取心器可将岩样从地层中取出。

1. 井壁取心的原则

井壁取心具体位置由地质、气测、测井绘解人员根据岩心录井、岩屑录井、测井、气测等在现场综合分析、共同协调确定。其原则如下：①见油气显示或测井解释有油气层而未取心的井段；②漏取岩屑，地层岩性不清的井段；③钻井取心收获率太低，不能满足地质要求，要进一步落实的井段；④邻井有好的油气显示而在本井中无显示的井段；⑤解决地质疑难问题，需要了解具有特殊地质意义的层段，如断层破碎带、油气水界面、生油层、标准层及其他特殊岩性层。

2. 井壁取心资料的收集

井壁取心需要收集的基本数据，包括取心井深、设计颗数、下井颗数、发射颗数、收获颗数、发射率、收获率等。

$$发射率 = \frac{发射颗数}{下井颗数} \times 100\% \tag{1-11}$$

$$壁心收获率 = \frac{收获颗数}{下井颗数} \times 100\% \tag{1-12}$$

壁心描述内容与岩心描述基本相同，包括每颗井壁取心深度、层位、岩性、含油性、结构、构造、层理、含有物、胶结物及胶结类型、加酸反应情况等。描述中，荧光颜色以干照、喷照荧光为准；描述含油级别时要考虑钻井液浸泡的影响，尤其是混油、泡油的钻井液；描述重点突出定名及油、气、水显示。

(三)岩屑录井

岩屑是指地下的岩石被钻头钻碎后，随钻井液被带到地面的岩石碎块，又称为“砂样”。在钻井过程中，地质人员按照一定的取样间距和迟到时间，连续收集与观察岩屑并恢复地下地质剖面的过程，称为岩屑录井。岩屑录井具有成本低、简便易行、了解地下情况及时和资料系统性强等优点。

1. 岩屑的深度计算

首先，岩屑录井要获得有代表性的岩屑，保证取样井深准确，必须丈量好下井钻具，准确地捞取岩屑，按一定间距测定岩屑迟到时间。

岩屑被钻井液携带从井底返到井口的时间叫岩屑迟到时间。准确地测定和计算岩屑迟到时间是岩屑录井的关键。

1)丈量好钻具

岩屑是按已设计的深度区间捞取，如果下井钻具丈量不准确，井深就不准，这样捞取的岩屑就不具代表性。在录井过程中要丈量好钻具，做到钻具组合、钻具总长、方入、下接单根清楚，严把钻具倒换关，确保井深准确无误。

2）岩屑迟到时间测定

常用测定迟到时间的方法有3种。

（1）理论计算法。

把井眼视为不同直径的筒形，理论岩屑迟到时间为：

$$T=\frac{V}{Q}=\frac{\pi(D^2-d^2)}{4Q}\cdot H \tag{1-13}$$

式中，T为理论迟到时间，min；V为井眼与钻杆之间的环形空间容积，m^3；Q为钻井液排量，m^3/min；D为井径，即钻头直径，m；d为钻杆外径，m；H为井深，m。

由式（1－14）计算的岩屑迟到时间与实际岩屑迟到时间总存在着误差。实际上井眼并不是一个规则的圆筒，而且岩屑在环形空间中上返时，因重力和涡流作用还有滞后现象。当理论计算与实测岩屑迟到时间误差不大时，以实测迟到时间为准，理论计算与实测岩屑迟到时间误差较大时，要重新实测，确定迟到时间。

（2）实测迟到时间（实物测定法）。

实测法是选用与岩屑大小、密度近似的物质（常用红砖块或白瓷碎片），在接单根时投入钻杆内。记下投入后开泵的时间，然后在井口钻井液出口或振动筛处（图1－20），密切注意并记下投入物开始返出的时间。

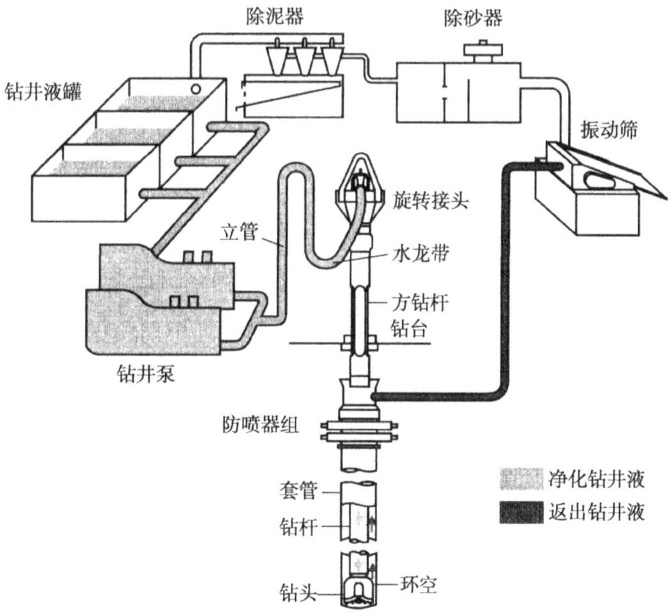

图1－20　钻井液循环系统

岩屑代表物在井口振动筛处发现的时间与开泵时间之差，称为循环一周时间（t），包括代表物在钻具内下行到井底的时间（t_0）和从井底沿环形空间返至井口的时间（T）。迟到时间是代表物循环一周时间减去在钻具内的下行时间。岩屑迟到时间 $T=t-t_0$。

钻杆、钻铤内径都是规则的（内径不同的混合钻具可分段计算），代表物下行时间（t_0）可按下式计算求得：

$$t_0=\frac{V_1+V_2}{Q}=\frac{\pi d_1^2}{4Q}\cdot H_1+\frac{\pi d_2^2}{4Q}H_2 \tag{1-14}$$

式中，V_1和V_2分别代表钻杆和钻铤的内容积，m^3；d_1和d_2分别为钻杆和钻铤的内径，m；H_1和H_2分别为钻杆和钻铤的长度，m；Q为钻井液排量，m^3/min。

实测法计算的迟到时间一般比较准确。但在钻进过程中，往往由于机械或其他原因需要变泵，单泵变双泵或者双泵变单泵，需要对T及时校正。

岩屑迟到时间是地层某一深度的迟到时间，随着钻井不断加深，迟到时间也随之增长。

实测岩屑迟到时间的间距要求：非目的层段，每钻进100m测定一次；目的层段，每钻进50m测定一次。

(3)特殊岩性法。

在钻井过程中，当钻遇大段同一岩性中夹有特殊岩性，如大段泥岩中夹砂岩或石灰岩、大段砂岩中夹泥岩、油气层组顶部第一个油层等，钻时反映为明显升高或明显降低的异常现象，根据其钻遇时间和特殊岩性返至地面的实际时间，这两个时间差，即为岩屑的真实迟到时间。

2. *岩屑的录取*

1)捞取岩屑

按录井间距和迟到时间准确捞取岩屑。通常情况下，定点在振动筛前连续捞取。在正常钻进中，每到捞砂时间取走一个砂样盆，立即将另一个砂样盆置于原处，以保证岩屑捞取的连续性，要经常检查砂样盆是否移位，及时纠正以免造成岩屑漏取。在边喷边钻情况下，在搅拌处或放喷管口，设取样篮取样。井漏严重，有进无出时，在钻头上方装打捞杯取样。

捞取的岩屑要干净、连续、量足，具有代表性的捞取具体步骤包括：①按时捞取岩屑，及时清理振动筛。②如果岩屑太多，采用垂直切分½分法或¼分法捞取岩屑，每包岩屑质量不少于500g。③正常情况下，提钻前必须循环钻井液一周捞完最后一包岩屑，钻进地层大于0.2m，应按迟到时间捞取岩屑，待下钻后与钻完整米所捞取岩屑合为一整包岩屑；特殊情况下，提钻前不能循环完一周时，停泵前按迟到时间捞取岩屑，余下未捞取的岩屑应在下次下钻到底后循环钻井液期间补捞。

2)岩屑的整理

首先是岩屑的清洗，从槽内或振动筛前捞取的岩屑均黏附了一层钻井液，必须将所取岩屑清洗干净。清洗方法因岩性而定，以不漏掉或破坏岩屑为原则。一般致密坚硬、水敏性极差的地层，如石灰岩、致密砂岩及部分泥质岩等可以淘洗或冲洗。软泥岩及疏松砂岩等只能用盆轻轻漂洗，看见岩石本色即可，或者留一部分不洗，晾干以备观察。注意密度小的岩层(如煤等)清洗时谨防漂流散失。洗样时还要观察含油岩屑的有关情况。密封的样品，洗净后立即装罐密封。混液样品，不能清洗。

其次，需要干燥岩屑。岩屑干燥前，将清洗干净的岩屑及时进行荧光湿照观察，并填写荧光记录。荧光湿照观察和取样后应及时进行干燥，来不及干燥的岩屑应作深度标识。

岩屑最好采用自然晾干或晒干的方法。若环境条件不允许，可以烘烤，但要保证岩屑不被烘烤过度而变质。用于含油气试验的储集层岩屑及进行生油条件分析的生油岩样，严禁烘烤。

最后，将岩屑装袋入盒、保存。

3）荧光直照

为了及时发现油气层，岩屑洗净后，必须立即进行荧光湿照和滴照。肉眼不能鉴定含油级别的储集层岩屑要用氯仿浸泡定级。对发现荧光的真岩屑要按规定选样作系列对比及含油特征观察。岩屑晾干后还需进行荧光直照，称为干照。

3. 岩屑的描述

1）真假岩屑的识别

钻井过程中由于裸眼井段长、井眼大小不均、钻井液性能的变化、钻具在井内频繁活动、排量的突然变化等因素的影响，真假岩屑常相互混杂，给岩屑的描述带来困难。

通过观察岩屑的色调、形状和大小，注意新成分的出现、各种岩屑的百分比变化识别和区分新钻、残留和垮塌的岩屑。一般情况，垮塌的岩屑较大，呈块状或参差状；残留岩屑色调模糊，一般较小，多呈半棱角状或圆滑的粒状，含量变化大、延续井段长、在岩屑中的占比低，岩性也往往与钻时不吻合（图1－21）。

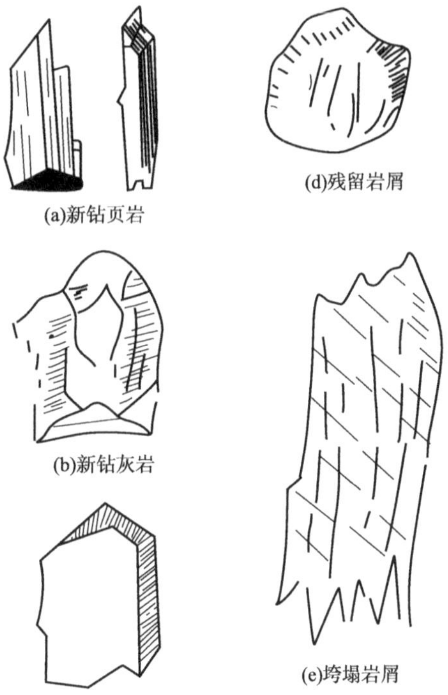

图1－21　各类岩屑形状示意图

真岩屑一般具有下列特征：色调新鲜，多呈片状或棱角状，在岩屑中的含量不断增加或出现新的成分。钻井液切力较高时，个体较大、色调新鲜、带棱角。钻时较高时，碎小、色调新鲜、棱角特别明显。泥岩的真岩屑多呈扁平状，页岩多呈薄片状，疏松砂岩多圆而不具棱角或棱角不明显，致密砂岩多呈块状。泥岩、粉砂岩、石灰岩使用PDC钻头时岩屑往往有明显刮痕，使用牙轮钻头高钻压钻进时，岩屑多有碾压痕迹。使用PDC钻头、取心钻头、螺杆、气体型钻井液等钻井时，岩屑往往细小或呈粉末状。

此外，还可参考钻时资料，对于区别砂岩、泥岩和灰质岩类比较准确，油气层在气测曲线上常有显示。

2）岩屑描述内容

颜色：以干岩屑新鲜面，光亮处观察到的颜色为准。

定名：采用“颜色＋含油气产状＋岩性”定名，识别主要成分、次要成分、含有物，搞清含油性，定名要准。

结构：对粒度、分选、磨圆、胶结物、胶结程度及类型，观察要细，并借助薄片鉴定及常规物化试验如实描述。加酸试验分强起泡、起泡、弱起泡、不起泡四级。

含油气情况：指肉眼及荧光灯下观察到含油气现象，包括颜色(所含油的颜色)、饱满程度及级别、含油岩性、百分含量(分含油岩屑占岩屑的百分比及含油岩屑占同类岩屑百分比两种)、荧光、滴水反应。

化石：类型及丰富程度。

缝洞：大小、多少、次生矿物成分、含量、结晶程度；对于碳酸盐岩，利用岩屑，也可挑样统计缝洞级别。

岩屑仅仅是地下岩石的小碎块，对岩屑描述的要求着重是岩石定名和含油气情况的描述(图1－21)。定名要准确，油层及砂质岩类应做重点描述，不可漏掉油气显示和0.5m以上的特殊岩层及其主要特征。

3)岩屑描述方法

岩屑描述的方法一般是大段摊开，宏观观察；远看颜色，近察岩性；干湿结合，挑分岩性；分层定名，按层描述。

“大段摊开，宏观观察”是指在描述之前，先将数包岩屑(如10～15包)大段摆开，稍离远些进行粗看，目的是大致找出颜色和岩性有无界限；然后再系统地逐包仔细观察岩屑的连续变化，找出新成分，目估百分比变化情况，避免孤立地看一包岩屑。

“远看颜色，近察岩性”，岩屑中颜色混杂，远看视线开阔，易于区分颜色界限，用这种方法划分出来的层次，都是明显或较厚的层。有些薄层或疏松层，岩屑数量极少，这就需要逐包细查，发现那些不明显的新成分、细微的结构变化等。细查工作还要有目的地去进行，如与邻井对比该段出现油层或其他较为特殊岩性，或因为出现某种异常变化(钻进中的蹩钻、跳钻、漏失现象和气测显示等)，可能有某种特殊岩层出现时，就需要再仔细查找落实。

“干湿结合，挑分岩性”，岩屑颜色的描述一律以晒干后的色调为准。但岩屑润湿时，颜色和一些微细的结构、层理等格外清晰而明显，易于区分。因此，常在岩屑未晒干之前就粗看一遍，记下某些岩性特征和层界，作为正式描样的参考。对一些岩屑百分比变化不明显、很难用目估法分辨的，则可从各包中取出同样多的岩屑，分别挑分出每包各种不同岩性的岩屑后，再进行比较，正确判断和除去掉块与假岩屑。

“分层定名，按层描述”，通过上述方法所观察到的岩性变化，遵循去伪存真的原则，参考钻时曲线，进一步在岩屑中，上追顶界，下查底界，卡分出层来，对每层的代表性岩样进行描述。分层原则如下。

(1)在大段单一岩性中，如有新成分出现(如大段泥岩中出现砂质岩)，或是同一岩性内颜色有变化时，都应单独卡出层来。

(2)根据不同岩性的数量变化情况进行卡层。

(3)以0.5m为单层厚度的最小单位。因为小于0.5m的岩层在岩屑中常不明显，在绘图时亦不易表示，在综合研究时除有特殊意义的岩层外也很少应用。

定单层深度应与钻时曲线对应起来。特别是在砂泥岩剖面中，利用低钻时卡出渗透性砂岩层效果较好。描述时按各类岩石规定的项目进行。但要注意抓住重点，定名准确，文字简练，主次分明，条理清楚，定准含油级别，不漏油气层。

钻井地质录井工作最终还是为了发现并研究油气层。对岩屑录井来说，因为岩屑细小，发现判断油层更是一件很重要的事情，绝不能有丝毫的疏忽大意。对含油层和砂质岩层除了做重点观察和描述外，还要做氯仿和荧光含油实验，如荧光直照、氯仿点滴和氯仿浸泡。

发现岩屑含油后，应描述其含油气情况，估计含油砂岩所占百分比，结合发光岩屑的百分比和荧光的分布状况，确定出岩屑的含油级别。由于受钻井液的浸泡和冲刷，岩屑内所含的油多为残余油。所以，从岩屑中定出的含油级别，只能作为定性的标准。描述油砂时，需要掰开岩屑看断面，这样有利于观察含油产状。

4）碳酸盐岩及火成岩、变质岩中缝洞发育情况的描述

岩层中的缝洞不能通过岩屑直接看到，一般只能根据一些特殊标志间接地加以推断。岩石的缝洞中多少总会有些物质充填，通过对充填物的观察，能在一定程度上了解缝洞发育情况。常见的充填物主要是一些次生矿物，如方解石、白云石、石膏、重晶石、石英等。岩屑中次生矿物的多少，反映了岩石中缝洞的发育程度。次生矿物越多，缝洞就越发育。实际工作中，挑出岩屑中的全部次生矿物，求出其占岩屑的百分比（即缝洞发育系数），绘出缝洞发育系数曲线，便可判断缝洞发育程度及其缝洞发育段。

$$\text{缝洞发育系数}=\frac{\text{次生矿物总量}}{\text{岩屑总量}}\times 100\% \tag{1-15}$$

缝洞发育的有效程度可以用次生矿物的结晶程度反映。结晶程度一般分为两类：一类是自形晶或半自形晶，一般自形晶发育说明缝洞空间大，连通性好。另一类是他形晶，呈等粒状、薄片状，这是小缝小洞完全充填情况下晶体生长受到限制的结果，表明缝洞小、连通性差。

缝洞开启程度可以用缝洞开启系数，即自形晶矿物含量占次生矿物总量百分比表示：

$$\text{缝洞开启系数}=\frac{\text{自形晶矿物含量}}{\text{次生矿物总量}}\times 100\% \tag{1-16}$$

通过绘制缝洞开启系数曲线，便可找出开启程度较高的层段。缝洞开启系数越大，有效缝洞越发育。例如川南地区某井，钻至长兴组灰岩某一层段（2706～2711m），钻时由原来的182min/m突然降低为56min/m，岩屑中呈透明自形晶，方解石含量高，缝洞开启系数为70%。此处发生井喷，电测证明为缝洞发育最好的渗透层段。

根据开启系数，将缝洞储集层分为4类（表1－9）。

表1－9　缝洞储集层分类表

储层类别	好	较好	一般	差
开启系数/%	>50	20～50	10～19	<10

此外，对岩屑中次生矿物的特征，包括次生矿物的种类、各类次生矿物的相对含量、结晶程度（晶粒大小、自形程度）等，都要一一加以描述。

4. 影响岩屑录井的因素

(1)钻头类型和岩石性质的影响。

由于钻头类型及其新旧程度的不同、岩屑形态和大小的差异、岩性不同的岩屑密度有差别，上返速度不同，直接影响岩屑深度的正确性和代表性。

(2)钻井液性质的影响。

当采用低密度、低黏度钻井液或用清水快速钻进时，因其对岩屑的悬浮力差，兼之井壁垮塌严重，岩屑就特别混杂。若采用性能好的钻井液钻进，井壁不易垮塌，悬浮能力又强，岩屑就比较单一，代表性就强。在处理钻井液的过程中，若性能变化很大，岩屑也将十分混杂。

(3)钻井参数及井眼大小的影响。

当钻井参数不变，若井眼大小不规则，钻井液上返速度就不一致。在大井眼处上返速度慢，携带岩屑能力差，甚至在局部出现涡流，岩屑不能及时返出，致使岩屑混杂。

(4)潜山风化壳的岩屑录井。

潜山风化壳的录井关键是卡准风化壳埋藏深度。根据不同类型潜山风化壳的地质特点、岩性组合特征及其空间分布规律，运用地球物理及随钻分析资料，抓住钻井过程中出现的一切“进山预兆”，卡准潜山风化壳。以冀中坳陷碳酸盐岩潜山为例，风化壳的岩屑特点如下：①岩屑成分单一、颜色单调、碳酸盐岩含量高，并含较多的自形晶矿物；②岩屑形状多为片状、个体小、棱角明显、断口新鲜。当钻遇成岩性差、具造浆性的红壤或黄色土状物，以及白色的“白垩土”时，则预示风化壳即将钻达。若为含油潜山，进入潜山后常可在岩屑中发现油气显示。

紧覆于潜山风化壳的残积砾岩层，也是卡准风化壳的一个重要标志，残积砾岩层有如下特点：①颜色、岩性、结构等方面，组合比较复杂，常见少量造浆物质存在；②岩屑常有磨损面及胶结的痕迹；③岩屑形状不规则，有块状、棱角状、片状，以碎块状为主，大小不一，往往由于风化程度较深，岩屑表面缺乏新鲜感；④岩屑中常发现有较多的红色浸染现象；⑤洗岩屑时，有些砾岩的胶结物易被冲洗掉，若出现散砂，上面岩屑又无此情况，则可考虑为砾岩胶结充填物的一部分。

除此之外，还可结合钻时变化、钻具放空、钻井液漏失、蹩钻、跳钻等“进山征兆”进行综合判断。

5. 岩屑录井草图的编绘

一般岩屑录井草图的内容主要包括录井剖面、钻时曲线及槽面显示等(图1－22)。深度比例尺为1：500，按描述的井深，把相应的颜色、岩性、化石、构造、含有物及油气显示等用统一规定的符号绘出。岩屑录井草图有以下用途：

(1)用岩屑录井草图进行地层对比。与邻井进行对比及时了解本井岩性特征、岩性组合、钻遇层位、正钻层位，还可检查和验证本井地质设计的符合程度，以便及时校正地质设计，进一步推断油、气、水层可能出现的深度，指导下一步钻井工作。另外，地层对比可帮助及时卡准完钻层位和完钻井深。

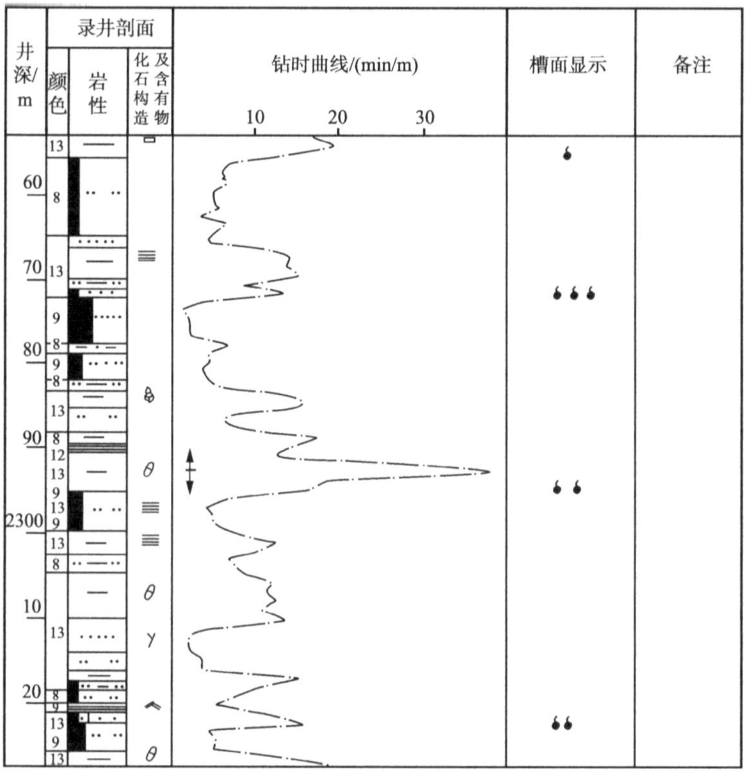

图 1－22　一般岩屑录井草图

(2)岩屑录井草图是电测解释的重要地质依据。在砂泥岩剖面中，特殊岩性含油往往不能在电性特征上有明显的反映，仅凭电性特征解释油、气层往往是很困难的，结合岩屑录井草图可大大提高电测解释的精度。

(3)为钻井工程提供资料。在处理工程事故的过程中，如卡钻等异常，经常结合岩屑录井草图分析事故的原因，制定有效的处理措施。在进行中途测试、完井作业过程中也要参考岩屑录井草图。

(4)岩屑录井草图是编绘完井综合录井图的基础，录井草图的质量影响着综合录井图的质量。

(5)制作实物剖面。通过逐层挑选岩样黏制 1：500 岩屑实物剖面，对掌握地下地层岩性、油气显示及缝洞情况，可取得形象化的效果。

6. 岩屑综合录井图的编绘

岩屑综合录井图是以岩屑录井草图为基础，结合测井曲线进行综合解释完成的，如图 1－23 所示，深度比例尺多为 1：500。由于岩屑录井和钻时录井的影响因素较多，因此还须进一步依据测井曲线进行岩屑定层归位。具体步骤如下。

1)校正深度

与取心深度误差校正类似，选取在钻时曲线、电测曲线上都具有明显特征的岩性层校正。深度校正主要是依靠钻时曲线与电测曲线之间的深度差值将岩性剖面上提或下放。

编图单位:　　　　　　　　编绘日期:　　　　　　　　　　　编绘人:　　　　　审核人:

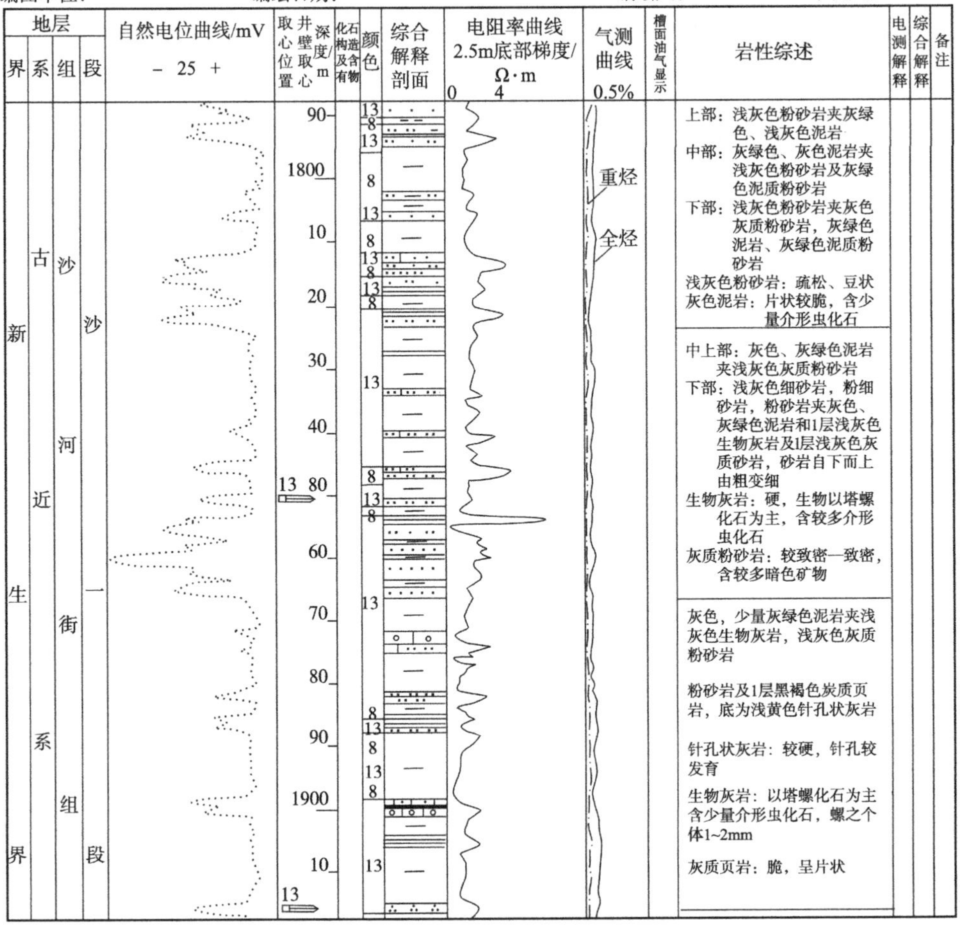

图 1－23　碎屑岩岩屑综合录井图

2)复查岩屑、落实剖面

岩屑录井剖面的岩性与电测曲线解释的岩性如有不符，就应分析测井曲线和复查岩屑，找出原因进行修正。电测解释中不存在的岩层，复查中发现岩屑、钻时变化并不明显的层段应该取消；电测解释中不存在的岩层，若岩屑、钻时的变化很清楚、很可靠，则应仍保留。井壁取心与岩屑、电性有矛盾时可按条带处理；或考虑是否为薄夹层，电测曲线不易分辨。复查中发现的漏描层应补上。复查中不能解释的主要岩性、电性矛盾层应作为问题在完井报告中提出。

3)综合剖面的解释

以电测曲线为深度标准，结合取心等资料绘制综合解释剖面，需要注意下列问题：

(1)综合解释要参考组合测井资料，提高解释精度。

(2)单层厚度小于0.5m者，一般岩性可以不做解释，在岩性综述中加以叙述；但对薄互层应适当表示；对有意义的特殊岩性、标准层及油、气显示层，剖面上应扩大为0.5m解释。

(3)除油、气层和砂层深度、厚度的解释应尽量接近组合测井解释的深度和厚度(与油气层及油气显示综合表一致)外，其他岩层解释界限可画在整毫米格上。

(4)岩性综述。分述各小段地层所包括的岩性、颜色、结构、构造特点及纵向上变化规律等。

(四)钻时录井

钻时是指每钻进一定厚度的岩层所需要的时间，单位为 min/m。“单位厚度”是按地质设计所规定的录井间距，常用的有 5m、2m、1m、0.5m 等，在钻进过程中，按照一定的间距，连续记录钻时的变化称为钻时录井。

1. 影响钻时的因素

钻时是钻速的倒数(m/h)，现场通常用钻时表示钻进速度的快慢。钻时一方面取决于地下岩石的可钻性；另一方面也取决于钻井措施，如钻压、转速、钻井液排量及性能、钻头类型及使用情况等。因此，根据钻时的长短，可以帮助判断地下岩层的岩性变化和缝洞发育情况；也可帮助工程人员掌握钻头磨损情况，提高钻头使用率，改进钻进措施，提高钻速，降低成本。

1)岩石性质(岩石的可钻性)

地层岩性是影响钻时变化的主导因素，岩性不同钻时也不同，这是钻时录井的依据。松软地层比坚硬地层钻时低，如疏松砂岩比致密砂岩钻时低，多孔的碳酸盐岩比致密石灰岩、白云岩钻时低。

2)钻头类型与新旧程度

不同类型的钻头，对同一地层钻时不一样，同一类型钻头对不同地层的钻时不一样，同一钻头不同新旧程度对同一地层钻时不一样。新钻头一般比旧钻头钻速快、钻时低。一般钻软地层用刮刀钻头，钻硬地层用牙轮钻头。

在钻时录井中，要记录钻头下入的井深，钻头的类型、尺寸、新度，并仔细观察起出钻头的磨损情况，以判断所钻地层的岩性。

3)钻井措施与方式

在同一岩层中，钻压大、转速快、钻井液排量大时，钻头的破岩效率高，钻时就低。涡轮钻的转速一般比旋转钻高约 10 倍，故涡轮钻的钻时低。相反，钻井措施不当，进尺就少、钻时高。

4)钻井液性能与排量

低黏度、低密度、大排量的钻井液钻进快、钻时低。一般清水钻进比钻井液钻进的速度高 1 倍以上。

5)工程复杂程度的影响

钻头泥包，碎岩效率明显降低，钻时会增大；扶正器泥包，减小钻具与井壁间隙，阻碍岩屑回返，同时增大钻具磨阻，降低作用于井底岩层的有效钻压而降低钻速，钻时增大；井壁垮塌使钻时增大，井斜过大或过度不规则增大钻井磨阻，钻时增大。

6)人为因素

当其他因素一定时，人为因素主要反映在司钻操作技术熟练程度上，送钻均匀、平稳，能根据地层性质采取适当措施，钻遇泥岩与软地层时轻压快钻，而对硬地层则重压慢钻，充分发挥机械效能，基本反映岩层可钻性，钻时小；相反，送钻不稳，跟不上钻压，钻时不能正常反映地层可钻性，就会出现失真而偏大。

2. 钻时曲线的绘制与应用

1)钻时曲线的绘制

以纵坐标代表井深、横坐标代表钻时，按记录间隔标出相应的钻时点，将各点连接成一条折线，即为钻时曲线(图1－24)。深度比例尺一般取1：500，以便于电测标准曲线对比和岩屑归位。横向比例尺可根据钻时变化的幅度而定。为方便解释，在曲线相应位置的旁边用符号或文字标出接单根、起下钻、跳钻、蹩钻、卡钻和更换钻头的位置、钻头尺寸类型等内容。

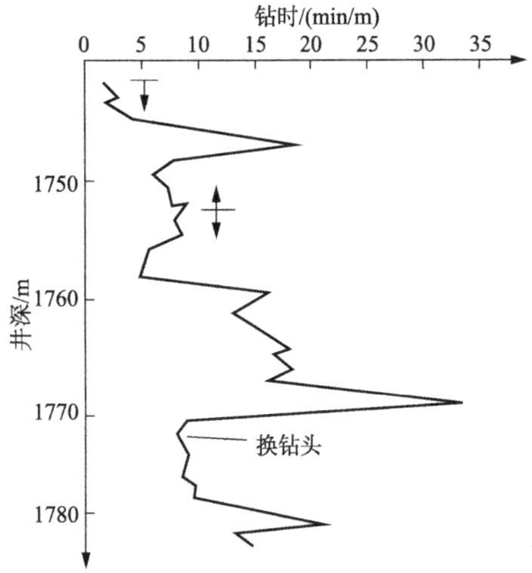

图1－24　钻时曲线

2)钻时曲线的应用

应用钻时曲线可定性判断岩性，解释地层剖面。

(1)岩屑描述用钻时推测判断岩性，确定岩性界面井深。

当其他条件不变时，钻时的变化反映了岩性的差别。疏松含油砂岩的钻时最快，普通砂岩较快，白云岩、灰岩较慢，玄武岩、花岗岩最慢。

钻时变化的突变点可作为岩性的分界面，还可以利用某些岩性特征比较明显、钻时曲线变化比较明显的突变点，校正岩屑迟到时间。

(2)划分渗透层和缝洞发育带。

在砂泥岩剖面中，渗透层的钻时明显小于上下非渗透层钻时；在碳酸盐岩、变质岩或火成岩地层中缝洞发育带或孔隙性白云岩、生物灰岩的钻时，明显小于其上下围岩的钻时。如突然发生钻时加快、钻具放空现象，说明井下可能遇到缝洞渗透层，放空尺寸越大，反映钻遇的缝洞越大。

(3)预示循环观察。

油气层钻时一般都比较快，按照正常迟到时间捞取岩屑，照荧光，发现显示要取心时，油气层可能早已钻穿。为了提高岩心卡取率，利用油气层钻时快的特点，在预计含油气层井段，当钻时变快时，必须立即停钻循环，观察油气显示。

(4)对比层位，做好地层预告。

钻时曲线在一定程度上反映了岩性特征，在正常情况下，钻时曲线在形态上与自然电位曲线非常相似，在测井前，可以利用钻时曲线与邻井自然电位曲线或钻时曲线进行粗略的形态相似性对比，初步确定层位，做好地层预告。

(5)工程上的应用。

根据钻时记录可以精确地计算出纯钻时间，进行时效分析；帮助合理地选择钻头和最佳钻井参数；借助钻时判断钻头使用情况，预报钻头、扶正器泥包等异常；取心时选择割心位置；在高压复杂地区，快钻时、放空也是发生井漏、井涌、井喷的先兆，根据钻时变化，提前做好各项应急准备工作，当发生井漏等复杂情况时，还可根据钻时推测复杂情况发生井段。

（五）钻井液录井

钻井液又称钻井的“血液”，除了用来带动涡轮、冷却钻头钻具外，更重要的是携带岩屑、保护井壁、防止地层垮塌、平衡地层压力、防止井喷井漏。根据地质条件合理使用钻井液，是防止钻井事故发生、降低钻井成本和保护油层的重要措施。

由于钻井液在钻遇油、气、水层和特殊岩性地层时，性能将发生各种不同的变化。根据钻井液性能的变化推断井下是否钻遇油、气、水层和特殊岩性层的方法称为钻井液录井。

1. 钻井液性能

钻井液主要可分为水基钻井液和油基钻井液两大类，钻井液的基本类型和用途如表1－10所示。钻井液性能包括以下几方面。

表1－10　钻井液分类、配制、特点及作用一览表

类型		配制	特点与作用
水基钻井液	淡水	淡水加黏土，钙离子小于50mg/L	多用于钻浅井部位
	钙处理	淡水钻井液加入絮凝剂石灰、石膏、氯化钙等，钙离子大于50mg/L	控制失水、降低切力，防止钻井液受石膏污染，解决石膏层的钻进问题
	石膏处理	以普通淡水钻井液为基础，加褐煤、烧碱及石膏等处理而成	控制失水，用于钻进易坍塌地层
	盐水	盐水加黏土，含盐量大于1%	稳定性好，克服泥页岩水化膨胀坍塌，稳定井壁。适用于膏盐地区及深井
	混油	淡水钻井液加一定油料（原油、柴油、机油）混合而成，一般加10%～20%	提高钻井液稳定性，密度低，流动性好，易开泵，减少钻具卡钻，提高取心收获率，有利于保护油层。适用于已知低压油层（钻生产井），不利于油气层录井
油基钻井液		以90%左右的柴油或原油作为溶液，用乳化剂、亲油黏土等混合而成	保护油层，防水化膨胀、钻头包泥和井壁垮塌。凝固点低，减少对钻具的腐蚀。适用于钻生产井、低压油气层，油基钻井液取心以分析原始含油饱和度
清水			适用于井浅、地层较硬、无严重垮塌、无阻卡、无漏失及先期完成井

1）钻井液密度

钻井液的密度是指钻井液在20℃时的质量与同体积4℃时的纯水质量之比。通常，在保证平衡地层压力的情况下，钻井液密度尽可能低些，有利于钻井液性能稳定和快速钻进，有利于发现和保护油气层。当钻入易垮塌的地层和钻开高压油、气、水层时，为防止地层垮塌和井喷，应适当加大钻井液密度。钻进低压油气层及漏失层时，应降低钻井液密度，以免压差过大压死油层或发生井漏。调节钻井液密度的原则是地层不塌不漏，对油气层压而不死，活而不喷。

2）钻井液黏度

钻井液黏度是指钻井液流动时的黏滞程度。钻井过程中，若钻井液黏度太高，首先流动性差，泵压高、排量低，影响钻速；其次是脱气困难，钻头易泥包，起下钻时易发生抽吸作用，以致引起喷、塌等事故。若钻井液黏度太低，则携带岩屑困难，易在漏失地层发生井漏。因此，钻井液黏度的高低要视具体情况而定。通常在保证携带岩屑的前提下，黏度低些为宜。

3）钻井液切力

钻井液从静止状态开始流动时，作用在单位面积上的力或者钻井液静止后悬浮岩屑的能力，称为钻井液切力。

从工程角度看，切力过大，则流动阻力大、起泵困难，砂子不易沉除，钻头易泥包，钻井液易气侵，其危害性与黏度过高类似。切力过低，则携带和悬浮岩屑的效果差，停泵时岩屑下沉，易发生卡钻事故，同时岩屑混杂，难以识别真假。

4）失水量和泥饼

当钻井液柱压力大于地层压力时，在压差的作用下，部分钻井液中的水将渗入地层中，这种现象称为钻井液的失水性。失水的多少称作钻井液失水量。其大小一般以30min内在1个大气压力作用下，用渗过直径为75mm圆形孔板的水量表示，单位为mL。

在钻井液失水的同时，黏土颗粒在井壁岩层表面逐步聚结而形成泥饼。

钻井液失水量小，泥饼薄而致密，有利于巩固井壁和保护油层。若失水量太大，在孔隙性的渗透层易形成泥饼，产生缩径现象。在某些泥岩地层处，出现岩层膨胀、井壁垮塌等情况，进而引起起下钻遇阻、遇卡，影响安全钻进。失水量太大，使钻井液滤液大量渗入油层，降低井眼周围油层的渗透性，对油层造成损害，最终降低原油产量。

5）钻井液含砂量

钻井液含砂量是指钻井液中直径大于0.074mm的砂子占钻井液体积的百分数。含砂量一般要求不大于2%。含砂量太高，会磨损钻井设备，易沉砂卡钻，增大钻井液密度，影响泥饼质量，对固井质量也有不利影响。

6）钻井液酸碱值（pH值）

钻井液的pH值表示钻井液的酸碱性。钻井液性能的变化与pH值有密切关系，pH值变化往往引起黏度、失水等性能变化。pH值低，将使钻井液水化性和分散性变差，切力、失水量上升；pH值高，会使黏土分散度提高，引起钻井液黏度上升。pH值过高，会使泥岩膨胀分散，造成掉块或井壁垮塌，且腐蚀钻井设备。

7）钻井液含盐量

钻井液含盐量是指钻井液中含氯化物的数量。通常是用测定的氯离子的含量代表含盐量，单位为mg/L。它是了解岩层及地层水性质的一个重要数据。

2. 钻井中影响钻井液性能的地质因素

了解影响钻井液性能的地质因素，对于判断油、气层和岩层的变化十分重要。钻遇各类地层时钻井液性能的变化如表1-11所示。

表1－11　钻井液性能变化基本规律

钻井液参数	油层	气层	盐水层	淡水层	黏土	石膏	盐岩	疏松砂岩
密度	减	减	先增后减	减	增		增	增
黏度	增	增	先增后减	减	增	剧增	增	略增
失水量			增	增	减	剧增	增	
泥饼			增	增		剧增	增	
切力	略增	增	减	增	剧增	增		
含盐量	不变或增	不变或增	增			增		
含砂量								增

1)高压油、气、水层

当钻穿高压油、气层时，油气侵入钻井液，造成密度降低，黏度增高，钻井液出口处钻井液外涌，钻井液槽内液面升高，并可见到油膜、油花或气泡显示。当钻遇淡水层时，密度、黏度和切力均降低，失水量增大。钻遇盐水层时，黏度增高后又降低，密度下降，切力和含盐量增加。

2)盐侵

当钻到可溶性盐类，如盐岩(NaCl)、芒硝(Na_2SO_4)或石膏($CaSO_4$)时，会使钻井液性能发生变化。由于盐岩和芒硝这些含钠盐类的溶解度大，使钻井液中Na^+浓度增加，导致黏度和失水量增大。当盐侵严重时，还会削弱黏土颗粒的水化和分散程度，使黏土颗粒凝结，黏度降低，失水量显著上升。钻遇石膏层时会使钻井液黏度和切力急剧增高，失水量上升。当氢氧化钙侵入时还将使钻井液的pH值增大。

3)砂侵

砂侵主要是由于黏土中原来含有的砂子及钻进过程中岩屑的砂子未沉除所致。含砂量过高，则增加钻井液的密度、黏度和切力。

4)黏土层

钻进黏土层或页岩层时，因地层造浆使钻井液密度、黏度增高。

5)漏失层

钻遇漏失层，轻则钻井液池液面下降，严重时会丧失循环。一般情况下，钻进漏失层时要求钻井液有高黏度、高切力或采取专门措施堵漏，阻止钻井液流入地层。

根据上述规律，结合槽面观察、荧光录井、气测录井综合分析，对井下油、气、水层和地层作出判断。

3. 钻井液录井资料的收集

钻井时，当钻井液在井中与各种不同的岩层及油、气、水层接触时，钻井液的性能就会发生某些变化，由此可以大致推断地层及含油、气、水情况。当地层压力大于钻井液柱压力时，地层中的流体进入钻井液，随钻井液循环返出井口，并呈现不同的状态和特点。

1)钻井液显示分类

钻井液显示可分为以下5类：①油花、气泡，指油花或气泡占槽面少于30%，全烃色谱组分值上升，岩屑有荧光显示，钻井液性能变化不明显；②油气侵，指油花或气泡占槽面30%以上，全烃色谱组分值较高，钻井液出口密度下降，黏度上升，有油、气味，钻井液性能变化明显；③井涌，指返出钻井液的流量时大时小，钻井液涌出至转盘面以上，不超过1m或钻井液出口处液量大于泥浆泵排量；④井喷，指钻井液喷出转盘面1m以上，超过二层平台称强烈井喷；⑤井漏，指钻井液量明显减少。

2)资料录取内容

录取资料包括4类：①钻井液性能资料，包括钻井液的类型、测点井深、密度、黏度、失水量、泥饼、切力、pH值、含砂量、氯离子含量、钻井液电阻率等。②钻井液荧光沥青含量资料，包括取样井深及荧光沥青百分含量等。③钻井液处理资料，包括收集处理药品名称、浓度、数量及处理时井深、时间和处理前后性能的变化情况。④钻井液显示基础资料，正常钻进中收集显示出现时间、井深、层位、显示类型等资料。下钻要注意收集钻达井深、钻头位置、开泵时间、出现显示时间、延续时间、高峰时间、显示类型、消失时间、钻井液迟到时间等资料。

(六)气测录井

气测录井是直接测定钻井液中可燃气体含量的一种录井方法，能及时发现油气显示，并能预报井喷。气测录井可分为两种，即色谱气测和非色谱气测。非色谱气测是利用各种烃类气体的燃烧温度不同，将甲烷与重烃分开。这种方法只能得到甲烷及重烃或全烃的含量，分析数据少，划分油、气、水层时有一定困难。色谱气测是利用色谱原理将天然气中各种组分(主要是甲烷至戊烷)分开，分析速度快，数据多且准确。目前主要应用的是色谱气测的方法。

1. 色谱气测工作流程

气相色谱法主要设备是气相色谱测试仪，测试仪主要包括气样源、色谱柱、检测器和记录器四个部分。

气相色谱测试仪是利用色谱原理自动分析记录，样品由进样口进入，由载气将其带进色谱柱进行分离，然后对分离出的各种组分分别进行鉴定和记录。色谱柱是分离各种组分的关键设备。色谱柱中有一种称为固定相的物质，它对不同的烃类组分具有不同的吸附能力。通过色谱柱的反复作用，便可将混合的烃类气体分离成单组分的烃类气体。

2. 气测资料的地质解释

1)利用全烃和重烃数值识别油、气、水层

(1)油层和气层的识别。油层和气层都含有重烃，但油层气体的重烃含量比气层高，而且包含了丙烷以上成分的烃类气体。气层的重烃含量不仅低，而且只含有乙烷、丙烷等成分，没有大分子的烃类气体。所以油层在气测曲线上的反映是全烃和重烃曲线同时升高(图1-25)，两条曲线幅度差较小，而气层在气测曲线上的反映是全烃曲线幅度很高，重烃曲线幅度很低，两条曲线间的幅度差很大。

(2)水层的识别。虽然烃类气体难溶于水，但某些水层中仍含有少量溶解气，因而在气测曲线上也会出现一定显示。有的全烃和重烃同时增高，有的全烃增高，重烃无异常。

但水层在气测曲线上的显示幅度远比油层低。

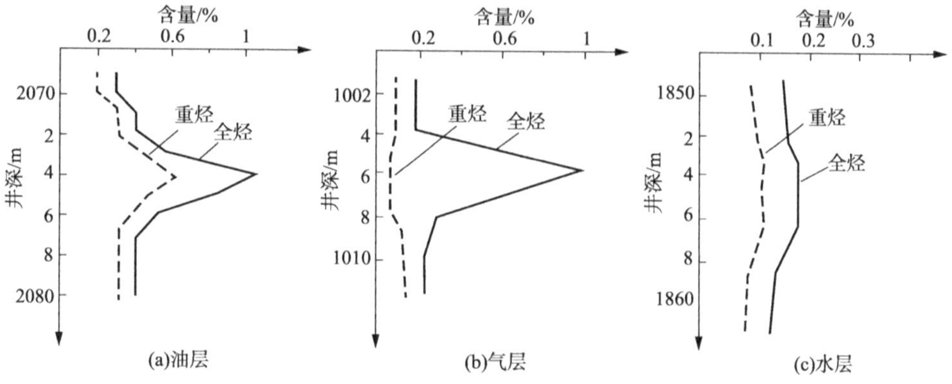

图1－25 油层、气层和水层的气测曲线

(3)区分轻质油层和重质油层。由于烃类气体在石油中的溶解度是随分子质量的增大而增加，所以在不同性质的油层中重烃的含量也不完全一样。轻质油的重烃含量要比重质油的重烃含量高，因此，含轻质油的油层其重烃异常幅度要比含重质油的油层明显得多(图1－26)。

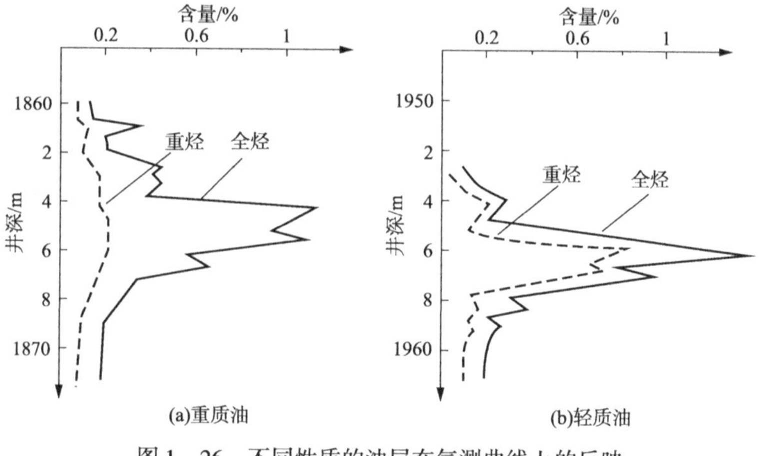

图1－26 不同性质的油层在气测曲线上的反映

有时候虽然发现了油层，但由于种种原因也会造成油层的损害，甚至试油失败。图1－27为板17井录井剖面，录井解释发现了两个可疑层，但1974年11月射开试油未见任何油气显示，后来在1979年1月小偷盗油时该井发生了井喷，测试日产油52.2t、气$12\times10^4m^3$，被称为“死而复活出奇闻”。

2)利用色谱气测曲线或图版识别油气水层

气测录井评价技术主要有气测曲线形态判别法、气测解释图版判别法、气测解释参数判别法等。近年来，随着气测资料应用程度的提高，气测曲线形态判别由曲线图向解释图版转化，解释图版向含油指数与储层物性组合等综合解释图版发展。

目前常用的色谱气测解释图版有三角形比值法图版、皮克斯勒法图版、双对数比值法图版、正规化法图版、落点比较法图版、气测形态法图版等。

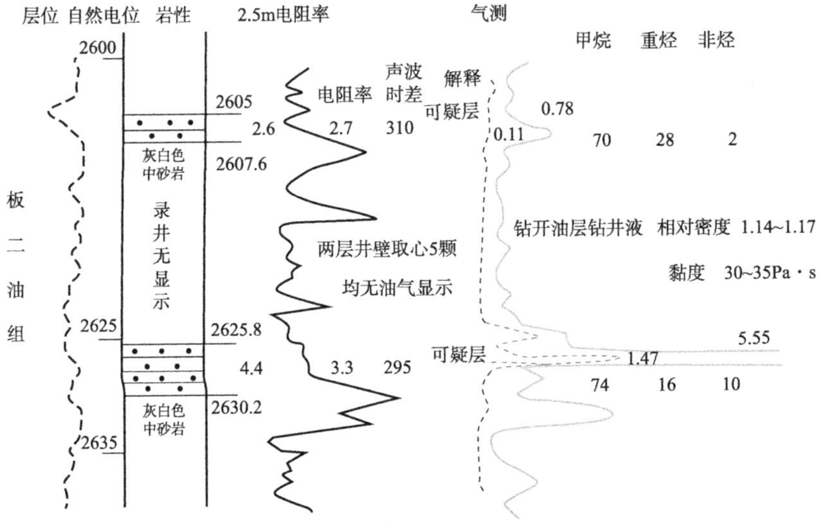

图1－27 板17井录井剖面

由于气测图版具有分区、分层、分源的特性，不同区块具有不同的图版和解释标准。因此，在使用解释图版时必须结合本井实际，优选区块、地层、油源相同或相近的图版进行流体性质评价。

(1)三角形比值法图版。

根据一个油田一定含油层位的试油结果及相应天然气组分含量，选用 $C_2/\sum C$、$C_3/\sum C$ 和 $C_4/\sum C$（C_2、C_3、C_4、$\sum C$ 分别代表乙烷、丙烷、丁烷和全烃）三个参数，按三角形坐标绘制，并根据试油结果划分出油、气、水区间(图1－28)。解释时，根据计算结果确定上述各参数在图中的位置和形状。

图版使用时要求组分齐全，可根据下面几点进行解释：①若为正三角形，则说明储层含气；②若为倒三角形，则说明储层含油；③若内外三角形对应顶点的连线的交点 *M* 位于图版的椭圆圈内，则认为储层有产能，否则无生产能力(图1－28)。

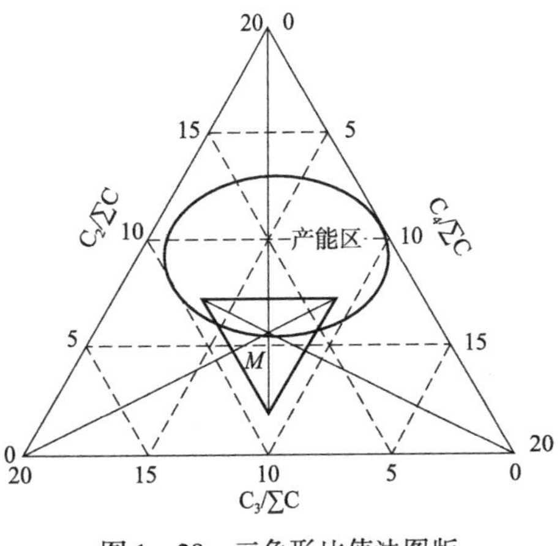

图1－28 三角形比值法图版

其大小按内三角形与外三角边长之比值划分。大于外三角形边长75%的为大三角形，在25%～75%的为中三角形，小于25%的为小三角形。解释原则为：大—中倒三角形为油层；大正三角形为气层或轻质油层；中正三角形为气水同层；小正、倒三角形为油水层或油气过渡带。

(2)皮克斯勒法图版。

解释图版上一般可分为油区、气区和两个非生产区，根据解释层的比值连线分布区带进行流体性质判别。若 C_1/C_2 值低于2或大于45，一般情况下判断为非生产层。若 C_1/C_2 值点落在油区底部，而 C_1/C_4 值点落在气区顶部，该层可能为非生产层。各烃比值点连线为正倾斜(左低右高)线表示是产烃层，负倾斜(左高右低)线表示为含油水层或水层(图 1－29)。

(3)双对数比值法图版。

以 lg C_1/lg C_2 为纵坐标，lg C_1/lg $C_{2\sim5}$ 为横坐标，进行统计分析，制作双对数比值法图版。使用时依据井所在区块选取图版，根据解释层落点分布进行流体性质判别(图 1－30)。

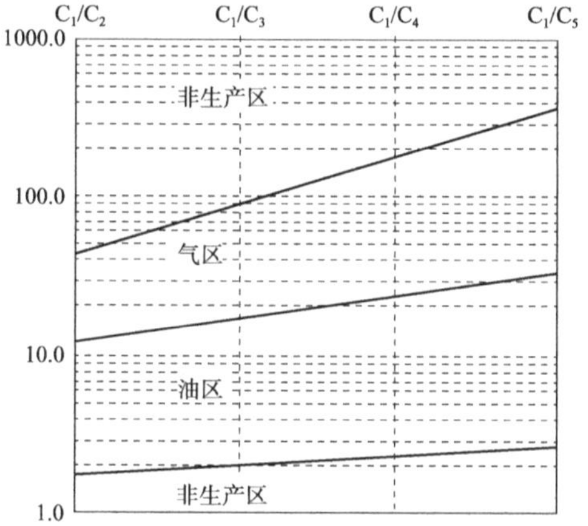

图 1－29 皮克斯勒法图版

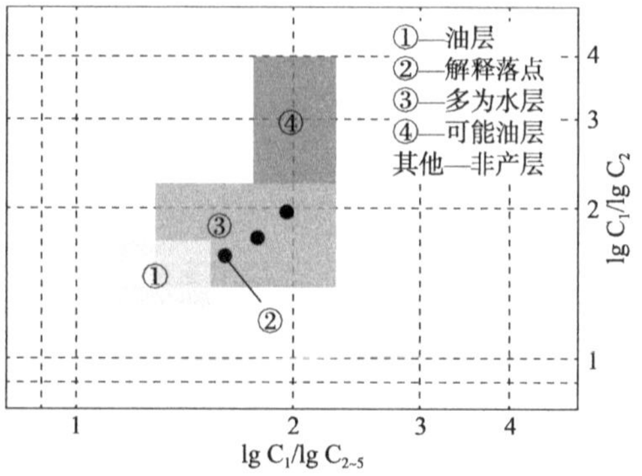

图 1－30 双对数比值法图版

(4)烃比值与湿度比 W_h 关系图版

统计试油井的气测资料，通过分析气测参数与试油结论间的关系，如 C_2/C_3 和湿度比 W_h(重烃/全烃)变化特征，绘制图版，用于现场直接、迅速地判断含油气储层。图 1－31 为南堡凹陷东营组气测解释评价标准图版(赵文睿，2021)。

(5)气测形态法图版。

①确定烃相系数，以对应低钻时气测显示半幅点为界分别确定钻时、气测显示厚度；②选用代表气测异常显示的 1m 气测数据，计算烃组分分布形态系数；③计算形态评价参数(X_1)时，选取与解释层相同区块、相应地层的计算模型；④根据解释层落点分布进行流体性质判别，该图版不能用于纯气层或不含重组分的稠油层的解释(图 1－32)。

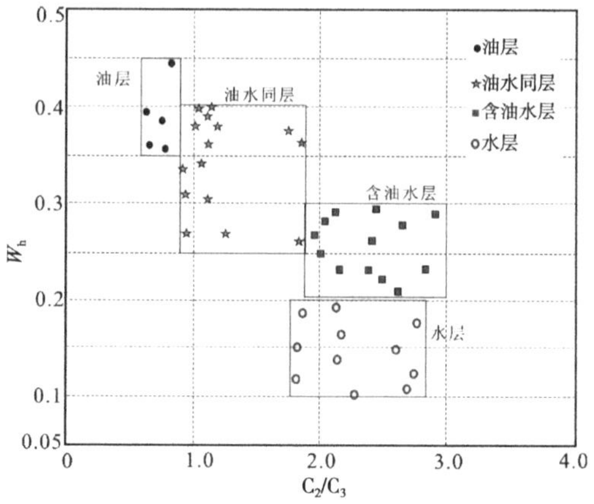

图 1－31 烃比值与湿度比 W_h 关系图版

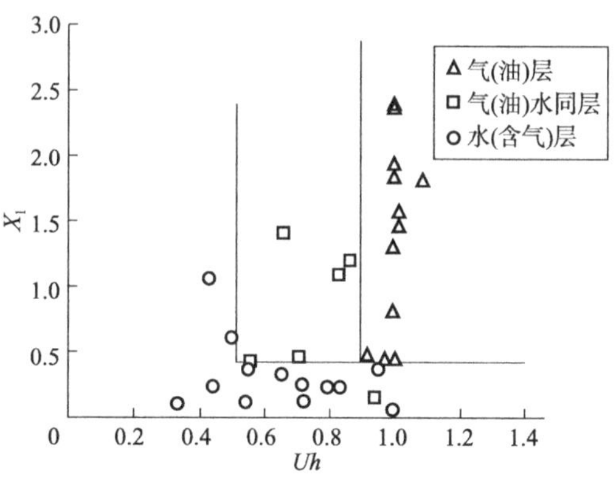

图 1－32 气测形态法图版

图 1－33 为大庆油田 WS1 井综合录井图，试分析井涌段的录井响应特征有哪些？

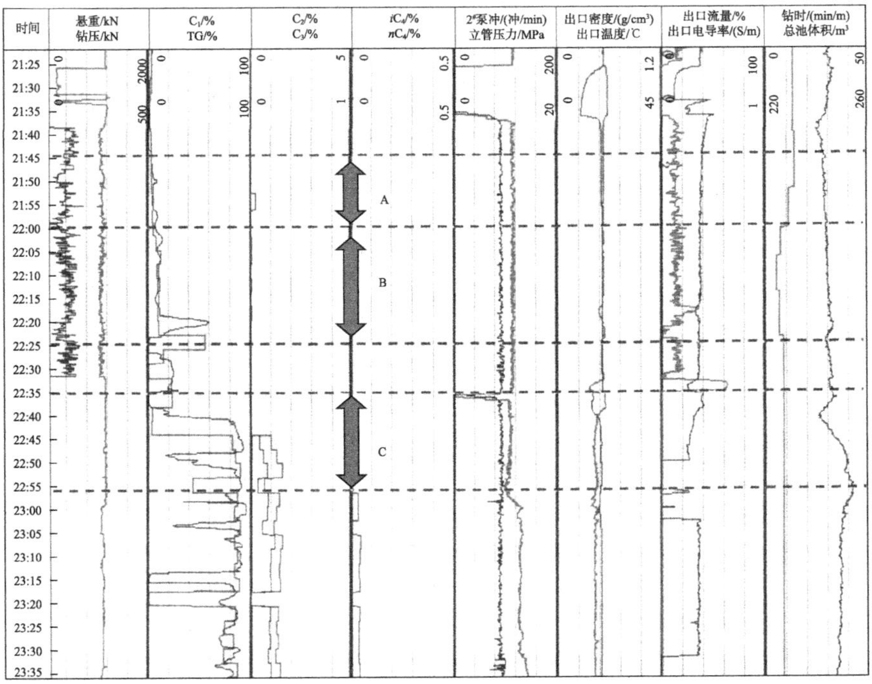

图 1－33　大庆油田 WS1 井综合录井图

(七) 荧光录井

石油是碳氢化合物，除含烷烃外，还含有 π－电子结构的芳香烃化合物及其衍生物。芳香烃化合物及其衍生物在紫外光的激发下，能够发射荧光。不同地区的原油，所含芳香烃化合物及其衍生物的数量不同，π－电子共轭度和分子平面度也有差别，被激发的荧光强度和波长是不同的，这种特性称为石油的荧光性。荧光录井仪根据石油的这种特性，将现场采集的岩屑浸泡后，可直接测定砂样中的含油量。

1. 荧光录井的工作方法

1) 荧光直照检测法

将岩屑样品置于荧光灯下直接照射，观察荧光颜色、发光强度、面积和产状，可分为湿照、干照。取湿岩屑样品进行荧光照射即为湿照，取干岩屑样品进行荧光照射即为干照。

荧光颜色：随油质而异，一般轻质组分多的轻质原油荧光颜色浅，多呈乳白色、亮黄色、黄色、金黄色；随油质变稠而变为棕黄色、棕色甚至棕褐色，部分氧化稠油直照无荧光显示。

该方法简单易行，对样品无特殊要求，系统照射对发现油气显示是一种极为重要的手段。尤其对轻质油，各油田采取了湿照和干照相结合的方法，使油气层发现率有了很大的提高。

观察岩样荧光的颜色和产状，与本井混入原油的荧光特征进行对比，排除原油污染造成的假显示(表 1－12)和成品油发光造成的假显示。

观察岩样的荧光结构，若仅见砾石或砂屑颗粒有荧光，而胶结物无荧光，可能为早期油层遭受破坏再沉积或早期储层被后期充填的胶结物填死而形成的假显示。

表 1－12　真假荧光显示判别表

类型	假显示	真显示
岩样	由表及里浸染，岩样内部不发光	表里一致，或核心颜色深，由里及表颜色变浅
裂缝	仅岩样裂缝边缘发光，边缘向内部浸染	由裂缝中心向基质浸染，缝内较重，向基质逐渐变轻
基质	晶隙不发光	晶隙发荧光，当饱和时可呈均匀弥漫状
荧光颜色	与本井混入原油一致	与本井混入原油不一致

2)点滴分析法

取定性滤纸一张，在紫外光下检查，确保洁净无油污。

将样品置于滤纸上，在样品上滴 1～2 滴氯仿或四氯化碳，有机溶剂立即溶解岩样中的石油沥青。当有机溶剂挥发之后，滤纸上留下了沥青痕迹，根据其在荧光灯照射下的颜色、发光强度、形态可以判断油质的类型和含量(表 1－13)，通常称为滴照。对可疑样品、荧光干照不发光的样品或呈粉末状的岩屑样品，可做点滴分析。

痕迹颜色呈天蓝色或微紫色－天蓝色时，多为油质沥青(轻质油)，呈黄色或黄色－褐色时，多为胶质沥青(中质油)，呈褐色－黑色时，多为沥青质沥青(或稠油)，如表 1－14 所示。

表 1－13　荧光级别的划分

滴照级别	一级	二级	三级	四级	五级
荧光特征	模糊晕状，边缘无亮光	清晰晕状，边缘有亮环	明亮，呈星点状分布	明亮，呈花状、放射状	均匀明亮

表 1－14　轻质油和稠油荧光的特征

轻质油荧光	稠油荧光
轻质油含胶质、沥青质不超过 5%，而油质含量在 95% 以上，其荧光的颜色主要显示油质的特征，通常呈浅蓝、黄、金黄、棕色等	稠油含胶质、沥青质可达 20%～30%，甚至高达 50%，其荧光颜色主要显示胶质、沥青质的特征，通常为颜色较深的棕褐、褐、黑褐色

3)荧光系列对比法

利用原油能够完全溶于有机溶剂(氯仿)中和在紫外线照射下能发荧光的特性，可以按需要配制成浓度级别不同的含油溶液，而不同级别的含油溶液在紫外线照射下发出的荧光强度随浓度降低而减弱，是现场常用的定量分析方法。

其操作方法：取 1g 磨碎的岩样，放入带塞无色玻璃试管中，倒入 5～6mL 氯仿，盖塞摇匀，静置 8h 后与同油源标准系列到荧光灯下进行对比，找出发光强度与标准系列相近似的等级。用下列公式计算样品的沥青含量：

$$Q=(A\times B\div G)\times 100\% \tag{1-17}$$

式中，Q 为被测岩样的石油沥青百分含量，%；A 为被测岩样同级的 1mL 标准溶液中的沥青含量，g；B 为被测岩样用的氯仿溶液体积，mL；G 为样品质量，g。

然后用求得的结果与标准系列石油沥青含量表对比，得到对应的荧光级别。

2. 影响荧光录井的主要因素

1)岩石和矿物发光

部分岩石和矿物在紫外光照射下，也能发出各类荧光，如表1－15所示。

表1－15　部分岩石、矿物荧光特征表

岩矿名称	荧光颜色	岩矿名称	荧光颜色
石英、蛋白石	白、灰白	石蜡	亮蓝
贝壳、方解石	乳白	油页岩，有机泥岩	暗褐、褐黄
石膏	天蓝、紫蓝、乳白	泥质的云石	暗褐
岩盐	亮紫	钙质团块	灰白、暗黄
软沥青	橙、褐橙	钙质砂岩	浅黄

矿物在直接照射时，有的与含油显示荧光非常相似，极易混淆；但矿物都不溶于有机溶剂，只要挑出发光样品，在自然光下仔细辨认，有的矿物发光就可以剔除，还有如白云质、钙质岩石，通过点滴分析或有机溶剂浸泡即可完全排除。

2)钻井液混油影响

钻井液中混有成品油或添加剂，侵入或污染岩样后，在荧光灯下直照发荧光，溶于有机溶剂，可用某些成品油荧光颜色表(表1－16)比较区分，但有的很难区别。因此，要求区域探井、预探井和评价井，录井队要对每一批次钻井液处理剂取样并进行荧光检查，通过与泥岩段与储层段荧光观察对比、岩屑新鲜断面荧光观察等手段排除假荧光，及时发现油气显示。

表1－16　成品油荧光颜色表

名称	荧光颜色	名称	荧光颜色
汽油	无色或浅紫	机油	蓝－天蓝、紫蓝
煤油	乳白带蓝	原油	乳白、黄、乳黄
柴油	亮紫、蓝紫－紫蓝		

3. 荧光录井的应用

(1)荧光录井灵敏度高，对肉眼难以鉴别的油气显示，尤其是轻质油，能够及时发现。

(2)通过荧光录井可以区分油质的好坏和油气显示的程度，正确评价油气层。

(3)在新区新层系及特殊岩性段，荧光录井可以配合其他录井手段准确解释油气显示层，弥补测井解释的不足。

(4)荧光录井成本低，方法简便易行，可系统照射，对落实全井油气显示极为重要。

三、综合录井

综合录井是在钻井过程中，依托综合录井仪及其他检测设备，利用循环钻井液，并把其作为信息的载体，进行石油地质、钻井工程及其他随钻信息的采集分析，为勘探开发提供齐全、准确的第一手资料的录井技术。综合录井是勘探开发系列技术中重要的一环，由于录井信息最主要的媒介是携带地层信息的钻井液，国际上该技术称为钻井液录井（Mud Logging）。

综合录井不仅包括传统的各种录井内容，还包括钻井参数、钻井液参数录井及地层压力的预测。

综合录井的基本原理就是通过对各种不同参数的检测、记录、整理、分析、计算，达到对地层进行含油气的初步评价、孔隙压力的预测及钻井监控的目的。通过岩心、岩屑、气体测定、荧光分析、钻速、钻井液性能等参数的录取，对地下地层含油气状况进行初步评价。通过页岩密度、"*dc*"指数、"Sigma－log"的测定，对地下欠压实地层异常孔隙流体压力做出预测。通过钻速、立管压力、套管压力、钻井液池液面、钻井液密度、电阻率、H_2S 等参数的检测，对钻井实行安全监控。

现代综合录井已发展成为融合多学科的综合技术，是钻探现场的信息中心和油田信息化的主要信息来源，在钻井工程服务、地质服务及辅助决策方面发挥着不可替代的作用。以法国地质服务公司（Geoservices）生产的综合录井仪为例，介绍录井仪的测量仪器及录取资料项目。

（一）综合录井仪测量仪器

综合录井仪的测量仪器主要分为三部分。

1. 钻井参数部分

包括：①装置；②泵冲数和转盘转数测量仪；③泵压、套压和转盘扭矩测量仪；④钻井液池体积测量仪；⑤钻井液流量测量仪。

2. 钻井液参数部分

包括：①钻井液密度测量仪；②钻井液温度测量仪；③钻井液电阻率测量仪。

3. 地质气测参数部分

包括：①天然气总含量检测仪；②气相色谱仪（热解气相色谱仪）；③热真空蒸馏脱气器；④硫化氢含量监视仪；⑤二氧化碳测量仪；⑥碳酸盐含量测量仪；⑦泥岩密度测量仪；⑧荧光灯；⑨显微镜。

（二）综合录井仪录井项目

综合录井仪可录取和收集 6 类资料、31 条曲线、3 种样品及有关资料 59 项。

6 类资料包括：岩屑录井类、气测录井类、钻井液录井类、岩心录井类、钻井工程录井类、地层压力录井类。

31 条曲线包括：①钻时，min/m；②甲烷，%；③乙烷，%；④丙烷，%；⑤异丁烷，%；⑥正丁烷，%；⑦气体全量，%；⑧二氧化碳，%；⑨硫化氢，mg/L；⑩ 1 号罐内钻井液量，m^3；⑪ 2 号罐内钻井液量，m^3；⑫ 3 号罐内钻井液量，m^3；⑬ 4 号罐内钻井液量，m^3；⑭钻井液总量，m^3；⑮进口钻井液电阻率，Ω·m；⑯出口钻井液电阻率，Ω·m；⑰进口钻井液温度，℃；⑱出口钻井液温度，℃；⑲进口钻井液密度，g/cm^3；⑳出口钻井液密度，

g/cm^3；㉑出口钻井液流量(配有传感器材)，L/s；㉒大钩负荷，t；㉓钻压，t；㉔转盘转速，r/min；㉕转盘转矩，kN·m；㉖1号泵冲速，冲/分钟；㉗2号(或3号)泵冲速，冲/分钟；㉘立管压力，MPa；㉙套管压力(关闭封井器时)，MPa；㉚色谱曲线(气体组分),%；㉛岩屑内碳酸盐岩含量,%。

3种样品包括：①岩屑样品，包括岩屑分析描述样品、荧光分析样品、碳酸盐岩分析样品、页岩密度测试样品和残余气分析样品；②岩心样品，包括钻井取心分析化验样品和井壁取心样品；③钻井液样品，包括气体基值、异常井段和地质循环的钻井液样品。

59项数据资料包括：岩屑录井10项数据、气测井8项数据、钻井液8项数据、岩心录井13项数据、17项钻井工程录井数据、3项地层压力录井数据。

1. 岩屑录井10项数据资料

①岩性；②结构；③荧光(颜色、强度、级别、产状)；④含油程度；⑤化石；⑥缝(次生矿物成分、含量、结晶程度)；⑦缝洞(大小、充填物、充填程度)；⑧泥(页)岩密度；⑨碳酸盐岩(石灰岩、白云岩)含量；⑩岩屑内残余气体全烃含量。

2. 气测井8项数据资料

①深度(实钻深度、迟到校正深度)；②测量时间；③钻时；④气体含量(全量、甲烷、乙烷、丙烷、异丁烷、正丁烷、氢气、二氧化碳、硫化氢)；⑤气体组分相对百分含量；⑥钻井液全脱气分析；⑦含气指数(地面含气指数、地层含气指数)；⑧后效气测钻具下入深度、测时钻井深度、气体全量、气体组分、气体异常峰值、推算异常深度。

3. 钻井液8项数据资料

①钻井液物理及化学性质；②钻井液量；③迟到时间；④钻井液处理(处理剂名称及用量)；⑤槽面显示；⑥漏失(井深、起止时间、漏失数量、漏失速度、漏液性质)；⑦井喷或井涌；⑧荧光沥青含量。

4. 岩心录井13项数据资料

①收获率(取心井段、层位、次数、取心进尺、岩心分块长度、收获率、岩心分级长度、岩心累计长度、油砂比)；②岩性；③结构；④沉积构造；⑤缝(类型、宽度、长度、密度、充填程度及结晶程度、缝壁特征和层面关系、缝洞连通情况等)；⑥洞(类型、大小、密度、充填物、充填程度、连通性)；⑦接触关系；⑧化石(类型、丰度、排列)；⑨倾角；⑩荧光；⑪含油程度(颜色、饱满程度、面积、原油性质、油味、产状、滴水实验)；⑫含气状况(气泡大小、密度、延续时间、气味)；⑬破碎与磨损情况。

5. 钻井工程录井数据资料，包括4大类17项

地质类数据：①井位(井号、井别、坐标、海拔高度)；②井深(实钻井深、垂直井深、迟到校正井深、钻头位置)；③井身结构(完钻井深、井眼状况、套管程序、阻流环位置、人工井底、水泥返高等)；④井斜(定向或侧钻井深、测斜井深、井斜角、方位角、狗腿度、闭合距、闭合方位等)。

钻具类：⑤钻具(钻铤、钻杆、方钻杆、内径、外径、长度、单位质量、总质量等)；

⑥钻头(序号、类型、长度、直径、使用时间、进尺、成本、新度、钻头指数、流量系数、喷嘴直径等)；⑦起下钻具(钻杆数、钻铤数、立柱数、钻具总长度、起下钻时间、井内钻具体积、抽汲压力等)；⑧下套管与固井(套管规格、下深、水泥浆密度、水泥返高、注水泥量、水泥塞深度等)。

工程参数：⑨钻压；⑩转盘转速；⑪扭矩(平均扭矩、最大扭矩)；⑫立管压力；⑬关闭封井器时套管压力；⑭泵冲速(1 号泵冲速、2 号泵冲速)。

工程纪要：⑮时间(日期、钻井天数、开钻与停钻时间、开泵与停泵时间、大钩负荷时间、事故或复杂状况时间、测试时间、钻井时效等)；⑯工程大事纪要(井喷、井涌、井漏、卡钻、掉钻头牙轮、刺钻具、井塌、侧钻、溜钻、顿钻等)；⑰井史资料(开钻时间、完钻时间、完井时间、钻井液程序、钻头程序、套管程序等)。

6. 地层压力录井数据资料 3 项

包括：①上覆地层压力；②地层压力(*dc* 指数、Sigma 录井参数、地层压力梯度、当量循环密度、孔隙度等)；③地层破裂压力。

(三)工程异常显示预报

综合录井钻井异常事件的检测预报有很大的实用价值，一是判断地层岩性，发现和评价油层；二是利用压力检测获取地层压力信息，实现平衡钻井，既可减轻储层伤害，保护油气层，又可防止井涌、井喷、井漏等恶性事故发生；三是发现钻井工程事故隐患，避免工程事故发生，减少经济损失，降低钻井风险；四是优化钻井参数，提高工程时效。

1. 异常事件分类

(1)按井异常事件引发机理及后果，可分为两类。

地质异常事件：地质因素引起，主要是地层岩石和油气水显示信息的反映，有快钻时、放空、气侵、油侵、水侵、井涌、井喷预兆、井漏、溢流等；

工程异常事件：由于作业不当或钻井工具疲劳和质量问题引发的钻井异常事件，有钻具刺、断钻具、泵刺、掉水眼、水眼堵、掉牙轮、溜钻、顿钻、蹩钻和卡钻等。

(2)按异常参数类型钻井异常事件可分为 3 类。

钻井液参数异常包括油侵、气侵、水侵、溢流、井涌、井漏、井喷、地温异常等。

钻井工程参数异常包括钻具刺、泵刺、水眼堵、掉水眼、遇阻、卡钻、溜钻、顿钻、蹩钻、断钻具、快钻时、钻头老化、井壁垮塌等。

地层压力监测参数异常：地层压力异常、井喷预兆等。

2. 异常事件预测

1)常见异常事件的预报信息

(1)钻遇油气水层。

钻遇油气水层、钻遇欠压实地层、钻遇盐岩层：钻时显著减小、出口温度增高；气侵、油侵、水侵：入口流量稳定，出口流量逐渐增大，钻进中池体积缓慢增加，出口密度突然减小；淡水侵入、油侵、气侵：电导率减小；钻遇欠压实地层：*dc* 指数、Sigma 指数减小，偏离正常趋势线。

(2)井涌：大钩负荷增大，钻压减小；立管压力先升高后降低，出现起伏跳跃现象；入口流量稳定，出口流量起伏跳跃增大。

(3)井漏：入口流量稳定，出口流量减小；钻进中池体积缓慢减小；下钻时，池体积增量变小或不增加。

(4)钻遇盐水层：电导率增大。

(5)钻井液密度增大：立管压力下降很快然后上升。

(6)钻井液黏度增大：立管压力缓慢升高。

(7)钻头磨损、地层变化：钻时显著增大；转盘扭矩逐渐增大。

(8)钻具断落：大钩负荷突然减小。

(9)溜钻、顿钻：大钩负荷减小，钻压增大。

2)常见信息的可能性异常预报

钻时显著增大，可能是钻头磨损、地层变化；钻时显著减小，可能是钻遇油气水层、钻遇欠压实地层、钻遇盐岩层。

大钩负荷增大，钻压减小，可能是井涌、井漏；大钩负荷减小、钻压增大，可能是溜钻、顿钻，钻具断落(大钩负荷突然减小)；转盘扭矩逐渐增大，可能是钻头轴承或牙轮磨损；转盘扭矩大幅度波动，可能是掉牙轮、井筒内落异物、转盘机械故障。

立管压力下降很快然后上升：钻井液密度增大；立管压力缓慢下降：泵刺、钻具刺、钻井液密度发生变化；立管压力突然下降：掉水眼、井涌、断钻具；立管压力缓慢升高：钻井液黏度增大；立管压力突然增大：水眼堵、钻头泥包；立管压力先升高后降低，出现起伏跳跃现象：井涌。

入口流量稳定，出口流量逐渐增大：气侵、油侵、水侵、钻具刺；入口流量稳定，出口流量起伏跳跃增大：井涌、井喷预兆；入口流量稳定，出口流量减小：井漏；泵冲正常，出口流量减小：泵刺；钻进中池体积缓慢增加：气侵、油侵、水侵；钻进中池体积缓慢减小：井漏；下钻时，池体积增量变小或不增加：地层漏失(表1－17)。

出口密度突然减小：气侵、油侵、水侵、井涌；电导率增大：钻遇盐水层；电导率减小：淡水侵入、油侵、气侵。钻遇异常压力带时的参数变化如表1－18所示。

表1－17　地质异常事件

异常类型	检测参数显示特点	
	实时参数	迟到参数
气侵	钻时减小；出口流量增大；总池体积增加	气测全量高异常；单根峰，起下钻后效气明显，钻井液密度减小，黏度升高电导率可能减小；地温梯度可能增大；岩屑无荧光显示
油侵	钻时减小；出口流量增大；总池体积增加	气测全量高异常，烃组分重烃异常明显；钻井液密度减小；黏度升高；电导率减小；地温梯度可能增大；岩屑有荧光显示
盐水侵	钻时减小；出口流量增大；总池体积增加	钻井液密度减小；黏度降低；电导率增大；氯离子含量升高；气测小异常或无异常显示；岩屑无荧光显示

表 1－18　钻遇异常压力带时的参数变化特征表

参数	变化情况	参数	变化情况
气测基值	升高	钻井孔隙度	升高
单根峰	升高	出口温度	升高
后效气	升高	页岩密度	降低
摩阻	升高	出口电导率	降低
扭矩	升高	C_2/C_3	降低

四、新方法录井技术

1. *岩石热解录井*

岩石热解地球化学录井是根据有机质热裂解原理，利用岩石热解仪随钻对岩石样品进行分析，进而对烃源岩和储集层进行评价的录井方法，也称为热蒸发烃录井技术。该方法在实验室 Rock－Eval 评价生油岩的基础上，经移植改造用于地质录井现场并拓展到对储集层分析评价。

1）分析方法

称取研细后的生油岩样品或整颗粒砂岩 100mg，放入坩埚内置于一个特制的热解炉内，按程序升温，将岩样中的烃类及干酪根在不同温度下热解或热蒸发成气态烃，分别由载气直接送入氢焰离子化检测器中检测、数据处理。

岩石热解地球化学录井仪器由气路系统、热解装置、氢焰离子化检测器（FID）、微电流放大器、温度程序控制系统、数据处理系统六部分组成（图 1－34）。

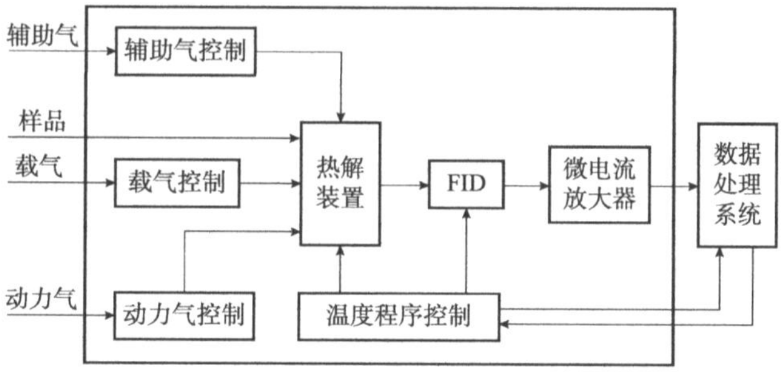

图 1－34　岩石热解地化录井仪器组成框图

岩石热解地球化学录井仪器具有自动化程度高、操作简便、岩样用量少、分析速度快、得到参数多等特点，应用于现场可快速进行随钻生油岩、储集层定量评价。

2）油层、气层、水层的判别标准

目前岩石热解地球化学录井有 4 种解释图版：轻重比$(S_0+S_1)/S_2$—轻总比$(S_0+S_1)/S_T$、轻重组分比 S_1/S_2—油产率 OPI、$(S_0+S_1)/S_2$—$(S_0+S_1)/S_2\times S_T$ 和 S_2/S_1—$S_2\times100/S_T$。根据地区的也不同，判别标准不同，如表 1－19 所示。

表1-19 准噶尔盆地西北缘地球化学解释原则及解释区间

序号	图版名称	坐标	油层	油水同层	水层	干层
1	轻重比$(S_0+S_1)/S_2$—轻总比$(S_0+S_1)/S_T$	Y	>0.58	0.33~0.58	0.16~0.33	<0.16
		X	>1.36	0.51~1.36	0.20~0.51	<0.20
2	轻重组分比S_1/S_2—油产率OPI	Y	>0.6	0.16~0.6	0.06~0.16	<0.06
		X	>38	13~38	5~13	<5

2. 轻烃气(罐顶气)录井

20世纪70年代末，轻烃气(罐顶气)分析方法在国外出现，并成功地应用于单井油气、烃源岩评价。80年代以来，我国在这方面的研究取得了较好的效果。

1)方法原理

罐顶气是指存于罐装岩屑顶部空间，且与下部液体达到气液相平衡的烃类、空气的混合气体，其中的烃类是岩屑返至地面后，其表面吸附的烃类气体因温度和压力降低而自然脱附出来。

岩屑在装罐前，轻烃已部分挥发和逸散，其挥发、逸散的速度和程度除取决于油层物性、原油性质、原油中轻烃含量外，还与钻井液的温度、黏度、密度及井深、岩屑破碎程度及时间等有关。因此，罐顶气轻烃实质上是岩屑中的轻烃部分挥发后“剩余轻烃”自然脱附的结果。罐顶气轻烃与原始地层中的轻烃相比，组分相同，但轻烃丰度减少，且轻烃内不同组分的相对含量发生了较大变化。主要体现在低沸点烃组分的相对含量减少，高沸点烃组分的相对含量增加，而对于结构和性质相似、沸点相近的烃组分来说，由于其挥发速度是相近的，所以其比值仍保持不变。

罐顶气的轻烃组成反映了地层轻烃的组成，罐顶气轻烃的丰度与地层轻烃丰度及样品装罐前轻烃逸散、挥发程度密切相关；罐顶气轻烃的相对含量是地层中轻烃在油层物性、原油性质、原油中轻烃含量、钻井液性能等因素共同作用下的结果。罐顶气轻烃录井是以轻烃丰度为前提，以轻烃组成为参考，以轻烃相对含量为主要依据判断轻烃的活跃程度，由此可进行储层含油性或烃源岩的有机质丰度、热演化程度、有机质母质类型等方面的评价。

2)取样方法及录井流程

区域探井和天然气或轻质油区都要进行罐顶气轻烃录井。在钻井过程中，按一定取样间隔与迟到时间，在振动筛前高架槽内捞取岩样。岩样不要冲洗，取样数量不得少于500mL。装罐时确保岩屑：钻井液：空间=7：2：1，然后加盖密封并倒置保存。

该录井过程比较复杂，可概括为：现场取罐装样→实验室取罐顶气→气相色谱分析→资料处理→生烃及储层评价。与气测录井方法相比，罐顶气轻烃分析的优点是受大气干扰小；分辨率高，可将C_1至C_7各组分逐一分离；信息量大，由C_1至C_7轻烃产生的若干参数对生油层及储油层进行评价。

3)罐顶气资料的应用

(1)烃源岩评价。

罐顶气的轻烃丰度、组成及其相对含量，是烃源岩有机质丰度、有机质类型及热演化程度的综合反映。根据轻烃分析结果可以对烃源岩质量进行评价，如表1-20所示。

表1-20　华北地区罐装气轻烃的有机质丰度判别标准(据《地质监督与录井手册》，2001)

烃源岩质量	轻烃丰度/(mg/L)	
	$\Sigma(C_1 \sim C_4)$	$\Sigma(C_5 \sim C_7)$
差-非生油岩	<1000	<600
生气岩	>8000	<600
中等生油岩	1000~8000(含)	600~6000(含)
好生油岩	8000~20000	6000~18000
极好生油岩	>20000	>18000

(2)储层评价。

由于轻烃具有很强的扩散能力，可使储层中广泛分布一定数量的轻烃。但这些轻烃的丰度及组成在油、气层与非油、气层内存在明显的差别，因此，必须要从罐顶气轻烃的丰度和组成两个方面着手，对储层的含油气性进行综合评价(表1-21、表1-22)。

实际工作中，有时还接触到一种用 C_2、C_3、nC_4 三种组分含量绘制的三角形图版，当三角形朝上时指示气层特征，三角形朝下时指示油层特征。

表1-21　油、气层罐顶气轻烃丰度评价标准(据《地质监督与录井手册》，2001)

油气层类型	油气层质量	轻烃丰度/(mg/L)	
		$\Sigma(C_1 \sim C_4)$	$\Sigma(C_5 \sim C_7)$
气层	贫或非气层	<1000	0~300
	中等气层	1000~3000	0~900
	好气层	>3000	0~100
油层	贫或非油层	<1000	<1000
	中等油层	1000~8000	1000~6000
	好油层	>8000	>6000

表1-22　油、气层罐顶气轻烃组成评价标准(据《地质监督与录井手册》，2001)

比值	油层	气层	非油气层或干气层
C_1/C_2	2~10(含)	10~35	<2或>35
C_1/C_3	2~14(含)	14~82	<2或>82
C_1/C_4	2~21(含)	21~200	<2或>200

3. 定量荧光录井

定量荧光录井是根据石油的荧光性，应用光学原理，借助仪器实现石油荧光数据检测和分析的一种录井方法。该方法主要识别微弱油气显示、轻质油层显示、真假油气显示、原油性质等，为油气层综合解释评价提供依据。

1）二维荧光分析仪分析

石油荧光分析仪测量时汞灯或氙灯发出的光通过狭缝1射入激发滤光片，激发滤光片将汞灯发出光过滤成波长为254nm的单波长光，这一单波长的光经过狭缝2照射到样品室上，样品室内比色皿中的石油组分吸收激发光的能量产生能量跃迁同时发出荧光，发出的荧光经狭缝3由发射接收光栅分光色散后经由狭缝4照射到光电倍增管上，光电倍增管将光信号转变为电信号，再放大送到计算机处理，最后以数字和图谱的形式提供结果。

二维仪器主要测量参数6项，其中2项直接测量参数为荧光波长（λ）和原油荧光强度（F），4项计算参数为相当油含量（含油浓度）（C）、对比级（N）、油性指数（O_c）和孔渗指数（I_c）。

（1）荧光波长（λ）。

在紫外光照射下，被测样品中烃类物质所发射光的波长如图1－35中的横坐标（λ），反映原油中不同成分的出峰位置。300～340（含）nm范围内的荧光代表轻质油成分；340～370nm范围内的荧光代表中质油成分；波长大于370nm的荧光代表重质油成分。

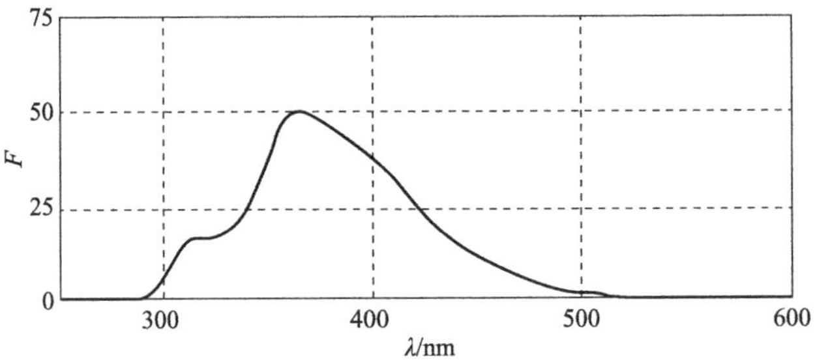

图1－35　二维仪器荧光图谱

（2）原油荧光强度（F）。

原油荧光强度指在紫外光照射下，被测样品中烃类物质所发射光的最高峰值。如图1－35中的纵坐标（F）为原油中占主要成分的荧光物质所发射荧光的强弱，反映的是被测样品中荧光物质的多少。

2）三维荧光分析仪分析

与二维仪器不同，三维仪器灯源氙灯发射出的光束照射Ex分光器，Ex分光器每转动一个角度允许一种波长的光通过，连续转动不同波长的光连续通过，照射到样品池上，样品池中的荧光物质吸收激发光后发生能量跃迁而发射荧光，荧光由大孔径非球面镜的聚光及Em分光散射后，照射于光电倍增管上，此管把光信号转换成电信号，电信号经过放大送至计算机进行处理，然后再以数字或图谱的方式输出。

最佳激发波长和最佳发射波长反映原油性质，如果最佳激发波长和最佳发射波长越大说明油质越重，反之说明油质越轻。

4. 核磁共振录井

核磁共振是某些具有自旋磁矩的原子核在外加磁场作用下，吸收特定频率的电磁波，从而改变能量状态的现象。在石油工业应用中最常用的是氢核^1H与磁场之间的相互作用的原理。

1)横向弛豫时间 T_2

油和水中的氢原子核具有自旋的特征，将自旋的氢核置于磁场中可产生磁化过程，用一定频率的电磁波，以脉冲的形式激发磁化后的氢核，满足共振条件时，氢核吸收能量，跃迁到高能态。脉冲结束后，氢核摆脱了射频场的影响，而只受到磁场的作用，进行自由运动，放出能量，这一过程在磁场中产生自由感应衰减信号。所有氢核力图恢复到原来的热平衡状态，这一过程叫作弛豫(图 1-36)，其时间常数分别为纵向弛豫时间 T_1、横向弛豫时间 T_2，由于 T_1 的测量速度非常慢，所以测量过程常取横向弛豫时间 T_2。

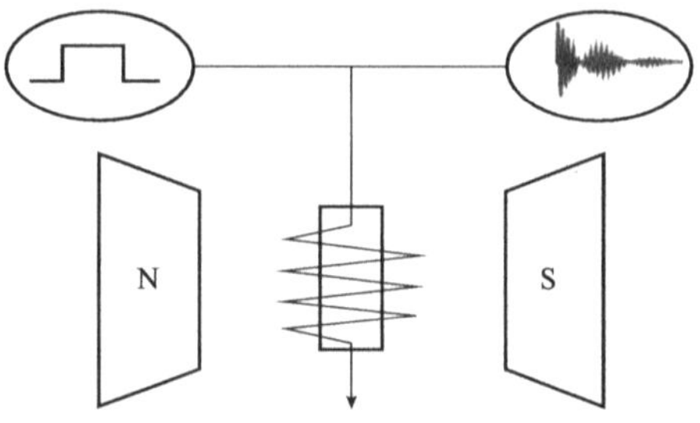

图 1-36　弛豫过程示意图

2)岩石中多指数弛豫

虽然岩石中单个孔道内弛豫可以看作是单指数弛豫，但岩石孔隙是由不同大小的孔道组成的，每种尺寸的孔隙有其自己的特征弛豫时间 T_2，因此在岩石中存在多种指数衰减过程。总的弛豫为这些弛豫的叠加(图 1-37)。

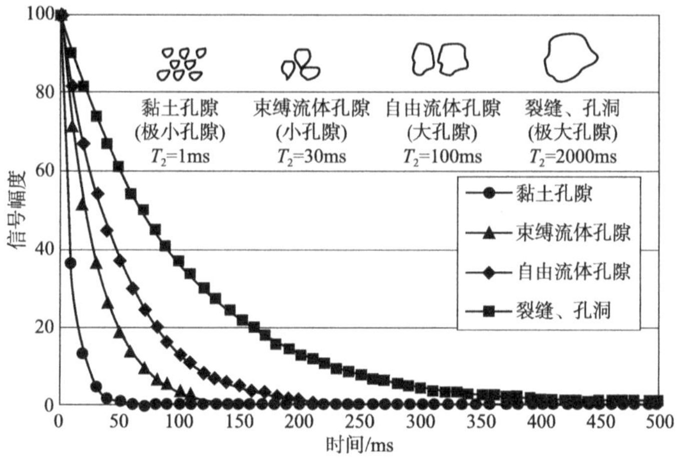

图 1-37　岩石中的多指数弛豫

$$S(t) = \sum A_i \exp(-t/T_{2i}) \tag{1-18}$$

式中，A_i 为第 i 组分所占的比例；T_{2i} 为第 i 组分的弛豫时间(与岩石内在的比表面 S/V 或孔径有关)。

在测量过程中，获取的是 T_2 衰减曲线，这个衰减信号是由许多不同孔隙中流体衰减信号叠加而成。采用数学反演技术可以计算出不同大小孔隙中的流体所占份额，即所谓的弛豫时间谱。图 1-38 是××油田一块岩心的弛豫时间谱，横坐标表示弛豫时间，纵坐标表示岩心不同弛豫时间组分占有的份额(以幅度表示)。较大孔隙对应的弛豫时间较长，较小孔隙对应的弛豫时间较短，弛豫时间谱在油层物理上的含义为岩心中不同大小的孔隙占总孔隙的比例。从弛豫时间谱中可以得到丰富的油层物理信息。

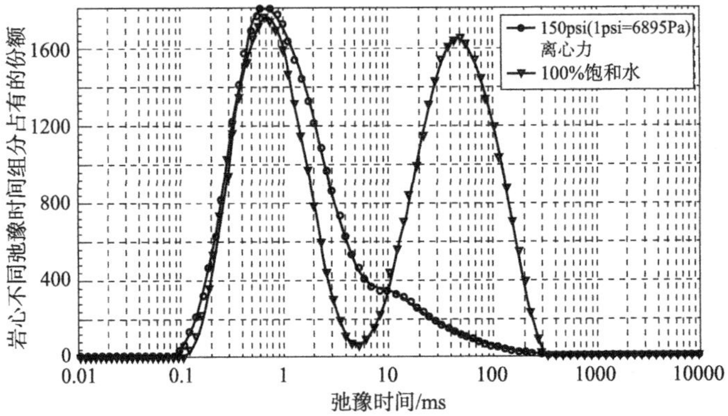

图 1－38　××油田岩心的弛豫时间谱

3）核磁共振录井参数

地层流体（油、水）中富含氢核，而岩石骨架中不含氢核，核磁共振技术是通过对氢原子核（^{1}H）与磁场之间相互作用的记录（弛豫时间谱）检测岩样孔隙中的流体量、流体类型、流体性质及流体与岩石孔隙固体表面之间的相互作用，从而获得储层的孔隙度、渗透率、含油饱和度、可动（束缚）流体饱和度等重要信息的技术。

（1）岩石孔隙度。

弛豫时间谱积分面积的大小与岩石中所含流体的多少成正比，只要对弛豫时间谱进行适当的刻度，就可获取岩石的孔隙体积，进而计算出岩石的孔隙度。

岩石中不同类型孔隙中的流体具有不同的弛豫时间，采用核磁共振方法可以分别测量出总孔隙度和有效孔隙度。在回波时间为 0.4ms 下测量得到的孔隙度为总孔隙度，其中包括黏土孔隙度和有效孔隙度，在回波时间为 1.2ms 下测量得到的孔隙度为不包括黏土孔隙度的有效孔隙度。

（2）岩石可动流体。

弛豫时间谱代表了岩石孔径的分布情况，而根据油层物理学理论，当孔径小到某一程度后，孔隙中的流体将被毛细管力所束缚而无法流动，因此对应在弛豫谱上存在一个界限，当孔隙流体的弛豫时间大于某一弛豫时间时，流体为可动流体，反之为束缚流体。从高速离心前后弛豫时间谱的变化中可清楚地看出截止值 T_i 在 10ms 左右，这个弛豫时间界限常被称为可动流体截止值。

（3）岩石渗透率。

弛豫时间谱代表了地层孔径分布，而地层岩石渗透率又与孔径（孔喉）有一定的关系，因此可以从弛豫时间谱中计算出地层渗透率，这种计算一般采用经验公式进行。

（4）岩石孔径半定量分布。

从油层物理中可知，对球形孔隙模型比表面为 $S/V=3/r$，对管束孔隙模型比表面为 $S/V=2/r$（r 表示孔隙半径），因此可以写成：

$$r_{\text{pore}}=cT_2 \qquad (1-19)$$

式中，c 为转换系数。

因此从弛豫时间谱上可以得到岩石孔隙半径的分布情况。

(5)含油饱和度。

油和水中都含有氢原子，将它们的核磁信号分开是比较困难的，但如果将岩屑浸泡在$MnCl_2$水溶液中(一般需要浸泡2～3h，具体要根据$MnCl_2$水溶液浓度、岩样的岩性而定)，顺磁离子Mn^{2+}将扩散到水中，使得水的弛豫时间缩短到10ms以下，而Mn^{2+}不能扩散到油中，油的弛豫时间不变(一般在100ms左右)，这样的测量就是单纯的油的核磁信号，从而可以将含油饱和度测量出来。

(6)可动水饱和度。

岩屑中的可动水存在于大孔道中，其弛豫时间比较长，但在$MnCl_2$水溶液中浸泡后，其弛豫时间缩短到10ms以下，因此，比较岩屑在$MnCl_2$水溶液中浸泡前后的核磁共振测量结果，可以测出可动水饱和度。

不同的录井项目反映不同的地层信息(表1－23)。随着录井技术的发展，录井解释逐渐发展为现代综合录井新技术条件下的精细解释，录井油气水解释可以运用类比法、统计法对显示层特征进行综合对比分析，再参考测井等其他资料，进行定性或半定量解释。

表1－23　录井项目反映的地层信息

录井系列	录井项目	反映的地层信息	信息类别
常规录井	岩屑录井	岩性、含油性、油质	直接信息
	荧光录井	含油性、油质	直接、间接信息
	钻井取心、壁心	岩性、含油性、含水性、孔渗性、层理、含有物等	直接信息
	钻井液录井	钻井液密度、黏度、电导率、氯离子、温度等变化	直接、间接信息
	槽面观察	含油性、地层流体的能量大小	直接信息
综合录井	气测录井	地层含烃量、非烃量(CO_2、H_2S等)的大小	直接信息
	后效气检测	地层流体性质及能量大小	间接信息
	工程参数监测	钻具刺漏、卡钻、溜钻、泵刺、掉牙轮等工程预报	间接信息
		井涌、井漏、油气水侵等异常预报	直接信息
		指数地层压力监测、地层可钻性、储层物性等	间接信息
新方法录井	热解、定量荧光、热解气相色谱、荧光薄片	含油性、油质	间接信息
	核磁共振	储层物性、含油性	间接信息
	轻烃分析	含油性	间接信息

五、地质观察记录及录井资料收集

在钻进过程中除了收集上述录井资料外，还必须收集一些钻进过程中的其他资料，并做到齐全准确。

(一)探井地质观察记录

地质观察记录是地质值班人员根据现场所观察到的现象，按规定记录下来的工作成果，是重要的第一性原始资料。如果油气显示资料记录不全不准，会影响含油层位的确定，影响油田的勘探开发。

1. 工程简况

简述钻井工程进展情况、技术措施和井下特殊现象，如钻进、起下钻、取心、电测、下套管、固井、试压、检修设备及各种复杂情况(跳钻、蹩钻、遇阻、遇卡、井喷、井漏等)。另外，需要记录补心高度、开钻时间、钻具结构、钻头类型及尺寸、钻井液性能等。

2. 录井资料收集情况

录井资料收集情况是观察记录的主要内容之一，一般应填写下列内容：岩屑的取样井段、间距、包数，对主要的岩性、特殊岩性、标准层应进行简要描述；钻井取心的取心井段、进尺、岩心长、收获率、主要岩性、油砂长度；井壁取心的取心层位、总颗数、发射率、收获率、岩性简述；测井的时间、项目、井段、比例尺及最大井斜和方位角；工程测斜的时间、测点井深、斜度；钻井液的相对密度、黏度、失水、泥饼、含砂、切力、pH值等性能。

(二)几种特殊资料的收集

1. 油、气、水显示

钻遇油气显示时应收集下列资料：

(1)观察钻井液槽、钻井液池液面、钻井液出口变化情况：

记录槽面出现油花、气泡时间，显示达到高峰、明显减弱的时间；槽面出现油花时气泡数量占槽面的百分比，达到高峰时占槽面的百分比，减弱时占槽面的百分比；油气在槽面的产状、油的颜色、油花分布情况(条带状、片状、点状及不规则形状)，气泡大小及分布特点等；槽面有无上涨现象，有无油气芳香味或硫化氢味等。

钻井液池液面的变化情况，观察池面有无上升、下降现象，上升、下降的起止时间，上升、下降的速度和高度。池面有无油花、气泡及其产状。

钻井液出口情况，油气侵严重时，特别是在钻穿高压油、气、水层后，要注意钻井液流出情况，是否时快时慢、忽大忽小，有无外涌现象。如有这些现象，应进行连续观察，并记录时间、井深、层位及变化特征。

(2)收集钻井液相对密度、黏度变化资料。

(3)收集钻时数据变化资料。

(4)观察岩性特征，取全取准岩屑，定准含油级别和岩性。收集气测数据变化资料。

另外，钻遇水层时应收集钻遇水层的时间、井深、层位资料。收集钻井液性能变化情况。收集钻井液槽和钻井液池显示情况。定时或定深取钻井液滤液进行氯离子滴定，判断水层性质(淡水或盐水)。

2. 中途测试

中途测试应收集的基本数据有，井号、测试井深、套管尺寸及下深、测试层井段、厚度、测试起止时间、测试层油气显示情况和测井解释情况(包括上、下邻层)、井径。

测试资料分为自喷测试和非自喷测试资料。非自喷测试资料包括：测试管柱数据，如坐封时间、开井时间、初流动时间、初关井时间、终流动时间、解封时间、初静压、初流动压力、初关井压力、终流动压力、终关井压力、终静压、地层温度；取样器取样数据，包括油、气、水量，高压物性资料；测试成果，包括回收总液量，折算油、气、水日产量，测试结论。

自喷测试资料包括：放喷起止时间、油嘴直径、管口射程、油压、套压、井口温度，油、气、水日产量，累计油、气、水产量；自喷测试井下资料包括高压物性取样资料和地层测压资料两部分。

高压物性取样资料包括：饱和压力、原始油气比、地下原油黏度、地下原油密度、平均溶解系数、体积系数、压缩比、收缩率、气体密度。

地层测压资料包括：流压、流温、静压、静温、地温梯度、压力恢复曲线；地面油、气、水样分析资料。

3. 试油

原钻机试油应收集的资料有：基本数据，包括完钻井深、油层套管尺寸及下深、套补距、阻流环位置、管内水泥塞顶深、钻井液密度、黏度、试油层位、井段、厚度、测井解释结果。另外，还有洗井资料、射孔资料等。

4. 钻井事故

包括井涌、井喷、井漏、井塌、跳钻、蹩钻、放空、遇阻、遇卡、卡钻、泡油、倒扣、套铣、断钻具、掉钻头(或掉牙轮、掉刮刀片)、打捞、井斜、打水泥塞、侧钻、卡电缆、卡取心器及井下落物等。

(1)井涌、井喷：井内液体喷出转盘面1m以上称为井喷，喷高不到1m或钻井液出口处液量大于泥浆泵排量称为井涌。发生井涌、井喷时应收集记录下列资料：井涌、井喷的起止时间及井深、层位、钻头位置；指重表悬重变化情况、泵压变化情况；喷、涌物性质、数量(单位时间的数量及总量)及喷、涌方式(连续或间歇喷、涌)，喷出高度或涌势；井涌及井喷前、后的钻井液性能；放喷管线压力变化情况；压井时间、加重剂及用量，加重过程中钻井液性能的变化情况；取样做油、气、水试验；井喷原因分析及其他工程情况，如钻进、放空、循环钻井液、起下钻等工作。

(2)井漏。收集下列资料：井漏起止时间、井深、层位、钻头位置；漏失钻井液量(单位时间漏失的钻井液量及漏失的总量)；漏失前后及漏失过程中钻井液性能及其变化；返出物、返出量及返出特点，返出物中有无油、气显示，必要时收集样品送化验室分析；堵漏时间，堵漏物名称及用量，堵漏前后井内液柱变化情况，堵漏时钻井液返出量；堵漏前后的钻井情况，以及泵压和排量的变化。此外，还应分析记录井漏原因及处理结果。

(3)井塌。井塌是指井壁坍塌，主要是由于地层被钻井液浸泡后造成的垮塌。井塌容易堵塞井眼、埋死钻具、引起卡钻或因垮塌堵塞钻井液循环空间而造成憋泵，将地层憋漏。比较严重的井壁坍塌是有先兆的，或者在刚开始时就可以从一些现象间接观察到，如钻具转动不正常，泵压突然升高(憋漏时降低)、岩屑返出也不正常等。井塌时应分析井塌的原因，查明可能出现井塌的井深、岩性，以备讨论处理措施时参考，同时还应记录泵压、钻井液性能变化情况、处理措施及效果。

(4)跳钻、蹩钻。钻进中钻头钻遇硬地层(如灰岩、白云岩或胶结致密的砾岩)时，常不易钻进，并且使钻具跳动，这种钻具跳动的现象就是跳钻。跳钻易损坏钻具，也容易造成井斜。

在钻进中，因钻头接触面受力及反作用力不均匀，使钻头转动时产生蹩跳现象，这就是蹩钻。刮刀钻头钻遇硬地层或软硬间互的地层时常产生蹩钻现象。

在跳钻或蹩钻时应记录井深、地层层位、岩性、转速、钻压及其变化，处理措施及效果。但须注意的是应把地层引起的跳钻、蹩钻现象与因钻头晃动、磨损、井内落物引起的跳钻、蹩钻现象区别开来。

(5)放空。当钻头钻遇溶洞或大裂缝时，钻具不需加压即可下放而有进尺的现象叫放空。放空少则几寸，多则几米，视溶洞或裂缝的大小而定。遇到放空时要特别注意井漏或井喷发生。放空时应记录放空井段、钻具悬重、转速变化、钻井液性能及排量的变化，是否有油气显示等。如同时发生井漏、井喷，则应按井漏、井喷资料收集内容做好记录。

(6)遇阻、遇卡。井壁坍塌、泥饼黏滞系数大、缩径井段长、循环短路、井眼形成“狗腿子”“键槽”等原因都可能引起遇阻、遇卡。有时钻井液悬浮力差，岩屑不能返出也可能引起遇阻、遇卡。遇阻、遇卡时应记录其井深、地层层位，遇阻时悬重减少数、遇卡时悬重增加数及原因分析，处理情况等。

(7)卡钻。井中的钻具不能上提或下放而被卡死的现象，就是卡钻。常见的卡钻有井壁黏附卡钻、键槽卡钻、砂桥卡钻，或井下落物造成卡钻等。

卡钻以后，地质人员应记录好卡钻时间、钻头所在位置、钻井液性能、钻具结构、长度、方入、钻具上提下放活动范围、钻具伸长和指重表格数的变化情况。同时应及时计算卡点，根据岩屑剖面或邻井资料查明卡点层位、岩性，以便配合工程分析卡钻原因，采取合理解卡措施。

(8)断钻具、落物及打捞。钻具折断落入井内称为断钻具。断钻具时应收集落井钻具结构、长度、钻头位置、鱼顶井深、原因分析及处理情况。落物是指井口工具、小型仪器落入井内。如掉入测斜仪、测井仪、榔头、掉牙轮、扳手或电缆等。落物时应收集落物名称、长度、落入井深、处理方法及效果。

在打捞落井钻具及其他落物时除收集落鱼长度、结构及鱼顶位置外，还应收集打捞工具名称、尺寸、长度，以及打捞时钻具结构、长度、打捞经过及效果。在打捞落井钻具时，应准确计算鱼顶方入、造扣方入、造好扣时的方入，并在方钻杆上分别做好记号，以便配合打捞工作的顺利进行。

(9)打水泥塞和侧钻。在预计井段用一定数量的水泥把原井眼固死，然后重新设计钻新井眼，就是打水泥塞和侧钻的过程。当井斜过大，超过质量标准或井下落入钻具和其他物件，不能再打捞时，采用打水泥塞、侧钻的办法处理。

六、安全与环境

安全和环境已经成为油气田生命周期所有组成部分中最重要的元素，并且涉及石油公司的技术和配套功能。石油公司认识到良好的安全与环境管理具有经济学意义，并且是长期立足于市场的根本保证。安全与环境方面的利益相关者，无论是政府、非政府还是融资实体，都将不断考查作业者的 HSE(健康、安全与环境)绩效。HSE 对油气田开发的各个方面和后续的生产运营产生重大影响，全体员工必须关注安全和环境问题。

第三节 固井与完井

一、固井

固井是钻井工程的一项极为重要的工作，关系到油气井能否顺利钻达预计目的层、油气井质量能否长期经受正常生产和各种增产措施的检验等。固井一般包括下套管、注水泥两项主要工作。

(一)固井的目的

(1)保护井壁，防止井身垮塌，保证钻井工作的正常进行。

(2)封隔油、气、水层，防止它们贯通，并使油、气流在井内形成一条畅流到地面的通道。

(3)便于安装井口设备，控制井喷，使油、气、水按规定管路流动。

(二)套管程序的确定

套管程序包括套管的层次、大小和下达的井深。套管程序的确定应根据钻经地层的复杂情况、井深、钻井和采油、气的工艺要求及完井方法等因素综合分析，科学设计。

通常是地层愈复杂，井愈深，套管程序也愈复杂。在断裂和地层情况较复杂的地区钻探井，为了留有余地，以保证按设计要求完成钻探任务，套管程序的设计最好能加大一级。根据钻井和油、气开采的要求，在一口井内往往需要下入几层直径依次减小的套管，如图 1－39 所示。

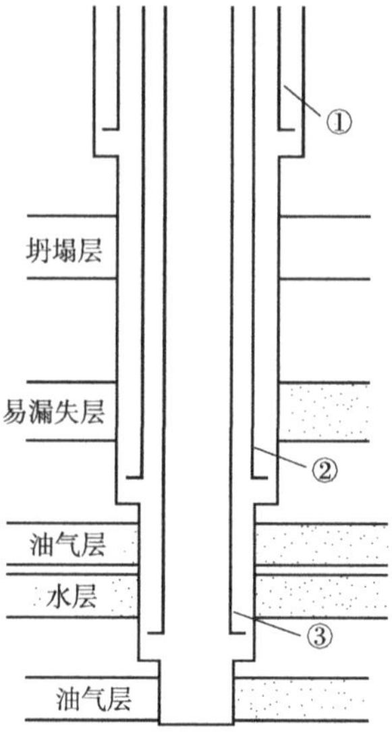

图 1－39 套管程序示意图
①—表层套管；
②—技术套管；③—油层套管

(1)表层套管：防止表层疏松岩层垮塌，安装防喷器，以控制可能发生的井喷。

(2)技术套管：封隔垮塌、漏失及高压油、气、水层等复杂地层，保证钻井工程的顺利进行。

(3)油层套管：隔离油、气、水层，以保证油、气井的正常生产。

套管程序不是一成不变的，应该尽可能利用各种条件，如调整钻井液性能等措施以消除和克服复杂情况，争取减少套管层次，尽量少下或不下技术套管，缩减表层套管的下入深度。

(三)固井中的地质工作

1. 下套管前的准备工作

(1)根据最下部的油、气层底界，提出套管下入深度，确定套管鞋的位置。套管鞋低于油、气层底界的深度，视各地区地质条件而定。

(2)根据最上一个油、气层的顶界，提出管外水泥上返高度。一般要求水泥返至最上一个油、气层以上150～200m。如果是注水井，则返至设计的注水层位以上150～200m即可。如果油、气层井段很长，且有分段集中的特点，工程上采用多级注水泥的施工方法，封固段的确定比较复杂。

(3)计算套管实际下入深度。地质人员应协同工程人员根据设计要求，编排套管顺序，丈量套管长度，确定实际下入深度：套管下入深度＝联顶节方入＋套管总长＋套管鞋长。

(4)设计特殊套管的位置。作为控制射孔深度记号，可在最上一个油层之上一段距离(20～50m)，或大段油层中部，设计一特短或特长的套管。

(5)设计扶正器的位置。扶正器的作用主要是使套管在井眼里居中，固井时使水泥能均匀地封固住套管与井壁间的环形空间，保证固井质量。扶正器应放在小井眼及井斜变化比较大的位置，且避开要封固的目的层段。

(6)收集钻井液性能资料。下套管前，应注意收集全套钻井液性能资料，供以后分析固井质量时参考。

2. 下套管过程中及下完后收集和整理的资料数据

(1)详细记录下套管起止时间，中途循环时间，遇阻、遇卡井深及处理情况。

(2)观察钻井液返出情况。

(3)下完套管后开泵循环钻井液时，应记录循环起止时间、排量、泵压、钻井液性能及钻井液槽面显示情况。

(4)按规定表格整理套管记录。

3. 固井过程中的地质工作

(1)测量水泥浆相对密度。注水泥时地质人员应协助工程人员不断测量和监督水泥浆相对密度，使整个施工过程中水泥浆的相对密度保持均匀，以提高固井质量。一般要求水泥浆相对密度不得小于1.85。

(2)收集有关注水泥过程的数据和资料。

(3)固井质量检查。注完水泥后，应观察井口压力变化情况，有无油、气、水逸出。如有油、气、水逸出，则应及时采取措施，必要时应收集样品送化验室分析。

固井质量合格的标准是：套管不断、不裂、不窜、不漏、试压合格，以及管内水泥塞深度(即人工井底)和管外水泥返高均达到预计要求。

二、完井

油、气井的完井方法，主要是根据油、气层的岩性特征及储集性质决定的，完井方法是否合理直接关系到能否顺利投产和以后的长期正常生产。因此，油、气井完井方法选择的原则，应该是有利于井壁稳固并充分暴露油、气层，减小油气流动阻力，提高长期生产过程中的油气产量。

油气井的完井方法因地质条件不同种类繁多，可归纳成两大类。

(一)先期完井

先期完井是在钻开油(气)层之前，先下入油层套管，然后再钻开油(气)层。它包括裸眼完井和衬管(割缝的套管)完井。后者与前者的区别是钻开油(气)层后，再下衬管，有利于防砂(图1－40)。这种完井方法的优点是：油(气)层被钻井液浸泡时间短；可以采用清水或轻钻井液钻开油(气)层，油(气)层暴露充分，有利于保护并解放油(气)层；油(气)层钻开以后，可以很快投入生产。

裸眼完井的缺点是，在裸眼井段中如有不同压力的油、气层，将会彼此干扰，影响生产；若地层松软，易发生垮塌，不利于生产。

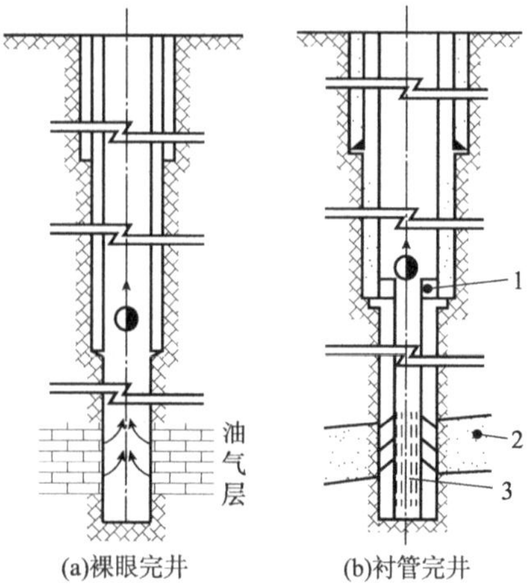

图1－40 先期完井

1—封隔器；2—油气层；3—衬管

(二)后期完井

后期完井是先钻开油、气层，再下油层套管。属于后期完井的有贯眼完井、射孔完井、尾管射孔完井和过油管射孔完井。

(1)贯眼(套管上穿孔或割缝)完井[图1－41(a)]的应用条件同先期完井。这种完井方法的优点是油、气层暴露得比较充分，出油(气)流畅，防砂效果较好。缺点是生产过程中，油(气)层出水后，不易封堵。

(2)射孔完井是在固井后对油(气)层射孔造成油气流入井的通道[图1－41(b)]。其优点在于各油、气、水层不会互相干扰，便于分层开采、分层注水、分层酸化或压裂，适应性较强。缺点是油气层暴露面积小，油气流入井中阻力大；防砂效果差，不利于疏松油气层的开采。

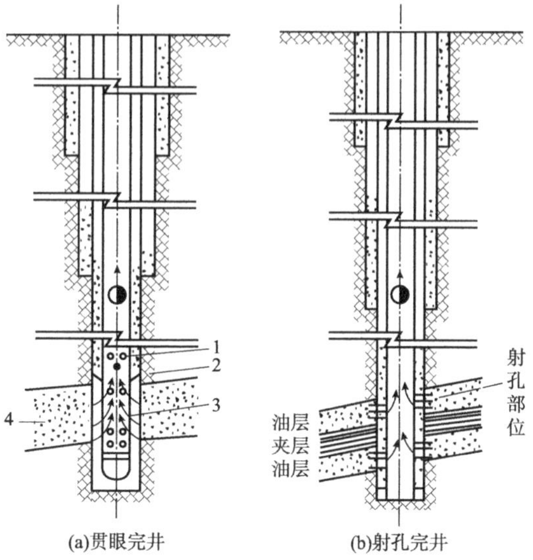

图1－41 后期完井

1—注水泥短节；2—水泥伞；3—带眼套管；4—油、气层

(3)尾管射孔完井(图 1－42)即油层套管上部与技术套管重复 100～200m，将油层套管外环形空间注水泥，最后在油气层部位射孔完井。该方法主要是从节约套管出发，还要考虑技术套管无损伤，无窜漏现象方可。采用尾管完井后，若技术套管损坏，亦可采用回接油层套管至井口的方法。

(4)过油管射孔完井又称永久完井(图 1－43)，是把油管柱下端下到生产层的最顶部，装好井口装置，在井口进行压力密封控制下，把小直径射孔弹(枪)、定位装置、加重器下入井内穿过油管，然后在套管内进行不压井负压条件下射孔的方法。其最大优点是保证射孔时各种固体微粒和残渣能排入井筒，避免造成产层和孔眼堵塞，对提高产能有明显效果。由于不再起下油管，简化了试油工艺，缩短了完井、试油时间，能大量降低费用，保证安全作业。

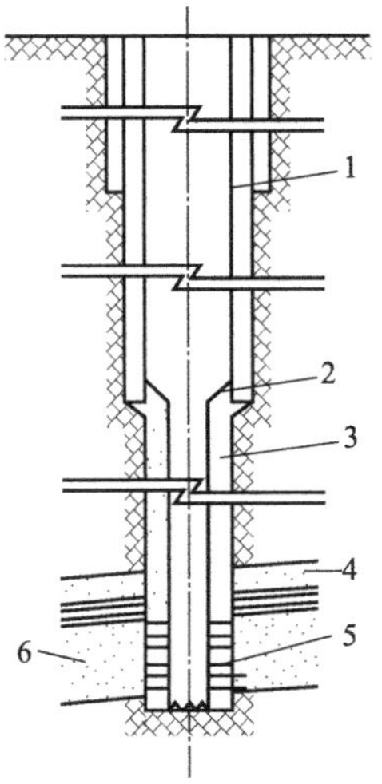

图 1－42　尾管射孔完井

1—套管；2—尾管喇叭口；3—水泥环；4—高压盐水层；5—射孔孔眼；6—油气层

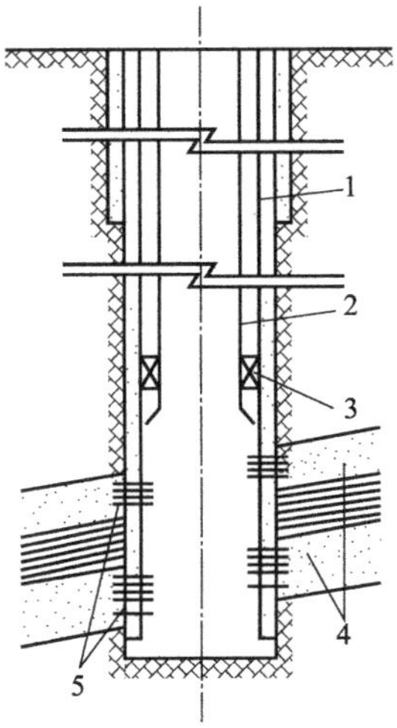

图 1－43　过油管射孔完井

1—套管；2—油管；3—永久封隔器；4—产层；5—射孔孔眼

三、完井总结图与完井报告的编制

井完钻以后，必须全面、系统整理和分析钻井过程中取得的各项资料，综合判断地下地质情况和油、气、水层，编制完井总结图和编写完井报告。

(一)编制完井总结图

完井总结图是钻井地质总结的主要成果图件，综合展示一口井的地质录井和主要测井资料、恢复井孔地层剖面，并对油、气、水层做综合解释。常用的深度比例尺是 1：500，包括岩心、岩屑、钻时、钻井液、气测等录井资料及标准测井资料和井径曲线。当横向比例和基线需要移动时，必须在相应衔接深度处加以注明。在编制完井总结图中，注意解决好以下几个问题。

1. 确定分层界线

以 1：500 标准曲线的 2.5m(或 1m)底部梯度曲线和自然电位曲线为主划分分层界线，

必要时参考组合测井中的微侧向、微电极等曲线。对一些特殊岩性层和有意义的薄层，可根据微电极或微侧向曲线划分分层界线。对电测解释的油、气、水层，要根据测井解释成果所提供的数据画在剖面上，并与油、气、水层综合数据列在一起。油层中的薄夹层，小于0.2m的可不必画出，大于0.2m者可画成0.5m。

对于碳酸盐岩地层剖面的分层界线，应以侧向测井曲线、放射性测井曲线、井径曲线为主，参考声波时差及岩屑录井等资料进行综合分析确定。

2. 确定岩性

确定井孔剖面的岩性，要参考相邻井的岩性和分层情况。岩性确定以岩心、岩屑为基础，其他资料作为参考。把录井剖面中岩性与曲线相符的层段，逐一画到完井综合剖面上；对于岩性与曲线不符的，需要对比相邻井的剖面和查看该层上、下岩屑中的代表岩性，对原有解释做适当的修改。

确定岩性时，一般单层厚度如果小于0.5m，可以不进行解释；但对标准层及其他有意义的特殊岩性层，即使厚度小于0.5m，也要扩大到0.5m进行解释。

3. 油、气、水层的识别

各种地质录井和测井资料都有不同程度的局限性。为了更可靠地判断油、气、水层，应该收集有关各项资料进行综合解释，即以岩心、岩屑、井壁取心、钻时、气测、槽面油气显示等第一性资料为基础，结合测井、分析化验等资料，做出合理解释。要重视岩心和岩屑录井时所定的含油级别，但不能简单地把含油级别高的统统定为油层，把含油级别低的全部当作非油层。钻井液录井中有无油气显示及显示程度的好坏，也可以由多种原因引起，它与地下有无油气层和油气层能量大小或油气多少并无直接联系。

（二）完井地质报告

完井地质报告是一口井钻完后的文字总结，探井的完井地质报告包括以下内容。

1. 文字内容

第1章　概况

第2章　录井综述

　2.1　钻井简史

　2.2　录井概况

　2.3　工程与录井

　2.4　其他与录井质量有关的问题

第3章　地质成果

　3.1　地层

　3.2　油、气、水显示

　3.3　生储盖层

　3.4　构造

第4章　结论、建议及问题讨论

2. 附图、附表

1)报告附表清单

(1)附表1　基本数据表。

(2)附表2　录井资料统计表。

(3)附表3　油气显示统计表。

(4)附表4　钻井液性能分段统计表。

(5)附表5　测井项目统计表。

(6)附表6　钻井取心统计表。

(7)附表7　井壁取心统计表。

(8)附表8　分析化验样品统计表。

(9)附表9　岩屑录井显示统计表。

(10)附表10　气测解释成果表。

(11)附表11　储层地球化学解释成果表。

(12)附表12　后效气检测记录。

2)报告附图清单

(1)岩屑录井综合图(1∶500)。

(2)岩心录井图(1∶100)。

录井报告附表、附图，按《探井完井资料整理规范》要求执行。

知识图谱

第二章　地层及油层划分与对比

地层划分和对比，对于恢复一个地区的地质发展史、了解古地理特征、指导矿产勘探等都有十分重要的意义。

油田区域内油层的细分与对比、开发层系的划分等是在地层对比的基础上进行的。如果一个地区的地层层序混乱或认识不清，不仅制定工程措施缺乏根据，而且还可能发生事故。

本章地层划分与对比的研究会涉及以下问题：

(1)什么是地层的划分与对比？

(2)地层划分与对比的基本原理有哪些？

(3)地层划分与对比与油层划分与对比的关系是什么？

(4)如何开展油层对比？

(5)油层划分与对比有哪些新的方法？

(6)油层对比应注意哪些问题？

(7)碳酸盐岩油层对比与碎屑岩的差异有哪些？

第一节　地层划分与对比

一、地层划分与对比的概念

地层划分是对同一地层剖面在纵向上进行分段，划分出具有不同特征的地层单元。

地层对比是依据地层剖面的共性，识别相同的地层界线，找出平面上不同剖面在同一时间形成的地层单元(或等时地质体)。

地层划分与对比是石油勘探与油田开发中非常重要的地质基础工作。按研究范围，地层对比工作分世界范围的、大区域的、区域的和油层对比四类。前两类是以古生物群、岩石绝对年龄测定和古地磁等方法为主的大区域对比方法，属于地层学的研究范畴。依据油气田勘探、开发不同阶段的不同任务，地层划分与对比一般分为区域地层划分与对比和油层划分与对比。

区域地层划分与对比，是在油气勘探阶段，在一个油区范围内进行全井段的对比，明确地层时代、岩层旋回特征、岩层接触关系，为确定生储盖组合、寻找地质构造、预测油气勘探的有利地区等提供依据。

油层划分与对比是指油田进入评价和开发阶段后，在一个油田范围内，对区域地层对比时已确定的含油层系内的油层进行细分和对比，为合理划分开发层系、井网部署、进行油田开发过程中的动态分析，以及油田储量计算提供地质依据。

二、地层对比的基本原理

地层对比主要基于以下几个定律。

(一)地层学三定律

尼古拉斯·斯丹诺(Nicolaus Steno，1669)提出地层学三项准则：地层叠覆律(原始地层自下而上是从老到新的，即下老上新)、原始水平律(地层未经变动则呈水平或大致水平产状，即水平摆放)、侧向连续律(原始地层在侧向上是连续的并在盆地边界逐渐尖灭，即侧向连续)。

(二)史密斯的化石层序律

威廉·史密斯(William Smith，1816)提出不同时代的地层中具有不同的古生物化石组合，相同时代的地层中具有相同或相似的古生物化石组合；古生物化石组合的形态、结构越简单，则地层的时代越老，反之则越新。某些化石是特定层的标志并且可根据化石的变化对地层进行地质年代排序。

(三)瓦尔特定律与沉积相序列

瓦尔特(Walther，1894)提出“只有那些可以观察到是彼此毗邻的相和相区，才能原生地重叠在一起。”这就是著名的瓦尔特相律，也叫作相对比原理。相邻沉积相在纵向上的依次变化与横向上的依次变化是一致的，即可以根据相邻的沉积相在纵向上或横向上的变化预测其在横向上或纵向上的变化。这一定律应用的前提是沉积环境连续渐变。如图2－1所示的三角洲的进积，其海岸线和滨外环境随时间的推移逐渐向海推进，随着沉积物的沉积(从时间1到时间3)，相对浅水环境中的沉积物逐渐沉积在相对深水的沉积物之上。对于一个特定的地点，沉积环境随时间变化，并在横向上发生迁移，每种沉积环境中地层都是水平沉积的(原始水平律)。这样，地质时间等时线就会横切岩性地层界线和沉积相界线。

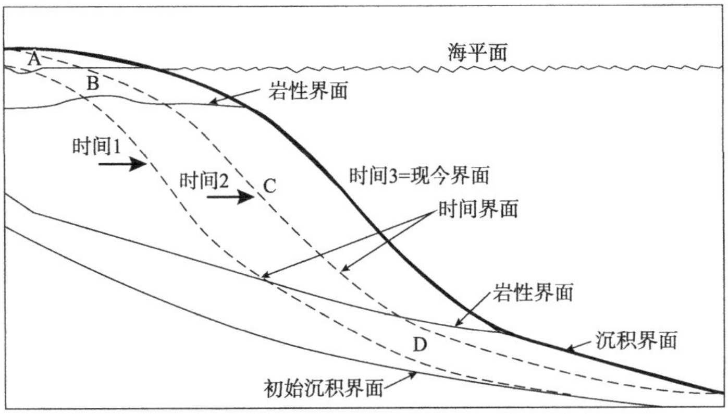

A：三角洲平原砂岩及泥岩　B：三角洲前缘砂及粉砂岩
C：前三角洲粉砂质泥岩　D：近海泥岩

图2－1　进积示意图

(四)岩石地层单位穿时普遍性定律

美国地质学家肖(A B Shaw，1964)提出“全部侧向可追索的、非火山成因的、在陆表海沉积的岩石地层单位都是穿时的”的认识，也就是普遍的地层穿时性。穿时是指一个岩石地层单位，一经侧向追索，其界线往往不与时间面吻合，也不与时间面平行，而与时间面相交的现象。穿时相当普遍，在持续的海进或海退情况下，其地质年龄沿海水运动方向变年轻的岩石地层单位，必然斜交时间面。地层的穿时性说明用岩相对比代替时间对比是错误的，此概念的提出为正确认识岩石地层单位和时间地层单位奠定了理论基础，为探讨沉积过程在空间上的变化及其穿时地层单位对比提供了依据。

(五)切割关系定律

切割关系定律是另一个确定岩石层序的重要定律。这个定律有时会结合放射性定年法确定沉积岩或者岩石层序形成的绝对年龄(或年代范围)。这个定律认为，如果一个岩石切入另一个岩石，那么切入的岩石一定比被切入的岩石年轻(也就是说岩石必须先存在，然后才能被另一个岩石侵入或者切割)。如果岩层被火成岩侵入，那么这个定律就能发挥很大作用，可以用放射性定年法测定该套岩层的地质年龄。

基于这些准则，具有相同地质年龄的地层可在盆地范围内对比，岩性特征和所含化石同样可用于地层对比，如图2－2所示。需要注意的是岩性对比虽然是不可靠的，但在很多情况下是很有用的。不同的岩相可同时沉积，相似的岩相可沉积于不同的年代。

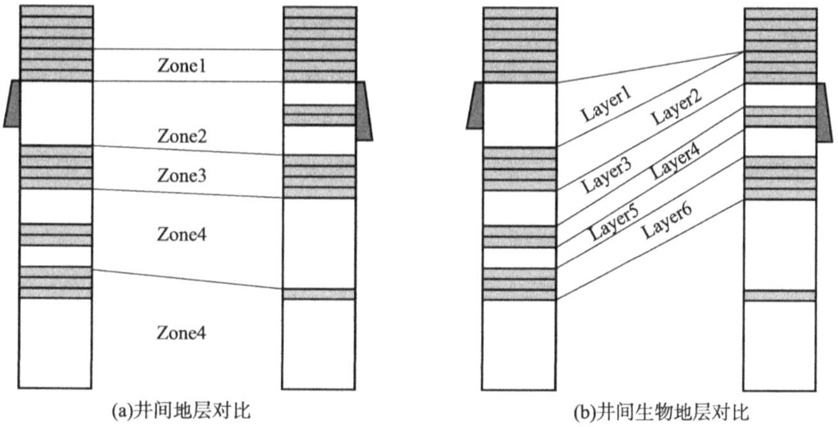

图2－2　岩性地层对比与生物分层对比(据Payne等，1999)

Zone—岩性分层；Layer—生物分层

三、地层划分与对比的依据

地层划分与对比的主要依据有古生物化石、地层接触关系、沉积旋回、沉积特征、重矿物、岩浆活动和变质作用、地球物理特征、岩石化学资料、黏土岩差热分析、微量元素、古地磁等。

(一)古生物与遗迹化石

1. 古生物化石

古生物化石是地层划分与对比的主要依据之一。生物演化的阶段性和不可逆性决定了在一定的地史时期内，有一定的生物类别；不同的时期，生物的种类也不同。不同时代的地层内，所含的化石种类不同；同一时代的地层，含有相同种类的化石。利用这一特点，可以把各个不同时期的地层区分开来，确定相对地质年代。

地史中化石的渐进式变化使得基于绝对地质年代的地层对比成为现实。

化石的演化受沉积环境的巨变或突变的影响，某一物种的灭绝在地质历史时期中是瞬间的且是全球范围内发生的。浮游生物化石可在全球对比，但某些仅限于特定的水深、环境或气候的化石，它们与前者相比只能用作区域对比。

生物地层学(Biostratigraphy)是指通过对地层中生物化石的识别，用以恢复地层年代并用来进行地层对比。在油田中，由于微体化石很小，它们可以从钻井岩屑中获得。微体古生物学(Micropaleontology)是对微体动物区的种群研究和分析(如有孔虫和介形虫)，并且用孢粉学(Palynology)分析确定植物种群。

生物地层学对盆地内层序地层的认识很有帮助。在开发地质中，当测井特征不明显时，可以用来进行油田范围内的地层对比(图2-2)。可以将不同的生物地层标志物与测井曲线结合分析，在每口井的生物地层分布带分析基础上，将所有代表跨层的重大生物事件和代表的时间地层单元、标志在测井曲线上标记出，指导地层对比。比如 Moiorris 等(1999)利用生物地层学分析方法，在英国北海 Magnus 油田的一个储层内识别出了9次生物事件(Biologcal-events)(图2-3)，很好地指导了该区层序地层格架的建立。

生物地层学分析包括生物标志物所在深度的确定有很大的不确定性，这种方法实际应用较少。此外，由于不同种类生物的分布与不同的水体深度、盐度及陆源沉积物含量有关，孢粉组合等微古生物可以指示沉积环境，区分淡水、咸水及开阔海沉积环境。

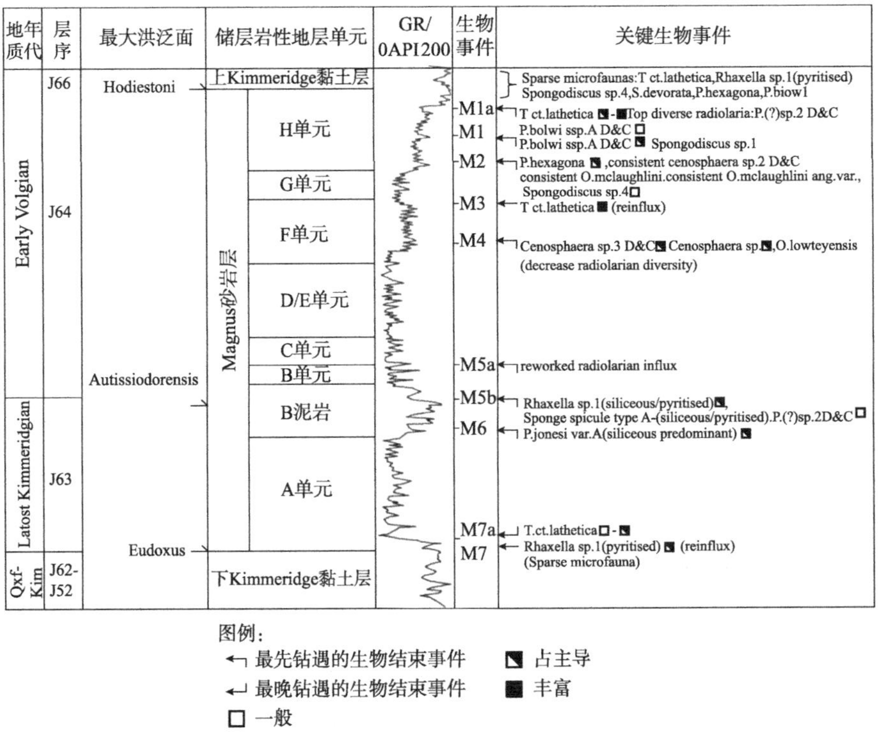

图2-3 英国北海 Magnus 油田的生物地层事件表(Moiorris 等，1999)

2. 遗迹化石

遗迹化石(Trace fossil)是指记录在沉积体中的不同生物的活动轨迹或生物钻孔，可以指示特定的沉积环境。沉积物中遗迹化石的组合可能与水体的盐度、沉积物沉积速率及水体的能量有关(Frey 和 Pemberton，1984；Bromley，1995)。由于生物遗迹对沉积环境的变化非常敏感，因此遗迹化石在高分辨率层序地层学中具有重要的应用价值。遗迹化石还可以用来确定洪泛面和侵蚀面，每个面上都具有独特的遗迹相(Ichnofacies)，遗迹相以特殊的遗迹化石组合为特征。

(二)地层接触关系与关键地层界面

各种接触关系可以作为划分与对比地层的重要标志，是地壳运动状况的直接反映。由于地壳运动的速度和强度不同，形成地层间各种不同的接触关系。整合接触关系反映地壳运动的连续性和运动的单一性；假整合接触(平行不整合接触)关系反映地壳在相当大的范围内的均衡上升；角度不整合接触关系反映发生过一次强烈的地壳运动；不整合接触关系代表了两个不同沉积阶段形成的两套地层，不整合面是很好的自然分界面。地层的接触关系在地层划分与对比中应用最多的是不整合面，一个区域的不整合面在油田内甚至盆地范围内对比的可信度较高。

火山灰或沉积物中的陨石痕迹是可信度较高的对比标准层，代表特定的地质时间，在较大的范围内是可对比的。在白垩纪的末期，一套富铱的黏土层在全球范围内分布，这种层或关键界面被称为年代地层标准层。年代跨度较短的标准层的研究被称为事件地层学。Seilacher(1991)将其定义为沉积标准层，通常是短期灾难性地质事件，这些地质事件可持续几千年或更短。与更长地质年代的地层相比，这些地质事件可被认为是区域或全球尺度的短期事件。

(三)岩石沉积特征

沉积岩的岩性特征反映其形成时的古地理环境，岩石性质及特征是地层对比的重要依据，通常包括岩性标准层、特殊标准层、沉积旋回等。

1. 岩性或岩性组合

岩性指岩石类型、成分、结构和颜色等特征。利用岩性或岩性组合特征进行地层划分与对比的基础是同一沉积盆地中、同时期形成的岩石，若沉积环境和沉积物来源基本一致，则其岩性和岩性组合也相似；反之，随沉积环境变化，岩性和岩性组合也会变化。然而，岩性对比容易出现不同的对比样式(图2-4)，易造成穿时。

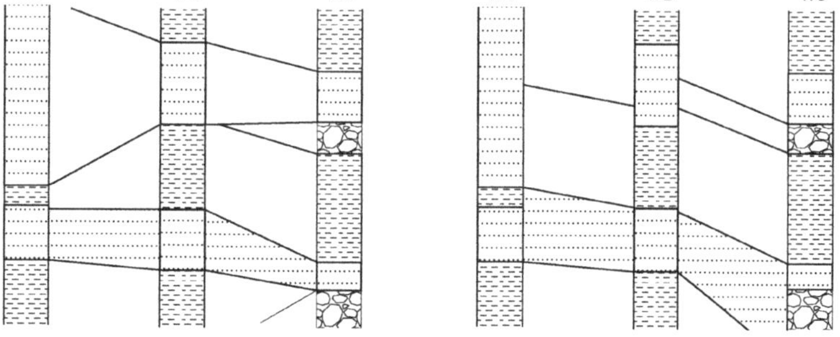

图2-4　岩性对比的不同样式

2. 岩性标准层

在利用岩性进行对比时，常常利用岩性标准层进行地层对比。岩性标准层是指岩石特征明显、岩性稳定、厚度不大、分布广泛，且在井间具有很高可对比性的岩层，包括煤层、古土壤层、火山灰层、砾岩层、海相灰岩层、凝缩层及富含有机质泥岩层等。根据标准层特征的明显程度和稳定范围的不同可分为主要标准层(区域标准层)和辅助标准层。例如，济阳坳陷古近系沙河街组一段底部的含螺灰岩为该盆地的重要标准层之一，大庆油田白垩系嫩江组的黑色叶肢介页岩为该区域标准层。

油层对比标准层要求厚度较薄，岩性、电性特征明显，在三级构造范围内稳定分布(稳定程度达95%以上)，基本可以确定油层组界线。

在陆相盆地中，常见的油层对比标准层有：① 陆相碎屑岩中的湖相稳定泥岩段、油页岩段、薄层碳酸盐岩及化石层等特殊岩层；② 在冲积相沉积中的化石层、古土壤层、火山灰、钙结壳等；③ 煤层；④ 碳酸盐岩剖面中的石膏夹层和泥岩夹层。

标准层代表等时面，地层对比首先是标准层的对比。在剖面上标准层越多，分布越普遍，对比就越容易进行。根据标准层分布稳定程度及可控制对比范围，可划分如下。

一级标准层：可控制油田对比范围的时间—地层单元。

二级标准层：为局部范围内可用的对比标志，统称辅助标准层。辅助标准层(标志层)要求岩性、电性特征较突出，在三级构造局部地区具有相对稳定性(稳定程度达50%～95%)，在已确定油层组界线的基础上，能配合次一级旋回特征划分砂岩组和单油层。

在曲流河沉积环境中进行砂体对比是很困难的，但煤层常可以作为很好的标准层对比储层展布。煤层的分布具有等时意义，可作为一个等时界面划分不同的沉积组合；煤层在成因层序边界的识别方面也具有重要作用(Hamilton 和 Tadros，1994)。

当岩性纵、横向变化大，找不到标准层时，常利用特殊标准层进行地层的划分与对比。如具有特殊标志的鲕粒灰岩、竹叶状灰岩及含石膏团块、燧石结核等岩层都可作为良好的标准层用于地层对比。

3. 岩相变化(相序递变)

受沉积条件、沉积物源影响，不同地区的沉积物存在相变现象。如盆地边缘向中央地区，沉积物由砾岩、砂岩相变为细粒的黏土岩类，岩石颜色由灰白色、土黄色等弱氧化色变为黑色、深灰色等还原色(图2－5)。因而，在使用岩性资料对比地层时，应考虑岩相横向变化特征，综合判断对比地层。

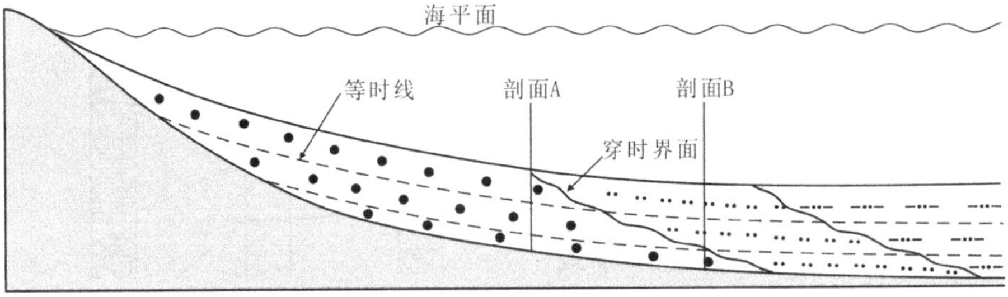

图2－5 不同位置岩相变化图

岩性对比法只适用于具有相同地质条件的较小范围，即岩相横向变化不大，或岩性虽然变化较大，但有规律可循的地区。在横向相变较大的区域，通常需要利用相序递变原理开展对比。

4. 沉积旋回

地壳周期性升降运动会引起海水进退和沉积环境相似重复的变化，导致岩石类型或组合在纵向上发生有规律的变化。在地层剖面上，这种岩性呈有规律重复出现的现象叫沉积旋回。不同地区同一地质时期形成的地层沉积特征相同或大致相似，根据地层旋回的个性和共性，便可划分和对比地层。

地壳运动是控制沉积旋回形成的最根本因素。当地壳下降，发生水进，水体逐渐加深，就形成岩性由粗到细的正韵律沉积。反之，当地壳上升，水体变浅，发生水退，则形成由细到粗的反韵律沉积(图 2-6)。

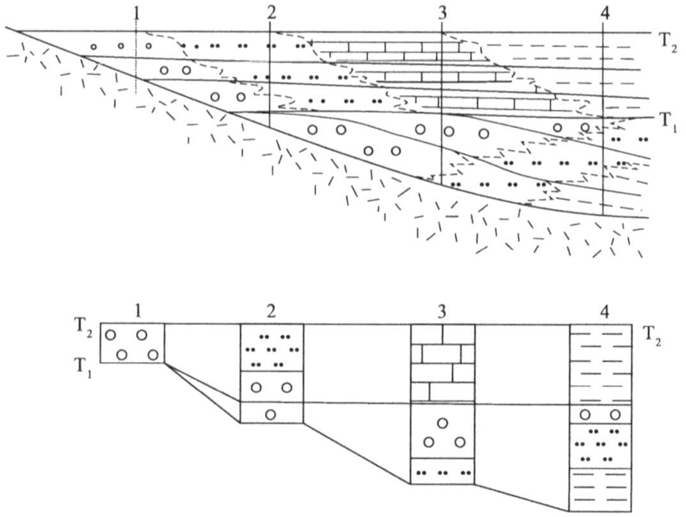

图 2-6 根据沉积旋回对比地层

注：T_1、T_2——等时面；1、2、3、4 为地层剖面。

在同一盆地内，地壳升降运动的过程大致是相同的，反映在沉积岩的旋回性质上也大致相同。地壳运动的发展是不可逆的，不同时期形成的沉积旋回可能具有相似性，却不可能相同，在垂直方向上每个沉积旋回是有差异的。在确定了某一剖面上的旋回特征及顺序后，便可以作为同一盆地一定范围内地层对比的标准。

(四)地球化学特征

化学地层学是地层对比的有效方法。根据地球化学组分，可将地层划分成特定可追踪的单元并建立彼此的层次关系和空间分布。碳酸盐岩的地球化学特征因沉积环境的物理、化学和生物条件的不同而不同。在更大的尺度上，这些单元是均质的，这些均质单元的对比可以帮助克服碳酸盐岩储层非均质性带来的挑战。根据地球化学特征(例如稳定同位素)突变边界来识别关键界面，如二叠纪—三叠纪边界(PTB)中 $\delta^{13}C$ 的全球范围的整体负偏移(Dolenec 等，2001)。

利用全岩微量元素地球化学分析方法：北海地区 Bey 油田三叠系陆上红层由于缺乏生物化石，利用其他方法进行地层对比时比较困难，Preston 等(1998)用红层的微量元素含量连续性变化对该区进行了对比。此外，Moscariello 等(2003)对北海南部地区 Schooner 油田石炭系河流相储层进行了小层对比；Ratcliffe 等(2006)对阿尔及利亚 Berkin 盆地三叠系河流相储层进行了小层对比。

(五)古地磁

地磁极性时间表虽然也可用于地层对比，但受限于样品的磁化方向和磁性矿物必须与沉积时期的地磁方向相一致。地磁极性是显生宙时期两极间地磁场不规则变化的结果。地磁极性在某些时间间隔内会保持不变，称之为极性时。目前的极性状态是正极性，地质历史中与之相反的时段称为地磁反转。与全球标准地磁极性剖面作对比可实现地层的对比。

磁性地层学的基本原理是测量沉积物本身带有的天然剩余磁性。利用区域露头资料，可以了解地层的磁极及所发生的磁极反转事件。Lawton 和 Roberson(2003)利用磁性地层学对北海南部 Johnston 油田的储层进行了对比，在二叠系风成砂岩储层中划分出 13 个磁性区带框架。

Xi D 等(2018)在松辽盆地 X1－4 井嫩江组一段底部获得(83.5±0.6)Ma 的 SIMS 锆石 U－Pb 年龄，Wu H 等(2013，2014)以锆石 U－Pb 年龄和磁性地层学年代格架为约束，建立了分辨率为 0.4Myr 的连续天文年代标尺。

(六)地球物理特征

岩层的岩性特征不同及岩层内所含流体性质的差异决定了岩层的地球物理特征具有差异性。例如，不同的岩性或油、气、水层，在电测曲线上的形态特征不同。

不同岩性的地层，地震波的传播速度不同，当遇到弹性不同的岩层分界面时，会产生反射和折射，地层边界和不整合等关键层序界面在地震剖面上可识别并可在油田或盆地范围内对比。特别是在覆盖严重、钻井又少的地区被广泛应用。

在油气勘探过程中，通过地面露头或钻井确定地层年代后，由地震反射波组追踪对比是常用的也是最有效的方法，依靠反射波组追踪实现地层对比。

四、地层划分与对比的步骤

不论是在区域范围内，还是在局部地区，地面和井下地层的划分和对比的方法基本相同，首先通过各种手段取得关于该区沉积环境和地质构造历史的资料、地球物理特征及有关各方面资料；其次综合分析，在此基础上划分和对比地层。

对于区域地层划分与对比，一般步骤如下。

(1)建立标准剖面，新探区应有一口基准井(参数井)或数口探井，进行区域地层划分与对比，建立油田(油藏)范围内的完整综合柱状图，作为该区井下地层划分与对比的标准，可直接应用勘探研究成果。

(2)结合构造、沉积方向、油藏的不同位置，选择适当的剖面进行逐井对比，沿剖面闭合，确定标准层(或辅助标准层)，形成对比网络，以此显示地层发育状况及纵横向上厚度变化规律，并检验划分对比正确性与合理性。

(3)选择水平对比基线，确定标准层，以标准层为基础进行地层对比，连接对比线，最后编制出相应的地层对比图件或表格。

(4)地层主要确定界、系、统、组、段的划分，组以下再划分储层。

第二节　碎屑岩油层的划分与对比

油层对比实质上是地层对比在油藏内部的继续和深化，与区域地层对比不论在对比所依据的基础理论，还是基本方法上都没有本质的区别，只不过油层对比要求的精确度更高，对比单元划分得更细，用于对比时的基础资料更丰富，选用的方法综合性更强。如果说区域地层对比是确定地层层位关系的对比，那么油层对比则是确定相同层位内的油气层连续和连通关系的对比。

一、油层对比的资料

地震资料对比地层的优势在于其横向分辨率高，在区域地层对比中起着举足轻重的作用。测井资料在开发阶段油层对比中发挥着重要作用。

测井曲线不仅能够清楚反映出岩性特征、岩性组合特征、沉积旋回及岩相特征，且有其特殊对比标志(电性标准层)用于油层对比。测井曲线的优势在于其纵向分辨率高，在油层对比中发挥主力作用。

利用测井资料进行地层对比时，首先必须搞清岩性与电性的关系，研究各级次沉积旋回在电测曲线上的显示特征，做出各类岩性的定性解释。在取心井段长、收获率较高的井中，对照取心、井壁取心和岩屑，编出典型电性曲线图版，根据图版上各类岩性曲线特征去解释其他未取心井的测井曲线，得出岩性剖面，即可以用来对比。

研究岩性与电性关系的具体方法包括：①选择取心井段长、岩心收获率达90%以上的取心井，将这些井的电测资料、岩心资料进行逐段、逐层对比，研究各种岩性、各级沉积旋回在电测曲线上的显示及其代表的形态特征；②选取典型曲线，编制单层及不同组合类型油层的典型电测曲线图版(图2－7)；③应用电测曲线形态特征去识别含油岩层的岩性及其组合规律，进行油层对比。

选用电测资料进行油层对比，必须选择适用的多种电测资料加以综合运用。因为任何一种电测资料都很难将油层的特性全面反映出来，只有选取合适的多种电测资料，才能使其优点与弱点互为弥补，较全面地将油层的岩性、电性、物性和含油性综合反映出来。

如大庆油田在油层对比时，一般选用1：200的2.5m底部梯度视电阻率曲线、自然电位曲线、微电极曲线。这三种曲线在反映油层的各种特性时各具优缺点(表2－1)，若综合应用则能互相弥补不足，能较全面地将油层的岩性、物性、含油性及标准层岩性分界面反映出来。

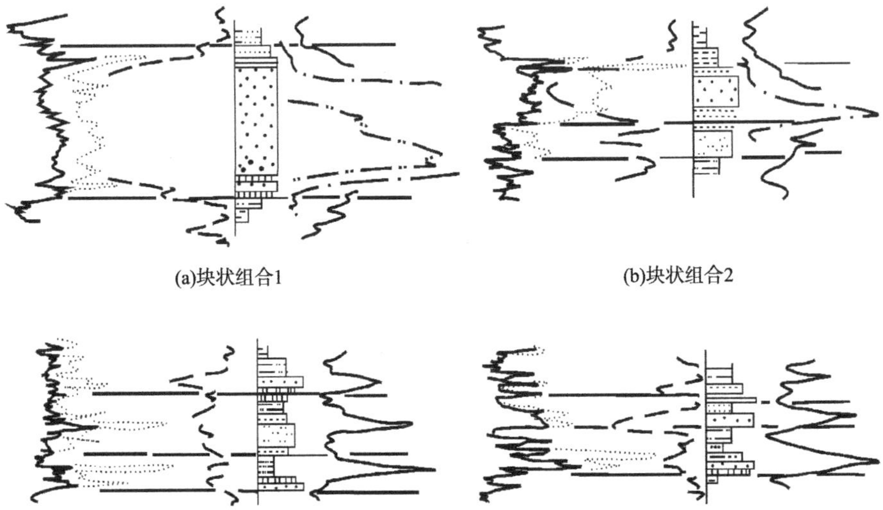

(a)块状组合1

(b)块状组合2

(c)层状组合1

(d)层状组合2

图 2－7　不同组合类型油层的典型电测曲线图版

表 2－1　各种电测曲线所反映的岩性及其组合特征的比较

曲线名称	优点	缺点
2.5m 底部梯度视电阻率曲线	①能反映各级旋回的组合特征及各单层分界面；②能明显反映标准层特征	①小于 1m 的薄层与过渡性岩层反映不明显；②高阻层以下的岩层易受屏蔽影响
自然电位曲线	①能反映各级旋回组合特征；②能定性反映油层的储油物性	①不能区分渗透性相似而岩性不同的岩层；②幅度值受岩层厚度、钻井液性能影响较大
微电极曲线	①能清楚地反映各个薄层的界面；②能反映砂岩、泥岩、泥质粉砂岩、粉砂岩、含钙岩层的岩性特征；③能反映各类岩层的储油性能	反映各级旋回的组合特征不够清楚

二、油层对比单元的划分

(一) 油层单元

多油层、多旋回是我国陆相碎屑岩油气层的特征，根据油层特性的一致性与垂向上的连通性，一般可将油层对比单元从大到小划分为含油层系、油层组、砂岩组、单油层 4 级。油层单元级次越小，油层特性一致性越高，垂向连通性越好。

1. *单油层*

又称小层或单层，是含油层系中的最小单元。单油层的岩性和储油物性基本一致，具一定的厚度和分布范围，单油层间应有隔层分隔，其分隔面积应大于其连通面积。

2. *砂岩组*

又称砂层组、复油层，是由若干相互邻近的单油层组合而成。同一砂岩组内的油层其岩性特征基本一致，其上、下均有较稳定的隔层分隔。

3. 油层组

油层组由若干油层特性相近的砂岩组组合而成。以较厚的非渗透性泥岩作盖、底层，且分布于同一岩相段之内，岩相段的分界面即为其顶、底界面。

4. 含油层系

含油层系是若干油层组的组合。同一含油层系内的油层，其沉积成因、岩石类型相近，油水特征基本一致。含油层系的顶、底界面与地层时代分界线具一致性。

例如：大庆油田某区将萨尔图、葡萄花含油层系逐级划分为5个油层组、15个砂岩组、44个单油层，如表2－2所示。

表2－2　大庆油田某区萨、葡油层层组划分表

油层对比单元	油层组	砂岩组	单油层
油层组名称	萨Ⅰ组	$S_{I}1-5$	$S_{I}1, 2, 3, 4+5$
	萨Ⅱ组	$S_{II}1-3, 4-6, 7-9, 10-12, 13-16$	$S_{II}1, 2, 3, 4, 5+6, 7, 8, 9, 10, 11, 12, 13, 14, 15+16$
	萨Ⅲ组	$S_{III}1-3, 4-7, 8-10$	$S_{III}1, 2, 3, 4, 5+6, 7, 8, 9, 10$
	葡Ⅰ组	$P_{I}1-4, 5-7$	$P_{I}1, 2, 3, 4, 5, 6, 7$
	葡Ⅱ组	$P_{II}1-3, 4-6, 7-9, 10_1-10_2$	$P_{II}1, 2, 3, 4, 5, 6, 7, 8, 9, 10_1-10_2$
合计/个	5	15	44

（二）沉积旋回

沉积旋回的一个重要特征是旋回的级次性，根据其影响范围分为一级旋回、二级旋回、三级旋回、四级旋回等。不同级次的旋回对比贯穿油田勘探到油田开发的全过程。

1. 四级沉积旋回

又称韵律，指包含一个单油层在内的不同粒度序列岩石的一个组合。在这个组合中单油层粒度最粗，它的厚度、结构及层理随沉积相带的变化而有所不同。在三角洲前缘相带，单砂层厚度可达10m左右，砂岩以中细砂和粉砂为主，分选较好，低角度交错层理、波状层理、水平层理发育，韵律复杂。在半深湖和深湖相带，单砂层的厚度一般小于3m，以粉砂岩为主，水平层理发育，韵律不明显。

2. 三级沉积旋回

指同一岩相段内几种不同类型的单层或者若干个四级沉积旋回组成的旋回性沉积，与砂岩组大体相当，上、下泥岩隔层分布比较稳定。上、下泥岩层可作为对比时确定旋回界线的依据。

3. 二级沉积旋回

由不同岩相段组成的旋回性沉积。它包含一个或若干个油层组，油层分布状况与油层基本特征相近，上、下有适当厚度(10m左右)的泥岩与相邻油层组完全分隔。在二级构造带范围内可以对比，其幅度相当于一个地层“段”，一般都有标准层或辅助标准层控制旋回界线(图2－8)。

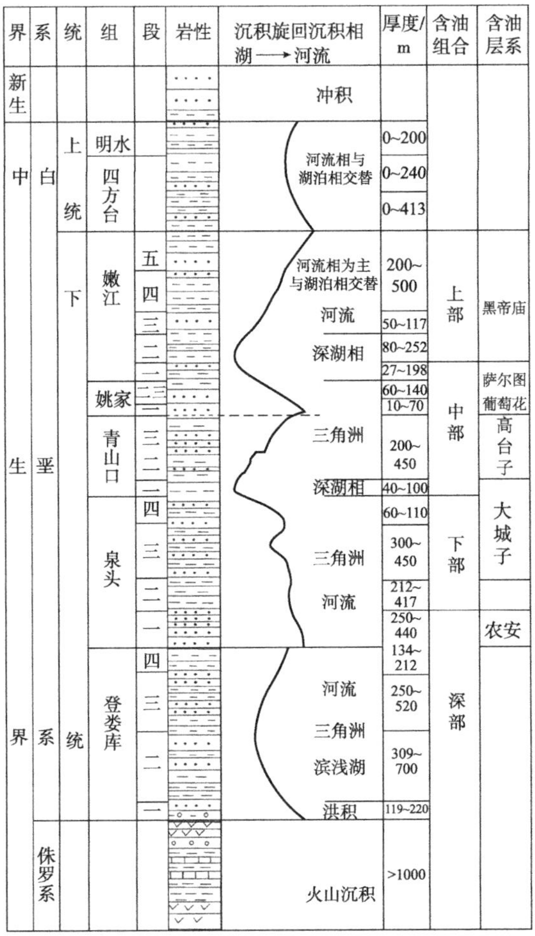

图 2-8　松辽盆地地层综合柱状图(示沉积旋回级次)

4. 一级沉积旋回

指一套包含若干油层组在内的旋回性沉积。在盆地内一级构造单元范围内可以对比，其幅度相当于一、两个地层“组”。一级旋回中岩性较粗的部分相当于一个含油层系，每套含油层系一般都有古生物或微体古生物标准层控制旋回界线。

油层对比中的旋回级次划分，是在区域地层对比基础上的发展与深化，区域地层对比与油层对比旋回级次存在如下对应关系，如表 2-3 所示。

表 2-3　沉积旋回级次对照表

区域地层对比		油层对比	
沉积旋回级次	地层单元	沉积旋回级次	油层单元
一	系		
二	组	一	含油层系
三	段	二	若干油层组
四	砂层组	三	砂岩组
		四	若干单油层

在油层对比中，划分沉积旋回的方法包括：①初步划分各井的沉积旋回，进而追踪对比全区沉积旋回的演变规律，统一沉积旋回的划分与油层的分层；②在追踪对比过程中，应与沉积条件相结合，重点研究两种旋回特性交界带，从地质成因上认识旋回特性演变规律。

三、碎屑岩“旋回对比，分级控制”油层划分对比的方法

油层对比所应用的方法和区域地层对比方法基本相似，但区域地层对比是在油区范围内对比大套地层，而油层对比是在一个油田范围内对比油层，其研究面积远比区域地层对比小，划分和对比的精细程度远比区域地层对比高。砂岩组和单油层由于单元小，古生物、矿物等在剖面的小段内变化不显著，故难以作为对比标志。砂岩组与单油层的对比主要是在油层组的对比线和标准层控制下，根据岩性、电性所反映的岩性组合特点及厚度比例关系进行对比。

(一)“旋回对比，分级控制”油层对比的方法

形成于陆相湖盆沉积环境的砂岩油气层，大多具有明显的多级次沉积旋回和清晰的多层标准层，岩性和厚度的变化均有一定的规律可循。依据这些特点，我国许多类似的油田均采用了在标准层控制下的旋回－厚度对比方法。即在标准层控制下，按照沉积旋回的级次及厚度比例关系，按步骤从大到小逐级对比，直到每个单层。

1. 利用标准层对比油层组

首先，应研究标准层的分布规律及二级旋回的数量及性质。二级旋回的数量决定了油层组的多少，二级旋回的性质应参考一级旋回的性质而定，标准层用于确定对比区内油层组间的层位界限。

图2－9列举了三口井的部分油层剖面，剖面的底、顶均为大段泥岩，顶部的灰黑色泥岩和介形虫泥岩(①号层)，在区域内分布稳定，是区域对比标准层。底部厚20～30cm的黑灰色介形虫泥岩(③号层)亦为区域标准层，中下部的灰黑色泥岩为辅助标准层(②号标准层)，整个剖面划分为两个油层组。

2. 利用沉积旋回对比砂岩组

在油层组内，根据岩石组合性质、演变规律、旋回性质、电测曲线形态组合特征，将其进一步划分为若干个次一级旋回。次一级旋回内粗粒部分的顶部均有一层分布相对稳定的泥岩层，可作为砂岩组的分层界面(图2－9)。

3. 利用岩性和厚度对比单油层

在油田范围内，同一沉积时期形成的单油层，不论是岩性还是厚度都具相似性。井间单油层可按岩性和厚度相似的原则进行对比，韵律内单油层的层数和厚度可能不尽相同，在连接对比线时，应视具体情况进行层位上的合并、劈分或尖灭处理(图2－9)。

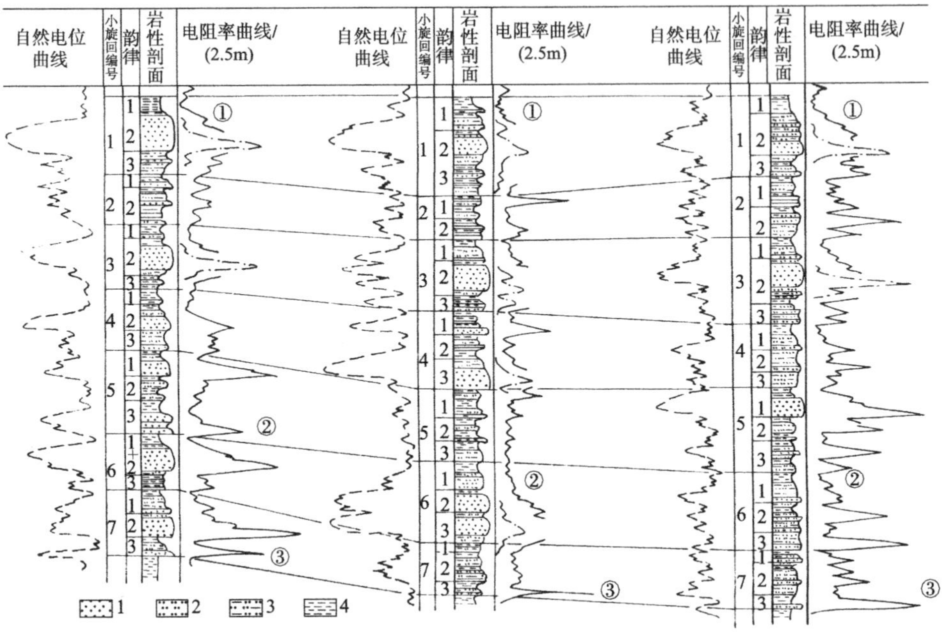

图 2－9　油层组及砂层组对比示意图

1—砂岩；2—粉砂岩；3—泥质粉砂岩；4—泥岩

4. 连接对比线

油层对比不仅表示油层的层位关系，而且还要将油层的厚度变化、连通状况表示在对比图上。这项工作是通过连接对比线来完成的。由于砂层的连续性和厚度稳定性的变化很大，因此用简单方法很难将砂层的真实面貌表示出来，常用的对比线连接形式如图 2－10 所示。

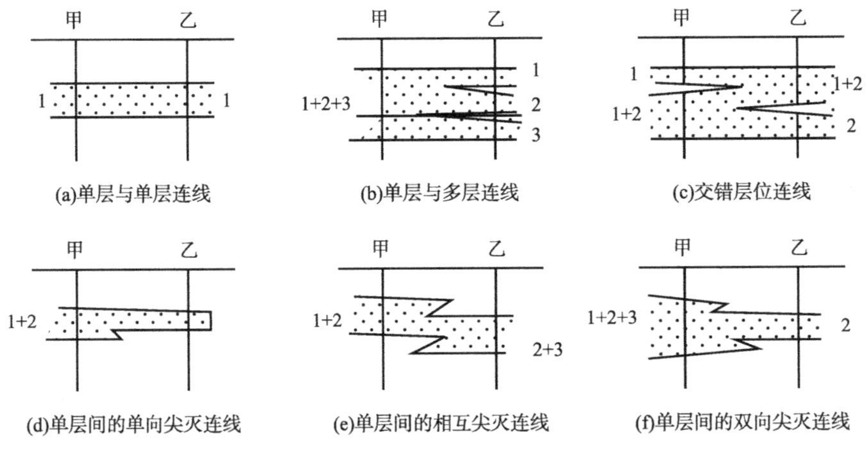

图 2－10　砂层连线的形式

(二) 油层对比的流程

沉积储层按其旋回性进行细分，主要依据是岩心和标准测井曲线。一般应细分为含油层系、油层组、砂层组、单油层。

对比原则：以古生物和特殊岩性为基础，在对比标准层控制下，以沉积旋回为主要依据，应用测井曲线形态及其组合特征，逐级进行等时原则对比。不同地区、不同沉积相带应根据油气层沉积成因采用不同的对比方法。具体方法如下。

1. 选取标准层、辅助标准层(又称标志层)

2. 建立对比标准剖面，通过对比确定标准剖面上各井的分层界线

典型井(或典型井段)的选择、建立对比标准剖面，确定标准剖面上各对比单元的分层界线。典型井的条件应该是位置居中、地层层序正常、油层较全，古生物、重矿物分析化验资料及测井资料齐全的取心井，曲线标志清楚。典型井可以作为地层对比时的控制井。确定标准层，建立柱状剖面作为对比标准剖面。

3. 骨架剖面的建立

通过典型井，建立井间"十"字剖面；再向两侧建立辅助的"田"字剖面。然后从骨架剖面向两侧建立辅助剖面以控制全区。

对比时首先将井位、井深按比例画出。当井距变化很大时可以变比例尺或采取等间距。其次，将分层界线和岩性画在井身剖面上，特别要标出等时标准层、旋回及特殊层段。

将相应的标准层、旋回和特殊层段用对比线相连。

对比各井的层组界线，根据标准井组划分结果，通过井间对比，划分其他井的油层组、砂岩组及单油层的界线，并用邻井资料进行验证，通过对比确定钻遇断层井点的断点深度、断失层位、断失厚度等。

4. 进行区块统层

对于陆相沉积，岩相、岩性变化大的情况，在标准层控制下，应采用"旋回对比，分级控制，逐井追索，剖面闭合"的方法，全区统一。

以骨架剖面上的井作控制，向四周井作放射井网剖面，进行对比，或作面积闭合的地层对比，要求分层的闭合误差达到最小。对比结束后，要求统一各井的分层数据，作为地层研究的基础资料。

(三)油层对比成果图的编制与应用

通过油层对比，编制各种反映油层分布的图件，主要解决油层的分布状况与油层内部储集物性及孔隙结构的变化等问题。油层的分布包括厚度变化趋势、形态分布特征、上下层位的连通状况。

1. 小层数据表的编制及应用

根据油层对比结果，把每口井的分层数据和每个单层的对比数据记录在统一的表格上(表2－4和表2－5)。小层数据表是油田地质研究工作的基础资料，是编绘油层剖面图、小层平面图、油层栅状对比图，计算油气储量，进行动态分析和制定开发方案的主要依据。

1)小层划分数据表。以井为单元，将单井剖面自然分段小层的数据填入表中。小层划

分数据表格式如表 2 – 4 所示。

表 2 – 4　××油田××区××井小层划分数据表(格式)

油层组	自然分段小层数据										统一划分单层数据			
	小层编号	砂岩井段/m	砂层厚度/m	有效厚度/m		渗透率/μm^2	产能系数/$\mu m^2 \cdot m$	有效孔隙度/%	真电阻率/$\Omega \cdot m$		单层编号	砂层厚度/m	有效厚度/m	厚度权衡渗透率/μm^2
				一类	二类									

2) 单层对比数据表。以单层为单元，以小层划分数据表为基础，将各井同一单层的数据填入表中，作出单层对比数据表，其格式如表 2 – 5 所示。

表 2 – 5　××油田××区××层单层对比数据表

对比井号	项目									
	1	2	3	4	5	6	7	8	9	10
有效厚度/m										
砂层厚度/m										
渗透率/μm^2										
平面分布										
纵向连通										

平面分布栏内应注明各井点油层的连通、断失、尖灭等情况，纵向连通栏应注明油层上下连通、劈分、合并等情况。

2. 油层对比成果图的编制及应用

油层对比成果图有油层对比剖面图、油层平面图、油层连通图等。

1) 油层剖面图

油层剖面图是沿某一方向的油层对比图，反映了油层与上下层的连通情况及延伸情况等。它与构造剖面图的区别在于不反映构造形态。基本绘图步骤如下。

(1) 选择剖面方向：根据实际工作需要，绘制的油层剖面图可平行或垂直于构造轴线，或按井排编绘。

(2) 确定剖面结构：绘制时，首先画一水平线将井身依照井间距离按比例垂直画出，标明井号；其次将某一层位拉平作为基线，注明井深。根据小层划分数据表的砂岩井段数据将其他层位依次按比例画在井身上。

(3) 标注小层数据：根据小层划分数据表将各层位的小层数据，即小层号、有效厚度、渗透率等数据标注在相应的各井小层旁，并注明射孔井段。

(4) 连接小层对比线：将各井相同层位连接起来，对有效厚度层、非有效厚度的砂层和有效厚度层中非有效厚度部分，分别用不同的线段进行连线。

(5) 根据各井小层渗透率的大小，分别在各层注明渗透率分级符号。

2)小层平面图

小层平面图是反映单油层分布特征和储油物性变化的基本图件，它是由单油层分布图、单油层等厚图、渗透率等值线图叠合而成的(图2-11)。

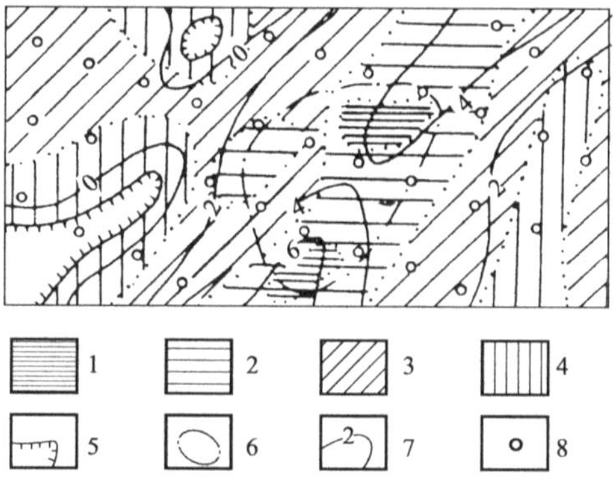

图2-11　小层平面图

1—特高渗透区；2—高渗透区；3—中渗透区；4—低渗透区；5—砂层尖灭区；6—砂层连通区；7—有效厚度等值线；8—资料点

编制小层平面图的步骤如下。

(1)上数据。按所选取的绘图比例尺，将各井点绘制于图上，将各井的渗透率、油层有效厚度、砂层厚度等数据标注于相应井位旁。

(2)勾绘等值线。确定砂岩尖灭线及有效厚度零线，并按三角网法勾绘渗透率、有效厚度等值线。一般砂岩尖灭线均由有砂层与无砂层井点间通过，有效厚度零线由砂岩尖灭线与存在有效厚度的井点间通过。

(3)对渗透率分区染色。在图上对高、中、低渗透率分区染色，突出渗透率的变化。

3)栅状对比图

栅状对比图是反映油层在空间变化情况的立体图，在油层研究中应用广。一般以砂岩组为单元进行编图，反映井间砂岩组内各单油层连通关系和基本数据(图2-12)。

(1)编制小层连通数据表，油层连通图应综合反映各个小层的连通状况。

(2)选择作图比例尺。纵、横比例尺视研究目的和编图区的范围及单层厚度而定。

(3)绘制井位图。若平面井点分布不匀，可将密集井疏散开，常用的方法是用等度投影法将直角坐标改成菱形坐标网。为了避免南北向井点对比线过陡，可以上下或左右适当移动个别井位或将井位图旋转适当角度，以对比关系清晰为准。

(4)绘各井的砂岩组柱状剖面。按确定的纵向比例尺，在井位点旁绘该井地层柱，标出各单层的顶、底界线，将小层号、砂层厚度、有效厚度、渗透率等数据标注在图上。

(5)连接井间小层对比线。根据单井小层数据表中单层连通关系连接对比线，连线时注意从图幅下端各井连起，逐次向上连接各井，连线相遇即行断开以避免交错，绘出显示立体关系的小层对比图。

(6)注释射孔井段、渗透率分级符号。渗透率可用符号或色谱，按分级界限注释于图上。

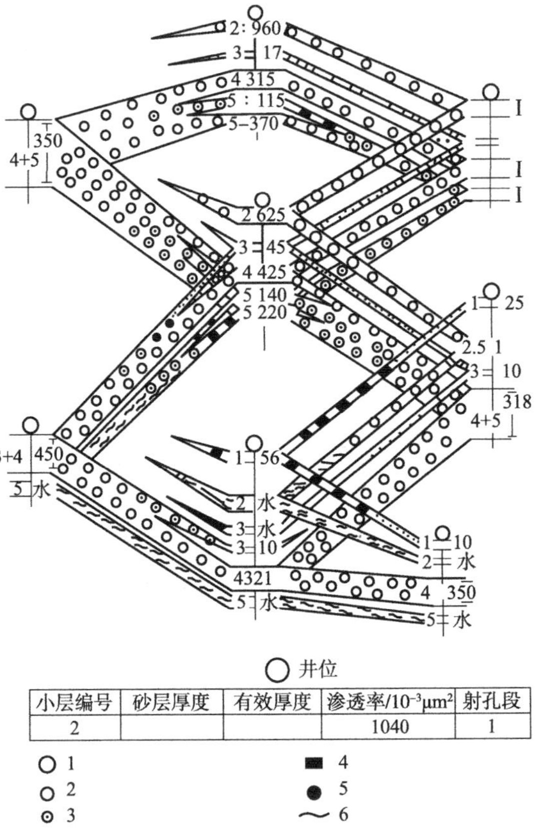

图 2－12　油层栅状对比连通图(据杨寿山，1978)

1—渗透率大于 $500\times10^{-3}\mu m^2$；2—渗透率 $(300\sim500)\times10^{-3}\mu m^2$；3—渗透率 $(100\sim300)\times10^{-3}\mu m^2$；4—渗透率 $(50\sim100)\times10^{-3}\mu m^2$；5—渗透率小于 $50\times10^{-3}\mu m^2$；6—水层

四、河流相油层对比方法

在河流相发育地区，油层对比一般不宜采用岩性对比的方法，因为其沉积环境侧向变化大，沉积物的岩性及厚度横向变化快，“岩性相似，厚度相近”的对比原则就不适用。如河流－三角洲的泛滥平原相、三角洲平原相及其次一级亚相内的河道切割、充填作用较强，地层的厚度变化剧烈，若简单地按照厚度进行层位的机械劈分或按岩性笼统合并，就容易导致分层错误。往往会将不同时期的沉积层当成同时期沉积层处理(图 2－13)。鉴于此，对河流沉积相的油层划分和对比一般采用切片对比法和等高程沉积时间单元对比方法。

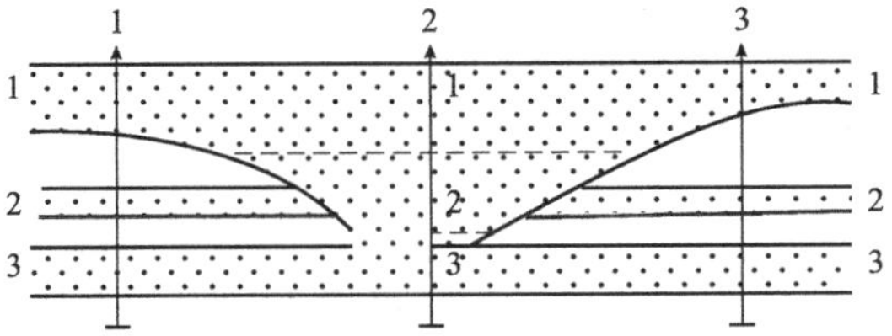

图 2－13　厚砂层不同劈分法示意图

(一)切片对比法

河流沉积中由于河道频繁改道，使得河道砂体在泛滥沉积中随机出现，任何一个等时单元在侧向上总是出现河道砂体与泛滥沉积的交互相变。切片对比法根据简单的沉积补偿原理，以任何一个基本平行标准层而遵循区域厚度变化趋势的层段切片，取其界面作为等时线进行控制对比。

具体做法如下。

(1)在两个标准层间控制的大套河流连续沉积带内，等分或不等分地按总厚度变化趋势分成若干个片(相当于亚组)，切片界线就是对比的等时界线。

(2)切片厚度不宜太小，一般要求多数井都有一定层数的河道砂体与泛滥沉积相组合，以防部分井以河道砂体为主，部分井则几乎为泛滥沉积，这样可以消除砂岩、泥岩差异压实带来的对比误差。各井切片界线并不一定是合理的旋回界线，但切片界线以内的砂泥岩沉积的等时性还是可以基本确定的。

(3)区域厚度变化较大时，要利用地震剖面，选择连续性较好的反射界面，判别区域性厚度变化趋势，切片时应遵循这一基本趋势(图2－14)。

(4)切片界线尽可能与古土壤旋回性结合起来。

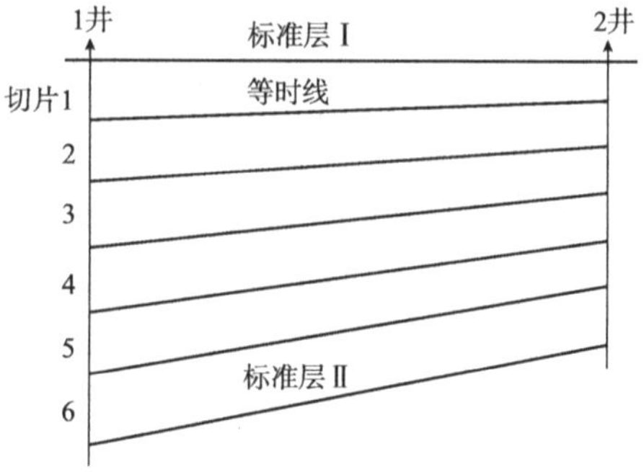

图2－14　切片对比示意图

(二)等高程沉积时间单元对比法

所谓沉积时间单元，是指在相同沉积环境背景下所形成的同时期沉积。从理论上讲，一套含油层系内的沉积从时间上是可以无限细分的，而单元的大小则需视研究目的而定。在油田上由于研究油砂体必须细分到单层，因此，在细分沉积相时，沉积时间单元应当是一个一次连续沉积的单砂层。

1. 等时对比

河道内的全层序沉积，其厚度反映古河流的满岸深度，其顶界反映满岸泛滥时的泛滥面。同一河流内的河道沉积物，其顶面应是等时面，而等时面应与标准层大体平行。也就是说，同一河道沉积，其顶面距标准层(或某一等时面)应有大体相等的“高程”。反之，不同时期沉积的河道砂体，其顶面高程应不相同。这就是等高程对比的依据。等高程对比沉积时间单元的具体做法如下。

(1)在砂层组的上部或下部选择标准层。标准层应尽量靠近其顶(或底)界面。

(2)分井统计砂层组内的主要砂层(如大于2m)的顶界面距标准层的距离。

(3)在剖面上按照砂岩顶界面距标准层距离近似为同一沉积时间单元的原则，将距标准层不同距离的砂岩划分为若干沉积时间单元。

图2－15为砂层组内划分沉积时间单元的示例。从图中可知，该区砂层组内厚度大于2m的主体砂岩，顶界面距标准层距离主要有2～4m、5～7m、8～9m、10～12m、14～16m

五种类型。因此，在划分时可将该砂岩组内的单层划分为五个沉积时间单元。

(4)全区综合对比统一时间单元，然后进行对比连线。

2. 跨时间单元的对比

对于跨时间单元的厚砂层的处理，应分析是一个沉积时间单元河流下切作用形成的，还是两个沉积时间单元的砂层叠加而成的，或既有河流下切又有叠加综合而成的。

(1)综合判断沉积韵律。若砂层只具有一个完整的正韵律，则反映该砂层为一次河流下切作用形成的，故应为一个时间单元(图2-15)。

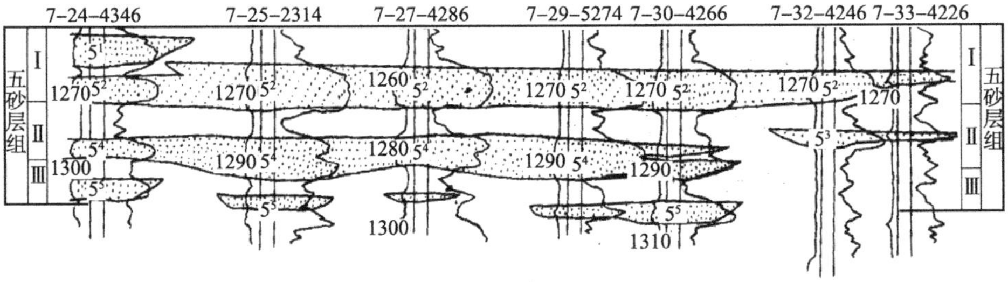

图2-15　某砂层组油层对比剖面图(深度：m)

(2)若砂层由多个正韵律组合而成，而底部较粗，则为多个沉积时间单元组合而成的叠加砂层。

(3)若砂层中存在稳定的泥质薄夹层，则可将该砂层划分为不同的时间单元。

(4)通过邻井对比，以多数井的划分为准。

(5)可用动态资料进行验证，如见水层位、见水特征等。

应用等高程法在目前所能划分的大多是层位大体相同的、与上下层之间有明显泥岩夹层的砂层。对于河流或分流河道砂体，或因切割叠加较强而测井曲线又难以详细划分的砂层，以及层位相差不多、平面上又无明显分界、砂体形态和延伸方向又大体相同的砂层，都只能当作同一时间单元处理，而实际上也可能是多单元的侧向复合体。

(三)河道沉积型单砂层对比模式

河流相单砂层的分布特点是横向变化快，尤其砂层厚度，存在多微相类型，从而形成多种砂体的接触关系。针对不同沉积类型，采用不同对比方法，包括多期河流砂体叠置型、砂体相变型。

1. 多期河流砂体叠置型对比模式

由于河道的频繁变化，横向上引起河道迁移、摆动，纵向上引起河道强烈的切割作用，不同时期河道垂向、侧向位置具有继承性与改造性，每期河流沉积物都可能被后来的河流冲刷改造，旋回顶部的泛滥沉积及河道砂的上部往往被冲刷掉，仅仅保留下部的不完整旋回，不同时期河道砂体叠置成厚度较大的复合砂体。概括多期河流砂体之间复杂叠置关系有以下几种情况。

(1)河道侧向与决口扇、天然堤相接触。同单元、同层位的多条高弯曲河道砂体，往往以其外侧凹岸处互相接触，其间因有天然堤、决口扇等泥质砂岩或粉砂质泥岩、牛轭湖泥质充填而不连通或连通性变差[图2－16(a)]。

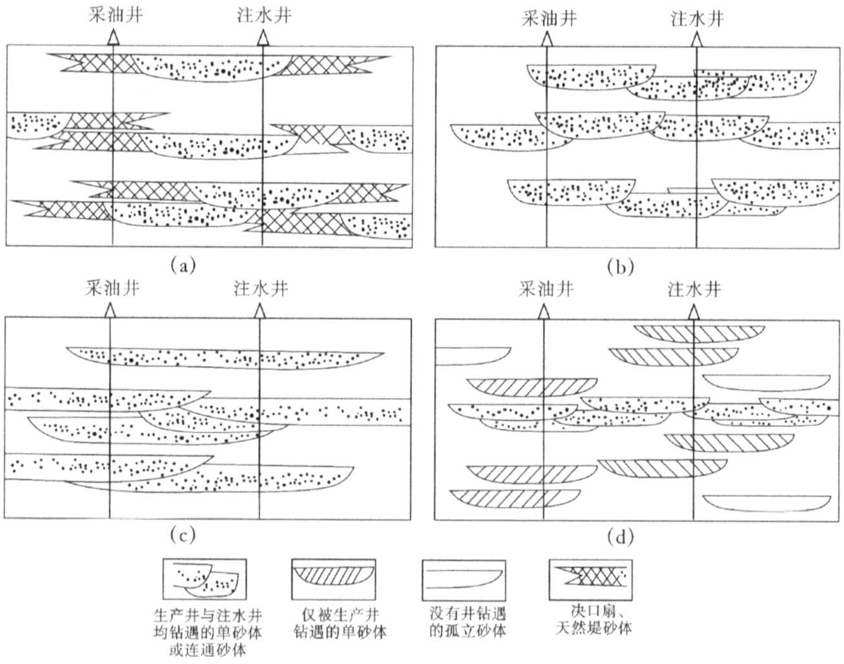

图2－16 河流相单砂层或单油气层连通关系类型(据David K Laurel，2006，修改)

注：(a)曲流河河道与侧翼决口扇、天然堤等微相接触，连通性差；
(b)辫状河道侧向叠置形成较宽、较厚的复合河道，连通性好；
(c)网状河区多条小河道侧向叠加形成复合河道，河道宽度与厚度比值大，连通性好；
(d)洪泛平原区，多分布较小的单河道，孤立河道砂体发育，连通性差。

由于河流主流线附近冲刷最强烈，砂体明显下切，分布范围小。在孤立水道下切砂体型对比时，不能盲目应用等高程和厚度相近的对比方法进行劈层。图2－16实际是在一个河道不发育的废弃河道或洪泛平原地带，突然被后期的孤立深切河道切割，然后再被砂岩充填形成厚砂岩层，砂体应以冲刷面为底界，如图2－17的井G2－16所示。对比的关键是巨厚砂层成因的确定。

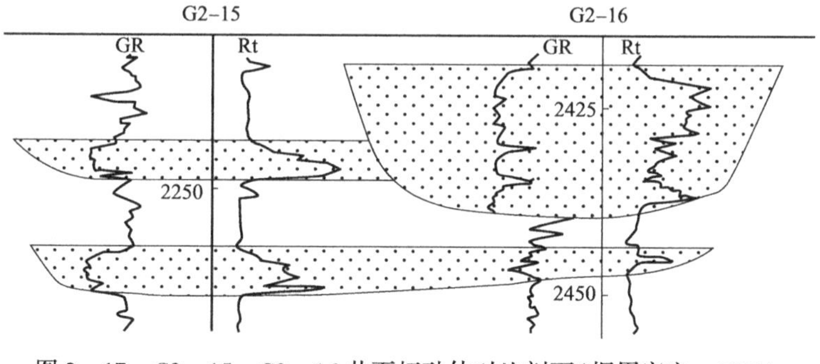

图2－17 G2－15—G2－16井下切砂体对比剖面(据周宗良，2012)

(2)针对比较大河道摆动出现交错叠置情况[图2－16(b)]，辫状河流沉积中多见河道宽度与厚度比值非常高，像席状砂沉积体，首先是垂向河道部分侵蚀、充填作用明显，河道垂向叠置形成较大厚度砂岩层，侧向叠置形成较宽的复合河道，砂体连通性好，这些单砂层或相互连通的砂层多数被生产井与注水井钻遇，对比时注意：①根据上平下凹的方法区分每一个自然单砂层；②对由多个自然单砂层上下叠置形成的厚砂层，需要合理劈分，准确确定单砂体上下之间的侵蚀与被侵蚀的关系。

(3)具有相同时间单元的河道群或网状河，多条比较小的河道以侧向叠加为主，垂向叠加为辅，形成复合河道，有较大的河道宽度与厚度比值[图2-16(c)]，砂体横向连通性变好，多数单砂体仅被注水井或生产井钻遇。

(4)洪泛平原发育地区，河道的纵向变化较大，主要以较小的单河道沉积为主[图2-16(d)]，部分单砂体仅被注水井或生产井钻遇，还有部分单砂体是不被注水井或生产井钻遇的孤立河道砂体。但在某一个时期快速河道沉积形成多期的复合河道，类似同期单砂层被注水井与生产井均钻遇[图2-16(c)]。这种模式是洪泛平原时期快速堆积与慢速堆积的结果，快速堆积期保留了大量的泥质漫滩沉积物，而慢速的洪泛平原沉积时期，局部发育的河道充填沉积被保留下来，导致纵向上以发育孤立河道砂体为主，部分为相互叠置的复合河道。

2. 砂体相变型对比模式

河道砂与被切割的河道间、天然堤、废弃河道等微相之间形成复杂多变的连通关系，取决于河道的迁移、相互切割程度。相变型对比可以概括为如下3种情况。

(1)洪泛期以高弯曲河道为主，往往有利于形成天然堤、决口扇等泥质砂岩或粉砂质泥岩及牛轭湖泥质充填沉积。一方面因间歇性处于河沼环境，同单元、同层位形成相对比较稳定碳质泥岩或纯泥岩等薄层，形成很好的层间隔层[图2-19(a)斜线部分]，导致层间不连通或连通性变差；另一方面河道砂体无论是垂向还是横向上均孤立存在，基本上不连通[图2-19(a)]。该模式的井间单砂体对比，薄泥岩层就是最好的标准层，拉平确定井间单砂层的对比关系(图2-18)。

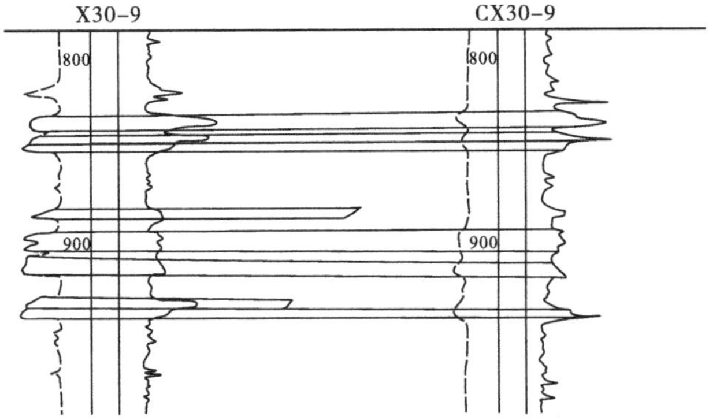

图2-18 稳定砂体对比模式

(2)局部非均质性引起的砂体连通性变差。砂体之间非渗透层的存在，使得砂体之间不连通，①在河道砂岩底部形成一个泥质薄层“外套”，使得两个相互侧向叠置砂体的接触处“中间”不连通，如图2-19(b)“1”所示；②一个水平泥岩薄层把一个砂体切分成两个不连通的砂体，如图2-19(b)“2”所示；③针对砂泥斜互层，倾斜的泥质薄层把小的河道砂分割成两个砂体，不连通，如图 2 – 19(b)“3”所示。此类情况下的砂体对比，确定泥质薄层的产状是关键，需要分析取心井岩心、岩相，建立沉积相、微相模式。

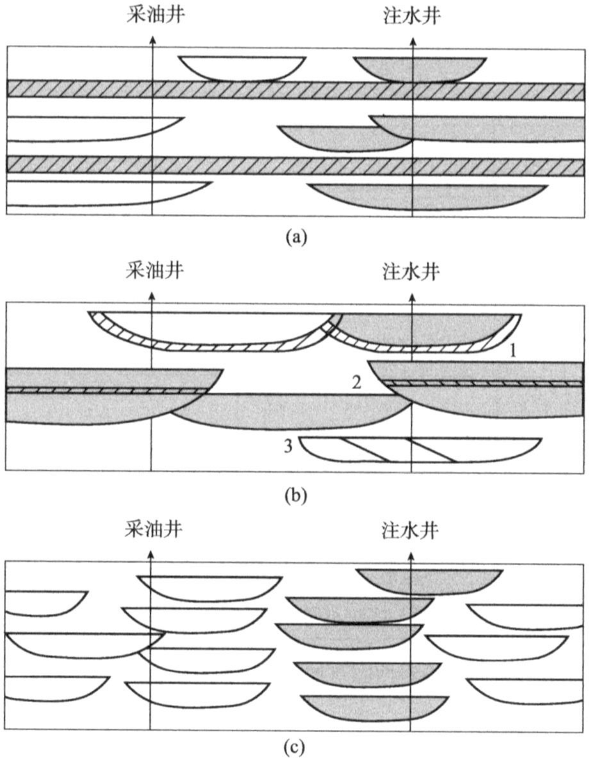

图 2 – 19 相变引起的单砂体之间连通性变差
（据 David K Laurel，2006，有修改）

(3)在一些水下重力流河道发育的地方，往往水下重力流河道不像普通河道那样频繁摆动，也不像普通河道那样有垂向或侧向上的连续性，导致纵向上水下重力流河道砂体发育，但砂体连通性却较差[图 2 – 19(c)]。

五、三角洲相砂体多井相控 – 等时油层对比

三角洲相砂体间的连通关系是比较复杂的一种类型，对比过程中正确处理三角洲等时面与岩性界面的关系是对比的关键。图 2 – 20 就是利用等时面与岩性界面两种不同井间对比法，出现的两种完全不同的对比的结果，图 2 – 20(a)是根据测井曲线采用等岩性对比的结果，无论从电性特征还是从对比关系讲，对比结果无可非议，既简单又合情合理。但实际生产过程会发现这个对比关系不支持开发动态特征，即井 1 与井 2 之间的砂体连通关系存在问题。沉积研究表明两井可能钻遇三角洲平原与前缘亚相，对比过程在充分考虑电性特征、岩性界面的同时，更需要认真考虑等时面的因素，通过精细确定、划分沉积等时面，再依据等时面对比模式进行单砂体划分对比，图 2 – 20(b)就是这一方法的对比结果，最终与动态解释连通关系一致。

三角洲井间单砂层的对比难度大，关键是模式的建立及等时面与等岩性面确定。在三

角洲平原相岩性界面与等时面存在交错穿越，但在湖相三角洲前缘相等时面有时可以与岩性界面重合。因此，三角洲沉积模式的井间砂体对比既要坚持等时，又要分析剖面上的相变规律，掌握平面上的相带分布，正确区别岩性界面与等时面。如图 2－21 所示。

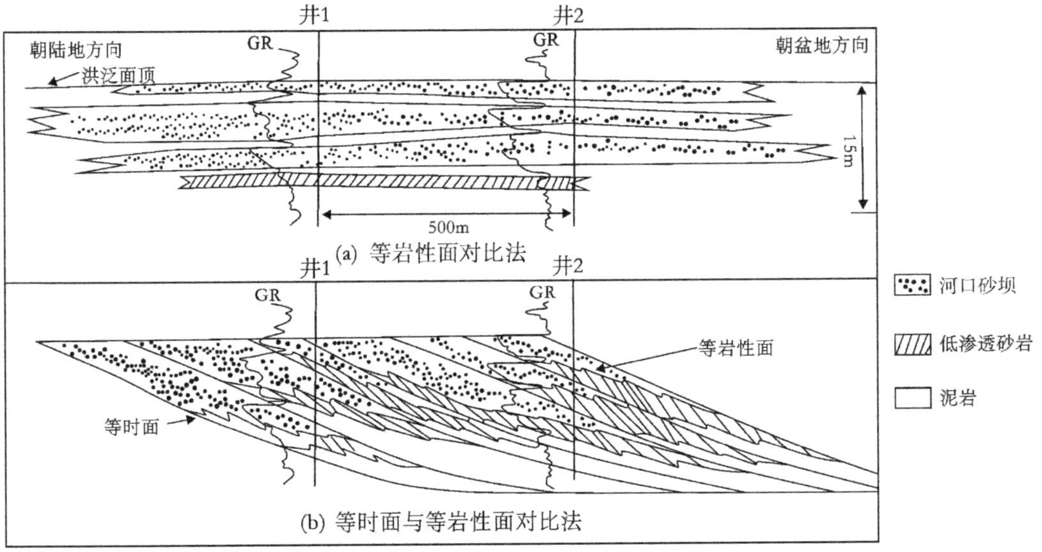

图 2－20　等时面与等岩性面对比法的区别(据 David K Laurel，2006)

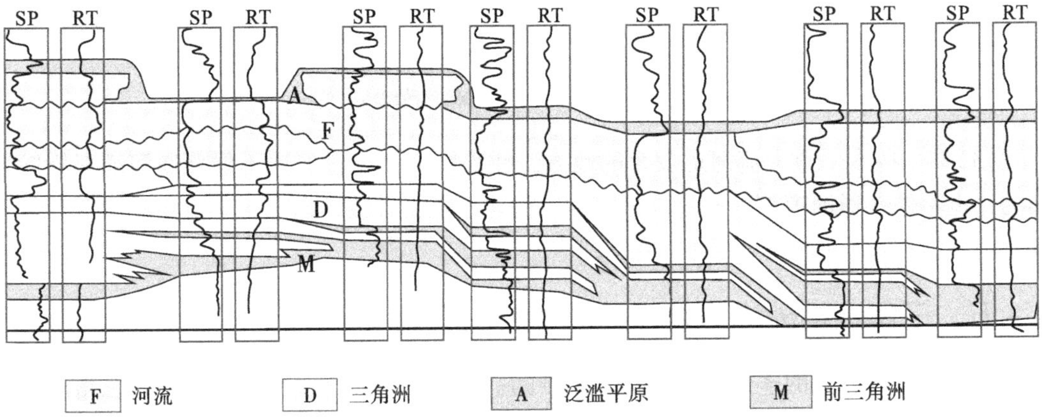

图 2－21　岩性对比与等时地层对比

六、对比过程中的地质异常现象分析

在进行井间对比时，可能发现一些井与整个研究区其他井不能很好对应。如果出现异常，则需要分析其原因(图 2－22)。

(一)相变

由沉积引起的厚度变化，往往厚度的变化是有规律的。在连接对比线时，需要考虑井间岩相的变化，还有地层沉积样式是垂向加积还是侧向进积，这与沉积模式有关(图 2－23)。

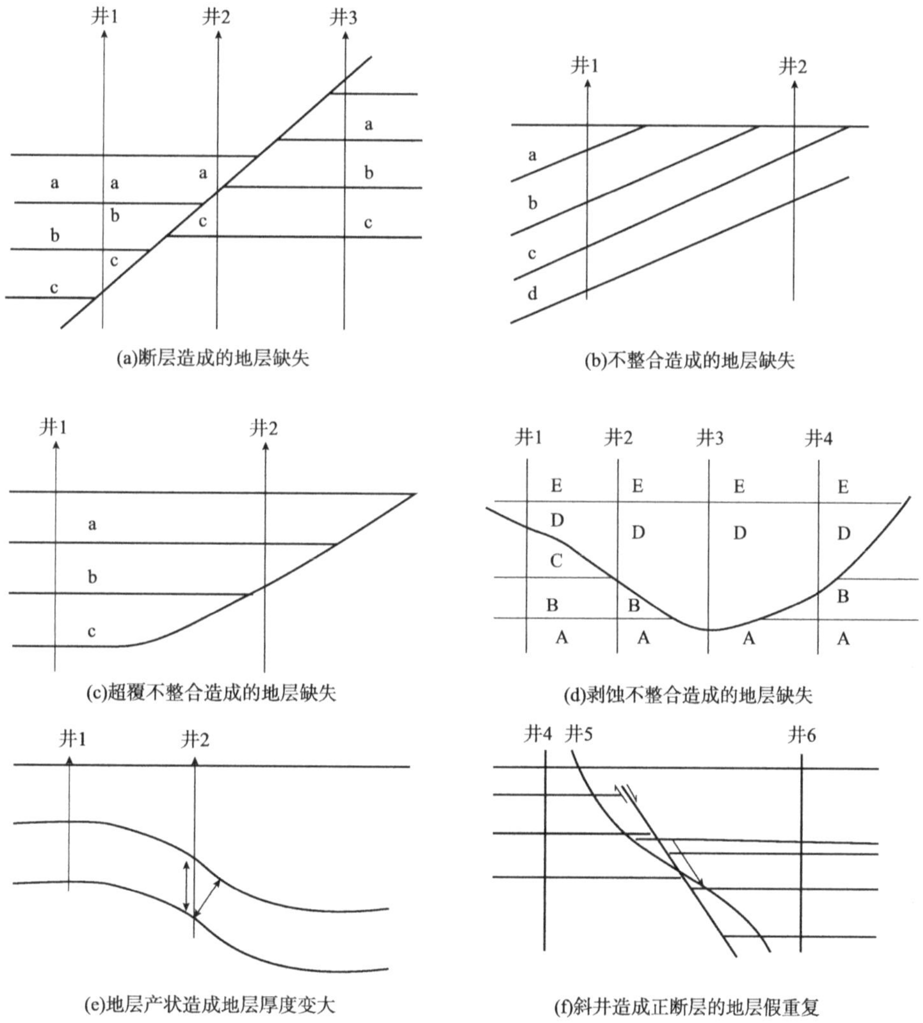

(a)断层造成的地层缺失　(b)不整合造成的地层缺失

(c)超覆不整合造成的地层缺失　(d)剥蚀不整合造成的地层缺失

(e)地层产状造成地层厚度变大　(f)斜井造成正断层的地层假重复

图2－22　对比过程中需要考虑的地质异常现象

连接对比线不但可以表达井间对比关系，而且可以表达砂层或油层井间的厚度变化与连通关系，由于砂层的连续性和厚度稳定性的变化很大，需要根据沉积微相的变化做相应的变化。

(1)河流相单砂层的分布特点是横向变化快，尤其砂层厚度，存在多微相类型，从而形成多种砂体的连通关系。

(2)三角洲前缘亚相砂体间的连通关系是比较复杂的一种类型，确定三角洲等时面与等岩性面的关系是对比的关键。

(3)地层的异常薄可能是地层尖灭导致的，或者是薄的凝缩层上覆在基底的高部位。

(二)构造

以下四个与构造运动有关的地质现象可能是导致对比中异常现象出现的主要原因：

经常出现的异常井段有两类，一类是地层层序出现重复、缺失或层序倒转，如钻遇断层、倒转背斜等。另一类是由于不整合引起的厚度异常，不整合引起的厚度变化具有区域性特征。

一般存在下列情况按有断层进行对比：①当个别井或个别井段缺失地层、标准层或标准层时，可能与断层有关；②个别井或个别井段的地层和油层的厚度明显减薄，或某段曲线形态缺失，可以按断层进行对比(图 2－23)。在对比过程中，不同盘对比要消除因定向井等其他因素造成的地层厚度变化的影响；在平面上要考虑地层纵、横向厚度变化趋势，考虑井位校正；考虑不同层位视电阻率高低变化等。

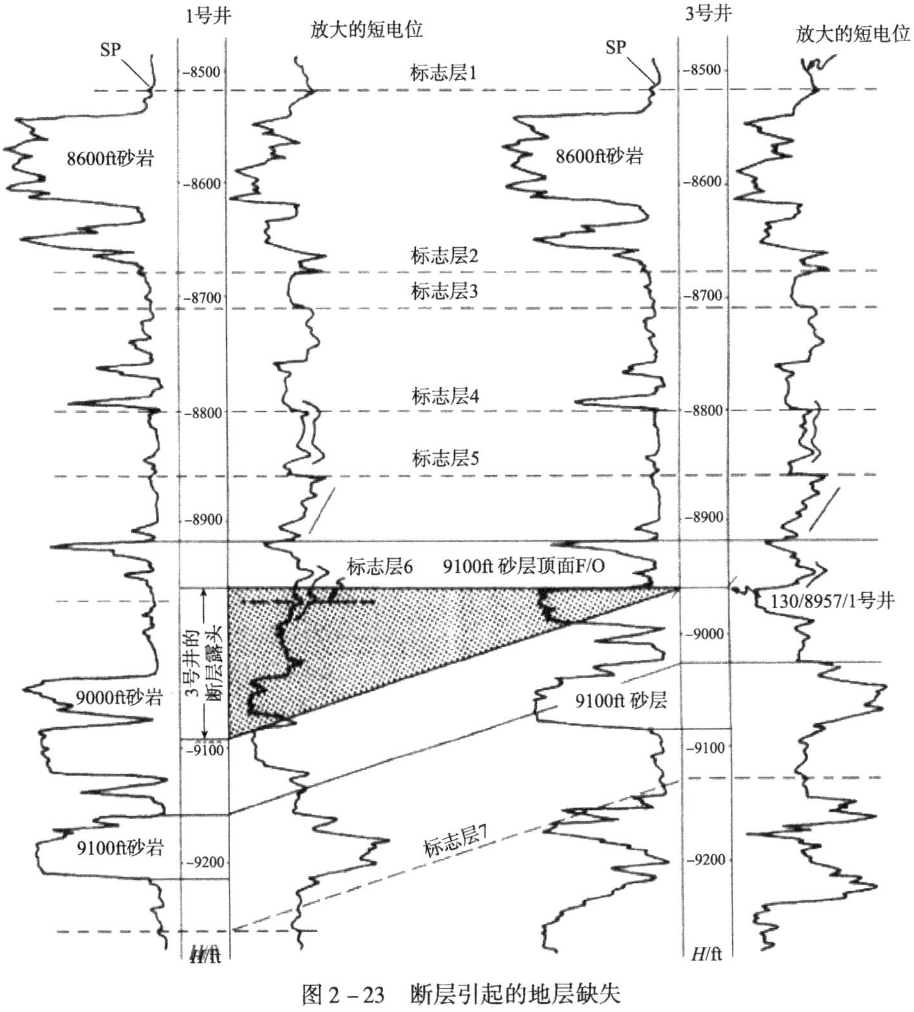

图 2－23　断层引起的地层缺失

在区域不整合面、下切谷或河道之下存在侵蚀现象，会造成储层的局部缺失(图 2－23)。

(三)斜井

如果某口井出现对比失误，就会导致异常值出现在厚度等值线图上。与逆断层相同的情况，在应用斜井时，当斜井从下盘经过上盘而穿过正断层时就能出现假重复；穿过逆断层出现地层的假缺失。

(四)地质模式与地质解释的不确定性

使用高度模式化的示意图(图2-24)是为了说明：当沉积单元横向突变时，增加了对比的复杂性。识别标准层A.1、A.2和A.3时会有困难，但也可以看出是容易确定的。3号井中缺失S层砂岩，这可能是断层断过该井的结果，但该井中标准层A.3与B.1之间的距离与其他不一致，原因是存在的缺失足以容下完整的S层砂岩。最可能的答案是突然尖灭，在2号井和3号井之间可能有河道砂，A.3～B.1层的厚度降低进一步证实了这种可能性，也可能是差异压实作用的结果。

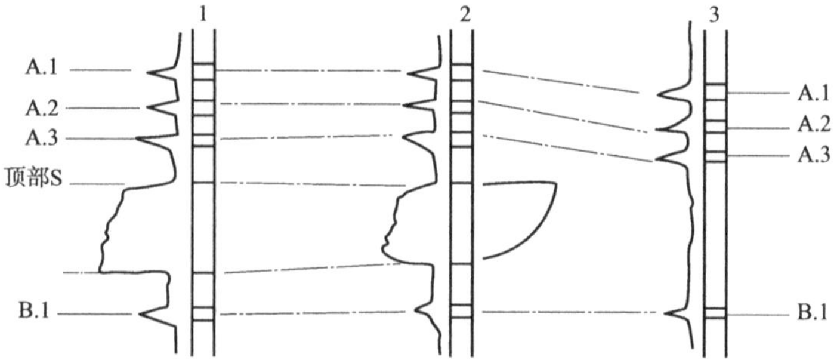

图2-24　对比中出现的砂体尖灭

对比模式与沉积模式有关(图2-25)。在对比过程中如发现异常的对比线，应认真分析，要求经过修正后，使面积闭合误差达到最小。

尊重数据是储层研究的一项基本原则，但地下属性的地质解释在很大程度上是由地质概念驱动的。许多情况下，地质解释具有不确定性，即基于相同数据不同的地球科学家可以得到完全不同的解释。

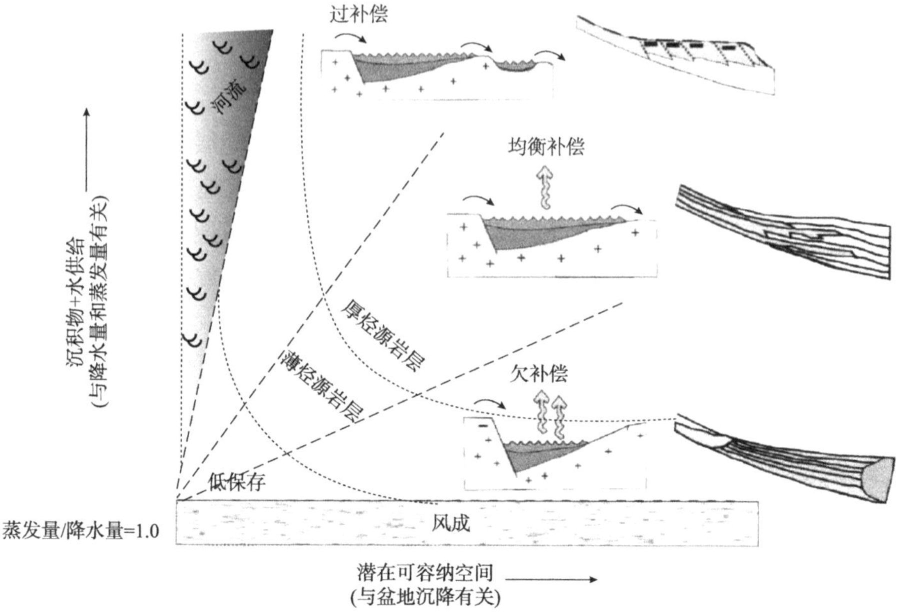

图2-25　陆相湖盆类型与沉积、地层模式(据Bahacs等，2000，有修改)

图 2 –26 显示了一个对砂岩连通性的解释不确定性的实例。解释不确定性影响如何建模，以及孔隙度和渗透率在三维储层模型中的分布方式。此外，地层对比的不确定性也会影响地下地层的分层和储层划分，影响储量计算。

地质解释中的其他不确定性包括断块之间的依赖关系、岩相类型、比例和堆叠模式、传导性断裂的存在。

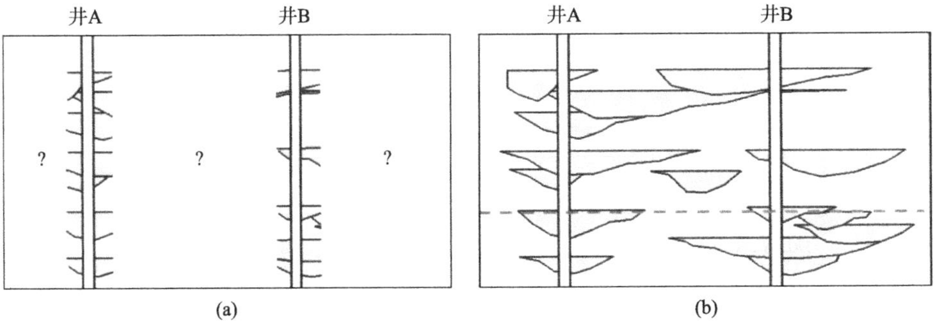

图 2 –26　地层对比不确定性示例图

注：(a)砂体测井(也可能有岩性数据)在地层对比中的不确定性
(形状、尺寸及横向和垂直延伸的不确定性)；(b)许多可能的解释之一。

第三节　碎屑岩储层层序地层学对比分析

当岩石相建立之后，首先要在油藏内建立一个层序地层格架，然后构建沉积相模型。油藏内不同层序的识别需要利用井间对比的方法，对比的精度由储层几何形态的复杂性决定，即判断储层是千层饼状、拼图状还是迷宫状。

一、层序地层学的概念与发展

19 世纪 60 ~70 年代，由埃克森公司 Vail 领导的团队将地震地层学(Seismic Stratigraphy)发展成层序地层学，代表作为 *AAPG* 第 26 期论文集中题目“地震地层学——在油气勘探中的应用(Payton，1977)”，主要的观点是沉积盆地中的沉积旋回或层序与相对海平面的周期性变化有关，且这种变化所产生的影响可以通过盆地尺度的地震数据识别，也可以通过部分不整合面的识别确定单个层序的顶面和底面。

层序地层学对比法是目前在全球范围内广泛应用的对比法。层序地层学存在不同的学派，其层序与层序边界是不同的。在现有的三个主流学派中，EXXON 公司的 Vail P R 为代表的沉积地层层序学派认为，两个不整合面或与其相对应的整合面之间的地层单元为层序；Galloway 为代表的成因地层层序学派认为，最大海泛面是最好的地层对比标准层，他将层序划分为最大海泛面之间的地层单元，称为成因地层层序；而 Johnson 等认为海侵面是最好对比的一个标准层，强调以海进海退的一个旋回沉积层作为一个层序，他把两个海侵面之间的地层单元称为海侵—海退层序(即 T—R 旋回)(图 2 –27)。Vail P R 为代表的沉积地层层序学派理论应用最为广泛。

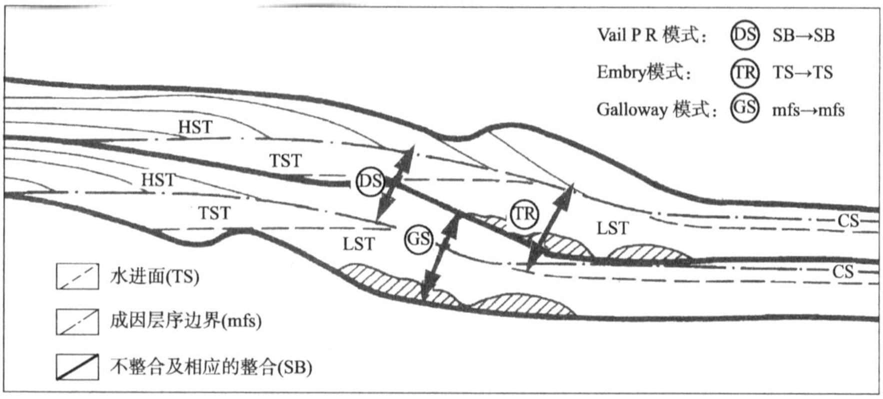

图 2－27　层序地层学派及对比边界

层序地层学对比法充分利用地震、钻井、测井、岩性、古生物、分析化验等各种资料，识别不整合面(层序边界)、最大海泛面和初始海泛面(体系域边界)、海泛面(准层序组和准层序边界)等关键界面，划分层序、体系域、准层序组、准层序等层序地层单元，并利用这些单元的边界标志在横向上进行对比、追踪，建立起等时地层格架。

地震地层学最开始是利用地震数据研究盆地尺度的沉积地层，若干年后，开始研究由相对海平面变化引起的油气藏尺度的沉积物变化，这种尺度的分析被称为高分辨率层序地层学(Hih－Resolution Sequence Stratigraphy)(Van Wagoner 等，1990)。这种尺度沉积层序的确定需要依靠对岩心、测井及露头的研究(图 2－28)，层序地层学可以提供一套对比单元内的地层格架，该对比单元包括多个沉积事件。在层序地层格架内进行储层对比效果最好。

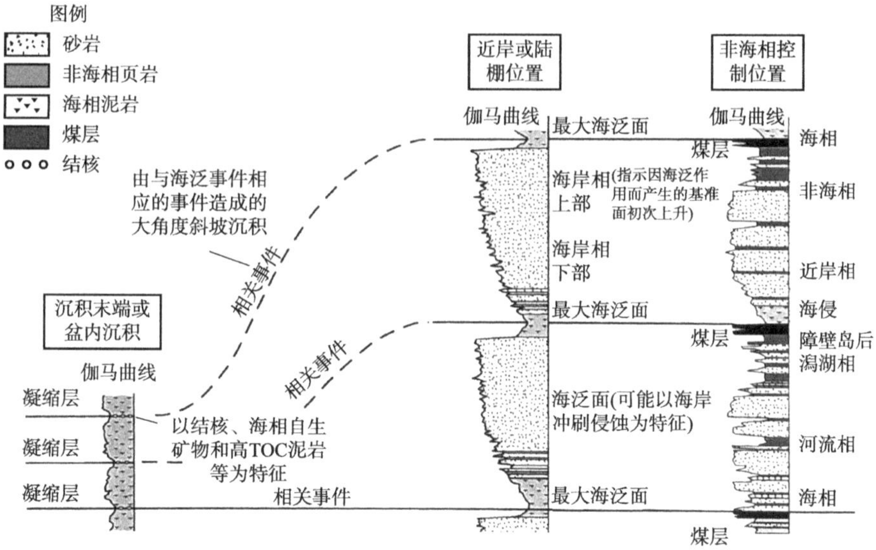

图 2－28　成因层序地层学格架中，最大海泛面为成因层序的顶底界面(Underhill 和 Partington，1993)

这种横向延伸的层序边界面的识别通常与储层的顶底界面及储层内渗透性隔层相对应，这些层序界面在不连续沉积旋回中还起到遮挡的作用。层序地层学构建的储层地质模型具有重要的价值。

二、层序地层学的单元划分

沉积层序可以按照理想的层序地层模式进一步细分。一个沉积层序由一系列垂向上连续的沉积充填和边界面组成，自下而上依次为层序底界面、低水位(或低位)体系域、初次海泛面、海侵体系域、最大海泛面、高水位(或高位)体系域及层序顶界面，如图2－29所示。

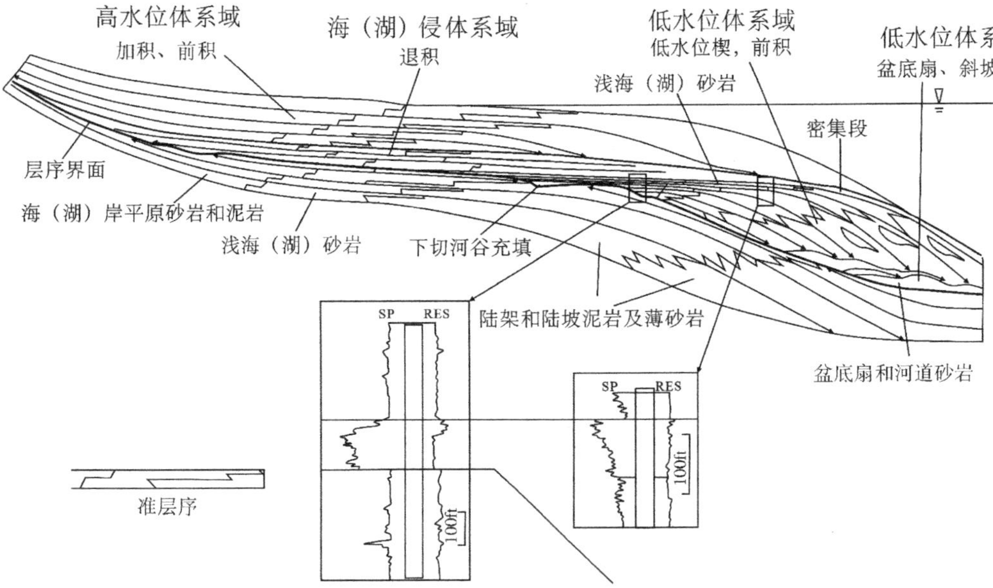

图2－29 层序格架及单元划分

1. 层序

层序是以不整合面及其对应的整合面为边界的、内部相对整合的地层系列。层序地层学的一个主研究内容是主要等时界面(不整合面或整合面)的识别，并确定其成因和特点，以及定义层序和层序结构。

不整合面(层序边界)是由相对海平面的下降所形成的，可以在地震剖面上识别，对下伏地层的削截反射和上覆地层的超覆反射所形成的角度不整合界面进行识别，如图2－30所示。

2. 体系域

体系域(System Tract)是指在特定的相对海平面变化周期内所沉积的沉积物充填，是同一时期内的沉积物体系。沉积体系域是一个三维空间内的岩石相组合，其形成与活动或推测的沉积过程和沉积环境有关。

低水位体系域(Lowtsand System Tract)是在相对海平面下降时期形成的沉积体系，并伴随着层序界面的形成，包括相对海平面的下降、稳定及缓慢上升的阶段，高沉积物供给速率及有限的可容空间形成了沉积物低速加积和向海进积的几何形态。

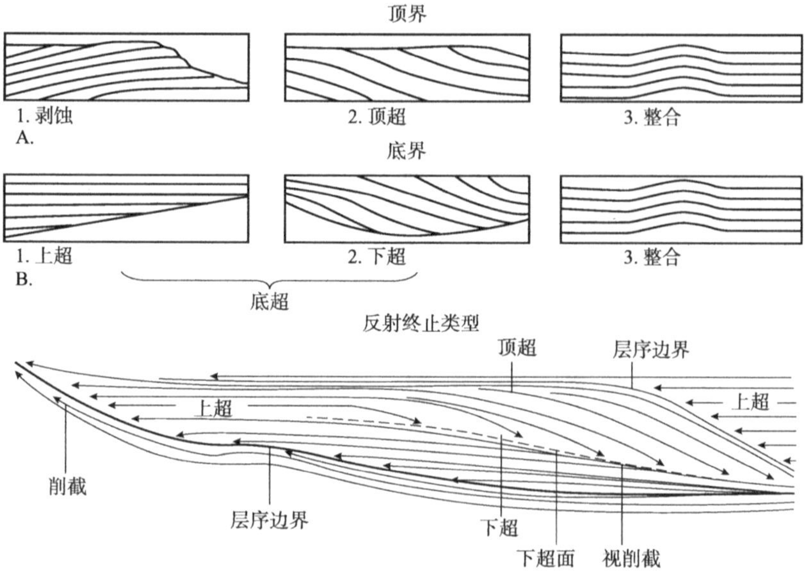

图 2－30 地震层序界面的识别标志

当相对海平面以一定速率上升时，会使可容空间的增长速率大于沉积物的供给速率，导致层序内沉积物显示出退积的模式，形成逐步后退的形态，即海侵体系域(Transgressive System Tract)。海侵体系域的底界面是一个明显的洪泛面(Flooding Surface)，一般以凝缩层(Condensation)为代表。

海侵体系域之后的是高位体系域(Highstand System Tract)，是在相对海平面上升速率开始减小、可容空间增加速率降低或者不升高时期形成的，这就导致了沉积物先加积后进积的充填样式。

高水位体系域的底界面是最大洪泛面(Maximum Flooding Surface)，通常以凝缩层为标志，并向陆上超最远，且向海一直延伸到了深水沉积处。

最大洪泛面经常在泥岩中被识别出来，尤其是富有机质泥岩或海相凝缩层，利用明显不同的生物地层的组合进行识别(Myers 和 Milton，1996)。

3. *准层序和准层序组*

Van Wagoner 等(1988)认为，海相沉积层序内部可以依据次级海泛面划分出多个叠置的沉积旋回，这些旋回被称为准层序(Parasequence)；被定义为一个相对整合的连续的层或层组，边界为海泛面(Marine Flooding Surface)或与之相对的界面(图 2－31)。海泛面是一个分隔新老地层的界面，穿过此界面有水深突然加深的证据。准层序的定义不包含对地层厚度的限定，它可以是几米、几十米甚至更厚。

准层序界面特征：界面之下的泥岩或煤层向上突变为砂岩，层厚突然增大，层面下伏地层削截可达数十英尺，穿过界面沉积环境突然变深。

准层序组(Parasequence Sets)由一系列准层序相互叠置而成，准层序和准层序组都是沉积层序的组成部分。单个准层序的层内组成是可预测的，一般是由一系列海岸相和近海相带组成。准层序可以有不同的叠置样式。当一口井穿过多个准层序时，将每一个准层序对应的沉积相与其上、下准层序对应的沉积相进行对比，如果海岸相的准层序直接上覆在近海沉积相的准层序上，那就说明上面的准层序比下面的准层序的沉积相分布得更靠海岸，这就是叠置样式(表2-6)。

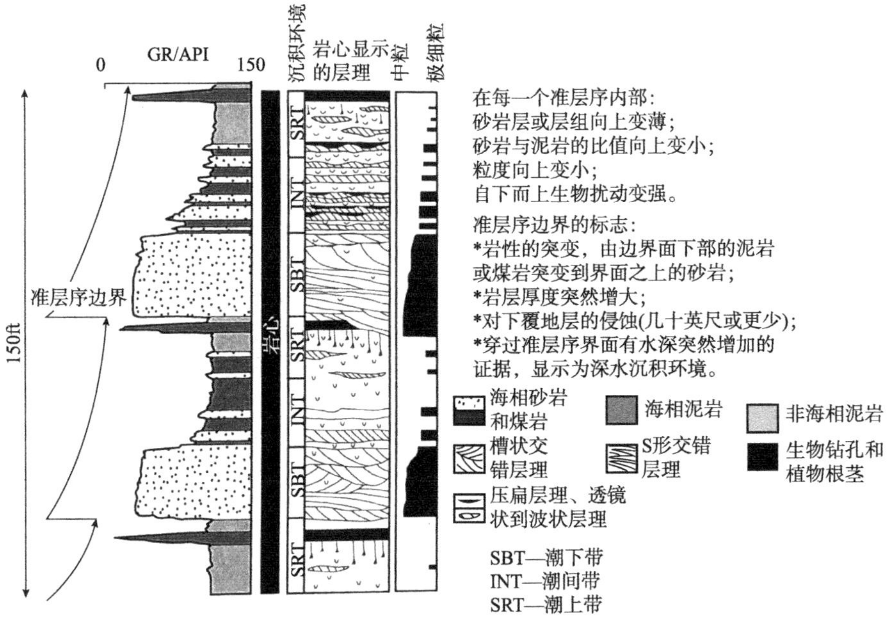

图2-31　准层序为一个相对整合的、成因上相互关联的层或层组，边界为海泛面或与之相对应的界面(Van Wagoner等，1990)GR为自然伽马曲线

表2-6　层序地层学研究的主要等时界面

界面名称	类型	界面特征
不整合面	层序界面	地层层序的分界面有不同定义：(1)区域内的不整合面；(2)暴露的水下不整合面及其对应的整合面；(3)暴露不整合面及其对应的整合面；(4)最大洪泛面及其大陆方向的可对比界面；(5)暴露不整合面及其对应的侵蚀面；(6)水下不整合面(①Wheeler，1958；②Mitchum，1977；③Van Wagoner，1983；④Galloway，1989；⑤Embry，1993；⑥Einsele，1985)
	暴露不整合面	由通常代表间断或间歇性陆上侵蚀或无沉积作用(沉积物过路)形成的角度不整合面、沉积不整合面或平行不整合面(Rodgers，1957)
	水下不整合面	由水下构造或侵蚀过程或水下无沉积作用形成的不整合面，包括冲刷面
	上超面	由地震定义的底部不协调并逐渐向原始倾斜地层尖灭的初始水平地层，或者初始倾斜地层逐渐尖灭到倾斜度更大的原始倾斜地层(Mitchum，1977)
	顶超面	由地震定义的初始倾斜地层，向上变为上覆无沉积、沉积过路或很小侵蚀的界面(Mitchum等，1977)
	下超面	地震定义的底部不协调的原始倾斜地层下倾尖灭到一个初始水平或倾斜的界面(Mitchum等，1977)
	切蚀面	地震定义的地层界面，沿该界面的不整合面被认为由沉积后的侵蚀或构造作用过程形成(Mitchum等，1977)

续表

界面名称	类型	界面特征
	整合(水下和陆上)面	区分新老岩石的界面，沿该界面缺乏侵蚀或无沉积的证据以及缺乏明显间断(Mitchum等，1977)
最大海泛面	体系域界面	分隔最大海侵(向陆进积)和海退(向海进积)地层的界面(Posamentie等，1998；Galloway，1998)
海泛面		分隔新老地层的界面，沿该界面有水深突然增加的证据，陆相和湖相均可(Van Wagoner等，1988，1995)

根据沉积物的供给与有效可容空间之间的关系，可以将准层序的叠置样式分为进积式(Progradational)、加积式(Aggradational)和退积式(Retrogradational)(图2－32)。一旦识别出沉积物的叠置样式，就可以用来预测连续准层序的沉积相带是向海迁移还是向陆迁移。在实际应用中，可以利用这种方法预测无井控制区的海相沉积物的沉积类型。

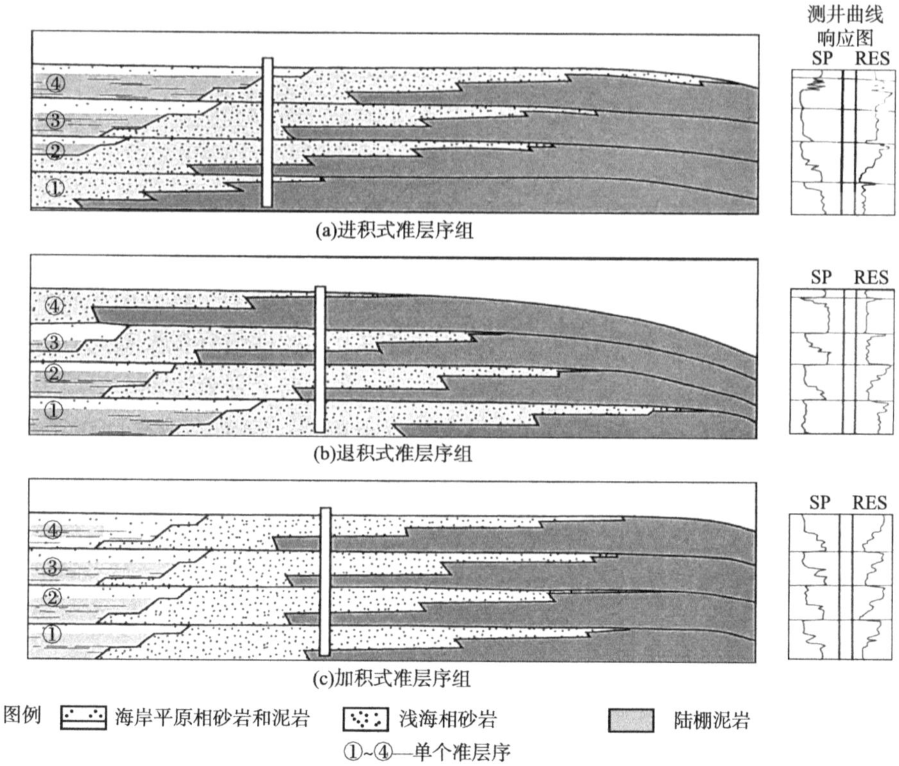

图2－32　准层序的叠置样式可以被用来预测沉积储层向海迁移和向陆迁移的沉积相带位置(Van Wagoner等，1990)

三、层序地层单元的井间对比

建立油藏范围内层序地层学格架的工作是重复性的，包括对地震、测井对比、生物地层学及沉积相组合的反复分析，并最终综合利用这些资料对地层进行耦合与解释。如果盆地尺度的层序地层格架已经建立起来，将会对油藏尺度的层序地层格架的理解有很大的帮助。

1. 单井关键界面的识别及层序单元的划分

确定重要的洪泛面及更小尺度的边界面和所有侵蚀面，建立单井垂向上的沉积相剖面。由于明显的水深变化可以引起沉积物由滨岸相向上过渡到盆地深水相，这种相变可以在岩心和测井曲线上识别出来并可以指示为一次洪泛事件（Van Wagoner 等，1990），如深水泥岩和粉砂岩可能上覆到上临滨砂岩之上。

以三角洲平原相沉积为例，海泛面以下可能以暴露地表形成的古土壤为标志，以上则以含有咸水生物遗迹化石的泥岩为标志。

砂岩相向上突变为泥岩相是洪泛事件的结果，而不是浅水砂岩沉积和浅水泥岩沉积在横向上进积的结果，如从障壁岛砂岩迁移到潟湖相泥岩（Larue 和 Legare，2004）。

洪泛面一般在岩心上比测井上更容易识别，由于海泛面一般是区域性的，所以利用测井曲线的井间对比也可以进行有效的识别。

在非海相环境中建立层序较困难。Hamilton 等（1998）认为陆相沉积物的沉积间断是由快速的气候变化或者基底的升降引起的，具有地表侵蚀不整合面、湖相标志性泥岩层及区域性古土壤层等特点，也是可以被识别的。

2. 井间测井曲线对比

在单井建立起关键地层界面之后，要确定贯穿整个地区的层序地层格架，推测储层横向上的特点。由于岩心资料很少，常利用电测曲线数据进行井间对比，目的是寻找那些在每口井中特征相似的测井相标志。测井相标志是指容易被识别的、具有明显不同特征的测井曲线或曲线组合。测井相标志有助于对储层内横向上连续性的判识及横向连续性剖面的绘制。基于层序地层学原理，利用测井曲线井间对比在垂向上划分为多个储层单元。

用于测井相标志对比的主要曲线有自然伽马、电阻率、声波、密度和中子测井曲线，如图 2-33 所示，其他测井曲线也是有作用的，尤其是当测井相标志在那些常规测井曲线上没有明显响应的时候。

四、层序地层对比意义

1. 层序地层与岩性地层对比的差异

层序地层学是研究年代地层格架或地质年代格架中沉积岩之间相互关系，其基础工作是识别地层界面、区域不整合及整合以及了解年代地层格架内岩相和沉积环境的关系。层序地层学从根本上区别于岩石地层学。在层序地层学中，地层界面、界面之间岩体是在认为地层层段是等时的、侧向连续的及区域上可对比的（如密集段）的基础上确定出来的，而不是以岩性特征及其地层关系为基础的（图 2-33）。因此，年代地层界面经常切穿岩性地层界面（图 2-34）。岩石地层学以物理特征定义岩石地层单位，年代地层学或层序地层学以分隔地层的重要界面定义岩石地层单位（图 2-35）。

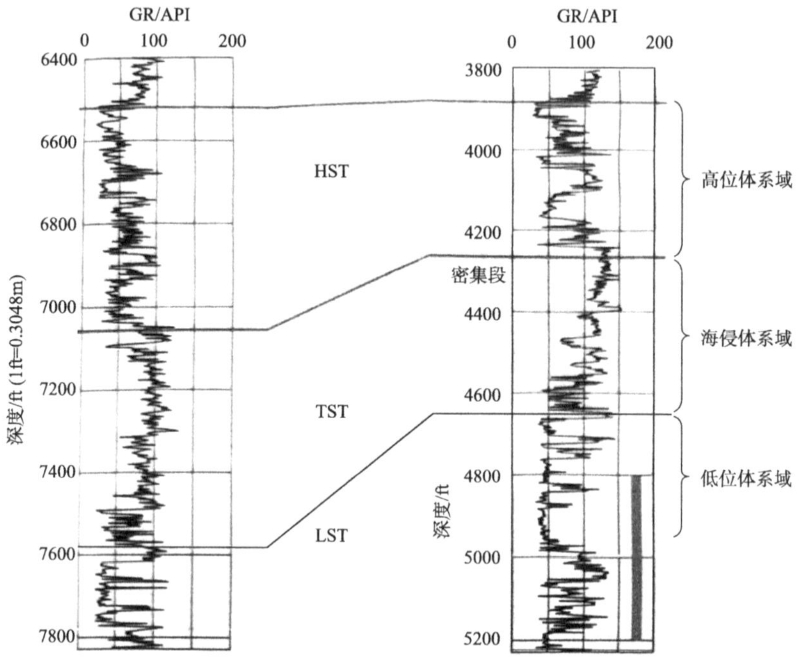

图 2－33　测井曲线井间层序地层对比

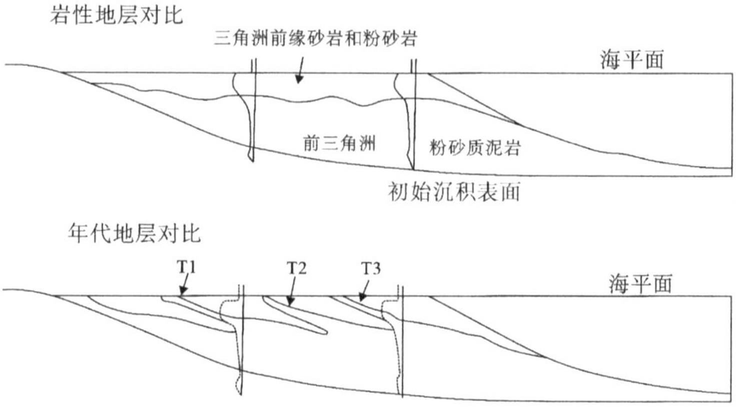

图 2－34　两口假想井之间的岩性地层和年代地层对比和地层解释的比较(据 Bashore 等，1994)

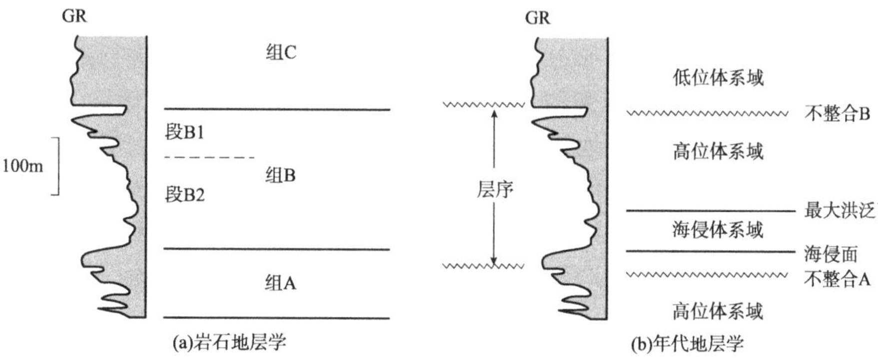

图 2－35　测井解释的剖面岩性地层和年代地层对比

该方法的优点是充分考虑等时、岩性、相变等因素，是目前最好的地层对比方法。图2－36(a)是渤海湾盆地东营凹陷某连井地震剖面，通过剖面层序界面识别及反射波追踪，实现了该区等时地层对比[图2－36(b)]。

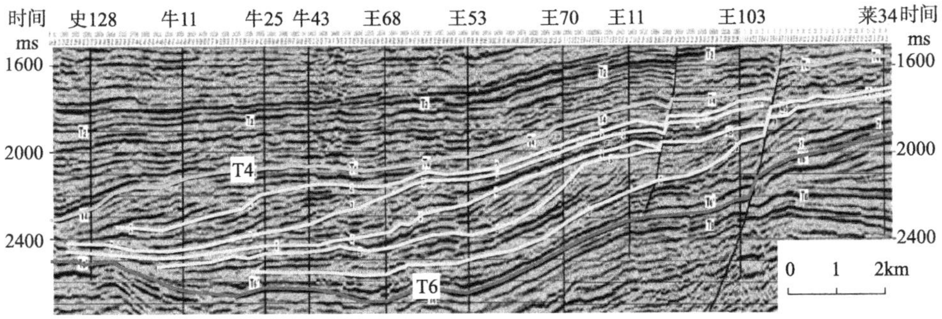

(a)勃海湾盆地东营凹陷某连井地震剖面

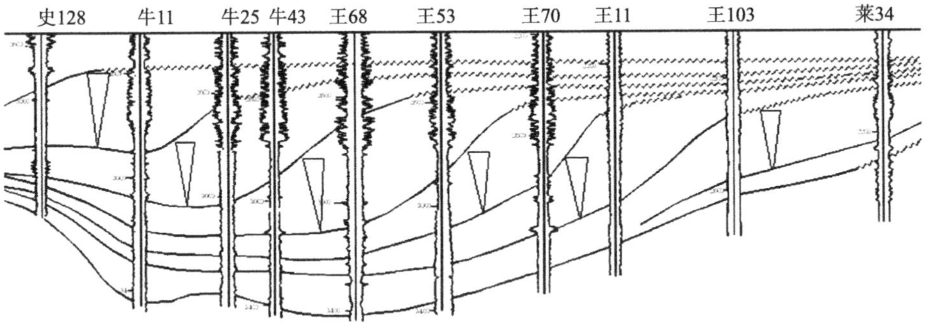

(b)地层对比剖面

图2－36　渤海湾盆地东营凹陷地层对比图(据胜利油田，2005)

2. *层序对比和储层连通性*

准层序和准层序组对比，通常可获得与用传统岩性地层学对比方法所获得的大为不同的结果。传统的岩性地层对比是根据地层，即砂岩或泥岩段地层的“顶”进行对比。为了说明差别，这里将一个穿越一个进积准层序组和一个退积准层序组的示意横剖面，与典型的岩性地层对比剖面进行了对比(图2－37)。

图2－37中的岩性地层横剖面，是以每口井中最新的主要浅海砂岩顶作为标准层而建立起来的。这种分界是明显的岩性中断。由于其通常以电阻率突变为标志，因而此界面在测井曲线上，在所有的井中，均形态相似且易于识别。应用这种界面进行测井曲线对比，可能会导致一个连续的、相对较薄的、浅海砂岩的解释结果。这样，储层的连通性被夸大，而且可能的储集砂岩被错误地连成具有统一油水界面的同一砂体。当开发资料表明，在这种储层中至少有两个油水界面的时候，地质学家通常加进一条断层，以解释开发资料和地层解释之间的矛盾差异。在该套砂岩之上的页岩中通常保存有底栖动物群，以初次出现的底栖有孔虫类作为对比手段产生了与应用砂岩顶所获得的对比结论一样的对比结果，因为这些生物受制于沉积相。

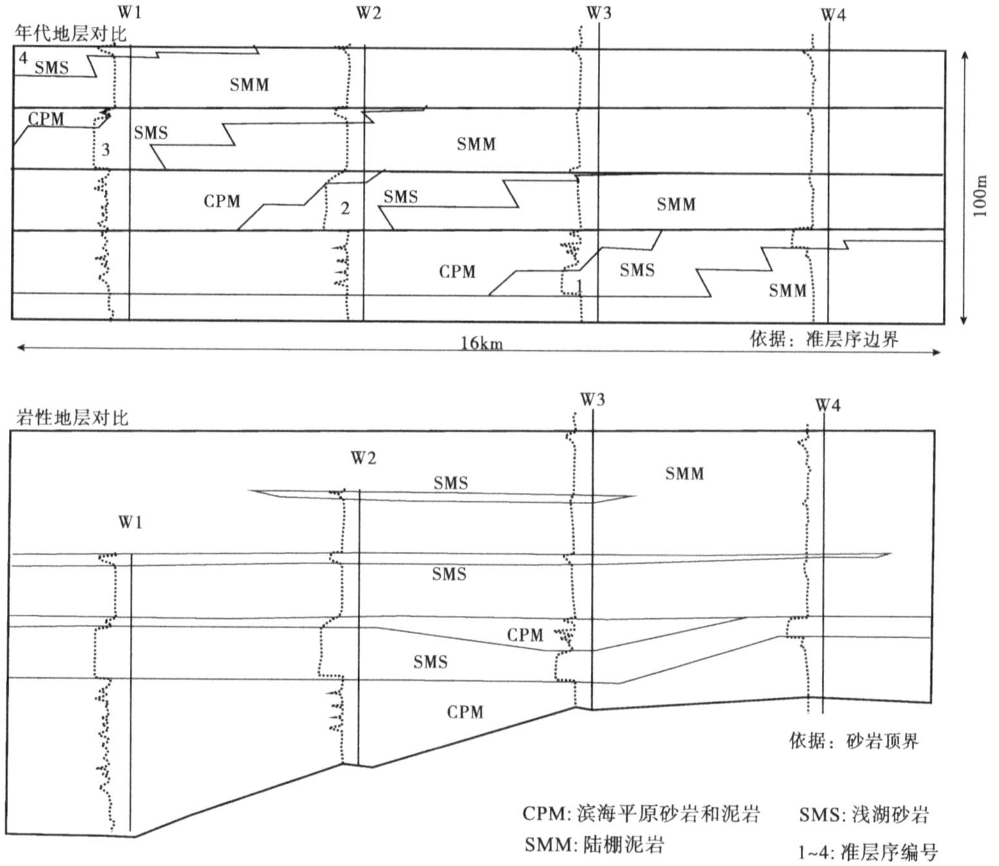

图 2－37 以海泛面为界面的等时地层对比与岩性对比的差异(据 Van Wagoner，1990)

图 2－37 中的退积式准层序组横剖面是以准层序组边界为标准层而建立起来的。这种边界可以向盆地追入该套页岩中具有特征的电阻率测井标准层。在连续沉积的、较新的准层序中的海相岩石向陆地逐步发育或退积。每个准层序都是进积的，每套浅海砂岩向上倾方向相变成为滨海平原岩石。在海相泥岩中，浅海砂岩储层上、下是孤立的，且通常具有独立的油水界面。

3. *层序对比和储层几何形态*

由于许多沉积环境在一定范围内具有连续性，当这种范围比井距大时，进行井间对比就是有可能的；相反情况下，进行井间对比就会变得比较困难。在某些沉积环境下，沉积的单砂体尺度比一般的井距小，而只有当砂体尺度比井距大时，才能进行井间对比。

储层的横向连续性变化很大，从连续性高的简单砂体到连续性低的复杂砂体均有分布。由于沉积成因的影响，受强烈浪控作用的储层，如滨岸砂体、浪控三角洲和障壁岛相对简单且其具有相对较好的横向连续性；河流体系和受潮汐作用的储层总是相变较快、复杂程度较高，砂体只在较短的范围内连续(Tyler 和 Finley，1991)。Weber 和 Van Geuns (1990)提出一个储层几何形态的分类方案，即千层饼状储层、拼图状储层及迷宫状储层(表 2－7)。

表 2－7　典型的储层几何形态(Weber 和 Van Geuns，1990)

模式	陆相	海岸相	海相
千层饼状	席状洪泛沉积、湖相席状砂、风成沙丘	障壁岛、海岸沙脊、海侵时沉积的砂体	浅海席状砂、近海河口坝、浊流沉积的外扇亚相
拼图状	辫状河沉积、点砂坝、湖相与河流相混合沉积、风成沙与干河道混合成因储层	高砂地比的障壁岛与潮汐水道混合沉积体	风暴成因的透镜状砂体、浊流沉积的中扇亚相
迷宫状	低砂地比的冰河沉积、低弯度河道充填沉积	低弯度的分支河道充填	浊流沉积的上扇亚相、低砂地比的风暴沉积

叠瓦状或倾斜状几何形态是由单个倾斜的沉积体下超在下覆平坦界面之上而形成的(图 2－38)。开发地质中最常见的错误之一是将一系列叠瓦状沉积单元对比成千层饼状沉积模式。如果单个叠瓦状沉积体以泥质或碳酸盐岩胶结物为边界，那么有潜力的油气区可能会被忽视。经验丰富的开发地质家就可以使早期被忽视的老油田中叠瓦状储层内的死油“复活”，重新进行开采。当认识清楚河流－三角洲砂体的叠瓦状几何形态后，就可以很好地制订油田开发措施。在一些前三角洲重力流沉积中也发育叠瓦状的几何形态。叠瓦状储层几何形态一般在特定的沉积环境中出现，由一系列独立的砂体组成但这种类型砂体容易被忽视，常被误认为是千层饼状储层类型(Sneider 和 Sneider，2001)

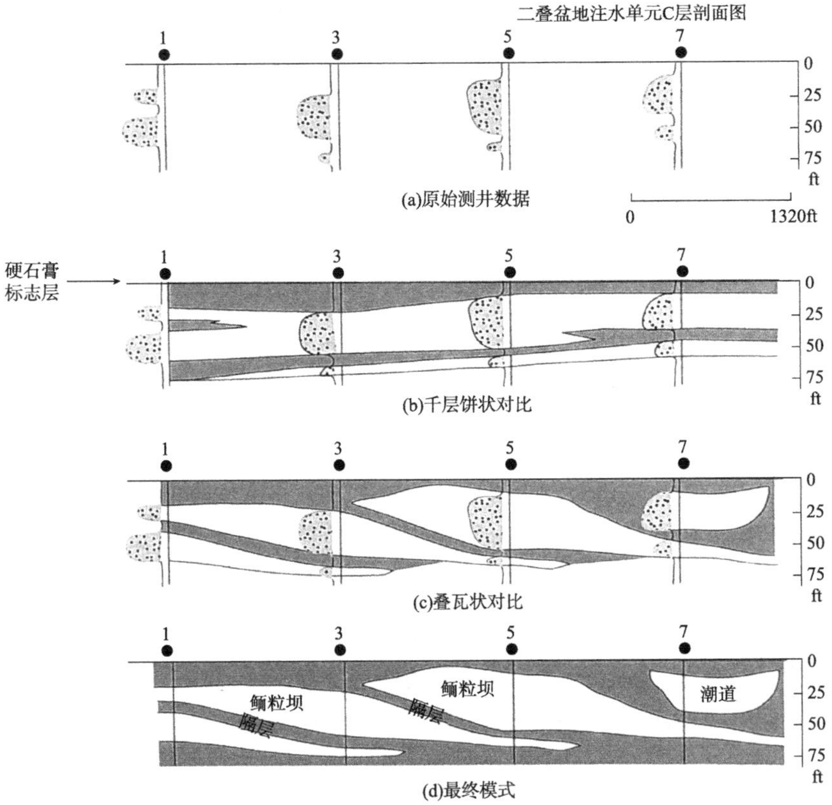

图 2－38　叠瓦状储层几何形态

第四节 碳酸盐岩储集单元对比

研究碳酸盐岩储集层的分布特征，不能沿用碎屑岩储集层的研究方法。在碳酸盐岩油气藏中，形成具工业开采价值的产层，必须具备两个条件：储集层中应存在孔隙发育的渗透层段；储集层的上、下存在抑制油气散失的封闭条件。因此，在碳酸盐岩储集层研究中，以岩层是否具备储集、封闭条件为依据，根据纵向上岩性的组合序列，将地层划分为若干个基本单元。

在碳酸盐岩储集层的划分与对比中，将这种在剖面上按岩性组合划分的、能够储集与保存油气的基本单元称为储集单元。

显然，一个储集单元应包含储集层、产层、盖层和底层。其中产层和盖层最重要，前者将决定储集单元的产油能力，后者决定储集单元油气的保存能力。

一、储集单元的划分

以四川某气田单井剖面上储集单元划分(图2－39)为例，应考虑以下原则。

(1)同一储集单元必须具备完整的储、产、盖、底的岩性组合。在正常情况下，碳酸盐岩的沉积旋回是由正常浅海碳酸盐岩开始到蒸发岩结束，完整的碳酸盐岩—蒸发岩的沉积旋回自下而上的次序为石灰岩→白云岩→硬石膏→盐岩→钾盐→石灰岩或白云岩。其中硬石膏和盐类是良好的盖、底层，而石灰岩和白云岩是良好的储集层。

在储集单元的划分中，底、储、盖的上下界面不受地层单元界面的限制，既可和地层单元界面一致，也可与地层单元界面不一致。

(2)同一储集单元必须具有统一的水动力系统。同一储集单元中的流体应具有相似的流体性质。如因断层对盖、底层的破坏或盖底层尖灭而导致储集单元间水动力系统连通，则应将其合并划为一个储集单元。

从图2－39中可以看出，根据岩类组合可将剖面划分为：TC_1(嘉一)、TC_2(嘉二)、TC_3(嘉三)、TC_4(嘉四)、TC_5(嘉五)共五个储集单元。但因TC_4^2(嘉四^2)底层被断层切割，导致了TC_4与TC_3储集单元在水动力系统上连通，故根据划分原则将其合并为一个储集单元。

二、储集单元的对比

储集单元连续性与稳定性的研究是通过储集单元的井间对比完成的，储集单元的对比是依据在标准层控制下的盖、底层岩性对比进行的。

储集单元对比与地层单元对比所依据的基本理论和方法都是相似的。但也存在两点差别：首先，储集单元对比的界面可以斜切几个地层单位的界面，不受地层层位关系的约束；其次，一个储集单元可以相当于若干个地层单元，一般在一个小层以上，有些岩性均匀的白云岩块状油气藏，一个储集单元可以包含十几个小层，具有几百米高的油柱。

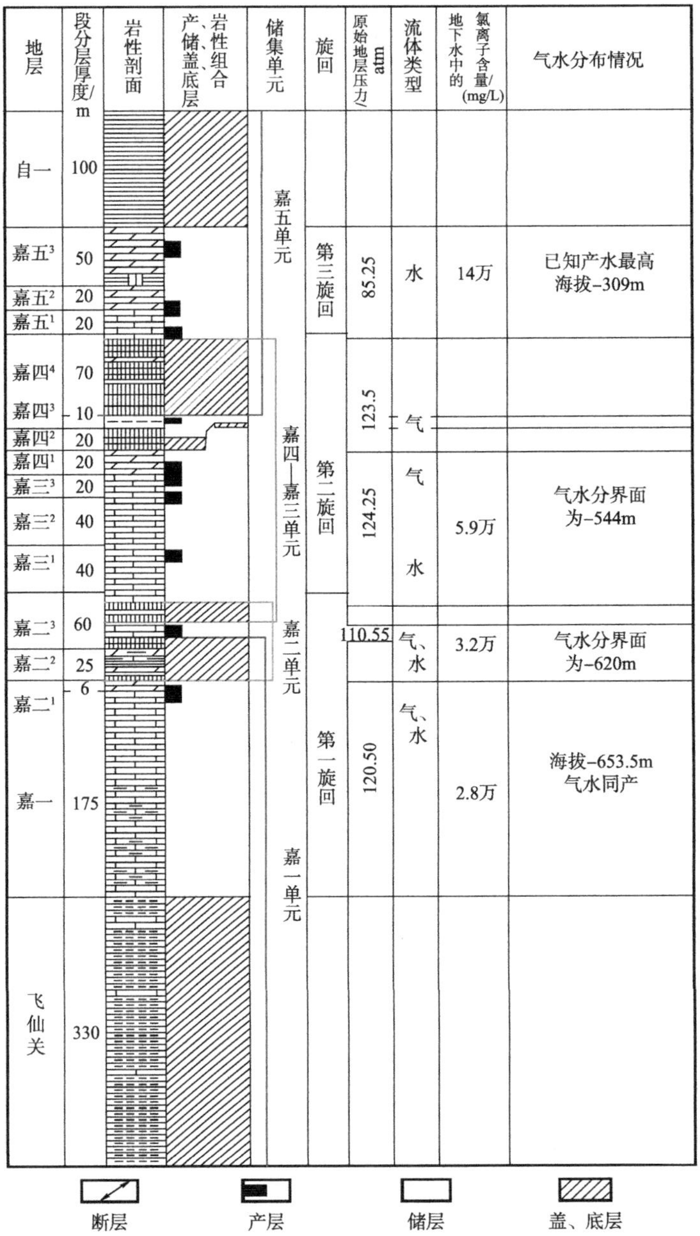

图 2－39　四川盆地某气田三叠系嘉陵江组储集单元划分图

现以阳高寺气田三叠系嘉二^{2}储集单元为例，储集单元的对比步骤如下。

(1)建立标准剖面、划分储集单元。

(2)选择标准层、确定水平对比基线。根据区域地层分析，选择 TC_2^2底蓝灰色泥岩作标准层，将水平对比基线置于标准层底面上(图 2－40)。

(3)将各井置于水平对比基线的相应位置上，按比例绘制各井的岩性剖面及电测曲线，并划分出储集单元。

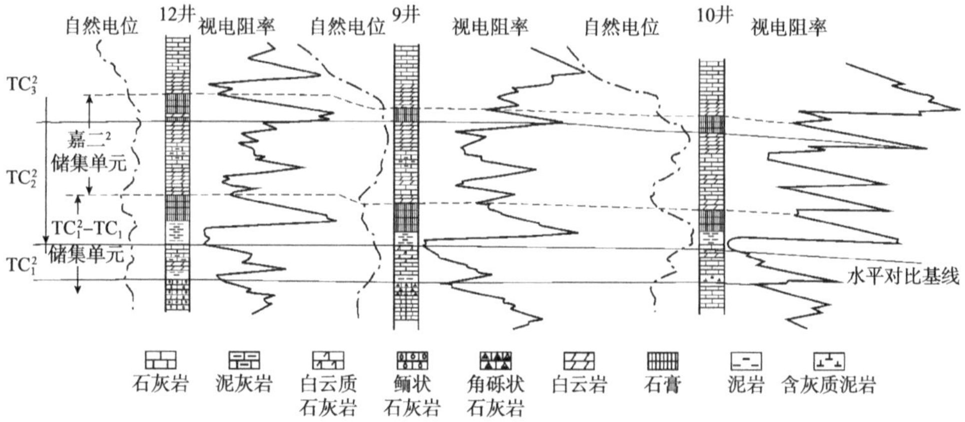

图 2－40　阳高寺气田嘉二^{2}储集单元对比图

(4)连接对比线：逐井对比，用对比线连接相应的储集单元。

(5)动态资料验证：为了确定所划分与对比的储集单元是否合理，应引用油田获得的油气层原始压力、油水或气水界面位置、流体性质资料加以验证。

知识图谱

第三章　储层沉积微相研究

沉积微相是沉积微环境的产物，是沉积微环境的物质表现。所谓“微环境”是指控制成因单元砂体——具有独特储层性质的最小一级砂体的环境。沉积微相分析有利于从成因上揭示储集层的本质特征，进而了解砂体的几何形态、大小、展布、纵横向连通性及非均质性等。

本章的研究主要涉及以下问题。

(1)沉积微相研究的主要目标是什么？

(2)沉积微相研究的主要程序有哪些？

(3)沉积微相有哪些研究方法？

(4)如何利用测井资料研究沉积微相？

(5)如何利用地震资料研究沉积微相？

(6)沉积微相研究在油气藏开发中有哪些作用？

第一节　沉积微相研究程序

沉积微相分析一般分为四个阶段，即划分大相和亚相(确定区域沉积环境)、沉积时间单元或储集单元的划分、单井相分析、剖面对比相分析和平面相分析。

一、划分大相和亚相

储集层沉积微相识别一般是在沉积相或亚相确定的前提下逐级划分的，若脱离大相的控制，直接进行微相划分，容易出现“串相”的现象。因此，在沉积微相划分之前，应进行区域沉积背景分析，确定大的沉积环境。地震相分析是划分大相和亚相的主要方法之一。

地震相分析是利用地震反射波的特征识别沉积相，由于不同的沉积相具有不同的岩石组合及结构，它们就具有不同的地震波的反射特征；反过来利用地震波特征的差异，就可以划分地震相，并转化为沉积相。随着地震分辨率的提高，还可以进一步识别微相。

二、划分沉积时间单元

沉积微相的研究是以沉积时间单元为基础的。从油田开发的角度看，在每个时间单元内应包括一个小层或一个独立的油水流动单元。不同的沉积环境下形成的沉积稳定性不同，划分沉积时间单元的方法也不同。

(1)对于湖相和三角洲前缘相等比较稳定的沉积环境下沉积的砂层，因其大多具有明显的多级次沉积旋回和多个清晰的标准层，岩性和厚度的变化均有一定的规律可循，所以常用“旋回对比、分级控制”的旋回—厚度对比油层的方法。

(2)对于河流沉积环境下的不稳定沉积，由于沉积环境变化快，河流侧向摆动与下切剧烈导致砂层厚度与岩性变化大，一般采用等高程对比法或切片对比法。

(3)应用层序地层学的理论和方法对比层序地层单元(层序、体系域、准层序组、准层序)和地层分布模式，可以有效地进行地层划分并实现地层等时对比。实际研究表明，应用层序地层学进行沉积时间单元的划分和对比有很大的优越性，研究成果在一些油田已见成效。

微相时间单元的划分具体步骤如下：①选择关键井，划分时间单元；②建立骨架剖面，对比时间单元；③在研究区范围内，作不同方向的时间单元对比剖面图，使分层数据在平面上闭合。

三、各沉积时间单元微相分析

进行砂层沉积微相分析，首先必须依靠单井岩心资料，必须有岩心资料为基础，依据岩石相、垂向层序、沉积旋回，结合单项指标相分析，识别和划分各种沉积微相类型，描述相类型层序及演化，建立全剖面标准微相柱状图，进而由测井相分析确定砂体的微相类型和平面展布规律。

1. 相标志

以岩石学、沉积学为基础，确定岩性相标志、古生物相标志、地球化学相标志和地球物理相标志(测井相标志和地震相标志)。

(1)岩石学标志。包括颜色、成分、结构、构造等。黏土岩(泥岩和页岩)颜色是恢复古沉积环境水介质氧化还原强度的地球化学指标。碎屑颗粒的粒度、圆度、球度、沉积优选组构等结构特征均有一定的指相性。层理、波痕等层面构造、岩石组合及韵律性等沉积构造具有指相意义。

(2)古生物标志。古生物和古生态资料可确定沉积环境，还可指示沉积时的水深、盐度、浊度等。

(3)地球化学标志。岩石或生物介壳中的微量元素(如 B/Ba、Sr/Ba、Br 等)、同位素(C、S、O)以及有机地化资料均为地球化学标志。

(4)测井指相标志。应用各种测井响应技术识别储层微相，充分应用测井指相标志，建立本油田(藏)的测井相模式。

(5)地震相标志。由于大部分相标志的环境解释有多解性，因此在环境分析中必须采取综合分析方法，用多种标志互相补充和验证，获得准确的古环境分析结论。

2. 相分析的基本方法

相分析一般是通过沉积过程的分析把相和环境联系起来，其具体步骤如下。

(1)详细观察和描述露头或岩心剖面的岩石特征，并根据所采集的样品测得实验数据，综合分析岩性、粒度、沉积构造和古生物等岩石特征。

(2)分析沉积过程，查明可能的形成条件，如水流强度、方向、沉积速度及可能的水化学性质等，说明它们是如何与所产生的沉积物相联系的。

(3)建立垂向层序，了解相邻岩石纵向和横向的相互关系及地层接触关系，利用这些关系作为限制因素排除某些环境，减少选择项目。

(4)进行观察特征的比较，与现代环境或相模式进行分析对比，检验所得出的初步认识，最后做出环境解释的结论。

3. 一般分析步骤

1)系统取心井的单井相分析

以系统取心井为基础，并结合目的层段的零星取心资料，对取心井的岩心进行细致观察描述、分析鉴定，提取各种指相信息，如岩性及其组合特征、原生沉积结构和构造、生物化石特征、粒度分析结果、相序特征等，进行综合分析，确定沉积相类型，建立起单井相分析柱状图。取心段以岩心为主划相；未取心井依据所建测井相模式进行划相。

2)剖面对比相分析

在单井剖面相分析的基础上，建立各单井剖面之间的联系，通过对比确定沉积相在二维空间的展布特征。

3)平面相分析

通过绘制一系列剖面图和平面图等基础图件，分析全区沉积相类型和展布。

这些基础图件包括综合柱状图、单井剖面相分析图、剖面相分析图、地层等厚图、砂层等厚图、砂泥比图、岩石类型或泥岩类型图等。

根据对这些基础图件的综合分析，绘制出反映区域沉积相类型及其展布的平面相分析图及沉积相模式图。

4)建立沉积相模式

单井相模式。总结沉积相垂向的沉积层序和沉积演化。

剖面相模式。总结各种沉积相在剖面上的组合及演化规律。

平面相模式。总结各层平面上相的组合规律、沉积方向、物源及古水流方向。

三维相模式。总结沉积相在时间上的演化规律和空间上的分布特征。

5)沉积微相与储层性质关系分析

重点描述以下内容。

(1)岩石相(能量单元)与储层物性。

(2)垂向层序与层内非均质性。

(3)沉积微相展布与平面非均质性。

第二节　沉积微相的研究方法

沉积微相是指微环境及其沉积物(岩)特征的综合，为具有独特的岩性、沉积组构、沉积构造、厚度、韵律性等沉积特征及一定平面分布的沉积单元，如曲流河中的点坝、决口扇、天然堤和废弃河道等微相。沉积微相控制着储集砂体内储层质量的差异、储集砂体与渗流屏障的分布。沉积微相分析是油气田开发阶段储层分布研究最重要的方法。

一、岩心沉积微相研究

取心井的单井相分析是识别微相必不可少和最关键的一步，对取心井的岩心进行细致地观察描述、分析鉴定，提取各种指相信息，如岩性和岩性组合特征、原生沉积结构和构造、生物化石特征、粒度分析结果、相序特征等，进行综合分析，建立起单井相分析柱状图。单井相分析的可靠程度直接影响着相分析的最终结果。

岩心相分析，主要是挖掘岩心中所蕴含的相标志信息。岩心相标志包括以下几个方面。

1. *岩石颜色*

泥岩和页岩的颜色是恢复古沉积环境水介质氧化还原程度的地球化学指标。一般地，红色、棕红色等代表氧化环境，绿色代表弱氧化环境，浅灰色、灰色代表弱还原环境，灰黑色、黑色代表还原环境。在应用颜色恢复古沉积水介质氧化还原程度时，要注意成岩作用对原始颜色的改造。

2. *岩石类型*

岩石类型反映沉积体形成过程中的水动力条件，如碎屑岩中的砾岩、砂岩、粉砂岩、粉砂质泥岩、泥岩由强至弱反映古沉积水动力能量。不同沉积微相的水动力条件不同，具有不同的岩石相组合。如对于河流相，河道岩性较粗，多为砂岩，底部含砾；溢岸岩性较细，以粉砂岩为主。在正常湖相，大套深灰－灰黑色泥页岩指示较深水环境；煤岩、碳质泥岩指示沼泽环境；蒸发岩反映干旱炎热环境。

3. *沉积组构*

沉积组构包括颗粒粒度、圆度、球度、分选、排列特征，以及杂基含量与支撑结构等。

粒度常用粒度概率曲线和 CM 图表示，粒度概率曲线是表示各种粒度碎屑含量及搬运方式的图解。一般，在曲线中出现分别代表样品的悬浮搬运组分、跳跃搬运组分和滚动搬运组分的三个次总体。利用三种组分在图上的分布、斜率等特点，可解释碎屑沉积物的成因。

颗粒分选、圆度及杂基含量等特征反映结构成熟度。结构成熟度的高低指示碎屑物质分选和分选作用的强弱，一般，滩坝沉积的结构成熟度很高，冲积扇和浊积扇沉积的结构成熟度很低，河流－三角洲沉积的结构成熟度中等。

砾石的定向排列具有一定的指相意义。如冰碛砾石长轴平行于流向，高角度向源呈叠瓦状(20°～40°)；陡坡河流砾石长轴平行于流向，中等角度向源呈叠瓦状(15°～30°)；缓坡河流砾石长轴垂直于流向，中等角度向源呈叠瓦状(15°～30°)；滨岸砾石长轴平行于岸线，与波浪传播方向垂直，低角度向海呈叠瓦状(小于15°)。

4. *沉积构造*

碎屑岩中的物理成因构造具有良好的指相性，其次是生物成因构造。物理成因构造包括各种层理、层面构造及同生变形构造；生物成因构造包括生物的潜穴、钻孔、遗迹和生物扰动构造等。

潜穴表征生物因生存或寻找食物在松散沉积物(未固结的沙和泥)内所形成的孔洞。钻孔表征生物因生存或寻找食物而在坚硬岩石(固结的沙和泥)内所形成的孔洞。遗迹是指由于动物活动在沉积物表面形成的痕迹，如停息迹、爬行迹、寻食迹等。以上生物活动对认识沉积环境具有较大的启示(图3-1)：①与水深的关系。一般，浅水强水动力环境发育垂直潜穴和简单潜穴系统；深水弱水动力环境发育水平潜穴和复杂潜穴系统。②与颗粒大小的关系。在高能环境中，水动力强度大，沉积物较粗，生物构造不发育。③与沉积速率的关系。在快速堆积环境中，不利于生物的繁衍，也不利于生物扰动构造的发育；在缓慢堆积环境中，有利于生物扰动构造发育和生物遗迹的保存。④与水体含氧度的关系。富氧水体有利于生物繁衍及生物扰动构造的发育。

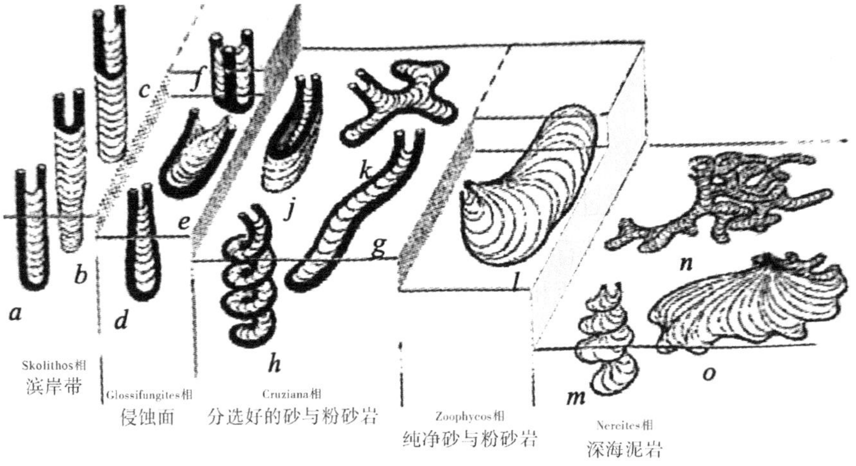

图3-1 生物潜穴与沉积环境的关系

沉积构造特征和结构特征(岩石类型)结合起来，可称为“能量单元”，如平行层理砂岩相、槽状交错层理砂岩相、波状层理粉砂岩相。Miall(1985，1996)则直接称其为岩相(lithofacies)，并用代号表示不同的岩相类型。在不同的沉积相或微相中，具有一定的岩相或岩相组合。

5. *沉积韵律*

沉积韵律反映沉积体形成过程中水动力条件的垂向变化。如三角洲前缘分流河道一般具有正韵律，河口坝一般具有反韵律，反映水动力条件向上增强。

6. *单砂体厚度*

一般，在一个亚相范围内，不同的微相(砂体的成因单元)具有不同的砂体厚度范围，因而也可作为微相标志。如对于河流相，河道砂体较厚，河道边缘及溢岸砂体较薄。

不同成因的砂体形态有差异，比如河道形态为顶平底凸，决口扇、滩坝等的形态为底平顶凸。

除上述相标志外，应用岩心资料尚可取得具有一定指相意义的古生物标志、自生矿物标志、地球化学标志等，如利用有孔虫、介形虫、软体动物、藻类划分海相、陆相或过渡相；自生长石和自生沸石为湖相标志；利用微量元素 Sr/Ba、Sr/Ca、Th/U、Mn/Fe 值划分海相、陆相及过渡相。

二、储层构型与沉积微相分析

Miall 等(1985)深入研究了沉积体系内部不同级别界面的划分，提出了一套层次界面划分和相应结构单元研究的方法和理论。层次界面分析方法强调从系统论的观点出发，研究系统本身的层次性和结构性，强调沉积的等时性和间断性，其细分与沉积成因分析相吻合。

1. 储层构型的概念

Miall(1985)在对河流相沉积研究的基础上，提出了建筑结构单元的概念(Architectural Unit Analysis)，又称为建筑结构要素(Architectural Element Analysis)，国内也译为构型单元。Miall 最早将其作为一种新的河流相相分析方法提出并应用，之后许多学者将构型单元分析思路广泛应用在其他沉积类型的砂体中。

构型单元为沉积体系的一个构成部分，它在大小上等于或小于河道充填，但比单个岩石相单元大，并以不同的岩石相组合、内部几何形态、外部几何形态和垂向剖面(在某些实例中)为特征。结构单元是描述性的成因分类。按照界面级别，它将地层划分成不同等级结构单元。建筑结构单元为砂体内部解剖提供了新的思路，在露头剖面研究中得到了广泛的应用。

2. 结构单元划分与沉积相分析

传统沉积相的定义强调沉积岩的组合，相的判别和区分是依据这些沉积岩的几何学、岩石学、沉积构造、古水流模型和化石方面的特征，主要强调垂向剖面的作用，基于垂向剖面的解释可能会歪曲大尺度沉积体的几何形态和复杂的内部结构，尤其不能对河流这样侧向快速相变的沉积体做三维分析。

结构单元为沉积体系的一个构成部分，在大小上等于或小于河道充填，但比单个岩石相单元大，可以通过不同的岩石相组合、内部几何形态、外部几何形态和垂向剖面(在某些实例中)进行划分(Miall)(图 3 -2)。结构单元这个术语所指的地层单元以三级到五级界面为界。结构单元分类既是描述性的，也是成因分类。在结构单元划分中强调如下。

(1)上、下界面的性质：侵蚀的或递变的，板状的、不规则的及弯曲的(向上凸或向上凹)。

(2)外部几何形态：席状、透镜状、楔状、U 形充填。

(3)尺度：厚度、侧向延伸平行或垂直于水流方向。

(4)岩性：岩石相组合和垂向序列。

(5)内部几何形态：内部界面的性质和位移；层理和一级到二级界面对更高级别界面的关系(平行、削截、上超和下超)。

(6)古水流模式：与内部界面和结构单元外部形式相关的水流标志的方向。

据此，Miall 归纳出河流沉积中 9 类基本结构单元(表 3 -1)。而且，Miall 又把越岸细粒单元(FF)分解为 5 个次一级单元(表 3 -2)，这 5 个结构单元与人们传统上划分的微相是一致的。

与传统的微相研究相比，结构单元可以更精细地刻画沉积体单元，如根据砂体的形态，可以将河道砂分成席状砂(CHS)和带状砂(CHR)；所划分的沉积单元持续的时间比层序地层学所划分的沉积单元持续的时间要短。结构单元是力争从三维角度去划分沉积地质体，比主要从剖面结构划分单元的沉积相分析更能反映沉积体的本来特征。Miall 的结构单元有的是构成微相的砂体，有的是由沉积微相构成，所以应用较方便；结构单元按照一系列界面级别将地层划分成不同等级结构单元，恢复保存地层的沉积史，比沉积相研究具有更好的系统性和完整性。

表 3-1　河流沉积中的结构单元(Miall，1996)

代码	单元	符合	主要相组合	几何学和相关性
1	河道	CH	任何组合	指状、透镜状或席状，上凹的侵蚀基底；规模、形状变化大，内部上凹的 3 级侵蚀面常见
2	砾石坝和底形	GB	Gm，Gp，Gt	透镜状、平伏状，通常是板状体，常具有 SB 的夹层
3	砂底形	SB	St，Sp，Sh，Sl，Sr，Se，Ss	透镜状、席状、平伏状、楔状，河道允填、决口扇、小型沙坝出现
4	向下加积的沙坝	DA	St，Sp，Sh，Sl，Sr，Se，Ss	发育于平缓河道底上的透镜状，具有上凸的 3 级内部侵蚀面和向上的 4 级界面
5	侧向加积沙坝	LA	St，Sp，Sh，Sl，Se，Ss，less 通常 Gm，Gp，Gt	楔形、席状、舌状，以具内部侧向加积 3 级界面为特征
6	冲蚀凹地	HO	Gh，Gt，Se，Sl	匙形凹地，具有不对称的充填
7	沉积重力流	SG	Gmm，Gmg，Gci，Gcm	舌状体、席状，典型的具 GB 夹层
8	层状砂席	LS	Sh，Sl，小型 Sp，Sr	席状、带状
9	越岸细粒	FF	Fm，Fl	薄的到厚的带状，通常具 SB 夹层，可以充填废弃的河道

表 3-2　越岸环境碎屑结构单元(Mail，1996)

结构单元	符号	相组合	几何学	解释
天然堤	LV	Fl	楔状，10m 厚，3km 宽	越岸溢流
决口河道	GR	St，Sr，Ss	带状，几百米宽，5m 深，10km 长	主干河道边缘的裂缝
决口扇	CS	St，Sr，Fl	透镜状，10×10km 宽，2~6m 厚	从决口河道进入洪泛平原，类似于三角洲加积
洪泛平原细粒	FF	Fsm，Fl，Fm，Fr	席状，侧向数十到数百千米，厚几十米	越岸席状流沉积物，洪泛平原池塘和沼泽
废弃河道	CH(FF)	Fsm，Fl，Fm，Fr	带状，规模上可相当于流水河槽	流槽或牛轭湖产物

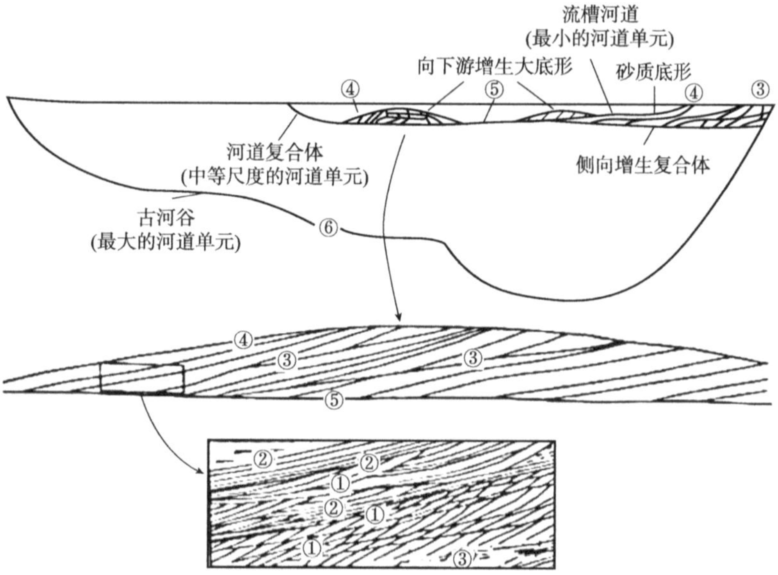

图 3－2　河流沉积 6 级界面划分示意图(Miall, 1996)

三、测井沉积相定性分析

“测井相”或“电相”是反映沉积物特征，并识别沉积相的一组测井响应。测井相与沉积相相当，不同的沉积相因其岩石的成分、结构、构造等不同而造成测井响应不同，但两者并不都是一一对应的，可能有两个或更多个电相对应一个沉积相，也可能一个电相对应几个沉积相，因此必须用已知沉积相对电相进行标定。首先在取心井中用一系列测井曲线或参数划分为若干种“测井相”，将这些“测井相”与岩心分析的沉积相进行相关对比，将测井相赋予沉积相含义，然后反过来在没有取心的情况下用测井资料进行沉积相分析。测井相分析的基础是建立测井相模式，并确定其岩相含义。

(一)测井的沉积相标志

能显示沉积相标志的测井曲线有电阻率、自然电位、自然伽马、自然伽马能谱、补偿中子、补偿地层密度、岩性密度、井眼补偿声波、中子伽马能谱、地球化学测井、井径、地层倾角测井(SHDT)、微扫描测井(FMS)、成像测井等，而各类测井曲线反映沉积相标志的作用有所不同。

(1)岩石组分：岩石矿物组分可以由能谱测井、地球化学测井获得，也可以用孔隙度测井交会图判断。

(2)沉积结构：粒径大小、分选好坏和粒序特征等相标志都反映沉积环境的能量大小。自然伽马、自然电位、电阻率曲线均可以反映粒序变化和韵律特征。颗粒的分选可以由自然电位及孔隙度测井判断；颗粒的定向性可以用地层倾角测井资料所作的方位频率图确定；微扫描测井图像可以清晰显示砾岩层性质，如颗粒支撑砾岩表现为高阻层，对比不连续；基质支撑砾岩表现为泥质部分低阻，砾石造成孤立的高阻，曲线对比性差。

(3)沉积构造：识别沉积构造的测井主要有地层倾角测井(SHDT)和微扫描测井

（FMS）。其中 SHDT 资料可以了解层面连续性、成层性、平整性及上下层面的平行性等。FMS 图像可识别双向交错层理、递变层理、虫孔、生物扰动构造等。

（4）沉积层序：测井资料能提供全井段有关层序的多方信息，既可用自然电位、自然伽马测井的曲线形态、幅度及其在纵向上的组合变化，也可用测井多变量参数研究层序变化。

（二）传统测井方法沉积微相分析

目前测井相识别的方法有以下几种。

1. 利用曲线形态进行沉积相分析

测井曲线的形态可以定性地反映岩层的岩性、粒度和泥质含量的变化以及垂向序列，常用的测井曲线有自然电位、自然伽马、电阻率等。

1）测井曲线相标志

自然电位曲线形态特征指单层曲线形态，可以反映粒度、分选及垂向变化，以及砂体沉积过程中水动力和物源供应的变化。主要有以下几个要素（图 3－3）。

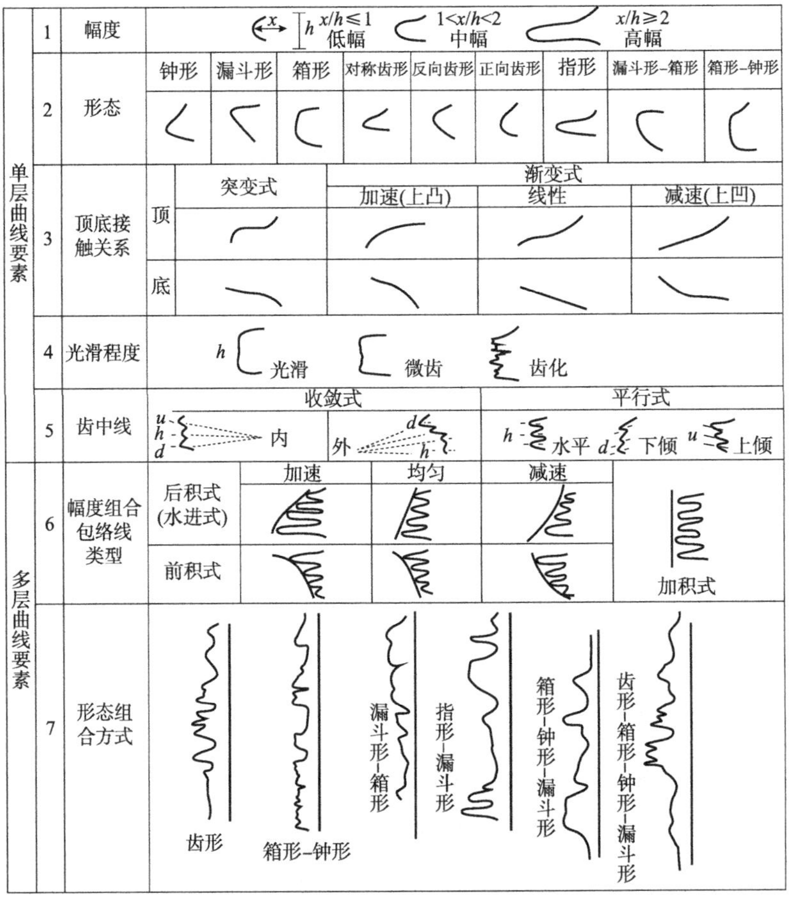

图 3－3　曲线要素图（据马正，1981）

（1）幅度：指层中点自然电位值与纯泥岩基线的差值，渗透性砂岩一般为向左偏的负异常。幅度主要与岩性有关，另外还受地层厚度、饱含流体性质等影响。一般粒度粗、分选好、渗透性好的砂岩，幅度就高，反映较强的水动力条件。

(2)形态：这里指单层曲线形态，可以反映粒度和分选性垂向变化，反映砂体沉积过程中水动力和物源供应变化。单层较厚时，SP 异常，常形成箱形、钟形和漏斗形，地层厚度较小时常为齿形。

钟形曲线反映正粒序结构或水进层序，是曲流河点砂坝及河道沉积曲线特征；漏斗形反映反粒序结构或水退层序，代表岸外砂坝或三角洲前积砂体；箱形曲线反映沉积过程中物源供给和水动力条件稳定；齿形曲线反映沉积过程中能量的快速变化，可以分为正齿形、反齿形及对称齿形，为辫状河、冲积扇和浊积扇所具有。齿形可分为：①具正粒序的正向齿形，反映水下冲刷充填沉积；②反粒序反向齿形，反映水道末梢前积式席状砂沉积；③具对称粒序的对称齿形，代表急流作用下的席状沉积；④指形，代表均匀粗粒沉积，如滩砂。

常见的复合形态有漏斗形－箱形和箱形－钟形曲线。前者的代表相为河口砂坝，后者为河道沉积。

(3)顶、底接触关系：包括渐变和突变两大类，反映砂体沉积初期、末期水动力能量及物源供应的变化速度。

底部突变式反映上、下层间的冲刷面。渐变式分加速、匀速和减速三种，水下河道底部常为加速渐变；底部匀速渐变代表季节性河道沉积或天然堤、漫滩沉积；底部减速渐变常由于物源不足，为岸外砂坝的特征。

顶部突变代表物源突然中断。顶部加速渐变代表沉积后期水流急剧减弱或物源供给迅速减少，如废弃河道砂；顶部匀速渐变代表匀速能量减退过程，如点砂坝顶部；顶部减速渐变代表能量和物源供应的缓慢减退，如水下河道砂的顶部。

(4)光滑程度：曲线光滑程度可分为光滑、微齿和齿化三级，光滑曲线代表强水动力淘洗后的均质沉积，如滩砂；微齿代表物源充分但改造不彻底，如河道，也可代表河流季节流量不同引起的粗细变化；齿化代表间歇性沉积的叠加，如辫状河道沉积。

(5)齿中线：指曲线上次级齿的中线，可分为平行与相交两大类。平行齿中线又可分为水平平行、上倾平行和下倾平行。相交可分为外收敛和内收敛两类。齿中线可反映沉积物加积的特点，如下倾平行是一组正向齿形组合，代表正粒序韵律沉积。

(6)多层组合形态：指多层曲线的包络线形态，可反映较大层段内垂向层序特征，反映多层砂岩在沉积过程中的能量变化。包络线形态可分为加积式、后积式和前积式三种。后积式与前积式又可分为加速、匀速和减速三个亚类。利用多层组合形态特征进行相分析，更利于使用各种已建立的标准相模式，比仅依据单层形态更可靠，更利于进行井间对比。

主要沉积相的测井曲线特征由于沉积微相不同，其沉积岩石的类型及组合等特征也存在差异，因此可以利用上述形态特征与岩心相进行分析和对比，划分沉积微相。图 3－4 为主要砂岩环境自然电位曲线的典型响应。

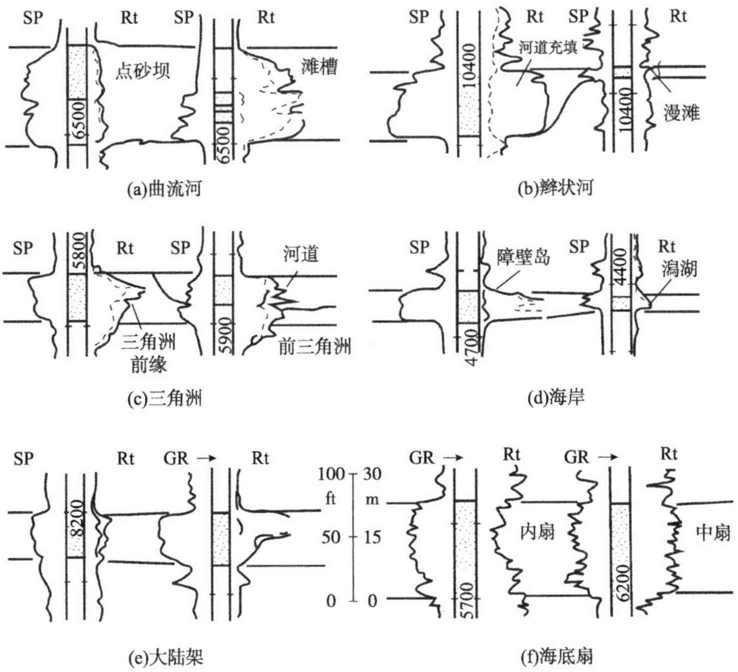

图 3-4　主要砂岩环境的自然电位曲线的典型响应(据 Berg R R, 1986)

2)测井相图

测井相图可以提供储层内沉积物沉积特征的信息(Shelton, 1971)。将某小层每一口井的自然电位或自然伽马测井曲线以目的层的顶底为界粘贴到一张井位图上，对测井曲线形态进行平面上分类，并赋予沉积相的含义。沉积微相平面图可以展示出代表特定层序的各种大型沉积体的平面分布特征(图 3-5)。

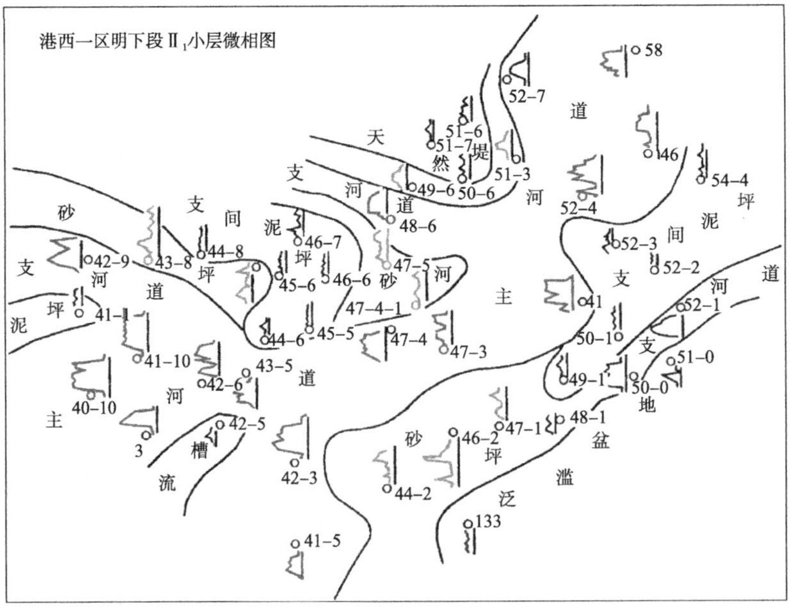

图 3-5　沉积微相平面图(据大港油田)

测井相可以直观地认识整个油田范围内测井相的分布趋势及小层砂体的垂向特征。也可以在油田范围内拉一条横剖面，利用不同的测井曲线解释岩性，或成因分析。图3-6、图3-7说明了沉积环境、砂体的分布与伽马射线测井响应，一般箱形测井曲线指示的是河道砂或加积的河口坝复合体，而多个薄的锯齿状和向上增大的测井曲线形状指示的是三角洲平原旁边的滨岸平原复合体沉积。

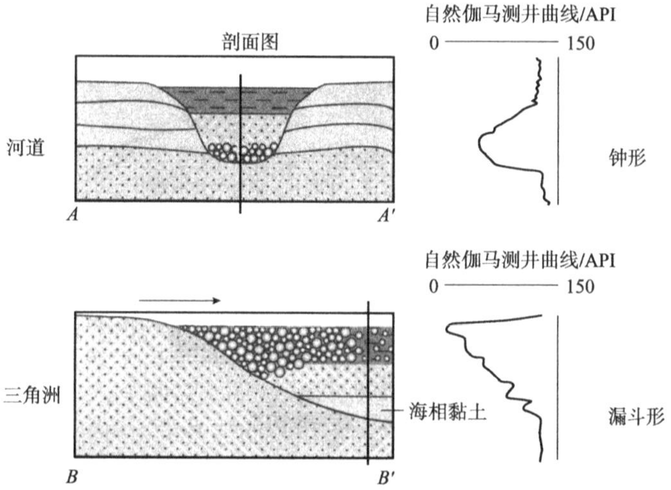

图3-6 沉积环境、砂体的分布与伽马射线测井响应

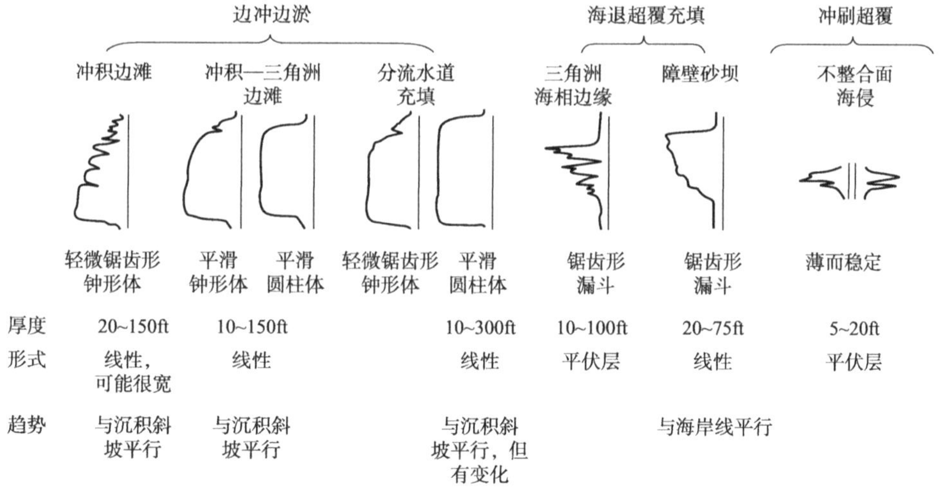

图3-7 砂层形状图(资料来源：壳牌公司，1970)

2. 利用梯形图或星形图进行相分析

可以用岩性、结构、沉积构造及古生物等一组相标志识别和确定沉积相，同样可利用同一深度的一组测井参数划分测井相，并进一步判断沉积相，将归纳出的测井相与相应的沉积相进行对比，用岩心资料对这些测井相进行标定。在一个地区应选择几口取心井进行上述分析，建立起区域性电相模式。

上述过程用人工的方法实现较费时，目前可在计算机上用专门的程序对各种测井曲线进行预分层，并进行深度和环境校正，将原曲线改造为“方形”曲线，绘出各层的星形图与梯形图(图3－8)，最后对这些成果图进行分析归类。

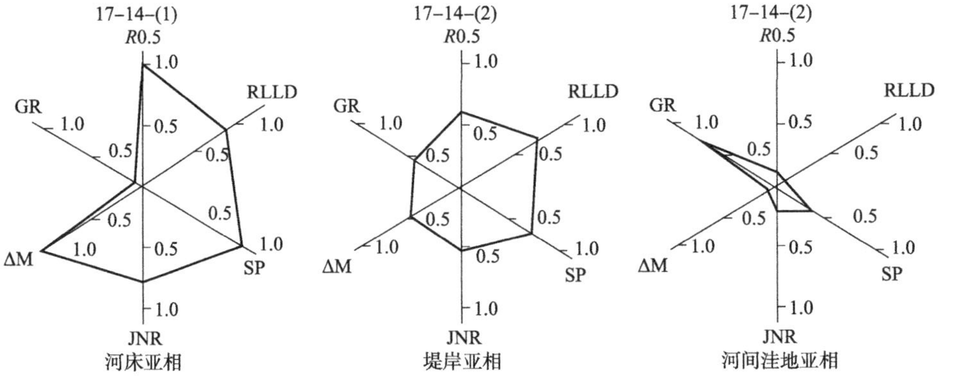

图3－8　大港油田某区明Ⅲ$_2$小层电相星状图类型

3. 利用地层倾角测井进行相分析

地层倾角测井是一种特殊的电阻率测井，通过三个(或四个、八个)支撑臂上的微聚焦电极系紧贴井壁，测出三条(或四条、八条)电阻率曲线及电极所处的空间方位信息。通过对比同一岩层引起的电阻率的微小变化，可确定该岩层面上的三个(或四个、八个)点在井轴方向的高度，结合曲线的方位信息，进而计算岩层面的倾角和倾向，如图3－9所示。地层倾角测井既可用于构造解释也可用于沉积学研究，高分辨率地层倾角测井仪HDT和SHDT为利用测井资料解释沉积环境提供了新的手段，可有效指出砂层的沉积环境、古水流方向、砂体延伸方向等，既适用于开发区井网加密研究及注水方向的选择，也适用于预探区沉积环境解释及砂体延伸展布情况的预测。

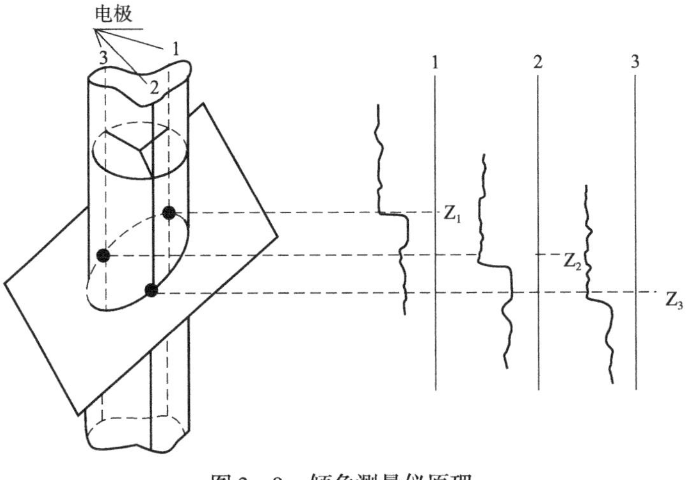

图3－9　倾角测量仪原理

1)利用倾角矢量图分析沉积构造

地层倾角资料能够反映出主要层理类型(图3－10)，通过地层倾角测井可以建立起各种沉积构造及层理的倾角模式，进行沉积构造分析。如水平层理倾角近于0°，倾向不定，倾角稍大可为绿模式；波状层理倾角在10°内且不定，倾向也不定；单向斜层理或板状层理为多组绿模式或蓝模式，倾角大；波状交错层理为红模式或蓝模式，倾角变化大；槽状交错层理为杂乱模式，倾角及倾向均变化大且杂乱。

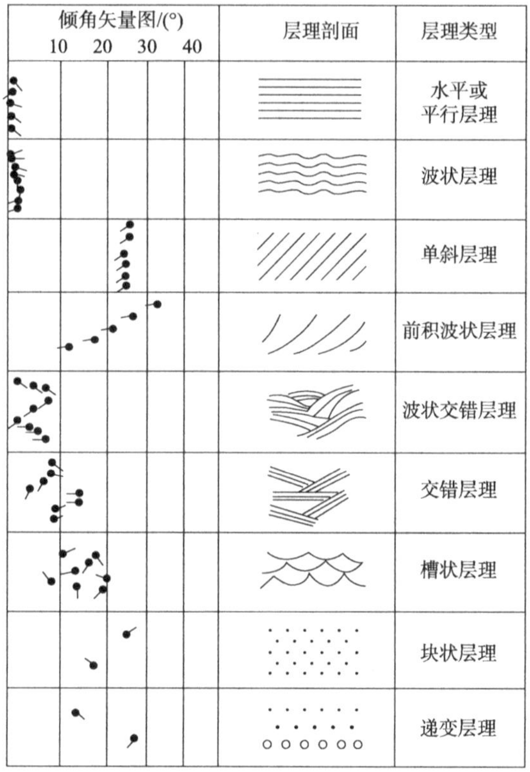

图3－10 主要层理的倾角模式(据吴元燕，1996)

建立沉积构造解释模型时需注意，多种模式组合关系是判断各级层面相互转换、变化的表征，模式间断往往是特殊地质事件(如冲刷面)的表征等，因此在解释过程中要充分重视模式本身及其反映的沉积构造之间的关系。

2)利用矢量方位频率图判断古水流方向

地层倾角测井随深度变化序列是砂岩古水流及搬运方向研究的主要资料。在单层砂体内部的小蓝模式及小绿模式的倾角矢量方向都代表古水流方向；也可用矢量方位频率图确定古水流方向。方位频率图是在某个给定井段内优选倾斜方位的统计图，针对单一砂层层面、层理进行方位频率统计，可判断古水流方向；而频率集中的方向表示这段砂岩的主要古水流方向。应根据水流层理特征(类型、角度、分布)和方位(定向模式、发散程度与砂体几何走向)进行具体分析。

3)推断砂体延伸方向

在确定古水流方向之后，结合砂体成因类型即可判断砂体延伸方向。如河道成因砂体，其层理具单向水流特征，故而砂体延伸方向与水流方向一致；沿岸砂坝砂体的层理具双向水流特点，其砂体延伸方向与水流方向相互垂直。

4)确定砂体成因类型

将地层倾角测井资料与自然电位或自然伽马相结合可以确定砂体成因类型。借助自然电位和自然伽马曲线表明砂体的存在，结合砂体内部和砂体之间泥岩倾角变化可确定砂体成因。砂体之间的泥岩，其倾角随深度增加而增大，表现为红模式；而在砂体内部，倾角随深度增加而减小，表现为蓝模式。泥岩倾斜方向指示泥岩加厚方向，其相反方向为砂体加厚方向，据此可确定，砂体为底平顶凸的几何形态，成因类型为砂坝。

不同沉积环境下沉积物的特点在地层倾角测井中都会有所反映，处于沉积微相不同位置的地层倾角响应模式也会不同。

4. 成像测井

成像测井技术就是在井下采用传感器阵列扫描或旋转扫描测量，沿井纵向、周向、径向大量采集地层信息，传输到地面以后通过图像处理技术，得到井壁的二维图像或井眼周围某一探测深度范围内的三维图像。包括电成像测井和超声波成像测井两大类型。目前，国外成像测井仪器主要是斯伦贝谢测井公司的 MAXIS－500 系统、阿特拉斯测井公司的 Eclips－5700 系统和哈里伯顿公司的 Excell－2000 系统。电成像测井方法主要指微电阻率扫描成像测井(如阿特拉斯 STAR－Ⅱ，哈里伯顿 EMI，斯伦贝谢 FMS、FMI)，超声波成像测井主要是超声波扫描成像测井仪(CBIL、CAST、USI、UBI 等)。

地层微电阻率扫描成像测井是利用按一定方式密集排列组合的电性传感器，即：阵列电扣测井，FMI 采用了 192 个电扣、STAR－Ⅰ采用了 144 个电扣、EMI 采用了 150 个电扣(图 3－11)，阵列测量井壁附近地层电导率，并进行高密度采样(2.5mm)，得到高分辨率(5mm)“似岩心”的地层岩石及结构图像，在 8in(1in＝2.54cm)井眼中，图像覆盖率达 50%～80%。

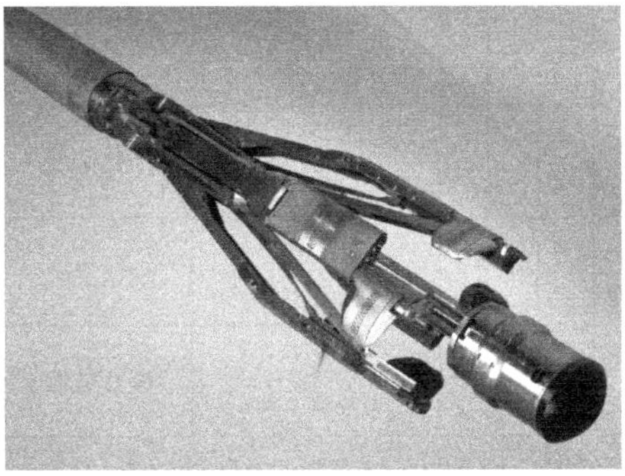

图 3－11　斯伦贝谢测井 FMI 测井仪

成像测井的图像特征主要表现在颜色变化和几何形态两个方面，成像测井图像是以不同色级的变化代替显示物理量(电阻率、声阻抗)的变化，像素色彩刻度为 42～256 个等级，按照白、黄、橙、黑的序列变化；但总体上可划分出 4 个色调：亮、浅、暗和杂色。对应物理参数即为高阻(或声阻抗)、低阻(或声阻抗)、不均一变化电阻率(或声阻抗)，而同岩石本身的颜色没有关系，不同色调组成的测井图像构成的环井周形态又可分为块状、线状、斑状、杂乱及竖形条带等不同形态(图 3－12)。图像色调及形态的组合均从不同侧面反映了某种地质现象在成像图上的直观映射特征。可用于沉积相、沉积构造及储层评价等方面的研究。

1)成像测井主要的特点和用途

(1)具有很高的纵向、横向分辨能力。

(2)成像图具有直观的视觉功能，可对裂缝的分布特征、类型、地层的层理、砂泥薄互层的划分、储层有效厚度、沉积粒序的变化、砾石颗粒的大小等做出正确的分析。

(3)具有原地层倾角测井的所有功能，同时可提供地层倾角矢量图，确定地层、断层、裂缝的产状、方位和走向。

(4)在一定的条件下，可替代钻井取心对目的层进行描述，具有录取资料时间短、费用低的特点。

(5)能够提供对裂缝的矢量计算结果，如裂缝的张开度、方向、走向等。

2)沉积学解释

以 FMI 为例，图像分析提供了储层的岩石类型、砾石颗粒大小等结构特征、层理类型、古水流方向、粒序等方面的信息，判断储层的沉积微相。

成像测井模式		成像图像特征	地质成因解释
块、段状模式	亮段		致密砂岩、钙质砂岩、致密火成岩、致密碳酸盐岩等高阻高密度地层段
	暗段		泥岩、多孔缝碳酸盐岩、多孔缝火成岩等相对疏松的低阻低密度段
	亮、暗段截切		相对低阻低密度段与高阻高密度段截切，可能有断层等突变接触
条带状模式	连续的明暗条带	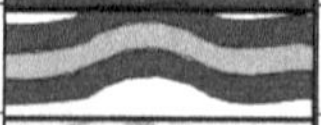	砂泥岩段互层、条带状碳酸盐岩、泥质条带灰岩
	不连续的明暗条带	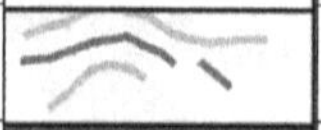	砂岩成岩非均质变化
线状模式	单一亮线	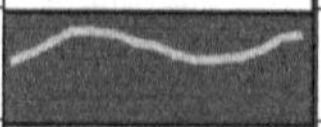	充填高阻高密度物质的裂缝、缝合线、断层面等，不整合面、冲刷面
	单一暗线	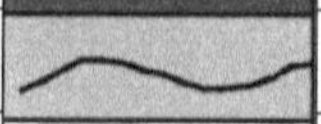	高导裂缝，由相对低阻、低密度物质构成的线状地质现象
	组合线状		岩层面、层理、火成岩流线构造等
	断续线状		断续状层理及其他非连续成因事件
斑状模式	暗斑		孔洞、低阻物质充填的孔洞，低阻砾石、结核、黄铁矿等斑块、岩石透镜体、断层角砾等
	亮斑	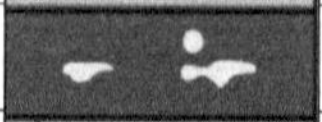	高阻物质充填的孔洞，高阻砾石、化石、结核等
杂乱模式	杂乱		变形、扰动、滑塌等地质现象
递变模式	色级逐渐递变		递变层理及密度递变层

图 3－12 常见沉积构造的井壁图像一般特征

成像图亮度变化反映岩性的变化，在砂泥岩剖面中，致密砂岩较泥岩电阻高，电成像图上亮度较大；砾岩的电阻率比较高，为浅色图像，形如卵石的投影，砂泥岩的电阻率较低，为较暗色图像。泥岩剖面电阻率较低，呈现出暗棕色、黑色的条带状分布。

(1)水平层理：纹层厚度稳定、互相平行。在 FMI 图上表现为平行的明暗条纹，泥岩纹层呈现较深的颜色，粉砂岩呈现淡黄色、亮黄色或亮色(图 3－13)。

(2)斜层理：FMI 图像特征往往对应于一组有明暗条纹显示的正弦波曲线(图 3－13)。

(3)变形层理：层理面较为清晰，但变化异常，局部具有褶皱、弯曲等现象发生(图 3－13)。

(4)交错层理：FMI 图像特征，层系内对应于波状、角度较高、互相平行，而层系界面角度较小，纹层与界面相切割。

(5)冲刷面：一般冲刷面为凹凸不平的界面，其下为低能的泥岩和泥质粉砂岩，其上为将下部地层冲刷起来形成的含泥砾砂岩。FMI 图像特征，冲刷面上覆地层呈现为浅色，而下伏地层的颜色较深，接触面凹凸不平(图 3－14)。

(6)递变层理：递变层理自下而上表现为由粗至细的正韵律。粗岩性(如砾岩)在 FMI 图像上表现为亮色，细岩性(如泥岩)表现为暗色，总体呈现由亮色至暗色的颜色递变(图 3－14)。

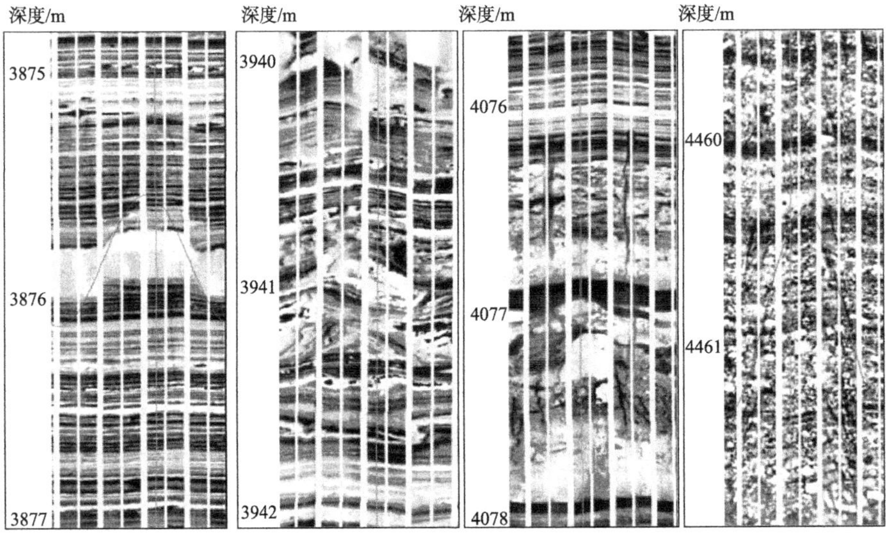

(a)水平层理　(b)变形层理　(c)鲍马序列(ABCD段)　(d)斜层理

图 3－13　典型沉积构造

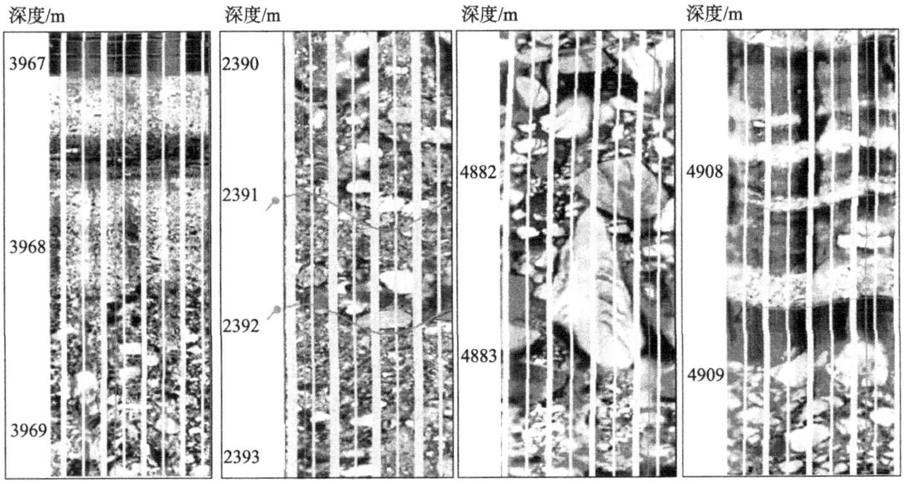

(a)递变层理　(b)冲刷面　(c)冲刷面　(d)平行层理

图 3－14　典型沉积构造

图 3－15 为准噶尔盆地西北缘某断块内两条近东西向和近南北向的 FMI 横向相变化对比剖面图，根据 FMI 资料，沉积构造有水平层理、波状层理、交错层理、粒序及冲刷构造和漂浮构造。图 3－15(a)为标准层(凝灰岩)下部的同一沉积单元的 FMI 图像，能很清楚地展示岩性及沉积构造的变化情况。从东到西(图从左至右)，岩性由细变粗，5 井主要为砂岩，且各种层理发育，6 井为粗砾及巨砾岩。图 3－15(b)中由北至南(图从左至右)，岩性由粗变细，7 井主要为粗砾、中砾岩，9 井则主要为砂岩且层理明显。岩性由粗至细依次为：巨砾、粗砾、中砾、不等粒小砾岩、小砾岩、砂质小砾岩、砂砾岩、含砾砂岩、砂岩、泥质砂岩、凝灰岩、泥岩；块状砾岩厚度减薄，砂岩条带逐渐发

育，层数增多，厚度加大；层理逐渐增多，其类型依次为平行斜层理、上陡下缓斜层理、槽状交错层理。

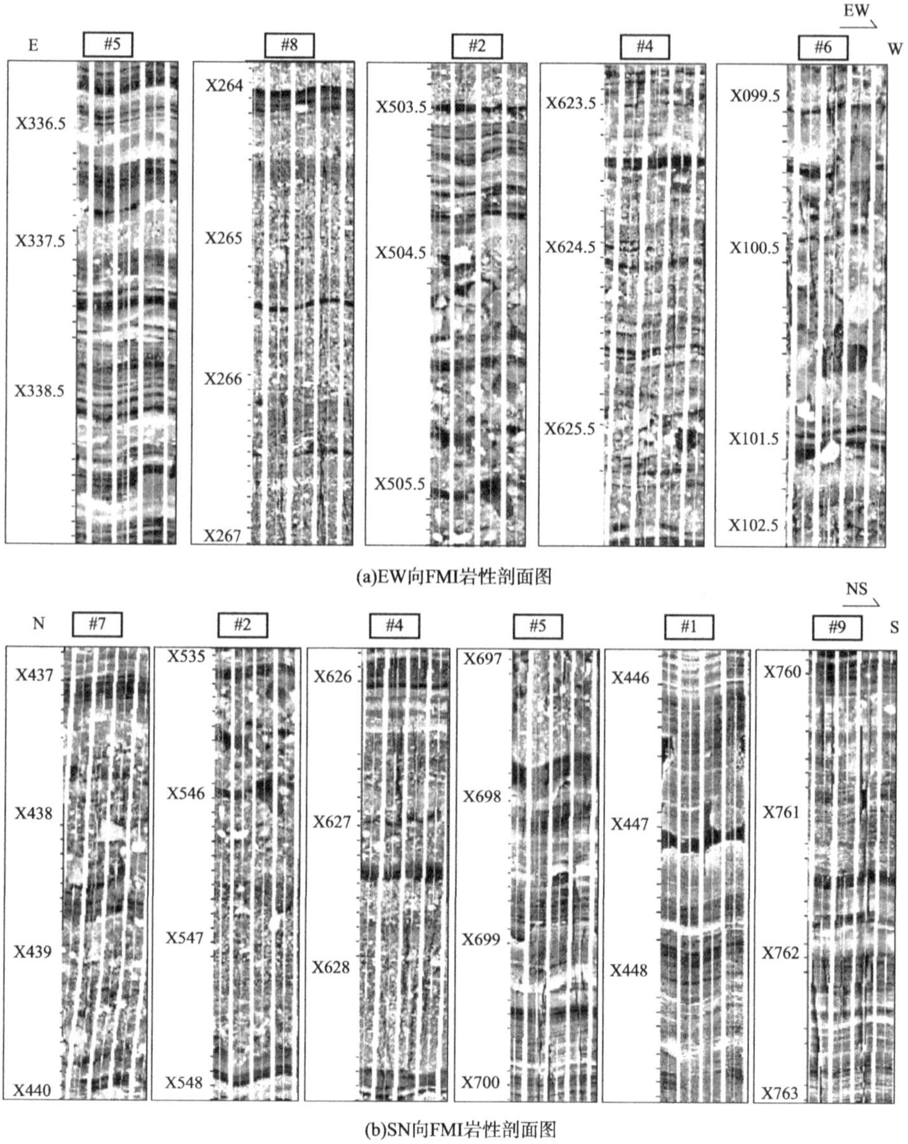

图 3－15　准噶尔盆地西北缘某油田 FMI 岩性剖面(陆大卫，2001)

依据砾岩、砂砾岩、砂质砾岩的砾石最大的粒径和厚度；砂岩条带的发育程度、层理类型，确定该油田目的层组为冲积扇沉积，划分为扇根、扇中、扇缘亚相。

扇根主要为巨砾、粗砾、中砾组成的不成层块状砾岩，未见砂岩条带和冲刷面。扇中相变较稳定，粗砾少，层状不等粒小砾岩增多，单层厚 3～5m，分选好的小砾岩发育，单层厚 6～7m；上陡下缓斜层理的砂岩条带富集；扇中前缘出现冲刷面。扇缘仅有少量砂质小砾岩，层状砂岩发育，呈砂泥岩互层，槽状交错层理发育，是辫状分流河道的产物。

高分辨率电成像测井图像可反映井壁上地层细微的岩石结构及沉积构造特征，辅助用于碳酸盐岩沉积微相分析。台地前缘斜坡的电成像测井图像上可见明显的滑塌变形构造；台地边缘浅滩的电成像测井图像上可见低角度层理发育，反映沉积水动力较强；蒸发台地的电成像测井图像上可见水平层理发育，且发育硬石膏团块。

图3－16为四川盆地龙岗地区二叠系长兴组一口井的碳酸盐岩台地边缘礁相电成像测井评价成果图。基于电成像测井结合岩心颜色与结构等信息，识别出生物礁主要微相：①礁后潟湖相，岩性为泥质灰岩，波状层理发育[图3－16（a）]，水动力较弱；②礁坪相，岩性为褐灰色颗粒白云岩，交错层理发育[图3－16（b）]，反映沉积水动力较强；③礁盖相，岩性为浅灰色颗粒云质灰岩，溶蚀孔洞发育[图3－16（c）]，表明水体较浅，淋滤风化作用较强；④礁前相，岩性为生物格架灰岩，块状结构呈高阻特征[图3－16（d）]；⑤前礁相，岩性为深灰色生物碎屑灰岩，呈角砾状特征，分选差[图3－16（e）]。

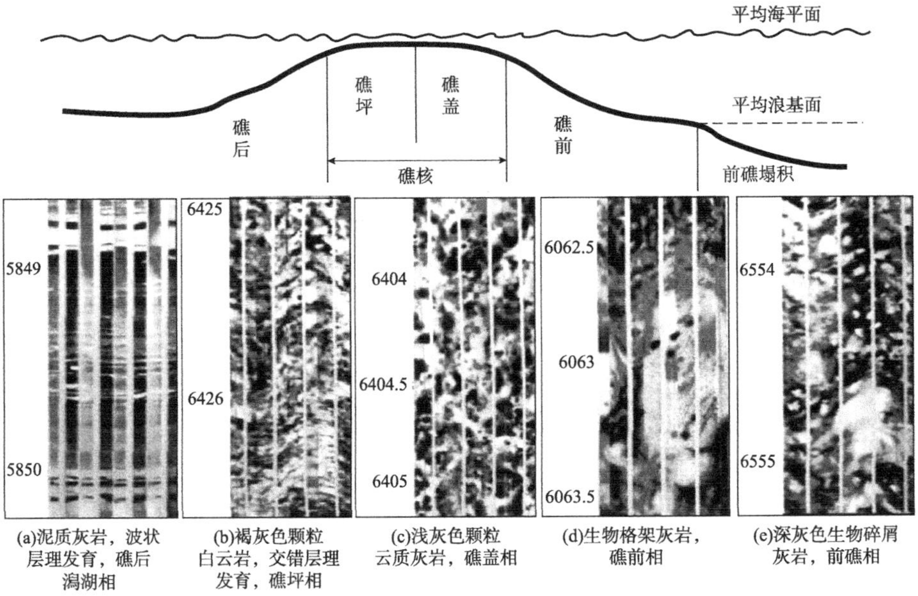

图3－16　碳酸盐岩台地边缘礁相电成像测井评价结果（刘国强，2021）

四、测井岩相判别分析

自动测井相分析是应用计算机手段自动对测井曲线进行分析，具有快速、简便、综合考虑多种测井信息的特点。自动测井相分析的效果取决于所用测井资料的类型、数量、质量、数学分类准则及岩心的标定。一般，自动测井相分析包括以下步骤（图3－17）。

1. 测井资料的优选

针对测井相分析的目的，选择一组最能反映沉积物岩相特征的测井资料，如自然电位、自然伽马、中子、岩性密度、声波、电阻率（或感应）及地层倾角测井资料。

2. 深度校正和环境校正

用专门的校正程序对测井曲线进行深度和环境影响校正，使同一口井的所有测井曲线均有准确的深度及对应关系，并减少或清除测量环境与统计起伏等各种非地层因素的影响，使校正后的测井曲线尽可能真实地反映实际地层及孔隙流体的性质。

3. 自动分层

测井相分析是按层划分测井相类型和鉴别岩性的，故需要用测井曲线在整个井剖面上划分出许多小层，同层具有相同的特征。这既可减小层内非均质与非地层因素的影响，又可大大减少数据量，节省计算时间。自动分层方法有平均值法和方差法两大类。现在用一条曲线说明自动分层：

若分层程序随深度采样读数为 X_i，据函数关系预计出非地层化引起的绝对误差为 $E(X_i)$，则 $X_{i\pm1}$ 与 X_i 为同一小层；

若 $|X_{i\pm1}-X_i|\leqslant E(X_i)$，则 $X_{i\pm1}$ 与 X_i 为同一小层；

若 $|X_{i\pm2}-m_i|\leqslant E(m_i)$，

$m_i=\dfrac{X_{i+1}+X_i+X_{i-1}}{3}$，则 $X_{i\pm2}$ 与 X_i 为同一小层。

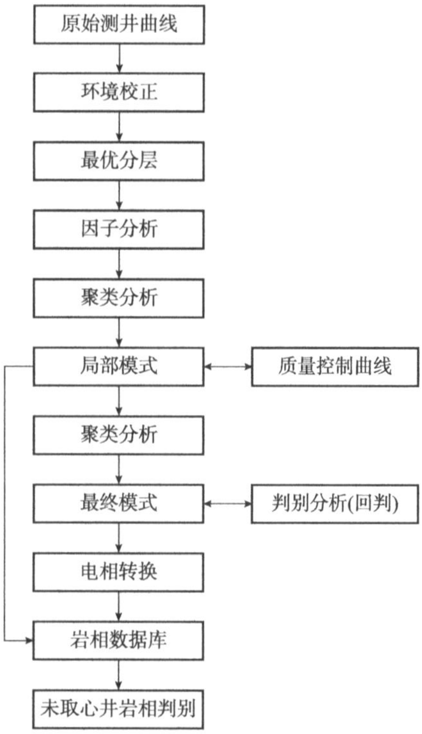

图 3－17　自动测井相分析程序

如此继续下去，满足此条件为同一小层，否则为另一小层，然后就可以确定地层的厚度。此方法可推广到用 1～5 条曲线权衡分层，然后把分层结果用于同一口井的其他曲线中。每一层用其平均值构成矩形曲线，这样便把测井段分成一些主要的岩相段（图 3－18）。

4. 主因子分析

从多元的具有复杂相关关系的测井值中提取控制所有测井变量并最能反映岩相特征的主因子。这样，在保证原始信息不损失的条件下，形成一组反映岩相特征的新的变量。

5. 聚类分析

应用聚类分析方法，将上述自动划分的各小层进行分析归类，划分若干个测井相，并应用判别分析方法建立测井相的判别模型。

6. 岩相－电相库（建立测井相与岩相的转化关系）

在关键井中，将测井相聚类分析的结果与岩心所反映的岩相进行精细对比分析，并考虑地层与测井特征，可建立某油田或地区的测井相与岩相的对应关系，并赋予每个测井相以相应的岩相名称及地质描述，再将它们全部存入数据库，从而建立本地区的测井相－岩相数据库。在对其他井进行测井相分析时，还应将新的测井相、岩相不断补充到本地区的测井相－岩相数据库中，使数据库得到不断完善。

7. 自动岩相判别分析

利用判别模型和测井相－岩相的对应关系，对目的层的测井资料进行处理，得出一个连续的地层岩相剖面(图 3－18)。

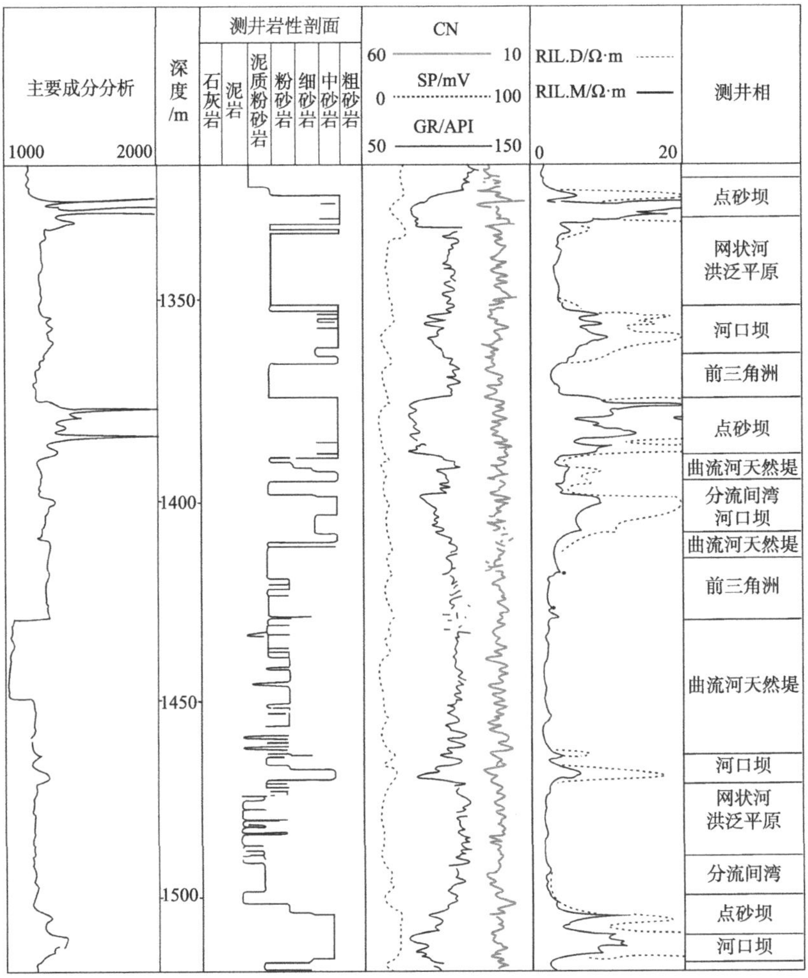

图 3－18　某井测井相分析图

在应用测井曲线进行相分析时，存在它的局限性，如自然电位曲线中的“平直”未必表示无砂或渗透性不好，可能是砂岩被完全胶结或钻井液的电阻率与渗透层内流体的电阻率几乎相等；在含油层内，SP 曲线的形状可能会发生改变。又如一般砂岩中，自然伽马读数低，在泥岩中读数高，但如果砂岩中存在其他放射源(如海绿石、云母等)，则会使数值升高。另外，各种测井均受井眼条件的影响。

五、基于机器学习的测井岩相分析

机器学习(machine learning)是指用某些算法指导计算机利用已知数据得出适当的模型，并利用此模型对新的情境给出判断的过程。从本质上讲，机器学习是一个源于数据的模型的训练过程，最终给出一个面向某种性能度量的决策。包括输入、整合和输出三个阶段。机器学习依据训练期间接受的监督数量和监督类型可以分为有监督学习、无监督学习、半监督学习和强化学习，目前也有学者把集成学习当成机器学习中单独的一个类别。其中，监督学习就是告诉计算机某个数据样本在特定情形下的正确输出结果，希望计算机能够在面对没有见过的输入样本时也给出可靠的输出结果，从而达到预测未知的目的。无监督学习，是指数据样本中没有给出正确的输出结果信息，希望从数据中挖掘诸如频率等有价值的信息，常见的例子有聚类、关联规则挖掘、离群点检测等。半监督学习是有监督学习和无监督学习相互结合的一种算法，输入数据中部分数据样本在特定情形下的正确输出结果已知，其余数据未被表示；其主要工作流程是将未标识的数据依据一定的规则（如聚类假设）与标识的数据进行分类、回归等操作。强化学习是指智能系统在与环境的连续互动学习获得最优行为策略的机器学习问题，即在没有外部指导（标签数据）的情况下，在交互中，从自身经验中学习。集成学习是通过合并多个模型提升学习性能，有串行集成和并行集成，前者各单一模型间相互依赖，后者各单一模型相互独立，通过平均降低误差。机器学习是实现人工智能的一种方式。统计学是运用统计方法及与分析对象有关的知识，基于定量与定性结合方法研究对象或对象的活动，主要研究内容包括描述统计和推断统计，其主要的目的是发现变量之间的关系及这些关系的重要性，并用于预测。然而，机器学习的目的是用于预测，变量间的关系通常并不明确。人工智能、机器学习及统计学模型之间的关系如图 3－19 所示。

人工智能（AI）引领了数据挖掘的方向，从大数据中发现模式和规律，并为科学和技术应用做出预测。本节主要引用和借鉴了《定量地球科学》（Ma Y Z，2019）理论与实例。

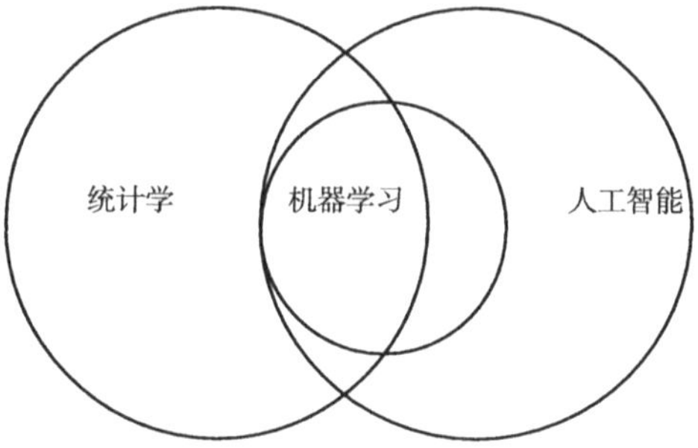

(a)机器学习、人工智能和统计学之间的关系

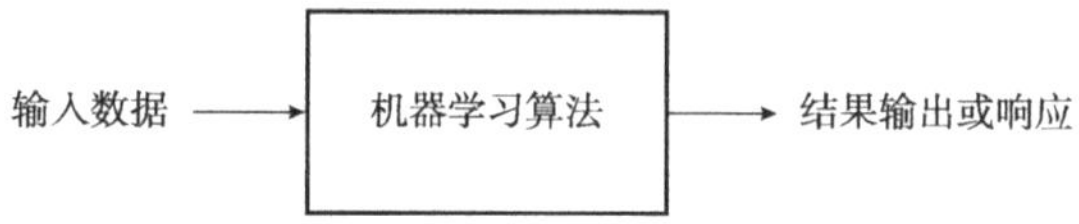

(b)机器学习系统

图 3－19　机器学习、人工智能和统计学的关系

1. 基于人工智能的预测和分类方法

人工智能主要是通过研发或使用算法，利用已知的样本特征数据，推断未知的样本特征数据，按任务目标可以分为回归、分类、聚类和关联规则等。当目标变量为连续变量时，如储层的孔隙度、渗透率或油气采收率，其预测通常被称为回归问题；当目标变量为离散变量时，如岩相类型、岩相组合关系及成岩相类型等，视样本特征数据中是否包含标

签数据及其多少，预测过程又可被称为分类、聚类或关联规则数据挖掘等。其中，分类和聚类都使用解释变量对分类变量进行分组。分类是利用包含样本标签信息的训练数据，属于有监督的机器学习；聚类一般使用不包含样本标签信息的数据，属于无监督的机器学习；而关联规则是从不包含样本标签信息的数据中推断出数据间的内在结构，是数据挖掘中最活跃的研究方法之一。

机器学习算法与统计学方法最大差别在于，前者一般使用非参数统计推理，利用算法从数据中感知、学习、推理及抽象，对样本做出预测和分类。机器学习包括概率、统计、数学优化和计算方法等多种方法。图 3 – 19 中显示了统计学、机器学习和人工智能之间的关系。

回归预测和带训练数据的分类可被视为有监督或半监督机器学习算法，主成分分析（PCA）直接用于聚类时可被视为无监督学习算法示例。无监督方法从输入数据中查找模式，然后把一些模式和属性与响应变量对比，进行校准，这可以用于异常检测或储层属性的预测。有监督的方法要推广到新数据，但其通常需要拟合训练数据、估计函数和提高泛化能力，用于预测未知样本的特征。对训练数据的拟合是一个优化和提高泛化能力的过程。

分类可用于岩相、岩石相、成岩相及岩石物理相类型的划分，主要方法有概率/统计方法和机器学习方法，包括 K – 近邻、K – 均值、期望和最大化、贝叶斯分类法、高斯混合物分解、支持向量机、决策树、随机森林和神经网络（表 3 – 3），都可用于预测岩相、孔隙度、流体饱和度、渗透率，估计最终采收率，以及其他与储层或生产有关的属性。

表 3 – 3　常见的统计和机器学习方法及其用途

方法	用途
主成分分析	尺寸减小，可用于前处理、回归、分类和异常检测
回归，逻辑回归	用于回归或分类的模型拟合
神经网络	用于回归和分类的模型拟合
支持向量机	主要用于分类，但可用于回归
随机森林	主要用于分类，但可用于回归
决策树	主要用于分类，但可用于回归
K – 均值（K – means）	分类
K – 近邻（KNN）	聚类或分类

2. 判别分析和模式识别的岩相分类

判别分析是判别样品所属类型的一种统计方法，其主要思想是用统计方法将待判的未知样品与已知类型样品进行类比，以确定待判样品应该归属于哪一类。

应用测井曲线截止值进行岩相分类的方法可以通过定义线性或非线性函数加以改进。图 3 – 20（a）所示为基于密度和孔隙度两种测井数据定义三个线性函数区分四种岩相的实例。需要设定训练数据，如岩心的岩相或已有的岩相分类，定义的线性函数错误划分的岩相类型要尽可能少。当存在重叠时，该方法会产生一些错误的岩性或岩相分类结果。划分效果主要标准来源于训练数据对岩相区分能力的经验判别。信息重叠性越小，测井对岩相区分能力越强。

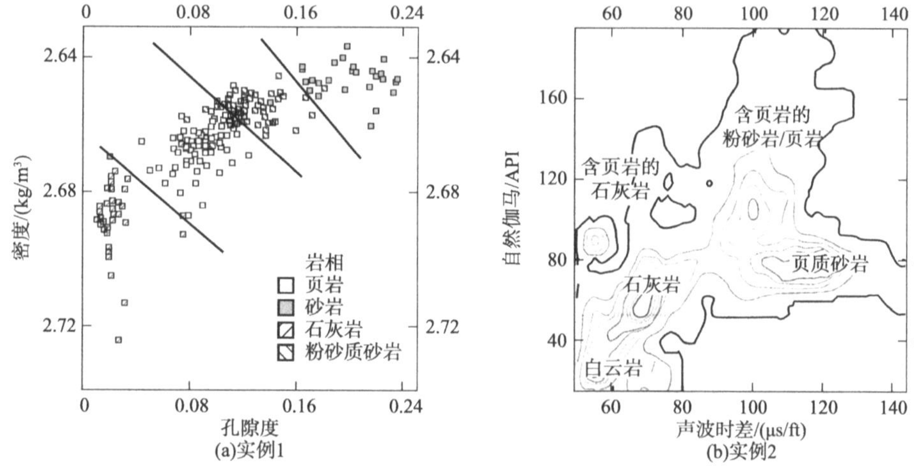

图3－20 判别分析与模式识别实例图(Ma Y Z, 2019)

训练数据对岩相划分很重要，但它不是必需的，也可以用输入测井曲线的关系确定判别函数。图3－20(b)为声波时差和自然伽马的二维直方图，其频率用等值线显示，清晰可见的多个模态可用于生成线性判别函数和岩相的划分。根据该图中模态定义线性函数的实例，可以划分出五种岩相类型。

3. 主成分分析进行分类

主成分分析(Principal Component Analysis, PCA)是考察多个变量间相关性，研究通过少数几个主分量对分析变量进行建模，使其尽可能多地保留原始变量信息，而且各主成分间相关度低。PCA能够提取变量信息，减少变量维度，从而使问题更简单直观。PCA能够整合更多的测井参数，与直接使用常规测井数据进行交会图分析相比，主成分变量交会图识别准确率得到很大程度的提高。

主成分分析可以综合两种或更多种测井数据用于岩相分类，主要优点是可综合利用不同测井中存在的相互补充的信息。主成分分析可以用于区分对岩相分类有关和无关的信息，在较简单的情况下，存在中度到高度相关性的两种或三种测井曲线可以有效地区分不同岩相。

图3－21所示为选取两个截止值[图3－21(c)]及叠加在自然伽马—电阻率交会图上岩相分类的结果[图3－21(a)、(b)]。虽然自然伽马和电阻率都无法单独区分这三种岩相，但是同时使用这两种测井提高了岩相分类的准确性。这是因为在常规碎屑岩储层中油层通常是砂岩，电阻率高，而页岩通常富含黏土和水，具有更强的导电性，电阻率低。

电阻率直方图可以分解为三个准正态或准对数正态分布[图3－21(d)]。与自然伽马测井一样，三种岩性的电阻率测井存在重叠，仅用电阻率不能完成岩相的准确分类，而综合使用自然伽马和电阻率可以提高分类的精度。

主成分分析还可以整合类比资料、其他地质或工程信息。例如，当类比信息和其他地质研究给出了不同岩相的相对比例时，使用判别主成分的简单累积直方图就可以定义目标岩相的比例。如果定义河道、决口扇和溢岸的相对比例为 53：12：35（百分比），可以确定上述示例中的截止值[图 3－21(c)]。

对于碎屑岩—碳酸盐岩混合岩储层，可以综合使用三种传统的孔隙度测井工具，即密度、中子和声波时差进行主成分分析，对岩相进行分类。

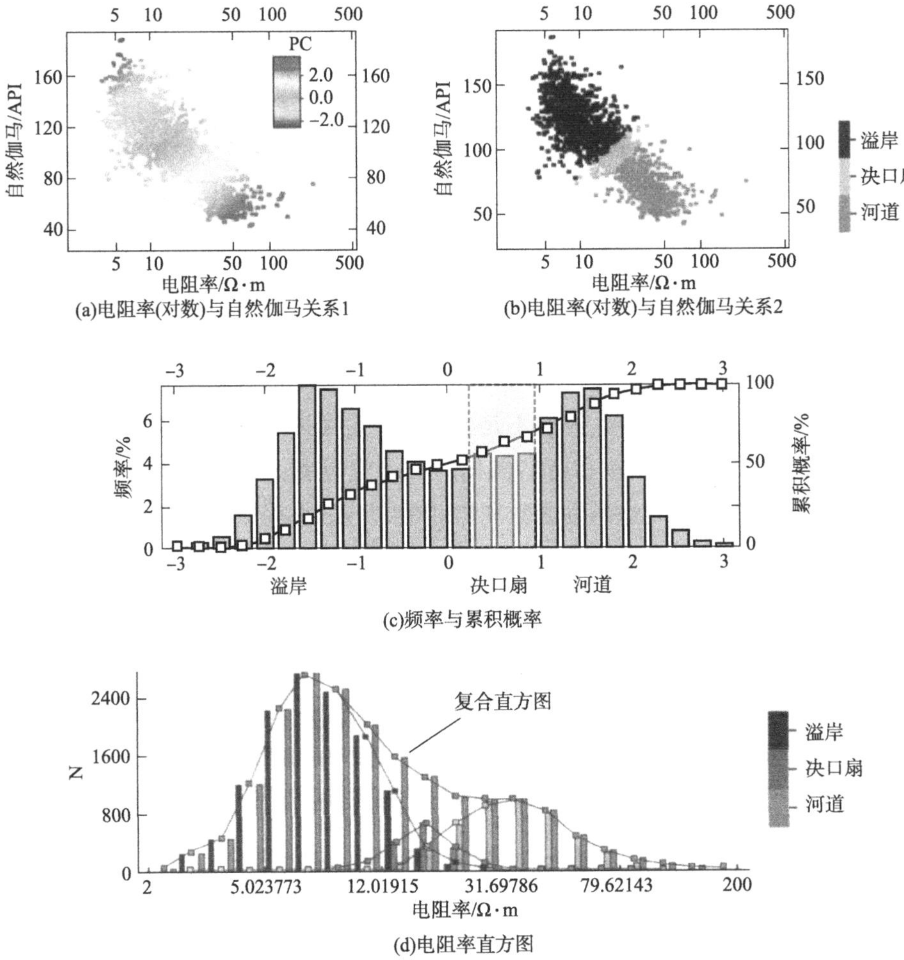

(a)电阻率(对数)与自然伽马关系1

(b)电阻率(对数)与自然伽马关系2

(c)频率与累积概率

(d)电阻率直方图

图 3－21 主成分分析识别岩相示例图(Ma Y Z，2019)

4. 人工神经网络(ANN)的岩相分类

神经网络的基本思想和计算流程如下：假设有 n 个样本，每个样本是 m 个自变量(x_1，x_2，…，x_m)和 1 个因变量(y)的成组观察值，即第 i 次观察由 x_{i1}，x_{i2}，…，x_{im}，y_i($i=1$，2，…，n；n 远大于 m)组成。将 n 个样本的自变量定义成 n 个向量，即 $x_i=(x_{i1}, x_{i2}, \cdots, x_{im})$。神经网络的基本思想都是求解一个表达式 $y=f(x)$ 使式 $n_i=\sum[f(x_i)-y_i]^2$ 达到极小，这与决策树和支持向量机的思想相同，仅是计算精度、实现途径不同。求解出的函数是 y 关于 m 个自变量的"隐式"表达式，即函数是非线性的，无法用数学公式表达，而多元统计方法求出的一般是多元函数关系，可以用数学公式表示。

神经网络、决策树和支持向量机三者的计算流程相同。第 1 步为学习过程，即利用 n

个样本解出“隐式”表达式 $y=f(x)$；第 2 步为检验过程，将这 n 个样本代入 $y=f(x)$，得到各自的预测值 y_1，y_2，…，y_n，检验其拟合度；第 3 步为预测过程，将 k 个预测样本的自变量 $x_i=(x_{i1}, x_{i2}, \cdots, x_{im})(i=n+1, n+2, \cdots, n+k)$ 代入 $y=f(x)$，进而得到 y_{n+1}，y_{n+2}，…，y_{n+k}。

人工神经网络(ANN)本质在于它在模仿人脑的生物神经元功能，感知机是其基本构成，也被称为单层神经网络。神经网络是利用多层感知机使其具有学习、抽象和推理的能力。一般来说，人工神经网络至少包含一个输入层、隐藏层和输出层。每个层都有一定数量的节点，输入层节点的数量取决于可用的训练数据维度。隐藏层的节点数可以是变化的，然而节点数量过少可能会降低人工神经网络的学习能力和泛化能力；节点数量过多会增加计算成本。图 3－22 显示了一个简单的人工神经网络，输入层有三个节点，隐藏层有四个节点。当信号仅沿一个方向流动时，被称为前馈神经网络。当一个 ANN 模型包含一个深层的隐藏层时，它被称为深度神经网络(DNN)，深度学习领域研究 DNN。在一个复杂的、高级的 DNN 中，每一个隐藏层都会拉伸和挤压数据空间，该过程不断对每一个神经元间权重和偏置进行修正，直到样本被清楚地分离。神经网络包含三个主要参数：①节点各层的连接模式，即全连接和非全连接；②学习过程中每一连接用于传递信息的权重和偏置；③将节点的加权输入转换为输出的激活函数。

输入层接收输入，输入层中的每个节点表示一个预测变量。在所有预测变量进行一定标准化后，输入节点将值输送到隐藏层中的节点上并进行数学计算和处理。使用损失函数将神经网络的输出与所需的输出进行比较，并计算输出层中每个节点的误差值。当有训练数据输入时，用作所需的参考，以便调整处理中的权重。从本质上讲，人工神经网络把学习和训练本身作为一个优化或试错过程。它从随机或粗糙的答案开始，然后训练自己获得一个更好的答案，直到根据用户指定的条件达到“最佳”答案。“更好”和“最佳”答案仅相对于指定的条件，可能很好，也可能不好，因为具有更多迭代的答案可能是过度拟合的神经网络，从而导致泛化能力下降，对于未参与训练数据的预测性能下降。因此，其结果应该使用学科知识加以严格验证。

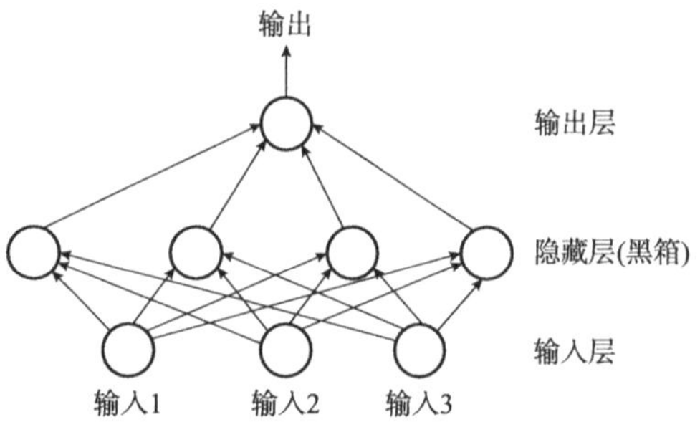

图 3－22 一个简单的神经网络架构

使用人工神经网络方法基于测井数据进行岩相分类，要么直接应用于所选的测井，要么通过这些测井的主成分分析预处理。当有训练数据时，有监督的人工神经网络通常更受青睐。使用人工神经网络的优点是其集成许多输入数据的能力。

前人发表了许多以神经网络方法利用多种测井数据进行岩性分类的例子。卢松等(2009)将不同沉积微相样本进行训练，总结出适用于研究区沉积微相的判别函数，构建了岩性与沉积微相的 BP 神经网络判别模型。程国建等(2017)使用深度神经网络自动获取岩石薄片图像特征，实现基于深度学习的岩石粒度自动识别。Souali Pattnaik 等(2020)提出一种基于深度 U－Net 架构的无监督的碳酸盐岩相识别分类。Camila Martins Saporetti

(2020)通过自适应差分进化(DE)算法优化人工神经网络，将该深度学习算法应用于岩性识别。Ana Kamenski(2020)通过融合 ANN、变异函数、统计分析的方式，将改进的 ANN 算法应用于碎屑岩岩性预测，预测精度高达 90%。陈钢花(2019)提出将卷积神经网络应用于判别储层岩性，构建了一个双层的卷积神经网络模型，样本回判准确率为 99%。

人工神经网络的一个重要缺陷是其基于“隐式”表达式 $y=f(x)$，所以预测过程不能进行物理意义解释，利用测井得到的岩相分类可以通过已知的物理关系和地质知识的检验而得以改进，这也是目前一个重要研究热点内容，即基于模型和数据联合驱动的神经网络岩相预测方法。

5. *岩相的多级分类*

岩性分类有时需要得到精细的岩相类型，比如，砂质岩相可能包含页岩成分，这时从砂岩中分离出泥质砂岩可能有用。几种测井可能指示泥质成分，包括自然电位(SP)和自然伽马。图 3 – 23 为一个两步岩相分类的例子。第一步使用主成分分析用中子孔隙度和密度将白云岩、石灰岩和砂质岩相区分开。第二步通过将主成分分析应用于自然伽马和自然电位(本示例中使用了第一主成分)将泥质砂岩与砂岩分开。另一种方法是，只用一个主成分分析应用于中子孔隙度和密度，第一步用第二主成分区分白云岩、石灰岩和砂质岩相；第二步使用第一主成分将泥质砂岩与砂岩分开，这样会得到如图 3 – 23(a)所示的岩相划分结果。3 – 23(a)为中子孔隙度 – 密度(RHOB)交会图，叠加了使用两个串联的主成分分析 – 人工神经网络的岩相分类。第一个主成分分析用了中子孔隙度和密度，岩相分类是采用第二主成分和人工神经网络完成的。第二个主成分分析用了自然伽马和自然电位测井。所划分的砂岩和泥质砂岩是基于第一主成分。图 3 – 23(b)为区分的致密灰岩和孔隙性灰岩，致密白云岩和孔隙性白云岩。图 3 – 23(c)显示了使用人工神经网络进行的一步分类的示例，叠加了基于人工神经网络法的四种测井岩相分类的结果，这四种测井分别为中子孔隙度、密度、自然伽马和自然电位，未对这四种测井进行主成分分析。

六、地震属性方法分析沉积相

近几十年来，地震数据的质量和分辨率一直在提高，在某些有利的沉积环境下，可以利用地震数据获取沉积学的相关信息。目前，常用的方法有切片追踪、振幅属性、相干体分析、波形分析、频谱分解等方法。

沉积体必须有足够的厚度与地震频率相关，以至于可以在地震剖面上进行识别，且波阻抗也必须很大才能在地震切片上识别出沉积相(Weber，1993)。如果要在地震剖面上识别出一个砂体，那么该砂体必须厚达几十米且周围被泥岩包围。

地球物理学家可以利用自动追踪技术，绘制振幅图，自动追踪水平方向上砂体的位置。曲流河沉积体一般在振幅水平切片上比较容易识别。Zeng(1996)利用地震振幅图像将得克萨斯州 Powderhon 油田以砂岩为主的相与周围的泥岩相区分开来，区分出海岸平原相、三角洲相、三角洲前缘相及尖灭到潟湖泥岩中的障壁岛后砂岩相。

相似性分析又称相干体分析，是利用计算机在特定区域内计算每一条地震道数据与其周围数据的相似性，砂体尖灭和断层均可以在相干体中被识别出(Marfurt 等，1998)。与

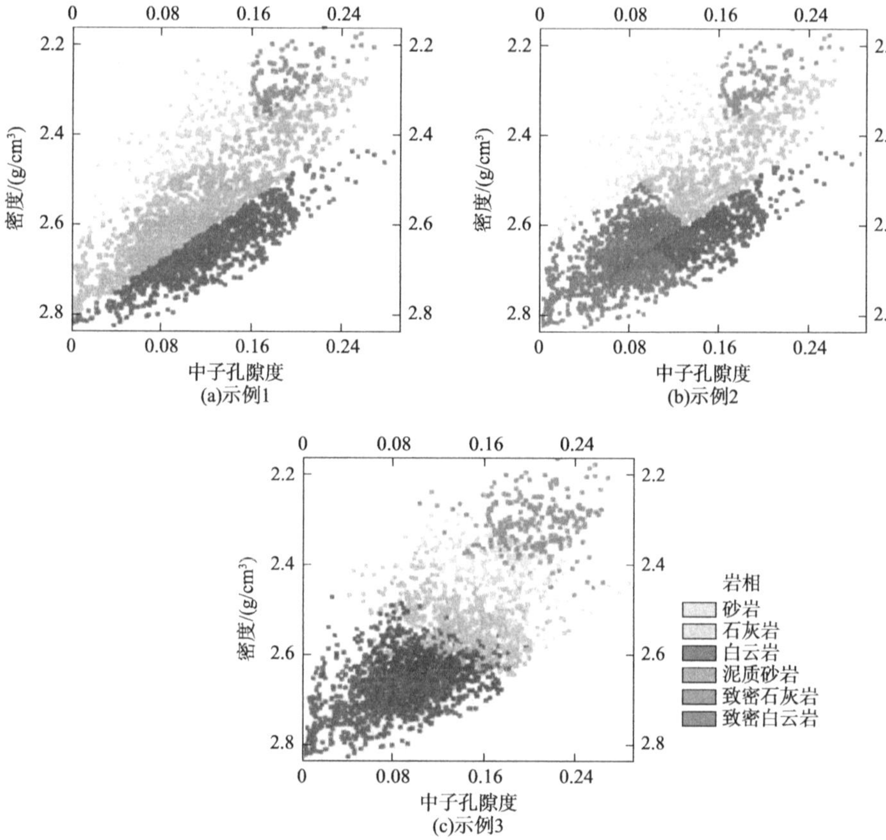

图 3－23 主成分分析密度和中子孔隙度用于识别不同岩相示例图(Ma Y Z，2019)

生物礁伴生的碳酸盐岩沉积体一般会有明显的地震反射，台地边缘礁经常可获得较好的反射图像(Eberli，2004)。深水海相沉积一般在砂体和周围泥岩之间会有明显的岩性差异面，可以通过水平振幅切片及相似性分析将砂岩识别出来(Saller，2004)。Posamentier(2004)研究认为，可以通过地震相的分析识别沉积物的几何构型，进而分析沉积物的沉积环境。

地震相分析包括对地震特征的分析，可以利用计算机在地震数据时窗里对波形特征进行神经网络分析，利用区域分布的波形特征图进行不同岩石相的对比。Lopez 等(1997)利用相干体分析和频谱分解对墨西哥湾更新世三角洲沉积体中单个的大型沉积体进行了识别。频谱分解是指将单个地道分解成离散的频率域数据(Partyka 等，1999)。对于某些地层层序，虽然它们在整个地震道上的特征可能不明显，但调整到特定的频率就表现得很明显，利用这种方法可以识别出这些层序。

(一)地震属性的提取与选择

1. 地震属性提取

地震属性最初被定义为从地震道中提取的反映波形特征的属性(Sheriff 和 Geldart，1995)。目前，多种地震方法均可以产生地震属性，包括 AVO 属性、反演属性、与小波有关的属性、与地震地层学有关的属性、频谱分解、信号处理和几何学，以及与地震数据统计分析相关的属性等。

从频率分析中提取的属性值得特别注意，这是基于谱分解的属性，或者更确切地说是频率分解(因为分解一般是基于频段)，这些属性可用于突出显示由于混合信号可能隐藏的要素。然而，在这里想指出一种相反思路的生成属性的重要方法——分频融合，此方法基于不同频率分量谱的融合/黏合。因为这样的属性包含来自不同数据补充信息的复合属性，它们经常更有助于描述储层属性的整体非均质性。由于地震数据受频带限制，谱分解的数据更是如此，因此，谱分解可以突出特定的非均质性，但它不能很好地提供储层属性的整体特征。在将地震数据校对到储层属性时，应对测井数据进行谱分解，然后将分解的测井数据与有限频带的地震数据相匹配。因此，地震数据应该被融合，而不是被分解，以便覆盖更宽的频段，这样可以提高地震数据与储层属性之间的相关性。

属性分析的目的是找到用地震数据预测储层属性最合适的方法，将地震属性用于储层属性制图的关键步骤是标定。一些地球科学家试图用地震数据与储层属性之间的敏锐关系选取地震属性，而不对标定给予足够的重视。一方面应该努力确定地震属性的物理意义，另一方面要识别地震属性与储层属性的统计相关性。如下所述，对于地震相分类和连续属性预测，标定策略是不同的。

在对用于属性分析的地震数据进行评价时，需要特别注意以下问题：①地震数据的质量及其对地震属性的影响；②相对于研究区储层的地震分辨率和覆盖范围。地震数据质量受地质复杂程度、地震数据采集和处理三个因素的影响。地质复杂性包括上覆岩层衰减(如深层具有更高的衰减和较低的数据质量)、构造和结构特征(如复杂断层几何形态)和沉积特征。与采集相关的问题包括地震信号的频率成分(带宽)、炮点一检波点分布和覆盖次数。与处理相关的问题可能包括不准确的速度、不正确的偏移及不正确的反褶积等。

2. 地震相分类的属性选择

输入属性的选择对地震相的分类非常重要，理想情况下，应该选择基于岩石物理性质和物理含义被清楚理解的属性。通常，建议尽可能选择与沉积相或沉积环境相关的属性。如果一种属性可以很清晰地把相分开，那这个属性就具有很强的沉积相区分能力。在实践中，通常无法找到这样的属性，而是需要多个属性。

对于选择的多种属性，应该具有高度相关性，还是应该几乎不具有相关性，一直存在争论。不选择高度相关属性的原因是它们具有多余性，对于沉积相分类不会带来更多的其他信息。显然，当两个属性的相关性接近1(如高于0.95)时，很难想象这两个属性会贡献大量独立的信息。此外，解释变量之间的高度相关性可能不符合内方差最小化的经典原则(即每个群集内最小的分散性)和集群之间差异最大化(即集群之间的最大分离)。当满足这两个条件时，人们可以期待看到自然分离的类别。因此，选择基于低到中度相关性的属性是一个有效的考量。

相关性不是选择属性进行地震相分类的主要标准，主要的标准应该是所选属性如何分解不同的相带并符合物理意义。此外，物理约束，如先验的相比例，应纳入分类。在一些应用中，输入数之间几乎不具相关性时效果更佳。在其他情况下，一定程度的相关性对分类是可行的(图3-24)。

表3－4为振幅和连续性属性分类方案，用这两个属性可以产生九个可能的相。在一个真实的项目中，不是所有的九个相都存在。当振幅与连续性高度相关时，HAC(强振幅高连续)、MAS(中振幅中连续)和LAD(弱振幅低连续)将更有可能存在。反之，当振幅与连续性具有高度的负相关时，HAD(强振幅低连续)和LAC(弱振幅低连续)将更有可能发育。当振幅和连续性具有中等相关性时，其他岩相，如HAS(强振幅中连续)、MAC(中振幅中连续)和MAD(中振幅低连续)更有可能存在。

表3－4　使用两个属性(振幅和连续性)对地震事件进行分类的示例

振幅	连续性		
	连续	半连续	不连续
高	强振幅—高连续	强振幅—中连续	强振幅—低连续
中度/中等	中振幅—高连续	中振幅—中连续	中振幅—低连续
低/小	弱振幅—高连续	弱振幅—中连续	弱振幅—低连续

3. 连续储层属性制图的属性选择

与相分类的标准不同，连续储层属性制图属性选择的关键点是相关性。岩石物理学理论研究表明，通常情况下，使用岩石物理或地震属性进行储层属性制图具有很好的可行性。在实践中，地震属性与储层属性之间的低到中度相关性是用地震数据进行连续储层属性制图的最具挑战性的问题之一。通常在实际储层数据中很难找到与储层属性具有很强相关性的地震属性。

相关性通常是综合分析的关键基础。为了缓解低相关性问题，通常应该使用因果推理识别潜在的解释变量，并将物理条件与数据相关联。但因果上相关的变量仍然可能会表现出对目标变量的弱相关，因为许多变量会有相互影响。图3－24显示了一个孔隙度、密度、速度和声波阻抗之间关系的示例。在理想情况下，在特定的岩石物理实验中，声波阻抗与孔隙度高度相关。在实际情况中，几个因素可能导致两者之间的相关性减弱，包括测量尺度的差异、测量工具的分辨率(测井与地震数据)、地震反演方法和质量及地质复杂性(岩相混合物、矿物组分和裂缝)。从数学的角度来说，低相关性可能是所关注的变量之间频率不匹配的表现。频率内容包括振幅谱(或功率谱)和相位谱。因此，应分析地震数据和目标储层属性的频率成分，以制订改善其相关性的方法。

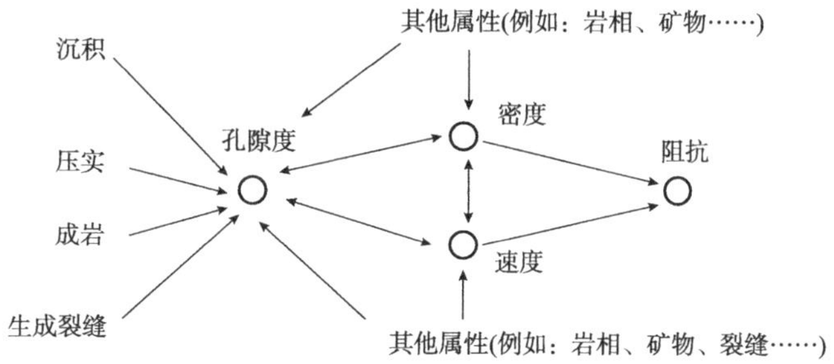

图3－24　以孔隙度和波阻抗关系为例对地震数据和储层属性的相关性进行因果分析

(二)地震相图编制

由于地震相表达地震特征的变化，地震数据可以用来识别相。三维地震数据的横向覆盖范围比井密度高很多，地质体有时可以直接解释。垂向上，相带探测受到地震分辨率和数据质量的影响，用多个属性有助于确定地质目标和绘制地震相图。

1. 基于地震振幅信息的地质体识别

当高质量的地震数据应用于相对简单的地质体时，基于地震振幅数据可以直接绘制沉积相图，尤其是在地震数据成分丰富，数据质量好的情况下。图 3－25 所示为依据地震振幅数据解释的曲流河道的示例。

地震数据的其他解释特征包括几何特征、振幅和厚度。例如，深水沉积的近端相中，沉积地层的厚度与地震振幅成反比，近端环境通常发育河道沉积，具有弱振幅、低横向连续性和低阻抗差。相比之下，远端环境具有强振幅、层状地震特征，以及高阻抗差。此外，近端沉积通常发育宽度小但厚度大的河道，大量垂向叠置，净毛比高，而远端沉积倾向于发育宽度大和厚度小的河道，几乎无垂直叠置，表现为低到中等的净毛比。图 3－25 塔里木盆地轮南地区 × × 区块三叠系 × × 层振幅属性图中，砂岩百分比与振幅强弱成正比，从地震振幅属性可以解释出弯曲的多河道系统。

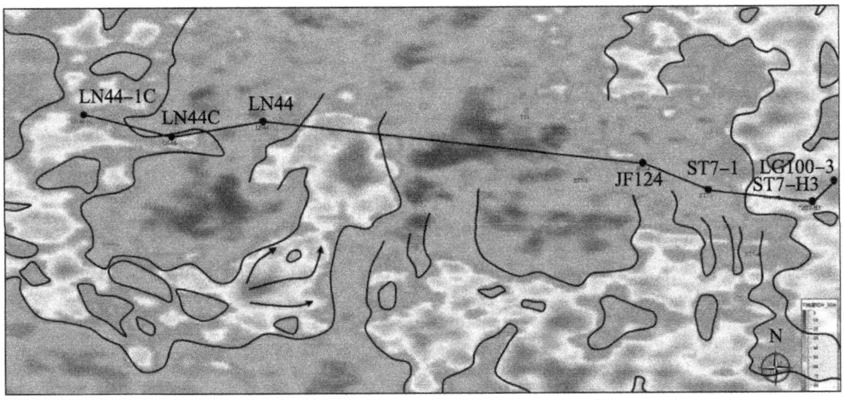

图 3－25　塔里木盆地轮南地区 × × 区块三叠系 × × 层振幅属性平面图

2. 基于多种地震属性的沉积相识别

地震数据通常具有歧义、噪声和假象，单一来源数据难以直接识别沉积相。从地震数据提取的相并不总是地质相，可能代表非唯一的地质属性，可以通过集成多个地震属性或者其他地质数据克服这个问题，比如统计和数据挖掘方法综合多种地震属性识别沉积相。

选择适当的属性非常重要，需要深入的数据分析与严格的输入属性筛查。如果不对输入数据进行认真的筛选和选择，无论人工神经网络中使用了多少属性及调试了多少人工神经网络训练参数，都无法生成可靠的、一致的结果。

第三节　沉积微相研究在油田开发中的应用

一、进一步深入认识油砂体层内纵向和平面的非均质性，掌握地下油水运动的规律

注水开发过程中，控制和影响油水运动的油砂体特征是多方面的。从微观的孔隙结构，砂粒排列的各向异性到以各种层理构造形式存在的纹层，不稳定的层内薄夹层，粒度韵律性及宏观的空间变化导致的渗透率、孔隙度非均质性，渗透率方向性及油砂体的几何形态，甚至一个开采层系内部油砂体之间的差异性等都直接影响每个油砂体内的油水运动特点。这些油砂体的地质特征，主要决定于各自的沉积环境。对于成岩后生作用不强的砂体更是如此。一定沉积成因的油砂体必然有一定的结构、构造特征，注水开发时也必然有一定的油水运动特点。

1. 下切型砂岩

该砂岩是在河流强烈下切情况下形成的，韵律性明显，砂岩底部颗粒粗、渗透性高。水淹特点表现在底部见水快，驱油效率高，但全部的水淹厚度小。根据检查井的资料，注入水沿着油层底部高渗透段向前突进，个别高渗透段的驱油效率达70%以上，水淹厚度一般不超过20%，但全层含水率可高达90%左右。随着注水倍数的增加，其水淹厚度逐渐增加，但增加较慢，全层驱油效率不均匀，呈锯齿状变化，自上而下逐渐增大。

2. 不下切型砂岩

这类砂岩是在河床较宽、河流以侧向侵蚀为主的情况下形成的。与下切型砂岩相比，砂岩颗粒小一些、底部和上部的差异亦小，在相同注水倍数的情况下，全层总的水淹厚度较下切型砂岩大一些。但驱油效率仍不均匀，为锯齿状。从层内细分测试资料来看，这类砂岩纵向上出油状况比下切型砂岩的好，不下切型砂岩的开采效果一般比下切型砂岩好。但这类油层夹层不发育，挖潜难度较大。

3. 叠加型砂岩

在不同时间沉积的砂岩之间一般具有岩性、物性夹层，如果夹层比较稳定，油水运动就具有明显的阶段性，每一阶段的水淹特点和前两种类型的砂岩相似。但是由于叠加砂岩本身性质不同，其见水特点和开采特点也不相同，如果是两个河床砂岩叠加，则一般下边的砂岩先见水、含水高、产量高；上边的砂岩见水慢、含水低、产量低。但是其他相带部位的砂岩与河床砂岩相叠加，则往往表现为其他相带砂岩很不易见水或不出油。这类油层虽然在见水上具有多段性，但每一段水淹厚度都不大。对这类油层，若充分利用内部夹层进行调整挖潜，力争按时间单元完善注采系统，就能改善开发效果。

4. 砂坝型砂岩，砂堤、砂脊型砂岩，前缘席状砂岩

这几类砂岩一般多为反韵律性沉积，高渗透段多位于砂岩的中上部，个别在底部。总的来说颗粒比较细，高、低渗透率差异较小。因此一般水淹厚度大，层内纵向驱油效率较

均匀。层内见水，各段相对比较均匀。

可以看出，不同沉积成因类型的砂岩层内纵向非均质性和水淹特点是不同的。

此外，油砂体平面非均质性很明显，这与油砂体平面上的相带分布有密切的关系。位于不同相带的油井具有不同的生产特征。图3－26是某主力油层的岩相古地理及油井见水情况图，从图3－26可以看出，注入水首先沿着主河道向前推进，形成“自然水路”。位于主河道上的油井首先见到注水效果，而且油井含水率上升很快；位于主河道两侧的边滩相带的油井，见水迟，含水率上升慢，常形成高产稳产井；位于河漫滩相带的油井则注水未见效果也不见水。

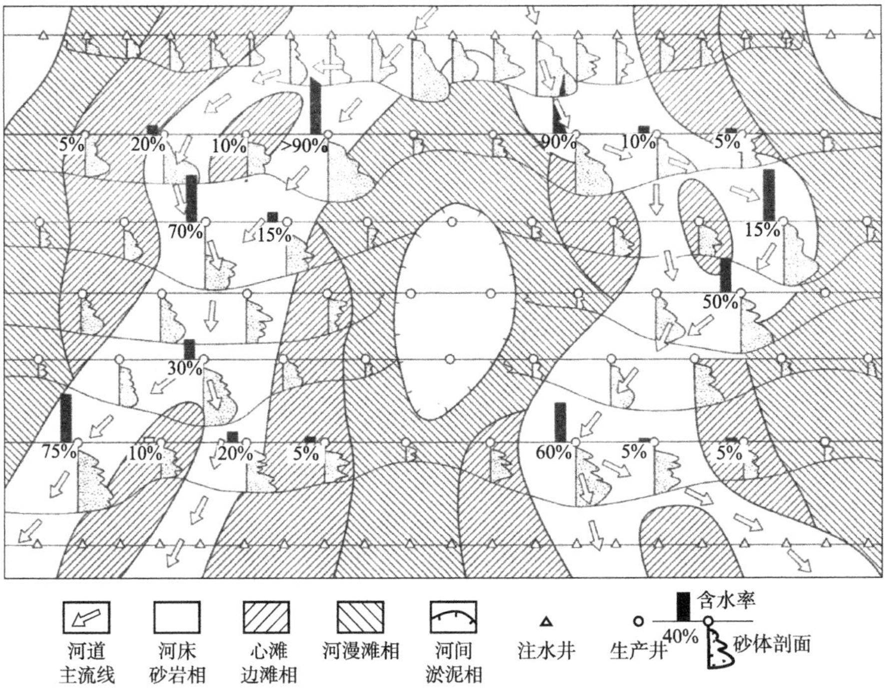

图3－26　油层岩相古地理及油井见水情况图

二、应用沉积相带掌握高产井的分布规律

油井在不同油砂体或同一油砂体的不同部位的生产特征是不同的。如大庆油田研究河道砂体中的注入水水淹规律为“局部突进，条带水淹”，处于河道砂体主体部位的油井多为“高产短命井”；而注入水在河口坝砂体中的水淹要比在河道砂体中均匀，多形成“高产稳产井”。实践证明，高产稳产的油井多数出现在河床浅滩相、分支河床浅滩相、河口坝过渡相部位上。绝大多数的高产稳产油井出现的相带位置有（图3－27）：①河槽下切主流线的凸岸河床一侧；②边滩部位；③心滩部位；④河床内两下切带之间相对高起的部位；⑤河床内两下切带交叉的三角形地区，以及分支河口坝相和三角洲前缘斜坡相砂岩。

根据高产稳产井的分布规律，可以预测高产稳产井分布的位置，只要找到有利的沉积部位，就可以钻探高产稳产油井。

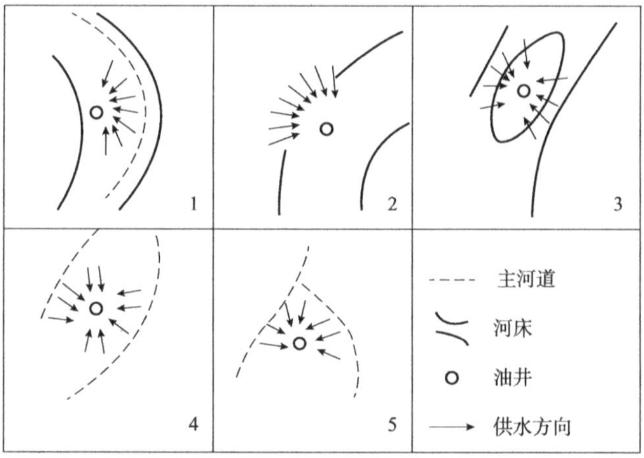

图 3-27　高产稳产井典型部位注入水流动条件示意图

1—河床内槽边凸岸一侧；2—河床边滩部位；3—心滩部位；
4—河床内两河槽中间相对高起部位；5—河床内两河槽交叉的三角部位

三、应用沉积相带选择调整挖潜对象，充分发挥各种工艺措施的作用

由于油砂体不同部位注水收效和见水顺序不同，在不同阶段应选择不同的调整挖潜对象。各种工艺措施只有以沉积相带为基础，以油砂体中的油水运动规律作指导，才能充分地发挥作用。

(1)在注采系统的调整方面，注水井应选择在砂岩下切最深、厚度最大、含水饱和度高的地方，这样有利于造成高注低采(即高渗透处注水，低渗透处采油)和厚注薄采(即油层厚的地方注水，薄层处采油)，有利于驱油条件的形成和稳产高产。

(2)在油砂体高含水的主体带部位堵水。这样做有利于提高注水的利用率，增加侧向驱油能力，也有利于向侧向扩大注水效果。对油砂体的总开发效率也是有利的。

(3)压裂层位应选择在河床下切带的边部、层位相对高的中低渗透部位。例如选择在河床边缘的河漫滩部位往往效果好。

(4)补射孔层位的选择应视油砂体平面上依次见水的情况而定，最好选择在砂岩底面较高的部位。若河床相厚砂岩中间有夹层时，则在夹层之上补射孔效果较好。

从砂体的成因入手，总结不同类型砂体的沉积特征与注水开发动态的关系，对指导油田合理开发有十分重要的意义。

知识图谱

第四章　储层特征研究

储层是油气赋存的场所，是油气田勘探开发地质研究的核心内容。受沉积、成岩及构造作用的影响，储层的空间分布及内部属性呈现明显的非均质性，影响着油气的分布和开发效果。储层研究的目标包括增加油气产量、提高油气最终采收率和可采储量，油气藏储层研究的本质是尽可能详细地描述、表征油气藏储层特征，掌握储层的独特性，发现油气；获得的数据资料可以用于油藏数值模拟、产量预测，优化钻井完井、压裂、注水和生产等工程方案实施，把勘探开发过程中的风险降到最低，也是开发与管理大型复杂油藏的关键因素。本章主要讨论储层特征研究的以下问题。

(1)储层研究的主要内容有哪些?

(2)储层非均质性有哪些研究内容和方法?

(3)储层非均质性研究在油气藏开发中有什么作用?

(4)不同类型储层的储层非均质性特征及其开发特征有哪些?

(5)储层裂缝的分布、识别及意义有哪些?

(6)如何利用储层研究增加油气储量、提高油气采收率?

(7)储层综合评价的内容和方法有哪些?

(8)储层研究对实现油藏高效开发的意义有哪些?

第一节　储层研究的主要内容

储层研究主要开展以下研究：①储层的孔隙度、渗透率、流体饱和度、储集空间类型及流体分布情况；②储层的岩性、岩石类型、沉积相、构造及其他影响储层非均质性的因素；③储层的非均质性描述，如断层、裂缝、隔夹层、孔隙及喉道的形态、岩相变化等对储层产能的影响因素；④储层的岩石力学性质，包括杨氏模量、泊松比、体积模量、闭合应力及与优化压裂等有关的数据资料；⑤建立油藏模型，描述油藏性质，确定产油层，进行钻井设计、提高采收率等方案实施所需要的地质问题研究。

一、常规油气储层研究的主要内容

(一)储层岩石类型及产状

一般来说，储层类型按其岩性类型可划分为碎屑岩储层、碳酸盐岩储层及火山岩储层，也包含一些特殊岩性的储集层，如风化带或破碎带的变质岩储层等。

碎屑岩储层，微观上主要研究储层矿物成分及含量，如岩石颗粒粒度、圆度、球度、分选、支撑类型、颗粒接触关系及填隙物中的杂基及胶结物，对岩石分类及命名。宏观上，按不同区块分油层组、砂层组、单砂层，分析其砂(砾)层厚度、有效厚度、砂(砾)层层数、砂(砾)体形状及空间展布。

碳酸盐岩储层按成分可进一步分为石灰岩、白云岩、过渡性岩类及混合岩类；按岩石构造可进一步分为生物碳酸盐岩、生物遗迹碳酸盐岩、颗粒碳酸盐岩、泥晶碳酸盐岩、过渡性岩类及不同结晶程度的碳酸盐岩。微观上，通常对碳酸盐岩储层的组成、骨架组成及裂缝发育程度开展研究；宏观上，一般分析储层顶面或底面的最大埋深、最小埋深和中部深度，储层的纵向、横向变化，统计储层层数、总厚度、单层最大、最小和平均厚度。

火山岩储层，一般根据火山喷发特点，分为爆发相、溢流相、喷发沉积相、火山通道相和次火山岩岩相五种岩相类型。微观上，需按不同岩相命名描述其矿物成分，结构(玻璃质、全晶质、隐晶质、斑状、细粒等)，构造(气孔、杏仁孔、流纹、块状等)特征；宏观上，主要分析火山岩岩体及储层的顶部埋藏深度，统计单层最大、最小及平均厚度，旋回或期次的最大、最小、平均厚度及总厚度等，火山岩岩体形态、类型及规模大小。

变质岩，主要研究岩石命名及原生结构(变余结构、变晶结构、交代结构及碎裂结构)，构造(变成构造、混合岩构造)，矿物成分(主要矿物、次要矿物、自生矿物、次生矿物)，岩石类型。

(二)储层成岩作用及成岩阶段

储层成岩作用研究包括成岩作用类型及特征、成岩演化阶段、成岩相类型及划分、成岩演化路径等内容。

碎屑岩储层主要依据各种自生矿物特征、黏土矿物组合以及伊利石/蒙皂石混层黏土矿物转化、岩石结构、有机质成熟度、古温度等指标，判别所处的成岩阶段。

碳酸盐岩储层主要依据各种碳酸盐岩自生矿物和非自生矿物的分布、组构特征及生成顺序、古温度、镜质体和沥青反射率(R_o)和有机质成熟度等指标，判别所处的成岩阶段。

火山岩储层主要根据成岩作用和次生作用的地质特征及成岩标志，判断所处的成岩阶段及各阶段孔隙类型及演化。

(三)储层储集空间及孔隙结构特征

1. 储集空间

总体上，储层储集空间按照成因，可分为原生孔隙、次生孔隙、裂缝及溶洞，分别按碎屑岩、碳酸盐岩、特殊岩性分析原生孔隙、次生孔隙、裂缝及溶洞的特征及形成机制，统计原生孔隙、次生孔隙、裂缝及溶洞在储层中所占的比例，判定储集空间的主要类型。

碳酸盐岩储层：储集空间按照孔隙的几何形态及成因可分为孔、洞、缝三大类，通常根据岩心、薄片、扫描电镜及钻井放空和漏失等资料，分析孔、洞、缝的大小、形状及充填情况。

火山岩储层：具孔隙和裂缝双重介质特点，储集空间主要为原生气孔、粒间孔、基质孔隙、溶蚀孔隙和裂缝。

对于裂缝发育强的储层，需根据裂缝的产状、形态及规模对裂缝进行分级和分类；研究各类裂缝的组系、力学性质、密度(间距)、产状、规模、形态、充填情况及在地层条件下裂缝张开度和有效缝的分布密度；基于岩心、测井、试井等资料，分析裂缝与岩性的相关关系，分析裂缝的分布规律及其与应力场关系，预测裂缝发育部位。

2. 储层孔隙结构

应用压汞、薄片、电镜及岩心观察等资料，分析孔喉分布特征，确定孔隙与喉道组合类型。根据压汞分析资料统计表征孔喉分布特征的基本参数，包括排驱压力、最大连通孔喉半径、饱和度中值压力及相应的孔喉半径、最小非饱和孔隙体积、退汞效率、孔喉分布特征(均值、分选系数、偏度、变异系数)等。

此外，储集空间中的黏土矿物对孔喉结构影响较大。一般通过统计黏土矿物成分及各组分的百分含量，研究黏土矿物在纵向、横向上的变化；分析黏土矿物含量及其在孔隙和喉道中的分布特征；研究各类黏土矿物对储层孔隙结构的影响，进而评价储层的敏感性。在不同开发阶段，储层中黏土矿物含量及类型对孔喉结构变化也具有重要影响。

(四)储层物性

1. 孔隙度

一般包括：①分析储层总孔隙度、有效孔隙度及其相关关系，研究孔隙度在纵向、横向上的变化；②对于裂缝性储集层应分别确定裂缝(或溶孔、溶洞)孔隙度和基质孔隙度；③分析孔隙度与岩性的关系、孔隙度与上覆地层压力的关系；④确定具有工业油流的储层有效孔隙度下限值。

2. 渗透率

一般包括：①选取有代表性的岩心在同一深度做垂直渗透率与水平渗透率分析(碳酸盐岩采用全直径岩心)，确定垂直渗透率与水平渗透率的关系；②通过试井资料计算有效渗透率，分析测井解释渗透率与试井求得的有效渗透率之间的关系；③分析基质渗透率与有效渗透率的关系，渗透率纵向、横向上的变化；④分析渗透率与岩性的关系；⑤分析地层条件下渗透率的变化；⑥分析孔隙度与渗透率的相关关系，确定储层工业油流渗透率下限值。

3. 含油饱和度

一般是用测井解释结果确定原始含油饱和度，需要有开发初期油基钻井液取心或密闭取心的岩心分析资料验证。研究内容一般包括：①分析原始含油饱和度与岩性、孔隙度、渗透率的关系，不同含油高度对饱和度的影响，确定储层工业油流含油饱和度下限值；②开发中后期，一般由测井解释和精细油藏数值模拟提供剩余油饱和度，并由不同开发阶段检查井取心分析和生产测井资料进行验证，分析剩余油饱和度分布及其与沉积相、微构造及储层非均质性关系。

4. 相对渗透率

在重点取心井选取有代表性的储层岩样进行相对渗透率试验并绘制相对渗透率曲线，确定相对渗透率曲线特征值(束缚水饱和度、残余油饱和度、可动油饱和度、等渗点含水饱和度、束缚水饱和度对应的油相渗透率、残余油饱和度对应的水相渗透率等)；对单样品相对渗透率曲线进行归一化处理，确定各层组相对渗透率曲线。

5. 岩石润湿性

选取有代表性的岩样进行润湿性测定，其中测试样品应尽可能选取新鲜岩样，以取得油藏条件下的润湿性资料。

6. 储层敏感性

选取有代表性岩心测定、分析储层敏感性，包括水敏、速敏、酸敏、盐敏、碱敏和压敏等。

7. 压缩性

选取有代表性岩心测定岩石弹性压缩系数，分析岩石压缩性。

8. 岩石力学性质

选取有代表性岩心测定岩石的力学性质，确定泊松比、切变模量、杨氏模量、体变模量、岩石强度等参数。

9. 不同开发阶段储层物性参数变化规律研究

依据不同开发阶段取心井及测井资料，分相带建立储层物性参数(孔隙度、渗透率、泥质含量、粒度中值、润湿性、相对渗透率等)在不同开发阶段变化规律。

(五)储层非均质性

1. 层内非均质性

主要分析单砂层内粒度韵律性，沉积构造的垂向变化，最高渗透率段在层内所处位置(碳酸盐岩则分析层内裂缝发育段、溶蚀孔洞发育带的分布及高渗透率段的关系)，分析层内夹层出现的频率、密度、厚度，夹层成因及分布规律，计算层内渗透率变异系数、级差、突进系数，层内渗透率与水平渗透率的比值。

2. 平面非均质性

碎屑岩储层平面非均质性包括砂体几何形态、各向连续性、砂体连通性、砂体内渗透率平面上的差异性。

碳酸盐岩储层平面非均质性包括：①裂缝、溶蚀孔洞在平面上的分布；②根据单井，结合地震信息预测小层平面的微相变化，推测有利储集相带发育区；③根据成岩作用的平面变化规律，预测有利次生孔隙发育带；④根据储集体规模预测、判断不同井距条件下的储集体连通情况。

火山岩储层平面非均质性包括火山爆发相、火山溢流相等岩相平面分布特征，气孔、冷凝收缩缝、火山角砾间缝、次生溶蚀孔、洞和溶蚀缝的平面发育规律，构造裂缝的分布及方向性。

3. 层间非均质性

碎屑岩储层层间非均质性包括：①沉积旋回性、砂层层数、砂岩百分比，计算层间渗透率变异系数、突进系数和级差；②剖面上主力油层与非主力油层的配置关系；③层间隔层(可分为岩性及物性隔层两类)剖面上的分布，隔层厚度及其在平面上的变化，隔层的分隔性、渗透性、膨胀性及裂缝发育状况等。

碳酸盐岩储层层间非均质性包括：①裂缝发育段及溶蚀孔洞发育带所在的含油层段的位置；②统计含油层段内储层所占的比例、储层总厚度、平均单层厚度、最大和最小单层厚度；③计算层间渗透率变异系数、突进系数和级差；④隔层的岩性、厚度及横向分布的稳定性。

火山岩储层层间非均质性包括构成原生储集空间的气孔、冷凝收缩缝在每期喷发岩体的发育位置；次生溶蚀孔、洞主要发育于火山岩岩体的位置；风化裂缝和溶蚀裂缝主要发育于火山岩岩体的位置；构造裂缝的类型，以及集中分布的层段。

(六)储层综合评价

1. 选择评价参数

主要评价参数有储层有效厚度、孔隙度、渗透率、含油饱和度、孔隙结构及层内非均质性等。

2. 参数评价

(1)储层有效厚度评价：分析储层有效厚度大小及平面分布的稳定性。

(2)孔隙度评价：按照储层有效孔隙度的大小，分为高孔、中孔、低孔储层；确定有效孔隙度中各类孔隙所占的比例，碳酸盐岩和特殊岩性储层还包括裂缝、溶蚀孔洞和基质孔隙度。

(3)渗透率评价。按照储层有效渗透率的大小，分为高渗透、中渗透、低渗透或特低渗透储层；确定双重介质储层裂缝渗透率和基质岩块渗透率对储层有效渗透率的贡献值大小。

(4)含油饱和度评价。确定储层原始含油饱和度、残余油饱和度、束缚水饱和度的大小；确定各类储集空间含油饱和度的大小和所占的饱和度比例。

(5)储层非均质性评价。分析储层层内的非均质程度，可分为均质、较均质和非均质。

3. 储层综合评价

(1)确定评价单元。根据油藏不同开发阶段的需要，碎屑岩以小层、砂层组或开发层系为单元，碳酸盐岩油藏以小层、组、段为评价单元，火山岩油藏分区、分期次进行储层分类评价。

(2)单元综合评价。综合考虑各项储层参数的评价结果，对单元储层进行综合评价。根据开发任务和评价目的选择多参数综合判别、人工智能及模糊判别等方法进行评判，储层的评价结果可分为Ⅰ类(好储层)、Ⅱ类(中等储层)和Ⅲ类(差储层)储层。

二、非常规油气储层研究内容

对于非常规油气藏，比如页岩气藏来说，开发工作看重岩石力学及地球化学性质、“甜点”的确定和水平井多级压裂优化等。研究内容概括如下。

(1)沉积环境、沉积相、岩性、黏土含量、黏土类型、孔隙结构。

(2)宏观、微观尺度上天然裂缝的形态特征等。

(3)地球化学特征：总有机碳含量(*TOC*)、镜质组反射率、有机质类型及岩石热解性质。

(4)岩石物性：研究孔隙度、渗透率、流体饱和度、含烃有效孔隙度及束缚水饱和度。

(5)岩石力学性质：研究杨氏模量、泊松比、体积模量及闭合应力等。

(6)岩石物理模型：通过岩心标定裸眼井测井确定模拟的目标层。

(7)综合研究：整合岩心测试、测井资料及压裂模拟技术和产能试井的结果；研究区域性趋势，检查用于表征、开发非常规储层的有效区域性数据。

(8)储层“甜点”区的确定，在“甜点”区常常进行水平井多级压裂以提高产量。“甜点”区内的页岩储层有良好的物性，其岩石物性、地球化学性质也十分利于开发，具有较高的经济开采价值。

第二节　储层非均质性研究

储层非均质性是指油气储层在沉积、成岩及后期构造作用的综合影响下，储层的空间分布及内部各种属性的不均匀变化。这种不均匀变化具体地表现在储层空间分布形态、储层岩性和厚度、泥岩隔(夹)层的多少及厚薄、物性隔(夹)层的多少及厚薄以及储层内部的物性、孔隙结构及所含流体的性质等方面。

储层非均质性的变化受许多因素的控制，如陆相储层要比海相储层的非均质性强，这是因为陆相沉积的储层稳定性差，岩性、厚度及物性等变化大。我国东部油田已发现的油气储量中90%来自陆相沉积地层，且绝大多数都为注水开发，了解和掌握储层的非均质性特征尤为重要，这对提高油气采收率的影响极大。

一、储层非均质性的分类

储层的非均质性可以根据非均质规模、成因和对流体的影响程度等来进行分类。目前较流行的分类方法基本上都是按规模划分。

(一)国外分类

Weber(1986)主要考虑非均质性及对流体渗流的影响，将储层的非均质性分为7类(图4-1)。

(1)封闭、半封闭、未封闭断层，这是一种大规模的储层非均质属性，断裂的封闭程度对油区内大范围的流体渗流具有很大的影响。如果断层是封闭的，就隔断了断层两盘之间流体的渗流，起到了遮挡作用；如果断层未封闭，那么断层就成为一个大型的渗流通道。

(2)成因单元边界，为岩石相变化边界，通常是渗透层与非渗透层的分界线，至少是渗透性差异的分界线，因此控制较大规模的流体渗流。

1	封闭、半封闭、未封闭断层	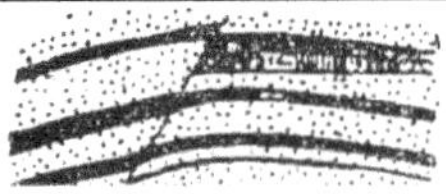
2	成因单元边界	
3	成因单元内渗透层	
4	成因单元内隔夹层	
5	纹层和交错层理	
6	微观非均质性	
7	封闭、开启裂缝	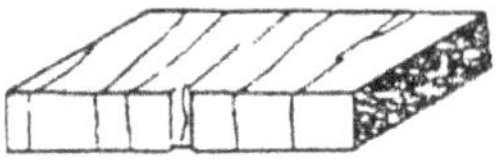

图 4-1　Weber(1986)的储层非均质性分类

(3)成因单元内渗透层，在成因单元内部，具不同渗透性的岩层，在垂向上呈网状分布，因而导致了储层在垂向上的非均质性。

(4)成因单元内隔夹层，在成因单元内，不同规模的隔夹层对流体渗流具有很大影响，主要影响流体的垂向渗流，也影响流体的水平渗流。

(5)纹层和交错层理，由于层理构造内部纹层方向具较大的差异，这种差异对流体渗流亦有较大的影响，从而影响注水开发后剩余油的分布。

(6)微观非均质性，这是最小规模的非均质性，即由于岩石结构和矿物特征差异导致的孔隙规模的非均质性。

(7)封闭、开启裂缝，储层中若存在裂缝，裂缝的封闭和开启性质亦可导致储层的非均质性。

Tayler(1988，1993)对曲流河道、河控－潮控扇三角洲储层按非均质规模的大小，提出了一个由大到小的非均质分类图(图 4-2)，划分了：①油层组规模(巨型尺度)；②建筑块模型(较大的网格单元，大尺度)；③岩相规模(较小的网格单元，中尺度)；④纹层规模(小尺度)；⑤孔隙规模(微尺度)五种规模的储层非均质性。

Pettijohn 等(1973)提出了五种类型谱系图(图 4-3)。Haldorsen(1983)提出了四个级别(图 4-4)，即微观非均质性(孔隙和砂粒规模)、宏观非均质性(通常的岩心规模)、大型非均质性(模拟网格规模)和巨型非均质性(地层或区域规模)。Worthington P F(1989)提出了以尺度为函数的非均质性模型等。

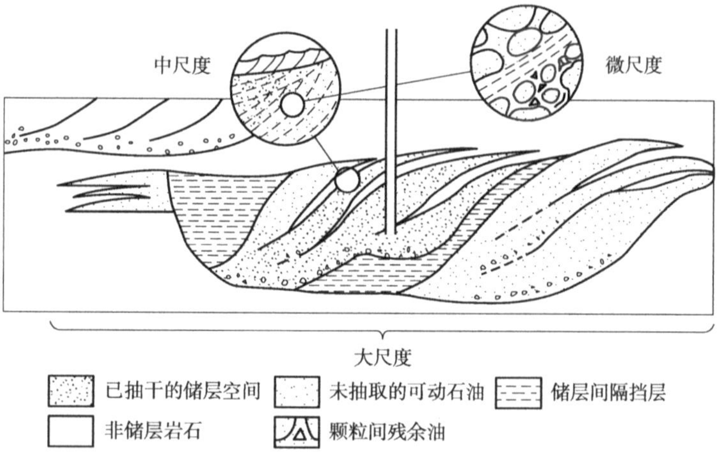

图 4-2 曲流河道砂体储层空间非均质性分类(Tayler, 1988)

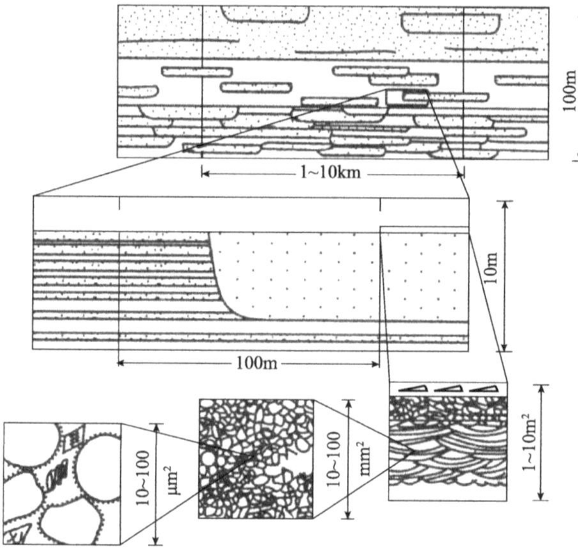

图 4-3 储层非均质性分类(Pettijohn 等, 1973)

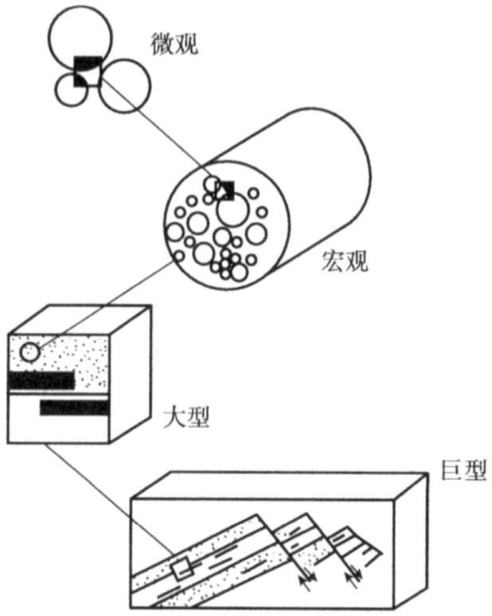

图4-4 储层非均质性分类(Haldorsen, 1983)

层序地层学和沉积学是两种不同的分析地层的方法，不同的沉积系统有不同的储层结构样式和不同的相带组合。地层层序往往表现出多级次序列，地层单元是沉积物的基本构成要素，从微观的纹层到中等层理或层系，到宏观河道或者堤坝沉积，到巨型河道复合系统，到特大型复合河道复杂系统。根据地震解释和露头研究，Sprague 等(2002, 2005)为深水斜坡限制型河道系统建立了九级层序地层框架，构成了层序地层格架级次的多尺度非均质性方案(图 4-5)。

第三或第四级的层序界面通常提供了储层及其构型的边界，层序、层序组和复合层序控制油气圈闭合储层内部遮挡层(在叠加的复合层序或层序组中)。准层序和准层序组以中间尺度控制储层流体。它们对于流体储存和流动的重要性源于叠加模式和对储层连通性的影响(Van Wagoner 等, 1990)。

随着三维地震勘探的普及及地震分辨率的稳步提高、现在地震数据解释层序地层的精度也更高，应用现代高分辨率地震数据，可以解释四级或更高级次的地层，包括河道复合体系（或层序组）、河道复合体、复合河道和河道充填。

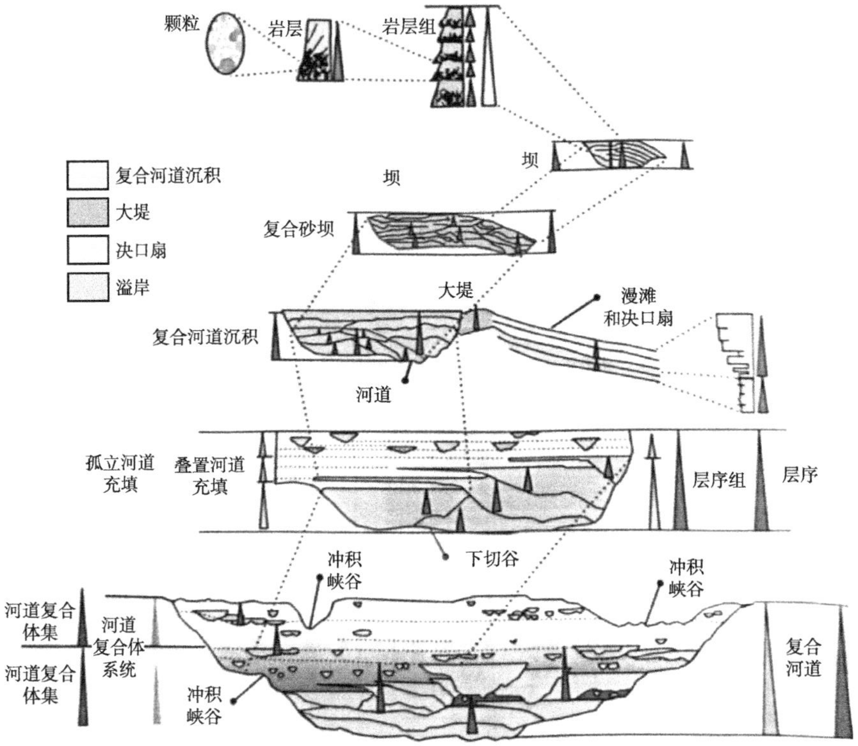

图4－5　深水斜坡限制型河道沉积的层次结构（Ma Y Z，2019）

（二）国内分类

裘怿楠（1987，1989）根据我国陆相储层特征及生产实践，提出了一套较完整且实用的分类方案，目前在国内已普遍采用。其分类方法如下。

1. 层间非均质性

包括层系的旋回性、砂层间渗透率的非均质程度、隔层分布、特殊类型层的分布。

2. 平面非均质性

包括砂体成因单元的连通程度、平面孔隙度、渗透率的变化和非均质程度，以及渗透率的方向性。

3. 层内非均质性

包括粒度韵律性、层理构造序列、渗透率差异程度及高渗透段位置、层内不连续薄泥质夹层的分布频率和大小、渗透性隔层，以及全层的水平、垂直渗透率的比值等。

4. 孔隙非均质性

主要是指孔隙结构的非均质性，包括砂体孔隙、喉道大小及均匀程度、孔隙与喉道的配置关系和连通程度。

综合各种方案，储层的非均质性可分为宏观非均质性和微观非均质性两大类。

二、研究内容和方法

(一)层内非均质性

层内非均质性是指一个单砂层规模内垂向上的储层性质变化。包括层内垂向上渗透率的差异程度、最高渗透率段所处的位置、层内粒度韵律、渗透率韵律及渗透率的非均质程度、层内不连续的泥质薄夹层的分布。

1. 粒度韵律

单砂层内碎屑颗粒的粒度大小在垂向上的变化称为粒度韵律，它受沉积环境和沉积方式的控制，不同韵律的单砂层渗透率在剖面上的变化特征不一样。

(1)正韵律：颗粒粒度自下而上由粗变细，常常导致物性自下而上变差。

(2)反韵律：颗粒粒度自下而上由细变粗，往往导致岩石物性自下而上变好。

(3)复合韵律：即正、反韵律的组合。正韵律的叠置称为复合正韵律，反韵律的叠置称为复合反韵律。上、下粗，中间细者称为正反复合韵律。

(4)均质韵律：颗粒粒度在垂向上变化无韵律或均质韵律。

同粒度韵律一样，渗透率韵律也可分为正韵律、反韵律、复合韵律等(图 4－6)。

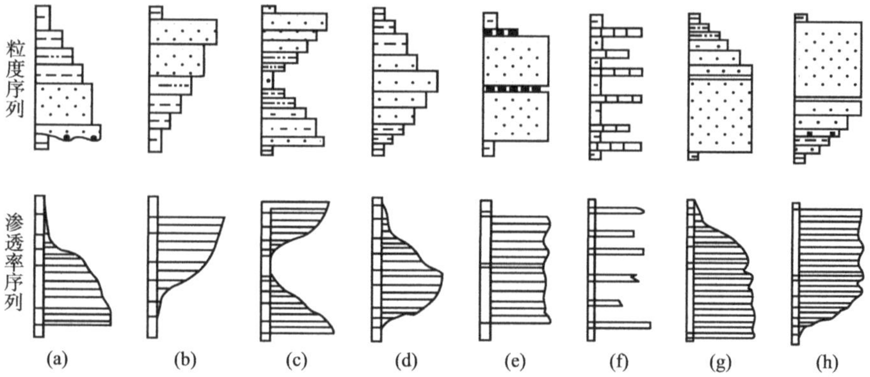

图 4－6　粒度序列与渗透率序列类型示意图

2. 沉积构造

在碎屑岩储层中，层理是常见的沉积构造，有平行层理、斜层理、交错层理、波状层理、递变层理、块状层理、水平层理等。层理类型受沉积环境和水流条件的控制，层理的方向决定渗透率的方向。

大庆油田对不同层理的砂岩储层进行了注水模拟实验，测量不同方向上的渗透率和最终采收率，实验结果表明，不同的层理类型其渗透率和最终采收率差异较大(表 4－1)。斜层理砂岩的渗透率高，水淹快，采收率低；交错层理砂岩的渗透率低，水淹均匀，采收率高；平行层理砂岩渗透率虽高，但水淹均匀，因此采收率较高。

表4-1 不同层理的砂岩注水模拟结果

注水倾向	渗透率/$10^{-3}\mu m^2$	最终采收率/%
斜层理	723	21.3
交错层理	221.3	42.7
平行层理	816.2	31.8

对于斜层理砂岩，平行于纹层走向注水，其采收率最高。对于河道砂岩来讲，斜层理的倾向指向下游。一般采取河道中央注水，两侧采油，其效果最佳(表4-2)。

表4-2 斜层理砂岩不同注水方向的驱油效率

注水倾向	无水采收率/%	最终采收率/%	注入水占孔隙体积倍数/PV
顺层理倾向	2.84	21.3	1.07
逆层理倾向	19.4	48.5	2.5
平行层理倾向	34.6	53.2	1.0

3. 夹层

砂岩中常存在泥岩和泥质粉砂岩夹层，其厚度较小，一般几厘米、几十厘米。夹层的成因及其稳定性取决于沉积环境。海相储层的夹层分布稳定，其分布长度大；三角洲砂体的夹层分布稳定性次之，点坝砂体的夹层分布稳定性最差(图4-7)。

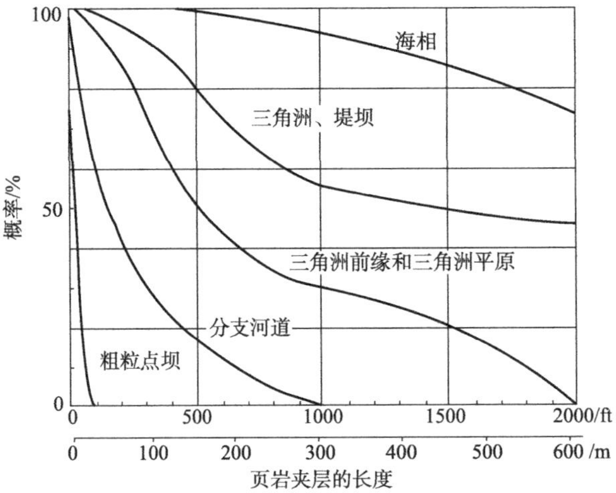

图4-7 不同沉积环境夹层分布稳定性示意图

三角洲前缘席状砂与分流河口坝砂体之间的夹层多出现在砂体中下部，以泥质薄层出现，延伸较远，可达300~600m，在砂体内起细分砂层的作用。

分流河道砂体和曲流河道砂体之间的泥质夹层很薄，为侧积体之间的夹层(图4-8、图4-9)。

层理构造中的细层(纹层)可以是泥质粉砂岩、粉砂岩或泥岩，其数量多、厚度小。

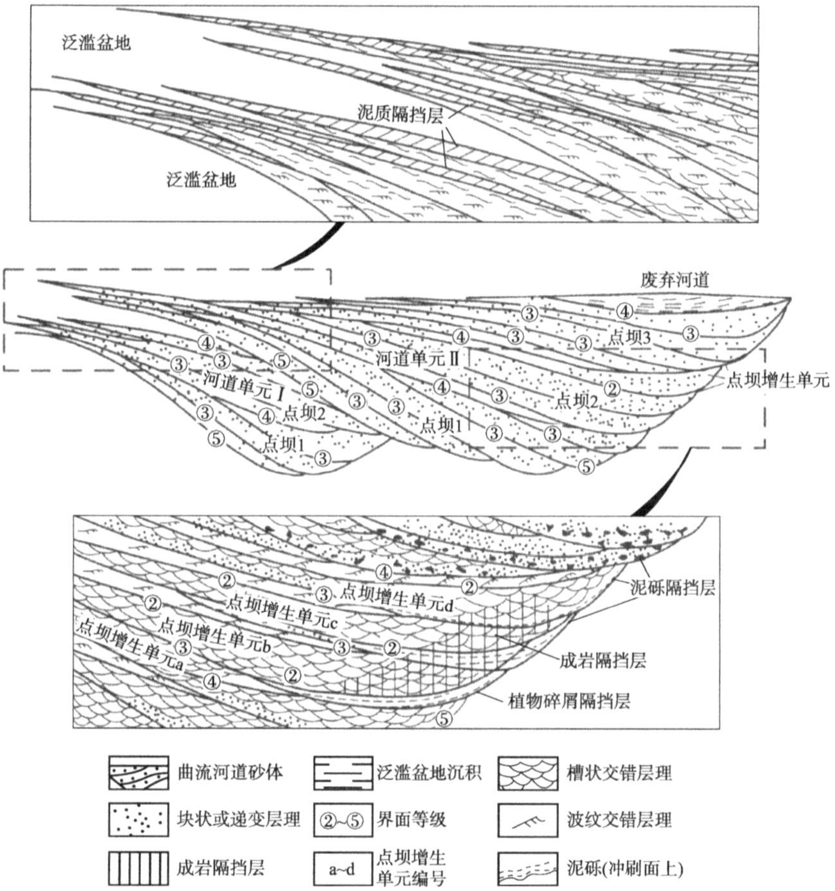

图 4－8　曲流河道砂体内部构成及泥质夹层分布模式(李思田，1996)

4. 颗粒的排列方向

古水流的方向造成了颗粒的排列呈一定的方式。沿古水流方向注水对水流的阻力最小。对于河道砂体来讲，注入水沿古河道下游方向推进速度快，向上游方向推进速度慢且驱油效果也有差异。

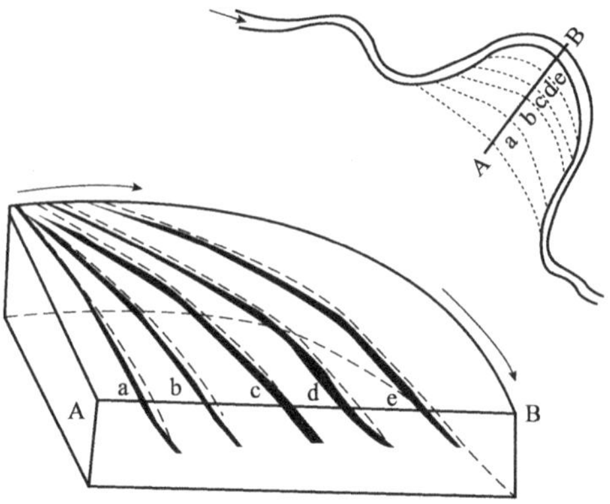

图 4－9　河道砂体间的泥质夹层在平面上及剖面上的分布特征图
(a、b、c、d、e 为不同期的泥质侧积层)

例如，大庆油田开发初期主要是横切割式的行列注水。在注水后不久，发生了明显的所谓“南涝北旱”现象。即注水井排南面的生产井注水量太多，油井水淹严重需要控制注水量；而在同一注水井排北面的生产井注水量太少，油井产量和压力稳不住，要求增加注水量。这一矛盾十分突出，当时尚不理解产生这种矛盾现象的根本原因，后来通过分层沉积相的研究和油藏开采动态分析，才逐渐认识到这种“南涝北旱”的现象和砂体沉积时古水流有密切关系(图 4－10)。

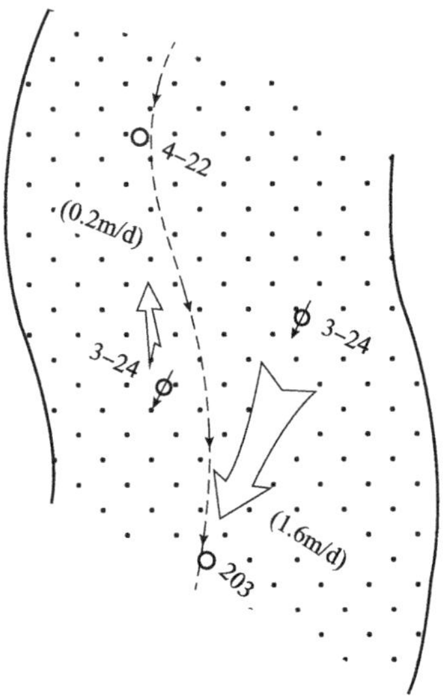

图 4－10　注水速度与古水流方向的关系

5. 微裂缝

在很致密的储层中常分布大量的微裂缝。微裂缝的存在可以改变储层的渗透性，甚至可能形成串层，对开发效果的影响较大。在断裂活动强的断块油田中，不可忽视裂缝的研究、对裂缝的大小、方向、产状和密度均要搞清楚。

6. 渗透率非均质程度

渗透率的非均质程度可用下列参数表征。

1）渗透率变异系数（V_K）

$$V_K = \frac{\sqrt{\sum_{i=1}^{n}(K_i - \overline{K})^2/n}}{\overline{K}} \tag{4-1}$$

式中，V_K 为渗透率变异系数；K_i 为层内某样品的渗透率值，$i=1, 2, \cdots, n$；$\overline{K}$ 为层内所有样品渗透率的平均值；n 为层内样品个数。

一般当 $V_K<0.5$ 时为均匀型，表示非均质程度弱；当 $0.5 \leqslant V_K \leqslant 0.7$ 时为较均匀型，表示非均质程度中等；当 $V_K>0.7$ 时为不均匀型，表示非均质程度强。

2）渗透率突进系数（T_K）

表示砂层中最大渗透率与砂层平均渗透率的比值。

$$T_K = \frac{K_{max}}{\overline{K}} \tag{4-2}$$

式中，T_K 为渗透率突进系数；K_{max} 为层内最大渗透率。

当 $T_K<2$ 为均匀型，当 $2 \leqslant T_K \leqslant 3$ 时为较均匀型，当 $T_K>3$ 时为不均匀型。

3）渗透率级差（J_K）

J_K 为砂层内最大渗透率与最小渗透率的比值，一般以渗透率最低的相对均质段的渗透率表示。渗透率级差越大，反映渗透率的非均质性越强，反之非均质性越弱。

$$J_K = \frac{K_{max}}{K_{min}} \tag{4-3}$$

式中，J_K 为渗透率级差；K_{min} 为最小渗透率值。

4）渗透率均质系数（K_P）

表示砂层中平均渗透率与最大渗透率的比值。

$$K_P = \frac{\overline{K}}{K_{max}} \tag{4-4}$$

K_P 值在 0～1 变化，K_P 越接近 1 均质性越好。

5）垂直渗透率与水平渗透率的比值（K_e/K_L）

这一比值对油层注水开发中的水洗效果有较大的影响。K_e/K_L 小，说明流体垂向渗透能力相对较低，层内水洗波及厚度可能较小。

6）泥质（隔）夹层的分布频率（P_K）和分布密度（D_K）

泥质（隔）夹层的分布是不稳定的，它可造成油层剖面内垂直和水平方向上渗透率的变化。

（1）（隔）夹层分布频率（P_K）：即每米储层内非渗透性泥质（隔）夹层的个数。

$$P_K = \frac{N}{H} \tag{4-5}$$

式中，P_K 为夹层分布频率（个/m）；N 为层内非渗透性夹层个数；H 为层厚，m。

（2）（隔）夹层分布密度（D_K）：指每米储层内非渗透性泥质（隔）夹层的厚度。

$$D_K = H_{sh}/H \tag{4-6}$$

式中，H_{sh}为层内非渗透性泥质（隔）夹层的厚度，m；H 为层厚，m。

不同沉积相带中，由于水动力条件的差异，其粒径、分选程度、渗透率和原始含油饱和度的变化都各不相同。一般来说，河道中渗透率较高，变化较大。从图 4－11 可见，主河道与其他相带构成两条明显的直线段，具有不同的数值分布范围，主河道的渗透率级差和单层突进系数也较其他相带大。

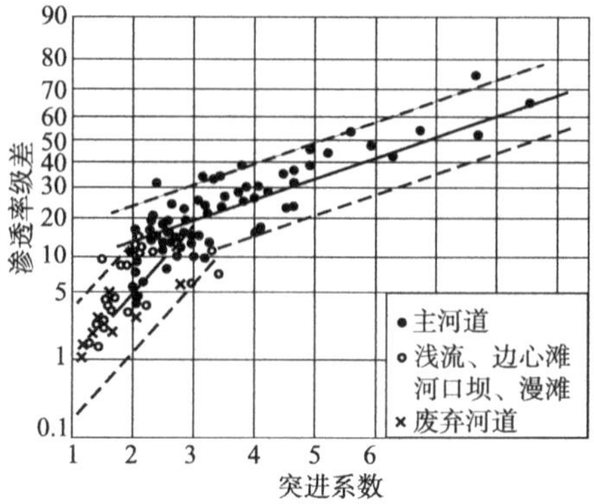

图 4－11　×油层渗透率级差与突进系数关系图（据唐世荣，1981）

（二）平面非均质性

碎屑岩储层平面非均质性是指一个储层砂体的几何形态、规模、连续性，以及砂体内孔隙度、渗透率的平面变化所引起的非均质性。

1. *砂体几何形态*

砂体几何形态是砂体各个方向大小的相对反映，一般以长宽比进行分类。通常砂体越不规则，其非均质性越强。

（1）席状砂体：长宽比近似于 1∶1，平面上呈等轴状。

（2）土豆状砂体：长宽比小于 3∶1。

（3）带状砂体：长宽比为 3∶1～20∶1。

（4）鞋带状砂体：长宽比大于 20∶1。

（5）不规则状砂体：形态不规则，一般有一个主要延伸方向。

砂体几何形态受沉积相控制，即使属同一大相，砂体几何形态及非均质性也有差异，如河流相中的高弯度河流与低弯度河流砂体就存在差异（图 4－12）。

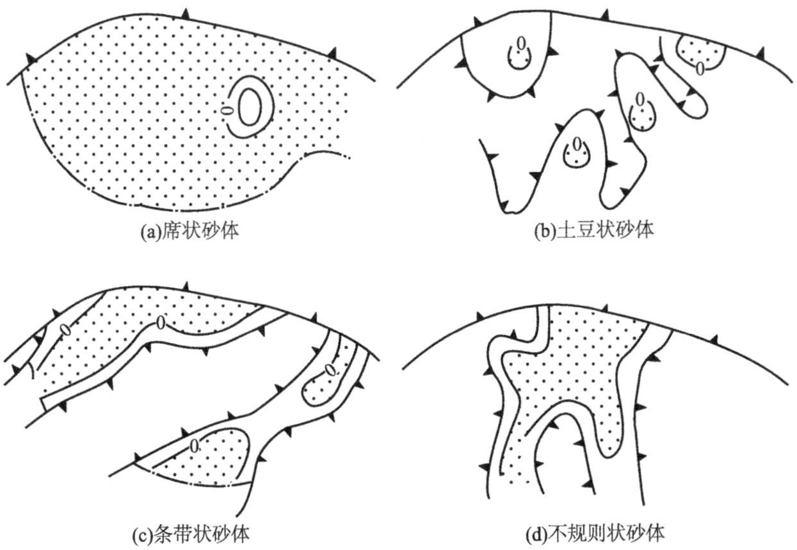

图 4－12　常见的砂体平面形态示意图

沉积环境是分析砂体几何形态的一个关键方法，既可以解释微观和中等尺度岩石学特征，又可以解释巨型尺度的沉积机理。主要沉积环境示意，如图 4－13 所示。各种沉积相影响油气的生成与聚集，影响油气的运移。在碎屑岩沉积中，河道往往富含砂岩，有利于油气的储存和流动，而溢岸往往偏泥质沉积，具有较低的孔隙度和渗透率。

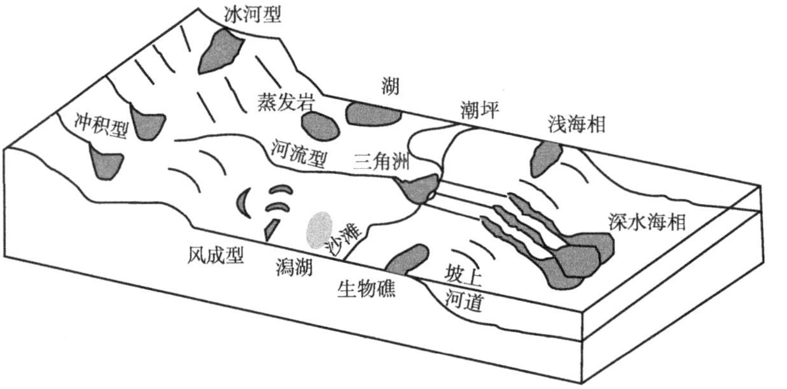

图 4－13　主要沉积环境的示意图

由于沉积环境的侧向变化，或者基于水平面或海平面变化导致的沉积环境的改变都可以影响沉积层序的垂向变化，储层可以是多个沉积环境的复合体。

图 4－14 比较了深水海洋环境中三种沉积环境中的沉积物几何形状和空间结构关系。近端斜坡有利于形成限制型河道。顺河道方向上储层连通性往往较好，垂直河道方向连通性较差；储层各向异性较强。在斜坡低部位或近源扇，河道通常在横向和垂向彼此叠置合并，储层连通性很高。在中远端扇，席状沉积占主导地位，储层横向连通性强，垂向连通性低；水平方向的各向异性小，垂直上的各向异性强。

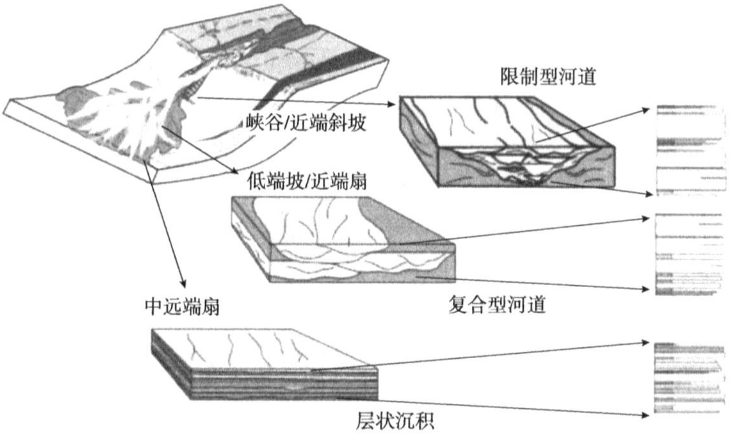

图 4-14 沉积环境对沉积相几何非均质性的影响(据 Beaubouef 等, 1999)

2. 砂体规模及各向连续性

重点研究砂体的侧向连续性。一般砂体规模大、连续性强，则非均质性较好。按延伸长度可将砂体分为五级。

一级：砂体延伸大于 2000m，连续性极好。

二级：砂体延伸 1600 ~ 2000m，连续性好。

三级：砂体延伸 600 ~ 1600m，连续性中等。

四级：砂体延伸 300 ~ 600m，连续性差。

五级：砂体延伸小于 300m，连续性极差。

实际研究中，往往用钻遇率表示一定井网下砂体的连续性。钻遇率越高，砂体的连续性越好。

$$\text{钻遇率} = (\text{钻遇砂层井数}/\text{总井数}) \times 100\% \qquad (4-7)$$

3. 砂体的连通性

砂体的连通性指砂体在垂向上和平面上的相互接触连通。可用砂体配位数、连通程度和连通系数表示。

(1)砂体配位数：指与某一砂体连通接触的砂体数。

(2)连通程度：指上、下砂层连通区面积与连通体总面积之比，表示储层纵向上的连通性。

(3)连通系数：指 m 个小砂体中相邻小砂体的平均连通面积与最大连通体面积之比，即：

$$C_C = \sum_{i=1}^{m-1} S_i / [S(m-1)] \qquad (4-8)$$

式中，S 为最大连通体面积；S_i 为上、下两个相邻小层的连通面积，$i = 1, 2, 3, \cdots, m-1$；m 为小砂体数。C_C越趋近于 1，连通性越好。

砂体连通后形成的连通体通常有以下几种形式：多边式(以侧向上相互连通为主)；多层式(或称叠加式)，以垂向上相互连通为主；孤立式(未与其他砂体连通)(图 4-15)。

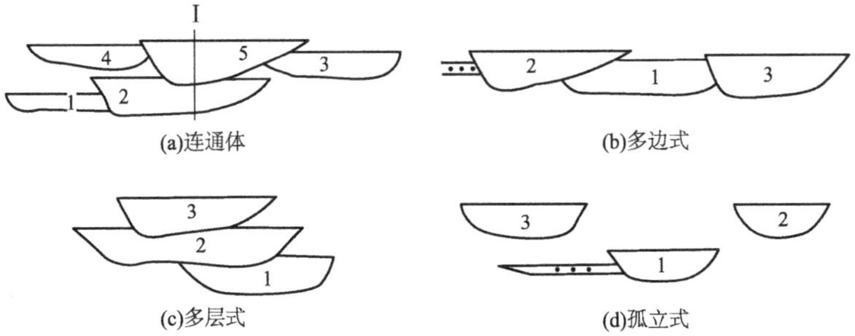

图 4－15　连通体及连通方式示意图

砂体的连通主要受沉积作用的控制，以河流为例，多边式由河道分汊与迁移造成，单边式与河道单向迁移有关，而河道流动与合并造成多层式，河流的泛滥与河道分汊造成孤立式。

河道沉积充填厚度取决于河流深度，其宽度取决于河流改道和侧向迁移过程，即随着时间的推移，几乎所有河流(曲流河和辫状河)都会通过一侧侵蚀、对侧沉积而发生侧向迁移。河流侧向迁移会持续到致使河道废弃的河流改道，如果河流改道频繁，则几乎没有时间进行侧向迁移，那么河流的构型将以窄的河道沉积为特征(图 4－16)。在构造活跃区的河流容易频繁改道；如果河岸稳定，侧向迁移会减慢。河岸稳定性取决于泛滥平原的性质，泥质泛滥平原沉积物会形成稳定的河岸，因为黏土具有黏性，不易被侵蚀。植被还会导致地表粗糙度增加，从而减缓地表水流速。在植被稀疏的干旱地区或寒冷地区，河岸稳定性降低，泛滥平原上的水流更快，因此更容易受到侵蚀。

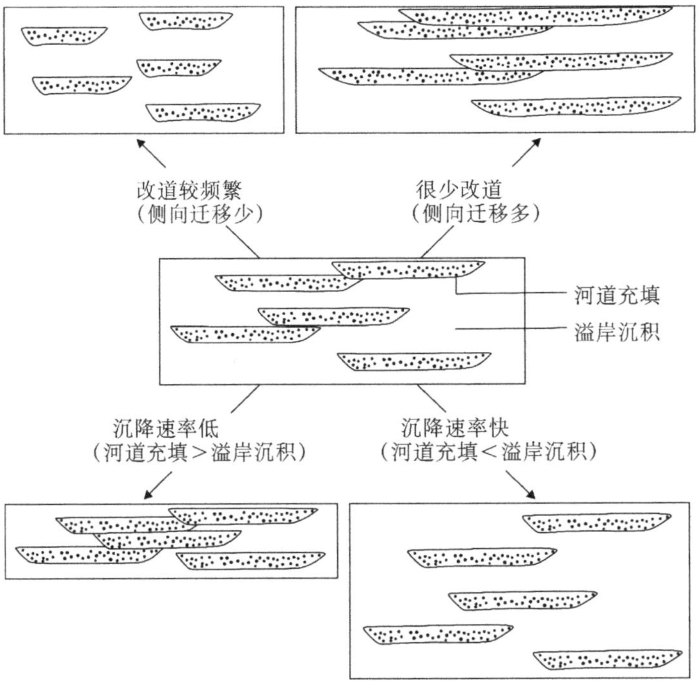

图 4－16　河流沉积物的结构由沉降速率和改道频率决定

砂体的空间叠置形式同样受控于可容纳空间与物源供给的比值(A/S)或基准面变化。

当 A/S 值较低时，河道砂体在垂向上相互叠置的程度明显增加，使沉积作用以垂向加积为主，侧向加积为辅，这就减少了沉积微相的多样性，使砂体以多层式或多边式为主，增加了砂体的连通性；反之，当 A/S 值较高时，原始地貌要素保存程度的增强导致河道砂体以侧向加积和填积为主，使沉积微相的多样性增加，砂体以单边式至孤立式为主。

砂体间相互接触连接，包括切割冲刷式的接触连接，并不一定是流体流动的连通通道，这主要取决于接触面的渗透能力。由于上覆冲刷面泥质砾或钙质砾石的富集，或泥岩披覆层的存在，砂体间的冲刷接触面可能形成不渗透或低渗透界面。

砂岩体的连通性取决于砂岩体纵向、侧向之间相互叠置关系。连通性是一个相对的概念，侧向上单砂岩层横向连通情况主要取决于井网密度与单井钻遇单砂体情况。从动态角度分析，同一个单砂体注水井、生产井的分布密切相关，与水平井、斜井钻遇砂体情况有关，与断层相互切割时断层两侧岩性接触关系有关，也与砂体渗透能力及流体性质有关。

连通性或连通率是储集砂体与钻遇砂体单井或井组特征的综合，包括以下几种情况。

(1) 如图 4－17(a)，砂层连通率可以定义为被一口井或多口井钻遇砂体的百分比，如深色砂体，都为被单井或一个井组钻遇的砂体，所以连通率是井与砂体特性的综合。

(2) 如图 4－17(b)，相互连通的多个砂体被生产井与注水井钻遇，所以砂层连通率可以定义为被生产井与注水井钻遇砂体的百分比。

(3) 如果只考虑砂体被射开程度，砂体连通性可以定义为被射开砂体的比例数[图 4－17(c)]。

(4) 连通性砂体也包括被水平井、大斜度井所串联的砂体在内[图 4－17(d)]。

(5) 由于断层影响，砂体两侧可能封闭或不封闭，平面上多条河道相互交错，又被断层切割形成岩性与断层控制的油藏，油层分布与河道砂体的展布密切相关，油水界面受控于断层与构造高低。另外，通过沉积相研究，平面上砂体展布清楚，低部位注水井与高部位生产井形成很好的注采关系。

油藏砂体连通性与其渗透能力有关，渗透率的方向性直接影响到注入剂的平面波及效率，制约油、气、水的运动方向。

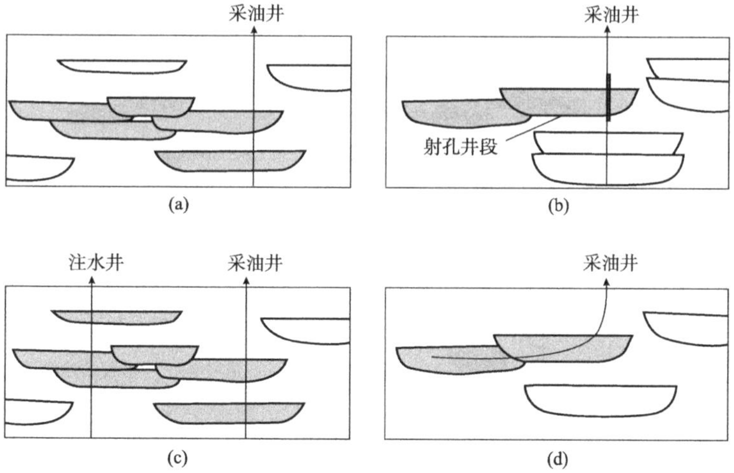

图 4－17 钻遇单砂体连通性的 4 种类型(据 David K Laurel，2006，有修改)

沉积微相影响渗透率的方向性，一个河道与渗透能力较差的决口扇沉积、河漫滩沉积相连，横向上砂体的连通性明显受到限制，河道与河漫滩沉积的非渗透层泥岩之间的接触关系，往往是影响侧向砂体连通性的主要因素(图4－18)。

关于砂体的连通方式，前人在油气田开发储层描述中研究较多，提出了很多砂体连通性的判识和表征方法(Allen，1978；裘怿楠，1990；King，1990；Jackson，2005)。

Allen(1978)提出了用砂地比的临界值判定砂体连通程度的理论模型。裘怿楠(1990)根据我国含油气盆地的实际情况，对Allen(1978)的临界值作了补充修改，认为河道砂体比例大于50%时，砂体大面积连通；砂体比例小于30%时，多为孤立河道砂体；砂体占比在30%～50%时，砂体间的连通性随砂地比变化(图4－19)。

King(1990)利用逾渗理论研究了叠置砂岩体间的连通性问题，发现存在一个砂地比特征门限值，低于该门限值时砂体之间基本不连通；随着砂地比值的增加，砂体之间开始叠置，形成连通砂体集群；最后，在砂地比达到该门限值时就会有连通的砂体集群贯通单元，形成连通输导体，该门限值被称为“逾渗阈值”。King(1990)发现，对于一个包含各向同性砂体的无限延伸的概念体系，三维的逾渗阈值为0.276，而二维的逾渗阈值约为0.60。

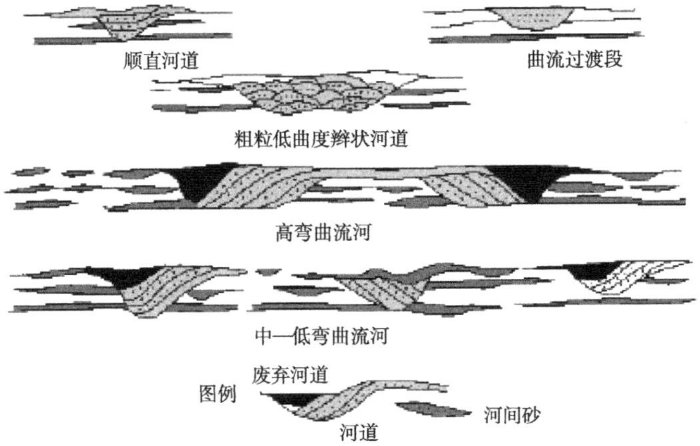

图4－18　河道砂体与河道间砂体的连通关系图(据吕晓光等，1997)

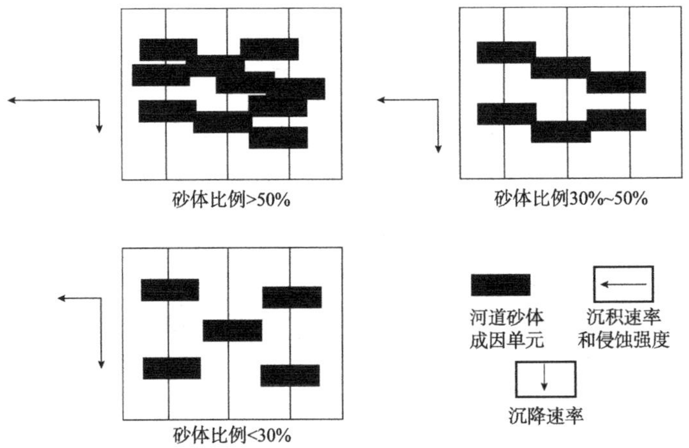

图4－19　河道砂岩比例与其连通的关系(据裘怿楠，1990)

在 King(1990)提出的砂岩体空间分布概率模型基础上，通过统计分析砂体连通性与砂地比之间的关系，采用高斯拟合建立数学关系模型，描述砂体间的连通性(Lei，Luo，2014)。

研究连通性的方法通常有：①砂岩密度；②空间叠置；③压力测试；④生产动态检测；⑤示踪剂跟踪等。砂体的连通性可用砂岩密度进行概率评价(图 4-20)。

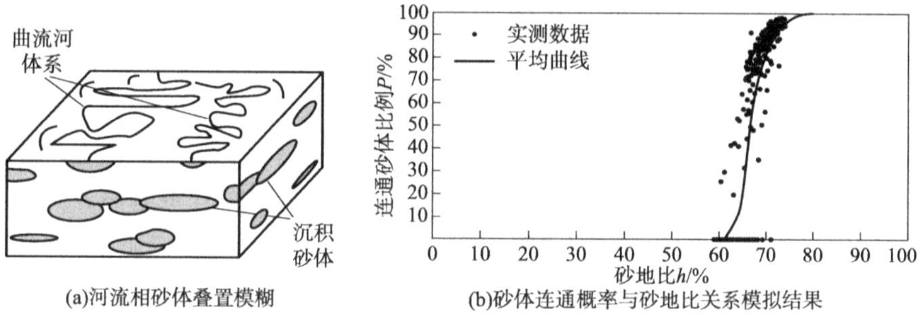

图 4-20 连通性定量表征(罗晓容，2010)

4. 砂体内孔隙度、渗透率的平面变化及方向性

编制孔隙度、渗透率及渗透率非均质程度的平面等值线图，表征其平面变化，研究的重点是渗透率的方向性。

(1)宏观渗透率的方向性：指砂体内岩性变化引起的渗透率的方向性。

(2)微观渗透率的方向性：指砂体内沉积构造和结构因素所引起的渗透率的方向性。

(3)裂缝引起的渗透率方向性：指储层存在裂缝时，会导致严重的渗透率方向性；应研究裂缝的产状，尤其是裂缝的走向。

(三)层间非均质性

层间非均质性是对一套砂、泥岩间互的含油层系的总体研究，属层系规模的储层描述，包括各种沉积环境的砂体在剖面上交互出现的规律性，以及作为隔层的泥质岩类的发育和分布规律，即砂体的层间差异。

1. 层间隔层

层间隔层是层间非均质性研究的一个重要方面，对研究上下油层的非连通性、划分开发层系及在同一开发层系内阻挡流体的垂向渗流都具有重要意义。其主要研究内容如下。

(1)隔层的岩石类型：在砂岩和泥岩剖面中主要有泥岩、粉砂质泥岩、泥质粉砂岩、钙质砂岩等，也包括少量的蒸发岩和其他岩类。不同类型隔层，其阻挡流体的能力也不同。

(2)隔层在剖面上的分布(位置)。

(3)隔层厚度及其在平面上的变化：可用隔层岩石类型与厚度平面分布图表示，也可用不同等级厚度所占井数的分布频率表示。

(4)隔层级别：如果隔层岩性致密、排替压力大、厚度大、平面分布稳定，则其封隔能力好；反之封隔能力差。隔层可分为油层组间隔层、砂层组间隔层、砂层间隔层和砂层内薄夹层四个级别。

2. 层间差异

1)沉积旋回性

沉积旋回性或宏观的沉积层序，是不同成因、不同性质储层砂体和非储层夹层按一定规律排序叠置的表现，是储层层间非均质性的沉积成因。

2)主力油层与非主力油层的识别及垂向配置关系

主力油层与非主力油层的识别、划分、位置确定、相互关系及地质成因是层间非均质性研究的重要内容，因为主力油层产能大、注入剂注入量也大，是开发生产与研究的重点，非主力油层是开发后期的重要接替资源和挖潜对象。

主力油层与非主力油层划分是在各砂层平面及层内非均质性研究后，掌握各砂层特征，进行垂向各砂层差异的层间非均质性研究，再对各砂层间的分布面积、厚度、储油物性、含油饱和度、产能等指标比较后而确定的。

3)分层系数(A_n)

指一定层段内砂层的层数，以平均单井钻遇砂层层数表示。

$$A_n = \sum N_{bi}/n \tag{4-9}$$

式中，N_{bi}为某井的砂层层数；n为统计井数。

对一定层段，当砂岩总厚度一定时，垂向砂层数越多，则分层越多，隔层越多，越易产生层间差异，即分层系数越大，层间非均质性越严重。

4)垂向砂岩密度(K_n)

指油层剖面中砂岩总厚度与地层总厚度之比。

$$K_n = (H_s/H) \times 100\%,\ K_n \in [0,\ 1] \tag{4-10}$$

5)各砂层间渗透率的非均质程度

其研究内容与层内非均质性研究中的层内渗透率非均质程度相似，有各砂层间渗透率变异系数V_K、渗透率级差J_K、渗透率单层突进系数T_K、渗透率均质系数K_P、渗透率统计分布曲线(图4-21)、各砂层渗透率垂向统计分布图(图4-22)等。由此分析研究区各小层平均渗透率的变化及差异，为垂向油层差异分析奠定基础。

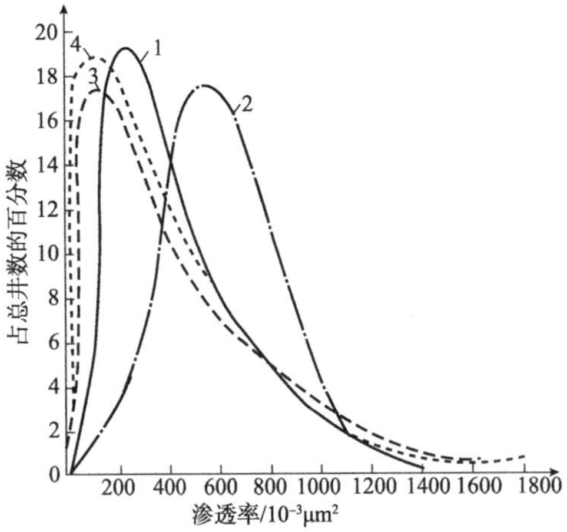

图4-21 胜利油田某地区不同油层的渗透率分布曲线

(横坐标为渗透率厚度权衡平均值)

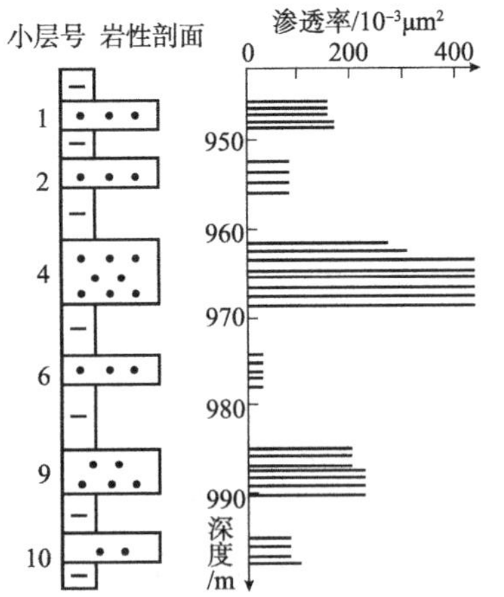

图4-22 油层渗透率垂向统计分布

3. 裂缝

裂缝对隔层也有较大影响，即使岩性上封隔能力很强的隔层，当其存在裂缝时，也可降低甚至失去其封隔能力。因此，有必要对隔层中的裂缝进行研究，主要内容包括：

(1)裂缝在不同岩性、不同厚度储层中的产状、密度。

(2)裂缝与泥质隔层的关系，即构造裂缝的穿层程度。

(3)潜在裂缝的特点、分布规律等。

(四)微观非均质性

储集层的微观非均质性是指微观孔隙、喉道内影响流体流动的地质因素，主要包括孔隙、喉道的大小、分布、配置、连通性、岩石的组分、颗粒排列方式、基质含量及胶结物的类型等。微观非均质性研究是了解水驱油效果及剩余油分布的基础。

1. 碎屑岩喉道的非均质性

喉道的非均质性明显地影响储层渗透率的非均质性。根据显微镜下观察，每一喉道可以连通两个孔隙，而每一个孔隙至少和三个喉道相连通，有的甚至和多个喉道相连通。这种连通的形式与岩石颗粒的接触关系、颗粒大小、形状及胶结类型有关。常见的喉道类型有以下四种。

1)孔隙缩小型喉道

喉道为孔隙的缩小部分(图4－23)。这种喉道类型往往发育于以粒间孔隙为主的砂岩储层中，且胶结物较少。此类孔隙结构属于大孔粗喉型。

2)缩颈型喉道

喉道为颗粒间可变断面的收缩部分(图4－23)。当砂岩颗粒被压实时，虽然保留下来的孔隙较大，但颗粒间的喉道却变窄。此时虽然储集岩的孔隙度可能较高，但渗透率却可能较低，属大孔细喉型。

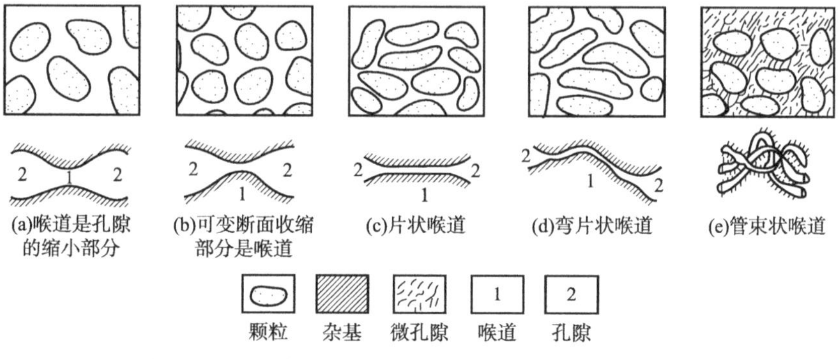

图4－23 孔隙喉道的类型(据罗蛰潭、王允诚，1986)

3)片状或弯片状喉道

喉道呈片状或弯片状，为颗粒之间的长条状通道(图4－23)。这种类型喉道变化较大，可以是小孔极细喉型；受溶蚀作用改造后，亦可以是大孔粗喉型。

4)管束状喉道

当杂基及各种胶结物含量较高时，原生的粒间孔隙有时可以完全被堵塞，杂基及各种胶结物中的微孔隙本身既是孔隙又是喉道，这些微孔隙像一支支微毛细管，交叉地分布在杂基和胶结物中，组成管束状喉道(图 4 – 23)。

2. 碎屑岩的微观孔隙结构

孔隙结构的分析方法较多，通常可分为间接和直接分析法两大类。目前，国内使用的间接分析法为毛细管压力法，包括半渗隔板法、离心机法、压汞法和动力学法，但常用压汞法。直接观测法包括，铸体薄片法、扫描电镜法、图像分析法。在此重点介绍压汞法。

1)压汞法研究孔隙结构

(1)压汞法测定储层孔隙结构的基本原理。

对岩石而言，汞为非润湿相，如欲使汞注入岩石孔隙系统内，必须克服孔隙、喉道引起的毛细管阻力。因此，当求出与之平衡的毛细管力和压入岩样内的汞的体积，便能得到毛细管力和岩样含汞饱和度的关系。

由于毛细管力 $p_c = 2\sigma\cos\theta/R$，即与孔隙喉道半径 R 成反比，因此，根据注入汞的毛细管压力就可计算出相应的孔隙喉道半径。

基于上述原理，可以应用压汞法测定孔隙系统中的两项参数：各种孔隙喉道的半径、与孔隙喉道相应的孔隙容积。

(2)计算孔隙结构参数的基本公式。

由物理学可知毛细管力的方程为：

$$p_c = 2\sigma\cos\theta/R \tag{4-11}$$

式中，p_c 为毛细管力，10^{-5}N/cm^2；σ 为汞的表面张力，10^{-5}N/cm^2；θ 为汞的润湿接触角，(°)；R 为孔隙喉道半径，cm。

若 p_c 用 kgf/cm^2(1kgf/cm^2 = 0.0981MPa)，R 用 μm 量度，而汞润湿接触角 θ 为 146°，汞的表面张力 σ 为 480×10^{-5}N/cm^2，则

$$p_c = 7.5/R \tag{4-12}$$

式(4 – 12)是应用压汞法计算孔隙喉道半径的基本公式。由该式可得如下认识：

当以一定的外加压力将汞注入岩样，则可根据平衡压力计算出相应的孔隙喉道半径。

在这个平衡压力下进入岩样孔隙系统中的汞体积，应是与这个压力相应的孔隙喉道的孔隙容积。孔隙喉道愈大，毛细管阻力将愈小，注入汞的压力也小。因此，在注入汞时，随注入压力的增高，汞将由大到小逐次进入相应喉道的孔隙系统中去。

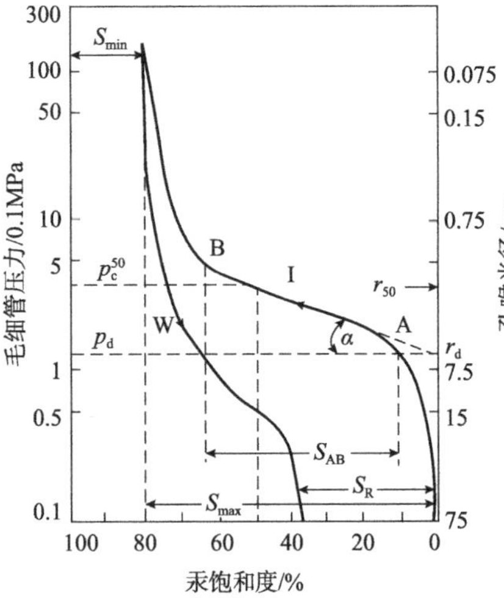

图 4 – 24　毛细管压力曲线图

注：I—注入曲线；W—退出曲线。

2)毛细管压力曲线分析

根据实测的汞注入压力与相应的岩样含汞体积，计算求得汞饱和度和孔隙喉道半径后，就可绘制毛细管压力、孔隙喉道半径与汞饱和度的关系曲线，即毛细管压力曲线(图 4 – 24)。

毛细管压力曲线反映了在一定驱替压力下汞可能进入的孔隙喉道的大小及这种喉道的孔隙容积，影响毛细管压力曲线形态特征的主要因素有：孔隙喉道的集中分布趋势、孔隙喉道的分布均匀性。这两个性质可以用孔隙喉道歪度和分选系数来表征，即粗歪度代表喉道粗，分选好表示孔隙、喉道均匀。

图4－25为一组具不同歪度和分选的典型理论毛细管压力曲线形态，它们代表了可能存在于实际中的各类储集层的毛细管压力曲线形态。

从图4－25中可知，分选好、粗歪度的储集层具有较好的储渗能力；而分选好、细歪度的储集层，虽具有较均匀的孔、喉系统，但因孔隙喉道太小，其渗透性可能是很差的。

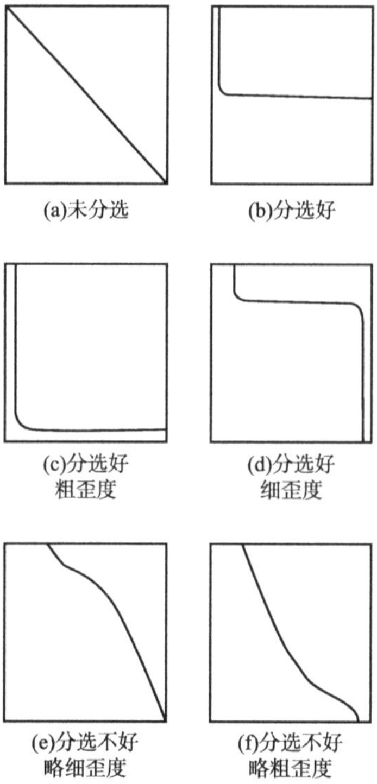

图4－25　典型的理论毛细管压力曲线形态示意图
（据 Chilngar 等，1972）

3）孔隙、喉道的分布特征

在研究储层孔隙结构时，除应用毛细管压力曲线形态外，还应根据其衍生图件如孔隙、喉道频率分布直方图、孔隙喉道累计频率分布图等研究储层的微观孔隙结构（图4－26、图4－27）。

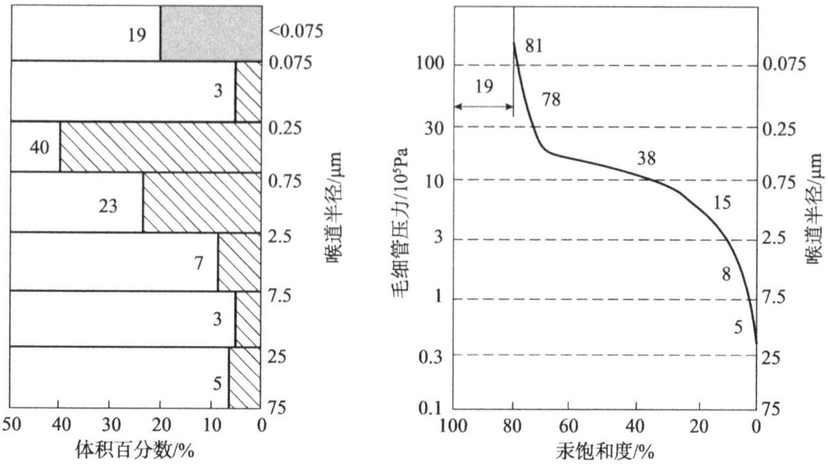

图4－26　孔隙、喉道大小的频率分布图（据罗蛰潭、王允诚，1986）

注：右图横坐标为各等级孔喉体积占总孔隙体积的百分数。

4）孔隙结构参数的定量表征

定量表征孔隙结构的参数很多，主要包括反映孔喉大小、分选、连通性及控制流体运动特征的参数。

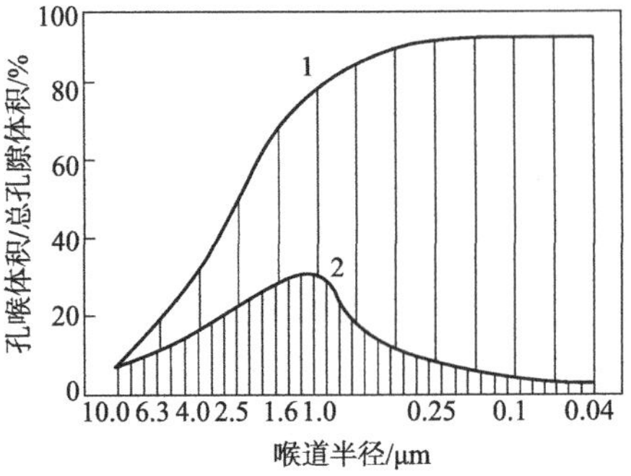

图 4－27　孔隙喉道的频率分布曲线及累计频率分布曲线(据罗蛰潭、王允诚，1986)

1—累计频率分布曲线；2—间隔频率分布曲线

(1)反映孔喉大小的参数。

①排驱压力(p_d)：表示非润湿相开始进入岩石孔隙的启动压力，即岩石最大连通孔喉中，润湿相开始被排替的最小压力。也称为阀压力或门槛压力。

②最大连通孔喉半径(r_d)：与排驱压力相对应的孔喉半径，也即非润湿相驱替润湿相时所经过的最大连通喉道半径。

③饱和度中值压力(p_{s50})：指非润湿相饱和度为50%时，相应的注入曲线所对应的毛细管压力；其值愈小，反映岩石渗滤性能愈好。

④喉道半径中值(r_{50})：非润湿相饱和度为50%时，相应的喉道半径，它可近似地代表样品平均孔喉半径的大小。

⑤平均喉道半径(R_m)：利用各喉道区间所对应的汞增量求取的加权平均值。

表征孔喉半径的平均值有两个参数，一个为平均孔喉半径(R_m)，是基于正态分布数学模型计算的孔喉平均值；另一个参数为孔喉均值(r_m)，是基于地质混合经验分布(孔喉大小是多种地质成因所造成的非正态分布)所计算的孔喉平均值。

$$R_m = \frac{R_{16} + R_{50} + R_{84}}{3} \tag{4-13}$$

式中，R_{16}、R_{50}、R_{84}分别为进汞饱和度等于16%、50%、84%时的孔喉半径。

或用矩值法计算，表示岩石全部孔隙平均孔喉大小的参数。

$$R_m = \frac{\sqrt{\sum_{i=1}^{n}(r_i \Delta S_i)^2}}{\sum_{i=1}^{n}\Delta S_i} \tag{4-14}$$

式中，r_i 为表示半径分布函数中某一区间孔喉半径，μm；ΔS_i 为对应于 r_i 的某一区间喉道半径所对应的汞增量，汞饱和度百分数；n 为孔喉区间个数。

⑥主要流动喉道半径平均值(R_z)：不同大小的孔隙喉道，允许流体通过的能力不同，因而对岩样渗透率的贡献也不同，大孔喉贡献大，小孔喉贡献小。主要流动孔喉半径平均值即为渗透率贡献值达95%以上的孔喉半径的平均值。R_z 愈大，储集物性愈好。

$$R_z = \frac{\sum_{i=1}^{n} r_i \Delta K_i}{\sum_{i=1}^{n} \Delta K_i} \tag{4-15}$$

式中，r_i 为区间孔喉半径，μm；ΔK_i 为区间渗透率贡献值，$10^{-3}\mu m^2$；n 为渗透率贡献值累计达95%的孔喉区间个数。

⑦难流动孔喉半径（R_{min}）：当渗透率贡献值累计达99.9%时所对应的喉道半径。此时非润湿相难以排驱润湿相，故 R_{min} 相当于岩石中流体难流动的临界孔喉半径。

（2）表征孔喉分选特征的参数。

①孔喉分选系数（S_p）：是反映喉道大小分布集中程度的参数，孔喉大小愈均一，其分选性愈好；孔喉分选系数愈接近于0，则毛细管压力曲线就会出现一个平台。当孔喉分选较差时，毛细管压力曲线倾斜，而累计频率曲线平缓。基于正态分布的孔喉分选系数的计算公式是：

$$S_p = \frac{\Phi_{84} - \Phi_{16}}{4} + \frac{\Phi_{95} - \Phi_5}{6} \tag{4-16}$$

式中，Φ_{84}、Φ_{16}、Φ_{95}、Φ_5 分别为孔喉累计频率分布曲线上84%、16%、95%、5%各点处所对应的孔喉半径值。

$$\Phi_i = -\log_2 r_i (i = 84, 16, 95, 5) \tag{4-17}$$

式中，r_i 为孔喉半径。

当分选系数 $S_p < 0.35$，分选极好；S_p 为0.84～1.4，分选中等；$S_p > 3$，分选极差。

②相对分选系数（D）：是分选系数与喉道半径均值之比，是反映孔喉分布均匀程度的参数，其物理意义相当于数理统计中的变异系数。相对分选系数愈小，孔喉分布愈均匀。

$$D = S_p / D_m \tag{4-18}$$

③标准偏差（σ）：反映孔隙喉道大小的分选程度，分选愈好，其值愈小。

$$\sigma = \left[\sum_{i=1}^{n} (X_i - \bar{r})^2 \times \Delta S_i / 100\right]^{1/2}$$

$$S_p = \sqrt{\left[\sum_{i=1}^{n} (r_i - D_m)^2 \Delta S_i\right] / 100} \tag{4-19}$$

④变异系数（C_s）：反映孔隙喉道大小分布的相对均质程度。该数值愈小，孔隙喉道分布愈均匀。

$$C_s = \sigma / \bar{r} \tag{4-20}$$

⑤均值系数（α）：表征储集岩孔隙介质中每个喉道 r_i 与最大喉道半径（r_{max}）的偏离程度对汞饱和度的加权值。

$$\alpha = \frac{\sum_{i=1}^{n} \frac{r_i}{r_{max}} \cdot \Delta S_i}{\sum_{i=1}^{n} \Delta S_i} \tag{4-21}$$

α 的变化范围为0～1，α 愈大，孔喉分布愈均匀，当 $\alpha = 1$ 时，为极均匀。

⑥偏态（S_{kP}）：偏态又称歪度，是表示孔喉频率分布的对称性参数，反映众数相对的

位置，众数偏粗孔喉一端称粗歪度，偏于细孔喉端称细歪度。基于正态分布的歪度的计算公式为：

$$S_{kP}=\frac{\Phi_{84}+\Phi_{16}-2\Phi_{50}}{2(\Phi_{84}-\Phi_{16})}+\frac{\Phi_{95}+\Phi_{5}-2\Phi_{50}}{2(\Phi_{95}-\Phi_{5})} \tag{4-22}$$

当 $S_{kP}>0$ 时为正偏态(粗歪度)；$S_{kP}<0$ 时为负偏态(细歪度)；$S_{kP}=0$ 时曲线对称。

或

$$S_{kP}=\frac{S_p^{-3}\sum_{i=1}^{n}(r_i-r_m)^3\Delta S_i}{100} \tag{4-23}$$

好的储集岩其孔喉歪度为正值，大都为0.25~1，而差的储集岩则都是负值。

⑦峰态(K_g)：表示频率曲线尾部与中部展开度之比，是反映喉道分布频率曲线尖锐程度的参数。基于正态分布的峰态计算公式为：

$$K_g=\frac{\Phi_{95}-\Phi_{5}}{2.44(\Phi_{75}-\Phi_{25})} \tag{4-24}$$

或

$$K_g=\frac{1}{100}S_p^{-4}\sum_{i=1}^{n}(r_i-r_m)^4\Delta S_i \tag{4-25}$$

峰态 $K_g=1$，趋向正态分布曲线；$K_g<0.6$，为平峰(双峰型)曲线；K_g为1.5~3，为尖锐(高而窄的尖峰)曲线。

⑧峰值(V_m)：孔喉分布频率曲线上最高峰的百分数，反映某连通喉道区间所控制的孔喉体积的最高值。

(3)反映孔喉连通性及控制流体运动特征的参数。

①退汞效率(W_e)：在限定的压力范围内，以最大注入压力降到最小压力时，从岩样内退出的汞体积占降压前注入的汞体积的百分数，反映了非润湿相毛细管效应的采收率。

$$W_e=\frac{S_{max}-S_R}{S_{max}}\times 100\% \tag{4-26}$$

式中，S_{max}为实验最高压力时累计汞饱和度(图4-26)；S_R 为通汞结束时，残留在孔隙中的汞饱和度。

②最小非饱和孔喉体积百分数(S_{min})：表示注入汞压力仪器达最高工作压力时，未被汞侵入的孔喉体积百分数。S_{min}大，表示岩石小孔喉所占体积大。

③迂曲度(L)：反映孔喉的连通和复杂程度，即喉道的弯曲程度。迂曲度越大，孔隙结构愈复杂，驱油效率愈低。

④孔喉结构系数(Φ)：表征真实岩石与假想的等长和等截面平行圆形毛细管束模型之间的差别，它的数值是影响这种差别的各种综合因素的度量。

关系式为：

$$\Phi=\frac{(0.35r)^2\cdot\varphi}{K} \tag{4-27}$$

式中，r 为孔喉半径均值，μm；φ 为孔隙半径均值，μm；K 为渗透率，$10^{-3}\mu m^2$。

喉道大小及其几何形态(迂曲度)对储层中流体的渗流有很大影响，相同喉道大小的储层随着结构系数的减小(或迂曲度的减小)渗透率明显增加；相同渗透率的储层，随喉道半径的增加结构系数变大；而结构系数相同时，喉道半径与渗透率有较好的正相关关系。

⑤视孔喉体积比(V_R)：是度量孔隙体积与喉道体积的数值。根据沃德洛(Wardlaw)试验，认为汞的退出主要是从喉道中退出，而孔隙中仍充满汞。因此视孔喉体积比可表示为：V_R = (汞注入率 − 汞退出率)/汞退出率。

⑥孔隙配位数(配合数)：配位数定义为连通每一个孔隙的喉道数量，它是孔隙系统连通性的一种量度，在单一六边形的网络中，配位数为3，而在三重六边形网络中，配位数就等于6(图4-28)。

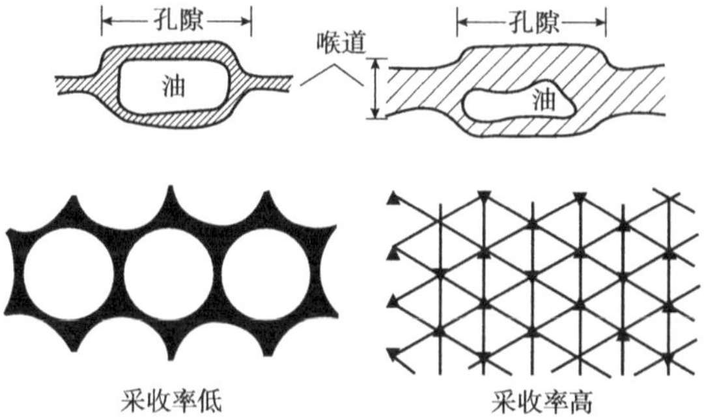

图4-28 孔隙与喉道大小的比值和配位数及其对非润湿相采收率的影响(据 Wardlaw，1978)

3. 碳酸盐岩的微观孔隙结构

由于碳酸盐岩成岩作用的改造，造成储集层的储集空间复杂多样，其次生变化非常明显。碳酸盐岩不仅具有孔隙类型多、储集空间形态和大小变化大、发育不均的特点，而且岩石的储集物性(非均质性)特别强，表现出既可以与岩石结构有关，又可以与岩石结构无关的特点。因此，对碳酸盐岩储集层微观孔隙结构的分析有利于发现高孔、高渗带的分布区，有利于提高油气勘探的成功率，有利于油气的合理开采。

碳酸盐岩的储集空间可分为孔隙、溶洞及裂缝三大类。裂缝的空间体积较小，主要起渗流的作用。孔隙类型按成因可分为原生孔隙和次生孔隙两大类，但储集层中次生孔隙的数量较大。

1)孔隙结构特征

按孔隙结构的特点和对开发效果的影响，可将碳酸盐岩孔隙结构分为以下四种类型。

(1)大溶洞型孔隙结构以宽度大于0.1mm的裂缝为喉道，连通大、中型溶洞所组成的孔隙结构。具体又可细分为以下三种类型。

①宽喉均质型：溶洞周围被宽度大致相等的裂缝型喉道连通，喉道宽、连通性好，这种孔隙结构的水驱油效率高[图4-29(a)]。

②下洞上喉型：溶洞上面有裂缝型喉道连通，下面无喉道[图4-29(b)]，这种结构驱油效率不高。

③上洞下喉型：溶洞上部无连通喉道，下面有裂缝喉道与其连通[图4-29(c)]，洞中的油气不易采出。

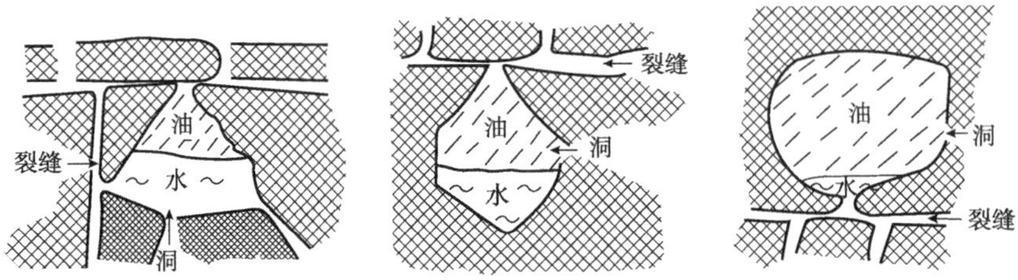

(a)均质型 (b)下洞上喉型 (c)上洞下喉型

图 4-29 大溶洞型孔隙结构模式图

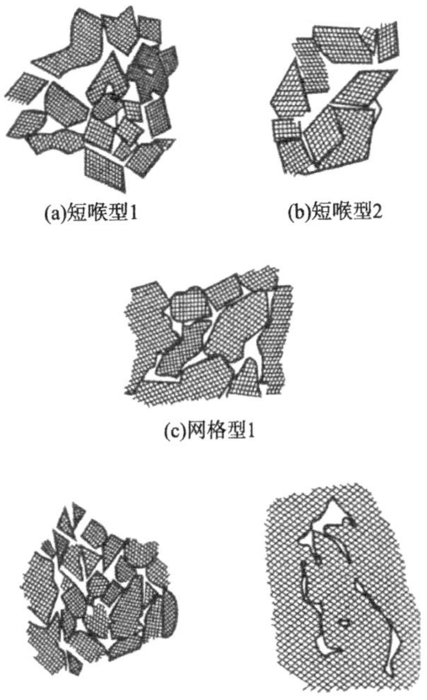

(a)短喉型1 (b)短喉型2 (c)网格型1 (d)网格型2 (e)细长型

图 4-30 微缝型孔隙结构类型图

(2)微缝型孔隙结构以微裂缝及晶间隙为喉道，连通各种孔隙和小型洞所组成的孔隙结构。主要可分为以下三类。

①短喉型：储集空间多为晶间孔、粒间孔隙和小的溶蚀孔洞，喉道短、宽、多而平直，孔隙较小、连通性好，对油气的储、渗非常有利[图 4-30(a)、(b)]。

②网格型：喉道呈网格状，连通各种晶间孔隙和小的溶蚀孔洞，其储、渗能力比短喉型差[图 4-30(c)、(d)]。

③细长型：喉道细长而曲折，孔隙不发育，连通性不好，储集性能差[图 4-30(e)]。

(3)裂缝型孔隙结构储集空间和喉道均为裂缝，孔洞极不发育。若裂缝宽度大、密度大、分布均匀，则储集性能好。

(4)复合型孔隙结构。裂缝、溶洞、微裂缝及小孔隙混合而成的极不规则的孔隙结构(图 4-31)。

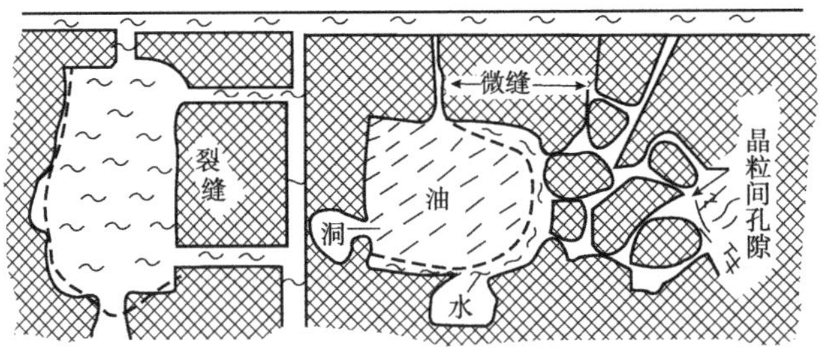

图 4-31 复合型孔隙结构模式图

2)孔隙结构的定量描述

碳酸盐岩孔隙结构的定量分析方法与碎屑岩基本一样，仍然采用压汞法及铸体薄片法的实验资料进行处理。

4. 核磁共振测井(NMR)

核磁共振描述的是原子核对施加磁场的响应。典型的核磁共振的测量，都需要施加一个稳定的磁场。在附加磁场的作用下，质子的旋转方向改变，与原磁场垂直(90°)。在振荡过程中就能够检测到振幅和衰变。在测量过程中，核磁共振信号的衰变被认为是弛豫时间。弛豫时间主要取决于孔径大小及其分布所产生的数据，这种分布可被用来推算黏土含量、毛细管束缚水含量、自由水含量、碳氢化合物含量(图4－32)及渗透率大小。

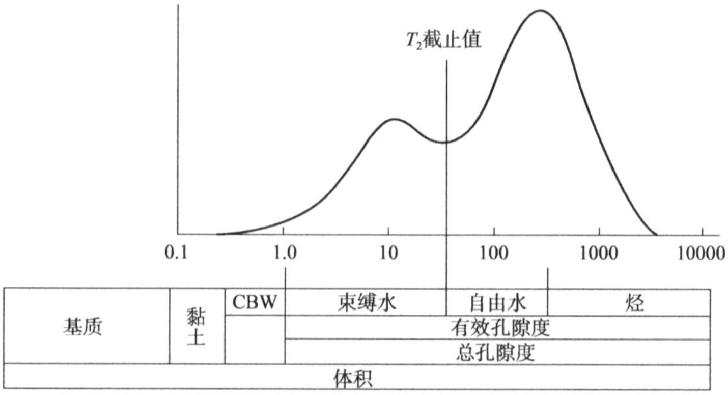

图4－32　一个典型的核磁共振的 T_2 分布的轨迹及其与流体体积对应情况

通过一次振幅信号和横向弛豫时间(T_2)的测量，可以确定孔隙度、渗透率、束缚流体体积和可流动流体体积，进而合理地估算出残余油的体积。小孔的弛豫时间较短(由于流体体积较小)，大孔的弛豫时间较长(由于流体体积较大)。根据这些基本概念，就可以用核磁共振描述流体、孔径大小及其分布，这些都是估算渗透率所需的重要表征参数。

核磁共振测井的基本原理，岩石孔隙空间中氢原子的质子由于磁场感应以特定频率做旋转运动，并与感应磁场保持一致。在任何弛豫时间内，振幅均与孔隙中存在的质子体积有关。弛豫时间的分布(T_2 分布)，可以认为是孔隙大小的频率分布，可以用来分析储层的质量和产能。

例如，两个一样大小的孔隙，一个水湿孔隙中充满水，另一个充满油，油的 T_2 比水的 T_2 更长。在高渗透率岩石中的流体比低渗透率岩石中的流体的 T_2 更长，以此表明烃类的存在(图4－33)。图4－33(a)显示几乎所有的核磁共振信号来自束缚水；图4－33(b)显示大多数的核磁共振信号的发生都伴随若干大孔径及可采的游离流体。其在黏土束缚水和毛细管力束缚的水中分布不同，并且在可动水和烃类之间变化，可以在储层岩石中加以区别(图4－34)。

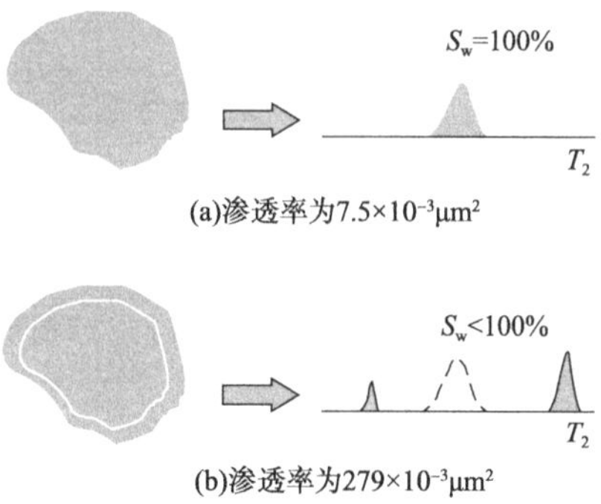

图4－33　两个孔隙度都约为20%岩石样品的核磁共振数据对比(C Sondergeld)

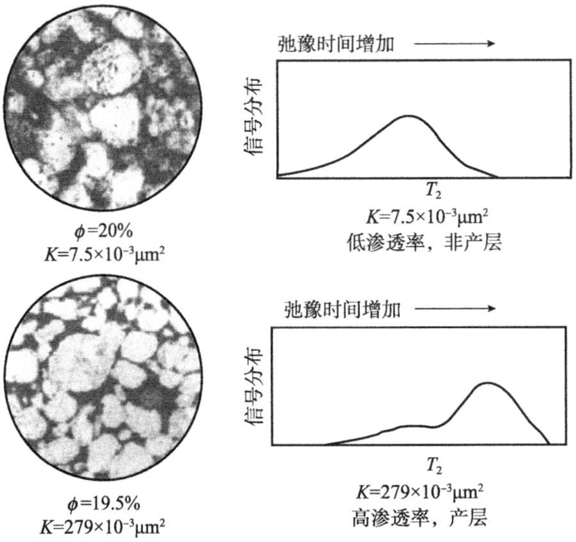

图 4－34　黏土束缚水、毛细管力束缚水及可动流体的 T_2 频率分布（图片来源于 C Sondergeld）

核磁共振可以由井下测井工具和在实验室测量。为了提高识别井筒中岩石和流体性质的精度，最好是首先测量岩心样品的相同属性校正测井响应。

图 4－35 是一个有核磁测井道的测井系列实例。可采的和不可采的流体可以由 T_2 的分布区分。该图来自一个薄层、低电阻率、低对比度的产油层。

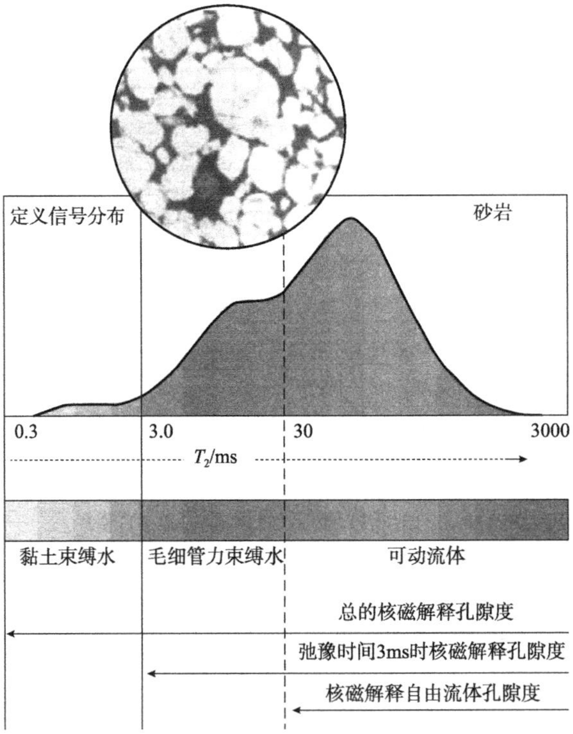

图 4－35　核磁测井道的测井系列实例

三、储层非均质性与油气采收率

(一)微观非均质性与油气采收率的关系

作为储渗空间的孔喉，其大小及其分布特征对水驱油效率起着决定性的作用。不同孔隙结构中的油水具有不同的渗流特征，不同的渗流特征必然导致水驱油效果的不同。一般认为“润湿性捕集”和“毛细管捕集”是微观残余油形成的重要机理，且后者形成的残余油数量大于前者，而孔隙结构特征是控制毛细管压力的主要因素。因此，孔隙结构对水驱油效率有很大的影响。

(1)排驱压力和孔喉均值与水驱油效率。排驱压力越低，说明储层中最大喉道半径越大，越有利于水驱油。孔喉均值大，其中的原油容易被排驱出来，残余油量少，水驱油效率高。

(2)孔喉分选系数和均质系数与水驱油效率。孔喉分选系数表示了孔喉的均匀程度，分选系数越小，孔喉大小分布越均匀，注水前缘推进也要均匀些，无水驱油效率和最终驱油效率也要高些。

王传禹(1981)对大庆油田孔隙结构的研究、涂富华等对胜利油田砂岩储层的研究等结果表明，均质系数越大，孔喉分布越均匀，大孔道所占的比例也大些，因此水驱油效率也高(图4－36)。

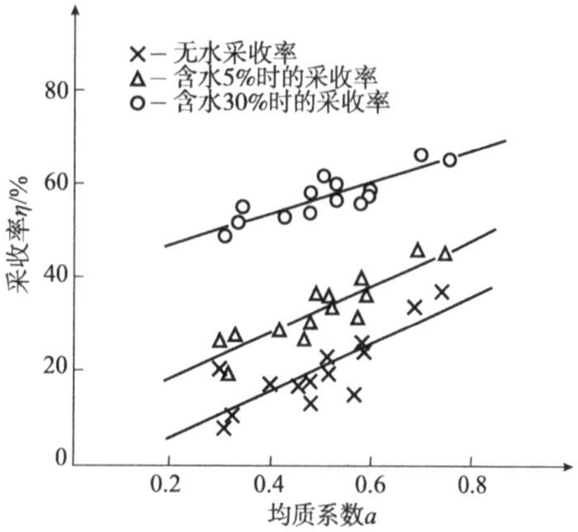

图4－36　孔喉分布均质系数与采收率的关系(据涂富华，1980)

(3)退出效率(W_e)与水驱油效率。退出效率既反映了储层孔隙结构分布特征，也反映了流体在储层中的渗流特征。退出效率与孔喉比有很大关系。在其他条件一定的情况下，退出效率随孔喉比的增大而降低。当孔喉比大时，非润湿相首先从喉道中退出，孔隙中的非润湿相尚未退出，故而退出效率低；当孔喉比小时，喉道和孔隙中非润湿相都退出，故而退出效率高。

祁庆祥用萨尔图油田和葡萄花油田的实验资料，研究了汞退出效率(W_e)与水驱油效率(R_{ew})的关系，其结果为

$$R_{ew}无水 = 7.26 + 0.41W_e \quad r = 0.887 \tag{4-28}$$

$$R_{ew}最终 = 42.82 + 0.38W_e \quad r = 0.873 \tag{4-29}$$

结果表明，退出效率越大，无水期和最终驱油效率越大。

(4)孔喉比及配位数与水驱油效率。孔喉比、孔喉配位数对驱油效率有影响。孔喉比增高时，增加了非润湿相的毛细管捕集作用，驱油效率会降低。根据随机非均质孔隙介质中的残余相渗滤理论，已证实随着配位数的减小，非润湿相的残余饱和度相应增加，亦即原油采收率降低。

(二)储层宏观非均质性与油水运动规律

1. 层内非均质性导致层内“死油区”

陆相沉积的多油层油田，油田开发中的主力油层一般是渗透率高、分布面积广、单层有效厚度大于4m的厚油层(金毓荪，2007)。在注水开发中厚油层的水淹特点与薄油层截然不同。注水开发过程中，油、水在油层中的运动是驱动力、重力、毛细管力和黏滞力共同作用的结果。渗透率是影响油水运动的基本因素，高渗透段先见到注水效果，含水饱和度高。纵向上，同一厚油层，影响水淹厚度增长的主要地质因素有以下4个。

(1)渗透率组合关系。

正韵律油层剖面水洗特征，由于正韵律油层下部渗透率高而上部渗透率低，油层下部吸水好而上部吸水差，注入水大量进入油层的下部并沿底部高渗带快速突进。与此同时，重力作用又不断使进入中上部的注入水下沉，加剧了下部(尤其是底部)油层的过水流量和水洗强度。这就使得上部(尤其是顶部)油层难被水洗到，油层剖面的水洗程度与强度的差别增大，油层剖面动用程度降低，油藏开发效果变差，最终采收率较低(图4-37)。

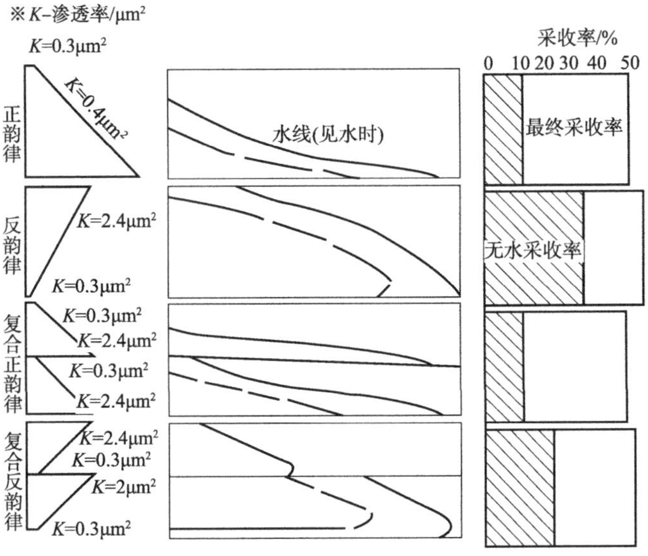

图4-37 不同非均质类型油层水线推进等时图(据夏位荣，1999)

反韵律油层剖面水洗特征。渗透率下低上高，差异明显，在注水开发的情况下，注入水优先窜流进入储层顶部的高渗透层，但在重力和毛细管力的综合作用下，注入水会被迫转向进入下部的低渗透层，并驱替油层底部的原油，这种情况发生的速度主要由垂向渗透率控制。反韵律油层上部水锥受到控制，油层剖面水洗差异降低，注入水的波及范围广，油层剖面动用程度高，开发效果好，最终采收率较高。这种驱替模式在临滨砂及障壁砂坝中比较常见。

复合韵律油层剖面渗透率变化呈现正、反韵律交叉，表现为剖面渗透率变化高低相间，总体较为均质的特点。其水洗、水淹特点介于正韵律油层与反韵律油层之间。复合韵律油层的剖面动用程度与开发效果好于正韵律油层的，但比反韵律油层的差。

(2)层内夹层发育程度。

夹层的分布状况对油水运动有很大的影响。一般，在注采井组范围内分布比较稳定的夹层对油水运动能起到封隔的作用，可以将油层分成两个独立的油水运动单元。如果在注采井组范围内夹层分布不稳定，特别是一些小的侧向加积夹层，则油层上下具有水动力联系，一般表现为注入水下窜。夹层分布越稳定的注采井组，越容易形成多段水洗，水淹厚度大，在夹层分布不稳定的注采井组，仍然是底部水洗，水淹厚度小。

(3)油层厚度。

油层厚度越大油水在推进过程中重力作用就越明显。估计在目前油田条件下油水重力分离的梯度可达驱动压力梯度的1/10～1/3。如果考虑垂向渗透率和水平渗透率的差异，油水在水平方向上的流速与垂直方向的流速的比值就为9：2到50：1。在其他条件相同的情况下，层内无夹层的均质厚油层，水淹厚度随着油层厚度的增大而缩小。

油藏注水开发时，油层厚度对注入水波及程度有相当大的影响。如果油层较薄，剖面水洗厚度的比例高，油层采收率较高。若油层较厚，注入水在横向运动的同时，由于重力作用将逐渐下渗，大量注入水向油层下部汇集，导致下部油层水洗较好而上部油层难被洗到。在注水开发的情况下，厚油层总是比薄油层的剖面动用程度低，最终采收率不高。

(4)孔隙结构与润湿性的变化。

经注水长期冲刷后的油层，孔隙结构和润湿性都发生了变化，表现在孔隙增大及润湿性转化。根据大庆油田水淹区密闭取心观察，随着注入水饱和度的增加，当水饱和度大于35%时，岩心亲油转变为亲水。

在开发过程中，随着水淹部位含水饱和度的增加，润湿性的转化及孔隙半径与渗透率的增大，水淹段水相渗透率迅速提高，流速加快，进一步加剧厚油层层内差异。

开采条件对水淹厚度有一定的影响，当提高注水强度和缩小注采井距时，可以增加水在油层低渗透部位的注入量与水平流速，调整吸水剖面，扩大水淹厚度。对于一定地质特征的油层，如果开采条件得当，如井网密度较大，也可以在一定程度上改善层内水淹状况。

注入水总是首先沿着层内相对高的渗透带突进，而同一层中的其余部分不易受注入水的冲洗，成为“死油区”。

层内的沉积构造造成渗透率的各向异性影响注水效果，继而影响注水开发的驱油效率(图4－38)。

陆相油藏厚油层大致可分为4种类型。

①单期曲流河道砂岩。底部发育很薄的高渗透段，层内上下岩性差异大，正韵律性明显，厚度较大。在注水开发中，受非均质性和重力作用的影响，注入水沿底部高渗透段突进，油井含水上升很快。油层的水淹厚度小，油层上部储量动用很差，上部低渗透段形成剩余油富集区。

②多期辫状河道叠加性砂岩。河道切割和冲刷下伏层的能力较强，侧向摆动大，纵向上由多个砂体叠置组成，也可以形成上、下互相连通的下切型砂岩和互不连通的叠加型砂岩。油层厚度大，夹层稳定性差，水淹状况比较复杂，分段水淹比较明显。下切型砂岩往往出现底部水淹，油井的出油剖面、注水井的吸水剖面和检查井的水淹剖面层位不能完全

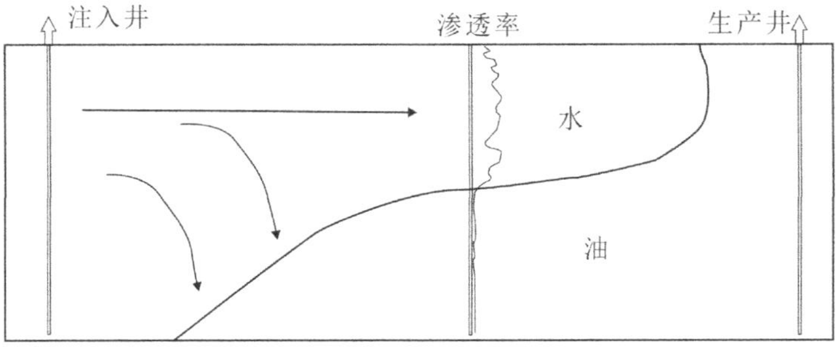

渗透率反韵律剖面中的水侵

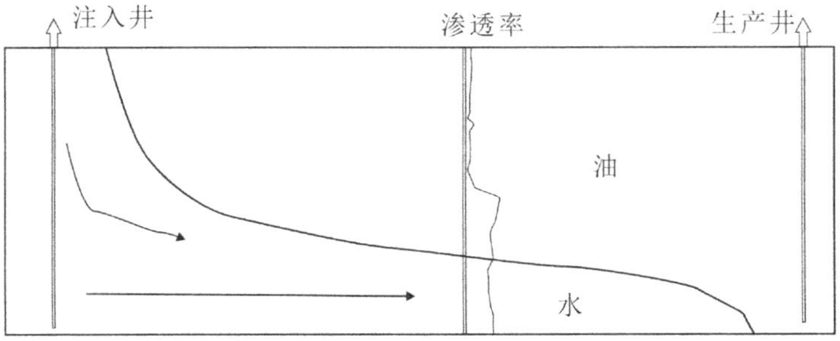

渗透率正韵律剖面中的水侵

图 4－38　反韵律渗透率剖面中的波及效率高于正韵律的渗透率剖面

对应。水淹厚度比曲流河道砂岩的大，开发效果也好。

③多期次叠加、夹层较稳定的砂岩，由不同期次的分流河道砂岩垂向交互叠积而成，砂岩间普遍发育泥质薄夹层。砂岩渗透率中等且纵向较均匀，部分井区为渗透率级差较小的正韵律油层和复合韵律的油层。夹层较稳定使这种油层出现多段水淹。注水井吸水剖面和油井出油剖面都比较均匀，水淹厚度大。

④河口坝砂岩。砂岩粒度较细，分选、储油物性较好，渗透率较均匀。自下而上粒度变粗，高渗透段出现在顶部，厚油层顶部产液量大、含水高。这种厚油层的水淹厚度较大，开发效果好，高产稳产期长。

2. 层间非均质性导致“单层突进”

层间非均质性降低了水淹厚度系数。由于各单层之间的非均质性主要表现为渗透率的差异，其渗透率大小相差几倍、几十倍甚至高达数百倍。在多层合采的情况下，层数越多、层间差异越大、单井产液量越高、层间干扰就越严重。往往高渗透油层水驱启动压力低，容易水驱，而较低渗的储层水驱启动压力高，水驱程度弱甚至未水驱，这样便使部分油层开发效果差或极差，形成剩余油层(图 4－39)。

大庆油田统计结果表明：对于三角洲前缘亚相开发层系，渗透率级差小于 3 的层系，不出油的层占 12%；渗透率级差大于 3 的层系，不出油的层占 86.3%。对于河流相开发层系，渗透率级差大于 5 的层系，不出油的层占 61.2%；渗透率级差小于 5 的层系，不出油的层占 13.5%。因此，对于三角洲前缘亚相，渗透率相差 3 倍的油层，不能划分到同一开发层系中；而对于河流相油层，渗透率相差 5 倍的油层不能划分到同一开发层系中。

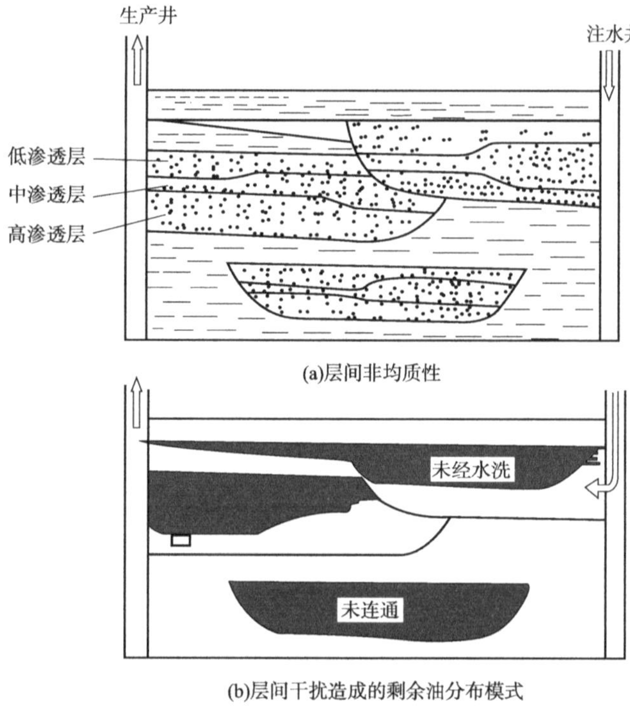

图4－39 层间干扰造成的剩余油(据张一伟等，1997)

据大庆和胜利油田各区块的开发数据统计，随着开发层系油层数、有效厚度增加，开发效果变差。对层间渗透率的非均质系数三个变化区间整理得出非均质性大于1.9，采收率有明显的降低(表4－3)。

表4－3 层间非均质性系数与原油采收率的关系

	层间非均质性		最终采收率/%		层间非均质性		最终采收率/%
	分布	平均值			分布	平均值	
胜坨油田	1.3～1.7	1.51	45.3	大庆油田	1.67～1.7	1.65	32.5
	1.71～1.9	1.81	46.42		1.71～1.9	1.885	29.2
	1.91～2.33	2.07	42.58		1.91～3.47	2.42	25.4

油或气优先从高渗透砂岩层段产出，这些层段控制着单井的流量剖面。同样，注入水会优先进入高渗透层段。不均匀的流量剖面将导致注入流体的波及效率较低。“贼层”是指厚度为净有效厚度的5%或者更低，但是其中却含有25%以上的注入水的相对薄层。“贼层”使水(或注入流体)快速突进，其中小部分储层被注入水波及，驱替效率差。大量的注入水通过“贼层”循环，只有少量的原油被开采出来。油井产水量快速上升，随着注入水不断地充满油井，出现水锁现象，总产量将减少或完全停止。因此，需要通过井间干扰来隔离“贼层”。假设一口新井发现了“贼层”，建议最好关闭该层段；同样，要避免向“贼层”注入流体。在最糟的情况下，“贼层”和周围岩层可能具有良好的连通性。在此情况下，有的注入井和生产井中都没有进行射孔，“贼层”仍可作为油藏的高渗透流动通道。

3. 平面非均质性导致“平面舌进”

油层平面上的油水分布主要受渗透率的平面差异和油、水井点位置的影响。平面上在高渗透方向或地带，油层吸水多，水锥快，水洗好；在低渗透方向或地带，油层吸水少，水锥慢，水洗差。

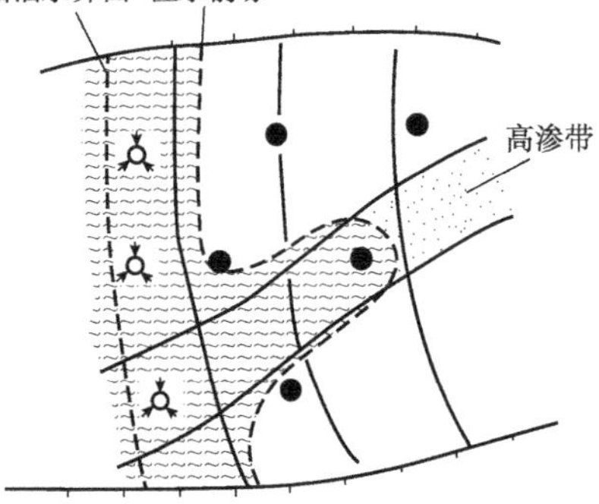

图 4－40　水舌形成示意图

平面非均质性减小水淹面积系数。油层的平面非均质性使各单油层在平面上呈不连续分布，形成许多面积不大的油砂体。有的小油砂体只被少数井钻到甚至漏掉，造成注水开发时油层边角处的“死油区”和被钻井漏掉的“死油区”。此外由于平面上渗透率的差异，使注入水沿着平面上的高渗透带迅速“舌进”（图 4－40）。而中、低渗透带相对受注水驱动减小，因而降低了水淹面积系数。

综上所述，宏观非均质性与注水体积波及系数密切相关。储层的宏观非均质性，主要表现为渗透率的非均质性，造成了油田开发中的“层间矛盾”“平面矛盾”“层内矛盾”，这三大矛盾是多油层注水开发的基本矛盾，对于多油层注水开发的油田来说，油田开发的过程就是不断地暴露、研究和解决三大矛盾的过程，三大矛盾处理得好，就能保持油田的稳产高产，就能提高最终采收率。

（三）不同砂体的非均质性及开发特征

每个成因砂体都具有独特的油水运动特征。每个特定的沉积环境组成了典型的规模和储层几何类型，如沿岸沉积的储层几何形状通常是千层饼状，曲流河的储层几何形状则是迷宫状。不同沉积环境有其特定的渗透率剖面类型，河道充填一般为向上渗透率降低的正韵律，前积砂体一般显示为渗透率向上增加的反韵律。依据沉积环境可以预测生产特征、驱油效率和剩余油的分布位置。下面简述河流、三角洲沉积砂体的油水运动特点。

1. 曲流河储层非均质性及注水开发特征

1）非均质性特征

（1）几何形态。

曲流河沉积的砂和泥形成在河曲带中。平面和剖面图上，河曲带像迷宫，叠置着数百米的砂体，嵌入不同体积大小的泥岩中，泥岩厚度大于50%，呈泥包砂的特点。曲流河一般情况下不会形成厚的沉积叠置体。在曲流河沉积物中，主要富砂的沉积体是点坝，由于河曲带的侧向加积，在平面图上通常呈透镜状或半月形并以离散砂体的形式出现。

（2）河流砂体的层内非均质性。

曲流河点坝典型特征是正粒序，向上粒度变细、渗透率变低。渗透率的下降通常呈阶梯状，并非向上渐变；正韵律的渗透率剖面对高效驱替来说是不利的，水将驱替点坝底部的高渗透带，上部驱替效果差（图 4－41）。

点坝上部发育侧向加积面的泥质条带，河道侧移，点坝侧向生长形成了一系列泥岩侧积层，形成了阻碍垂向和水平方向流动的一系列的叠瓦式隔夹层(图4－42)。通过对大庆油田曲流河相砂岩开发资料的分析，某一油藏单元经过30年的开发，波及效率仅为29.8%，河流相砂岩的底部含水率大于90%，但上部仍有大量剩余油。

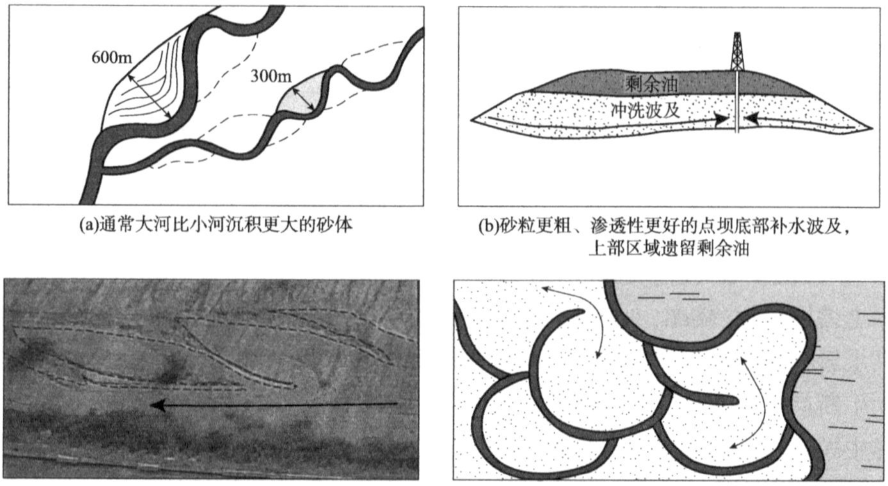

(a)通常大河比小河沉积更大的砂体

(b)砂粒更粗、渗透性更好的点坝底部补水波及，上部区域遗留剩余油

(c)在点坝上部紧随的是侧向加积线状泥岩面形成了叠瓦状夹层

(d)侧积泥(侧积泥岩)是河曲带不同点坝间主要的夹层

图4－41　曲流河沉积的流体地质学特征(Mike Shepherd，2009)

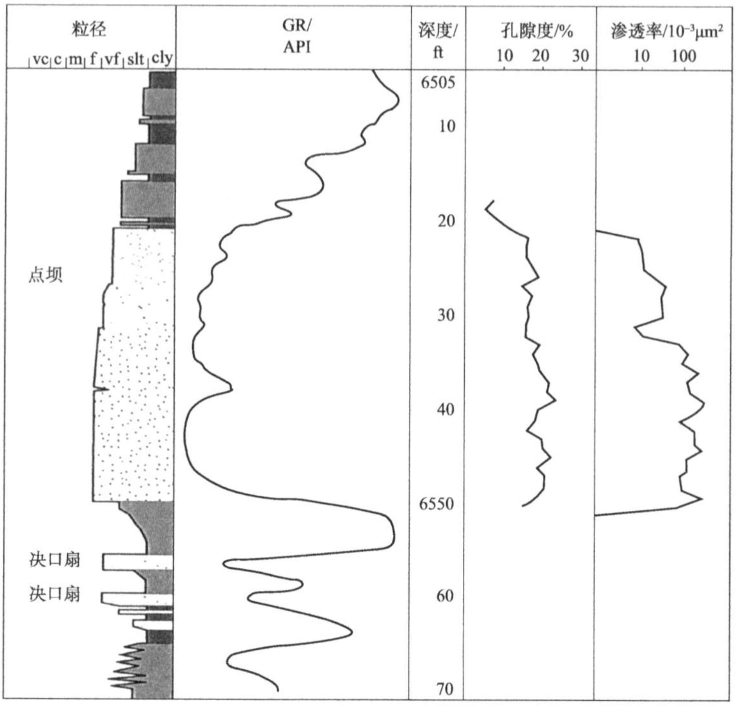

图4－42　点坝渗透率向上递减剖面(Chapin和Mayer，1991)

(3)泥岩侧积层。

河流相储层可能部分或全部被废弃河道泥岩侧积层封隔。洪水期，弯曲的河道发生截弯取直，废弃的河曲形成牛轭湖，河床充填黏土、淤泥和泥炭有机物质。

泥岩侧积层在平面上呈新月形，在剖面上是透镜体状，通常宽度很窄(约为数十至数百米)。侧积层在地下很难被识别，如果井的密度很大，有时可在对比图上识别出来。

(4)河流砂体的连通性。

①泥岩侧积层是影响河流砂体水平连通性的重要因素[图4－41(d)]。当侧积层不能将平面上两个点坝完全分隔开时点坝是连通的；如果点坝间垂向切割、连通性好，侧积层就起不到屏障作用；如果垂向连通性不好，侧积层将成为横向流动的隔层。单个点坝储集体规模较小、原油储量小，若干个砂体相互叠置可形成大的连通砂体。

②净毛比影响连通性。在泛滥平原泥岩背景之下，当净毛比小于25%时，砂岩体系几乎不连通(King，1990)，净毛比大于30%的河道体系内，砂体连通性广泛分布(超过90%相互连通)。河流体系的砂质物源供给随时间和空间变化很大，不同层段的净毛比在垂向上和平面上差别很大(Miall，2006)，净毛比低的层段在高渗透层段起到垂向夹层的作用。

③断层影响河曲带沉积连通性。断层控制的地貌可以影响河流范围和砂体垂向叠置，平行于同生断层方向发育河道砂体的叠置体(图4－43)。

砂体中净毛比高的层段间的小断层会引起沿断层面的垂向连通性变化；低净毛比河流相沉积物被断层切割开，会降低其连通性。断层两盘的砂体间对接的程度降低也是连通性的控制因素(Bailey等，2002)。在净毛比低的河流体系中，泥岩涂抹和断层封闭性对连通性的影响非常大。

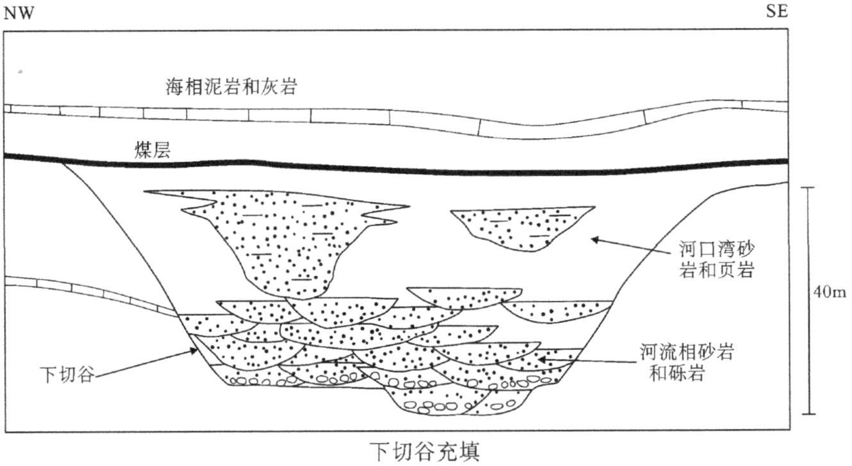

图4－43　下切谷充填模式合并的河道砂岩，上覆河口湾沉积砂岩、砂质泥岩和煤层(Feldmah，1995)

2)曲流河砂体的注水开发特征

曲流河砂体基本的粒序为向上变细，在储层物性上，为渗透率正韵律；曲流河砂体另一特点是条带状的几何形态及层理结构的定向性，导致储层渗透率的方向性。在注水开发中，其油水运动特点主要有以下表现：

(1)平面上注入水优先沿河床凹槽主流线快速突进。

条带状的渗透率分布和条带状的砂体几何形态及沿水流强度最大的主流线形成最粗的滞流层，使平面上顺曲流主流线形成明显的方向性渗透率，平面非均质性也比较严重。油田大量的实践发现，注入水顺着古河道水流方向，尤其沿下切较深的凹槽迅速推进，形成注入水的一条“自然水路”。位于这一“自然水路”上的油井，总是比周围的油井先受效，先水淹。

(2)同一注水井排的注入水向下游方向快于向上游方向。

这是河道砂体渗透率方向性的又一个特点，很可能与微观结构有关。河道砂岩交错层理倾向下游，一些长形砂粒的排列顺应当时水流的方向，可能是主要原因。

如大庆油田储层自北向南沉积，出现了明显的“南涝北旱”现象。同一切割注水井排两侧油井一般排距相同，南侧油井排含水上升明显快于北侧油井(图4-10)。

(3)注入水沿砂层底部高渗透段快速突进，层内水淹厚度小。

这是下粗上细正韵律砂体的一般规律，水、油密度差带来的重力作用和底部高渗透段的存在都促使注入水沿底部快速突进。

河道点坝砂周期性地侧向加积构成了比较严重的和特殊的层内非均质性(图4-44)。底部连续延展的滞流层形成连通性很好的高渗透通道，上部较多的泥质纹层形成层内垂向窜流和侧向水流的遮挡，加剧了上、下部注水效果的差异。

(4)时间单元间可分性较差。

纵向上由多个时间单元的河道砂岩体叠加而成的厚砂层，由于接触关系的不同，其层内非均质性更趋复杂。

河道砂岩沉积时，切割冲刷下伏层的能力较强，下伏单元顶部的泥质沉积往往被冲刷剥蚀，导致上、下单元之间泥质夹层的不稳定性。一般来说河道砂岩之间可分性比其他三角洲砂岩体差。

(5)高产、含水上升快。

河道砂岩的粒度比三角洲砂岩体要粗，储油物性相对要好，处于这些砂体部位的油井注水受效快，很快形成高产井。往往是油田中产量的主力，但由于上述注水沿底部突进快、水淹厚度较小的特点，使得含水率上升也快，采出一定比例储量的含水率上升率比三角洲砂岩的快1至2倍，措施不当时，往往造成油井高产期很短。按储量占比衡量其开发效果，往往比其他砂岩要差。达到同样的采出程度时含水率高、耗水量大。

不同类型的河流砂体，储层特性有所不同。辫状河砂体以垂向加积的心滩为主体，层内非均质性表现为无规则粒序，层内不连续薄泥质夹层很小；曲流河砂体以侧积的点砂坝为主体，级差很大的向上变细粒序，存在不连续的侧积披覆泥质夹层，使其层内非均质性成为河流砂体之最(图4-44)；网状河和顺直型河流砂体，以河道内填积为主要沉积方式，重力分异作用引起的下粗上细粒序级差较小，储层层内非均质性是河流砂体中相对较弱者(表4-4)。

表4-4　不同沉积环境条件下河流相沉积的宽度和厚度关系(Gibling，2006)

沉积环境	厚度	宽度	宽厚比
辫状河和低弯度河流	1~1200m，大部分小于60m；常见范围为5~60m	50~1300km，许多大于1km；常见范围为0.5~10km	15~15000以上；一些大于1000；常见范围为50~1000
曲流河	1~38m；常见范围为4~20m	30m~15km；大部分小于3km；常见范围为0.3~3km	7~940；大部分小于250；许多小于100；常见范围为30~250

续表

沉积环境	厚度	宽度	宽厚比
三角洲分流河道	1~35m；大部分小于20m；常见范围为3~20m	3m~1km；大部分小于500m；常见范围为10~300m	2~245；大部分小于50；许多小于15；常见范围为5~30
风成(积)环境河道	1~19m	2.5~1500m；大部分小于150m	1~80；大部分小于15

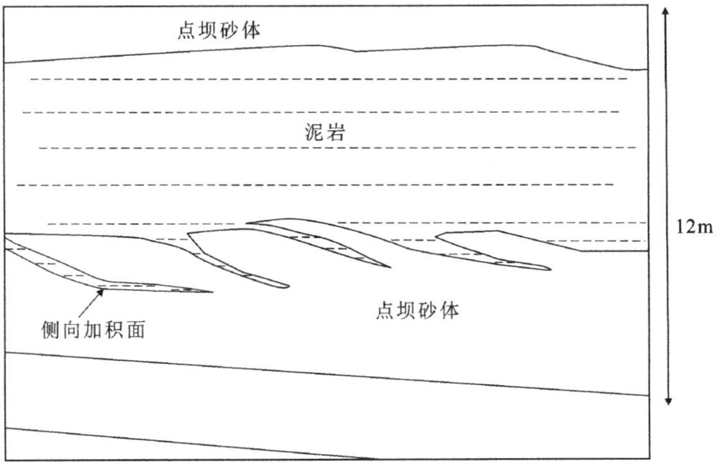

图4-44　点坝上部的泥质侧向加积体，该点坝从左向右生长

2. 辫状河储层非均质性及注水开发特征

砂质辫状河体系具有复杂的几何形状，包括小的心滩坝、沙坪、植被岛。河道交叉流动在各心滩、沙坪坝之间，连续分叉与汇聚形成连续的辫状样式，形成复杂的河道沉积。

1)辫状河砂体的几何形态

辫状河储层一般可形成优质且高产的油藏，净毛比远高于曲流河储层，通常少见层间泥质夹层。辫状河沉积厚度大，横向延伸范围广。Gibling (2006)认为前陆盆地常发育典型的辫状河沉积，大型辫状河体系宽度超过40km、厚度达1200m，是板块构造活动期、快速沉降期和大量的河口粗粒的沉积响应。

2)侧向连续性

辫状河储层的侧向连续性好，其净毛比一般较高(大于80%)，这类储层通常有很好的侧向连续性，内部呈复杂层状，渗透率剖面具有向上变低的正韵律特点。

辫状河体系通常由中-粗砂岩和砾岩组成，岩石物性好。辫状河储层呈千层饼状的几何形态，具有单一且整合的大规模储层，但缺乏规则的层理或侧向上连续的泥岩沉积。辫状河储层的原油采收率高，一般大于50%（Matin，1993）。

3)垂向流动的隔层

在正常条件下，辫状河体系中保留下来的泥质沉积较少。泥质沉积分布在心滩顶部或洪泛平原细砂及泥质细粒沉积中。通常泥质沉积分布不广且呈随机分布。辫状河储层垂向压力传导性好，仅在局部有隔夹层发育(Martin，1993)，有些辫状河沉积中也存在横向分布广泛、可对比的泥岩(Geehan，1986)。泛滥平原泥岩分布广泛，作为隔层成为水动力单元的分界。

富含泥质的撕裂碎屑的河道滞留沉积经历了晚期成岩作用的改造可以形成隔层，层内泥砾也是潜在的隔层，如犹他州下侏罗统季节性辫状河沉积(图4－45)(North和Taylor，1996)。

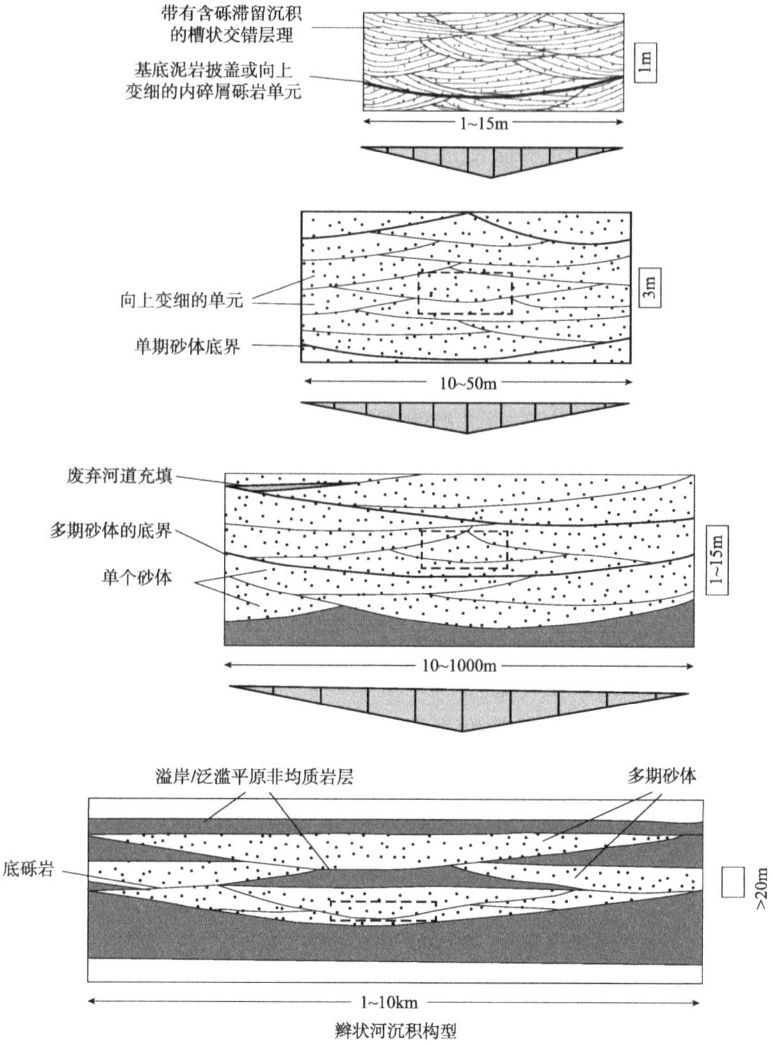

图4－45 美国犹他州辫状河沉积的非均质性(Robinson和McCabe，1997)

4)渗透率变化

辫状河储层中渗透率的垂向变化是一个重要特征(表4－5)，较粗的砾石层具有高渗透率，即"贼层"。

表4－5 辫状河储层连通性及其对油藏开发的影响

特征	油藏开发有利因素	油藏开发不利因素
高净毛比、厚砂体单元	高连通性，一般为单个的水力单元	
砂体厚、分布广，一般为陆相尺度	具有有效水驱的大型水体	

续表

特征	油藏开发有利因素	油藏开发不利因素
泥岩横向分布不广	良好的垂向压力传导性，存在的泥岩可防止水体锥进	
泛滥平原与陆相泥岩作为侧向分布广泛的渗透夹层		低效垂向压力传导
胶结的河道滞留沉积可形成渗流屏障(夹层)		低效垂向压力传导
粗粒层段存在的"贼层"		波及范围小

3. 三角洲砂体的储层非均质性及注水开发特征

三角洲分为浪控、潮控和河控三类，通过等值线、砂地比和测井相图可以识别不同类型的三角洲及其表现出的砂体几何形态特征，浪控三角洲由于河流走向与岸线方向高角度相交在上述图件中呈T形。

河流、波浪和潮汐对沉积作用的影响形成了复杂的三角洲储层宏观形态。上三角洲平原主要受控于河流作用，下三角洲平原主要受波浪作用影响，抑制了河流作用。三角洲前缘是由分流河道、河口坝、潮坝和前缘再改造沉积物构成的复合体。

三角洲沉积体系常形成非均质储层，典型的砂体几何体形态包括拼图状、迷宫状等，岩盐的变形特征和生长断层很普遍，常形成大量块状油气藏。

1)砂体沉积特征

(1)分流河道。

分流河道是从主流线供给河道逐渐开始分叉形成，并将水流和沉积物携带到整个三角洲。与主河道相比，分流河道更窄也更浅。

河道砂体在剖面上呈现典型的粒度正韵律和渗透率向上变差的特征。自下而上，分支河道首先发育槽状交错层理的高能河道充填，然后发育小型交错层理废弃河道充填，最后发育细砂、粉砂和泥岩薄互层。一般，边滩砂体在三角洲分支河道两侧交替发育，呈椭圆形、豆荚状。

(2)河口坝。

河口坝形成于分流河道进入稳定水体时沉积物卸载的区域。河口处的砂体逐渐堆积使水体变浅，砂体可阻碍并导致河道在河口坝上游产生分流。平面上，河口坝表现为顶凸的弧形，在剖面上表现为楔形。进入深水的相对较直的分流河道形成指状沙坝。

河口坝呈粒度和渗透率的反韵律特征，下部粒度较细、分选较差且泥岩夹层多，往上，颗粒变粗、渗透率变大(图4-46)。

通常，河口坝的渗透率比分流河道低，河口坝中粒度最粗、分选最好的沉积物发育在河口附近，沿着坝体边缘，临近分流河道。

向下游方向，沉积物粒度变细，河口坝外缘细砂岩、粉砂岩与前三角洲泥岩呈指状交互。

(3)三角洲前缘席状砂。

三角洲前缘席状砂由水下分流河道砂岩、河口坝和波浪作用改造的沉积物形成，呈拼图状—迷宫状构型的砂岩复合体。波浪改造作用多形成三角洲前缘舌状体，随着波浪对孤

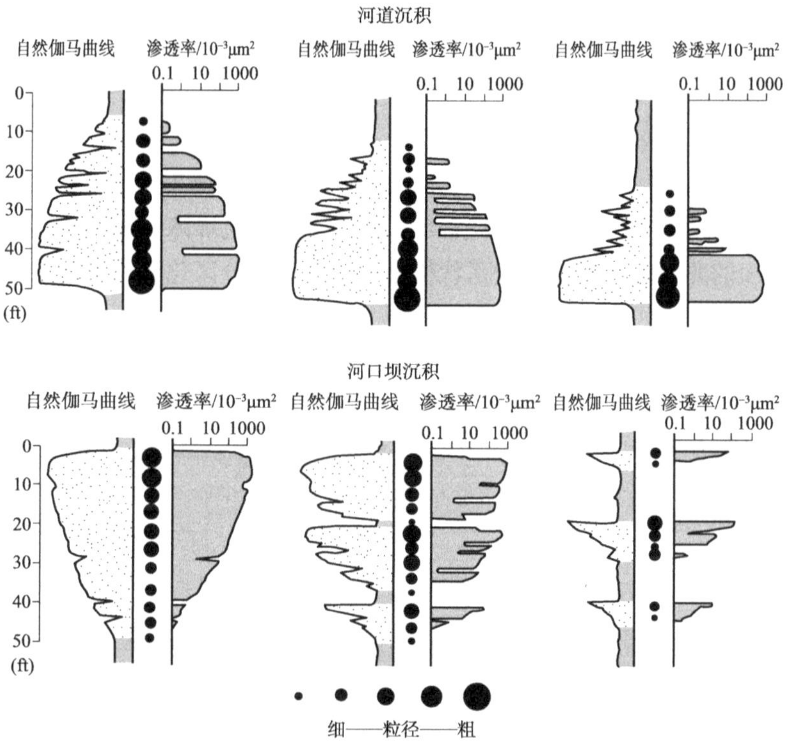

图 4－46 三角洲砂体的理想测井曲线和渗透率剖面(Sneider 等，1978)

立河口坝改造作用的增强，沉积物变得更连续，拼合形成横向上更宽广的滩脊和沿岸障壁砂体。由于受到再改造作用，单个河口坝的形态轮廓变得模糊，河口坝有时仅能通过三角洲前缘砂体的局部变厚得以识别。

三角洲前缘席状砂分选更好，但比分流河道砂岩的粒度更细。后期河道可能切割或上覆于河口坝和三角洲前缘砂岩，形成拼图状－迷宫状构型的复合体。砂岩在侧向上及远岸地区与前三角洲泥岩互层，并尖灭在泥岩中。砂岩物性向盆地方向变差。

三角洲朵叶体建造受构造沉降和海侵共同作用。海侵形成了由一系列粗粒、滩脊和障壁砂坝等互相镶嵌的复合体，构成的独特岩相组合，在横向上分布广。总体上，三角洲沉积的非均质性特征强，地层对比难度大，重要的标准层是水平薄层的海相泥岩及灰岩和煤层。

(4)潮汐三角洲。

潮汐三角洲是潮汐对三角洲前缘的改造起到主要作用的一类三角洲。潮汐流在河口中涨退，形成了潮汐沙坪、沙脊和浅滩(可能孤立分布在前三角洲泥岩中)。广泛垂直于岸线的长条状砂体多形成于潮控三角洲的向海方向，这些砂体可厚达数十米、宽数千米且长数万米。

潮汐河道通常分叉频繁，分支河道向下游有逐渐发育聚拢的趋势。河道充填物由多期叠置的正韵律单元构成，其中发育丰富泥质夹层和泥岩披盖。单个砂体构型复杂，泥质隔、夹层频繁发育。由于潮汐三角洲体系的非均质性，潮汐三角洲沉积物的采收率可能较低。

(5)三角洲泥岩。

由于河道和潮道的频繁侵蚀，泥岩在三角洲中的横向发育并没有滨岸体系那么广泛

(Weber，1982)。在分流河道中，泥岩薄夹层可能较短，横向普遍小于10m。

泥岩在前三角洲中发育更广泛，三角洲朵叶体废弃后沉积的泥岩形成了朵叶体之间重要的隔层(局部)。

(6)三角洲的叠瓦状几何形态。

叠瓦状几何形态在三角洲中普遍存在(图4－47)，叠瓦状几何形态能在地震剖面和区域地层对比图中识别出来，前三角洲泥岩可以作为主要渗流屏障分隔不同时期的三角洲沉积，单个河口坝的非均质性较弱。叠瓦状构型可导致油藏分区化和大量剩余油。

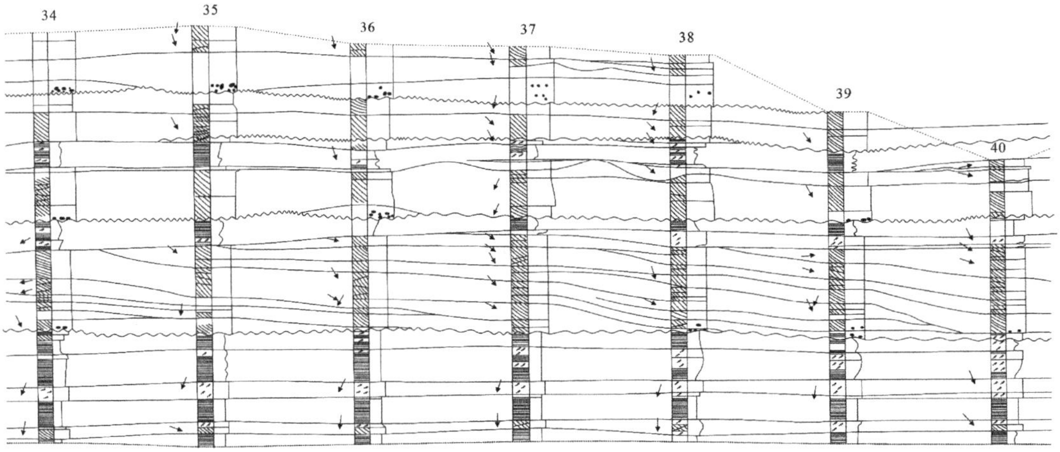

图4－47　某油田三角洲沉积的叠瓦状几何形态

在砂岩粒度相对较粗的底部存在水流优势通道，因为交错层理内的粒度变化导致水驱前缘在层理级别上存在不稳定性。三角洲外前缘的相组合由互层状的薄层细砂岩、粉砂岩和泥岩层组成。该薄层砂岩分布广泛、成层性强，且渗透率低。

2)水驱规律

(1)三角洲砂岩储层水驱规律。

由拼图状和迷宫状储层构成的复杂三角洲油藏是剩余油的重要潜力区。

河控三角洲储层，由于河道和整体的迷宫式储层分布，采收率低—中等。

浪控三角洲储层，横向连通性更好，采收率明显更高。浪控三角洲体系存在两种不同的水驱特征，水体优先选择沿河道砂体流动；滩脊、三角洲前缘和临滨砂岩在横向上更具连续性，边水水侵区域更广。

(2)分流河道储层水驱规律。

分流河道较窄，宽度在10～300m(Gibling，2006)。当井距较大时，孤立的河道中的油气就可能被遗漏。Richardson等(1989)指出，试图用两口注水井和生产井来驱替单个分流河道是不可行的。若没有直接注入能量的支持，特别是在砂体孤立的情况下，分流河道储层的驱替效率较低。

(3)三角洲前缘储层水驱规律。

三角洲朵叶体的反复改道导致厚层三角洲砂体中发育一系列的河口坝叠置体。垂向的叠置会形成厚层的多期复合砂体；同时，间湾泥岩和洪泛泥岩沉积也可能是河口坝的垂向隔层。

三角洲前缘的渗流规律复杂，该复杂性是由正韵律河道下切反韵律的河口坝所导致的。注入水通过河道底部粒度较粗的高渗透部位进入生产井，使河口坝内的细粒部位残留剩余油。

一般，分流河道的产能高于河口坝。分流河道的底部连通性较好，而河口坝下部侧向发育的泥岩层阻挡了该砂体的垂向驱替(图4－48)。

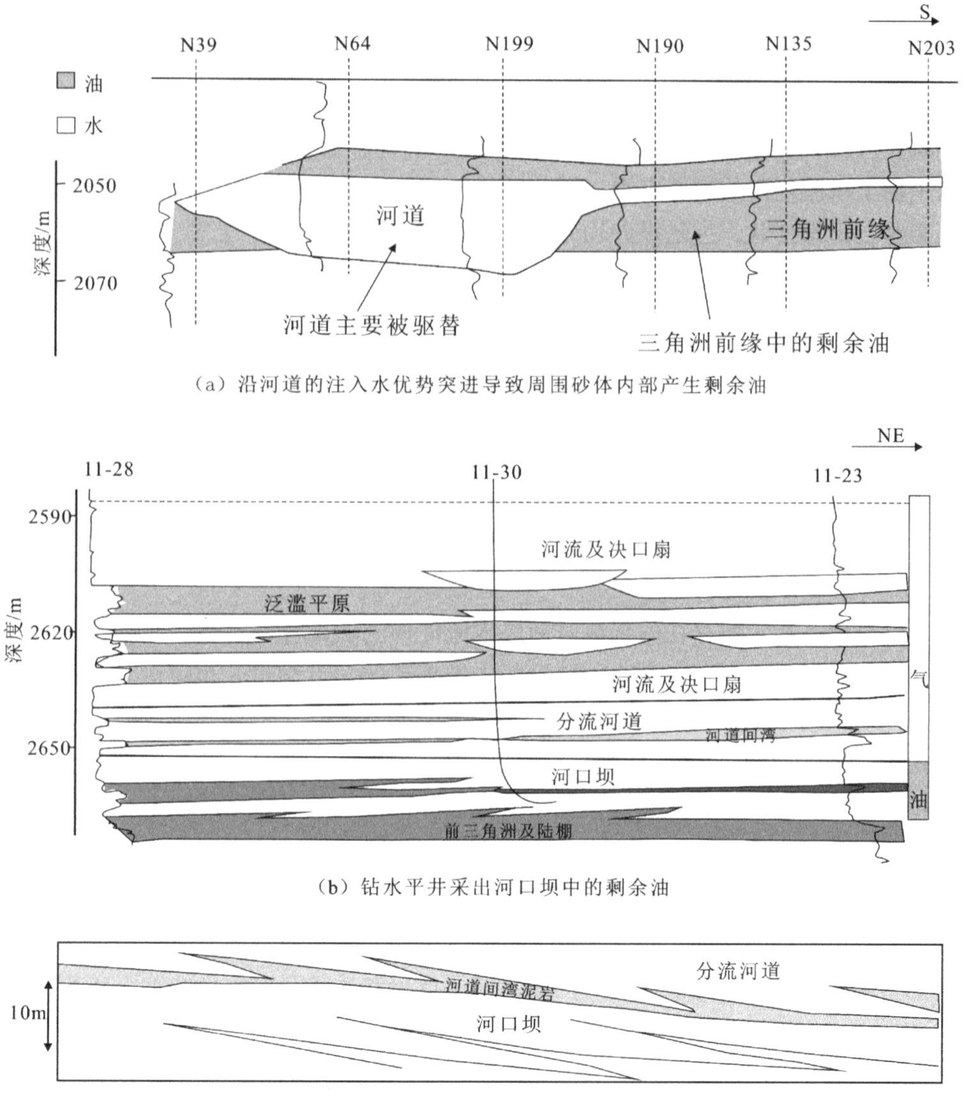

(a) 沿河道的注入水优势突进导致周围砂体内部产生剩余油

(b) 钻水平井采出河口坝中的剩余油

(c) 河口坝顶部的间湾泥岩阻止了天然气从上部的侵入

图4－48　三角洲沉积的水驱模式(Tye等，1999)

河口砂坝内部结构一般呈正韵律，厚度大、渗透率高，向两侧逐渐变为复合韵律(少量反韵律)，厚度变小，渗透率变低和泥质夹层变多、变稳定。

河口砂坝砂岩粒级较细，一般为细粒级、储油物性较好，很少出现特高渗透率段，而且较高渗透率段常在油层中下部；层内非均质性不严重，较河道砂岩体、分流河道砂岩体均匀得多。

河口坝在注水开发中具有如下特点。

①注入水仍然有沿砂体轴部突进的现象，逐渐向两侧扩展，但总体来说，比河流砂体均匀得多。三角洲砂体的侧向连续性明显优于河流砂体。湖水改造前(侧)缘席状砂，改善了平面非均质性。我国油田注水开发实践表明，三角洲前缘砂体和河流砂体作为两种主要储层，形成了开发效果好与差的明显对照。

②层内水淹厚度较大，驱油效率较均匀。水驱油效率虽然仍是底部较大，但上、下差异较小。湖盆以建设型三角洲占绝对优势，建设型三角洲前缘砂体以向湖方向进积为主要沉积方式，向上变粗的粒序成为层内非均质性的基调，这是注水采油非常有利的储层结构。从平面上水淹厚度的演变来看，同一砂体随离注水井距离的加大，水淹厚度和驱油效率逐渐减少，呈渐变状，这是垂向均匀加积砂体的一般特点。

③位于河口坝主体部位油井仍然可以形成高产井，而且含水率上升较慢，一般是高产稳产井。在主体部位油井含水较高时，及时转为注水井，可以使周围较多的油井较均匀地受效，取得很好的平面接替稳产作用。

④高产、稳产。大庆油田实践表明，河口坝是开发效果最好的油砂体，既能高产又有较长时间的稳产。

第三节　储层裂缝研究

裂缝性储层是指天然存在的裂缝对储层内流体的流动具有重要影响或据预测具有重要影响的储层，这种影响既可以是增加储层的渗透率和(或)孔隙度，也可以是增强储集层渗透率的非均质性(R A 纳尔逊，1990)。世界上许多大型、特大型油气田的储层属于裂缝性储层。作为一种特殊的储集类型，它与孔隙性储层相比具有其独有的复杂性，即具双重介质的结构，最常见的特征是孔隙度低，渗透率高，非均质强，开发难度大。

储层中裂缝的发育十分普遍，从砂岩到致密的碳酸盐岩，从泥页岩到基岩均有所发现。裂缝在储层中的存在，不仅可以提高甚至是提供基本的渗透率和孔隙度，而且也可以形成圈闭，使不具孔渗性的岩石储油成为可能。然而，对于油气田开发，由于裂缝在油气渗流中的重要作用，对裂缝的研究，已成为储层评价和改善开发效果的重要环节。

一、裂缝概述

裂缝可以成为油气运移的良好通道，对储层的渗透率影响极大，不仅控制储层中油、气的产出，而且也是影响油气富集的重要因素。根据国内外的研究成果，发现裂缝可以使一些不具备孔隙的岩层变成储层和生产层，也可使一些低渗透率的油层具有开采价值；开启的裂缝可成为油气散失的通道。裂缝对采收率有较大影响，在裂缝发育的储层中，最大渗流方向与最小水平应力方向垂直(Heffer 和 Ewhper，1990)，油田优先的水淹方向与张性裂缝的主要发育方向一致。

1. 裂缝的成因

裂缝的形成可以简要地概括为：当地层岩石在不同的应力作用下，由于承受不住某种应力而产生破裂，进而在整个岩体内形成裂缝。从地质力学的观点看，裂缝是失去结合力的表面。它与断层是有区别的，断层发生了相对位移，而裂缝实际上是没有出现明显位移的破裂面。

产生裂缝的根本原因是应力作用，而引起地下应力变化的因素主要有以下三个方面：一是地壳变动，如与地层构造发展史相联系的褶皱作用和断层作用；二是覆盖层遭受侵蚀而变动。当沉积层受到侵蚀而断裂时其上部膨胀，在最先易碎的脆性岩层中产生裂缝或裂隙；三是由于压实作用使成岩矿物变化和水分丧失而导致泥岩体积收缩，而夹层不可压缩但仍起着支撑或分隔作用时，泥岩体积的收缩就会形成裂缝。另外，裂缝总是形成于脆性岩层中，脆性岩层包括石灰岩、白云岩、燧石、页岩、胶结硅质岩、火成岩和变质岩等。

2. 裂缝的类型

裂缝因分类依据不同而有许多种分法，这里只介绍其中的几种。

1）地质成因分类

R A 纳尔逊(1990，2001)按其地质因素，划分为以下几类裂缝。

(1)构造裂缝：主要受控于褶皱和断层，按照其方向、分布和形态可以归因于局部构造事件或与局部构造事件相伴生的裂缝。

与断层相关的裂缝系统：发育于正断层中的裂缝产状与最大主应力有关。

断层中的裂缝产状与最大主应力 σ_1 有关。Stearns(1968)阐述了最大主应力方向的断层作用及由断裂引起的裂缝的走向与正断层产状之间的关系。

断层面是一个剪切面，大多数在断层附近相伴生的裂缝都是与断层平行的剪裂缝、与断层共轭的剪裂缝或等分这两个剪切方向的锐夹角的扩张裂缝(断层滑动带或断层泥带很复杂，具有其本身的内部变形形态)。

与褶皱相关的构造裂缝：在褶皱范围内发育的裂缝形态包括与走向剖面上的挠曲相伴生的裂缝、与倾向剖面上的挠曲相伴生的裂缝、与横剖面上的挠曲相伴生的裂缝(分为扩张的和挤压的)、与和褶皱有关的冲断层相伴生的裂缝、与层面滑动相伴生的裂缝等。

背斜构造上主要发育两种典型的裂缝组(图4－49)。首先，一组共轭剪切裂缝与一条拉张裂缝，这说明 σ_1 的方向与褶皱翼部地层倾向是一致的，并且 σ_1 和 σ_3 在同一地层面，而 σ_2 垂直地层(图4－50)。其他的裂缝也包括共轭剪切裂缝组和拉张裂缝，但是主应力方向是不同的。这时在褶皱翼部，σ_1 平行地层走向，而 σ_3 则沿地层倾向方向。对于构造裂缝性储层而言，掌握褶皱和断层中裂缝组的典型产状非常有助于建立勘探开发模型。

构造裂缝发育的模型是可预测的，该模型主要取决于与之相关的断层和褶皱构造的几何学特征。Corbett 等(1991) 将发育于得克萨斯州奥斯汀白垩系中的裂缝成图，并依据自然构造特征，建立了四种不同模式的构造类型。这四种构造类型包括背斜褶皱、单斜挠曲、铲状正断层和地堑式正断层(图4－51)。

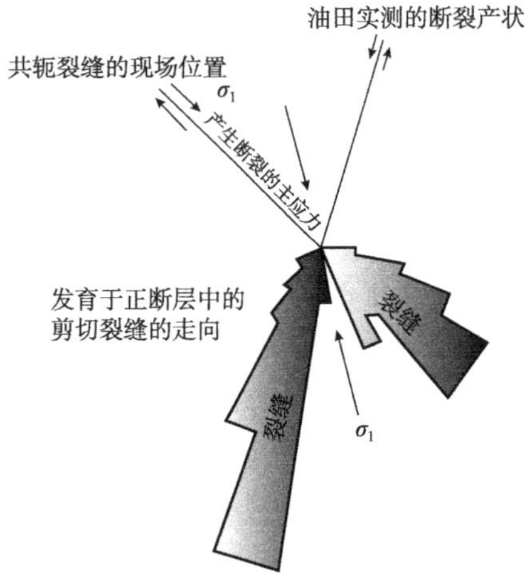

图 4－49　正断层与逆断层中最大主应力方向的裂缝产状(Stearns，1968)

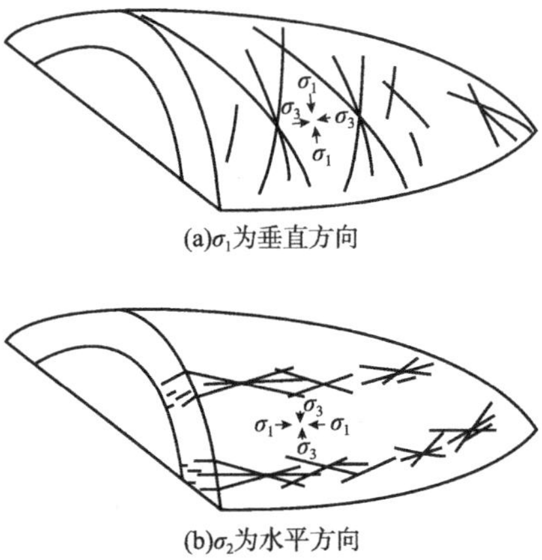

图 4－50　最大主应力为水平和垂直方向时褶皱构造中发育的典型裂缝模型(引自 Stearns 和 Friedman，1972)

注：裂缝模型依据地层几何形态，而不是褶皱几何形态。

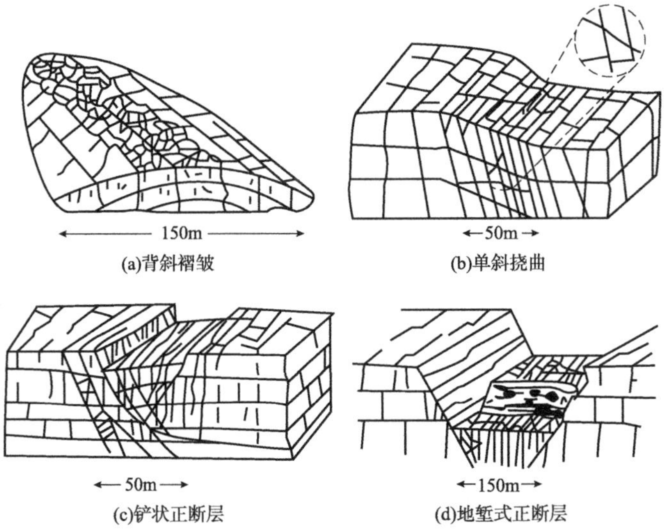

图 4－51　Corbett 等(1991)绘制的奥斯汀白垩系最常见的裂缝类型

注：图中表示了褶皱发育地区，区域规模的单斜挠曲构造发育区，半地堑发育区和正断层发育区的裂缝模式。裂缝主要发育于断层的上盘，因为沿着褶皱的顶部应力最为集中。

(2)区域裂缝：是指那些大面积发育于地壳中，方位变化相对较小、破裂面两侧无明显水平错断且总是垂直于主层面的裂缝。与局部构造裂缝不同，区域裂缝的几何形态单一连续，间距相对较大并且在大面积内切割所有局部构造。

(3)收缩裂缝：包括干缩裂缝(泥裂)、脱水收缩裂缝、热收缩裂缝(如岩浆岩中的柱状节理)、矿物相变裂缝。

(4)表生成因裂缝，包括由卸载、储存应力和应变的释放、自由表面或无支撑边界的产生，以及风化作用等所形成的各种各样的裂缝类型，既有拉张裂缝，又有扩张裂缝。

(5)压实、压溶等作用形成的裂缝。

以上裂缝类型也可简单划分为构造裂缝、沉积—构造裂缝(层理缝、层内缝)、非构造裂缝[由于干缩、风化、崩塌(滑坡)、压实、压溶等作用形成的裂缝，又称岩性缝]。

2)力学性质分类

按使岩石发生破裂的应力性质划分为张性裂缝、剪切裂缝、压扭性裂缝。

3)产状分类

根据裂缝与岩层面的夹角将裂缝分为：水平缝(0°~15°)、低角度斜交缝(15°~45°)、高角度斜交缝(45°~75°)、垂直裂缝(>75°)、不规则缝(α变化不定)。

4)大小特征分类

按裂缝宽度划分为大裂缝(宽度大于3mm)、中裂缝(1~3mm)、小裂缝(0.1~1mm)、微裂缝(小于0.1mm)。

5)破裂面形态分类

影响裂缝孔隙度和渗透率的一个重要因素是破裂面的形态。天然破裂面的形态有四种基本类型：①开启裂缝；②变形裂缝(分为被断层泥充填的裂缝、具擦痕面的裂缝、既有断层泥充填又有擦痕面的裂缝)；③被矿物充填的裂缝(未完全充填缝、完全充填缝)；④溶蚀裂缝。

6)渗流性质分类

从开发地质角度出发，按裂缝是否可以作为流体的储渗空间和运移通道可分类如下。

①闭合缝：在地应力作用下闭合的裂缝或被完全充填的裂缝，不能给流体的流动提供通道；

②开启缝：裂缝是开启的，未被充填，可以作为流体储存和流动的通道；

③局部开启缝：裂缝只在局部开启，其他部位闭合。可以是裂缝产生时就形成的，也可以是原裂缝中的充填物在局部被溶蚀后形成的；

④高压开启缝：有些裂缝是闭合的，但在一定的注水压差下，裂缝由闭合变为开启，成为流体运移的通道。

二、裂缝评价的主要内容

裂缝描述是油藏描述中的重要内容。根据油田开发要求，主要包括以下内容。

(1)裂缝产状。裂缝的倾角、走向、倾向及其与储层产状的关系，其中裂缝的走向方位尤为重要。裂缝的走向表示了裂缝的延伸方向，同时也反映了储层储、渗条件的各向异性，并直接影响着油水运动轨迹。

裂缝产状的确定，首要问题是确定岩心的方向，一般在定向取心井中可以直接确定裂缝产状，而非定向取心井可通过下列途径确定裂缝的产状。

①通过岩心古地磁定向。

②将岩心中裂缝产状与地层产状建立关系，在岩心中测量裂缝倾向与地层倾向之间的夹角，并在构造图或倾角测井图上求得本井所处位置的地层倾向，这样就可以推算出裂缝的倾向及走向。

③利用岩心中指示古流向的沉积现象(沉积岩)或区域变质形成的线理、片理与裂缝倾

向的关系，在倾角测井中求取上述现象的方向，用于推算裂缝的倾向及走向。

(2)裂缝发育程度：包括纵向穿切深度、横向延伸长度、宽度、开度、分布密度或间距等。

①岩心裂缝长度：指垂向上的长度。

②裂缝宽度：又称张开度，是定量评价裂缝性质的一个很重要的参数，它对裂缝系统的孔隙度，特别是对渗透率有很大影响。裂缝的宽度与岩石的岩性、应力性质、形成的温压条件等有关。

③开度：指充填物充填后剩余的可作为储集空间的宽度。

④岩心裂缝密度：一般以每米岩心长度上有多少条裂缝(线性裂缝密度)来表示，也可以用某一横截面上所统计的裂缝累计长度与该横截面积之比(面积裂缝密度)、单位岩石体积中所含裂缝的总表面积(体积裂缝密度)来表示。除描述岩心裂缝总密度外，还应分层系分别描述裂缝密度。

⑤ 裂缝间距：指在垂直于一组裂缝方向上所测量的各裂缝之间的平均距离，单位为 m。

裂缝发育程度与单层厚度及岩性、地层组合特征、构造因素等有关。一般来说，在同样岩性、构造条件下，薄层比厚层的裂缝要发育；裂缝密度按白云岩－石灰岩－砂岩－膏盐类岩石序列而降低；构造因素对裂缝分布的控制主要表现在裂缝总是发育在地层受力强、变形大，亦即地层具有最大曲率的地方，如构造轴部、端部、翼部挠曲处等，断层附近通常也发育裂缝。

(3)裂缝开启程度、充填程度及有效开启程度。

①充填物种类：矿物、泥质、古土壤等碎屑物、沥青质等。

②矿物充填应描述矿物类型、晶形、结晶体方向与缝面关系、是否有多期矿物充填等。在充填晶体中，包裹体鉴定可以确定裂缝张开时的古温度和压力，是判断裂缝形成地质时代的重要证据。

(4)裂缝力学性质：在岩心上主要是区别张性缝还是剪切缝。

(5)裂缝组系的判断与划分。

①根据裂缝产状、力学性质及相互交切关系划分裂缝组系，凡产状一致，相互平行，力学性质一致的裂缝属同一组裂缝，呈共轭的剪切缝及共生张性缝为同一裂缝系统。

②根据裂缝交切判别形成时间的早晚，被截切位移的组系为早期缝。

③注意后期缝沿早期缝再次裂开或扩张延展的识别。

④根据裂缝充填矿物的世代判断组系的早晚。

(6)微裂缝描述。

①发丝状微裂缝：一般肉眼已不能清晰地描述，可通过在岩心表面上涂挥发液(如汽油、四氯化碳等)揭示，或揭片及照相后进行详细描述。

②显微微裂缝：取岩心磨片观察(垂直层面切片)，描述微裂缝形态、与岩石组构关系、充填情况等。

(7)裂缝的储油能力和渗流能力。

①裂缝孔隙度：为裂缝容积与裂缝性岩石体积之比，可用下式表示：

$$\psi_f = \frac{V_f}{V} \tag{4-30}$$

式中，ψ_f 为裂缝孔隙度,%；V_f 为裂缝容积；V 为岩石体积。

实际研究中也可采用下式求裂缝孔隙度：

$$\psi_f = \frac{\bar{b}}{D+\bar{b}} \times 100\% \tag{4-31}$$

式中，$\bar{b}$ 为裂缝平均宽度，μm；D 为平行裂缝的平均间距，μm。

裂缝孔隙度一般都很小(小于3%)，因此，当围岩的孔隙度较大时，评价裂缝孔隙度就显得不重要了。但据研究，裂缝孔隙空间中储藏可采石油的能力并不低。1%的裂缝孔隙所储藏的可采油量相当于5% ~8%的围岩孔隙中所储藏的可采油量。

裂缝性岩石的总孔隙度为裂缝孔隙度与岩块孔隙度之和。

②裂缝的面孔率，可表示为：

$$\psi'_f = \frac{A_f}{A} = \frac{L \cdot \bar{b}}{A} = A_{fD} \cdot \bar{b} \tag{4-32}$$

式中，A_f 为裂缝面积，μm^2；A 为测量面积，μm^2；L 为测量面积上裂缝总长度，μm；$\bar{b}$ 为裂缝平均宽度，μm；A_{fD} 为单位面积裂缝密度。

③裂缝渗透率：裂缝性储集层具有岩块基质渗透率和裂缝渗透率。

单裂缝组系岩石的裂缝渗透率 K_f 为：

$$K_f = \frac{b^3}{12D}\cos 2\alpha \tag{4-33}$$

式中，b 为裂缝的平均宽度，μm；D 为裂缝的平均间距，μm；α 为裂缝面与压力梯度轴的夹角，(°)。

多裂缝组系的 K_f 类推为：

$$K_f = \frac{b_1^3}{12D_1}\cos 2\alpha + \frac{b_2^3}{12D_2}\cos 2\beta + \cdots \tag{4-34}$$

裂缝性岩石总渗透率(K_t)为：

$$K_t = K_r + K_f \tag{4-35}$$

式中，K_r 为岩块基质渗透率，$10^{-3}\mu m^2$；可由达西定律求得。

与孔隙性储层相比，裂缝性储层的总渗透率与总孔隙度之间一般没有一定的正比关系。因为虽然总孔隙度大，但对其贡献很大的岩块系统的孔隙连通性相对较差，所以总渗透率不一定很高。

(8)裂缝系统、围岩基质系统含流体饱和度。

对裂缝系统而言，毛细管压力很小，其束缚水饱和度极低，一般不超过5%，所以，可以认为相应层位的流体(水层中的水、油层中的油等)在裂缝中的饱和度是100%。而对岩块系统来说，毛细管压力是不能忽略不计的，其束缚水饱和度较高，一般都超过30%。相应地，岩块中所含油(气)的饱和度就较低。在裂缝性油气层中，每一小岩块的尺寸大小不同，其中的孔隙结构不同，毛细管压力大小也不同，所以总的岩块系统中含油(气)饱和度变化很大。

(9)裂缝－孔隙系统之间的连通性。

①连通性：在具有裂缝和围岩两种孔隙系统的储层中，裂缝对储量和产量都有重要影响。一般，这两种系统相互连通，存储于其中的流体就会发生交换性流动。开采时，裂缝系统先水淹，然后裂缝中的水与围岩孔隙中的油(气)之间发生交叉流动，实现系统的驱油作用。但在不少情况下，二者连通性差，即使裂缝系统的渗透性很高，围岩系统中的大量可动油气也难以开采出来。

②采收率：裂缝系统含油饱和度很高，且自身的驱油条件要比围岩系统好得多。它对引起流体流动的压力梯度的反映远超过围岩系统。从驱油效率和波及系数两方面来看，也都高于围岩系统。所以一般裂缝系统的采收率都很高，可达90%左右。相比之下，围岩系统的采收率低得多，一般小于30%。但裂缝－孔隙性油藏总的采收率比一般的常规孔隙性油藏的高。

三、岩石裂缝发育的规律

裂缝的形成与岩层本身的特点和受力状况有关。其影响因素如下。

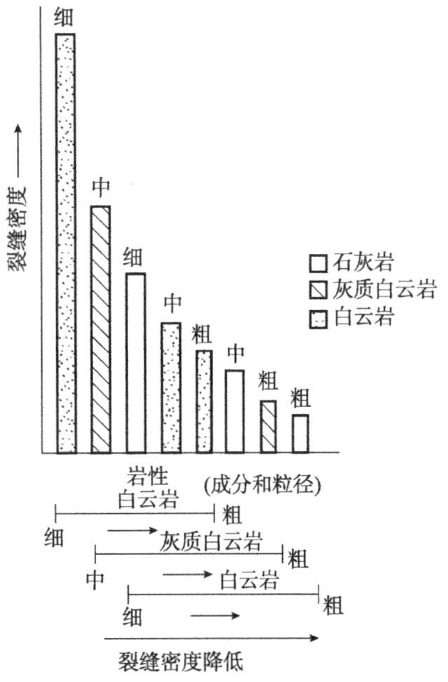

图4－52　构造裂缝的相对密度与岩性(矿物成分和粒径)的关系直方图(Sinelair，1980)

1. 裂缝与岩石类型

裂缝的发育与岩石强度或塑性具有特有的关系(图4－52)，假设两类岩石具相似的应力和环境条件，含高百分比脆性组分的岩石要比含低百分比脆性组分的岩石具有更密的裂缝。

一般，碳酸盐岩、泥岩中裂缝发育程度高于陆源沉积的砾岩、砂岩及石膏岩，岩石裂缝减少的顺序为：泥灰岩－泥质白云岩－白云岩－灰质白云岩－石灰岩－砂岩－硬石膏－石膏。泥质岩的微裂缝很发育，但其张开度一般都很低，只有几微米。

在相似的岩性单元中，强度较大、脆性较大的带趋于发育较多具有擦痕面的裂缝，强度较小、塑性较大的带则发育更多被断层泥充填的裂缝(R A 纳尔逊，1992)。

2. 裂缝与岩层厚度

对于脆性地层，在岩性相同的岩层中，薄层的裂缝数量要比厚层的多。中东地区阿斯玛里石灰岩的有关资料清楚地显示了这种相关性。

赵从俊(1976)对重庆小南海采石场碳酸盐岩裂缝发育情况调查结果为：厚层状石灰岩裂缝密度为每平方米内15条，中—薄层状的每平方米内达41条。薄层石灰岩中裂缝张开度较低、延伸距离短、有效性差；厚层石灰岩中裂缝张开度高、延伸距离长、有效性好。

此外，岩层中不同的岩性组合影响岩石的破裂性质。在地层厚度发生变化的地带(砂岩尖灭区或岩性变化带)，裂缝密度往往有所增加。

3. 裂缝与区域构造

区域构造对裂缝有明显控制作用。在同一区域应力场内主要裂缝组系发育特点具有一致性，称为区域裂缝。区域裂缝的发育受局部构造的影响较小，强子同等在研究天山北部阿拉套山脉塔拉斯地区前寒武系和下古生界地层的裂缝时发现，多数裂缝是构造成因的，裂缝的方向不仅与地层走向有关，而且还与天山地区大地构造的走向有关。鄂尔多斯盆地从三叠系到白垩系都发育着延伸方向相同的裂缝组系，与东部华北地台上的裂缝组系特征一致，很可能是太平洋板块与亚洲板块作用的应力场“产物”。

在局部构造运动较弱的克拉通地区或地台区，区域性裂缝的存在较为明显。局部构造形成时生成的裂缝可能叠加在其上或将其改造，使裂缝组系变得复杂。

4. 裂缝与局部背斜构造

在局部构造上，裂缝总是发育在岩石应力最集中、变形剧烈即岩层有最大曲率的部位（图 4 –53），在局部构造上裂缝主要发育在背斜的轴部、端部、翼部挠曲及与断层有关的牵引褶曲处。

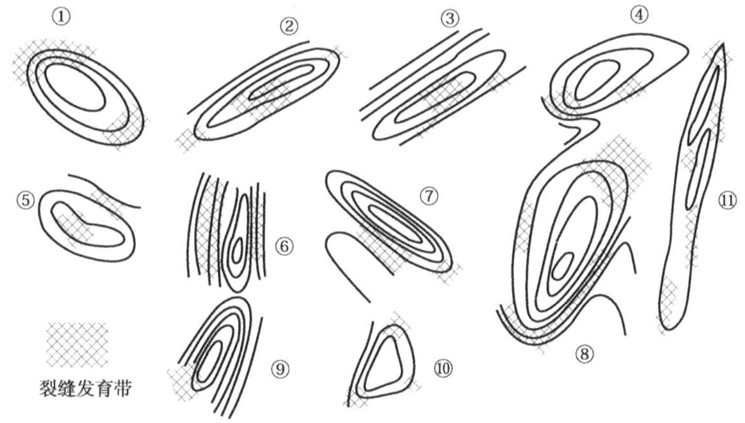

图 4 –53 各种局部构造上裂缝发育的分布（斯麦霍夫，1974）

①～⑦—位于西伯利亚地台南部；⑧—位于俄罗斯地台；⑨～⑩—位于南米努辛盆地；⑪—西阿鲁克塔乌背斜

在向斜（或背斜鞍部）中岩层曲率增加，产状突变部位也是裂缝发育部位。一般认为地下岩石裂缝发育规律与地面露头裂缝发育规律一致。

地表裂缝资料研究结果在一定程度上可以用来指导对地下裂缝发育情况的研究。但由于风化作用等因素的影响，地表岩石的裂缝密度及张开度比地下岩石裂缝的要大得多。

5. 裂缝与断层

构造裂缝与断层的关系主要表现为裂缝的力学性质和相邻断层的力学性质相似，它们形成于同一应力场。在邻近断层发育的裂缝中总有一组裂缝的走向与断层方向一致，并且在断层附近岩石中裂缝组系增多。羽状裂缝及逆牵引褶曲上发育的张性裂缝（纵张缝、横张缝）都发育在断层附近，随着与断层距离的逐渐增加而消失。

通常认为，对于正断层伴生的断裂带产生的主裂缝方向（图 4 –54）：①张裂缝，平行于断层面，而剖面上则为垂直方向。②剪裂缝，平面分布与张裂缝斜交，剖面上也是斜交张裂缝（一组），如发育另一组，则应平行于断层面。

图 4－55 是逆断层的断裂带和裂缝方向的解释图。平面上，张裂缝一般发育在垂直于断层面上；而剖面上则呈近水平方向。剪切缝则与张裂缝斜交。

根据力学实验，断层末端、断层相交区域、弯曲断层外凸部都是应力集中区，也应是裂缝相对发育带(图 4－56)。

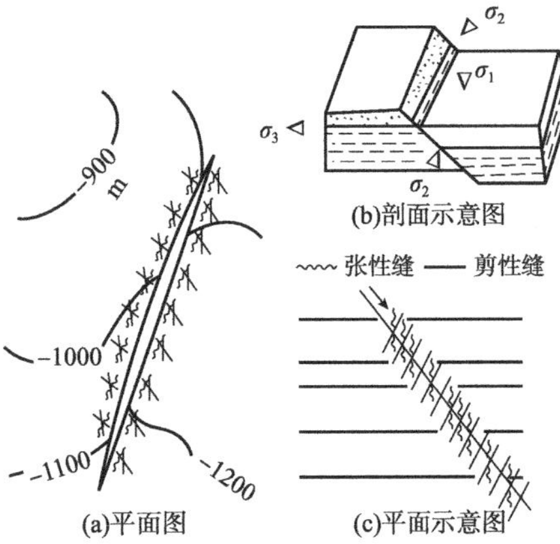

图 4－54　正断层断裂带裂缝分布示意图

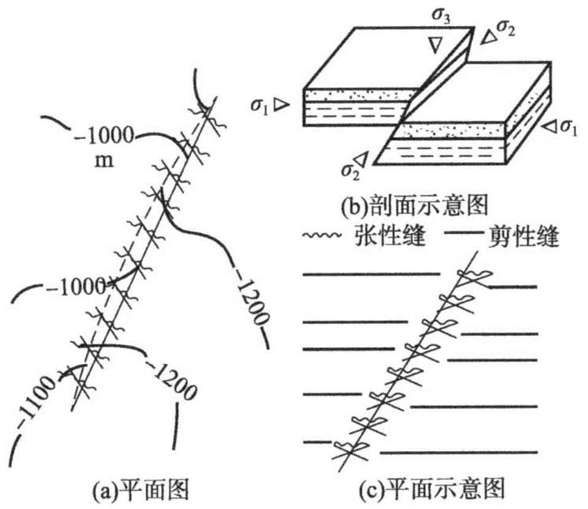

图 4－55　逆断层断裂带裂缝分布示意图

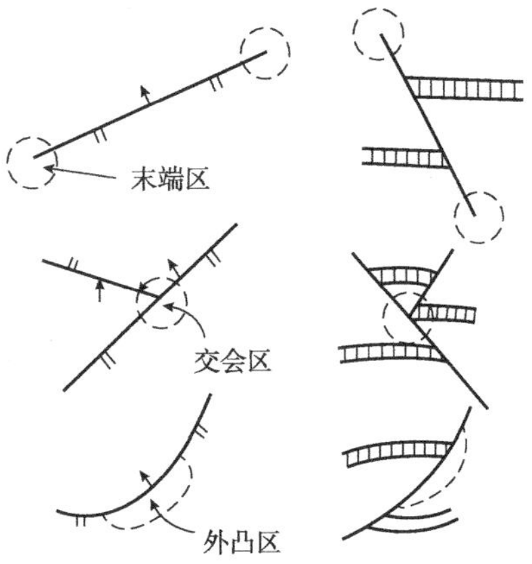

图 4－56　断层效应类型图示

此外，应力场及断层的分布控制裂缝的开启与闭合，陈东敬、慈兴华(2000)通过有限数值模拟等研究认为，古应力场形成构造裂缝，现今应力场对裂缝的开启和闭合起控制作用，罗西地区三个方向(NE、NW、近 EW 三组)的构造裂缝是在华西期形成的，该区现今应力场的性质是以近东西向水平挤压为主。这样，近 EW 向的一组裂缝张开度最大，而其他两组受到挤压而减小。

断裂末端效应形成裂缝性致密油气储集层。根据力学实验，断层末端是应力集中区，也应是裂缝相对发育带。如图 4－56 所示，断层的断距变化是向两个消失端过渡的(同期断层)。对于正断层，其上盘顶部末端带为拉张带，而逆断层则是挤压带。在下盘底部末端带则有相反情况。此外，断层相交区域的裂缝较发育，反映弯曲断层外凸部的应力集中区及其相应的裂缝发育带。

6. 异常高压与裂缝发育

对岩石性质及形变起作用的是有效应力(总应力－孔隙压力)，异常高压改变了岩石发生破裂时的有效应力场，流体压力对岩体的作用是抵消岩石所承受的压应力，若流体压力增加到一定的值，应力圆向左移动，趋于与破裂包络线相切，导致岩石剪切破裂或张性破裂。在某种意义上，流体压力可以看作使岩石张开的拉张应力(王平，2001)。当异常高压带内的剩余地层压力大于岩石的抗张强度时，岩石发生破裂产生裂缝；当孔隙流体的压力小于裂缝中的流体压力时，裂缝闭合。

此外，异常高压带内的高孔隙流体压力，降低了泥岩颗粒之间的摩擦系数，使岩石强度明显降低。

7. 裂缝与储集类型

碳酸盐岩储集层的储集类型及其主要特征如表4－6所示。

表4－6　碳酸盐岩储集层的储集类型及其主要特征

储集类型	钻井显示	储集层渗透率和基质渗透率比较	压力恢复特征	初期产能特征	主要储集空间	主要渗滤通道	储集层模式
裂缝型	放空、漏失	$K_m \to 0$ $K_r \gg K_m$	凸型曲线	下降快	裂缝	裂缝	
裂缝－孔洞型	放空、漏失	$K_m \to 0$ $K_r \gg K_m$	过渡段为斜线	初期下降快，后期较平稳	孔洞	裂缝	
裂缝－孔隙型	轻微钻附加快	$K_r > K_m$	台阶不明显	初期产能高，生产平稳	孔隙	孔隙和裂缝	
孔隙－裂缝型	钻附加快，有放空、漏失	$K_r \gg K_m$	有台阶	产能下降快，后期较平稳	裂缝	裂缝	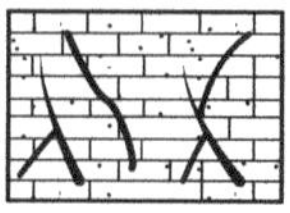
孔隙－洞穴－裂缝型	放空、漏失	$K_r \gg K_m$	台阶拉宽	初期产能高，下降快	裂缝和洞穴	裂缝	
裂缝－洞穴－孔隙型	钻时加快，有放空、漏失	$K_r > K_m$	过渡段较宽	较平稳	孔洞	孔洞	
孔隙型	正常	$K_r \approx K_m$	凹型、凸型都有	平稳	孔隙	孔隙	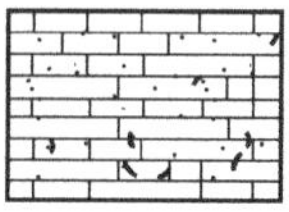

四、地下裂缝的探测与预测方法

地下储层的裂缝分布状况是十分复杂的，要准确探测地下储层裂缝的发育程度和分布规律是很困难的。虽然已研究并提出了诸如岩心测量法、测井法、试井法、地震法、地应力分析法、示踪剂测试与油水井生产动态分析法等许多方法，但这些方法都有一定的局限性。

（一）裂缝的探测与评价

1. 实验室研究地下裂缝

1）镜下观察

通过普通薄片显微镜下观察等对岩石中存在的微裂缝进行描述和统计，主要观察以下内容：①裂缝的形态、宽度、长度；②缝面情况、溶蚀及充填情况(充填物成分、晶形、充填程度、分期性和分布)；③裂缝系数、成因类型及分期配套关系；④裂缝与岩石颗粒及孔隙的关系，对于定向薄片，估计裂缝产状。

2)裂缝充填物的稳定同位素及包裹体研究

裂缝充填物的稳定同位素及包裹体研究对于确定裂缝形成期及古环境有意义，对裂缝作出成因解释。

测量裂缝中充填物的$\delta^{13}C$和$\delta^{18}O$(PDB)，一般早期的充填物相对于晚期充填物同位素偏重，越早形成的裂缝其充填物同位素值应越接近围岩的值。

裂缝充填物中通常存在一些水质或烃类流体包裹体，通过对这些包裹体的均一温度测定，可以得到充填物形成的古地温，了解充填期和推断裂缝的成因。

2. 岩心观测法

用定向取心技术、全岩心观察和测量，结合岩心薄片观测或CT扫描技术，描述岩心裂缝特征，测量裂缝产状数据，求出裂缝参数，对地下裂缝进行分析。观测的内容有裂缝组系、裂缝宽度、裂缝密度、裂缝产状、裂缝性质(充填情况、溶蚀情况)、裂缝的连续性等；通过全岩心实验测试求取裂缝孔隙度、裂缝渗透率等。

3. 露头裂缝调查

若油藏构造(包括浅层非目的层)有露头时，或类似发育史的邻近构造有出露时，可以通过露头裂缝调查，充实裂缝的地下地质描述内容和综合研究依据。露头选择要考虑以类似储集层岩石的岩层为主要目的层，多选几种岩石类型用以对比。露头裂缝调查的一般工作方法如下。

1)选择地质点。选择具有代表性的构造位置及裂缝露头点作为裂缝描述的地质点。每个地质点必须要有足够数量的裂缝供描述，以利于得出有价值的统计平均值。

2)收集地质点的资料：①地质点的地理、构造位置；②地层岩石类型；③地层走向、倾角；④地层厚度；⑤沿不同测线测量的裂缝间距；⑥裂缝成因组系；⑦最大主应力方向。

3)裂缝调查，主要有以下几个方面：①裂缝的各种参数，包括裂缝宽度、长度、组系、密度、裂缝孔隙度、渗透率、产状等；②裂缝的成因及其形成的地质条件，如断层、构造变形及部位的关系，裂缝的形成期推断；③裂缝的有效性，指裂缝的张开程度及充填情况、充填物成分、充填期和分布特征；④应力场的恢复，利用地面裂缝调查资料，采用水平投影作图，恢复古应力场方向。

4. 测井解释法

利用井眼周围的裂缝特征对测井仪器产生的异常响应来探测地下裂缝，裂缝的测井响应主要表现为密度减小、声波增大、电阻率低等异常显示。

1)成像测井(FMI)资料探测裂缝

电阻率成像测井是当今识别裂缝的最佳手段，也是目前最流行最重要的识别裂缝的技术。成像测井图可以直观地反映裂缝的形状、填充状况及产状，将之与常规测井资料和岩心分析结果结合对比之后，可在成像测井图上准确区别出真、假裂缝。如果处于裂缝层，高电阻率的岩层往往对应于浅色的图像，裂缝由于充满了导电的钻井液，导致电阻率降低，裂缝往往对应于深色图像；低电阻率的岩层(如泥岩)和充满水基钻井液的裂缝则对应于深色的图像。

2)用地层倾角测井识别裂缝和裂缝延伸方向

在裂缝性油气藏中，裂缝分布是非均匀的。当钻井钻开裂缝性油气层时，由于钻井液侵入裂缝，引起裂缝性油气层岩石电导率增高。高分辨率地层倾角测井仪4个极板探测岩石的体积相同，但由于在井壁上接触岩石的位置不相同，任何极板通上裂缝，都会出现高电导率异常。电导率不仅能够识别裂缝，而且还能够识别裂缝的发育方向。

3)双侧向—微球形聚焦测井识别裂缝

裂缝性地层被钻开后会有钻井液侵入裂缝。如果淡水钻井液侵入裂缝性油气层，双侧向测井电阻率出现正差异，即深侧向测井电阻率大于浅侧向测井电阻率。如果淡水钻井液侵入裂缝性水层，双侧向测井电阻率会出现负差异，即深侧向测井电阻率小于浅侧向测井电阻率。双侧向测井电阻率差异既是油(气)、水的指示，又是裂缝的指示。

在有钻井液侵入的裂缝性油气层中，微球形聚焦测井电阻率比双侧向测井电阻率降低得更快，而且电阻率曲线出现锯齿状。

4)常规测井资料识别裂缝

常规测井资料主要有深浅侧向电阻率测井法、声波测井法、密度测井法等，除了包含储层岩性、物性、电性和含油性等多种信息外，在裂缝性油田储层评价中起着很关键的作用。

自然电位曲线主要应用于划相、判断岩性和评价渗透性。在裂缝发育带，渗透性良好，自然电位曲线表现出自然电位低值、负异常的特征。

深、浅双侧向电阻率测井测量地层深部电阻率和侵入带电阻率，比普通电阻率能更好地反映地层电阻率变化。深、浅双侧向电阻率差异的大小反映裂缝发育程度的高、低，即深、浅双侧向电阻率差异幅度越大，裂缝的发育程度越高。深、浅双侧向电阻率的大小及差异性质还受到流体性质的影响，且当钻井液侵入深度分别大于或小于深、浅侧向电阻率各自探测的深度时，深、浅侧向电阻率差异性质会有不同的显示。

声波时差测井对高角度裂缝反映较差，而对水平缝、低角度缝和网状缝反应敏感。在遇到较大规模的低角度缝和网状缝时，声波时差测井曲线显示独特的周波跳跃特征，引起周波跳跃的情况有三种：①裂缝性地层或破碎带；②含气的疏松砂岩；③钻井液气侵。因此，利用声波时差识别裂缝时，需要结合其他资料进行具体的划分。

密度测井主要反映地层的总孔隙度、裂缝发育导致的地层体积密度降低、地层含气和井眼不规则等原因造成密度降低，补偿密度测量的尖锐低值为裂缝带的特征。

中子测井把原生的岩石围岩孔隙度作为划分无裂缝的截止值，中子测井孔隙度大于原生的围岩孔隙度指示为裂缝。

自然伽马能谱测井可测量岩石天然放射性元素铀(U)、钍(Th)、钾(K)的含量，放射性伽马射线强度可以识别裂缝性地层。当自然伽马射线强度差值大于零时，岩石中存在铀，直观指示为裂缝性地层；反之，当自然伽马射线强度差值等于或小于零时，岩石中铀含量极小，高自然伽马值是由岩石含泥质引起的。

5. 钻录井资料探测裂缝

在钻录井资料识别裂缝方面，可以利用钻时、岩心录井、岩屑录井、气测录井及综合录井等。在裂缝发育层段，气测组分齐全并且具有一定的连续性，C_2、C_3 明显升高，采用($C_2+C_3+iC_4$)/Tg 与 C_1/Tg(Tg 为气测全烃)绘制交会图的方法可以识别裂缝(吴炎，2017)；裂缝发育层段影响岩石的稳定性，井壁崩落的方位通常能反映裂缝的走向，但应考虑地应力对井壁崩落方位的影响(Zeng 等，2015)。

在综合录井方面，钻遇裂缝发育带时的录井响应特征有：①溢流、录井槽面及井漏产生气泡并上涨的现象；②气测全烃尖峰式的上涨，并且出现周期性重复现象；③标准含油质量浓度为异常高值；④钻井液出口的电导率为高值(何新兵等，2014)；

欠平衡钻井作业期间，通过钻井液测井中总气体浓度、钻井液体积两个评价参数，可以获取与井眼相交的天然裂缝位置(Norbeck 等，2012)。对于泥岩地层，泥岩裂缝的随钻响应特征包括：地层可钻性指数(d_c 指数)曲线异常、气测曲线偏高、GR 曲线异常高值、钻井过程中出现的井壁失稳与井漏，以及岩屑中次生矿物含量增多等(阚留杰等，2015)。

6. 现代试井分析

试井包括压力恢复试井、压降试井、脉冲试井、干扰试井等。压力恢复试井中，压力导数曲线在过渡阶段驼峰之后出现一个下降，然后又表现为水平直线段的形态变化特征。可通过对压力恢复数据的进一步处理解释，求得裂缝部分参数。可以根据脉冲试井中产生脉冲(激动)的井与观察接收井的方位及反应信号，确定裂缝的方向及其发育程度。

7. 生产动态资料识别裂缝

根据钻井过程中钻具放空长度、钻井液漏失量可定性判断缝洞的大小和发育情况。示踪剂测试可定性判断裂缝发育程度及走向，考察油井的来水方向和水淹特征可判断裂缝的方向和发育程度。在注水井中加入示踪剂，而在水井周围的各井中检测示踪剂到达的时间，由不同方向注入水的推进速度差异，可分析在不同方向上裂缝的发育与分布状况。通过油井产能的变化及对注水的反应可以分析裂缝性储层的发育及分布状况。

井筒附近有效裂缝对产能、产量具有控制作用。利用生产动态资料识别裂缝应当注意区分吸水、漏失及水窜是裂缝还是孔喉所致。在剖面上，注入水会沿裂缝发育的高渗透层段或者基质的高孔高渗段突进，而低渗透层段则较少吸水或不吸水，在吸水剖面中的裂缝发育段形成尖峰状(图 4－57)，这种具有尖峰状且大规模吸水的层段很有可能就是裂缝发育段或水淹层位。王丹丹等(2016)认为裂缝可以造成复杂动态气水分布特征，裂缝产状会影响储层产水量，低角度缝或网状缝为主的储层易产水，而高角度裂缝占优势的层段基本不出水。

目前，对于储层裂缝系统的研究实验方法与技术主要分为两大类：一类是直接观察法，包括电镜观测、薄片观测、岩心观测及野外露头观测等；另一类是间接观察法，包括压汞分析、录井分析、测井分析、动态资料分析及地震方法等。按照裂缝识别的空间维度又可分为二维表征与三维表征(图 4－58)。

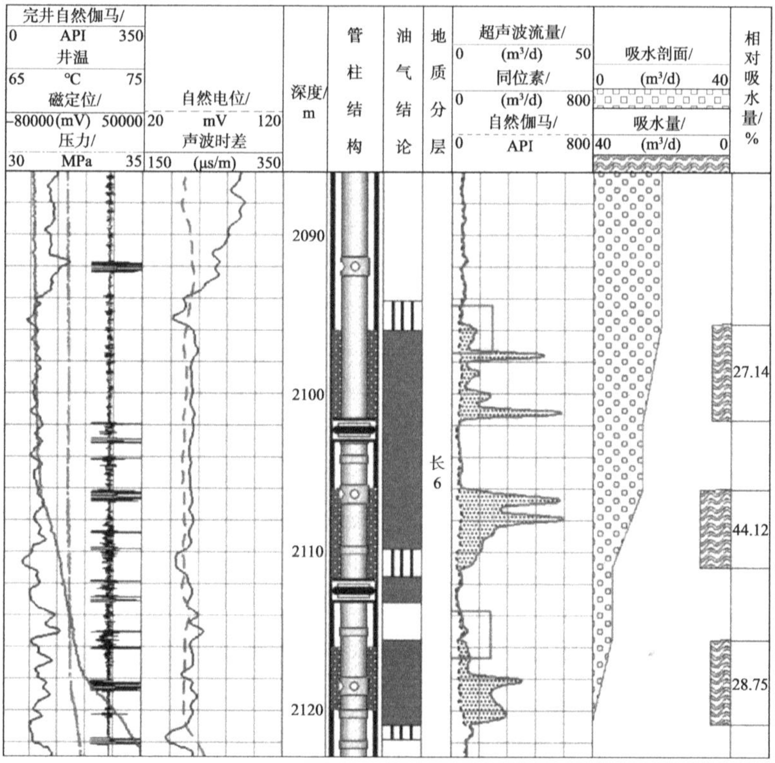

图 4-57 鄂尔多斯盆地华庆地区 Y289 井吸水剖面(刘敬寿, 2019)

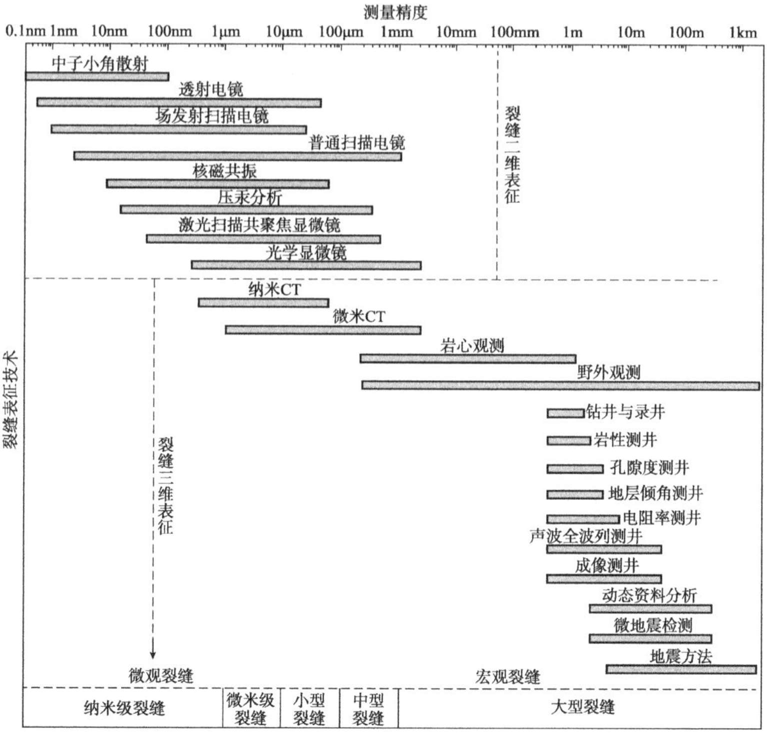

图 4-58 不同储层裂缝表征技术测量精度对比(刘敬寿, 2019)

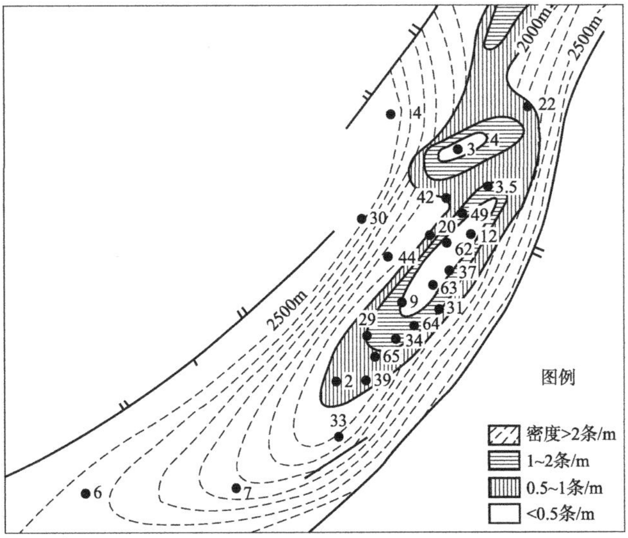

图 4－59　中坝构造须二段岩心裂缝等密度图

(二)裂缝的预测

1. 统计分析法

利用岩心确定的裂缝孔隙度和渗透率等预测裂缝发育带：对一个构造(或区域)中各取心井进行岩心裂缝调查，当取心井有一定密度，且求出各井点某层的裂缝孔隙度值则可以编绘出该构造的裂缝孔隙度分布等值线图，定性了解该构造裂缝相对发育程度及分布情况。

图 4－59 是中坝气田须家河组二段致密砂岩储集层岩心(30 口井)裂缝等密度图。该图也明显反映出位于四川西部龙门山逆掩断裂带前缘该构造的裂缝分布于构造曲率相对高值区。

2. 利用曲率预测构造裂缝

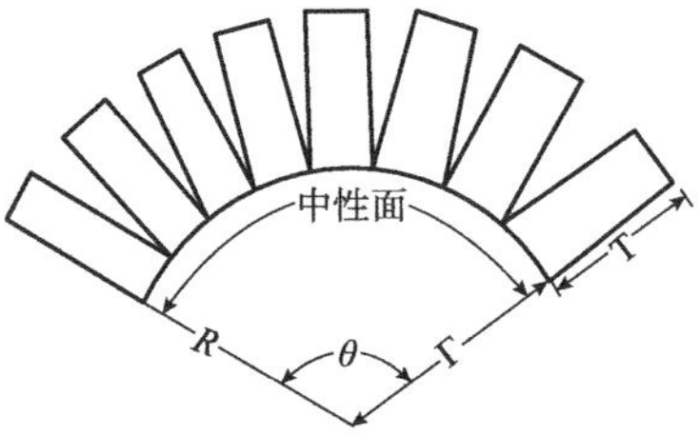

图 4－60　岩石弯曲后的断裂单元
(Murray，1968)

曲率是反映某一线、面弯曲程度的数学参数，曲率法的基本理论如下：当岩层受力后，沿某一方向弯曲变形(图 4－60)，中性面以上部分承受拉张应力，岩石可产生张裂缝；而中性面以下则承受挤压力，不能形成裂缝。设岩层中性面以上地层厚度为 T，根据变形前后面积变化，可得：

$$\psi_f = \frac{T}{2R+T} \quad (4-36)$$

式中，ψ_f 为张裂缝的孔隙度，小数；R 为岩层弯曲的曲率半径，m；T 为中性面以上地层厚度，m。

由于 $R \gg T$，则可将分母中的 T 忽略，得到：

$$\psi_f \approx \frac{T}{2R} \quad (4-37)$$

将 R 用曲率表示：

$$R = \frac{1}{d^2z/dx^2} \quad (4-38)$$

则：

$$\psi_f = \frac{1}{2}T(d^2z/dx^2) \quad (4-39)$$

裂缝孔隙度与曲率值成正比，故可以用曲率来反映裂缝的相对发育程度。

3. 利用地应力资料评价和预测地下裂缝

现今地层应力是地层受力破裂变形后剩余的应力，其大小是相对的，地层破裂严重时

(断裂与裂缝较发育)，地应力释放也大。现今岩层应力越低，说明岩层裂缝相对越发育，产能越高。可以通过直接和间接方法确定地层目前的应力状态，以此来推断地下裂缝的发育程度。

目前，地应力状态是：垂直应力(上覆岩层应力)$S_V(\sigma_1)$、侧向最大主应力 $S_H(\sigma_2)$、侧向最小主应力 $S_h(\sigma_3)$。储集层的有效应力(即储集层颗粒间的应力值)分为：垂向有效应力 σ_v、水平有效应力 σ_h。

如果储集层孔隙压力为 P，则：

$$\sigma_v = S_V - P \tag{4-40}$$

$$\sigma_h = S_h - P \tag{4-41}$$

$$\sigma_h = \frac{V}{1-V}\sigma_v(\text{水平应力为零}) \tag{4-42}$$

$$S_h = f \cdot S_V \tag{4-43}$$

式中，V 为储集层泊松比系数；f 为围限应力系数。

1)静力学法。垂直地应力实际上是地层静压力，通常可表示为：

$$S_V = [\rho_w \cdot \varphi + (1-\varphi)\rho_m] \cdot H \tag{4-44}$$

式中，ρ_w 为剖面中地层的平均密度，g/cm^3；ρ_m 为剖面中地层骨架密度，g/cm^3；φ 为地层平均孔隙度，小数；H 为计算层埋深，m。

S_V 求出后，利用式(4-43)便可求得 S_h。此时应力方向只能根据其他地质资料来确定，f 值可通过岩层的压裂资料求得。根据 S_V 和 S_h，就可以得到 σ_v 和 σ_h。

2)压裂资料估算法。利用水压裂资料可以估算地下应力。压裂过程中，岩石应力与地层破裂压力之间存在如下关系式(近似公式)：

$$P_\infty = P_f - p \tag{4-45}$$

式中，P_∞ 为岩石相对应力值，MPa；P_f 为地层破裂压力值，MPa；p 为地层孔隙压力值，MPa。

当已知地层破裂压力及地层孔隙压力时，就可估算相对的应力值(但无法确定方向)。地层孔隙压力通常根据测试资料确定，而破裂压力值可由多种方法得到，如实测地层破裂压力，利用测井资料或水力压裂资料确定破裂压力。一般情况下多使用实测地层破裂压力。

4. 数值模拟法预测和评价裂缝发育

利用区域性和油田局部构造形迹，以及已知井点裂缝现象作为模拟拟合对象，结合构造发育史，用专门软件模拟恢复古构造应力场的演化史，以此确定油田构造各部位的应力分布演化过程，进而半定量到定量判断各部位裂缝发育状况。常用的方法为有限元法。

5. 数理方法预测裂缝

数理方法预测裂缝常见人工智能模糊描述与预测和分形理论对裂缝的发育状况做定量描述两种类型。

Abdelkader 等(2005)在探索裂缝指数、地质特征及地质力学之间关系的基础上，应用模糊逻辑神经网络这种人工智能工具描述了天然裂缝型油气藏，获得了二维裂缝密度图及裂缝网络图。该方法通过建立储层渗透性、孔隙度、泥页岩含量等地质模型，在计算研究区构造方位、距离断层的距离、地层厚度等参数的基础上，应用地质力学方法，结合动态资料及模糊推论系统，选择合适的裂缝密度指数，进而绘制出研究区裂缝密度图。在应用基于加权法的数学模型的基础上获得了裂缝网格图，进而预测裂缝发育的优势方位。

Orlando 等(2006)利用基于裂缝大小分布的方法，对纵向上不同位置的裂缝做了对比，并利用微裂缝的发育状况衡量裂缝的密度。

6. 地震预测法

地球物理技术方面的先进方法较多，如横波探测方法、多波多分量探测方法、三维三分量技术、纵波 AVO 和 AVA 技术、地震反演技术、相干数据体法、地震属性参数提取法、高分辨率地震反演法、VSP 裂缝预测技术。

7. 多学科一体化表征与预测

储集层天然裂缝多学科综合一体化表征方法主要如下：① 地质方法，包括野外相似露头地质调查、岩心裂缝描述与薄片裂缝观察及统计；② 地球物理方法，包括测井裂缝识别及评价与地震裂缝检测，分为常规测井方法与特殊测井方法，如井壁成像测井、多极子声波测井等；③ 实验方法，如岩石声发射、古地磁、包裹体、岩石力学实验分析等；④ 动态方法，包括生产动态分析、压力试井、微地震监测等；⑤ 数值模拟方法，包括构造主曲率法、应力场有限元数值模拟、随机模拟等(李阳，2017)。

总之，对裂缝的评价只有将直接观测法与间接探测法、静态评价与动态评价、定性与定量评价相结合，才能得出正确的结论，达到有效指导油田开发生产的目的。

五、裂缝性储层的分类

R A 纳尔逊(2001)从油气藏管理的角度，对储层进行分类。

第一类：裂缝提供基本的孔隙度和渗透率；

第二类：裂缝提供基本的储集渗透率；

第三类：裂缝有助于提高已开发油藏的储层渗透率；

第四类：裂缝未提供额外的孔隙度和渗透率，但造成了储层的强烈非均质性。

前三类描述了裂缝系统对储集性质的有利贡献。尽管第四类与前三类不太一样，裂缝的重要性不在于它对储集性能的贡献，而在于它所造成的内在流动的非均质性和对储层的分隔。图 4－61 给出了这种分类的图形描述。

该分类的优点是，刻画了储层定量评价中最重要的裂缝系统参数，并为预测可能出现的生产问题创造了条件。

第一类储层通常不具有大的油气储量，因为在储层中最主要的储集空间基质孔很少。为了评价单井控制的总储量和预测高的初始流速是否能长期地保持，早期计算裂缝孔隙度或单井控制的裂缝体积是非常重要的，裂缝宽度和裂缝间距值是个关键。

第二类储层具有很高的储集能力，因为该类型中基质孔发育。

第二类及第三类裂缝性储层，精确计算裂缝孔隙度就不太重要了，因为裂缝系统只提供了渗透率，而基质提供了所有重要的孔隙度或空隙空间。在这两类储层中，基质孔隙体

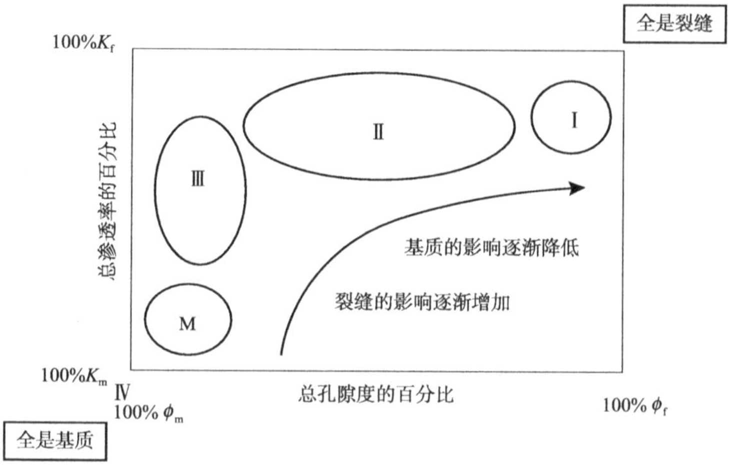

图4-61　裂缝性储层分类及储层孔隙百分比与储层渗透率百分比（基质百分比与裂缝百分比）交会示意图（R A 纳尔逊，2001）

积比裂缝体积大得多（通常比裂缝体积大几个数量级）。但在这些储层中，及早了解裂缝与基质间的相互影响对于确定基质中的流体是否能够排驱到裂缝系统中是极其重要的。

用试井和生产数据来确定裂缝对储层孔隙度和渗透率的影响程度，需要根据Nelson（2001）的四种裂缝类型来对裂缝系统进行分类（图4-61）。制定开发策略需要综合考虑每种裂缝类型的积极和消极因素。表4-7和表4-8中列举了一些积极属性的实例和不同类型裂缝性储层的常见问题。

（一）裂缝系统对储集性质的积极贡献

裂缝会使简单的基质储层变得更复杂，但前三种裂缝性储层类型裂缝系统具有一些积极因素。表4-7按裂缝性储层的类型突出了这些裂缝系统对储集性质的积极贡献。

表4-7　不同类型裂缝性油气藏裂缝系统对储集性质的积极贡献

第一类：裂缝提供了基本的孔隙度和渗透率	第二类：裂缝提供了基本的渗透率	第三类：裂缝提高了渗透率
①每口井都有很大的供油面积； ②几乎没有井需要开发； ③流量与储层的相关性好； ④通常早期的井最好； ⑤初期产能通常出现在非储层和非标准岩石中	①能在低渗透岩石中进行开发； ②可能出现意想不到的高产井； ③裂缝通常能促进烃类的注入	①储量受控于基质孔属性； ②储量分布可能相对不均匀； ③高的持续开采率； ④储层持续性好

（二）潜在问题

利用裂缝性油气藏（储层）分类方案，可以根据油气藏的类型预测和评价生产问题（表4-8）。一般，第一类油气藏的问题都围绕着裂缝系统的密度、范围及最终储集体积的确定；第二类油气藏的问题围绕着裂缝与基质的相互作用及最佳开发方案的论证；第三类油气藏的所有问题实际上都与不能确定裂缝系统有关，尤其是在二次开发规划期间。

表 4－8　四种裂缝性储层常见问题(据 Nelson，2001 年修改)

Ⅰ型裂缝：裂缝提供主要的孔隙度和渗透率	Ⅱ型裂缝：裂缝提供主要的渗透率	Ⅲ型裂缝：裂缝提供次要的渗透率	Ⅳ型裂缝：阻碍流体的流动
常具很快的下降曲线	基质孔和裂缝的差连通性导致基质的采收率很低，并对二次开采造成灾害性影响	渗透率具有很高的非均质性	储层常具有分区性
为避免由于早期水的侵入，需控制生产率	为避免早期水的侵入，需控制生产率	对于二次开采，通常与期望的不同	与基质孔相比，流体的流动能力差
很难确定供油面积大小和形状	裂缝的密度和倾角是关键的	供油面积常为椭圆形	油田范围内采收率存在很大的变化
很难计算控制储量	开发模式必须与储层相配套	储层常相互连通	渗透率的非均一性通常与不同类型裂缝性储层中毗邻的渗透率存在差别
开发井增加产能，但是却不能增加额外的储量	采收率因素很难确定，且可能存在很大的变化	测井响应、岩心分析、试油或动态数据常不具有很好的相关性	
	过渡的压实可致使裂缝的闭合		

第四节　储层综合评价

根据勘探、开发不同的阶段，将储层评价划分为区域储层评价和开发储层评价。

区域储层评价贯穿含油气盆地勘探的全过程，以寻找及探明油气田为主，主要应用区域地质和地震资料，结合少量钻井和测井资料，对盆地内可能的油气储层进行评价。在盆地的不同勘探阶段，区域储层评价的对象、内容也不相同。勘探初期，是以全盆地为对象，以“定凹选带”为目标的储层评价；发现工业油气流后，是以区(带)为对象的储层评价；随着勘探程度的深入，储层评价要紧密围绕寻找隐蔽的非构造油气藏和深部油气藏来进行。

开发储层评价是指从油田发现直至开发结束，在整个过程中进行的所有储层评价，包括详探评价、开发可行性研究、编制开发设计方案、开发过程中的管理、各阶段的调整、各种提高采收率方法的应用等。油气田开发阶段储层评价侧重于储层非均质性的研究，主要目的是合理部署注采井网和提高采收率，开发储层评价对储层的研究更加详细、深入，资料更丰富，研究的难度也更大。开发储层评价对我国东部地区高含水油田提高采收率来说，显得尤为重要。

一、各开发阶段储层综合评价的内容

(一)油藏评价阶段

油田发现工业油气流之后，即进入油藏评价阶段。其主要任务是提高勘探程度，提交探明储量，进行开发的可行性研究。评价阶段的资料来自少量探井、评价井和地震详查（或细测），因此要充分利用每口录井、地层测试、测井、试油及垂直地震剖面测量等资料，多方面获取地质信息。开展可行性研究的主要内容如下。

(1)计算评价区的探明地质储量和预测可采储量。

(2)提出规划性的开发部署。

(3)对开发方式和采油工程设施提出建议。

(4)估算可能达到的生产规模，并做经济效益评价。

评价阶段要求建立储层的概念模型。建模主要依靠储层沉积相分析，利用少数井孔一维剖面上的地质信息，结合地震相解释和砂组连续性追踪，对储层三维空间分布和内部参数变化做出基本预测，保证开发可行性研究的结论正确。其重点内容有以下几点。

①明确主力储层，初步取得岩性、物性、含油性和微观孔隙结构参数。

②确定储层沉积亚相，预测储层有利相带的分布。

③建立反映主力储层层内非均质性的剖面模型。

④预测主力储层的砂体几何形态和侧向连续性，建立反映平面物性变化的平面模型。

由于资料不足，如对砂体的连续性及连通性等地质因素难以进行准确的预测，因此，应当给出变化范围，以供决策者参考。

(二)开发设计阶段

油田经过开发可行性研究，被确认具有开发价值后，要进行开发前的工程准备，进入开发设计阶段。油田开发前期工程准备主要是补充必要的资料，开展各种室内实验及试采或现场先导试验，进一步提高对油藏的认识程度，保证开发方案设计的进行。

此阶段仅有少量稀井网的评价井，但一般已增补了部分开发资料井，对开辟先导试验区的大型油田则有一个小面积的密井网钻井区，供储层典型解剖。在地震方面，至少已完成地震细测，部分油田可能完成三维地震测量工作，可供各种特殊处理，以辅助评价储层。

本阶段的任务是编制油田开发方案，进行油藏工程、钻井工程、采油工程、地面建设工程的总体设计，对开发方式、开发层系、井网和注采系统、合理采油速度、稳产年限等重大开发战略问题进行决策，优选的总体设计要达到最好的经济技术指标。因此，储层评价必须保证这些重大开发战略决策的正确性。

本阶段开发储层评价的重点内容如下。

(1)开展储层微相分析，确定微相类型。

(2)进行“四性”关系研究，确定各种测井解释方法及解释模型，划分储层和非储层界线，对储层进行分类分级，建立测井相标准。

(3)明确各类储层在剖面上和平面上的分布规律以及储量分布状况。

(4)对储层进行砂层组、单油层划分，确定详细对比原则和方法。

(5)预测各类储层成因单元几何形态及规模，预测成因单元间连通程度，评估各砂层组(或单层)流体流动单元的连续性。特别需要强调的是，不仅应评估含油区，而且还应评估含水区的连续性，以估计水体能量。

(6)对各种岩类(或微相)储层做出微观孔隙结构评价，特别是各种伤害源和保护措施的评估。

(7)以砂层组和单油层为单元，综合储油物性、渗流特性、连续性、微观孔隙结构及储量丰度，逐级做出储层评价。

(8)建立各类储层的概念模型，供模拟计算用。

(三)方案实施阶段

当油田钻成第一期开发井网(或基础井网)后，即进入方案实施阶段，通常也称编制射孔方案阶段。实施阶段的任务是确定完井、射孔、投产原则，对开发层系划分、注采井别选择做出实施决策。根据实施方案，进一步预测开发动态，修正开发指标，并编制初期配产配注方案。

方案实施阶段储层评价的主要内容有以下几点。

(1)完成全开发区详细的油层对比，对每口井进行砂层组划分。

(2)建立分井分层的储层参数数据库。

(3)编制分砂层组(或重点单层)的微相图，在微相图控制下编制分砂层组、分单层的各种参数平面图。

(4)编制剖面图、栅状图。

(5)建立储层静态模型。

(四)管理调整阶段

这一阶段的任务是搞好油田开发，经常进行开发分析，掌握油水运动状况、储量动用状况及剩余油分布状况；实行各种增产增注措施，调整好注采关系，包括日常的局部调整和阶段性的系统调整，直至加密井网；定期进行油藏模拟与开采动态历史拟合，了解剩余油分布状况，预测未来阶段的开发趋势，拟定采取的开发措施，开展各种先导试验，包括各种三次采油方法的先导试验。

本阶段储层评价的重点内容如下。

(1)综合所有静态、动态资料，逐步实现储层静态模型向预测模型发展。对各类微相砂体的展布方向、连续性和储油物性参数的变化，逐步精细到数十米甚至数米级的规模。对无控制井点的地区能做出一定精度的预测，为精细模拟和分析剩余油提供资料。

(2)总结各类微相砂体水驱油全过程的运动规律，包括平面注入水运动规律、层内水淹厚度及驱油效率演变过程，以及各类砂体储集层层间干扰特点。这些应通过开采动态分析和完善各类砂体储集层的概念模型，并与数值模拟机理研究相结合实现。

(3)密切监测储集层在开采过程中可能发生的变化，如矿物的溶蚀和沉淀、岩石结构的变化、物性变化以及润湿性等渗流特征的变化。

(五)确定评价单元

根据油藏不同开发阶段的需要，碎屑岩油藏确定以小层、砂层组或开发层系为单元，碳酸盐岩的油藏确定以小层、组、段为评价单元，火山岩油藏确定分区、分期次进行储层分类评价。

二、评价参数的优选

影响储层渗流能力的因素很多，如有效厚度、有效厚度(或砂岩)钻遇率、渗透率、有效孔隙度、油砂体面积或延伸长度、孔隙结构参数、层内渗透率非均质程度等参数。参数的选取应考虑两方面，一方面应根据不同勘探开发阶段研究的重点来选取参与评价的参数；另一方面是参数不能选取太多，挑选具有代表性的参数，才能使综合评价科学而合理。

(一)油藏评价阶段的储集层评价参数

油藏评价阶段储层评价的目的是确定主力区块、主力开发层系、主力油层组，为布置基础井网提供依据。因此，在搞清各区块、各油层组的基本岩性、物性、沉积亚相、孔隙结构、成岩作用等特征后，要从各类参数中抽取最主要的参数进行综合评价。由于各油田的具体情况不同，如评价井的密度不同，岩性、沉积与成岩作用不同，所选参与评价的参数也各有差异。但一般情况下应选取以下参数。

(1)有效厚度、有效厚度钻遇率、有效孔隙度。这是决定储量大小的主要参数，为使基础井网尽可能准确地控制储量，必须采用以上参数进行评价。

(2)渗透率。渗透率与油气的产量、采收率直接相关，是评价储层质量好坏的最重要的参数之一。

(3)泥质含量、碳酸盐含量。泥质、碳酸盐以不同方式填塞储集层的孔喉。其含量不同，敏感性不同，对储集层渗流能力的影响也不同。此两项参数还直接关系到下步开发方案制订中注入水质、油层改造等问题的确定。

(二)开发设计阶段和方案实施阶段的储层评价参数

为合理划分开发层系，确定注采关系，避免开发过程中平面、层间、层内非均质引起的矛盾，要进行以小层为单元的综合分类评价。除前述所选的参数外，还应增加以下参数。

(1)对储层渗流能力起主要作用的孔隙结构参数，如孔喉半径均值、主要流动喉道半径均值、最大连通喉道半径等。

(2)表征渗透率非均质性的定量参数，如渗透率变异系数、渗透率突进系数、渗透率级差等。

(三)管理调整阶段的储层评价参数

在开发调整及完善阶段，与开发方案实施阶段相比，应增加压力、产量、采油指数等参数。

三、储层(单元)综合评价的方法

为了在众多的参数中选出对储层渗流能力起主要作用的参数，常用数理统计方法进行参数的优选。目前，国内外普遍采用的方法有：多元逐步回归分析、R 型主因子分析、多种非线性单相关分析、模糊聚类等。

综合考虑各项储层参数的评价结果，对储层单元进行综合评价。可应用根据开发任务评价目的选择多参数综合判别、“权重”评价法、聚类分析法、人工智能、模糊判别、模拟试验等方法进行评判。评价结果可分为Ⅰ类(好储层)、Ⅱ类(中等储层)和Ⅲ类(差储层)。本节重点介绍常用的专家估值的“权重”评价法和聚类分析法。

(一)专家估值的“权重”评价法

这种方法带有专家估测的成分，是一种比较简单的，目前普遍应用的半定量评价方法，评价步骤如下。

1. 选取评价参数

根据勘探开发的目标和评价目的选取评价参数。如对于辽河曙光油田，当时处于勘探评价后期和开发准备阶段，选择了有效厚度(h_e)、有效厚度钻遇率、渗透率(K)、泥质含量(V_{sh})、碳酸盐含量等作为评价参数(表4-9)。

表4-9 曙光油田杜家台油层分区分油层组综合评价数据表(裘怿楠，1994)

分区	油组	h_e单项评价分数×0.3	h_e钻遇率单项评价分数×0.2	K单项评价分数×0.2	ψ单项评价分数×0.1	V_{sh}单项评价分数×0.1	碳酸盐含量单项评价分数×0.1	综合权衡评价分数	类别
二	杜Ⅰ组	0.186	0.166	0.200	0.068	0.066	0.025	0.711	Ⅰ
	杜Ⅱ组	0.30	0.130	0.080	0.073	0.068	0.062	0.713	Ⅱ
	杜Ⅲ组	0.078	0.134	0.030	0.088	0.038	0.041	0.406	Ⅲ
三	杜Ⅰ组	0.078	0.134	0.030	0.088	0.038	0.041	0.406	Ⅰ
	杜Ⅱ组	0.252	0.200	0.050	0.088	0.039	0.039	0.688	Ⅱ
	杜Ⅲ组	0.144	0.164	0.150	0.097	0.054	0.061	0.670	Ⅲ
四	杜Ⅰ组	0.09	0.036	0.010	0.088	0	0	0.244	Ⅰ
	杜Ⅱ组	0.129	0.164	0.050	0.100	0.044	0.050	0.537	Ⅱ
	杜Ⅲ组	0.066	0.110	0.030	0.100	0.041	0.045	0.392	Ⅲ
权重系数		0.3	0.2	0.2	0.1	0.1	—	—	—

2. 计算单项参数的评价分数

参数选定后，便可计算各单项参数的评价分数，可采用极大值标准化法。对于某项参数，以本项参数的最大值为1，以使本项参数的其他值介于0和1之间，分两种情况进行如下计算。

(1)对于值愈大、反映储层储集性能愈好的参数，如有效厚度、孔隙度、渗透率等，直接除以本参数的最大值，则本参数第i个样本的评价综合值为：

$$E_i = \frac{x_i}{x_{max}} \tag{4-46}$$

式中，E_i为第i个样本的本项参数的评价得分值；x_i为第i个样本的本项参数的评价实际值；x_{max}为所有样本中本项参数的最大值。

(2)对于值愈小、反映储层性能愈好的参数，如碳酸盐含量，在标准化时，应用本参数的最大值减去单项参数再除以最大值，即：

$$E_i = \frac{x_{max} - x_i}{x_{max}} \tag{4-47}$$

3. 确定各项参数的权重系数

在计算各评价单元各项参数的评价得分之后，根据评价目的对各项参数赋以不同的权重系数，以体现各参数的重要程度。

由于同一参数在不同的勘探开发阶段所起的作用不同，所占“权重”也不相同。例如，在勘探及开发准备阶段，各层组占有的储量丰度是评价储层的首要目标，因此，有效厚度为第一权重(0.3)，渗透率为第二权重(0.2)。但在开发方案的设计与实施阶段，渗透率及其他反映储层渗流特征的参数，所占权重为第一类，而有效厚度的权重则相应降低，属第二类。权重系数的具体确定，可由专家根据具体情况人为给出，也可应用诸如灰色关联分析法等一些方法得出。

4. 确定油层组的综合权衡评价分数

每个参数经最大值标准化后，得到单项评价分数，分别乘以本类权重系数，则求得单项权衡分数。将某评价单元(如平面上的区块或垂向上的油层组)中各单项权衡分数相加，即为该评价单元的综合权衡评价分数。

5. 确定评价单元的综合分类

根据各评价单元综合评价分数之间的差别情况，确定分类标准并进行最后的综合评价(表4-9)。

(二)聚类分析法

聚类分析主要解决储集层的分类评价问题，是一种逐级归类的方法。当解决样品的分类问题时称为Q型聚类，当解决变量的分类问题时称为R型聚类。聚类分析的主要思路是根据一定的相似性指标，按照研究对象的相似程度合理地进行归并和分类。例如Q型聚类分析中，根据样品的许多观测指标，具体计算样品之间的相似程度，把相似的样品归为一类，把不相似的样品归为另一类；把关系密切的归到一个小分类单位，把关系不密切的归到一个大的分类单位。聚类分析的结果是形成一个由大到小的分类谱系图。聚类图不仅可以直观地表示研究对象之间的相似关系和分类情况，还可以定量地表现相似程度，从而为地质解释提供良好的依据。

进行定量分类，首先必须确定一些划分类型的定量指标，是能够反映样品(或变量)相似(或相关)程度的度量。

1. 距离系数

距离系数是进行Q型聚类分析常用的分类统计量。如果把在m个变量上进行观测的N个样品看成m维空间的N个点，则任意两样品点x_j与x_k之间的相似程度可用m维空间两点间的距离来表示，距离系数定义为：

对所有样品两两之间求距离系数可得到一对称方阵，即：

$$
D=\begin{bmatrix} d_{11} & d_{12} & \cdots & d_{1N} \\ d_{21} & d_{22} & \cdots & d_{2N} \\ \cdots & & & \\ \cdots & & & \\ \cdots & & & \\ d_{N1} & d_{N2} & \cdots & d_{NN} \end{bmatrix} \tag{4-48}
$$

该矩阵对角线上的元素为0，样品j与样品k越相似，d_{jk}越趋于0。

2. 相似系数

相似系数是描述样品之间相似程度的度量。把每个样品看作m维空间的向量，根据两两样品的相似程度求得相似矩阵。该矩阵为对称阵，主对角线上的元素为1，样品j与样品k越相似，相似系数取值则趋近于1，反之则趋近于0。

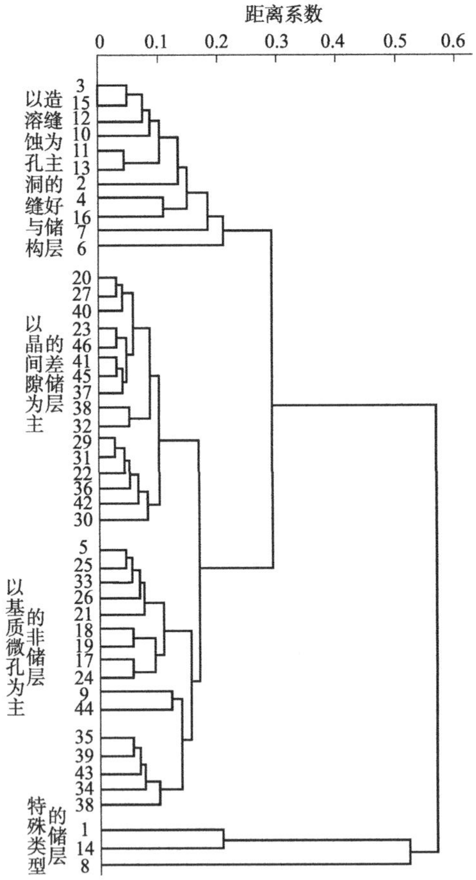

图4-62　华北某地震旦系雾迷山组储集层分类的谱系图(伍有佳，2000)

3. 相关系数

相关系数主要用于R型聚类分析。根据m个变量两两样品之间的相关系数构成相关矩阵：

$$
\boldsymbol{D}=\begin{bmatrix} r_{11} & r_{12} & \cdots & r_{1m} \\ r_{21} & r_{22} & \cdots & r_{2m} \\ \cdots & & & \\ \cdots & & & \\ \cdots & & & \\ r_{m1} & r_{m2} & \cdots & r_{mm} \end{bmatrix} \tag{4-49}
$$

$\boldsymbol{D}$为对称方阵，主对角线上的元素为1，并且$-1<r_{ij}<1$。r_{ij}越接近于1，表明变量i和j正相关程度越高；r_{ij}越接近-1，变量i和j的负相关程度越高；r_{ij}越接近于0，变量i和j的相关程度越小。

图4-62为华北某地震旦系雾迷山组按孔隙结构等参数对储层分类的谱系图，共选取6个变量，即均值、饱和度中值、毛细管压力、渗透率、孔隙度和分选系数，对46个样品进行Q型聚类分析，整个过程由计算机实现。当取距离系数0.25为标准时，样品明显分为三类。通过此实例可看出，聚类分析克服了样品及参数繁多、参差不齐难以分类评价的困难，因而具有更加科学化、定量化的优点。

知识图谱

第五章　油气田地下构造研究

油气田地下构造的研究是勘探部署、油气储量计算、拟定开发方案进行油气动态分析及调整开发方案的重要地质依据。可以利用地震资料解释地震尺度的断层和构造特征，也可以利用岩心和测井数据分析开发尺度的构造特征，还可以在利用测试资料分析和预测断层特性。本章主要讨论地下构造研究的以下问题。

(1)地下构造研究的主要内容有哪些?

(2)地下构造研究的主要方法有哪些?

(3)地下构造研究在油气藏开发中有什么作用?

(4)井下断层的识别特征有哪些?

(5)微构造、低序级断层的研究对油气藏开发有什么意义?

(6)如何利用钻井资料编制断面构造图、地质剖面图、平面构造图?

第一节　地下构造研究的内容及方法

一、地下构造的研究内容

在含油气盆地内，构造活动通过对沉积环境的控制，影响盆地内生储盖的发育和演化、圈闭的形成和保存，为油气聚集提供场所和条件，古构造应力场影响和控制地质历史中油气的运移和聚集规律。油藏局部构造形态及特征、断层的封闭性等影响和控制着生产过程中的油气水分布。

油气田勘探阶段，主要研究区域构造特征，搞清盆地基底、盆地格局和盆地内构造层序和构造样式，揭示盆地构造成因及其演化，查明二级构造带构造形态和断层分布，建立构造模式及对油气藏形成的控制作用。

获得工业性油气流后，在区域构造研究的基础上，重点开展油藏构造的描述和研究，包括构造位置、形态及其与周围构造的关系，圈闭类型及特征、断层特征及其封闭性等。

油气田投入开发后，重点研究目的层的构造形态、微型构造及低级序断层、储层裂缝的发育和分布规律等，建立精细的油藏构造模型。对碎屑岩油气藏，要描述微小断层、微构造的分布面积；碳酸盐岩及变质岩潜山油气藏要描述潜山形态和内幕构造；火山岩油气藏要描述火山岩岩体形态和内幕断裂。

二、油气田地下构造的研究方法

油藏评价阶段以地震资料为主结合钻井资料研究构造；油田井网钻完以后，以钻井资料为主参考三维地震资料研究构造；油田开发中后期，各种动静态资料比较齐全，既有三维地震资料、钻井资料、岩心资料和测井资料，又有大量的油水井的测试资料和生产数据，构造研究向精细化发展，需要研究微型构造。

1. 利用钻井和测井资料研究构造

通过单井及井间对比分析，能够得到各井的地层垂向层序及其分层数据、岩性特征、地层的重复和缺失、断层断点的位置等资料。利用这些资料不仅可以建立钻井地层剖面，还可以恢复地下构造。在油气田开发阶段，钻井资料较多的情况下，通过钻井剖面的地层对比，可获得油气层细分层系顶底界面的实际高程、起伏情况、岩性变化特征、油气水分布情况、断层落差及断失层位等资料(图 5－1)。

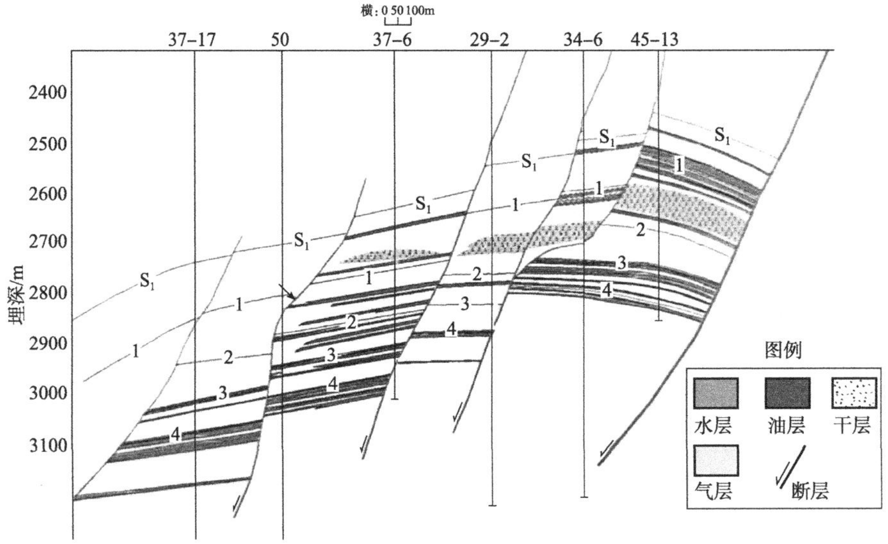

图 5－1　大卢家油田油藏剖面示意图(李阳，2007)

在地层倾角测井资料丰富的地区，还可以利用地层倾角测井矢量图，通过绘制倾角与倾斜方位关系图、倾角与深度关系图、方位角与深度关系图、施密特图和方位频率图等研究地下地质构造。在没有断层的情况下，可以认为存在 7 种基本构造，即水平层、低倾角单斜层、高倾角单斜层、无倾没褶皱、倾没褶皱、双倾没褶皱和圆形穹隆(图 5－2)。除水平层外，对每种构造都可以找出构造变动最大(T)方向和最小(L)方向，一般互相垂直。在有断层的情况下，可以认为在断面上、下分别有不同或相同的构造，而在断层面附近的则属于局部变形。

2. 利用地震资料研究构造

地震勘探就是利用地下介质弹性和密度的差异，通过观测和分析大地对人工激发地震波的响应，推断地下岩层的性质和形态的地球物理勘探方法。地震勘探主要包括三个环节，即地震资料的野外采集、室内数字处理与资料解释。地震资料解释又可分为构造解释、地层岩性解释和开发地震解释(油藏精细描述、储层参数预测及油藏动态监测等)。其中，构造解释是整个地震资料解释工作中的重点和基础，地层与岩性解释、储层与含油气性预测等一般在构造解释工作之后进行。

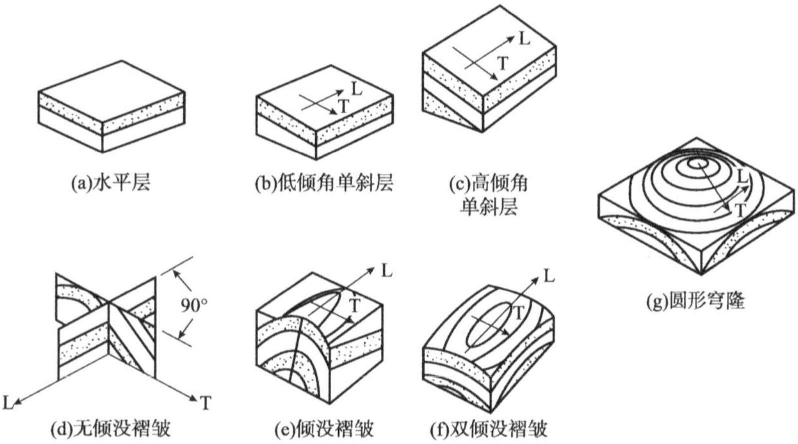

图5－2　七种基本的构造类型(据 Bengtson，1981)

注：EW—T 方向；SN—L 方向。

地震资料构造解释通常分为二维解释与三维解释。二维地震解释是指面向地震测线的解释工作(图5－3)，通常在反射层位标定的基础上，进行层位追踪对比、断层和不整合等地质现象的解释，并通过各个方向剖面的闭合解释和综合分析，获得地下构造剖面图或构造图。二维地震解释广泛应用于油气勘探的早期。

三维地震解释是面向三维数据体的解释工作，主要通过工作站的三维可视化技术、地震资料空间自动追踪技术和相干数据体断层自动解释技术实现三度空间的立体解释，并通过速度资料时深转换获得三维立体构造图，具有解释精度高、速度快、构造细节描述清楚等特点，在油气田评价、开发和生产中起着重要作用。

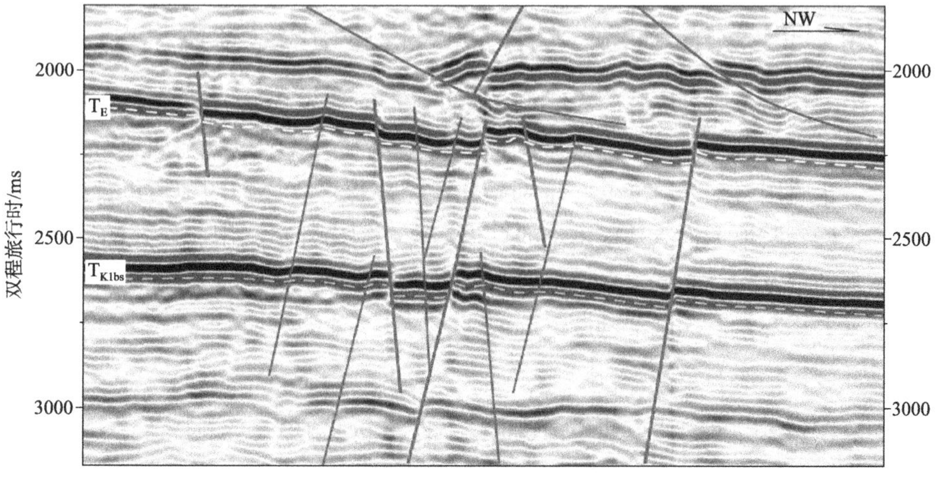

图5－3　塔里木盆地英买××区块地震解释剖面

3. 利用动态资料研究构造

生产过程中可以获得井下地层的含油气水情况及井间油水动态等资料。应用这些资料，既可以检验构造研究的成果，又可为构造研究提出问题，如断层连通与否，分层是否正确，构造形态有无局部变化等，以便配合其他资料精细准确地解释地下构造。这在注水开发的油田中作用尤为明显。

4. 岩心录井研究构造

构造特征如断层带和裂缝在岩心中也很常见。如果岩心中断层或裂缝的密度很大或断层和裂缝的精细分析对油藏开发作用很大时，常采用构造岩心录井方法。岩心测向是利用图像来描述岩心构造的方向。操作步骤为：先将整个岩心用醋酯纤维薄膜缠绕起来，然后直接用毡头记号笔在薄膜上追踪岩心的构造和主要层理面，这种未展开的薄膜就显示出360°的岩心构造特征，与成像测井资料相似；还可以用商业设备对岩心进行全方位360°的拍照，同样可以进行岩心构造的描述。

对岩心构造进行描述之后就需要判断这些岩心在储层内的原始方位。利用地层倾角资料、岩心描述资料及古地磁数据均可以实现对岩心方位的确定。构造岩心录井为储层建模提供了多种有用的信息，比如：①断层破裂带的宽度；②断层方位的确定及在地震解释中的标定；③开启裂缝的密度和方位；④断层带填充物的组成及微构造。

以上各种研究手段所获得的资料途径不同，其构造解释成果的精度存在差异。地震资料具有完整、齐全及连续的特点，但垂向分辨率较低，通过钻井的标定，能真实地反映地下构造特征。钻井资料准确可靠，但在勘探初期，因井少、资料的控制点不足，常会降低井间构造的可信度。油藏动态资料能够反映井间构造的细微变化，但要求较高的井网控制程度和长期的开发实践积累。因此，油气田地下构造研究中，必须强调多种信息和手段的综合应用。通常，在钻井资料较少的新盆地、新探区或详探区，采取以地震资料为主结合钻井资料的研究方法。在已投入生产的开发区，采用以密井网资料为主参考地震资料或动态资料的构造研究方法。

三、利用地层倾角测井资料研究地下构造和褶皱要素

很多大中型构造是通过地震剖面解释和井间地层对比发现的。前者涉及面广，是确定区域性构造的最好方法，但对局部细微构造分辨率较差；后者以测井曲线分层对比为主，其工作量大、影响因素多、精度低。特别是在一个新探区，详细的地震勘探来不及实施，井位又少，正确判断地下构造是很困难的。近年来，国内外在利用一口井的地层倾角测井资料，迅速判断地下构造类型、性质、要素等方面，取得了一定的成功，为提高探井成功率，加速油气勘探与开发提供了基础。

1. 地层倾角矢量图像的分类

在用地层倾角测井资料研究地质构造时，为了分析上的方便，通常将矢量图上的矢量组合方式分为四类。在矢量图上把倾向大体一致、倾角不随深度增加而发生变化的一组矢量，用绿线加以连接称为绿模式，如图5－4中的A组矢量，一般反映单斜构造。在矢量

图上把倾向大体一致且倾角随深度增加而逐渐增大的一组矢量，用红线加以连接称为红模式，如图5－4中的B组矢量，与断层、砂坝、河道、生物礁、不整合等地质构造有关。在矢量图上把倾向大体一致且倾角随深度增加而逐渐减小的一组矢量，用蓝线加以连接称为蓝模式，如图5－4中的C组矢量，与断层、不整合等地质构造或大型交错层理等沉积构造有关。还有一类矢量其倾向和倾角呈杂乱式变化，称为杂乱模式，如图5－4中的D组矢量，与岩性粗、地层成层不好、测井质量不好等原因有关，有时与断层带或不整合面附近的风化淋滤带有关。

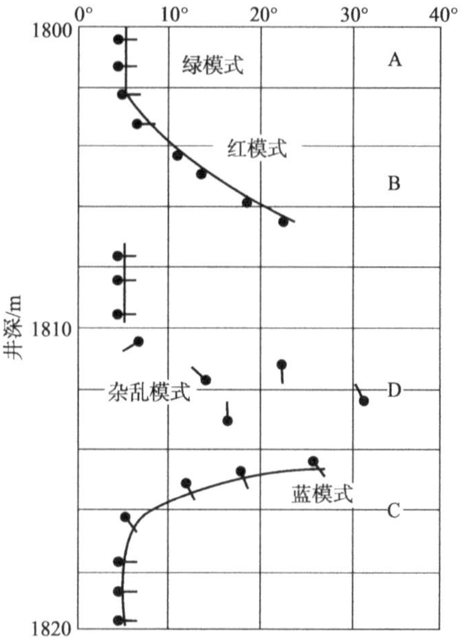

图5－4　常见的四种地层倾角矢量图像模式
A—绿模式；B—红模式；
C—蓝模式；D—杂乱模式

2. 确定井孔剖面的地层产状

利用倾角测井可以确定沿井身剖面的地层产状，提供反映地下构造形态的基础资料。通过计算机处理所得到的地层产状数据表和成果图(倾角矢量图)，既包括不同岩层的构造产状，也包括各种沉积层理和裂缝的产状，还包括岩层内部的结核等特殊构造及仪器极板与井壁接触不良等引起的错误信息。

构造分析中，采用长相关长窗长对比计算的倾角矢量成果，分析地层产状和该井所钻过的构造部位，判断井孔剖面中断层和不整合的具体位置。

短相关比长相关计算出来的地层产状要分散得多，前者受沉积构造和井壁不平整的影响较大。

在矢量图上确定地层产状时，一般可选取稳定泥岩段为研究对象，因为泥岩层属低能稳定环境下的沉积，原始沉积产状水平，若不考虑差异压实对产状的影响，厚层泥岩的产状可以代表构造产状。利用自然电位或自然伽马曲线选出低阻大段泥岩，配合矢量图确定井孔剖面的地层产状将会更加准确、有效。除了在矢量图上直接寻找倾斜方位和倾角的趋势之外，还可以参考井段(一般100m一段)施密特图或方位频率图等极性图，帮助确定被研究层段的倾斜方位角和构造倾角。

3. 判断地下构造的偏移方向

在地下为倒转或不对称背斜(或向斜)地区，构造高点常随深度的变化而发生偏移，深浅部位的构造形态相差较大。

在地面或浅层为一向斜的地方，到地层深部可能变为一背斜，有时这类构造在地震资料上反映并不明显，但利用地层倾角测井资料却能较直观地确定地下构造的符合程度和偏移方向。例如某井位于川东地区××构造北段Ⅰ号逆断层附近，地面井位处于构造西北翼，在下二叠统底面的地震反射构造图上，该井应钻入构造东南翼。从测得的地层倾角矢量图上可清楚地看出，在井深4032m以上的地层均为西倾，到4043m以下地层突然转向东倾，如图5-5所示，说明这口井已由构造西翼钻入东翼，深部构造高点已向西偏移，而其他的地质资料都证实了这个结论。

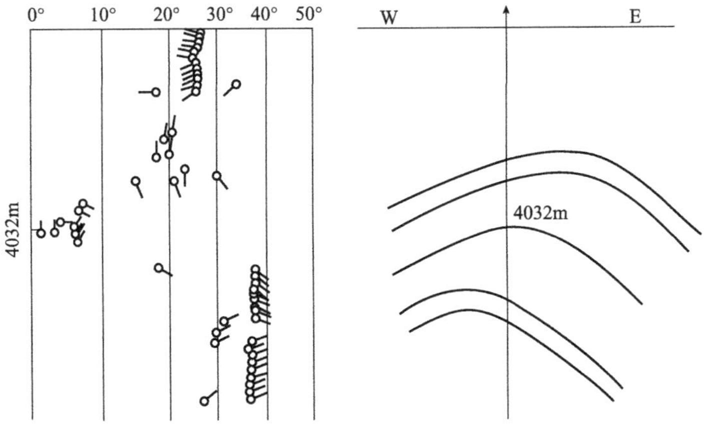

图5-5　××井在井深4032m处由西翼进入东翼剖面示意图

4. 褶皱构造的识别

褶皱是指岩石受力发生的弯曲变形，褶曲是褶皱构造的一个弯曲，在层状岩石中表现得最明显。褶曲的基本形式有背斜和向斜两种。褶曲按轴面产状和两翼地层倾斜情况可分为对称背斜、不对称背斜、倒转背斜和平卧褶皱。

1)对称背斜

对称背斜，如图5-6所示，轴面近于铅直，两翼倾角相等而倾向相反。如果井眼穿过背斜的顶部，测得的地层倾角就很小，倾斜方位角也较乱。当井眼钻遇背斜的一翼，矢量图呈绿模式，与单斜构造显示相同，但在轴面两侧钻井，两口井的矢量图在同一岩层出现倾向相反的倾角。

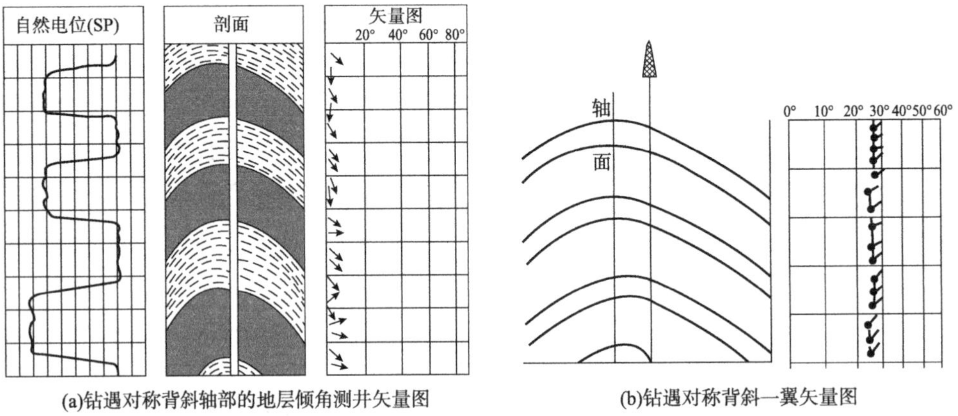

图5-6　钻遇对称背斜矢量图

2)不对称背斜

不对称背斜，轴面倾斜，两翼倾角不等且倾向相反，如图5-7所示。井眼穿过轴面时，上部倾斜段(缓翼地层)，构造倾角与倾斜方位角基本一致，矢量图呈绿模式；井眼逐渐接近背斜的轴面，倾角随深度的增加而减小，倾向与A段相同，矢量图呈蓝模式。在背斜背面处倾角接近零度；井眼离开轴面向陡翼地层过渡，倾角随深度增加而增加，倾向与A相反，矢量图呈红模式；下部倾斜段(陡翼地层)，倾向与上部倾斜段A的倾向相反，倾角较大，矢量图也呈绿模式。

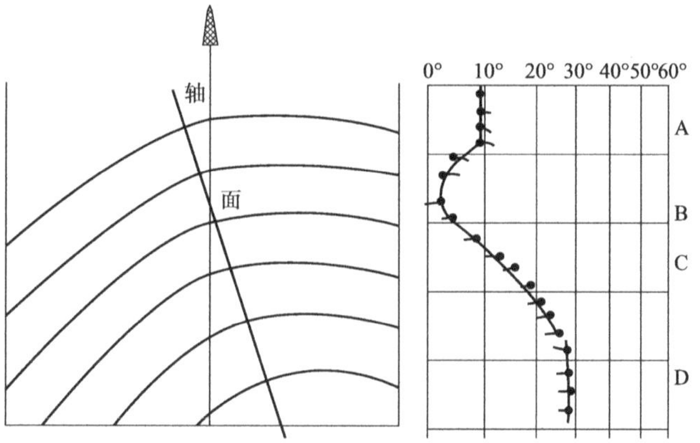

图5－7 不对称背斜矢量图

3)倒转背斜

倒转背斜，轴面倾斜很大，两翼倾向相同，但下翼倾角比上翼大。在井眼穿过其轴面时，矢量图仍是绿－蓝－红－绿模式，与不对称背斜不同之处是所有模式的倾向基本一致，红－绿模式的倾角比绿－蓝模式的大得多，如图5－8(a)所示，倾角上小下大，倾向相同。当倒转背斜的背面至轴面部位弯曲太大造成断裂时，矢量图常呈杂乱模式，如图5－8(b)所示，其颜色模式为绿－蓝－乱－蓝－绿。

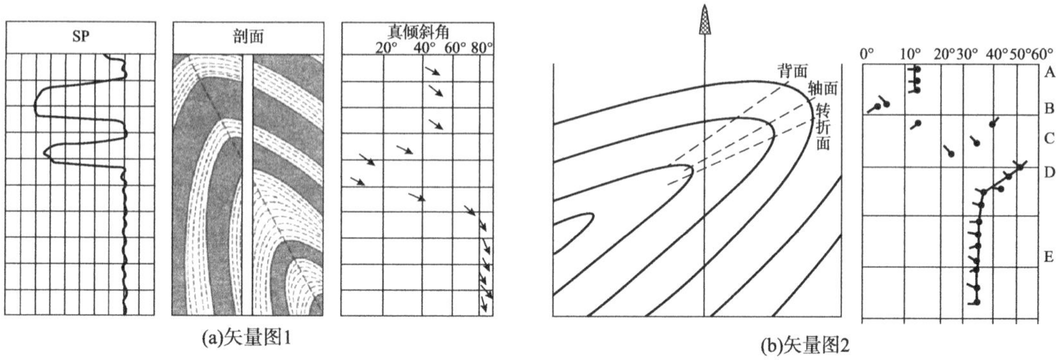

图5－8 倒转背斜的矢量特征

4)平卧褶皱

平卧褶皱，图5－9所示，轴面接近水平，上下两翼地层倾向相反或接近相反，A层最老，B、C、D等逐次变新。如为平卧向斜，则地层中间最新。矢量图上显示为红－蓝模式，倾向则相反。测井曲线以轴面为中心，向上向下地层次序重复出现。

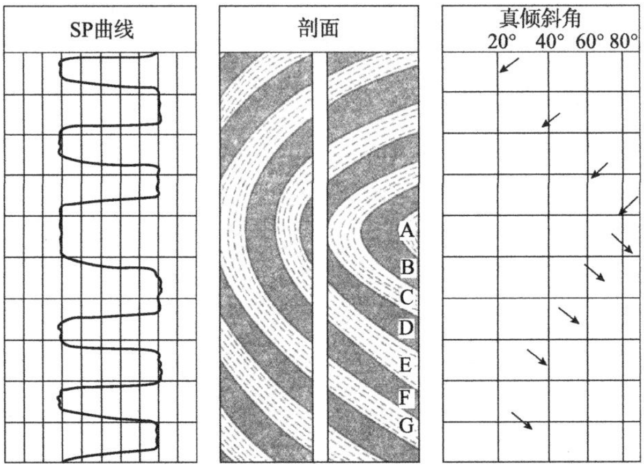

图 5－9　平卧褶皱倾角矢量特征

5）对称向斜

对称向斜，与对称背斜的特点相似（图 5－10），只是轴面两侧两口井的矢量图在同一层出现倾向相向。

6）不对称向斜

不对称向斜，如图 5－11 所示，当井眼穿过不对称向斜轴面时，其矢量图基本上与不对称背斜相同，为绿－蓝－红（反）－绿（反）模式，不同之处是下翼倾角比上翼倾角要小。

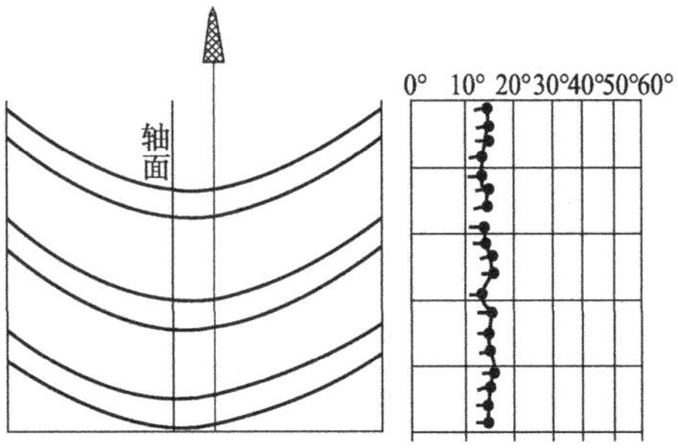

图 5－10　对称向斜矢量图

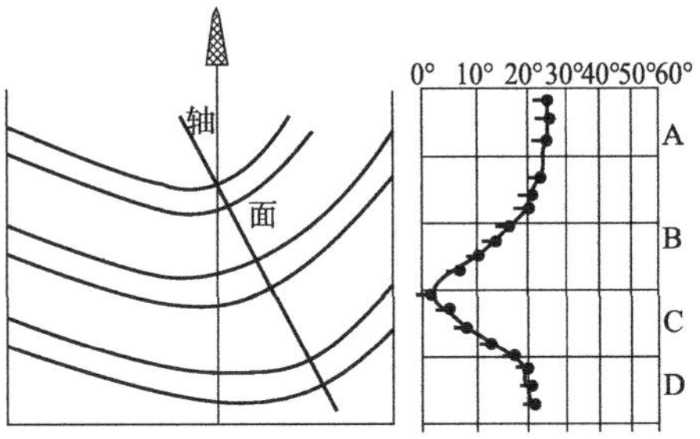

图 5－11　不对称向斜矢量图

单纯用矢量图判断褶皱形态，有多解性，特别是倒转或平卧褶皱，必须结合地质资料及测井曲线进行综合分析，力求做出正确的判断。

四、成像测井（FMI）资料研究井旁构造

地层中泥岩或泥灰岩等低能环境下沉积的岩石常常发育水平层理，其倾角与倾向代表地层的产状。

根据垂向上地层产状的变化及电成像图像特征可进行井旁构造分析，如图 5－12 所示，单斜构造表现为地层有一定倾角且产状保持不变[图 5－12(a)]；断层一般表现为上下地层产状发生明显变化且往往发育有断层破碎带[图 5－12(b)]；背斜翼部构造表现为地层倾角为连续渐变特征，自上而下地层倾角逐渐变大，地层倾向不变[图 5－12(c)]；挠曲构造表现为地层倾角突然变陡的变形构造[图 5－12(c)]。

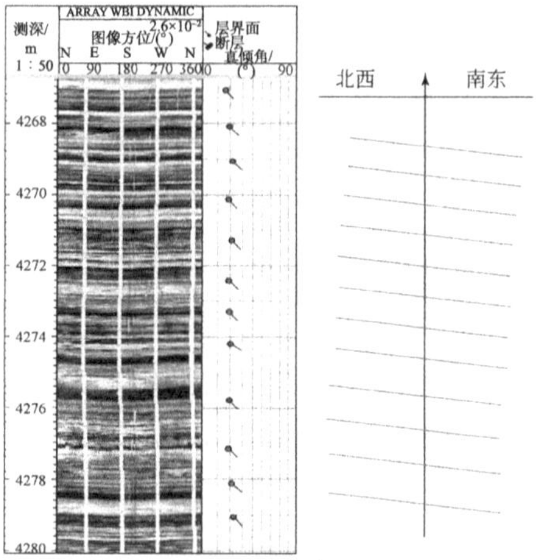

(a)单斜构造

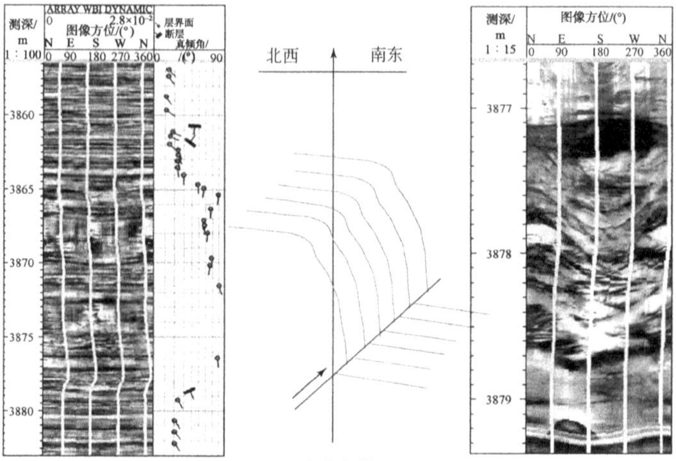

(b)断背斜构造

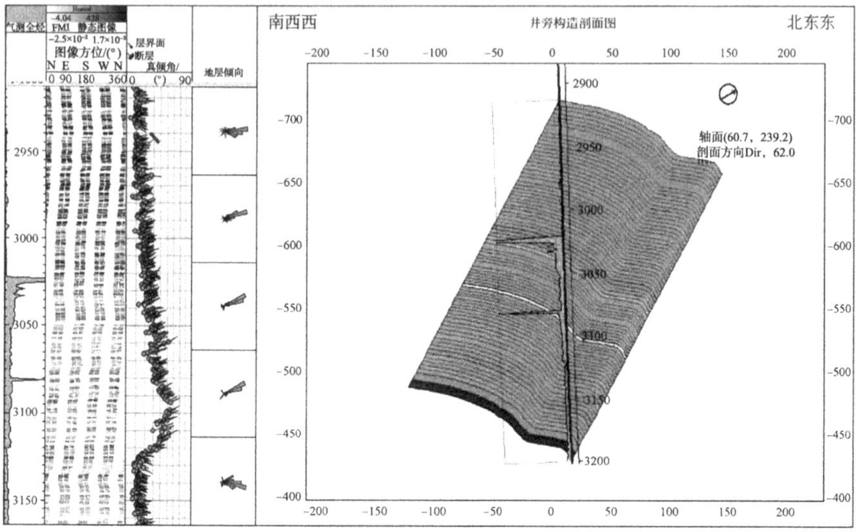

(c)背斜翼部及挠曲构造

图5－12　井旁构造分析(刘国强，2021)

对于地表采集条件差、原始资料品质低、构造复杂的地区，地震成像常需要以倾角测井资料所确定的井旁构造进行约束反演。

利用电成像测井获取地层图像，人工甄别、拾取泥岩段的水平层理产状，并基于图像消除砂岩交错层理和井壁垮塌等因素造成的影响，得到真实的地层倾角大小和地层倾向。

图 5－13 为柴达木盆地英西地区一口井的井旁构造分析成果图。由于受到盐岩挤压滑脱作用影响，纵向上分为五个微构造单元：4761～4871m 为尖棱褶皱段，地层倾向自上而下为北东向、南西向和北东向，4795.6m 处为褶皱核部，电成像测井图像呈“牛眼”构造，上下地层反向，未见断层发育；4880～4985m 为弱滑脱低缓褶皱，地层倾向为北东向，地层倾角多低于 20°；4995～5034m 为倒转背斜段，5015.5m 图像见断面，上下地层反向，为伴有错滑的倒转背斜核部；5065～5136m 地层倾角多高于 30°，为高陡单斜构造段，5098.5m 发育有层内膝折断裂破碎带；5170～5356m 地层倾角为 8°左右，倾向主要为北北东向，为低缓单斜构造段。

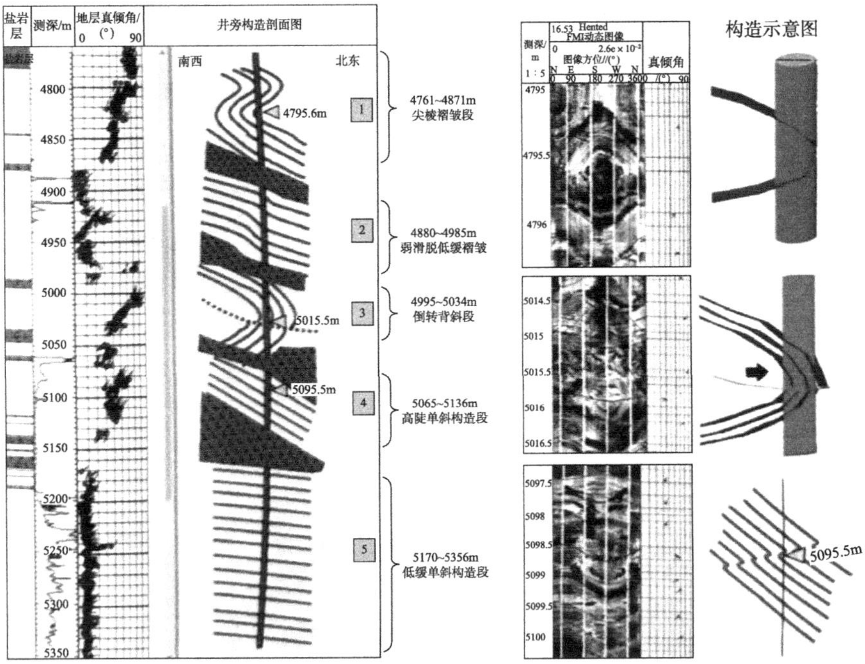

图 5－13　井旁构造分析成果（刘国强，2021）

第二节　断层研究

油气勘探和开发实践表明，断层是油气田最重要的构造之一，断层把油气田切割成若干断块，不同程度地控制和影响油气的富集、分布，使各断块间的油、气、水性质有所差异。为了有效勘探和合理开发油、气田，必须研究地下断层的性质、产状、形成机理、演化过程及其对流体的封闭作用等问题。

一、井下断层的识别

断裂活动会引起地层与构造的一系列变化，改变油气层的地质条件，引起流体性质和压力的变化。可以根据与断层共存的各种标志在钻井、地球物理测井及试采等资料中的反映，识别地下断层，并预测可能钻遇的断层。

1. 井下地层的重复与缺失

通过钻遇地层的对比，确定钻井剖面上地层的重复或缺失。在地层倾角小于断层面倾角的情况下，钻遇正断层地层缺失，钻遇逆断层地层重复。反之，当地层倾角大于断层面倾角，且两者倾向一致时，钻遇正断层地层重复，钻遇逆断层则地层缺失。如图 5－14 所示，地层倾角小于断层面倾角，B 井是钻遇全部地层(1～8)的正常地层剖面，而 A 井与正常剖面相比，缺失 3、5 层及 4 层上部，可以判断 A 井钻遇了正断层。C 井与正常剖面对比，5 层下部、4 层及 3 层上部重复出现，可以判断 C 井钻遇了逆断层。

依据井下地层重复与缺失识别断层时，必须特别注意区别下面几种情况。

(1)当地下构造为倒转背斜时，也可以造成单井剖面的地层重复，如图 5－15 所示，但与逆断层引起的地层重复是有区别的。倒转背斜造成的重复地层的层位是由老到新、对称重复，而逆断层引起的地层重复是层位由新到老、不对称重复。

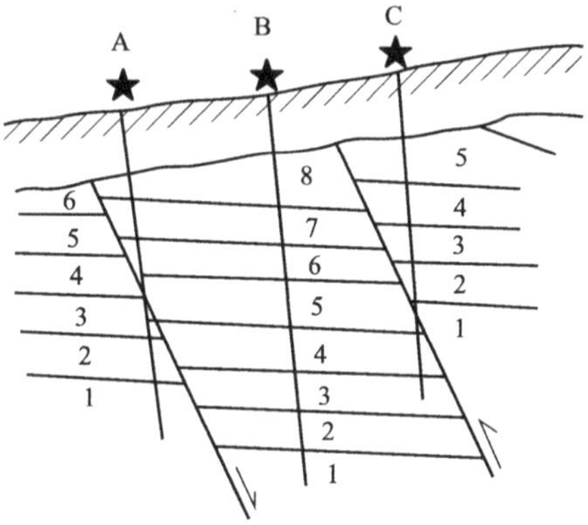

图5－14　断层造成井下地层缺失及重复示意图

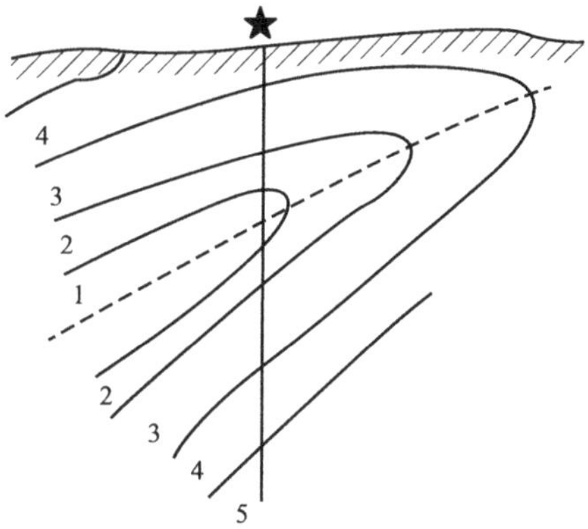

图 5－15　地层倒转在井剖面上的地层重复

(2)不整合也可以引起地层的缺失。沉积时地层超覆引起的不整合，在单井剖面的缺失层段以下出现比正常剖面更老的地层，由此可以与正断层造成的地层缺失相区别。

仅仅从一口井的地层缺失来区分是正断层还是不整合面是相当困难的，需要做全面细致的对比分析，特别要研究区域地层剖面。不整合面具有区域性，常伴有古风化壳、粗碎屑岩等特征；而断层则只是在钻遇断层的井时才出现地层缺失，并沿断层倾斜方向，各井钻遇断层的深度和缺失层位均不断变化，并伴随有牵引、摩擦、挤压等现象及破裂作用。

如图 5－16 所示，1 井地层正常，2～4 井缺失地层由 A_2 到 C_2，逐渐变新，钻遇缺失地层的井深也是逐渐减小，表明是正断层造成的结果。

钻遇不整合时地层层序如图 5－17 所示，图 5－17 各井钻遇 E、D 层，1 井地层层序完整，2井缺失C层，3井缺失B和C层，4井缺失C层，可见都缺失同一地层C或更老的B层，这是剥蚀强度不同所致。D层则分别覆盖在C、B、A各不同层位之上。在区域性地震或构造剖面上，断层与不整合是不难区别的。

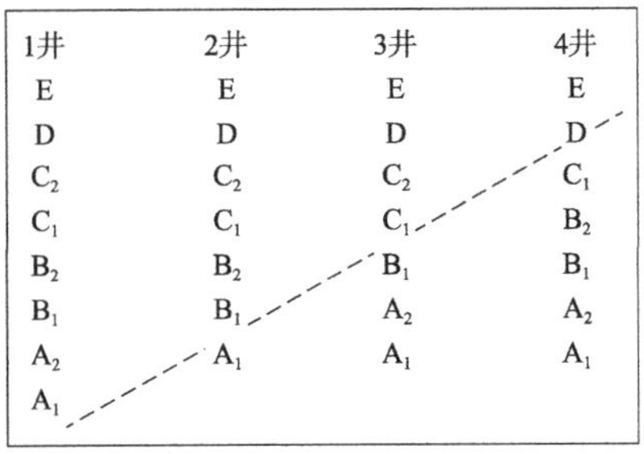

图5－16　钻遇同一正断层的各井地层层序示意图

井内常看到地层重复现象(图5－18)。近垂直或倾角较小的井穿过逆断层会造成地层的重复现象；高角度斜井穿过正断层，若井轨迹与地面的夹角小于断层面与地面的夹角，则也会出现地层重复现象。

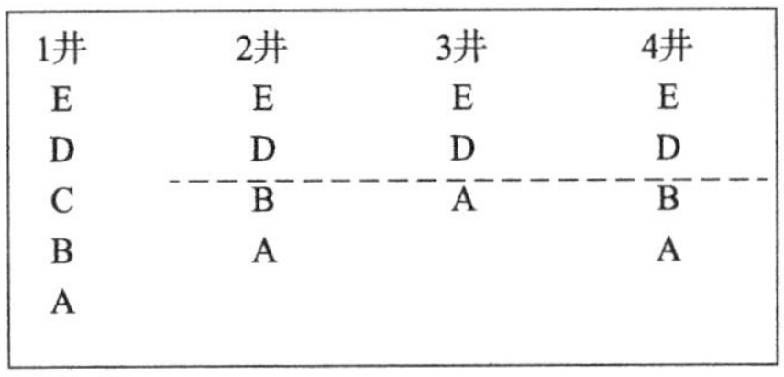

图5－17　钻遇不整合面时各井地层层序示意图

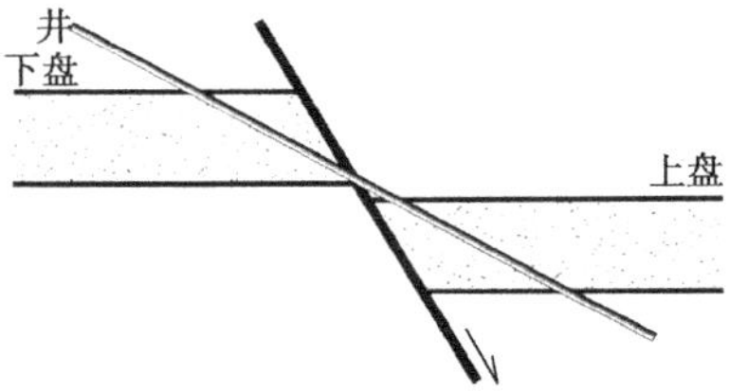

图5－18　高角度斜井钻遇正断层时可见地层重复现象

2. 近距离内标准层的标高悬殊

当近距离内相邻两口井并未钻遇断层，但发现标准层的标高悬殊，这种不正常的现象可能预示着相邻井间存在着未钻遇的断层，如图5－19所示。值得注意的是，如单斜或背斜一翼的挠曲，构造产状剧变也会引起类似现象，应参考地震、区域地质构造特征等资料进行综合判断。

3. 近距离内同层厚度突变

对于单一岩性的层段，由于断层的影响，将会产生相邻井钻遇同层厚度突变。在钻遇断层的井中，同层厚度有增厚或减薄的现象，如图5－20所示。这种现象实际上是断层造成的层段部分缺失或重复引起的，本质上与第一个标志相同，通过地层的细分和对比，可以判断出断层。

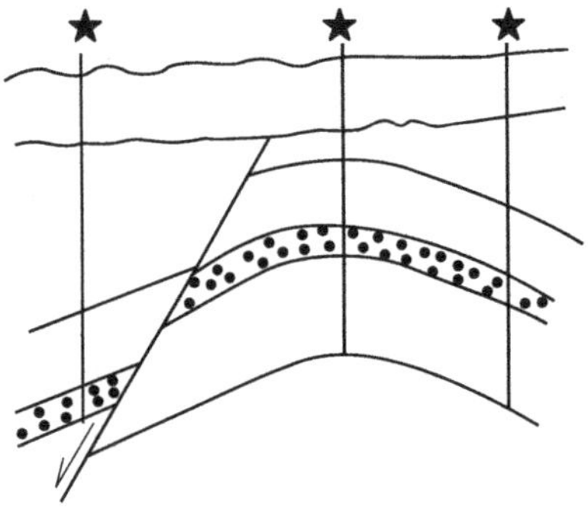

图5－19　因断层引起的标准层标高悬殊示意图

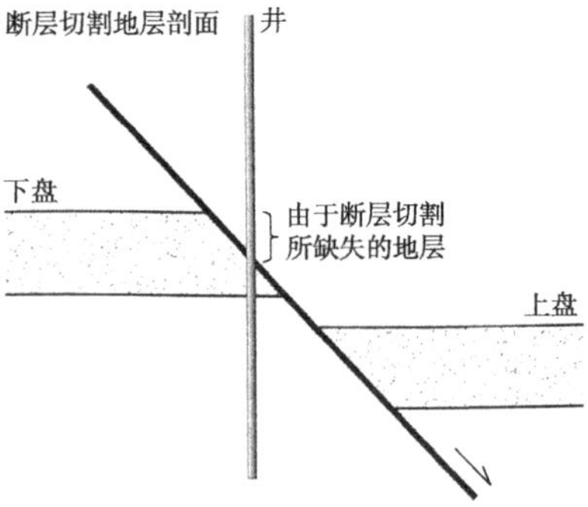

图5－20　由于正断层的切割，造成井中地层的缺失或同层厚度异常

在沉积时由于古地形起伏，也能引起同层厚度的突变，可通过古构造超覆特点的分析，将其区别。在河流相沉积发育区，亦可以引起同层厚度突变现象。

4. 在短距离内，同一油气层内流体性质、折算压力和油气水界面有明显差异

断层把油气层分割成为互不连通的断块，因各断块的油气藏形成和保存条件不同，如图5－21所示，断层使同层流体处于不同的地球化学条件下，造成流体性质上的差异。或由于断层的切割作用，使其两侧的油层处于不同深度，互不连通，形成各自独立的压力系统，断层两侧油气藏的折算压力和油气水界面有明显的差异(图5－22)。

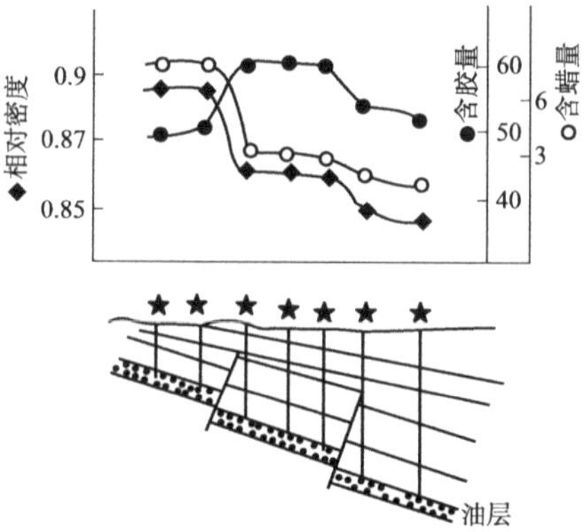

图5－21　引起原油性质变异示意图

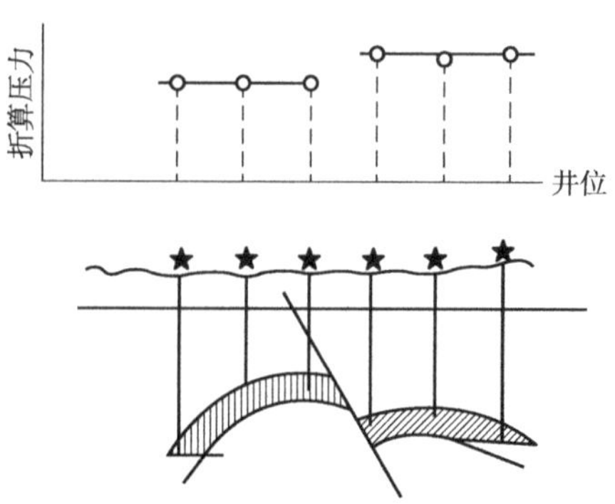

图5－22　断层造成折算压力差异示意图

5. 非漏失层发生钻井液漏失和意外的油气显示

钻井时，倘若在渗透性很差或致密的岩层中，突然发生钻井液漏失现象，或者在不该有油气显示的地层中出现了油气显示，说明可能钻遇断层。

6. 地层倾角矢量图上有特殊显示

由于构造应力的作用，通常在断层带附近发生牵引现象，局部地层变陡，在倾角矢量图上形成红色、蓝模式；或者岩石破裂，形成断层破碎带，在倾角矢量图上呈现杂乱模式或空白带。断层上下两盘地层产状的变异，在倾角矢量图上也有明显差异。因此，根据倾角矢量图的变化特征，可以确定一口井内是否存在断层，如果存在，还可以比较准确地确定断点的位置。在资料完好的情况下，还可以确定断层的走向及断层的产状，如图5－23所示。

利用地层倾角矢量图判断断层的最大优点是直观、简便，只需要一口井的资料即可，尤其是在测井曲线对比难以确定断点的具体位置时，可以指出断点的确切位置。这对一个新探区的第一口井来讲，更为重要。缺点是当断层两盘地层产状一致而又无牵引现象存在时，断层在倾角矢量图上无明显反映。

7. 断层的地震解释

一般，连续的地震反射以波峰或波谷叠置的形式显现，在地震剖面上，这种类型的反射代表地下的地质构造，可以通过寻找那些不连续的地震反射来识别断层，也可以通过多种技术进行断层识别，如对能反映地震倾角和方位角变化的属性图进行分析识别断层，利用波形相似性识别数据不连续的边缘部位，代表断层；利用地震蚂蚁体追踪法识别断层(图5－24)等。

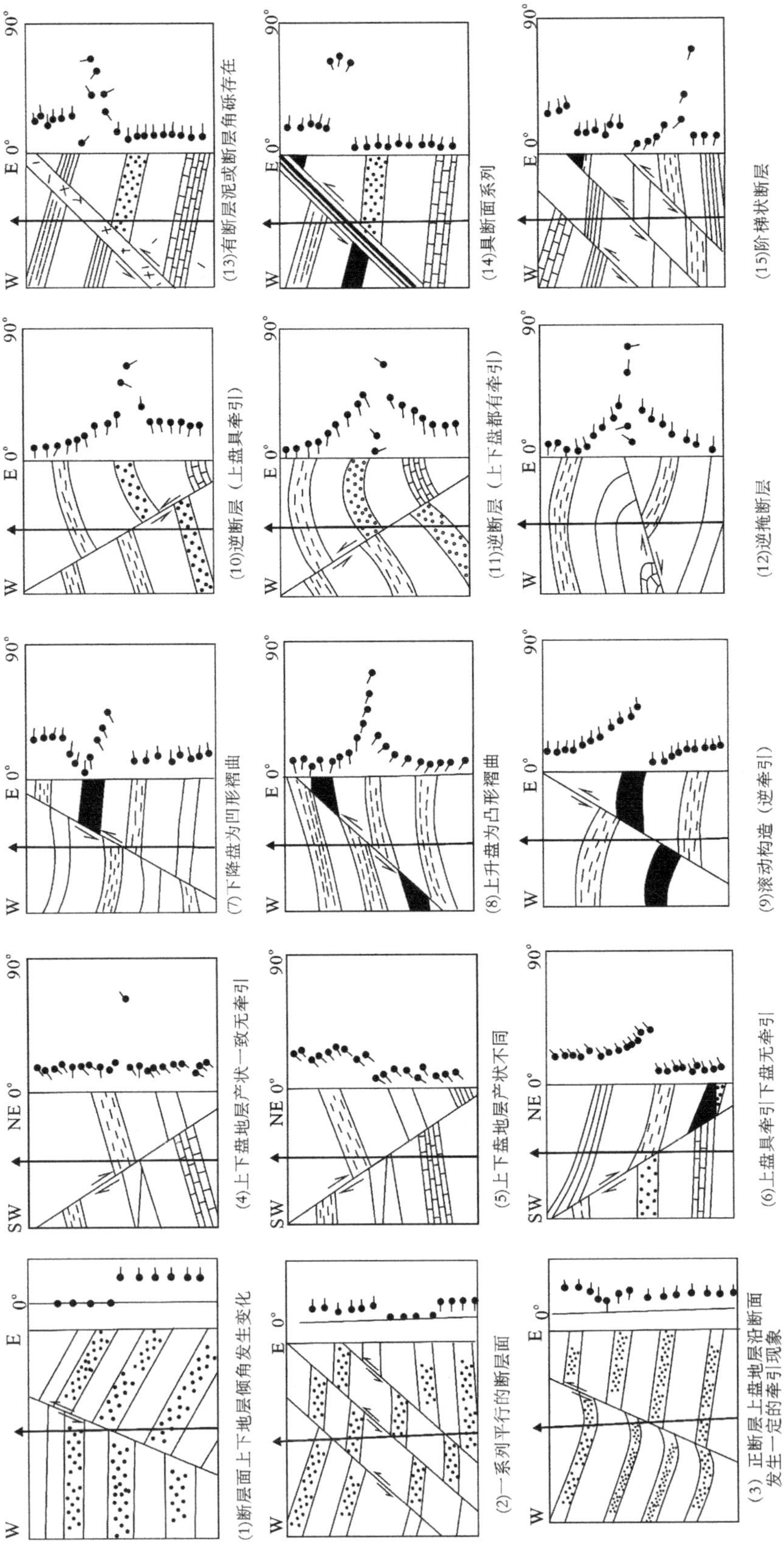

图 5－23 不同类型断层的倾角矢量特征图(据 Schlumberger，1970)

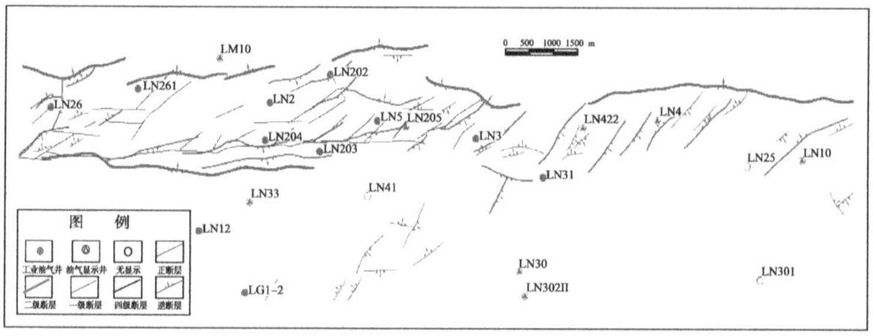

(a)轮南油田及周缘三叠系TI油组顶面断裂纲要图

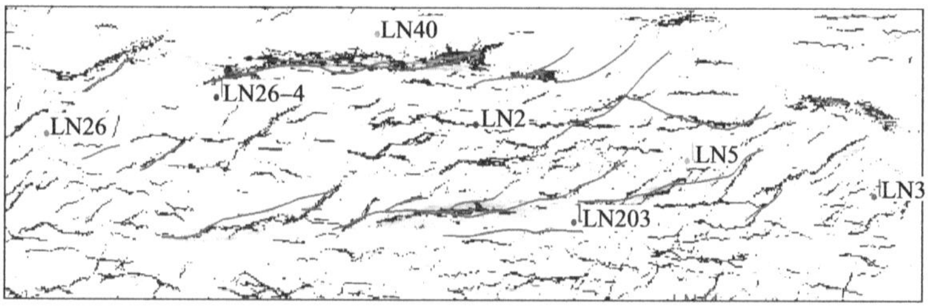

(b)地震反射特征

图 5－24　断层的地震响应特征(蚂蚁追踪)

8. 试井与断层

利用试井中的压力变化可以确定断层的位置。原理是生产井井筒附近的地层压力会随着油气的产出而降低，如果将这口井关井，油气不再产出，由于压力差，周围的流体会向井筒附近流动，压力也会逐渐恢复。如果井筒周围存在封闭性断层或其他干扰流体水平流动的地质特征，可利用上述原理将它们检测出来。断层的存在会对压力恢复的速率产生影响，还可以大致估计出断层距离井筒有多远。

砂体尖灭和河道边缘也可能影响井筒压力恢复速率，不能错误地将其认为是断层。需要将油田中所有井的试井数据与所解释出的断层类型进行对比，检查地震解释断层与油藏工程数据解释断层是否吻合，如果不吻合，对地震数据重新解释，看是否有断层遗漏；如果没有，要分析是否存在地层尖灭。

二、井下断点的确定与井间断点的组合

1. 井下断点的确定

当确定了地下存在断层之后，就要进一步确定断点在井剖面上的位置和断距大小。如图 5－25 所示，乙井是正常剖面，甲井剖面中的 D_1、D_2、E、F 重复出现，表明该井钻遇了逆断层。断点位置在第一次出现 F 层的底界，即地层开始重复处，

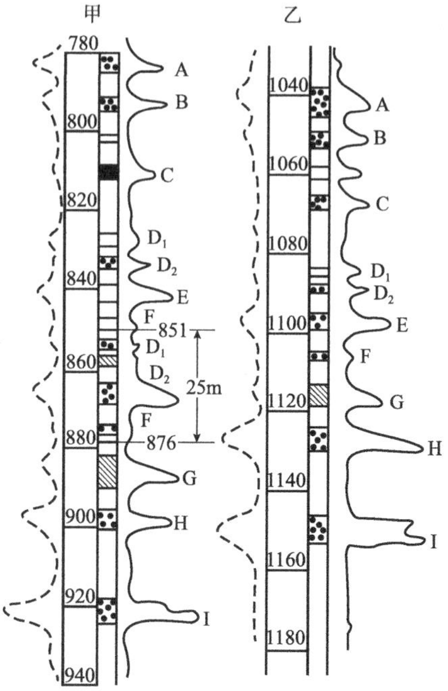

图 5－25　断点的确定

井深为851m。从断点处到重复出现F层底界之差便是重复地层厚度，为27m，如果是铅直井，此厚度就是地层的铅直断距。正断层断点的确定方法与此相同，缺失层段的起始点即为断点，如果是铅直井，缺失层段的厚度为铅直断距。

正确地确定断点，是研究断层的基础。因此，在钻井地质剖面上确定断点时，首先要对该井剖面反复与正常剖面逐层进行对比，逐渐缩小断点可能出现的范围。最后在可能存在断点的范围内，通过对测井曲线、岩性变化、钻时录井等资料的仔细分析，确定出断点的具体位置及重复或缺失的地层钻厚度。

2. 井间断点的组合

确定了单井剖面中的断点位置、断层性质及铅直地层断距之后，便可进一步对各井中的断点进行分析研究。找出各井中钻遇同一条断层的各个断点，把这些断点联系起来，全面地研究整条断层的特征，这项工作称为井间断点的组合。

1)断点组合的一般原则

在组合井间断点时，应遵循下列基本原则。

(1)各井钻遇同一条断层的各个断点，其断层性质应该一致，断层面产状和垂直断距应大体一致或有规律的变化。

(2)经组合后的断层，同一盘的地层厚度不能出现突然变化。

(3)断点附近的地层界线，其升降幅度与铅直断距基本符合，各井钻遇断缺层位应该是大体一致或有规律的变化。

(4)断层两盘的地层产状要符合构造变化的总趋势。

2)断点组合方法

(1)当有地层倾角测井资料时，用其确定各个断点断层面的走向和倾向后，就可以按上述原则对各个断点进行组合。

(2)如果没有倾角测井资料，为了避免具有相同走向、倾向，但又不属于同一条断层的诸断点错误地组合在一起，最好是通过分析尽量多的井，应用各井的分层数据和断点资料作一系列纵、横剖面图，使同一断点至少能通过两条剖面进行组合。

值得注意的是，同一条断层在不同方向剖面中的同一井点，其产状应该是不变的，不应出现在一条剖面上向东倾，而在另一条剖面上向西倾的现象。

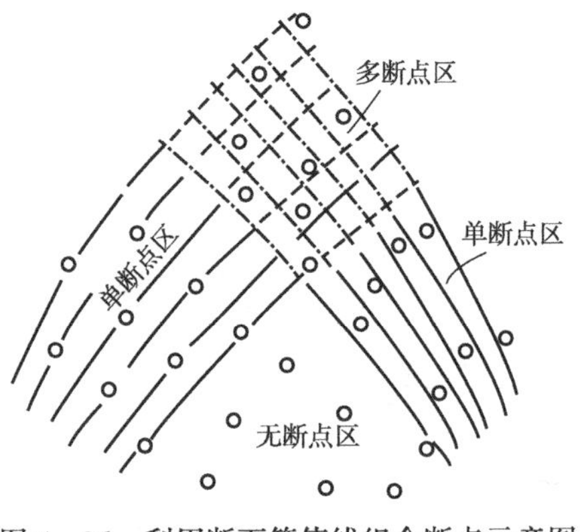

图5-26 利用断面等值线组合断点示意图

(3)在断层彼此交叉的复杂地区，一口井往往会钻遇多条断层，具有多个断点，这时应该绘制断面等值线图来组合断点。一般先从远离复杂区的单断点区编制断面等值线图，获得其产状要素后，再根据已知的走向、倾向、倾角和断距等资料向复杂区延伸，把多断点区分开来，进而作出各条断层的断面等值线图(图5-26)。

在地下构造复杂的地区，井下断点多，断点组合往往具多解性，需要综合分析各项资料，互相验证，找出较合理的断点组合方案。为此，首先应将断面等值线图、构造剖面图和构造草图互相验证，同时还应参考地震资料，油气水分布情况及动态资料来验证断点组合是否正确。

三、断面构造图的编制与应用

断面构造图又称断层面等高线图，是以等高线表示断层面起伏形态的图件。

编制断面构造图的原始资料是各井钻遇同一条断层的断点标高和井位图。作图一般用三角网法，有时也用剖面法。将断面构造图与油层构造等值线图重叠，将相同数值的等高线的交点相连，即得到构造图上的断层线位置，如图 5－27 所示。

通过断面构造图可以直观形象地了解地下断层的产状要素及其变化情况，断层的延伸范围及断层对地层的切割关系等。此外，断面构造图还可以用来检验断点组合是否正确。

图 5－27 是根据某区块 29 口井的断点资料编制的断面构造图。从图 5－27 可以看出，这是一条正断层，其西段走向为北西—南东向，东段渐变为近东西向，总的断层面倾向南西方向。由断层面等高线疏密变化情况来看，断层西段断面倾角较缓，向东有变陡的趋势。与构造等高线图一样，从图中可求得断面的产状如走向、倾向、倾角。

图 5－27 中还绘制了断层面与上、下盘含油层系顶底界面的交线即断层线(图中四条粗线)，清楚地反映出整个含油层系顶、底面被断开的具体位置、水平距离和断层带内油气层的缺失情况。如图中，断层线①以北下盘油层完整；断层线②～③内，下盘油层逐渐缺失完毕，而上盘油层从顶部到中部缺失减少，断层线④以南，上盘油层完整无缺。

综上所述，在已经投入开发的各个油田，编制断面构造图并绘出断层线位置是必要的和可能的。目前我国各油田已普遍编制和应用这种图件。

构造图上可以显示一个地层面的等值线及切穿该地层面的断层线，即上盘断层线和下盘断层线组合成的断层多边形。理想的正断层面是一个椭圆形，断距最大处位于断层的中部，向断层两端逐渐减小为零。如果断层长度和断距之间呈线性关系，可以利用这种关系确定地下断层的发育位置。如果断层的断距比地震的分辨率小，那么将无法利用地震数据来解释断层，因此地下实际的小断层无法在地震数据中表现出来。

四、断层形成时期和发育历史的研究

断层形成的相对时期是根据被切割的地层、岩体的时代关系确定的。断层总是形成于被错断的最新一套地层时代之后。这对于确定一次性断裂活动产生的断层的形成时期，是适用的方法。但是，对于同生断层就显得太笼统了。同生断层是沉积盆地发育过程中边断裂、边沉降、边沉积形成的。因而，其发育与油气的生成、运移和聚集有密切关系，研究其发育史有助于油气的勘探和开发。

同生断层在我国东部油区特别发育，虽然成因是多方面的，但其共同特征为：断层下降盘地层厚度明显增大，落差一般随深度增加而增大。同生断层的活动可根据断层两侧同层厚度的变化来研究。若断层两侧同层厚度发生明显变化，表明断层在该层沉积时期是活动的。地层沉积期间断层的垂直位移(古落差)大约等于断层两侧的地层厚度之差(图 5－28)。

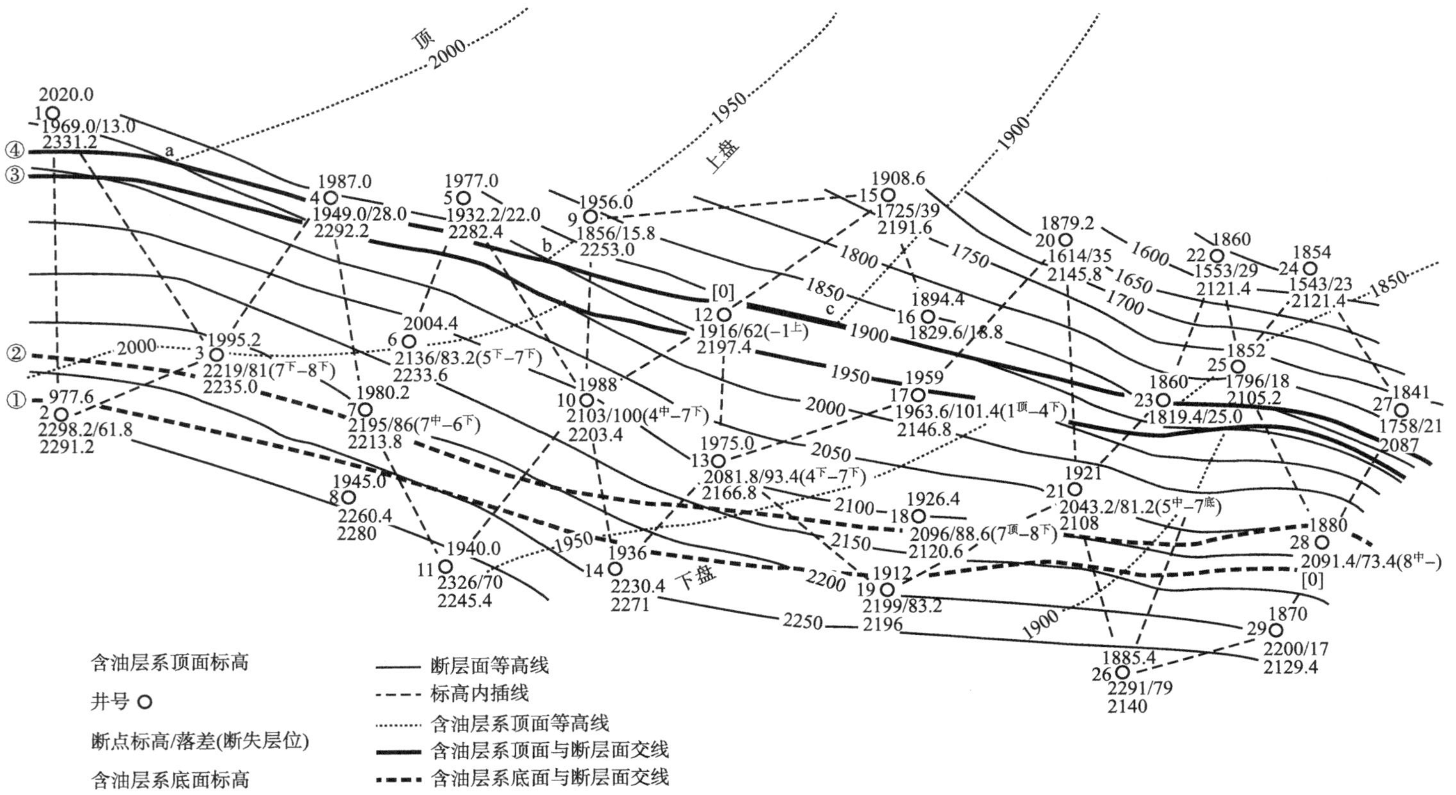

图 5－27　绘制断层面图及确定含油层系顶底界面与断层面交线图

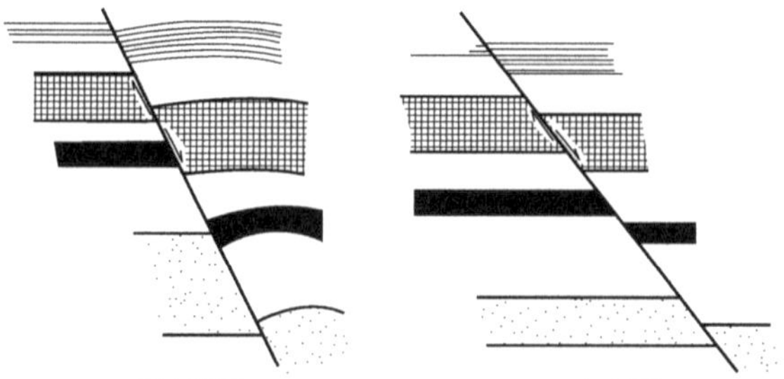

图 5－28　同沉积断层与一般断层对比示意图(据徐开礼等，1989)

同生断层的活动强度通常用生长指数表征。即：

$$生长指数=\frac{下降盘地层厚度}{上升盘地层厚度} \tag{5-1}$$

生长指数小于或等于 1 时，表明断层停止活动，或无断裂活动；生长指数大于 1 时，表明断层发生或有断裂活动。生长指数越大，断裂活动越强烈。对沉积盆地中同生断层发育史的研究，应首先研究一条断层的发育过程。在横切同一条断层的各个剖面上，统计各个时期的生长指数发现，断层的不同位置，开始断裂的层位及活动强度(生长指数的出现和大小)是不同的(表 5－1)。通常，一条大断层的发展是具方向性的，是多次活动完成的。这就是说，在受应力最大的部位开始破裂，然后逐渐延伸。随着应力的减小，开始断裂的层位变新，生长指数变小，直到逐渐消失。

表 5－1　断层两盘同层厚度对比表(转引陈立官，1983)

地层	下降盘厚度/m	上升盘厚度/m	上、下盘厚度差值/m	生长指数
10	200	200	0	1
9	215	200	15	1.08
8	595	545	50	1.09
7	540	435	105	1.24
6	610	510	100	1.2
5	675	535	140	1.26
4	300	228	72	1.31
3	562	312	250	1.8
2	1234	1025	209	1.2
1	400	400	0	1

在研究多条断层的发育过程和分布特征的基础上，便可以提高对沉积盆地构造运动规律的认识。这有助于阐明断块圈闭的形成及断块油气藏的成因与分布特征，从而指导勘探和开发油气富集的断块。

利用断层恢复方法还可以分析油田的构造演化史。通过确定断层发育期、地层的抬升和剥蚀期，可以对油藏开发是否受构造控制有清晰的认识(图 5－29)。

实际上断层比在地震剖面上看到的简单显示的大断层复杂得多，地震剖面解释的断层实际上可能是由多个紧密相连、相互叠置的断层组合而成。由于地震数据无法显示断层带里的详细信息，因而就以一条大断层的形式显示出来。这些断层带是由多个紧密相连的断块及其相互之间的转换带组成的。

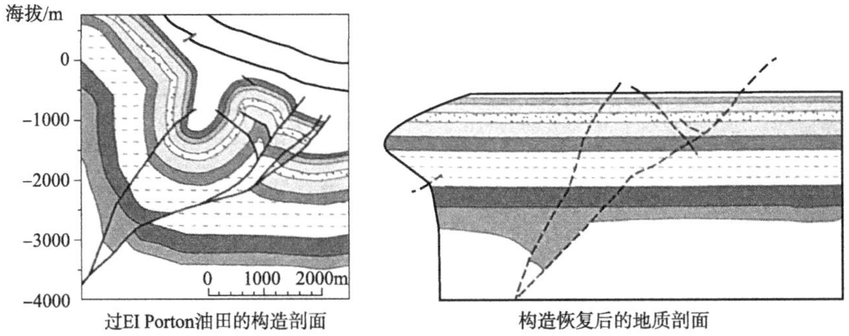

图 5－29　通过恢复现今构造地质剖面的方法可以验证现今储层格架是否真实有效，若现今剖面可以被完全恢复到未变形前的状态，则说明现今储层格架合理(Zamora Valcarce 等，2006)

另外，构造图上断层与断层连接的地方通常为转换带；沿断层走向，转换带可能对应断距最小处；如果某些长断层的长度与断距比值出现异常，则说明忽略了断层转换带。断层转换带可能是流体通过断层带的运移通道，绘制转换带非常重要。由于相互叠置的断层之间的转换带发育规模通常很小(约为几十米)，转换带的识别很困难。

五、断层封闭性的研究

断层是控制油气分布的重要因素之一。开启性断层可成为油气运移的通道，封闭性断层能阻挡油气运移，成为聚集油气的条件。从不同方面，利用不同资料研究断层封闭性，揭示其封闭机理有着非常重要的意义。对断层封闭性的研究，主要从下列几方面着手。

(一)断层的封闭作用机理

1. 断面两侧的对接岩性封闭

断面两侧的岩性条件是断层具封闭性的基础。断层两侧若为渗透性与非渗透性岩层相接触，通常认为是封闭性的。当同一层位的渗透性储层相互对接时，有可能形成较小烃柱的封闭作用，但不能形成明显的侧向封堵，故多数断层都是不封闭的(图 5－30)。值得注意的是同一条断层，沿断层延伸方向断面两侧岩性接触关系是变化的，因此在断层的不同位置，其封闭差异是很大的。

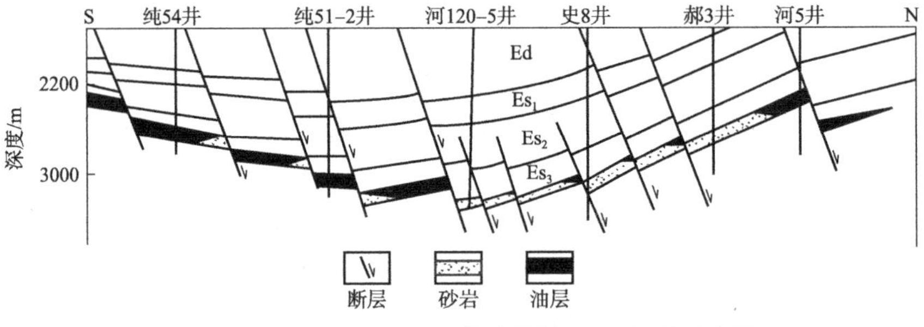

图 5－30　梁家楼下扇纯 54 至河 5 井油藏剖面图(据刘泽容等，1998)

2. 断层自身封闭作用

断层断开的储层直接与非渗透层相接，断层起到了封闭作用。然而，在对油田的勘探过程中发现，即使断层两盘均为砂体，断层也可以起到封闭作用，常见的封闭机理是断层自身具有封闭作用。

断层自身封闭作用主要是指断层带充填物沿断层面在垂向或横向上构成的封闭作用。断层带充填物相对低孔低渗性，构成的断层面自身封闭主要有两盘泥岩的泥质涂抹作用、砂岩等岩石的碾碎或碎裂作用，以及充填物的后期成岩作用等。Fisher 和 Kine(1998)总结出了以下五种作用过程：

(1)泥岩涂抹(Clay Smear)：断层两盘错动过程中，在剪切和磨蚀作用下，地层中的泥质岩进入断层带内，或沿断层面发生涂抹，形成泥质膜，构成对储集层上倾方向上的封堵。泥质膜的厚度随断距的增加会逐渐减小。

(2)碎裂作用：断层活动所产生的相互挤压作用会磨碎断层面附近干净的砂岩颗粒，形成断层泥(Lindasy 等，1993)。碎裂作用是指断层带物质的脆性变形作用。当断层在粗碎屑岩中沿断层面滑动，尤其是当断层的位移大于主要岩层厚度时，断层带会混入各种围岩碎屑，发生碾碎或碎裂作用，产生更细粒的碎裂岩，其渗透率一般比围岩减少 1 ~ 3 个数量级，孔隙度也明显减小，因而碎裂作用也可构成断层的封闭性，尤其是在逆断层和走滑断层中，这种现象最明显。

(3)成岩作用或胶结作用：断层带充填物的后期成岩作用是指流体沿具渗透性断层面优先发生胶结等成岩作用，使充填物孔隙度和渗透率迅速降低，排替压力明显增大，造成断层面后期具备封堵能力。断层带处容易发生碳酸盐胶结作用，通常在靠近断层带的井中发现碳酸盐胶结物，而远离断层带的井中则不含碳酸盐胶结物(Reynolds 等，1998)。

(4)孔隙体积锐减：断层活动过程中，地层的塑性变形会使分选差的沉积物与其他沉积物发生混合，从而导致地层孔隙度降低。

(5)颗粒接触面的溶解：由于断层面处的强烈挤压，会使断裂带内颗粒间的接触面发生压溶作用，然后这些溶解物质会发生再胶结作用。对于碳酸盐岩来说，这种断层封闭机理很重要(Peacock 等，1998)。

在砂、泥岩互层的地层中，断层泥和碎裂岩可同时存在于同一断裂不同的断层面部位(图 5 – 31)。断层泥和碎裂岩在断层面或断裂破碎带充填物中所占的比例取决于断层性质、地层砂地比和地层岩性的塑性程度等。断层自身封闭作用能够封堵的最大烃柱高度取决于断层泥和碎裂岩的最小排替压力，而最小排替压力则与充填物的岩性、矿物组成和成岩程度有关。

因此，当对断层封闭性进行研究时，需要对岩心上显示出的所有断层进行观察，并分析其封闭机理类型。

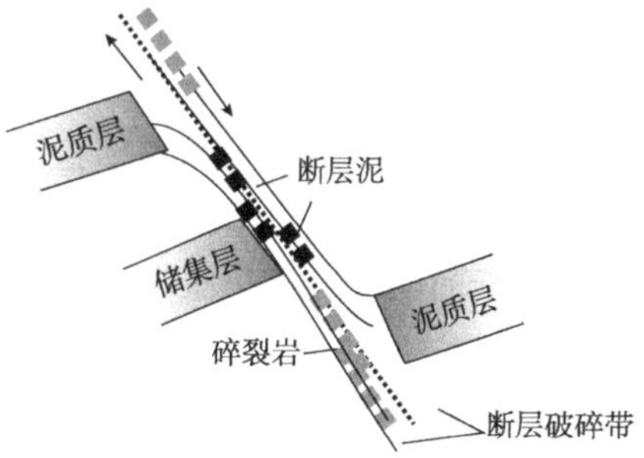

图 5 – 31　断裂破碎带充填物与断层封闭作用示意图

3. 断层产状与岩层产状配置关系

断层产状与岩层产状配置，是指阶梯状断层面两盘岩石的产状和断层面产状的组合关系，它们主要有两种组合形式。其一是断层两侧岩层或岩体与断层面的倾向相同，这种断层面自身具有一定的开启性，故这种断层的封闭能力一般都较差。其二是断层两侧的岩层或岩体的倾向与断层面倾向相反，即所谓的反向屋脊式配置，这种断层的封闭性通常都较好。后者之所以比前者具有更好的封闭性，主要是在区域性抬升过程中，断层之间所限定的断块发生与滑落方向相反的旋转形成掀斜断块，增强断层两盘的挤压研磨，产生更加细粒化的断层岩所致。

4. 断层的力学性质

从力学性质来分析，通常认为张性断裂易形成开启性断层，压扭性断裂易形成封闭性断层，但具体问题应具体分析。从断层面受力的情况分析，在断层面上，上覆地层必将有一个垂直于断层面的分力。这个分力与静水柱压力之差就是对断层面裂缝的压应力，以 P 表示。则有：

$$P = \frac{H(\rho_r - \rho_w)}{100}\cos\theta \qquad (5-2)$$

式中，P 为断层裂缝所承受的压应力，MPa；H 为断点井深，m；ρ_r 为岩石密度，$10^3kg/m^3$；ρ_w 为地层水的密度，$10^3kg/m^3$；θ 为断面倾角。

如果裂缝壁的强度抗拒不了这个压应力，断面裂缝必将合拢，并逐渐形成封闭。现假设 $\rho_r = 2.25\times10^3kg/m^3$，$\rho_w = 1.03\times10^3kg/m^3$，当断点井深为1000m，断面倾角为45°～60°时，由式(5－2)算得 $P = 6.10 \sim 8.54$MPa。当断点井深为2000m时，其他参数值同前，则 $P = 12.20 \sim 17.08$MPa。

渤海湾盆地沙河街组泥岩的抗压强度为2.0MPa，砂岩的抗压强度为6.0～7.0MPa。由此可见，在1000～2000m井深处的断面所承受的压应力，远远大于岩石的强度。从地质力学观点分析，即使断面承受的压应力小于岩石强度，在漫长的地质年代里，时间因素也会使岩石发生蠕变现象。因此长期处于静止状态下断距较小的断层，多是封闭性的。

5. 断层面及两侧岩层的排驱压力

断层封闭性的影响因素较多(图5－32)。断层面的排驱压力是确定断层封闭性的决定因素。理论研究表明，在亲水性岩石内，断面两侧岩层和断面物质的排驱压力决定了断层是否封闭。当断层两侧岩层的排驱压力相同或接近时，该处断层是不封闭的；反之，若断层两侧岩层的排驱压力差别很大，则该处断层是封闭性的。排驱压力差值越大断层封闭越好。如果断面物质的排驱压力大于断面两侧岩层的排驱压力，断层是封闭的；反之，断层是开启的(图5－33)。

目前在断层封闭性的定量分析与评价中，常用断层横向封堵系数来表达和评价断层侧向封堵能力，其实质是判别断层面及两侧岩层排驱压力的差异性。

值得指出的是，断层的封闭性不是一成不变的。如图5－33(a)、(b)所示，当储层1的排驱压力 P_{dR} 小于储层2的排驱压力 P_{dB} 时，断面封闭，油气从储层1的外围向其高部位聚集。

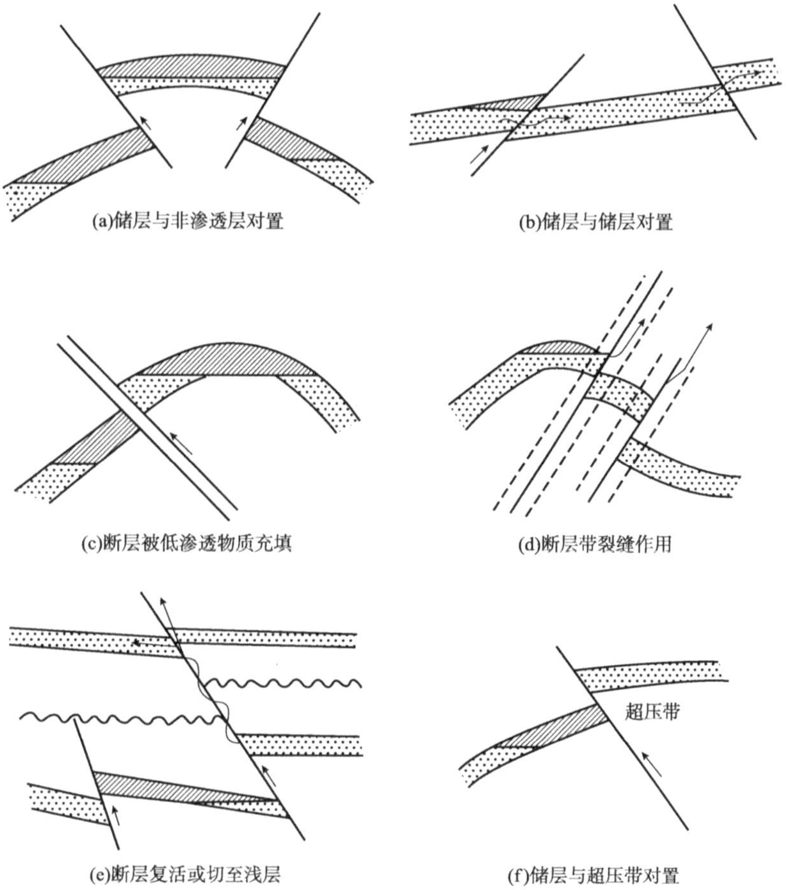

图 5－32 封闭性主要影响因素总结(据 Harding 和 Tuminas 修改，1989)

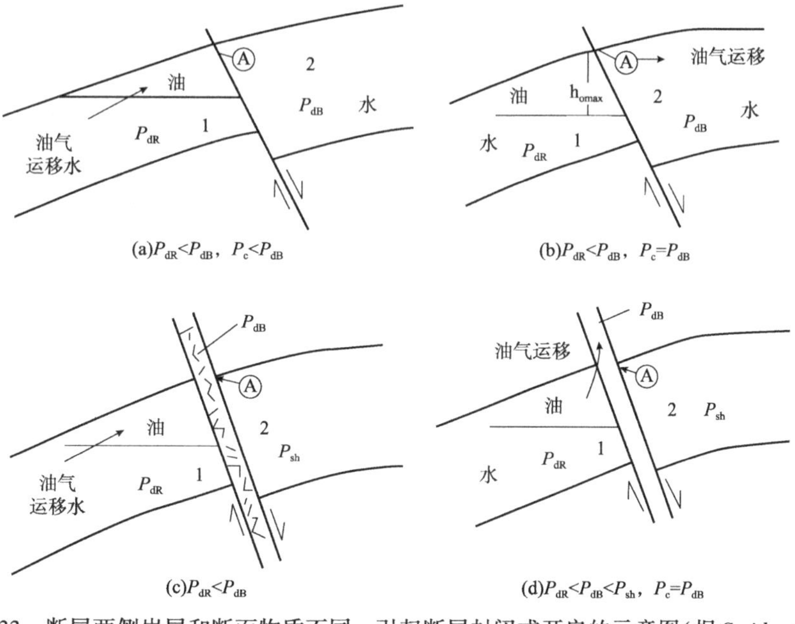

图 5－33 断层两侧岩层和断面物质不同，引起断层封闭或开启的示意图(据 Smith，1966)

按毛细管压力理论，油气柱的高度逐渐增加，一直到最大高度 h_{omax}。

$$h_{omax}=\frac{P_{dB}-P_{dR}}{\rho_w-\rho_o} \tag{5-3}$$

式中，P_{dR}为储层 1 的排驱压力，MPa；P_{dB}为储层 2 的排驱压力，MPa；ρ_w 为油层条件下水的密度，g/cm^3；ρ_o 为油层条件下油气密度，g/cm^3；h_{omax}为油气柱的连续高度，m。

这时，断面 A 点处的毛细管压力 $P_c=P_{dB}$，过量的油气就会通过断面向储层 2 运移。同理，在图 5－33(c)、(d)中，断层下盘储层 1 的排驱压力 P_{dR}小于断面物质的排驱压力 P_{dB}时断层是封闭的，油气在储层 1 中聚集，油气柱高度不断增加，当其达到 h_{omax}时，断面 A 点的毛细管压力等于断面物质的排驱压力，而小于上盘泥岩的排驱压力，油气将沿断面向上运移。此时断层成为油气再运移的通道。如图 5－34 所示，沙二上亚段断层封闭机理即为排替压力封闭。

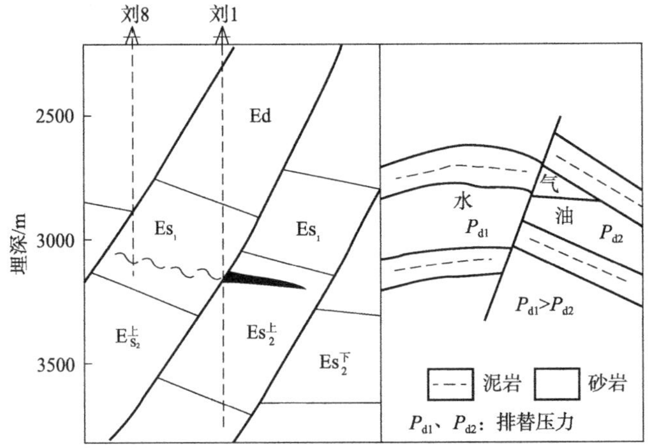

图 5－34　苏北盆地××区块油藏剖面图

与未发生变形的岩石相比，细粒断层岩具有更高的毛细管突破压力。Brown(2003)描述了在水润湿的断层带中，可能存在的三种断层封盖油气的作用机理如下。

(1)断层之所以具有封闭油气的作用，是由于油相受到的浮力不足以突破细粒断层岩的毛细管压力，不能侵入到断层岩石中将其中的水驱替出来，这种封盖作用被称为隔膜封闭。

(2)随着油柱的增高，油气受到的浮力也随之增大，当浮力足以克服断层岩的毛细管压力时，油气就可以侵入到断层带内，进而通过断层发生泄漏。但是，断层岩的渗透率很低，因此油气泄漏的速率也可以忽略不计(Heum，1995)。这种断层也可以被认为是有效的封隔层，封隔机理是水力封堵。

(3)当断层面以下存在一个相当厚的油柱时，即使断层岩的渗透率很低，油气还是会以很大的速率泄漏，这是断裂带封闭失效。

6. *断层活动时期*

一般认为，在油气聚集期已经停止活动的断层具封闭性，在主要油气聚集期之后产生并继续活动的断层，多为油气运移的通道，具纵向开启性。许多次生浅层油气藏就是沿断层向上二次运移的结果。同生断层常常具有良好的封闭性。这是因为沉积和断裂同时发生，断裂活动使尚未压实固结的半塑性状态的泥质层沿断面或破裂带发生塑性流动，在断面处形成不渗透的天然的屏障。断层的封闭与否，除应考虑上述因素外，还可在油田的开发过程中应用压力恢复曲线或通过观察开发井与生产井产量与压力变化来判断断层的封闭性，这对油田动态分析具有重要意义。

断层在油气运移过程中起通道作用还是起封堵作用受多种因素的控制，如断层走向、埋深、断距、倾角、错断地层的岩性、力学性质、断层两侧地层对接情况、断层带充填物的物质组成、构造应力的大小与方向、流体性质和温压系统等。罗晓容等(2018)归纳能够反映断层启闭性特征的主要因素包括以下几个方面(图5－35)。

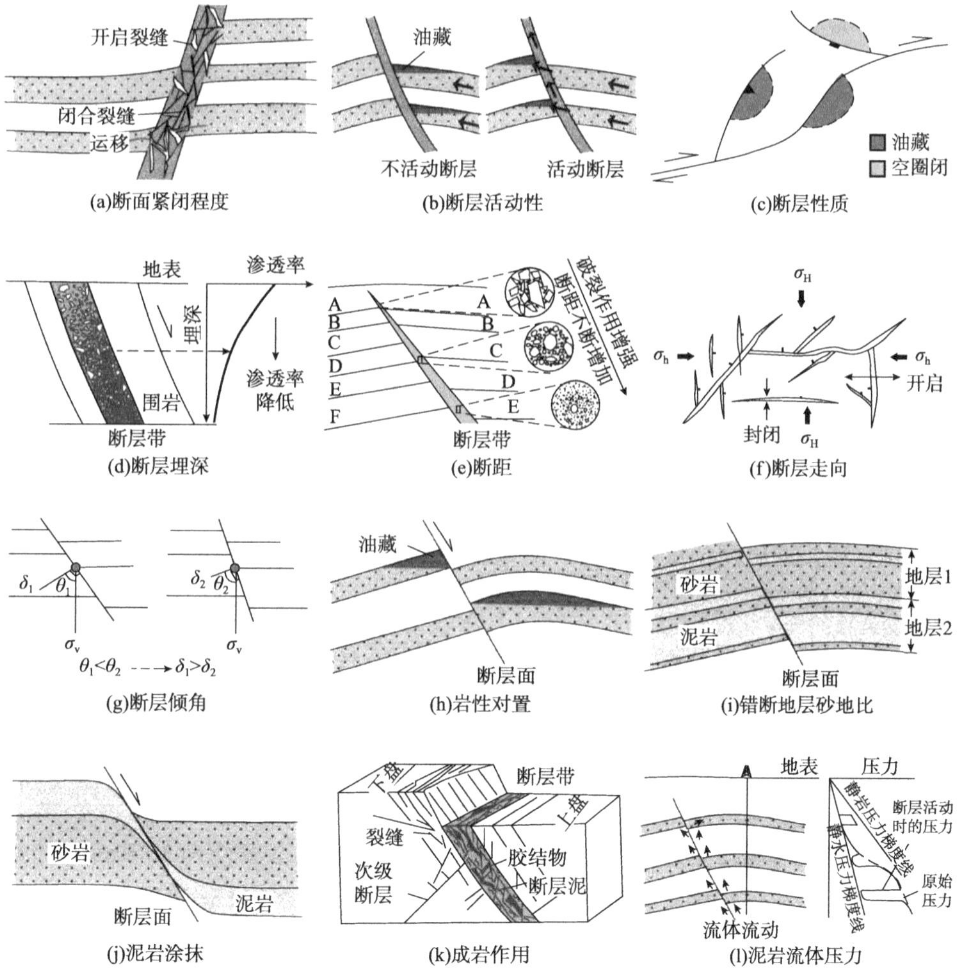

图5－35 各种地质因素影响断层启闭性的模式图(罗晓容，2018)

(二)断层封闭性及封闭能力评价

1. 单井断点的测井曲线特征

理论上，封闭性断层反映在组合测井曲线上，断层面是不渗透的。而开启性断层，因断层和断裂破碎带具有渗透性，在砂泥岩剖面测井曲线上，一般会出现声波时差大，密度和电阻率降低，井径扩大等现象；在碳酸盐岩剖面上开启性断层与裂缝性渗透层一样，会出现"三低二大一小"(低中子伽马、低自然伽马、低电阻率，井径扩大、声波时差大，密度小)的特点。四川石油管理局利用声阻抗曲线发现川东××井阳新统石灰岩断层破碎带处存在明显的低异常，表明该断层是不封闭的(图5－36)。

2. 钻井过程中的显示

如前所述，在正常钻井过程中，钻遇断层若发现钻井液漏失、井涌及油气显示等现象，以及岩心有断层角砾岩，岩屑中存在次生方解石，石英含量增高，钻时减少等现象，将预示钻遇的断层为开启性的，否则为封闭性断层(图5－36)。例如，渤海湾地区很多井都钻遇了正断层，有的井钻遇正断层多达6～7条，但多数并未发现断点处有井漏、井涌及油气显示等现象，一般都认为断层是封闭的，并得到证实。

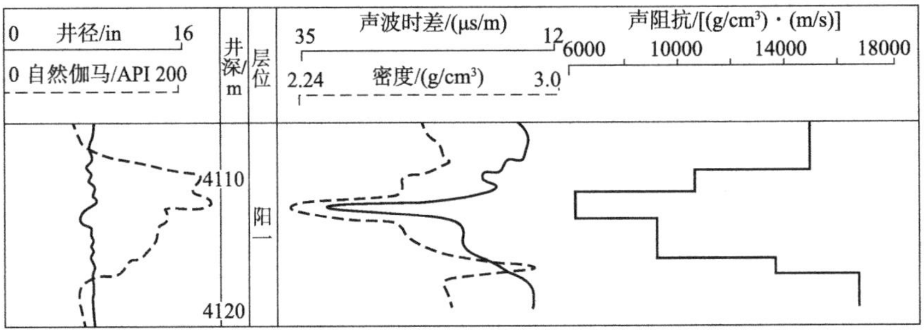

图5－36 川东××井断层破碎带声阻抗曲线图

3. 断层两盘的流体性质及分布

研究断层的封闭性，应受到动态资料的检验。断层两盘流体性质的差异，油－水界面高度的悬殊，是断层封闭的重要标志。比如下辽河地区兴隆台油田42断块与马7断块被一条断层隔开，两个断块沙一下油层的原油性质完全不同(表5－2)，该断层是封闭性的。

表5－2 相邻断块同层原油性质、油水界面比较表(据吴元燕，1995)

断块名称	代表井	相对密度	黏度(50℃)/mPa·s	凝固点/℃	含蜡量/%	油水界面高度/m
兴42块	兴42井	0.8979	24.33	－28	5.46	－2050
马7块	马7井	0.8468	6.54	24	15.07	－2300

断层对储层内流体的流动方式具有重要的影响。断层可以使两套不同的储层拼接(Juxtapose)，并为流体的相互流动提供运移通道。James等(2004)认为所有砂－砂相拼接的储层是相互连通的，流体可以穿过断层流动除非有证据明确证明断层不连通。如果储层的一端与非渗透性岩层相拼接就会导致油气在断层的一侧聚集，这是由于断层带内的岩石变形和胶结会使其渗透率降至很低甚至为零，从而使断层面成为隔层来阻挡流体流动。在某些情况下，断裂带内的裂缝可以作为流体运移的通道。

4. 断层面地层剖面分析

艾伦图(Allan Diagrams)，又称断层拼接图(Aultjuxt Apposition Diagrams)，可以表示出断层上、下盘地层的位置，这些地层在断层面上呈相互拼接关系(Aan，1989；Knpe，1997)。从图5－37的艾伦图中可以看出断层两盘不同储层单元的相互拼接关系。虽然艾伦图在开发地质中作用很大，但绘制艾伦图所需数据的不确定性也很大；利用地震数据对垂向断层断距进行估算时，结果有可能是错误的；对不能在地震图像上显示出来的垂向断层的断距进行估算时，其结果可能比实际要大。在建立复杂断层带两侧地层的拼接关系时，断层带内部复杂的结构可能会增大结果的不确定性(Hesthammernd Fossen，2000)。

艾伦图可以表示出断层两盘地层沿断层面相互叠置的关系，可以看出储层与非储层对接的位置，来确定潜在的断层封闭性。

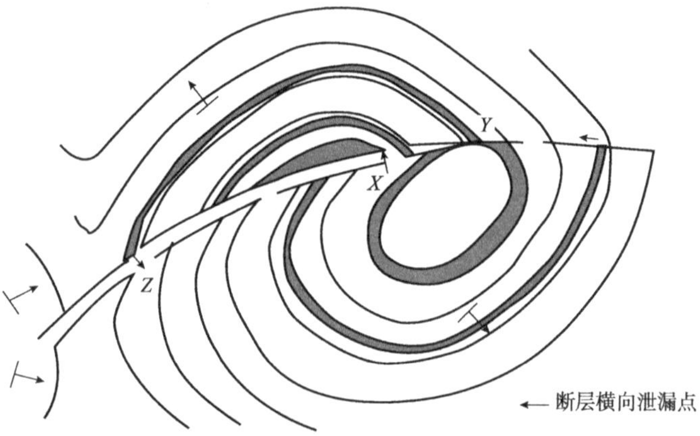

(a)断背斜构造等值线(Allan，1989)

注：图中灰色填充为不同油气藏含油边界，*X*、*Y*、*Z* 分别对应于图(b)中的相应断层横向泄漏点或溢出点。

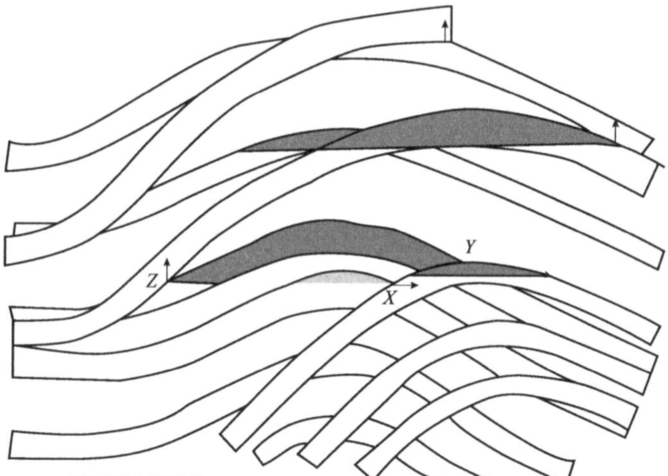

(b)图(a)中断层的断层面地层剖面图(Allan，1989，略修改)

注：开放的空白区间为两盘的非渗透岩层分布范围，空白的封闭条块为两盘的渗透性储层；下盘的岩层叠加在最前面，上盘岩层叠加在后面；灰色充填范围表示聚集的油气。*X* 为最低部位油气藏的断层横向溢出点或泄漏点，*Z* 为中部油气层的最低断层横向溢出点。

图 5－37 断层拼接示意图(艾伦图)

5. 断层面泥岩涂抹程度评价

断面处泥岩涂抹和断层泥可能形成断层封闭，可以利用公式对断层是否封闭进行预测。这些公式的计算原理是：泥岩涂抹造成断层封闭的可能性受控于经过断层面特定一点的泥岩层的数目和厚度，断层面上泥岩涂抹的厚度会随着某一点与断穿泥岩层的距离增大而减小，也会随着断距的增大而减小(Yielding 等，1997)。可以以断层附近的某口井为例，分析它的砂泥岩分布，进而对断层的封闭性进行评价。

(1)泥岩涂抹势(Clay Smear Potential，简称 *CSP*)是断层面上一个点与泥岩层的距离及泥岩层厚度的一个函数关系式，计算公式如式(5－4)所示，泥岩层是断层面上泥岩涂抹的物质来源(Bouvier，Full James 等，1996)(图 5－38)。

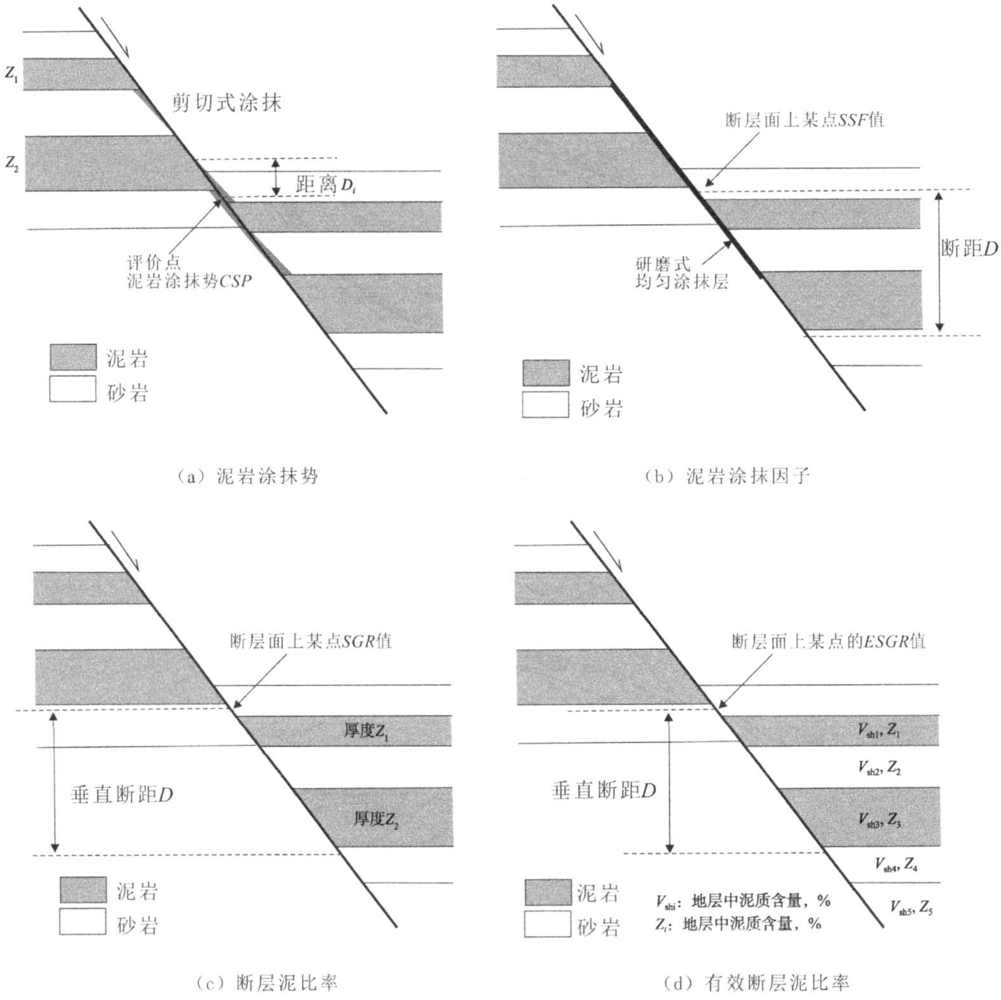

图 5－38　利用一些计算公式来预测可能的封闭断层、分析断层的封闭性

该参数用来表征在断层面上的某个点被单一泥岩层涂抹的泥质相对数量。*CSP* 随泥岩层厚度的增大而增加，随断距的增大而减小，随参与断层面之上某一评价点涂抹的泥岩层数量的增加而增大。*CSP* 值越大，断层的封闭性越好。这一参数被 Full James 等(1996)更翔实地表述为泥岩层厚度(Z_i)的平方除以评价点距泥岩层中部的垂直距离(D_i)，即

$$CSP = \sum \frac{Z_i^2}{D_i} \tag{5-4}$$

式中，Z_i 为泥岩层的厚度，m；D_i 为距泥岩层中部的垂直距离，m。

需要指出的是：不同地区由于断层性质、泥(页)岩厚度等方面的差异，*CSP* 临界值会有所不同。Jev 等(1993)通过研究尼日尔三角洲的 Akaso 油田，提出断层 *CSP* 大于 30 为有效封闭，*CSP* 小于 15 则为无效封闭。

(2)泥岩涂抹因子(Shale Smear Factor，SSF)，是泥岩厚度与断层断距的函数，与涂抹距离无关(Lindsay 等，1993)。*SSF* 值越小，说明断面处连续性越高。对于大断层，如果 *SSF* 泥岩涂抹因子大于 4，说明该断层可能是封闭的(Faerseth，2006)。

Lindsay 等(1993)依据对断裂发生时已固结成岩层序中泥岩研磨式涂抹的野外露头剖面观察，提出用泥岩涂抹因子 *SSF* 来评价泥岩研磨式涂抹的封闭性。泥岩涂抹因子为断层断距与泥岩层厚度的比值，即：

$$SSF = \frac{D}{\sum Z_i} \tag{5-5}$$

式中，D 为断层的断距，m；Z_i 为泥岩层厚度，m。

可见，在泥岩层涂抹的断距范围内，*SSF* 值为一常数。随断层断距的增加，这一常数值变小。

Gibson (1994)研究了特立尼达拉岛海上的 Columbus 盆地的断层封闭性。在某些断块内，发现了高达 200m 以上的油柱，认为这些油柱是被断层内的泥岩涂抹层所封隔。一般认为，只有当断层错断部分的泥岩含量超过了 25%，泥岩涂抹才有可能是连续且有效的。Gibson 估算了这个盆地两个油田中断层的泥岩涂抹因子，结果表明断距超过 150m 的断层的泥岩涂抹因子分布在 1～4，这种断层封闭的油柱长。由于研究区断层的 *SSF* 值都小于 4，因此研究区的断层为封闭性断层。

(3)断层泥比率(*SGR*)。*CSP* 和 *SSF* 等参数主要考虑了单一泥质岩层厚度和位移对涂抹的影响。对于总厚度较大的大套砂、泥岩层序，编制每个泥质岩层在断层面上的相关图件和开展相关计算，比较烦琐。为此，Yielding 等(1997)提出了更为简便的方法——断层泥比率法(Shale Gouge Ratio，SGR)，仅需统计出断层上滑移过评价点的断距范围内的泥质岩厚度百分比[式(5－6)]。认为 *SGR* 的临界值为 15%～20%。大于该临界值时，断层才具有封闭能力。

$$SGR = \frac{\sum Z_i}{D} \times 100\% \tag{5-6}$$

式中，$\sum Z_i$ 为滑移过评价点的断距范围内地层中全部泥质岩的累计厚度，m；D 为断层的断距，m。

Yielding 等(1997)认为，断层泥比率的计算需要一定的假设条件，即断层的封闭能力直接与断层经过的泥质岩层厚度占断层经过总地层厚度的百分比相关。Yielding 等(1997)又提出了有效断层泥比率(*ESGR*)的概念(图 5－38)，参数含义同[式 5－6]。

$$ESGR = \frac{\sum V_{shi} \times Z_i}{D} \times 100\%$$

大量的油田研究实例表明，断裂带内部是非常复杂的，断裂带内部的结构和岩石成分在空间上变化很大。断层的封闭性是可以被预测的，但预测的真实性含有一定的主观因素。

图 5－39 所示，辛 23 断块沙二顶部 1～3 砂组受下降盘沙一段大段泥岩控制，含油高度和宽度都较大，4 砂组以下油藏受下降盘沙二段控制，泥岩占比少，断层封闭性变差，油藏高度和宽度明显变小。验证高断层泥比率（大于 20%）地区的断层可能具有封盖作用，泥比率高的地区断层的封堵性好。

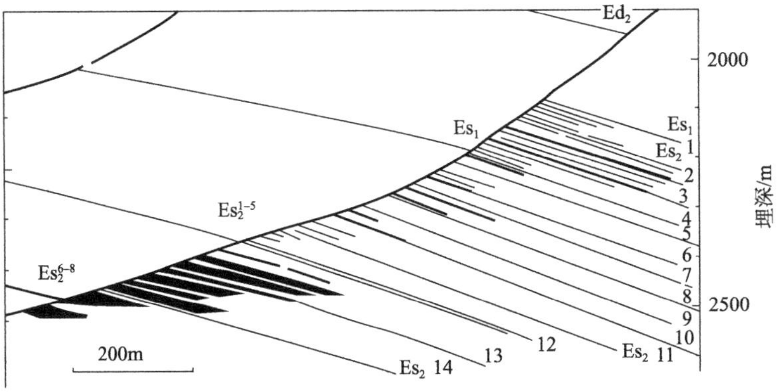

图 5－39　辛 23 断块油藏剖面图

张立宽等（2007，2013）、Zhang（2010，2011）、罗晓容等（2018）提出将断层两盘已聚集的油气作为判识断层在油气运移过程中是否开启的依据；通过在断层面上逐点进行启闭性分析和参数统计，提出了断层连通概率的概念，并进行断层启闭性量化参数有效性评价，获得多因素表征断层启闭性的参数模型，建立了一种断层启闭性定量评价方法。

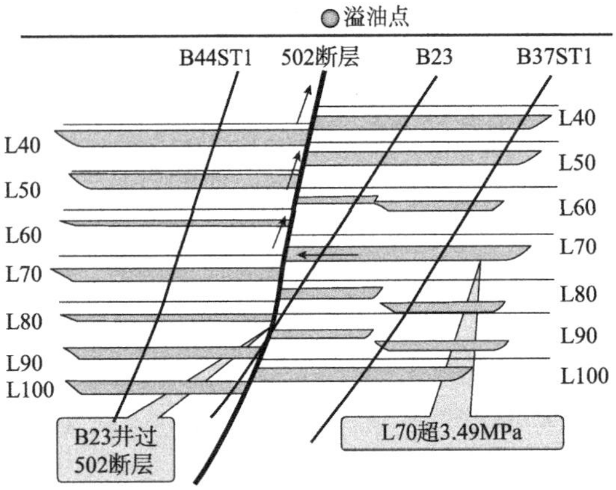

图 5－40　蓬莱 19－3 油田断层开启导致溢油事故

蓬莱 19－3 油田为一个数亿吨级的海上特大油田，2011 年 6 月 4 日 19 时许，蓬莱 19－3 油田 B 平台东北方向海面发现少量不明来源油膜。2011 年 7 月 10 日卫星遥感信息在 B 平台附近再次发现油带，经进一步海底探测发现，B 平台附近海域可能有发生溢油的迹象。后来调查发现，原因是开发注水措施不当，蓬莱 19－3 油田的含油井段长，储层非均质性明显，作业者选择采油井合采、注水井分注的一套开发层系和井网。长期的笼统注水，造成个别注水层长期处于超压状态，导致断层活动或地层破裂，形成了纵向窜流通道，导致溢油事故（图 5－40）。

第三节　微构造与低序级断层研究

一、微构造研究

微构造是指在油藏总的构造背景上，油层顶面构造起伏形态的微小变化所显示的局部构造特征及不易确定的微小断层的总称。其幅度和范围均很小，通常相对高差在10m左右，断距在5m以内，长度在500m以内，宽度为200~400m，面积一般低于0.3km^2。油田开发方案编制过程中通常采用25m等高线，忽略了油层顶面20m以内极小起伏变化(图5-41)，未揭示砂层局部构造起伏变化特征。微构造对剩余油的分布有重要影响，是油藏精细构造描述的重要内容。

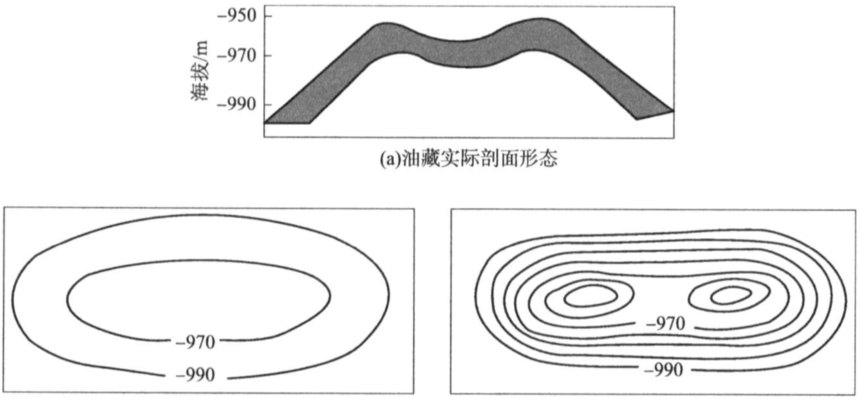

(a)油藏实际剖面形态

(b)20m等间距绘制的油藏顶面构造图　　(c)小间距等高线绘制的油藏顶面构造图

图5-41　局部高点背斜的地层构造图与微幅度构造图的区别(据师永民等，2004)

微构造研究是在油气藏构造特征研究基础上，利用较密的井网资料，采用1~2m小间距等高线，以合理的内插等值线法绘制油层顶界或底界微构造图。

1. 微构造的类型

根据储层微构造的形态将其分为正向微构造、负向微构造和斜面微构造。

1)正向微构造

指油层顶底起伏形态与周围背景相比地形相对较高的地区，根据其形态不同又可分为小高点、小鼻状构造、小断鼻等(图5-42)，幅度为5~15m，闭合面积为0.1~0.5km^2，根据其底界形态，正向微构造配置模式可以分为顶底双凸型、顶凸底平型、顶平底凸型和顶凸底凹型。这类微构造的油井原始含油饱和度高，多为剩余油富集区，适宜部署采油井。

2)负向微构造

负向微构造是指地层起伏形态与周围背景相比相对较低的地区，主要表现为局部洼地、小低点、小凹陷、小沟槽、小断沟等(图5-43)，幅度和面积较小。根据其底界形态，负向微构造配置模式可以分为顶凹底平型、顶平底凹型和顶底双凹型。这类微构造，油井原始含油饱和度低，是水淹最严重的地区，适宜部署注水井。

3)斜面微构造(小单斜微构造)

指储层顶界起伏与周围地层相比，其中一个方向较高，在相反方向上较低，其余两个方向上平行的沉积体形态。斜面微构造主要为砂层正常倾斜部分，储层顶底倾向倾角与区域背景一致，等值线均匀平直排列的微地貌单元，常位于正、负向微构造之间，也可单独存在。根据上下两个斜面的倾角大小，可分为上下倾角相同的斜面微构造和小阶地斜面微构造两种(图5-44)。

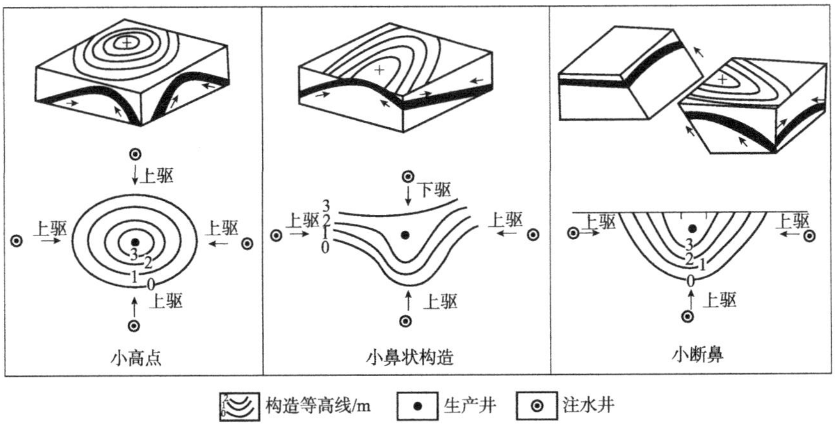

图 5－42　正向微构造类型及水驱油方向示意图(李兴国，1993)

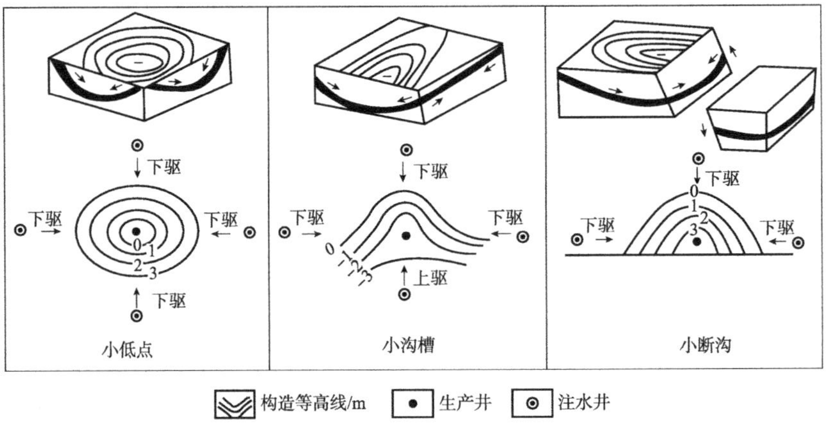

图 5－43　负向微构造类型及水驱油方向示意图(李兴国，1993)

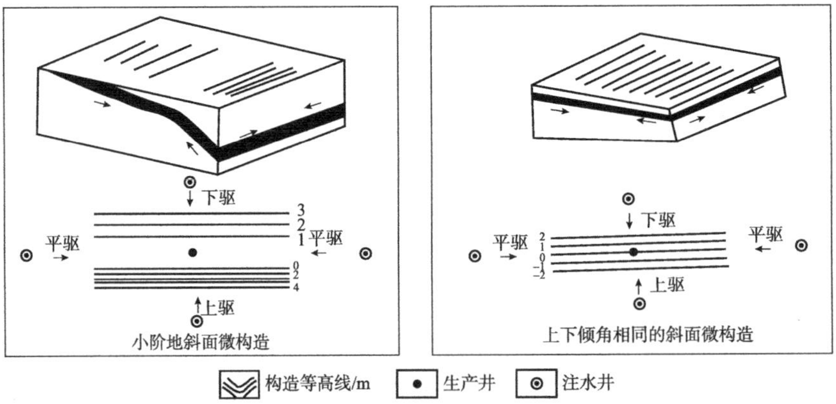

图 5－44　斜面微构造类型及水驱油方向示意图(李兴国，1993)

微构造的形成有非构造成因和构造成因两种。非构造成因主要是指受沉积环境、差异压实和古地形等影响形成的微构造。沉积成因有河流下切作用在砂体底面形成下凹、局部低点、沟槽负向微构造；砂层厚度较大部位或砂体叠加部分，受差异压实作用形成局部高点；受古地形影响，砂层上倾尖灭形成局部高点。

构造成因主要是指由于构造运动形成一些小的褶皱构造，如小背斜、小向斜等，还有由于断层遮挡而形成的小断鼻、小断沟构造等。沿断层两侧，常伴生小的断鼻正向构造或沟槽负向构造，主要原因是：在下降盘不同部位下降速度不同，下降较慢部位上凸、较快部位下凹；在上升盘受不均衡拖曳力作用，拖曳力强处下凹、弱处相对上凸。

负向微构造主要是地形原因或砂体沉积差异压实作用过程中受压力较大的部位形成凹形态的微构造；河流下切作用在砂体底面形成下凹形状的负向微构造。斜面微构造受区域构造背景的影响，其倾向和倾角均与区域背景相一致。

2. 微构造研究在油田开发中的应用

储层微构造不同部位对高含水后期剩余油分布、油水井生产动态有重要影响，微构造研究对油田开发具有指导作用。微构造研究能够落实大小断层的分布、分析油水运动规律、寻找剩余油相对富集区、优化油田注采系统，为油田三次加密、三次采油和综合调整挖潜（如堵水、补射孔、确定压裂层位）等提供了新的地质依据。如图 5－45 所示。

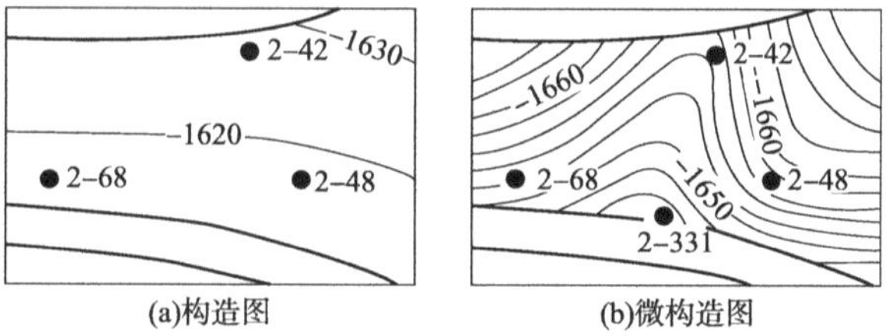

图 5－45　临盘油田盘 2－42 井区沙三下普通标准层（盘顶）构造图及Ⅰ8＋9 层微构造图

1）局部微构造油气富集，生产好的井主要分布在正向微构造区，油井产能高

鼻状构造、小高点和古地形突起披覆对油气聚集起到一定控制作用。这些古地形突起披覆构造往往与构造运动造成地层顶部或上部地层剥蚀、形成古丘陵地貌有关。如三角洲相沉积环境中分布的分流河道及相关富砂质微相带发育了众多的砂体，当其与周围泥质岩类压差不均时，就形成了差异压实构造，这类构造所在部位往往是油气富集的场所。

差异压实形成的微构造的相对高部位对应于砂体厚度较大区域，而构造低部位则基本是砂体厚度较薄的区域，构造部位的高低与砂体厚度大小的变化趋势相符，整体形态也大致相似，从而表明发育的局部隆起构造是岩性差异压实作用的结果。在砂体发育带形成鼻状隆起或小高点，砂体中心往往是隆起的最高部位，上倾方向若配上岩性遮挡，可形成构造－岩性油藏。

一般远砂坝对应着负向微构造；分流河道发育的地方，多存在正向微构造。这主要是由于分流河道微相砂体发育，而远砂坝泥质较发育，沉积物埋藏后的差异压实作用导致了分流河道顶面正向微构造发育，远砂坝、前缘席状砂微相顶面负向微构造发育。

位于正向微构造的油井产油能力明显高于位于负向微构造区的油井；同类微构造中，位于高部位的油井产油能力又明显大于位于低部位的油井。

2）微构造对剩余油分布的影响

剩余油的分布除与沉积环境、储层非均质性有关外，还受微构造的影响。由于油水重力分异作用，微构造局部起伏使地层倾向和倾角发生变化，使驱油方向也发生变化，因此各类型微构造的形态及幅度大小直接影响了剩余油的分布。

在油层投入注水开发后，原有的油水平衡条件被改变，油层内的倾斜和起伏会引起油水的重新分异。能促使部分油由相对较低的负向微构造区向较高的正向微构造区运移，并使一部分水与油向相反方向运移，其结果是正向微构造区形成剩余油富集区(图 5－46)，负向微构造区形成高含水区。

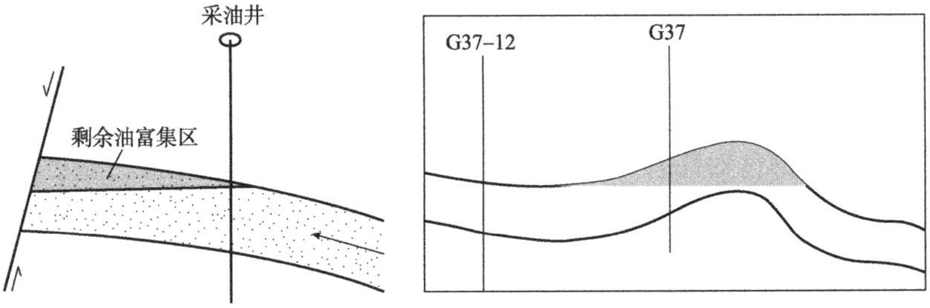

(a)侵入水难波及，形成剩余油富集区　　(b)G37-12—G37井平面剖面微构造示意图

图 5－46　正向微构造示意图

正向微构造、“墙角”断块微构造形成剩余油富集区，分布于正向微构造区的油井原始含油饱和度高，适宜部署采油井。负向微构造容易形成水淹区，分布于负向微构造的油井原始含油饱和度低，适宜部署注水井。斜面微构造注入水为水平方向驱油，对剩余油的富集既具有有利的因素，又具有不利的条件(图 5－47)。落实小断层，可以补孔挖掘封闭断块井区的剩余油。

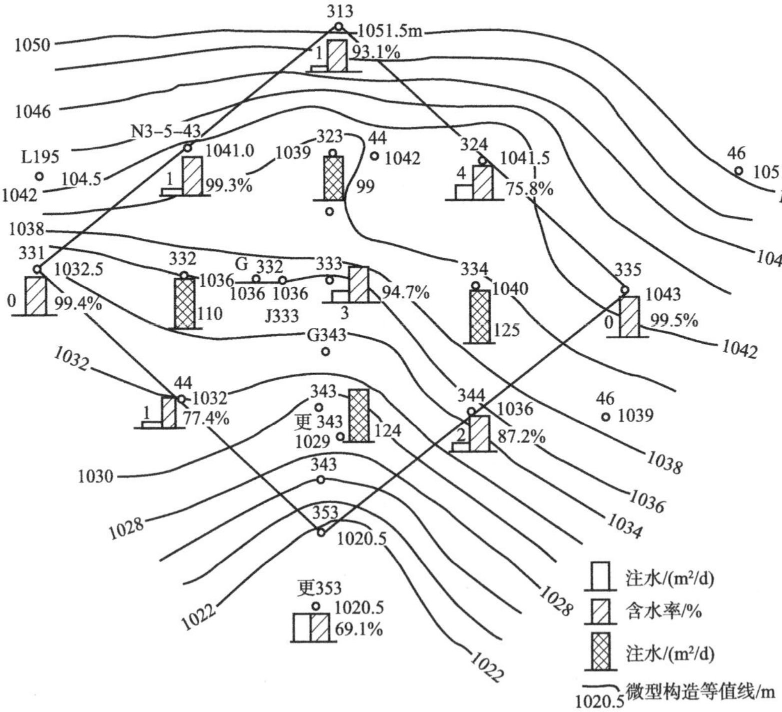

图 5－47　厚油层试验区萨Ⅱ15＋16 层储层微型构造图

刘建民根据孤岛油田馆陶组的特征归纳出正向地形、负向地形、斜面地形三类微型构造，7 种组合模式：①顶凸底凸的双凸型：储层顶底面均为高点，此类组合模式往往高产稳产。②顶凸底平型：储层顶面为相对高点，储层底面平缓或稍微倾斜，此类组合模式常高产稳产。③顶平底凸型：储层顶面起伏平缓，而底面为相对高点。该微型构造模式产油量较高，含水率低，剩余油相对富集。④顶凹底平型：储层顶面为低点，底面平缓。该类微型构造模式往往含水上升快，剩余油分布较少。⑤顶凹底凹双凹型：储层顶底均为低点，该类微型构造模式往往含水上升快，易水淹，剩余油分布较少。⑥顶底均为鼻状凸起型：往往剩余油相对富集，日产油量较高。⑦顶平底沟槽型：储层的顶面平缓，底部为不闭合的沟槽，常易水淹，剩余油较少(图 5－48)。

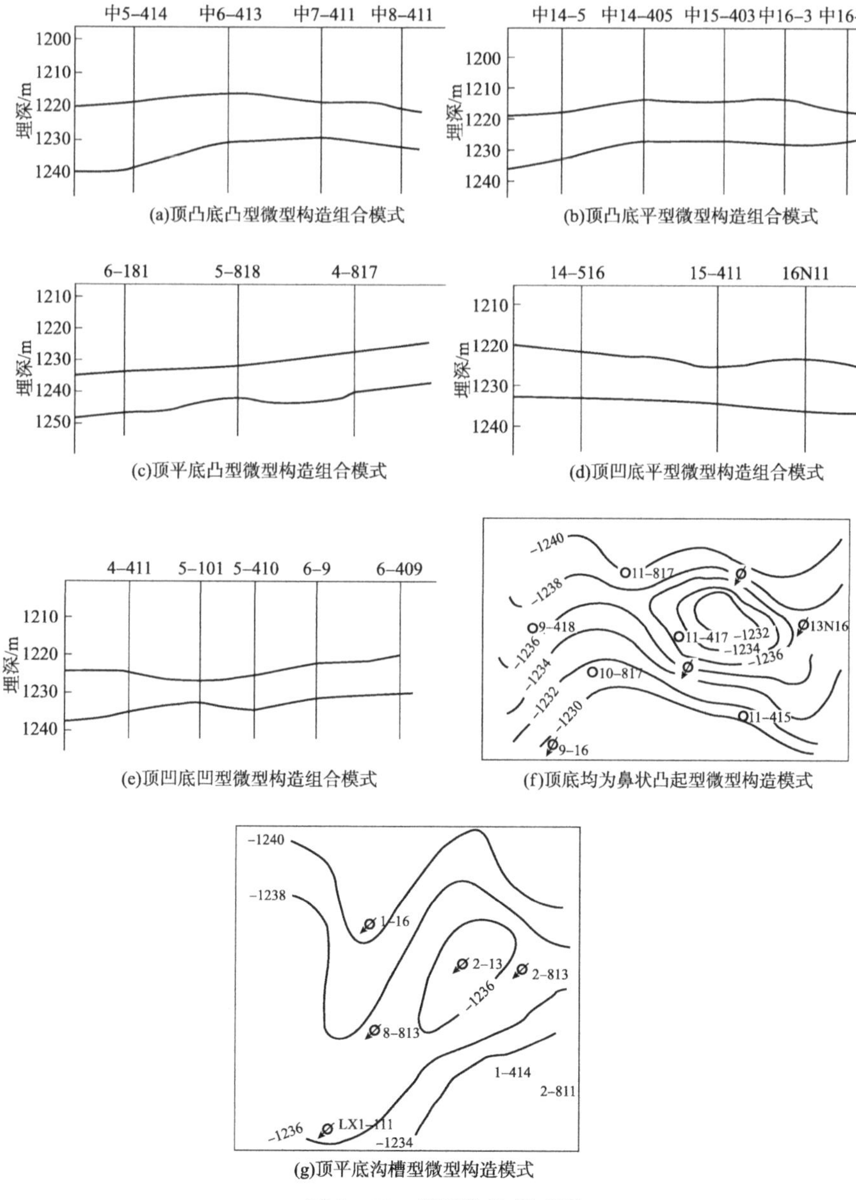

(a)顶凸底凸型微型构造组合模式

(b)顶凸底平型微型构造组合模式

(c)顶平底凸型微型构造组合模式

(d)顶凹底平型微型构造组合模式

(e)顶凹底凹型微型构造组合模式

(f)顶底均为鼻状凸起型微型构造模式

(g)顶平底沟槽型微型构造模式

图 5－48　微型构造模式图

通过实际生产资料验证，发现在微构造模式中双凸型为剩余油富集区，顶凸底平型次之，顶平底凸型也是剩余油相对富集区。顶凹底平型油井生产情况差，水淹程度较高(表5－3)。双凹型是水淹程度最高区。顶底均为鼻状的微构造模式的剩余油富集状况略好于斜面单元，介于双凸型和双凹型之间。

随着注水开发的进行，含水率上升，储层微构造模式对油井生产的影响增大。如中6－413井与中15－411井微构造模式不同，尽管微构造起伏不大，但含水率上升幅度不同，累计产量差异很大。至含水率普遍上升到90%以上时，超低、低幅度的微构造起伏对油井的影响大大减小，受动态因素的影响明显增强，如中5－818井与中6－817井的生产对比(表5－4)。但是起伏幅度较大的微构造仍对油井生产有影响。

表5－3　$Ng\,4^4$不同储层微型构造模式的生产数据对比表

井号	储层顶底形态	油层厚度/m	投产时间	投产初期			1989年8月底数据					1994年5月底数据			
				日产油/t	日产水/m^3	含水率/%	日产油/t	日产水/m^3	含水率/%	累计产油/t	累计产水/m^3	日产油/t	日产水/m^3	含水率/%	累计产油/t
中6－413	双凸形	8.0	1983.11	30.6	0	0	22.9	102.4	78.2	93921	118775	10.7	209.1	94.3	116466
中14－405	顶凸底平	8.6	1983.10	56.3	0.4	0.6	20.5	116.3	84.0	93719	84455				
中15－411	顶凹底平	8.1	1983.11	23.7	0.2	0.7	19.1	96.1	84.9	50019	141421	4.8	121.1	95.8	73697

表5－4　不同含水时期不同储层微型构造模式的油井生产情况

井号	储层形态	砂层厚度/m	投产时间	投产初期			1996年10月			
				日产油/t	日产水/m^3	含水率/%	日产油/t	日产水/m^3	含水率/%	累计产油/t
中5－818	顶平底凸	11.1	1992.4	28.1	39.1	58.2	3.5	113.2	97.0	20635
中6－817	平缓	18.0	1992.2	4.3	29.8	87.0	7.0	204.2	96.7	18878

二、低序级断层

1. 低序级断层的概念

根据断层活动时间、规模和对盆地及其内部构造单元演化及对沉积的控制作用等因素，将断层划分出若干级别，一般将一至三级断层称为高序级断层，而将四、五级断层称为低序级断层(李阳，2007)。低序级断层的断距和延伸长度规模都比较小，在常规地震资料中利用常规的断层识别标准难以发现其存在。

低序级断层是由于高序级断层的活动而产生的分枝(次生、派生)断裂，其形成与控制它的高序级断层的活动及其所产生的局部应力场有密切的关系，当这些局部应力场达到岩石的抗张、抗剪强度时，岩层的连续性被破坏，进而产生低序级断层。低序级断层表现为地震同相轴微小错开或扭曲、振幅突然变弱等形式，在横向上的延伸短(延伸长度大多不超过500m)，断距小(20m左右)，识别难度较大。

低序级断层虽然对复杂断块油田的构造趋势和断块形状不具控制作用，但是低序级断层的存在使得断块油田复杂化。低序级断层的研究和识别对于认识含油断块内油水关系，解决井间注采矛盾，提高原油采收率，具有重要的现实意义。

在含油气盆地内通常按照规模和控制作用将断层分为五级(图 5－49)。

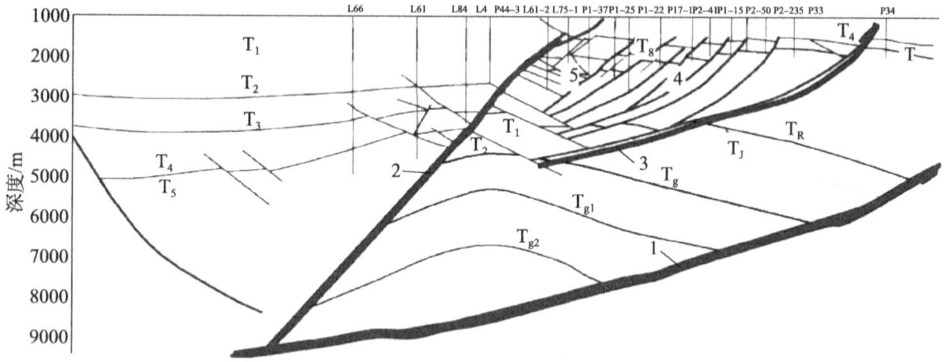

图 5－49　东营凹陷中央隆起带断层分级(数字表示断层级别)(李阳，2007)

2. 低序级断层描述方法

一般以断层力学成因和构造样式分析为基础，利用三维地震资料目标处理技术、全三维解释技术、相干数据体分析和多尺度边缘检测技术等，结合动静态资料综合分析和验证，识别和组合不同序级断层。

1)多井精细对比确定断点

钻井资料和测井资料的纵向分辨率远远高于地震资料。因此，在开发后期井网密度大的老油田，多井精细对比是确定低序级断层断点的最有效、最直接的方法。根据现代沉积学理论和层序地层学理论，已经总结了大量的多井对比准则，如等厚对比、等高程对比、相变对比、叠置对比等，总的原则是相控和等时。

2)三维地震资料目标处理与精细解释技术

一维地震资料目标处理技术是对三维地震资料进行目标处理，使目的层信噪比和分辨率都有所改善。偏移成像后断点准确、断层清晰，并保持波的动力学特征。

3)相干数据体分析技术

相干数据体分析技术是通过三维数据体来比较局部地震波形的相似性，相干值较低的点与地质不连续性(如断层和地层、特殊岩性体边界)密切相关。通过选取最佳相干道数和时窗进行相干分析，指导断裂组合；对于沿层切片相干分析，可揭示断层、岩性体边缘、不整合等地质现象，为低序级断层识别提供证据。

4)多尺度边缘检测技术

低序级断层在常规地震记录上很难识别，将时空域中的地震记录转换到小波域，使时空域中未能用肉眼在地震同相轴上直接发现而又实际存在的隐蔽特征，在小波域中变得明显、直接。

3. 低序级断层发育规律

低序级断层是局部构造应力场下的产物，可以由高序级断层派生形成，也可以由岩层弯曲变形派生形成，可以是一条高序级断层派生的产物，也可以是两条或多条高序级断层派生的产物。

1)高序级断层末端

断层末端是应力容易集中的部位，也是低序级断层容易产生的部位。则低序级断层会出现多条，呈树枝状向构造低部位发散延伸。辛25断块北界的辛23断层是一条三级断层，其西端位于构造高部位，四条四级断层呈树枝状向西发散进入构造低部位(图5－50)。

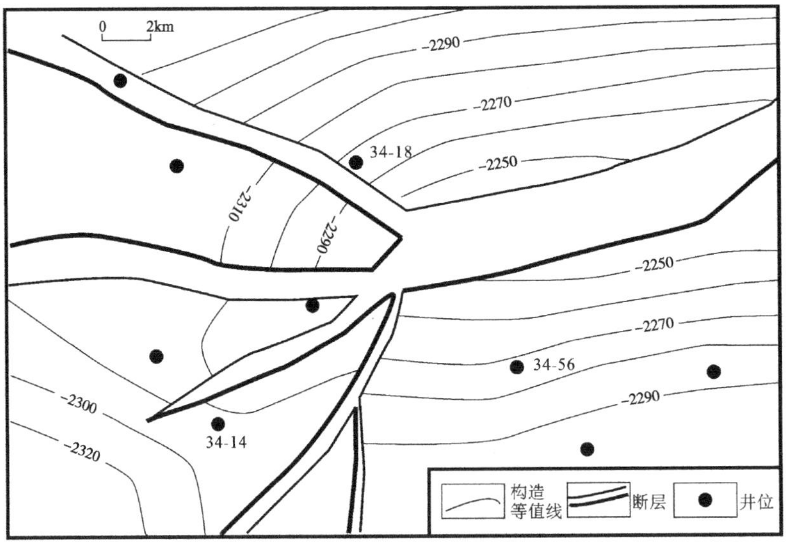

图5－50　辛23断层西段沙二段顶面构造图

注：指示断层末端的树枝状发散。

2)高序级断层弯曲部位

单条生长正断层在平面上常呈弧形，凹面指向下降盘，具有中端倾角小而位移量大，两端倾角大而位移量小的特点。单条高序级弯曲断层凸盘派生多个方向的低序级断层，这是因为断层在活动过程中会努力保持与断层线垂直的水平位移，在断层凸盘最大水平主应力方向由断层向外呈发散状，在断层凹盘最大水平主应力方向向外呈收敛状。在区域拉张应力场中，发散的局部拉张应力有利于派生低序级正断层。相反，收敛的局部拉张应力会减弱水平拉张应力场，不利于派生低序级正断层。

断层凸盘派生的低序级断层与高序级断层相交，两者可以大角度相交，也可以小角度相交。大角度相交的低序级断层与高序级断层近于垂直，通常发育在高序级断层弯曲部位的中部。断层线的弯曲程度影响着凸盘三个方向低序级断层的发育程度，断层线越弯曲凸盘低序级断层越发育。南东凸盘辛86断块，在上升过程中派生出三条与主断层大角度相交的低序级断层(图5－51)。

单条高序级弯曲断层凹盘派生平行的低序级断层。由于高序级正断层在剖面上常表现为上陡下缓的铲形，其下降盘的滚动作用会派生垂直的拉张应力，加之断层下降凹盘造成的收敛拉张应力方向，下降盘更容易产生平行的低序级断层。

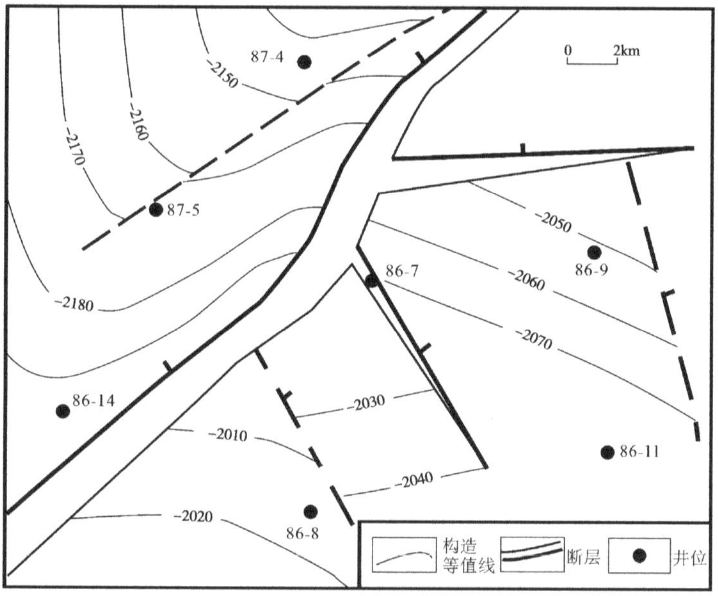

图 5 – 51　辛 86、辛 87 断块沙二段 4 砂组顶面构造图

注：指示凸盘大角度的低序级断层。

3）两条高序级断层平行排列

两条高序级断层组合在一起能够派生出多种样式的低序级断层，在平面上两条同序级断层的组合可以归结为平行排列、雁列和斜交三种样式，形成两条断层直接的限制型断块圈闭。

4）两条高序级断层雁列排列

两条同序级断层在平面上呈雁列式，是水平扭张应力作用的结果，也称断层转换带，在两条雁列断层的结合部位容易派生出与高序级断层斜交的低序级断层。如果雁列断层是平移断层，则右旋右列和左旋左列在两条断层的结合部位造成拉张环境，有利于派生出斜交的低序级正断层。右旋左列和左旋右列在两条断层的结合部位造成挤压环境，不利于派生低序级正断层。结合断层面的倾向，平面上两条雁列的断层可以进一步分为同向雁列、相向雁列和背向雁列三种（图 5 – 52）。雁列断层的倾向影响着低序级断层的倾向。

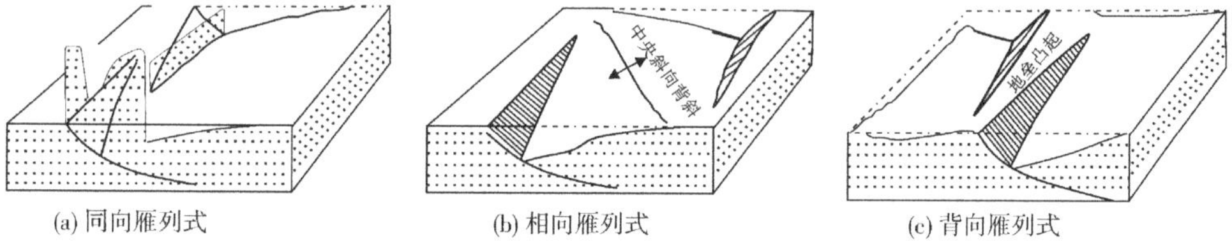

图 5 – 52　雁列正断层立体示意图

同向雁列平面上两条同序级断层雁行式排列，剖面上两条断层的倾向相同，派生出的低序级断层与两条雁列断层斜交，两个低序级断层的倾向基本一致（图 5 – 53）。营 1 断块位于东营构造的中部，营 14 和营 31 两条高序级断层呈右列，两者同向北倾。在营 1 断块派生出多条低序级的断层，低序级断层倾向北北东，与高序级断层小角度相交（图 5 – 54）。

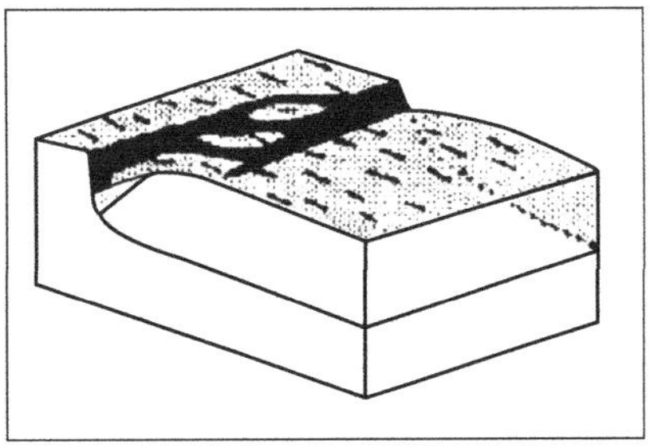

图 5－53　同向雁列断层派生的低序级断层

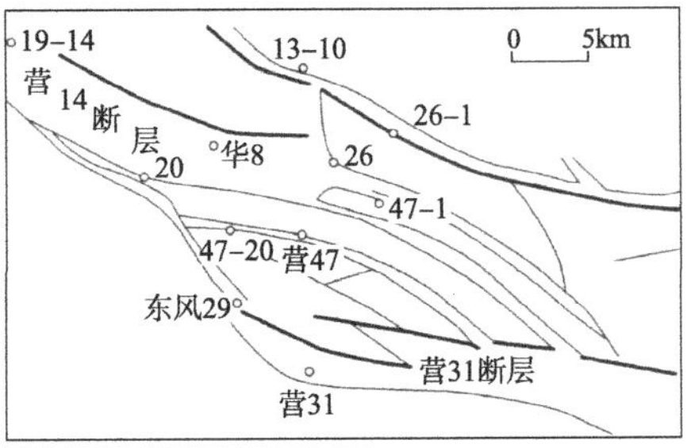

图 5－54　营 1 断块断层分布图

注：指示同向雁列断层派生的低序级断层。

5)岩层变形产生的低序级断层

根据变形特征，将派生低序级断层的变形方式分为伸展变形、扭张变形、拱张变形等。

伸展变形是岩层在局部水平构造应力场单方向或两个、两个以上方向拉张作用下产生的变形。单方向伸展变形派生的低序级断层在平面上主要表现为平行排列，在横剖面上主要表现为断阶组合。多方向伸展变形是多期次构造活动的结果，派生的低序级断层在平面上主要表现为网格状，在剖面上各组断层切割错断或限制中止。

岩层在局部水平扭张构造应力场作用下产生的变形派生低序级断层，在平面上主要表现为帚状或雁列状。

在基底隆起作用下产生的变形表现为长轴背斜，中央隆起带、底辟构造带和潜山带顶部是拱张变形的有利部位。该种变形方式派生的低序级断层在平面上主要表现为平行排列，在横剖面上主要表现为地堑式或“Y”字形。派生的低序级断层在平面上主要表现为放射状和同心环状，如东营凹陷中央隆起带东营构造，是基底柱状隆升作用的产物，营 26 断块位于东营构造的核部，表现为穹隆构造，切割核部的断层呈放射状(图 5－55)。

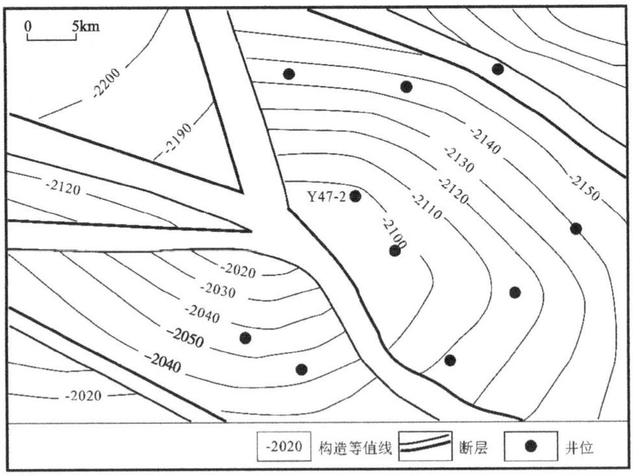

图 5－55　营 26 断块放射状断层

4. 低序级断层与剩余油分布

就断裂与油气关系而言，二三级断层往往既是油气运移通道，也是油气封堵条件，成为油气藏形成与分布的重要因素。四级和五级断层更多的是控制一个油藏内油气水的分布。在油田开发过程中，四级和五级断层影响注入剂和油气的运动方向和运动能力，控制剩余油的形成与分布(表 5 - 5)。

表 5 - 5　断层级别与控制作用

断层级别	主要表现	成因	与复杂断块的关系
一级断层	控制凹陷	区域伸展	
二级断层	控制二级构造带		控制断块区发育
三级断层	分割断块区	区域或局部伸展	
四级断层	分割含油断块	局部伸展	导致断块复杂化
五级断层	含油断块内部		

如图 5 - 56，通过低序级断层解释，发现断层分割局部油藏；两个小断层之间的夹角位置是剩余油富集的有利地区，部署开发井 6 口，钻井成功率 100%。

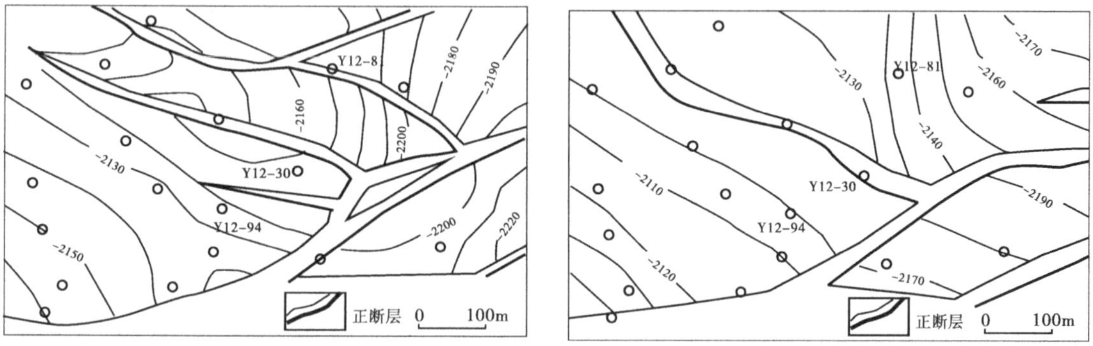

图 5 - 56 新老构造对比(左为新解释构造图)

第四节　油气田地质剖面图及构造图的编制

一、油气田地质剖面图的编制

油气田地质剖面图是沿油气田某一方向切开的垂直剖面图，如图 5 - 57 所示。剖面方向垂直于油气田构造轴线的称横剖面图，平行构造轴线的称为纵剖面图。它们可以反映油气田的构造情况、地层接触关系、岩性和厚度变化及油气水的纵横向分布状况。

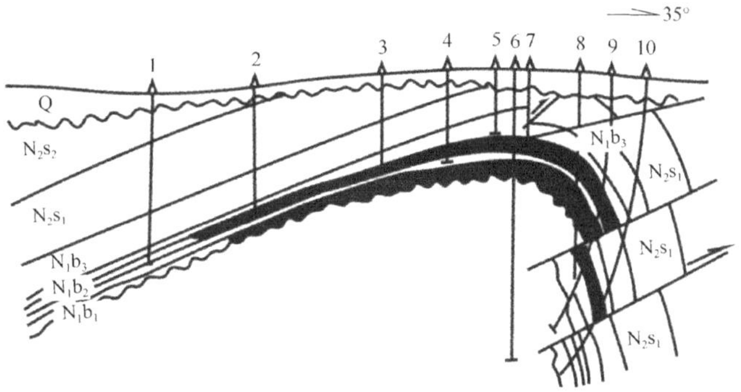

图 5 - 57　油气田地质剖面示意图(据张万选等，1981)

1. 资料的准备和比例尺的选择

编制油气田地质剖面图主要靠钻井获得的录井与测井资料，有时也参考地震资料。编图前需要准备的资料如下。

(1)井位图(或井距数据及井间相对位置的资料)。

(2)井口海拔数据(一般旋转钻指转盘补心海拔)。

(3)各井分层厚度和岩性，接触关系资料。

(4)各井含油气井段数据。

(5)各井断层数据，包括断点位置、断层落差、断失层位等。

在编制油气田地质剖面图之前，还要确定适当的作图比例尺。一般情况下，油气田地质剖面图的比例尺与油气田地质图、构造图的比例尺一致，特殊情况下也可以适当放大。

2. 剖面方向的选择

为正确地反映地下地质构造情况并满足生产的需要，通常要在井位图上选择剖面方向和位置(图 5－58)，主要从以下四方面考虑。

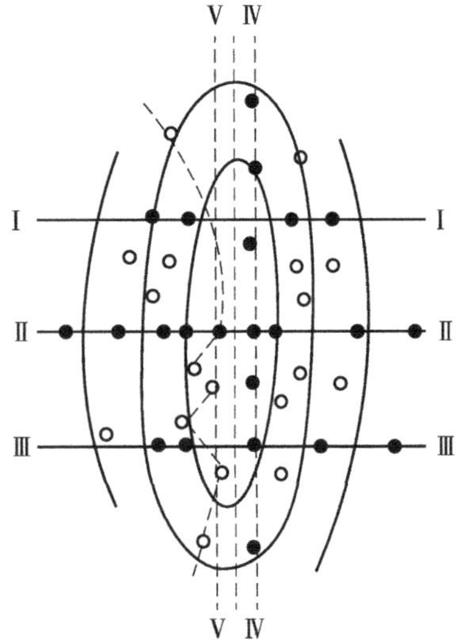

图 5－58 剖面方向选择示意图

(1)剖面线应尽可能垂直于地层走向，或垂直或平行构造轴向，以便真实地反映地下构造。否则，反映出来的地层倾角和厚度不真实，构造形态也将被歪曲。

(2)剖面线应尽可能穿过更多的井，以便提高剖面的精度。

(3)剖面线应尽可能均匀地分布，以便全面了解油气田构造情况。

(4)剖面线应选在需要了解构造细节的部位，并通过新拟定的探井井位进行验证。

3. 井位校正

由于地形或不同井排的生产井彼此错开等的影响，无论剖面方向选取得怎样合理，也会有一部分井不在剖面线上，而分散于剖面线附近。为了提高剖面的精度，充分利用剖面线附近的井资料，就需要把剖面附近的井移到剖面线上，这就是所谓的井位校正。实际工作中，根据不同情况，可采取以下两种不同的校正方法。

(1)当剖面线垂直或斜交地层走向时，位于剖面附近的井应沿地层走向线方向投影到剖面线上。如图 5－59 所示，如果把 2、3 井垂直投影到剖面线，则 2、3 井的高程被歪曲，导致有无断层出现错误结论[图 5－59(a)]。2、3 井沿着地层走向线(构造等高线)移到剖面线上，校正前后井位标高不变，能正确反映地下构造形态[图 5－59(b)]。

(2)当剖面方向与地层走向平行或近平行时，应沿垂直走向线(倾向)移动井位[图 5－60(a)]并进行标高校正。校正公式为：

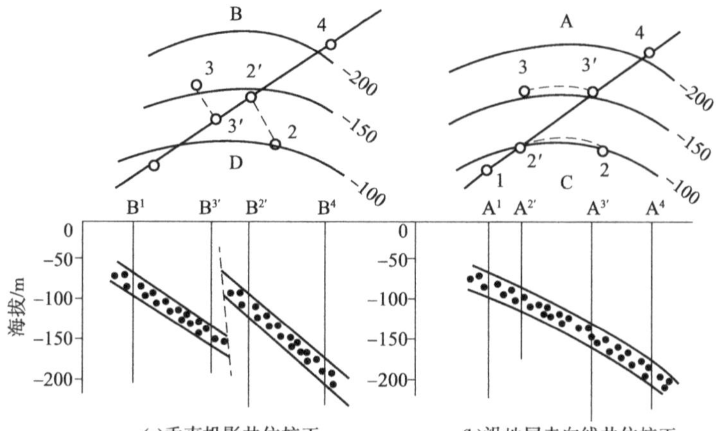

(a)垂直投影井位校正　(b)沿地层走向线井位校正

图 5－59　井位校正示意图

$$X = L \cdot \tan\theta \tag{5-7}$$

式中，X 为投影后的标高校正值，m；L 为投影前后两井位之间的距离，m；θ 为地层倾角，(°)。

如图 5－60(b)，2 井沿地层下倾方向垂直投影到剖面线上 2′井的位置，则 2′井的地层标高为：

$$h' = h + x \tag{5-8}$$

相反，3 井沿地层上倾方向垂直投影到剖面线上[图 5－60(c)]3′井的位置，则投影后 3′井的地层标高为：

$$h' = h - x \tag{5-9}$$

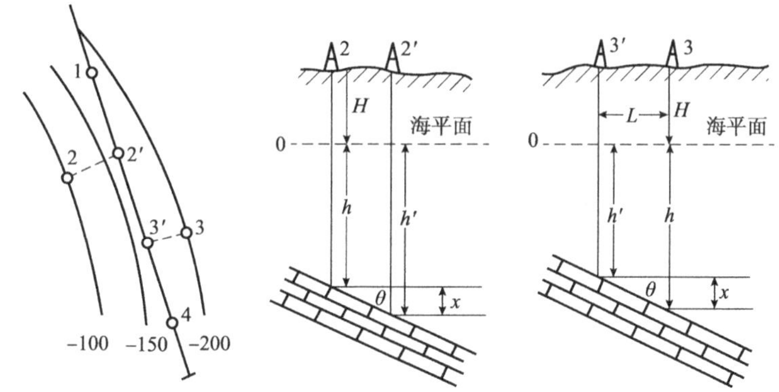

(a)剖面线平行于地层走向线　(b)沿地层下倾方向投影　(c)沿地层上倾方向投影

图 5－60　海拔标高校正示意图

4. 井斜校正

如果剖面上的井都是铅直井，经过上述准备就可以作剖面图了。但是，由于地层产状、岩石性质及钻井技术措施等的影响，钻井时常使井身发生偏斜。有时为了某种特殊的需要(详见第一章定向钻井)，人为向一定方向钻斜井或弯曲井。如果把斜井或弯曲井当成直井来作剖面图，就会歪曲地下构造形态(图 5－61)，因此，在作图之前必须对斜井或弯曲井进行井斜校正。校正方法有计算法和作图法两种。

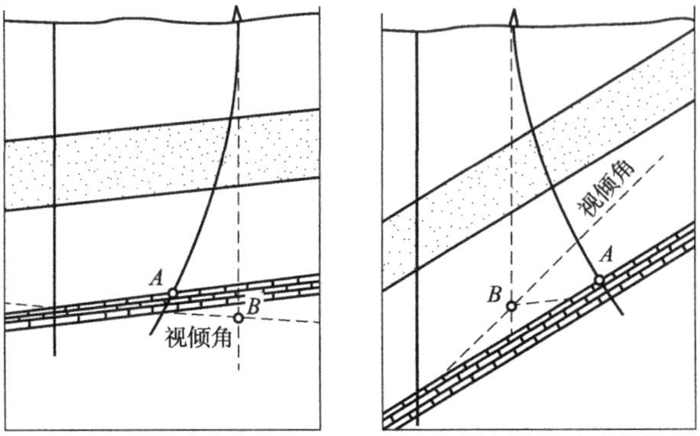

(a)向地层下倾方向弯曲井对标准层海拔和地层产状的影响

(b)向地层上倾方向弯曲井对标准层海拔和地层产状的影响

图 5－61　弯曲井对标准层海拔和地层产状的影响

(1)计算法。

如图 5－62、图 5－63 所示，L 为任一斜井段长度，L'为校正到剖面上的斜井段长度，δ 为井斜角，δ'为校正到剖面上斜井段的井斜角，γ 为剖面方向与井斜方向的夹角，γ_1 为地层走向与井斜方向的夹角，γ_2 为地层走向与剖面方向的夹角。

当已知 L、δ、γ、γ_1、γ_2 时，可以计算出 δ'与 L'。

在△ABD 中，有：

$$BD = AD\tan\delta \tag{5－10}$$

在△ACD 中，有：

$$CD = AD\tan\delta' \tag{5－11}$$

$$\frac{BD}{CD} = \frac{\mathrm{tg}\,\delta}{\mathrm{tg}\,\delta'} \tag{5－12}$$

又在△BDC 中，有：

$$\frac{BD}{CD} = \frac{\sin\gamma_2}{\sin\gamma_1} \tag{5－13}$$

所以

$$\frac{\mathrm{tg}\,\delta}{\mathrm{tg}\,\delta'} = \frac{\sin\gamma_2}{\sin\gamma_1} \tag{5－14}$$

$$\mathrm{tg}\,\delta' = \mathrm{tg}\,\delta\frac{\sin\gamma_1}{\sin\gamma_2} \tag{5－15}$$

$$\delta' = \mathrm{arctg}\left(\mathrm{tg}\,\delta\frac{\sin\gamma_1}{\sin\gamma_2}\right) \tag{5－16}$$

在△ABD 中，有：

$$AD = L\cos\delta \tag{5－17}$$

在△ACD 中，有：

$$L' = \frac{AD}{\cos\delta'} = L\frac{\cos\delta}{\cos\delta'} \tag{5－18}$$

当剖面线垂直于地层走向时，即 $\gamma_2 = 90°$，$\sin\gamma_2 = \sin 90° = 1$，$\sin\gamma_1 = \cos\gamma$，所以式(5－15)可简化为：

$$\mathrm{tg}\,\delta' = \mathrm{tg}\,\delta \times \sin\gamma_1 = \mathrm{tg}\,\delta \cdot \cos\gamma \tag{5－19}$$

求得 δ'和 L'后，便可在剖面上画出该斜井段的投影。用计算法求 δ'和 L'比较麻烦，多采用计算机处理并绘制剖面图(图 5－62)。

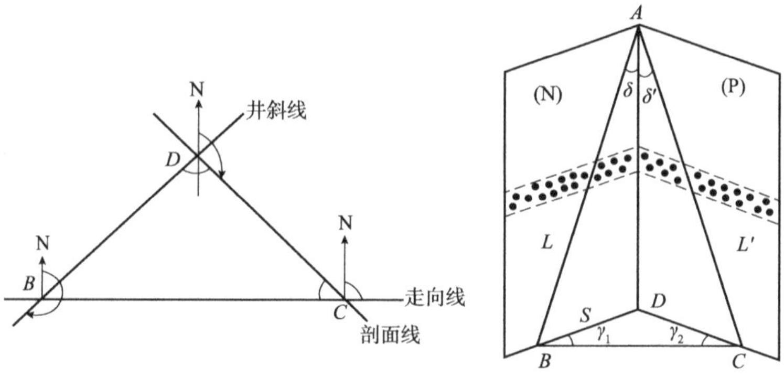

图 5 - 62　井斜投影示意图

(2)作图法。

用作图法进行井斜校正比计算法简单，可以将斜井段长度直接画在剖面上。从图 5 - 63 可知，井段长度 $AD = L\cos\delta$，如果能求得 L'在水平方向上的投影 DC，因 $\angle ADC$ 为直角，很容易画出 L'的长度。求 DC 时先算出 $BD = L\sin\delta$，然后 D 点不动，将 B 点沿走向方向投影到剖面线上 C 点处，即得 DC。连接 AC 便是 L'。

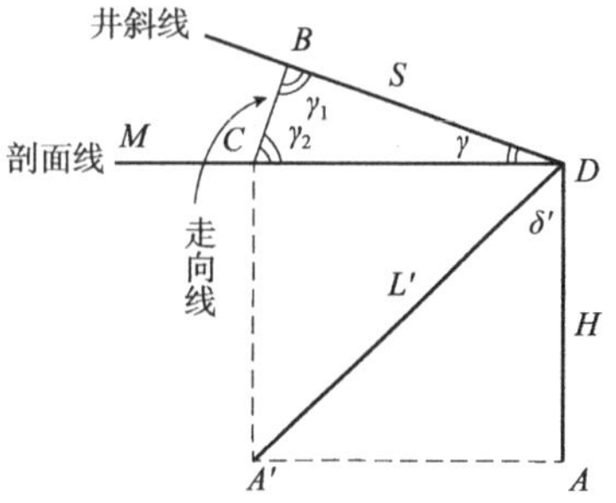

图 5 - 63　作图法求 δ'和 L 示意图

其作图步骤如下(图 5 - 63)。

①设水平线 DM 为剖面线，以 D 为斜井段的起点，过 D 作井斜方向线，并在其上截取 $BD = L\sin\delta$，即斜井段 L 的水平投影 S。

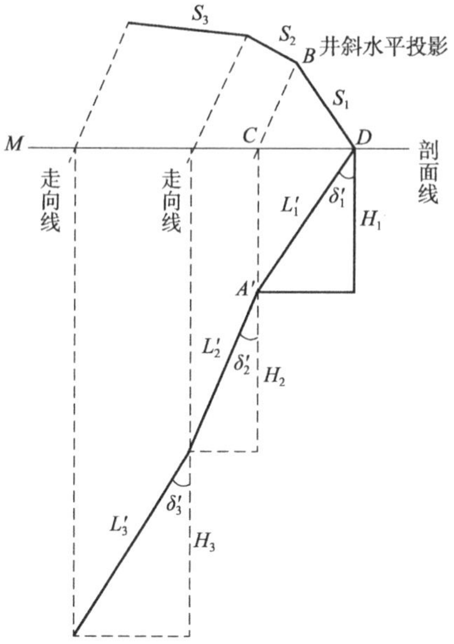

图 5 - 64　利用作图法将弯曲井身投影至剖面的示意图

②过 B 点作地层走向线与剖面线 DM 相交于 C 点，过 C 点作剖面线 DM 的垂线，并截取 $CA' = L\cos\delta$，即斜井段 L 的垂直投影 H。

③连接 DA'，即为该斜井段在剖面上的投影 L'，L'与 H 之间的夹角($\angle ADA'$)为投影到剖面上的井斜角 δ'。

以上讨论的仅是一个斜井段的校正方法，对于一口弯曲井，可以看成是由许多直线斜井段组成，从开始弯曲点依次地作出各个斜井段在剖面上的投影，就可以把整个弯曲井身投影到剖面上，如图 5 - 64 所示。

作图步骤简述如下：引任意水平线作为剖面线，在其上找一点作为井点位置。由井点起，作第一斜井段的井斜方位线，并截取相应的水平投影 S_1。从 S_1 的端点起做第二斜井段的井斜方位线，在其上截取相应的水平投影 S_2，…，依此类推，首尾相接，作出各个斜井段的水平投影。然后，分别通过各水平投影的端点作相应的地层走向线，与剖面线相交，过各个交点作剖面线的垂直线，并在其上截取所对应斜井段的垂直投影长度，连接各垂直投影端点，便得到投影到剖面上的弯曲井身。

井孔所钻遇的地层界面、含油气井段、断点位置均可用上述方法投影到剖面上去。

5. 绘制油气田地质剖面图的步骤

(1)把选好的剖面线，按规定的比例尺画在绘图纸上的适当位置，并标出海拔零线及纵向比例尺。

(2)把各个井位点标在剖面线上，并按各井井口海拔标高，参照地形图，描绘出沿剖面线的地形线。

(3)通过各井位作剖面线的垂线(直井)，或将校正后的斜井段长度画在剖面上，并按海拔高度和纵向比例尺标明各井的地层界线、标准层和断点等。

(4)将各井相同层的顶、底界面连成平滑曲线，把属于同一断层的各断点连成断层线。最后注明各项图件要素。

油气田地质剖面图是表征油气田地下构造、地层和含油气情况的基础图件。图中内容不宜包括太多，常根据不同的需要突出主要部分，省掉次要部分，从而编制成不同类型的剖面图，如构造剖面图、地层剖面图、油气层剖面图及岩相剖面图等。油气田地质剖面图在油田上应用十分广泛。对分析油气藏类型，油气层在纵向上的分布规律、断层产状，不整合及设计新井等都起着十分重要的作用。

二、油气田构造图的编制

油气田构造图是表示地下油气层顶、底面或标准层构造形态的等高线图。它既是油气田地质研究的成果图，又是油气田勘探开发中新井设计、储量计算、拟定开发方案及动态分析等的重要底图。

(一)编制油气田构造图的准备工作

1. 选择制图标准层

用来编制构造图的地层界面称为制图标准层，它应该在全区均有分布，易于从钻井剖面中被划分出来，是一个等时界面。通常选择油气层或油气层附近的标准层作为制图标准层，描绘其顶界面或底界面的起伏特征。除地层油气藏或生物礁块油气藏外，一般不选择不整合面或冲刷面为制图标准层。

2. 弯曲井地下井位的校正和标高换算

井身的弯曲产生两方面的影响，一是井位的水平位移，二是弯井的井深都大于其铅直井深。因此，编制油气田构造图时，应该对弯曲井进行井位校正和标高换算，获得弯曲井钻达制图标准层时的地下井位和准确的海拔高度，以保证构造图的质量和精度。对弯曲井的处理，可采用计算法或作图法完成。

1)计算法

计算原理与图5-65类似，取一斜井段的水平位移来分析，是一个具有长度和方向的矢量。设该矢量为$\vec{S}$，在直角坐标中 X 轴上的投影为 x，Y 轴上的投影为 y，则有：

$$\begin{cases} y = S\cos\beta = L\sin\delta\cos\beta \\ x = S\sin\beta = L\sin\delta\sin\beta \end{cases} \tag{5-20}$$

式中，L 为斜井段长度，m；δ 为斜井段井斜角，(°)；β 为斜井段方位角，(°)。

当求一口弯曲井的总水平位移 $\sum S$（仍是矢量）时，可根据投影定理，即多个矢量的和在坐标轴上的投影，等于各个矢量在该坐标轴上投影的和。则：

$$x_1 + x_2 + \cdots + x_n = \sum_{i=1}^{n} x_i \tag{5-21}$$

$$y_1 + y_2 + \cdots + y_n = \sum_{i=1}^{n} y_i \tag{5-22}$$

由高斯定理求整个弯曲井的总水平位移：

$$\sum S = \sqrt{(\sum x)^2 + (\sum y)^2} \tag{5-23}$$

由三角关系求弯曲井总水平位移的方位角：

$$\beta' = \arctan\frac{\sum x}{\sum y} \tag{5-24}$$

求得弯曲井的总水平位移 $\sum S$ 及其方位角 β'，就可以根据地面井口位置（图 5-65），确定出该井在制图标准层上的位置，即根据地面井位图作出地下井位图。

计算制图标准层的海拔标高，对于铅直井十分简单，只需将补心海拔（k）减去制图标准层顶（或底）界面的井深（h'），得到制图标准层顶（或底）界面的海拔标高，即 $h = k - h'$，如图 5-66 中 1 井情况。

对于弯曲井（如图 5-66 中 2 井），则首先求得各斜井段的铅直投影的和，即：

$$h' = L_0 + L_1\cos\delta_1 + L_2\cos\delta_2 + \cdots + L_n\cos\delta_n \tag{5-25}$$

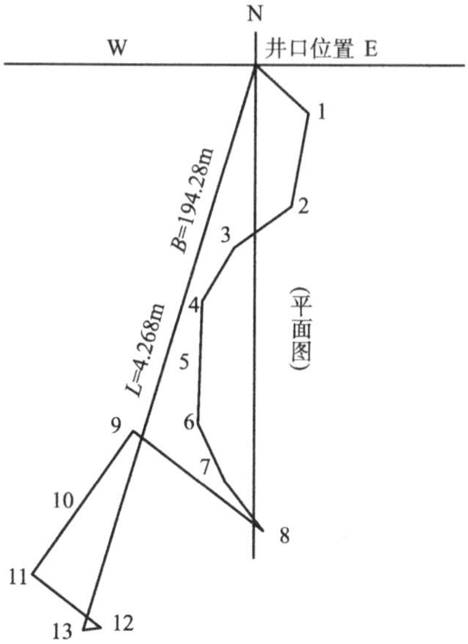

图 5-65　求斜井水平位移距离和方位

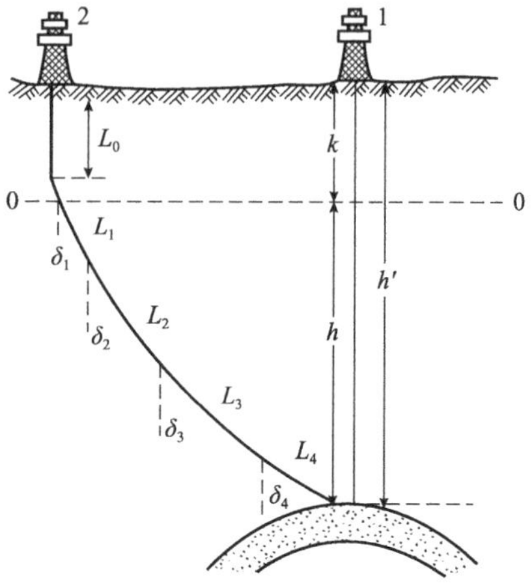

图 5-66　计算制图标准层海拔

制图标准层顶(底)界面的海拔标高为：

$$h = k - h' = k - (L_0 + L_1\cos\delta_1 + L_2\cos\delta_2 + \cdots + L_n\cos\delta_n) \tag{5-26}$$

式中，L_1，L_2，…，L_n 分别为各斜井段长度，m；δ_1，δ_2，…，δ_n 分别为各斜井段的井斜角，(°)。

2)作图法

首先求弯曲井的总水平位移 $\sum S$ 及其方位角 β'。根据井斜资料先计算出各斜井段的水平位移 $S_i = L_i\sin\delta_i$ ($i=1, 2, 3, \cdots, n$)，以直角坐标的原点作为井口，从井口依次逐段地根据 β_i 和 S_i 值，连续地画出各斜井段的水平位移，一直做到制图标准层深度为止。将井口与该尾点相连，即为井口到制图层总的水平位移 $\sum S$，$\sum S$ 与正北方向的夹角就是其方位角 β'。有了 $\sum S$ 和 β'，就可以画出在制图标准层上的地下井位(图 5-67)。

其次作剖面图求弯曲井的铅直投影井深。如图 5-67 所示，作任意水平线代表海平面，引其垂直线。根据井口海拔，在垂直线上确定井口位置，并取铅直井段长 L_0，然后根据井斜资料 L_i 和 δ_i，从直井段末端起逐段连续地作出斜井段，直到制图标准层。从斜井段与制图标准层的交点，向通过井口的铅直线垂直投影，从井口到该投影点的长度即为弯曲井的铅直井深 h'，从海平面至该投影点的长度即为制图标准层的海拔标高。

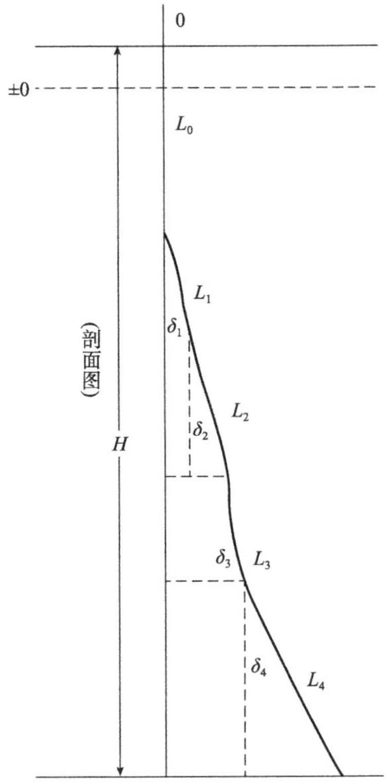

图 5-67 用作图法求弯曲井的铅直井深示意图

(二)油气田构造图的编制方法

编制构造图实质上是以等高线来描绘标准层界面相对于基准面的起伏特征。人工编制构造图的方法有三种。

1. 三角网法

这一方法适用于比较平缓而变化不大的构造。用此法编绘构造图时，先在校正后的井位图上将每口井制图标准层顶(底)面的海拔标高分别注在各井位旁边，将相邻的井点连成三角形控制网。然后在三角形两顶点之间按给定的等高距进行等值内插，用平滑曲线连接等高程各点。因此，此法又称为内插法。勾绘等高线的原则如下。

(1)等高线从高部位井点到低部位井点间内插穿过。不同翼和不同断块之间等高线不能横穿。

(2)等高线一般彼此不能相交。倒转背斜及逆断层例外，但下盘被隐蔽部分一般不画出来或以虚线表示，以免混淆。

(3)当层面近于直立时，等高线重合。

图5－68(a)就是按上述原则内插绘制的构造图，技术上虽没有错误，但是它未能反映协调的构造形态，而图5－68(b)虽然利用了同样的井点，但却勾绘出了两个鼻状构造，符合区域的构造特征。这张图未用简单内插法，而是在充分研究区域构造性质和特点的基础上，根据井点提供的倾角和走向资料，发挥地质人员的想象力，经构造形态分析[图5－68(c)]后编绘的。

当构造条件比较复杂，井点资料又比较多时，可以首先分析构造剖面图，弄清构造特点，并组合断点，在井位图上预先标明断层线和层面产状，以免在连三角网时发生错误。

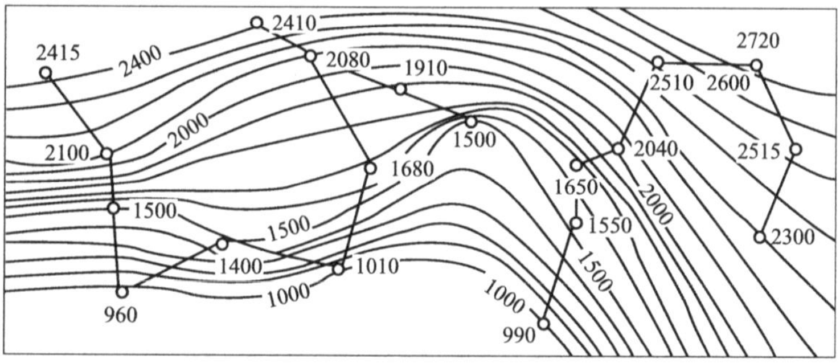

(a)内插法

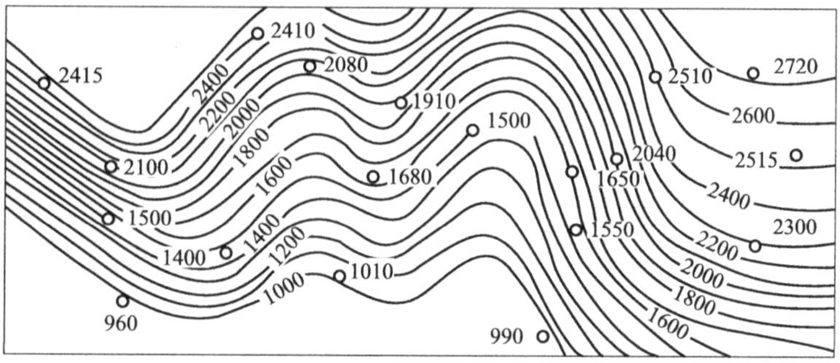

(b)内插法+构造分析

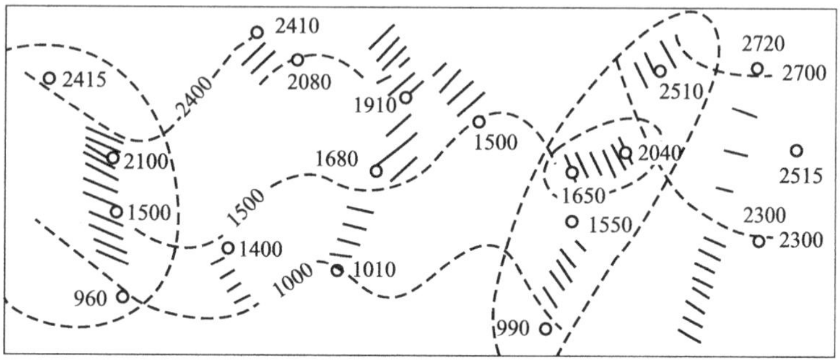

(c)内插法+多因素分析

图5－68　考虑地质因素用三角网法编制构造图

2. 剖面法

用剖面法绘制构造图，适用于地层倾角较陡和被断层复杂化了的构造。作图的原始资料是制图标准层的若干个构造横剖面图，也是根据钻井资料编制的(有时参考地震剖面)。

构造图上的等高线，可以看成一组等间距的水平面与该标准层的交线。因此，利用构造剖面图绘制构造图时，应先在剖面上按选定的等高距作平行于海平面的若干平行线，将这些平行线与制图标准层的交点垂直投影到水平基线上，并注明各投影点的海拔标高，每个剖面都按这种方法进行投影。然后将各剖面水平基线上的投影点移到井位图上相应的剖面线上，再把同一翼相同标高的各点连成平滑曲线。图 5－69 就是根据五个已知剖面编绘的构造图，由于构造东翼地层倒转，造成等高线交错，倒转部分的等高线以虚线表示。

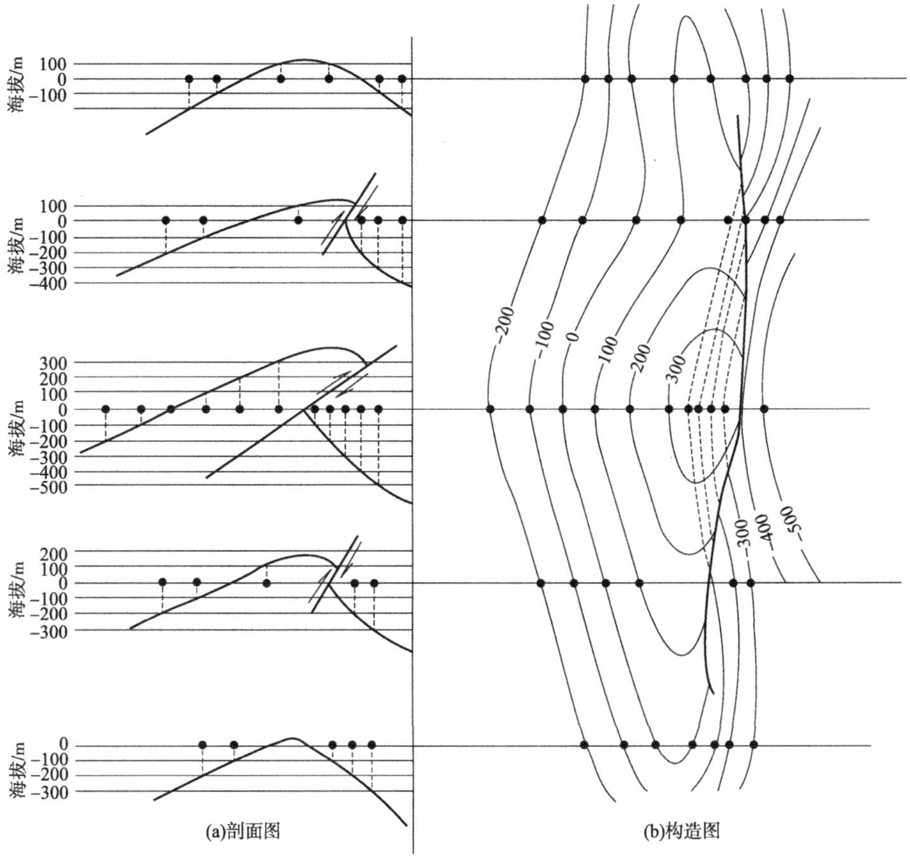

图 5－69　用剖面法编制构造图

对于有断层的构造，若剖面方向垂直断层走向，剖面上标准层与断层面的交点也按上述方法投影。在勾绘构造图时，先将各条剖面上断层上、下盘与制图标准层交点的投影连接起来，得到表示同一条断层的两条断层线。当断面直立时，两条断层线才合二为一。在断层消失的地方，同一断层的两条断层线相交。如图 5－70 所示，1 号断层向北消失，2 号断层向南消失。画好断层线之后，再画等高线。把各剖面上制图标准层标高最大的点连接起来，便可得到背斜的轴线。

断层两盘的某些等高线，当不能从一个剖面延续到另一个剖面时，必然要与断层线相交。等高线与断层线相交的具体位置，可根据同一盘相邻两剖面间制图标准层与断面交点的标高内插而定。对于横剖面无法控制的横断层或斜断层，可采用断面等高线与构造等高线交切法绘制断层线，如图 5－71 所示。

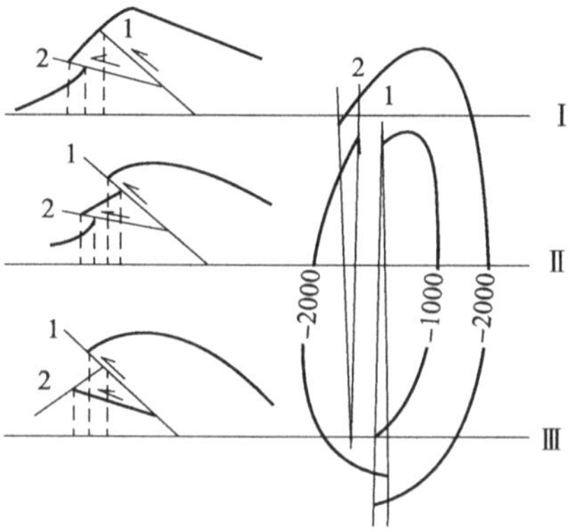

图 5－70　构造图上断层线的绘制图

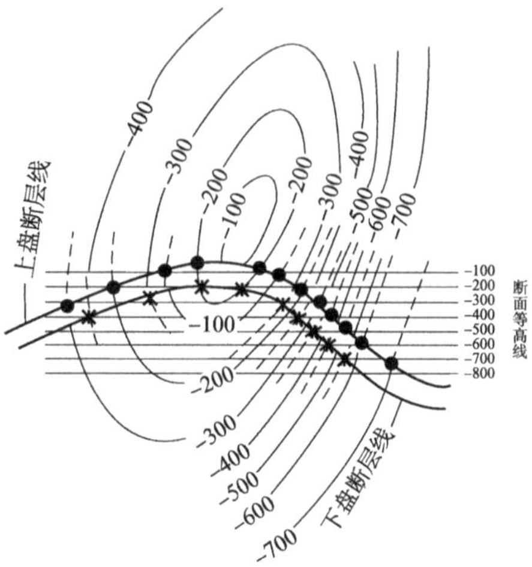

图 5－71　用断面等高线和构造等高线绘制断层线示意图
（据西南石油学院《油矿地质学》，1980）

3. 地震构造图的深度校正法

在一个勘探程度不高，钻井不多的地区，主要依靠地震构造图进行深度校正，以便绘制构造图。此外，在老探区勘探深部油气层时，也可以应用仅有的少数钻井资料去校正地震构造图的深度，从而绘制出深层构造图。深度校正常采用等差值校正法，具体做法如下。

(1)经过井斜、井位校正，把井点投影到地震构造图上。

(2)计算各井点地震深度和实际钻井深度的差值，并标于井位旁。

(3)按内插法勾绘等差值曲线。如果区域大，就应分析等差值曲线的变化趋势，分区选出适当的深度校正差值，分别对各区地震深度进行校正。如果地区小，就对等差值曲线与地震构造等高线的交点逐一校正，交点上的实际标高等于地震标高减去差值。

(4)按校正后的标高勾绘等高线，即得到经钻井深度校正后的深部构造图。图 5－72 是经校正后的构造图，与原地震构造图比较，高点向东偏移。

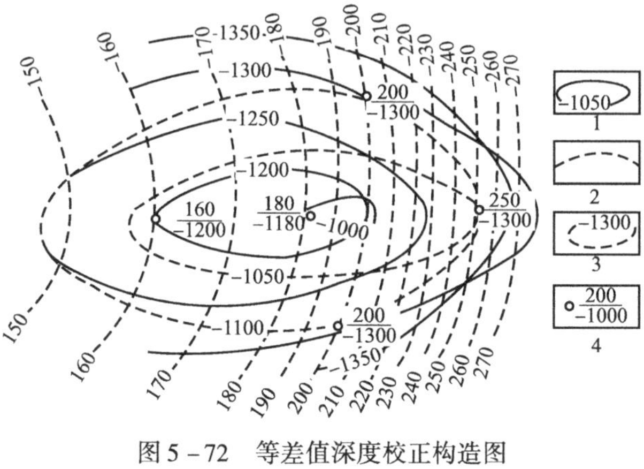

图 5－72　等差值深度校正构造图

1—地震构造图等值线；2—等差值线；3—深度校正后等值线；4—$\frac{\text{校正差值}}{\text{地震构造图上的海拔高程}}$

如果地震剖面上有井点时，可直接校正剖面深度，或者通过井点从地震构造图上切取剖面，进行剖面深度校正。

利用校正后的剖面作出的构造图，就是经钻井深度校正后的构造图，此法适用于复杂的狭长构造。

油气田地下构造图是油气田勘探与开发中必不可少的基础图件之一。能清楚地反映油气田地下构造特征，如构造类型、轴向、高点位置，各部位的地层产状，断层性质及其分布等，为研究油气藏类型奠定基础；能确定构造图上任一点制图标准层的深度，为新井设计提供深度依据。构造图上还可以圈定含油气边界，为储量计算提供面积参数，为开发方案如切割注水、面积注水、边外注水等提供地质依据。此外，还可以作为编制开发与开采现状图的背景图，进行动态分析。

知识图谱

第六章　油层压力与油藏驱动方式

储层孔隙流体压力(地层压力)是开发油气田的能量，是油气田开发中重要的基础参数。不仅决定着油气等流体的性质，还决定着油气田开发的方式、油气开采的技术特点与经济成本，以及油气的最终采收率。研究油层压力分布特征，对合理勘探开发油田具有十分重要的意义。

油层压力主要应用测井、钻井、地震、测试法、录井等方法检测、估算或预测，分析原始油层压力的分布，划分压力系统。计算折算压力，判断流体流动规律。本章内容主要讨论以下问题。

(1)地层压力、静水压力、静岩压力、异常压力的含义是什么?

(2)原始油层压力的分布特征是什么?

(3)异常地层压力的成因机制是什么?

(4)异常地层压力的预测方法是什么?

(5)折算压力的含义是什么?

(6)油井生产压力是什么?

(7)油藏驱动类型是什么?

第一节　油层压力

一、地层压力的概念和来源

(一)地层压力的概念

为了全面阐述油气层的压力，首先介绍几个与压力有关的基本概念。

1. 静水压力

静水压力是指由静水柱造成的压力。静水压力的大小与液体的密度和液柱的高度有关，而与液柱的形状和大小无关。静水压力的计算公式为:

$$p_H = H\rho_w g \tag{6-1}$$

式中，p_H 为静水压力，Pa；ρ_w 为水的密度，kg/m^3；H 为静水柱高度，m；g 为重力加速度，9.8m/s^2。

2. 上覆岩层压力(静岩压力)

上覆岩层压力是指上覆岩石骨架和孔隙空间流体的总重量所引起的压力。上覆岩层压力随上覆岩层骨架的增厚而加大，同时也与岩层及其孔隙空间流体的密度大小有关。上覆岩层压力可用下式计算：

$$p_r = H\rho_r g \tag{6-2}$$

式中，p_r 为上覆岩层压力，Pa；H 为上覆岩层的垂直高度，m；ρ_r为上覆沉积物的总平均密度，kg/m^3；g 为重力加速度，9.8m/s^2。

如果将岩层骨架的重量和岩层孔隙间流体的重量分别加以考虑，上覆岩层压力又可表示为：

$$p_r = H[\Phi\rho_f + (1-\Phi)\rho_{ma}]g \tag{6-3}$$

式中，Φ 为岩层平均孔隙度，小数；ρ_f为砂岩层孔隙中流体的平均密度，kg/m^3；ρ_{ma}为岩层骨架的平均密度，kg/m^3。

3. 地层压力

由式(6-3)可知，静岩压力等于岩石骨架承受的压力与孔隙流体承受的压力的和。下伏岩层固体基质所承受的压力称为有效应力；作用于岩层孔隙空间内流体上的压力，称为地层压力。

$$P_r = P_f + \sigma \tag{6-4}$$

式中：P_f为地层压力，Pa；σ 为有效应力，Pa。

地层压力又称为孔隙流体压力，常用 P_f 表示。在含油气区域内的地层压力又叫油层压力或气层压力。

由地层压力的定义可知，孔隙流体压力全部由流体本身所承担，这也意味着受到高压的地层流体具有潜在能量。在油气层未被钻开之前，油气层内各处的压力保持相对平衡状态，一旦油气层被钻开并投入开采，原来油气层内压力的相对平衡状态就要被打破，在油气层压力与油气井井底压力之间产生的压差作用下，油气层内的流体就会流向井底，甚至会强烈地喷出地面。

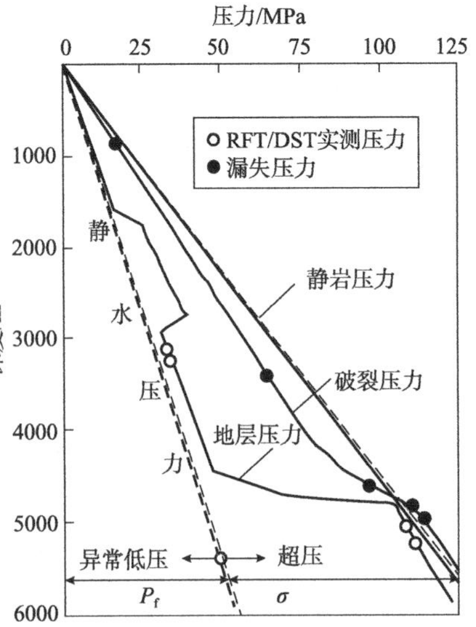

图6-1 压力分布图

4. 异常地层压力

如果某一深度地层的压力明显高于或低于静水压力，则称该地层具有异常地层压力。

如果地下某一深度的地层压力等于(或接近)该深度的静水压力，则称该地层具有正常地层压力。

5. 破裂压力

导致地下岩层发生破裂的压力称为破裂压力。破裂压力的大小在很大程度上取决于最小应力，通常约为静岩压力的85%(图6-1)。

6. 压力梯度

压力梯度是指每增加单位高度所增加的压力，单位用 Pa/m 表示；或者在同一地(油)层内，深度每加深 10m 压力的变化值。其计算公式为：

$$G_p=\frac{10(p_2-p_1)}{h_2-h_1} \tag{6-5}$$

式中，G_p为压力梯度，Pa/10m；p_2-p_1为深度分别为h_2、h_1时的压力差，Pa；h_2-h_1为两次测压的深度差，m。

对上覆岩层压力梯度来说，如果取上覆沉积物的平均总密度为2.3g/cm³，则上覆岩层压力梯度约为0.023MPa/m。水的密度一般为1.0g/cm³，静水压力梯度约为0.01MPa/m（图6-2）。

压力梯度表示地(油)层中流体压力随深度增加而增加的变化规律。不同地区的地(油)层，有不同的压力梯度值。利用压力梯度值判断异常压力，首先要确定一个地区正常压力的压力梯度标准值，然后根据此标准值的大小，判断该地区异常压力的高低。目前，国外常以静水压力梯度值，即压力梯度为1.074×10^5Pa/10m为正常压力。高于此值者，为异常高压，低于此值为异常低压。

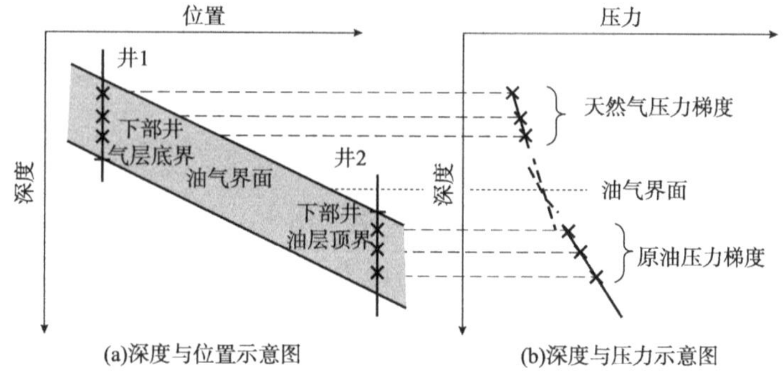

图6-2　压力梯度示意图

7. 压力系数

指某一深度地层的实测压力与对应深度计算所得的静水压力比值。

利用实测的油层压力与同深度换算的静水压力比值计算压力系数。在正常情况下，地层压力与静水压力相当，压力系数近似等于1。若压力系数大于1，说明存在异常高压，或压力过剩；若压力系数小于1，地层压力低于静水压力，称为异常低压。

表6-1中列出了一些油气田的压力系数值。由该表可以明显看出，不论是碎屑岩还是碳酸盐岩，不论是油田还是气田，都普遍存在异常地层压力。

表6-1　国内外典型油气田压力系数

油田名称	油层深度/m	原始油层压力/MPa	压力系数
老君庙油田L油层	700~1000	9.46	1.11
克拉玛依油田	417~566	8.61	1.4~1.7
大庆葡萄花油田	800~1200	10.51	1.05
东溪气田	915~1038	14.12	1.36~1.54
川中蓬莱镇油田	2222	32	1.44

续表

油田名称	油层深度/m	原始油层压力/MPa	压力系数
布路介迪(罗马尼亚)	1681	8.9	0.53
基尔库克(伊拉克)	700~1400	17.5~20.0	1.5~2.5
帕宾那(加拿大)	1560	18.8	1.2
东得克萨斯(美国)	915~996	11.01	1.10~1.20
拉克气田(法国)	3500	63.0	1.8
苏拉汗(苏联)	350	2.5	0.71
杜依玛兹(苏联)	1650~1800	17.7	1

8. 动水压力

当同一储集层中具有不同海拔的供水区和泄水区时，由于水位面倾斜引起地层水流动而产生的压力，称为动水压力，它是携带油、气进行二次运移的主要动力因素之一。其计算公式为：

$$\frac{Q}{F \cdot t}=K\frac{p_1-p_2}{\mu \cdot L} \tag{6-6}$$

式中，Q 为液体流量，cm^3；K 为储集层渗透率，$10^{-3}\ \mu m^2$；F 为流体通过的横截面积，cm^2；t 为流动时间，s；p_1-p_2 为两点之间的压力差，10^5 Pa；L 为两点之间的距离，cm；μ 为液体黏度，MPa · s；$\frac{Q}{F \cdot t}$ 为流动速度，即单位时间内通过单位面积的流量，$cm^3/(cm^2 \cdot s)$；$\frac{p_1-p_2}{L}$ 为沿水流方向，单位距离的压力降，称为动水压力梯度，可用 $\frac{dp}{dL}$ 表示。

(二)地层压力的来源

地层压力是由多种因素形成的，但主要有两个来源：一是上覆岩层重量所产生的岩石压力，称为地静压力；二是地层孔隙空间内地层水的重量所产生的水柱压力，称为静水压力或流体压力。

在地层封闭的条件下，地静压力是由组成岩石的颗粒质点和岩石孔隙中的流体共同承担的，也就是说，地静压力与岩石颗粒和孔隙中流体所承受的压力是相对平衡的。若地层与地表连通，地层孔隙及其中的流体就是敞开的。这样，上覆岩层压力即地静压力只由岩石颗粒质点承担，而孔隙流体压力即静水压力与地静压力无关，只由岩层连通孔隙中的流体承担。连通孔隙中充满水的地层，可以近似地看作是一套地下连通器。由连通器原理可知，在同一压力系统中流体处于平衡的条件下，任何深度上的压力，都取决于该深度上流体液柱的高度和流体的密度。当地层水的密度一定时，静水压力的大小取决于所测压力点水压头的高度，而水压头的高低主要与供水区和泄水区之间的高程差及地层的埋藏深度有关(图6-3)。

大量的实际资料表明，地层压力除了受主要来源——流体压力影响之外，还受气顶膨胀力和地层弹性力等因素的影响。在油、气田勘探和开发过程中，通常把油层中流体所承受的所有压力，统称为油层压力。在一般情况下，油层压力与地静压力关系不大。

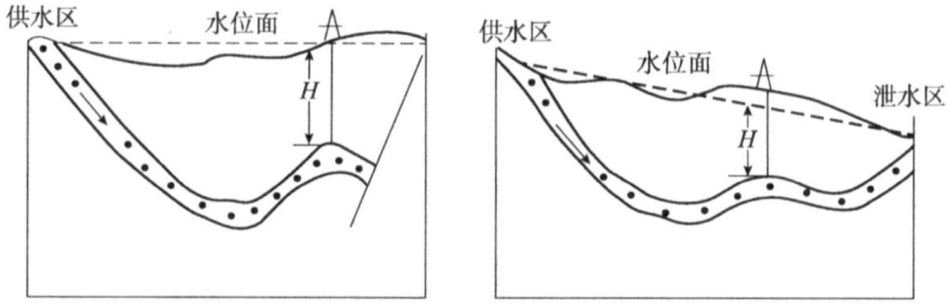

图6－3　水压头分布示意图(据颜婉荪，1981)

二、原始油层压力

(一)原始油层压力及其分布

油层压力是油层中所含天然能量的表现，将油从油层中采出来，基本上是利用天然能量。所以，一个油田的油层压力高低对采油工作的影响是很大的。

油层在未被打开之前所具有的压力称为原始油层压力。事实上原始油层压力是无法直接测量的，通常将第一口或第一批井打开油层之后关井，使油层压力恢复平衡，用井底压力计测量油层压力，该压力作为原始油层压力。

原始油层压力的基本来源是静水压头，但并非唯一来源，除此之外，还有以下次要来源。(1)天然气压力。油藏形成之后，油层中的有机质仍继续转化为烃类气体，这将增加油层的压力。(2)地静压力。由于组成岩石颗粒的弹性特性，在地静压力作用下，岩石的孔隙容积缩小，这将造成油层中原始压力的增加。

原始油层压力通常与地面到油层的水柱压力相当。但是在褶皱带的某些油气藏，二者常差别很大，有时表现为低压异常，有时表现为高压异常。

在正常的地质条件下，具有统一水动力系统的油气藏，其地层压力分布规律遵循连通器原理，即可以用前面介绍的计算静水压力的基本关系式来进行计算。一般在实际计算时会发现，处于不同海拔且井的深度也不同时，特别是流体的密度不同时，这些井的原始地层压力是不一样的。

图6－4为带气顶和具边水的背斜构造油气藏的剖面图。油层一侧在海拔100m的地表出露，具供水区，并接受大气降水与其他地表水的补给；油层的另一侧，或因岩性尖灭或因断层的封隔未能出露地表，故无泄水区。在这种情况下，油气藏的测压面(位能面)是以供水露头海拔100m为基准的水平面，在本剖面图上则为一水平线。

假设，第一批探井在构造的不同部位钻开油气藏的含油、含气及含水部分，则各井的原始地层压力可按静岩压力公式(6－3)计算求得。

2号井钻开油气藏的含油部分，井底海拔高度为－500m。2号井的原始油层压力应为油水界面的压力值减去油水界面至该井井底这段油柱重量产生的压力。若油的密度为0.85×10^3kg/m^3，则2号井原始油层压力为6.17MPa，与6.17MPa相当的油柱高为740.7m。该井井内液面海拔为240.7m，因它低于井口海拔350m，故2号井的原油不能自喷。

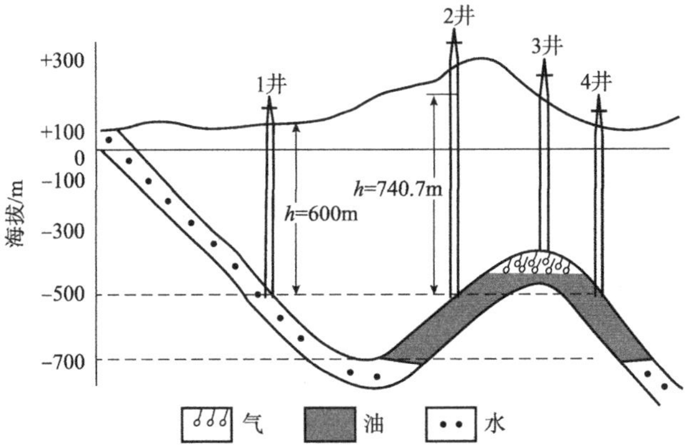

图 6－4　原始油层压力分布状况图(据熊琦华，1988)

4 号井在油藏构造的另一翼钻开油层，井口海拔为 100m，而井底海拔却与 2 号井的相同，故原始油层压力也应为 6.17MPa，井内液面海拔也应为 240.7m，由于它高于该井井口海拔，故 4 号井为自喷井。

图中，油气界面的海拔高度为－400m，同理，其界面上的原始油层压力为油水界面压力减去 300m 油柱产生的压力，为 5.34MPa。

3 号井正好钻开油藏的气顶部分，井底海拔高度为－350m，由于天然气的密度受温度和压力的影响，故 3 号井的压力值不能直接由油气界面上的压力导出，而是由下面的近似公式求出：

$$p_f = p_{max} e^{(1.293 \times 10^{-4} d_g H)} \tag{6-7}$$

式中，p_{max}为气井井口最大关井压力，Pa；d_g为天然气对空气的相对密度；H 为井深或气柱高度，m。

若将油气界面上的压力看成 p_f，3 号井的原始油层压力看成 p_{max}，3 号井井底距油气界面这段气柱高为 50m，天然气对空气的相对密度为 0.8，利用式(6－7)便可求出 3 号井的原始油层压力 5.31MPa。计算结果表明，50m 的气柱高只产生 0.03MPa 的压力。

由上述分析可知，原始油层压力在背斜构造油气藏上的分布具有如下特点：①原始油层压力随油层埋藏深度的增加而加大；②流体性质对原始油层压力的分布有着极为重要的影响，表现为井底海拔高度相同的各井，如果井内流体性质相同，则原始油层压力相等；如果井内流体性质不同，则流体密度大的，其原始油层压力小，反之，流体密度小的，其原始油层压力大；③气柱高度变化对气井压力影响很小，因此，当油藏平缓，含气面积不大时，油气界面或气水界面上的原始油层压力可代表气顶(或气藏)内各处的压力。

(二)原始油层压力的确定方法

为了使所确定的原始油层压力更准确，常会对通过不同方法所求得的原始地层压力进行综合对比，以确定能真正代表实际情况的原始地层压力。现将常用的几种方法综述如下。

1. 实测法

油井完井后，关闭所要测压的井，观察井口压力表，待压力表上的压力不再上升达到稳定后，将压力计下到井内油气层的中部，这时所测得的压力即为油气层的原始地层压力。

在电子仪器和测试技术均已十分先进的今天，可在油井完井后，下入直读式电子压力计，在地面就可以直接读到并自动记录下井底压力变化的过程，待观察到记录的压力已经稳定后，这时的压力即为原始油层压力。

2. 压力梯度法

一个具有统一水动力系统的油气藏，其压力梯度值将是一个常数，即地层压力将随油气层埋藏深度的增加而呈直线增加。这样，当实测得到具有不同海拔的原始地层压力时，可以作出压力随海拔高度变化的关系曲线，这时就会发现，对不同井所测得的点呈直线变化，这条直线就是该油气藏原始油层压力所遵循的规律。对新打的井，只要准确测得其深度，由压力梯度关系曲线便可查得该井的原始地层压力。图 6－5 是俄罗斯地台某油田上泥盆统油藏原始地层压力与平均埋藏深度之间的关系曲线。我国有许多油气田均具有正常的压力系统，通过做这种关系曲线便可确定不同井的原始地层压力。

3. 计算法

对于新勘探或新开发的一个油气藏，如果钻井的海拔高度和深度已知，特别是已经准确地测定了原油、地层水或天然气的密度值，便可应用前述计算静水压力的基本公式来进行原始地层压力的计算。在高压力气井，特别是超高压气井中，不能直接下入井底压力计测量，此时，可利用气井井口的最大关井压力资料，通过式(6－7)求得原始气层压力。

4. 等效深度法

所谓等效深度法，即等密度深度法，它是利用页(泥)岩体积密度值来换算地层压力。具体做法是将页岩体积密度值对照相应的深度标在图上，可以确定正常的压力趋势线。在压力变化和过剩压力带，由于页岩孔隙度增大，体积密度值的任何减小，都可以反映出异常高压环境的存在和大小(图 6－6)。

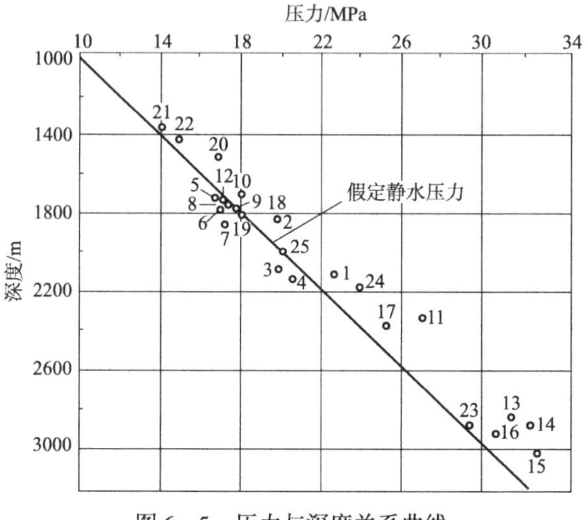

图 6－5　压力与深度关系曲线

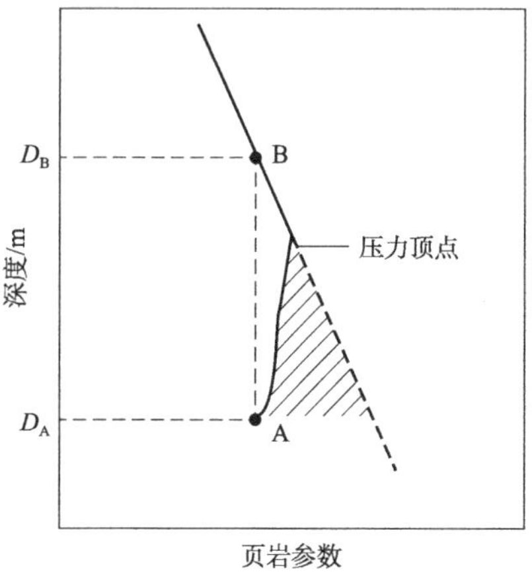

图 6－6　等效深度法图解
（据张万选等，1981）

利用等效深度法，可以定量计算出地层压力，其计算公式为：

$$P_f = G_0D_A - D_B(G_0 - G_H) \tag{6-8}$$

式中，P_f为孔隙流体压力，10^5Pa；D_A为超压力井段的对应深度，m；D_B为对应D_A的正常压力深度，m；G_H为试验井的静水压力梯度，10^5Pa/m；G_0为试验井内所有上覆地层的压力梯度，10^5Pa/m。

例如，在所有上覆地层压力梯度为0.231×10^5Pa/m，静水压力梯度为0.10×10^5Pa/m的地区，上述公式可以简化为：

$$P_f = D_A - 0.535D_B \tag{6-9}$$

这就是说，若静岩压力和静水压力梯度确定之后，只要求得深度D_A和D_B，就可计算压力。这种方法，在美国墨西哥湾、欧洲北海和其他地区的应用效果都很好。

5. 试井分析法

在测试仪器已较精密，试井分析软件也很先进的今天，用试井分析法确定原始地层压力已是一件比较容易的事。由试井分析法可知，确定油层原始地层压力的公式为：

$$p_W(t) = p_i + \frac{2.3q\mu}{4\pi Kh}\lg\frac{t}{T+t} \tag{6-10}$$

式中，p_W为试井时测得的井底压力，Pa；p_i为原始地层压力，Pa；q为关井测压前的恒定产量，cm³/s；μ为地层原油的黏度，mPa·s；K为地层渗透率，$10^{-3}\mu m^2$；h为油层厚度，cm；T为油井以恒定产量q开井生产时间，s；t为下入压力计后关井测压时间，s。

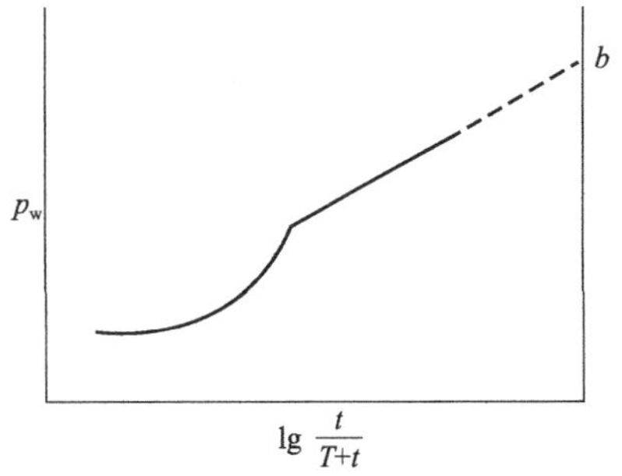

图6-7　确定原始地层压力的试井分析法示意图

根据式(6-10)，以压力p_W为纵坐标，以$\lg\frac{t}{T+t}$为横坐标作图，可以得到如图6-7所示的关系曲线。由该关系曲线可以求出其斜率i：

$$i = \frac{2.3q\mu}{4\pi Kh} \tag{6-11}$$

由式(6-11)可求出地层流动系数：

$$\frac{Kh}{\mu} = \frac{0.183q}{i} \tag{6-12}$$

将直线外推到p_W轴，可得截距b，截距b即为原始地层压力p_i。

上面5种原始地层压力的确定方法各有优缺点，可根据具体条件使用，并可相互校正。

(三)原始油层压力等压图的编制与应用

原始油层压力在油藏构造上的分布情况可用原始油层压力的等压图来描述。在研究目的层的构造等高线图上，利用各井研究目的层原始油层压力值，根据选定的压力间隔值，绘制均匀、圆滑压力等值线，便得到原始油层压力等压图。

由于原始油层压力的分布主要受构造因素的影响，在油层厚度均匀的情况下，压力等值线基本平行于构造等高线。倘若绘制的原始油层压力等值线的形态与构造等高线的形态差异较大，必须检查原因。如果因压力没有稳定，或因测量、计算误差导致资料不准，应重新测量或计算。

在油气藏勘探和开发过程中，原始油层压力等压图有着广泛的、极为重要的用途。

1. 预测新井的原始油层压力

在探井设计中，为了确定新钻井的套管程序与钻井液密度，必须事先获得该井钻探目的层的原始油层压力值。在探区的原始油层压力等压图上，可以直接根据新钻井的井位查出该井的原始油层压力的预测值。

2. 计算油藏的平均原始油层压力

油藏原始油层压力的平均值是油藏天然能量大小的反映。原始油层压力平均值越大，油藏储存的天然能量也就越大，越有利于油藏的开采。利用油藏原始油层压力等压图求平均原始油层压力常采用面积权衡法。

3. 判断水动力系统

判断油气藏的水动力系统对制定开发方案、分析油气藏开发动态有着十分重要的意义。不同的水动力系统，采用的开发方案各不相同。在同一水动力系统内，流体压力可以互相传递，压力等值线的分布是连续的。如果油层因断层或岩性尖灭等因素被分割成几个互相独立的水动力系统，则原始地层压力等值线分布的连续性受到破坏。如图 6－8 所示，由于断层的分割，该油藏的原始油层压力等值线在断层两侧的分布是不连续的，应划分为 2 个独立的水动力系统。

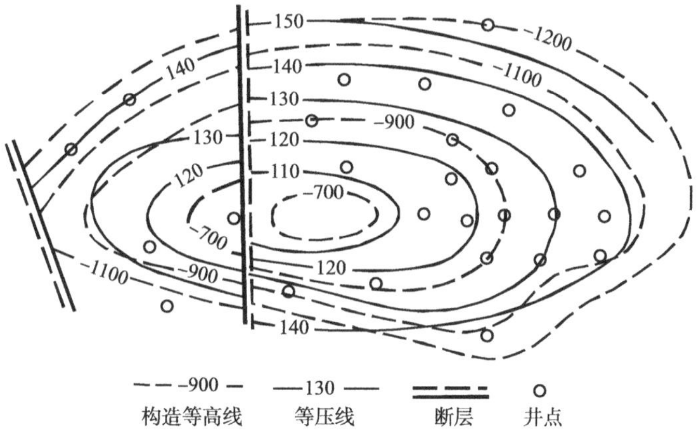

图 6－8　某油田原始油层压力等压图

4. 计算油层的弹性能量

油层的弹性能量是指油层弹性膨胀时能排出的流体量。一个既无边水或底水，又无原生气顶，但原始油层压力远远超过饱和压力的油藏，当对其进行开采时，驱油动力主要是油层的弹性膨胀力。原始油层压力与饱和压力的差值越大，油层的弹性能量就越大，排出的流体量也就越多。若要了解油藏弹性能量的大小，只需将该油藏的原始油层压力等压图与饱和压力等压图相重叠，即可求出油藏不同部位的弹性压差，进而计算出相应的弹性能量。除此之外，还可利用原始油层压力资料预测油藏的油水或油气边界等。

三、异常地层压力

地层压力是作用于地层孔隙流体的压力，在正常压实条件下，作用于孔隙流体的压力为静水柱的压力。但由于诸多因素的影响，作用于地层孔隙流体的压力，很少等于静水柱压力。通常把偏离静水柱压力的地层孔隙流体压力称为异常地层压力，或称为压力异常。

油气田勘探开发的过程中，国内外都非常重视油气藏压力异常的研究。G V Chilingar，Hunt(2002)指出异常高压在全球约180个盆地都存在，例如，在美国Gulf Coast地区至少有7个地层单元具有异常高压，从侏罗系到第四系均有分布(Law和Spencer，1998)。

异常压力带的流体在储集层中处于一种封闭的环境，或者流体向外的流动是受限制的，孔隙流体承担了部分的上覆岩层负载。G V Chilingar(2002)认为，只有当地层被非渗透性阻挡层分隔，异常高压才会保存下来。阻挡层可能是物理成因、化学成因或者是两者结合的(Louden，1972)。异常高压的形成机理包括：①压实，②构造挤压，③断层作用，④底辟作用，⑤异常高地温梯度，⑥矿物相变，⑦油气生成作用，⑧烃类气体沿断层的迁移作用，⑨渗透作用等。地下流体的封盖层和异常高孔隙压力区的发育机理非常复杂。

(一)异常高地层压力的成因

研究和预测压力异常对认识油层能量特征，评价油气藏形成的基本条件及指导安全生产、保护油气层等方面是极为重要的。如在钻井过程中，当油气层的地层压力异常低时，易产生井漏；当地层压力异常高时，易产生井喷。

国内外学者对异常地层压力的形成机制、预测方法及其在构造分析、油气地质、钻井工程等方面重要性的讨论由来已久(Smith，1971；Magara，1978；Gretener，1981；罗晓容，2000，2004)，已提出的可能的超压机制有数十种之多(Fertl，1976；Osborne和Swarbrick，1997)。

近年来，一些与渗透性地层和断层有关的压力演化过程得到了重视(Grauls，1994；Yardley和Swarbrick，2000；罗晓容，2000，2004)。罗晓容等(2000，2004)提出“他源高压”类型的增压机制对于地下极高压力的产生、超压系统的分布及改造、突发性成藏过程、钻井前的压力预测等都具有十分重要的意义。G V Chilingar(2002)提出垂向阻挡层造成异常地层压力的机理。

1. 欠压实及断层封堵

泥页岩压实作用。疏松多孔的黏土沉积物在埋藏过程中不断被压实，孔隙中的流体被排出来，孔隙体积也随之减小。在上覆沉积物连续沉积的情况下，如果黏土沉积物孔隙中的流体被排挤出来的速度与上覆沉积物增加的速度相一致，则随黏土埋藏深度增加，黏土孔隙度不断减小，直到黏土不再被压实为止。对于泥岩、页岩或黏土的每一个孔隙度值，都会有一个黏土或泥岩、页岩能够承受而不被进一步压实的最大有效应力值。这是一种正常的压实情况，这时的地层孔隙流体的压力为静水压力，属正常地层压力。

厚层、含有大量黏土矿物的沉积物在快速沉积埋藏过程中，会发生欠压实作用(Rubey和Hubbert，1959；Wilson等，1977)。由于地层水不能完全排出，导致沉积物内部形成由膨胀黏土颗粒和层间水组成的松散封闭系统。该系统中，大量泥质快速沉积，砂体会被泥质包围，如果沉积物负载率很高，砂体周围泥岩的渗透性将快速降低。砂体中的孔隙水不能纵向穿过上覆的含黏土沉积物。于是，对盖层负载的支撑就被转移给孔隙间流体，地层内由于孔隙间流体受到新沉积负载而变成异常高压层。

在油气勘探开发实践中，发现许多同沉积断层与异常高地层压力关系密切。

济阳坳陷东营凹陷陡坡带、非洲尼日利亚尼日尔三角洲、美国墨西哥湾沿岸等均发育了异常高地层压力，以生长断层和与其相关的重力作用造成的滚动构造为特征。

美国得克萨斯州 Gulf Coast 地区的一些高压带明显是源于与断块伴生的同生沉积与压实作用。该模式形成侧向封堵，连同覆盖在超压带上的巨厚的页岩，阻止了压实和成岩作用过程期间沉积物中孔隙流体的散失。地层水穿过黏土流动的阻力是压实过程中孔隙度和渗透率降低的结果。泥岩层被压实到一定级别时，孔隙度和渗透率太低，以至于流体的纵向流动被彻底限制。

如果经受沉降的地层中地层水的运移速率与沉降率相同，负载增加形成的过剩流体压力将散失，在沉降压实作用过程中静水压力在整个深度范围内得以保持。超载欠压实页岩的连续沉积可产生剪切带，形成微裂缝，流体呈幕式排出。

Dickey 等(1968)发现，发育于美国墨西哥湾沿岸的高压带与伴生的同生沉积和压实断块作用的特殊样式有关，生长断层下降盘地层比上升盘厚，由于沉积过程中沿断层面有连续的运动，随着压实作用的进行，泥质沉积物的垂向渗透率迅速减小。生产断层及上覆于超压带之上的厚层泥页岩造成了垂向和侧向封闭，在压实和成岩作用过程中阻止孔隙流体从沉积物中排出。随着埋藏深度的增加，沉积物的过载及温度的增加造成了孔隙压力增加。通常在 3000～3500m 深度的地层存在异常高地层压力。断层两侧砂－砂接触产生正常压力，孤立砂层(即，断层两侧砂岩和页岩接触)为超压(图 6－9)。

对沉积盆地中的垂向和侧向挤压应力作用的认识对解释隐蔽的异常压力环境和预测与异常高压有关的油气藏位置是至关重要的。

2. 构造挤压

构造活动是产生异常高地层压力的一个重要原因，包括局部和区域断层、褶皱、侧向滑动和滑脱、断盘下落而引起的挤压、底辟盐丘/泥盐运动及地震等。

造山带的侧向挤压会造成异常高孔隙压力。造山带遭受侧向挤压变形，使得泥岩层内流体通过渗透性地层排出，会被挤进相关的储集岩(砂岩或碳酸盐岩)中造成超压。在准噶尔盆地南缘古近系安集海、呼图壁等油田钻探期间发现流体压力几乎等于上覆地层压力，断裂带和褶皱带的存在说明某些异常高压是侧向构造应力的作用引起的(图 6－10)。

罗晓容(2004)提出，准噶尔盆地南缘高异常压力普遍，压力分布复杂，存在的极高地层压力是在压实作用、构造挤压作用所形成的地层高压背景下，叠加了近期因断裂活动和背斜构造快速形成所引起的他源高压而形成的，沉积相带分布、压实作用、构造应力、地层的形变和断裂的活动过程等都明显地影响了压力的演化和分布。背斜的形成不仅造成地层在侧向上的差异沉积或剥蚀，还造成渗透性地层在侧向上接受来自相邻泥岩流体和压力条件的差异，形成异常压力在该渗透性地层内的侧向传递和调整，极大地改变地层压力分布的形式，这也是研究区极高异常流体压力产生的主要原因。

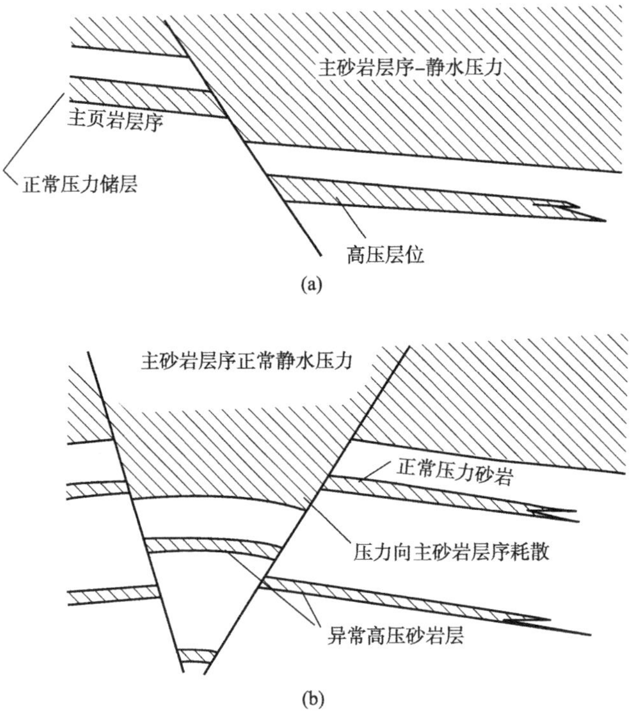

图 6－9　保持异常高压环境需要的断层封闭类型
（改编自 Dickinson，1953；Fertl，1976）

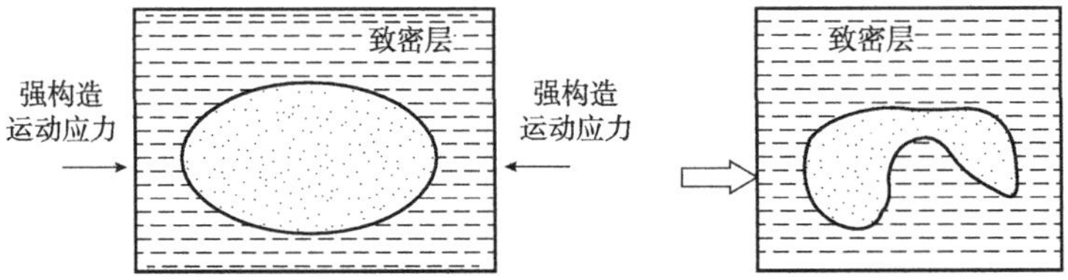

图 6－10　构造运动挤压使储层容积变小产生高压

罗晓容(2004)利用数值盆地模型模拟了构造应力直接作用于沉积地层之上对地层压力的影响。在地层完全封闭条件下作用于地层的构造应力的 30% ~50% 可转化为地层流体压力；随构造压力的增加，平均的压力系数可达 2.4 以上；随地层异常流体压力的增加，地层孔隙度相对增加，表明构造应力对沉积地层作用的方式与重力相似，是一种侧向上的压实作用。

图 6－11 说明了构造活动对油田压力的影响。Poston 和 Berg(1997)认为，一些具有异常高地层压力的地区，现代构造活动造成的主正压力方向为水平方向。构造应力传递到流体中能产生超压，美国加利福尼亚 Ventura 油田、准噶尔盆地南缘、塔里木盆地库车坳陷等都是很好的例子。

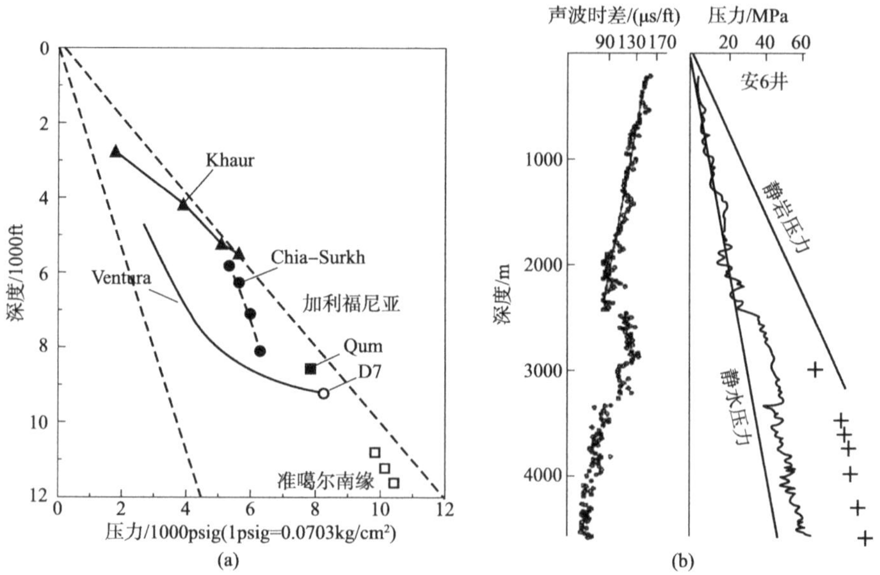

图 6－11　位于挤压负载和断裂活动构造带中或附近的钻井中记录的超压

3. 构造抬升与剥蚀作用

剥蚀作用易造成高压异常和低压异常，如图 6－12 中 a 层比 b 层埋藏深，按正常情况应该是 a 层的压力大于 b 层的压力，但由于剥蚀作用的结果，b 层压力大于 a 层压力，a 层为低压异常，b 层为高压异常。

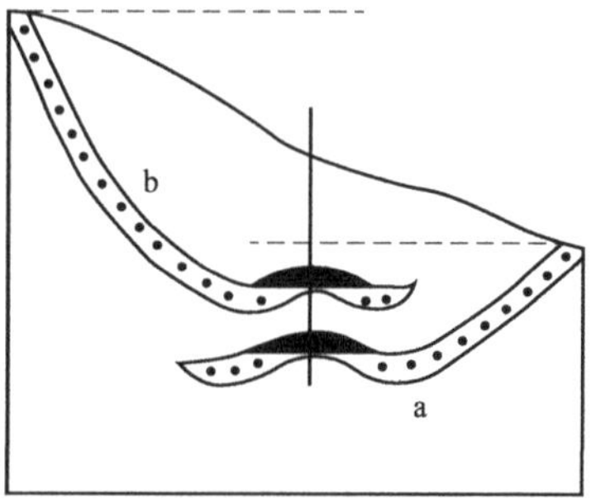

图 6－12　压力异常示意图

最初的原始油层压力由静水压头 H_1 造成，后来由于断裂作用使其与高山供水区隔绝。随后发生的剥蚀作用，使高山供水区降低，但油层保持原来的压力，形成高压异常，如图 6－13 所示。局部剥蚀可以引起高压储层相对地面变浅而使压力梯度变大(图 6－14)。

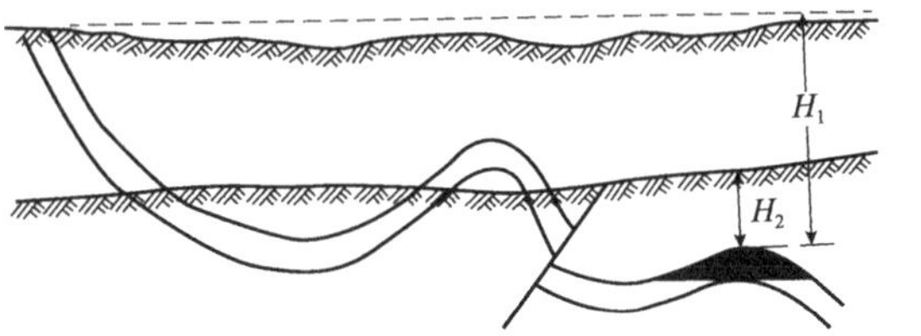

图 6－13　构造断裂与剥蚀作用造成的压力异常示意图

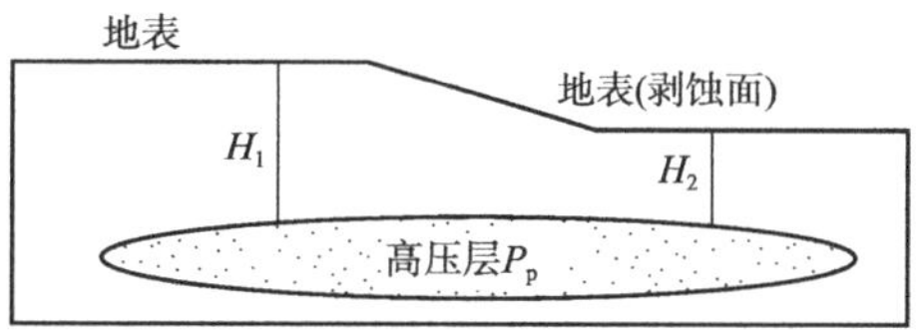

图 6－14　高压储层相对地面变浅而使压力梯度增大

油层和地面供水区连通时为正常压力[图 6－15(a)]，后来发生了断裂，断层使油藏与供水区失去联系，并且由于剥蚀作用使油藏埋藏深度变小($H_1 < H$)，而油藏中仍然保持原来的压力值，造成高压异常[图 6－15(b)]。相反，如果因断层作用而使油层变深($H_2 > H$)，会造成低压异常[图 6－15(c)]。

岩性遮挡油藏原来埋藏较深，具有较大的压力，后因断裂作用上升，其原始压力仍然保存下来形成高压异常[图 6－16(b)]。与此相反，岩性油藏埋藏较浅，后因断层作用下沉，仍保持原来压力，结果造成低压异常[图 6－16(a)]。

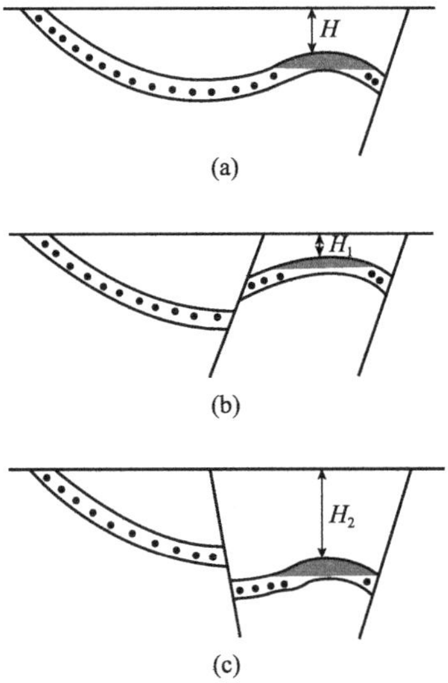

图 6－15　构造断裂作用形成压力异常示意图

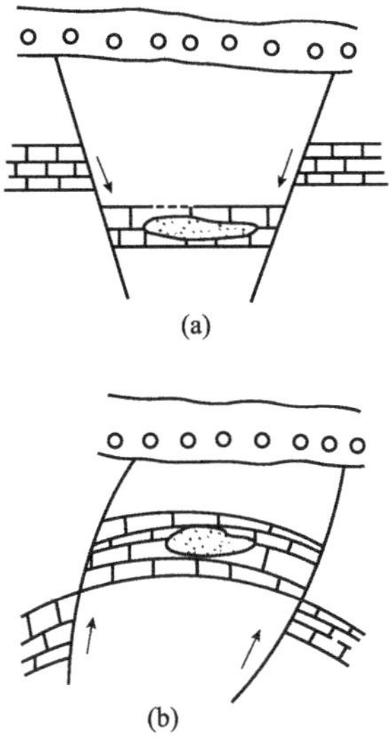

图 6－16　构造断裂与岩性遮挡作用形成的压力异常

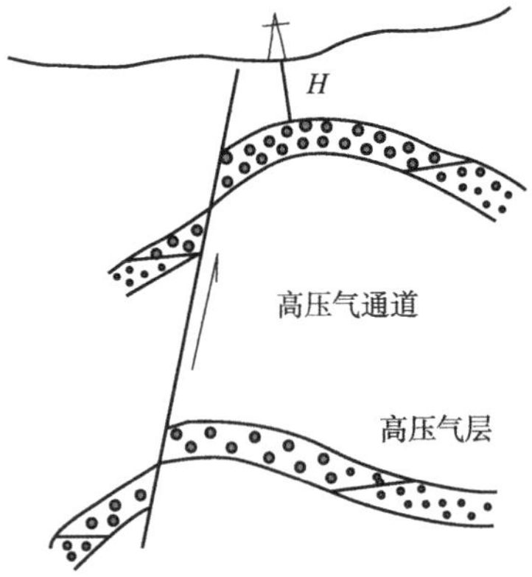

图 6－17　断裂沟通深部高压气藏所形成的浅部油层高压异常示意图

4. 断裂传递作用

断裂作用还可以把深部的高压气层与浅层油藏沟通，形成一个统一的压力系统。此时，油层压力将显著地高于按井深计算出的静水压力，如图 6－17 所示。烃类(主要为气体)沿断层从下部地层向上部地层的运移是一种未被完全认识的、形成异常压力的机制(Chilingarian，2002)。

罗晓容(2000)提出断裂成因他源高压的概念(图 6－18)，他源高压是指具正常压力或低异常压力的渗透性地层与其他过剩压力(流体势能)更高的渗透地层因各种地质过程发生水动力连通，从而使其中流体压力异常增高的现象。

断裂成因他源高压起因于开启断裂连通了上下原来在水动力上被分隔的渗透性地层。断裂的高水动力传导造成原本过剩压力极不相同的地层间压力的快速调整，使得原先过剩压力较低(或压力正常)的浅部地层内形成较高的超压(Luo，2003)。对于浅部地层，断裂开启部分涉及的深度范围越大，与之连通的高压渗透性地层间的初始压力差值往往越大（罗晓容，2004）（图6－19）。

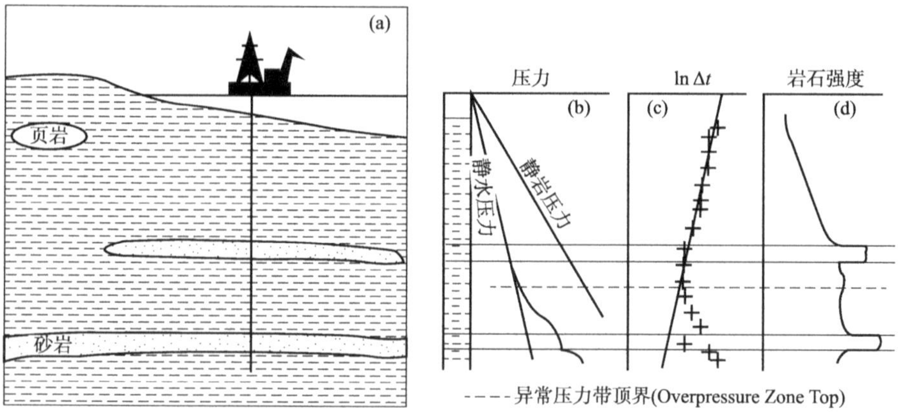

图6－18 由相邻泥质岩压力传递而引起的他源高压（罗晓容，2000）

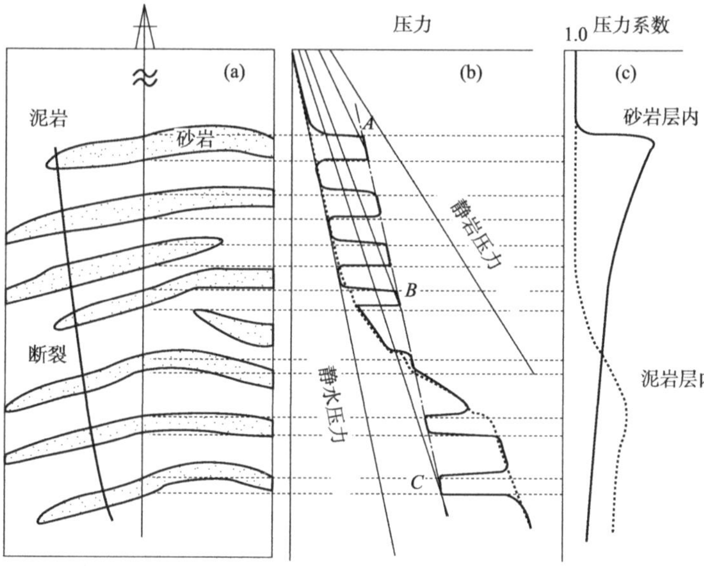

图6－19 断裂成因他源高压的成因及其结果分析（罗晓容，2004）

（a）—地层剖面，开启断裂连通埋深不同的地层；

b）—地层内压力的变化，虚线为原始压力分布，粗实线为通过断裂调整后的压力分布；

注意，在同一个压力系统中，A、B、C三点的过剩压力一样但压力系数相差很大；

（c）—经压力调整后砂岩层和泥岩层内压力系数的纵向变化

这类成因的超压包括渗透性地层在侧向上延伸并与不同压力的地层接触（Yardley和Swarbrick，2000）、开启断裂或先前钻井因工程事故造成不同压力系统在纵向上的连通等（罗晓容等，2000）。在他源高压的形成过程中，渗透性地层周围的低渗透性地层往往只起到阻隔和封闭流体的作用，因而前者内的压力往往高于后者。

由于先前钻井的连通作用，深部高压流体还可以沿井眼的水泥环或者工程报废井注入到浅部储层而产生高压（图6－20）。如果在钻井前对地下超压的分布和特征了解不够，在钻井过程中往往就会造成各种工程事故，从而影响固井的质量，这种先前钻井工程中造成的缺陷有可能人为地造成上下原本在水动力上相互隔离的地层间的连通，如果下部地层具有较高的超压，通过不同地层间的压力调整，将在上部地层内产生高超压(图6－20)。

地下剩余孔隙压力的重新分布称为传递(Swarbrick 和 Osborne，1998)，传递本身并不是产生超压的主要机制，但是它对地下许多孔隙压力剖面的形成有着重要影响，可能导致下伏超压的成因机制难以识别。

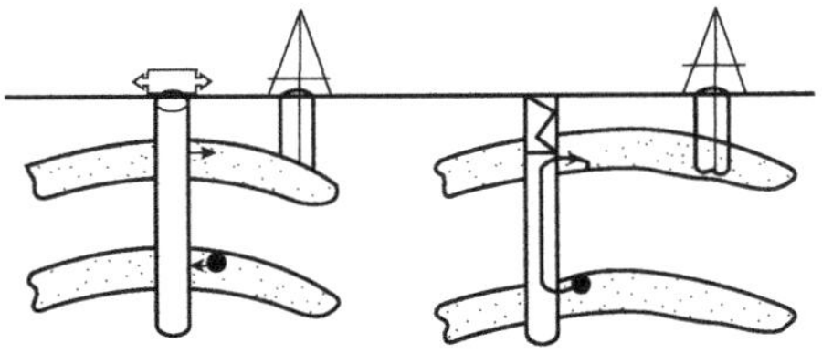

图6－20　深层注入浅层作用引起高压

另外，还有人为因素，如人工高压注入流体导致高压。由于油田的开采、注水等造成高压，如蓬莱19－3海上溢油事故就是因为不合理的注水造成的。

5. 泥页岩、盐岩底辟作用

底辟泥页岩常为欠压实泥页岩，有较高的孔隙度。泥火山发生地区往往预示着高压。

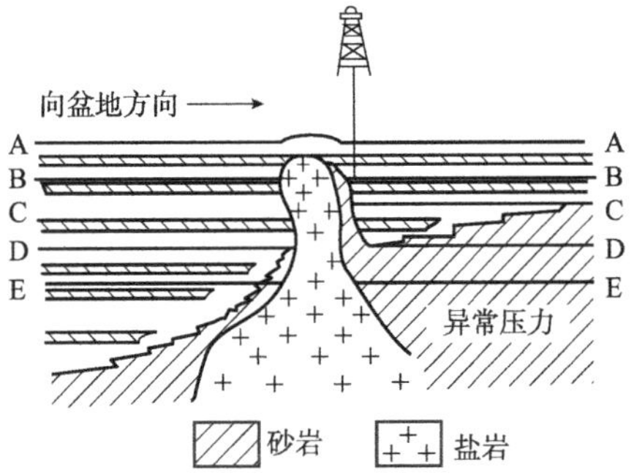

图6－21　刺穿盐丘周围的异常地层压力带
(据 Harkins 和 Baugher，1969)

在不均衡的压力作用下可塑性岩层发生侵入刺穿作用，使上覆一些软的页岩和固结的砂层发生挤压与断裂变动，从而减少孔隙体积，使其中的流体压力增大而形成高压异常。这就是盐丘及泥火山发育带常出现高压异常的原因。图6－21为一盐丘构造，在它的周围为高异常地层压力带。

在高压和高温条件下，如在3700m深处的地层温度可达93℃，盐体呈塑性。当上覆沉积的密度大于盐岩的密度时，盐岩的低密度和低强度促使盐丘发育。盐丘在形成过程中，向上挤压，刺穿上覆沉积构造，在部分盐丘周围的岩层被挤压变形。

美国得克萨斯州的巨厚的侏罗系 Louann 盐层由于底辟流动而变薄，受砂泥岩沉积挤压作用影响，盐岩被挤向海湾方向，形成盐丘和盐脊，也有些底辟构造向上刺穿了整个上覆沉积。随着埋藏深度的增加，地温的升高引起埋藏带内黏土脱水，同时产生剪切应力。钻入C层的井会遇到D层中的高压(图6－21)。

6. 成岩胶结与矿物相变

砂岩的压溶作用能提供大量的胶结物，并使之迁移到一定位置，形成低渗胶结带(封闭箱)，限制流体的流动；这个过程又伴随着颗粒间因接触部位的溶解相互靠近，从而引发异常高压。按照部分学者的观点，砂岩压溶造成的孔隙度降低远不止2%(Ortoleva，1995)。

罗晓容(2000)指出砂岩压实作用是其成岩作用的重要方面。Athy(1930)指出砂岩因压实作用可使其孔隙度降低11%(相对于岩石体积)左右，而其间和随后发生的压溶作用又可使其孔隙度降低2%。只是砂岩的渗透能力较好，不易产生超压(Fertl，1976；Magara，

1978）。

造成高压异常的矿物相变作用主要有蒙脱石脱水作用及硫酸盐岩矿物的转化作用等。

蒙脱石的脱水作用。黏土沉积物中的蒙脱石含有大量的晶格层间水和吸附水，随着沉积物埋藏深度的不断加大，地层温度不断升高，当温度升至蒙脱石的脱水门限值时，蒙脱石将释放出大量的晶格层间水和吸附水，并向伊利石转化。蒙脱石向伊利石的转化发生在80～120℃，同时释放出总量等于其一半体积的水（Powers，1967）。如果处于封闭的地质条件下，所释放出来的水就在黏土孔隙中积蓄起来，增加了孔隙流体的压力，造成高压地层及欠压实作用的增加。Burst（1969）提出，沉积地层中蒙脱石的消失是由于转变成伊利石所致，转化过程中硅酸盐格架中的 Mg^{+} 被 Al^{3+} 取代，同时伴随着夹层中钾的固着。另外，蒙脱石的脱水作用常与泥岩、页岩的欠压实作用同时出现，这是因为泥岩、页岩的欠压实作用不仅形成高的孔隙度和异常高的地层压力，而且也形成异常高的地温梯度，促进了蒙脱石的脱水作用（图 6－22）。

硫酸盐岩的成岩作用。Hanshow 和 Bredehoeft（1968）曾经提出：石膏（$CaSO_4 \cdot 2H_2O$）向无水石膏（$CaSO_4$）转化时会析出大量的水。在封闭的地质条件下，这些水积蓄起来会增加孔隙流体压力，从而使地层具高异常地层压力。Louden（1972）则指出：无水石膏水化变为石膏时，体积将发生膨胀，在半水化物状态（$CaSO_4 \cdot \frac{1}{2}H_2O$），岩石体积将增大 15%～25%；在全水化物状态，体积将增加约 40%。因此，石膏水化作用如果在封闭的地质条件下进行，毫无疑问将促使高异常地层压力的形成。

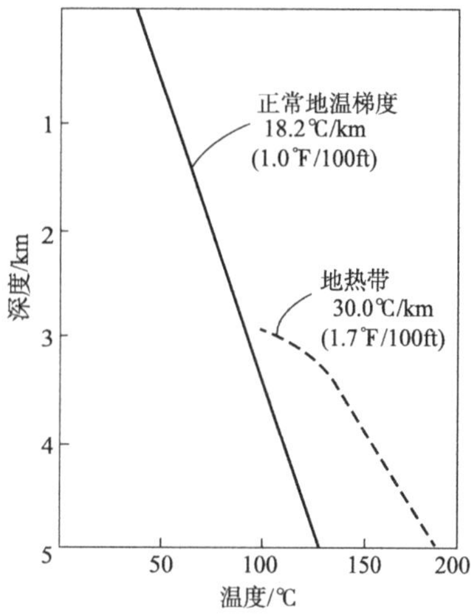

图 6－22　近似的地温梯度示意图

通过前人对泥质岩中的黏土矿物转换（Burst，1969）、硬石膏—石膏的相变（Magara，1978）及地层水的渗析作用（Magara，1978）等的讨论，罗晓容（2004）认为这些可能的增压机制起作用，其效力亦不会太大。

7. 地温与热力作用

钻探经验表明，异常高压带总是伴随着异常高温带出现，温度对压力的影响是不容忽视的。在一个封闭系统中，温度增加将引起岩石和岩石孔隙中流体的膨胀，地温增高使孔隙流体（气、油和水）的膨胀比围岩的膨胀大得多，在岩石中产生异常流体压力。

沉积盆地中水的运动是维持大地热流最重要的因素。在较小深度范围内，温度突变对水文及地层压力体系会产生重要影响。Jones（1969）发现，海湾地区的超压带具异常温度梯度，古近系—新近系沉积物的平均地温梯度和压力/深度（地静压比）之间没有关系。然而，油藏封盖性黏土层中异常压力的产生通常与地温梯度的显著增大有关（Jones，1969），具异常压力的泥岩带具有欠压实、较高孔隙度的特点，形成一个非渗透性盖层，这些带中向上的水流量减小大大降低了热流向上流动的速率，其作用就像一块毯子，形成隔热屏障，降低了来自深部地幔的热传导，从而使超压带变成了储热区，超压泥页岩中流体的量越多，这个带的隔热效果越强。

正常的地温梯度为18.2℃/km，到约3000m深度，地温梯度增加到30℃/km，高压带内的地温能达到152℃。在转化期间释放形成的甲烷气，形成或加强压实泥质沉积的超压与欠压实状态：①形成额外的孔隙压力；②通过另外形成气－液相进一步阻止孔隙水的排驱，散布在地层水中的气泡减少了两相的渗透率(Chilingarian等，1995)。

温度增加还可引起岩石中流体相态的变化，析出二氧化碳等气相物质。高温能使油页岩中的干酪根热裂解，生成烃类气体。在封闭的地质环境中，这些气体将大大提高该系统的压力而促使高异常地层压力的形成。

Luo等(2000)利用数值模型定量讨论泥质岩中水热增压机制的效力，认为孔隙流体的热膨胀率比泥质岩石的渗滤效率要小得多，这种超压生成机制的效力非常微弱(Luo，1992)。

8. 生化作用、有机质降解

经研究证明，催化反应、放射性衰变、细菌作用等，均可使烃类的微小颗粒裂解为较简单的化合物，从而增大体积，在封闭的系统中形成高异常地层压力。

油层内原油的热裂解。Barker(1990)提出，如果含油层的埋深不断增加，随着油层温度的升高，液态烃类将裂解成气，在该油层完全封闭的条件下有可能引起非常高的异常压力。他的计算表明，在大气压下油裂解成气时其体积可增加524倍；而在地下储层的温压环境中，因石油裂解而产生的异常压力可达静岩压力的2~4倍。但在其计算中未考虑油层周围封闭层的渗透性和达到岩石破裂极限后自然水动力破裂的产生。由于石油的裂解是随地层埋深的增加而逐渐发生的，已生成的超压形成后将不断消散，而且消散量可能会很大(罗晓容，2000)

在新沉积的泥岩中占有大部分比例的有机质(或干酪根)在成岩和后生作用过程中转化为液态烃和气态烃。在转化过程中生成的流体排出可能会产生或加剧正在压实的黏土沉积物的超压、欠压实状态：①通过增加孔隙压力；②通过二次气－液相态的形成进一步阻止粒间孔隙水排出。甲烷气泡在水中的分散减小了岩石对任一相态的渗透率(Chilingarian等，1995)。

9. 渗析/渗透作用

当黏土或页岩地层两侧的液体含盐浓度不同时，浓度低的液体就会以黏土或页岩作为半渗透膜，向着浓度高的液体中渗流，产生渗析压力。在封闭的地质环境中，这种渗析压力也是形成高压异常的原因。Jones(1969)研究指出，通过单一的黏土半渗透隔膜所产生的渗析压力差，最高可达24.6MPa，这种渗析作用的结果，必然会使含盐度或浓度高的液体一侧地层中形成高压异常。

当离子浓度不同的两种溶液被半渗透膜隔开时，溶剂会从较稀的一侧通过渗滤作用穿过半渗透膜进入较浓的一侧，形成渗透压力。直到半渗透膜两边的扩散化学潜能相等以后，渗透流才停止。因此，如果溶剂持续进入，较咸水带形成孔隙压力升高带，其压力就会增加(图6－23)。

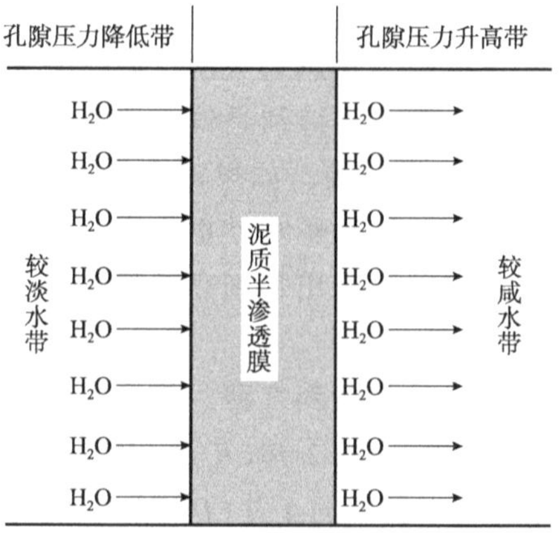

图6-23　液体渗透过泥质半渗透膜示意图（无裂缝）

McKelvey 和 Milne(1962)测量了 1N 氯化钠溶液相对蒸馏水穿过斑脱土半渗透膜(0.26～0.51cm 厚)的渗透压力。测得的渗透压力为 4.8kPa，即，理论值的95%。

自然黏土/页岩层由于大孔隙和裂缝的存在而不能限制盐类的移动，可能只能成为效果不太好的半渗透膜。这样基于自然黏土/页岩层两侧矿化度的差异而产生的渗透压力将少于理论值。

水流入的半渗透膜一侧将出现异常高压，而且水中含有的电解液浓度相当低，侧向连续性较好、渗透率较高的地层可能会耗散渗透形成的高压，而被低渗透率岩石包围的地层则可能形成高压。Swarbrick 和 Osborne(1998)计算发现在北海岩石中，即使矿化度差异高达35%(质量分数)NaCl 当量时，也只能形成约 3MPa(435psi，1psi=6.895kPa)的渗透压力，同时指出，如果页岩中存在裂缝，渗透作用就不能发生。因此，需要全面研究这种可能的超压形成机制。

10. 测压水位的影响

人们通常利用静水压力来代替地层压力是基于这样一种理想的情况，即测压水位(供水区露头海拔高度)与研究井井口的海拔高度一致，换句话说，供水区露头与研究井井口处于同一水平面上。实际上，由于不均匀的剥蚀作用，地壳表面总是凹凸不平的。若测压水位高于井口海拔高度，油井就显示出高异常地层压力，如图6-24中的2号井；相反，若测压水位低于井口海拔高度，则油井就显示出低异常地层压力，如图6-24中的1号井。

罗晓容(2000)称之为高流体势承压，盆地深处的渗透性地层通过各种方式与盆地沉积水体以外的地表水源连通，由于这些水源的水位高于盆地内观测点(或井口)，而静水压力通常从地面(井口)起算，因而形成超压。在无出水口的情况下，该连通水流系统超压的数值取决于入水口海拔高程与地表的差值；在有出水口的条件下，出入水口的海拔高程、观测点相对于出入水口的位置、观测点之上地面的海拔高程、该水流系统内水流的速度等都将影响到超压的大小。

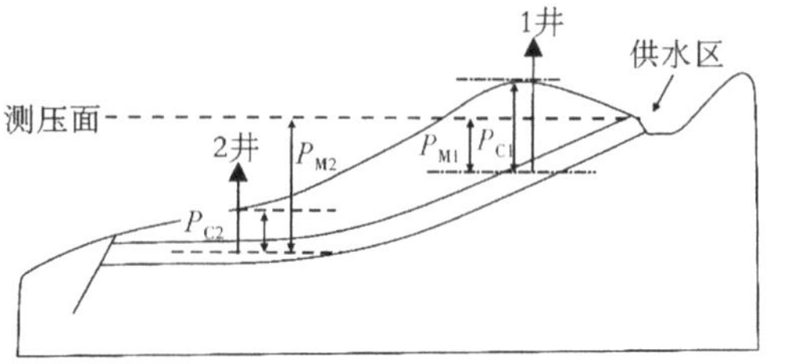

图6-24　因测压水位不同而显示的异常地层压力

注：P_M—实测压力；P_C—计算压力。

油气勘探查明，因测压水位影响而形成的异常地层压力多半是中、小型的，它不如前面所述的与封闭地质环境有关的异常地层压力那样重要。

11. 流体密度差异

同一油层中除深度不同造成原始油层压力不同外，同一深度因流体密度不同，其原始

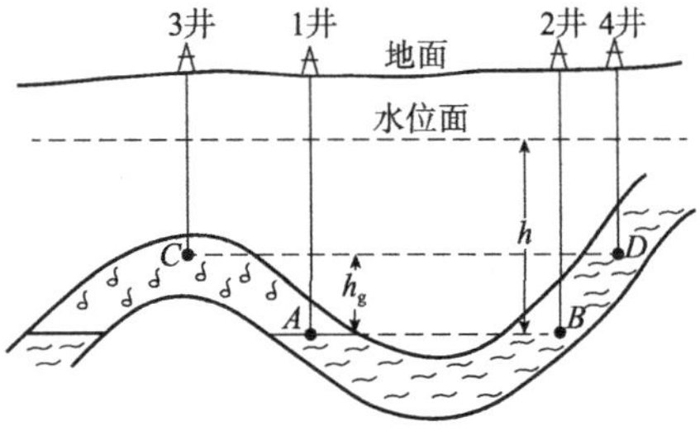

图 6－25　背斜气藏中压力分布示意图
（据张万选等，1981）

油层压力也不相等。这主要是由于油、气、水的密度差异而引起的浮力作用造成的。流体密度小的，原始油层压力就大，特别是气、水的密度差异大，异常压力更为显著，如果地层倾斜较大，气藏高度又很大时，这种影响就更加明显，位于气藏顶部的气井往往显示出特别高的异常地层压力（图 6－25）。

图 6－25 表示一个背斜气藏，气－水界面上的 1 井（A 点）与水层中的 2 井（B 点）井深、海拔相同，两井的压力也相等；而位于气层中的 3 井（C 点）与水层中的 4 井（D 点），虽井深、海拔相同，但因气、水密度不同两井的压力也不等。气层中的 3 井由于受浮力作用所具有的过剩压力为：

$$\Delta p_g = p_C - p_D = h_g(\rho_w - \rho_g) \cdot g \tag{6-13}$$

式中，Δp_g为 3 井（C 点）的过剩压力，Pa；h_g为 C、D 两点与气－水界面间的海拔高差，m；$\rho_w - \rho_g$为地层条件下水、气间的密度差，kg/m^3；g 为重力加速度，m/s^2。

除上述诸因素影响高异常地层压力形成之外，岩层孔隙的次生胶结作用、极地的永久冻土带及地震等，都或多或少地影响着高异常地层压力的形成。

储层中烃类（油和/或气）和水之间的密度差能产生超压（图 6－26），尤其是当流体为气体时超压会更明显。

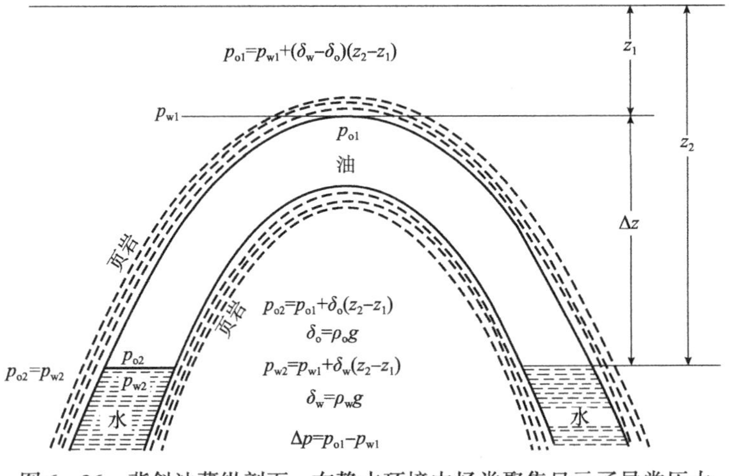

图 6－26　背斜油藏纵剖面，在静水环境中烃类聚集显示了异常压力

注：ρ_o 为油的相对密度（例如，lb/ft^3）；ρ_w 为水的相对密度（例如，lb/ft^3）；z 为高度（例如，ft，1ft＝30.48cm）；p 为压力（例如，lb/ft^2）；超压 $\Delta p = p_{o1} - p_{w1} = (\rho_w - \rho_o)g(z_2 - z_1)$lb/ft^2（据 Hubbert 和 Rubey，1959，修改；Ricke 和 Chilingarian，1974）。

如前所述，异常压力的形成机制可分为以下三类（表 6－2 和表 6－3）：（1）岩石孔隙体积变化：①垂直载荷（欠压实）；②横向构造载荷；③次生胶结。（2）孔隙内流体体积变化：①温度变化；②矿物转化；③烃类生成；④烃类的裂解；⑤流体（主要为气）运移。

(3)流体压力(水动力压头)的变化：①渗透作用；②流体压头；③油田开采；④相对密度差异(如气、油之间)。

表6-2　异常高地层压力的不同成因类型

类型的变化	过程描述
岩石孔隙体积的变化	
垂向载荷(欠压实)	沉积和沉降速率。碎屑岩和高比例页/砂岩的层序(欠压实)中大量区域性岩盐以高沉积速率沉积。非渗透盐(NaCl)层的出现。由于抬升或剥蚀导致深度变化形成封闭储层
横向构造载荷	构造活动。由于岩石的水平构造挤压使孔隙体积减少，如局部和区域性断裂、褶皱、横向滑移和滑动，断块下降导致的挤压底辟盐丘，砂或泥的移动，地震等
次生胶结	胶结作用。硫酸钙、氯化钠、白云石、菱铁矿、方解石、硅石等作为封闭遮挡物(压力盖层)。由于密封储层内晶体生长使得孔隙空间减少，直接导致孔隙压力增加
孔隙流体体积的变化	
温度变化(水热膨胀)	热动力效应。地层温度增加导致流体膨胀，孔隙压力也会增加
矿物转化	成岩作用和后生作用。沉积后的改造(边界水释放)：①蒙脱石和混层黏土转化成伊利石(蒙脱石脱水)；②石膏脱水转化为硬石膏
烃类生成	有机物/干酪根转化成石油。干酪根(成熟)形成油气导致孔隙体积显著增大
烃类的裂解(热成因)	烃类的裂解。长链烃裂解成短链烃，体积增加2~3倍。此反应通常发生在深度大于2~4km，温度高于70~120℃。有机分子的热裂解依据沉积物的深度，开始于120~140℃。温度超过180℃时，几乎所有的烃类都转变成甲烷
流体运移	气运移。烃类气体自下沿着断层向上运移至浅层，这样使得浅层形成超压
流体压力(水压头)的变化，流体的运动	
渗透作用	渗透作用。地层流体中盐水浓度差能使流体穿过半渗透膜进行转换。如加拿大西部盆地，美国墨西哥湾地区
流体压头	承压面。区域性的等势面效应。储层浅层部分的压力传递，包括大的背斜，陡倾的岩层等
油井生产操作	储层岩石的再加压。由大量流体注入或流入地层中所致。如，二次开采注入的大量水穿过断层或套管可能会增加地层压力
相对密度差异	密度差。气柱重量和流体柱(油或水)重量之间的差异

表6-3　异常低地层压力的几种成因类型

类型的变化	过程描述
岩石孔隙体积的变化	
岩石膨胀性	孔隙体积的变化。埋深浅、富泥岩石剥蚀过程中，易发生孔隙的膨胀
构造运动	局部和区域断裂、地震等。随着地层应力的增加，孔隙体积也会增加
孔隙流体体积的变化	
孔隙体积的增加 胶结物的溶解	像$CaCO_3$等胶结物的溶解，能够增加孔隙体积
温度变化	热动力效应。地层变冷(如抬升或剥蚀)导致流体收缩，因而减少了流体压力

续表

类型的变化	过程描述
流体压力(水压头)的变化，流体的运动	
渗透作用	渗透作用。地层流体中盐水的浓度差能导致流体穿过半渗透膜进行转换，这样损耗了部分流体，并在体系的上升流一侧流体的压力下降
流体(气，油和/或水)的形成	储层岩石的减压。地层中生成大量流体，且没被临近地层中进入的流体所替代，例如，产层中大量水的耗竭
气体运移	气运移。在抬升过程中，随温度和局部压力降低，气体通常从溶液中析出。游离气体朝着地表扩散或沿着断层逸出，因而降低了岩石的孔隙压力
地下水活动	流体活动。泄水区和补给区之间渗透力的差异，如某一体系中没有流体的介入反而有大量流体流出，就会形成低异常地层压力

(二)低异常地层压力的形成原因

除上面讨论高异常压力形成过程中提到的低异常地层压力形成原因外，地层温度降低和页岩减压膨胀也可形成异常低压。

1. 温度降低

由于地壳隆起与风化剥蚀作用，上覆岩层的厚度大大减小，导致地层温度降低。温度降低时，部分矿物将发生转换，由此产生的水的吸附作用会降低岩层的孔隙流体压力。在封闭的地质环境中，形成低异常地层压力。

2. 页岩减压膨胀

上覆岩层由于风化或剥蚀减小了对下部页岩的压力，引起页岩体积膨胀，压力释放。相邻的透镜状砂岩中的压力将平衡页岩已减小的压力，从而引起砂岩油层的压力降低，形成低异常地层压力。这种作用形成的低异常地层压力带多分布在与遭受风化的页岩紧密伴生的透镜状砂岩油藏中，美国阿帕拉契亚地区前宾夕法尼亚亚系的透镜状砂岩油藏便是一个很好的例证。

由以上压力异常的简要分析可以看出，不论是高压异常还是低压异常，其形成过程是漫长的，形成的因素也是极其复杂的。并且高压或低压异常的油气藏之所以能把异常压力保存下来，还需要一个良好的压力封闭地质环境，即要有一个良好的封闭物质和封闭类型。良好的封闭物质可以是块状页岩和粉砂岩、块状盐岩、无水石膏、石膏等，良好的封闭类型可以为垂直型、横穿型及垂直和横穿结合型。在遇到有异常压力油气藏时，应认真收集资料，仔细加以分析，以得出正确认识。

(三)异常地层压力预测方法

大多数压力检测技术是在观察与欠压实泥岩有关的一些超压岩层的基础上发展起来的。与正常压实趋势相比，欠压实更容易形成较高的孔隙度。Weller(1959)和 Vassoevich(1960)指出：泥岩可以作为地质学上的压力指示计，并建立了压实程度、泥岩孔隙度及上覆压力和地层压力之间的相互关系。不同盆地、不同岩性剖面中，泥岩的孔隙度与深度的关系不同。只有在已知正常压实趋势的情况下，才有可能正确估计每个盆地、每个油气田甚至可能每口井的异常压力值(Rieke 和 Chilingarian，1974)。

在异常压力地区钻井时，主要问题是在钻前预测出异常压力地层。当钻遇一个未曾预测到的异常压力地层(AFP)时，将导致钻井成本的升高。通过使用综合对比几个地层压力指标的方法可以避免不必要的资金投入。这些方法包括地震数据、钻井数据、录井及测井数据的使用。

在超压环境下钻井应包括如下步骤：①设计井位，收集和解释钻井地区内的所有已知信息；②在准备开始钻井时，要对钻遇异常压力地层的可能性做出有根据的预测；③在钻井进程中及时复查和修改钻井程序。

在钻井进程中钻遇异常高压地层时，应该有所准备，以便在事发时能够及时做出反应。在钻井之前，要对区域裂缝、压力梯度进行评价，也要对孔隙压力的变化进行估算，并在钻井进程中持续监测，这样才能设计出经济有效的钻井液方案。如果因为在钻遇未能预测到的异常压力地层时发生了井喷，就可能会导致井眼报废。

岩石压实过程的概念是诸多预测方法的基础(Chilingar，1994)。在岩层强烈压实的盆地中，温度是地层压力的一个非常重要的影响因素。构造运动形成的异常压力(超压)是由泥岩中的地层水受到挤压进入相邻砂岩层而形成的。

一些最可靠的定量超压检测和评价技术是以地球物理、电缆测井为基础的。但这些技术通常是"事后"技术，但钻井总是在测井之前。如果没有使用随钻测井，那么就必须经常进行许多短周期测井。

电缆式地层测试仪可以记录裸眼井全井段的压力，可以用于校正其他一些根据钻井或测井数据推导出的地层压力。

有效的地震资料可用于以下几个方面：①层速度的确定；②研究地质剖面上地层和岩性的变化；③地质年代和平均地温梯度的测定；④对区域范围内侧向褶皱压力的影响的研究；⑤浅层含烃特别是含气的检测(即亮点技术)；⑥对由于自然或人为因素导致的海底烃类泄漏进行监测；⑦为正确设计海上钻井及生产作业而进行的海底或基底特征(被埋藏的古沟谷、沉积物的稳定性、泥丘)研究；⑧异常压力地层的存在和异常压力地层顶界深度的检测及异常压力大小的确定。

钻井参数和随钻测井方法可以提供及时信息，钻井液参数和泥岩岩屑分析是非常好的信息源。这些数据资料可在钻进过程中搜集。但是由于钻井液的循环及样品的返回需要一定的时间，所以岩屑资料会有所延迟(表6－4)。

表6－4　钻井和测井过程中超压检测和评价技术

技术	变量
钻井参数(即时的)	钻进速度，转矩，阻力，井眼充填(扩径)，修正的 d 指数，定性钻井模型的概念
随钻测井 (即时的或近即时的)	电和声波类型的传输概念(使用电缆、钻柱或泥浆系统)，钻柱震动分析，井下气体检测工具
钻井液参数(随钻获取的，但是由于存在循环滞后时间，所以有所延迟)	钻井液的密度，气体含量，温度，流量，井眼充填，钻井液池液位，总钻井液池容量，矿化度(电阻率、电导率)，井涌

续表

技术	变量
岩屑分析(随钻获取的，由于样品返回需要时间，所以有所延迟)	密度，形状，大小，颜色，泥岩因素(阳离子交换能力)。岩屑泥浆或滤液：电阻率，颜色，pH值及氧化还原电势，碳酸氢盐含量，特殊阳离子及阳离子集中，过滤率
测井参数—地球物理测井	电法勘探：电阻率，电导率，泥岩的地层因素。声波测井：传播时间，波列描述(VDL，特征井等)。体积密度测井：密度测井，井下重力仪。含氢指数(中子测井)，热中子捕获横剖面(脉冲中子测井)，核磁共振，自然伽马能谱分析测井

对记录下来的资料进行合理的解释有时并不简单。解释的准确性取决于地质因素、井眼环境、样品采集密度及绘图技术。

预测异常地层压力的任务是确定异常地层压力带的层位和顶部深度，计算出异常地层压力值。

具有高压异常，特别是超高压异常地层压力的油气层在地下并非孤立地存在。页岩的压实作用对异常压力形成的有影响，高压或超高压油气储层周围的泥岩、页岩层是处于从正常地层压力到异常地层压力过渡的地带上，因此，这个过渡地带上的泥岩、页岩也就具备了高压或超高压异常地层压力的特征。与远离高压异常带的，属于正常压实的泥岩、页岩相比，过渡带的泥岩、页岩由于是欠压实的，因此其密度较小、孔隙度较大，地球物理特性为电阻率值低、声波时差大。在钻井过程中，当钻入过渡带时，还可能产生井喷、井漏、井涌及钻井参数出现异常等现象。对过渡带的这些显示进行仔细的观察和研究，便可预测异常地层压力。

国内外在预测砂岩、泥岩剖面中的异常地层压力方面广泛采用了地球物理勘探、地球物理测井及钻井地质资料分析法等。

1. 由不均衡压实引起的区域性异常高压的预测

在一些不均衡压实地区，泥岩封闭层(盖层)孔隙压力和相邻储层地层压力的现今值取决于：①封闭层的渗透性；②地质剖面的岩性；③沉积速率；④地壳的构造运动。

假设水通过封闭层的渗滤过程遵循达西定律，则可以得到以下公式：

如果 $R > R_{cr}$：

$$K_a = \frac{p_a}{p_n} = 1 + \left[\frac{\Delta h_s}{k_w/\mu_s} \cdot \frac{\lambda C\phi}{g\rho_w h} \cdot (R - R_{cr})\right] \tag{6-14}$$

如果 $R \leqslant R_{cr}$：$K_a = 1$；

式中，K_a 为异常压力系数(即异常压力比率)；p_a为正常静水压力，Pa；p_n为同一深度下的流体压力，MPa；k_w为封闭层对水的渗透率，$10^3\mu m$；Δh_s为封闭层的厚度，m；μ_s为水的黏度，mPa·s；λ 为由于垂向渗滤作用穿过封闭层从岩石中排出的那部分地下水的系数；C 为岩石的固结系数；φ 为孔隙度,%；g 为重力加速度，9.8m/s^2；ρ_w 为地下水的平均密度，kg/cm^3；R 为沉积速率(如从上新世至第四纪期间的沉积速率)；R_{cr}为临界沉积速率。

公式(6－14)中

$$I = \frac{\Delta h_s}{k_w/\mu_s} \qquad (6-15)$$

该项与盖层的封闭能力有关，取决于盖层的厚度和渗透率。

公式(6－14)中

$$L = \frac{\lambda C\phi}{g\rho_w h} \qquad (6-16)$$

该项主要反映的是地质剖面岩性特征和埋藏深度。

公式(6－14)最后一部分

$$S = R - R_{cr} \qquad (6-17)$$

沉积速率在许多情况下决定了异常高压的形成。

根据西库班洼陷(亚速海－库班含油气盆地)的钻井资料，可以评价盖层的封闭性(式6－15)。根据图6－27和公式(6－14)可计算出异常高压系数，并将其作为沉积速率及这些岩层埋藏深度的函数。

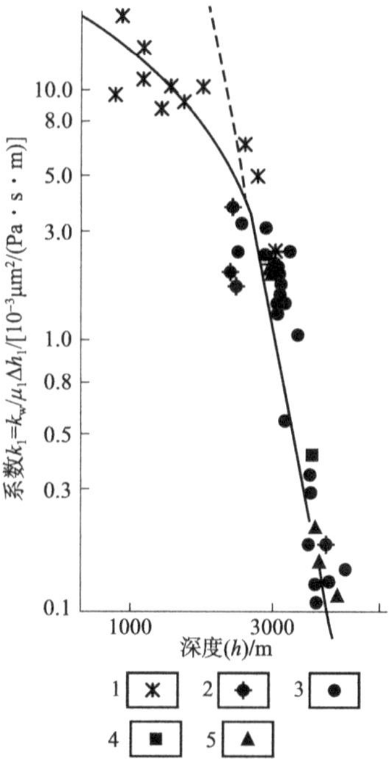

图6－27　泥岩封闭能力与封闭层(盖层)深度(h，单位：m)之间的关系

以盖层研究为基础的沉积年代：1—中新世；2—渐新世；3—始新世；4—晚白垩世；5—早白垩世

(据 Dobrynim 和 Serebryakov 修改，1989)

图6－28显示了上新世—第四纪期间，将异常高压系数作为沉积速率(R)的函数进行计算的一个例子。根据这个计算模式，不仅使预测现今地层压力值成为可能，而且可以研究古压力封隔作用，进而帮助研究烃类的运移和聚集。

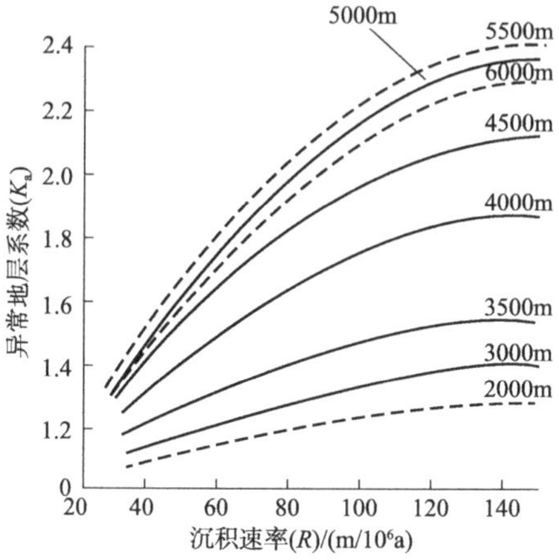

图6－28　上新世—第四纪不同深度泥岩层中异常高压(AFP)系数与沉积速率之间的关系

曲线上的数值为深度(h)

(据 Dobrynim 和 Serebryakov 修改，1989)

2. 钻井进程中异常压力的测井响应与计算

在正常压实地区，所有测井响应均与孔隙度有关，因此在单对数坐标纸上绘图时为一条直线(横坐标为 $\log x$，其中 x 是地球物理参数，如孔隙度、密度、电阻率、中子孔隙度、中子伽马、声波时差等特征曲线)。但是在存在异常高压和异常低压的地区，测井响应的幅度会有显著变化(图6－29)，因此利用电缆测井可识别出异常压力(在随钻测井中亦可识别)。

钻井过程中可用于评价和预测异常压力的方法有很多，并且绝大多数方法都是依靠孔隙压力和测井响应之间的经验关系。其中比较常用的三种分析方法为：(1)等效深度法(Foster 和 Whalen，1966)；(2)正常压实趋势法(Dobrynin Serebryakov，1978)；(3)压缩曲线法(Do - brynin 等，1982)。

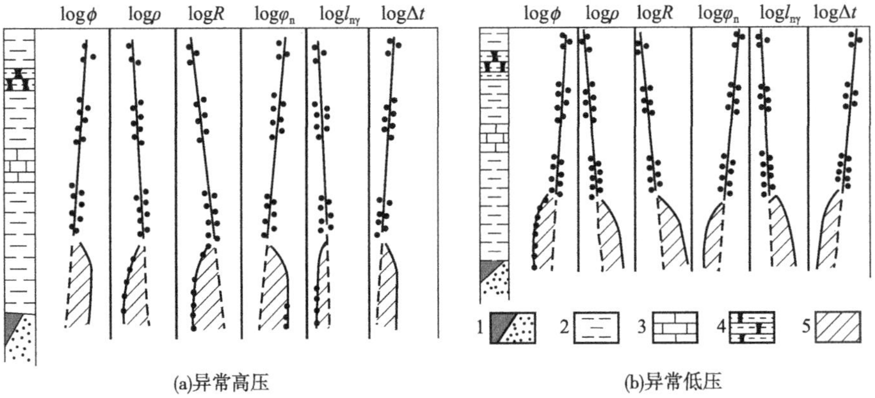

图 6-29　测井响应(据 Dobrynim 和 Serebryakov，1989 修改)

1—储层中的异常高压(AFP)；2—泥岩；3—石灰岩；4—砂岩；5—泥岩中的异常高压和异常低压

等效深度法(图 6-30)的理论基础是假设不同深度具有相同物理特性的同一类泥岩受到的有效应力相等(即总上覆压力 σ 减去孔隙压力 p_p)：

$$(\sigma - p_p)_1 = (\sigma - p_p)_2 \tag{6-18}$$

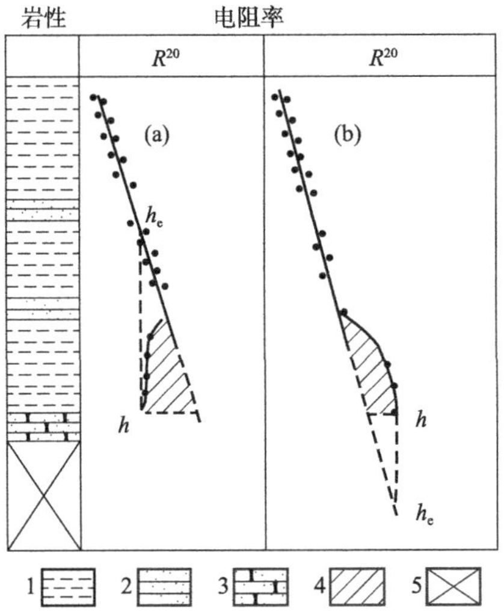

图 6-30　用等效深度法测定异常高压(a)和异常低压(b)(据 Dobrynim 和 Serebryakov 修改，1989)

1—泥岩；2—砂岩；3—具有异常压力的储集岩；4—异常压力带(泥岩中的孔隙压力)；5—未钻遇；h—研究深度；h_e—当量深度[见公式(6-21)]

利用上述公式及计算上覆压力的公式：

$$\sigma = g\rho_r h \tag{6-19}$$

和孔隙压力的公式：

$$p_p = g\rho_w h \tag{6-20}$$

就可得到估算异常高压 p_a^h 的计算公式(Alexandrov，1987)：

$$p_a^h = g\rho_r^h h - g(\rho_r^{he} - \rho_w^{he}) h_e \tag{6-21}$$

式中，p_r^h的和ρ_r^{he}为估计深度 h 及等效深度 h_e 的岩石平均密度，kg/m²；ρ_w^{he} 为等效深度 h_e 处孔隙流体的平均密度，kg/m²。

必须校正所有温度参数的值，特别是在电阻率数据被用作地球物理特性来识别等效深度的时候。

正常压实趋势法。这种方法也用到了等效深度法中的假设，即物理性质相同的同一类岩石在不同深度受到的有效应力相等。正常压实趋势取决于正常静水压力下不同埋藏深度的岩石属性的差异。这些属性可通过测井、钻井、井眼分析等资料进行确定。特别要指出的是，泥岩的物理性质主要取决于压实的程度。

3. 钻井参数预测异常压力

1)钻井速度

在正常压实的砂岩、页岩剖面中，由于页岩密度随井深的增加而增大，因此，当钻压、转速、钻头类型及水力条件一定时，页岩的钻速随井深的增加而减小。但是，当钻入高异常地层压力过渡带时，钻速就立即增大，有时钻速可超过正常压实页岩的 2 倍。根据钻速突然加大的现象，可判定地下是否存在高异常地层压力过渡带。

2)d 指数

d 指数是用来标定钻井速度的。影响钻速的因素较多，为了能够较准确地反映出钻速与高异常地层压力之间的关系，就必须消除其他因素对钻速的影响，于是 Jorden 和 Shirley (1966)提出了用标定钻井速度，即 d 指数代替钻井速度。d 指数的计算公式为：

$$d=\frac{\lg 0.054\dfrac{v_m}{N}}{\lg 0.672\dfrac{P}{D}} \tag{6-22}$$

式中，v_m为钻速，m/h；N 为转速，r/min；P 为钻压，t；D 为钻头直径，mm。

为了消除钻井液密度对 d 指数的影响，可用 d_c指数代替 d 指数，其关系为：

$$d_c=d\cdot\frac{\rho_1}{\rho_2} \tag{6-23}$$

式中，ρ_1为正常地层压力下的钻井液密度，kg/m²；ρ_2为实际使用的钻井液密度，kg/m²。

在正常压力的情况下，d 指数(或 d_c指数)随井深的增加而增大。当钻遇高异常地层压力过渡带时，d 指数(或 d_c指数)将向着减小的方向偏离正常压实趋势线。绘制研究井的 d 指数(或 d_c指数)与深度关系曲线，可用它来预测过渡带的顶部位置和异常地层压力。

图 6-31 为同一口井的 d 指数—深度、d_c指数—深度关系曲线。图中清楚地表示出，高异常地层压力过渡带的顶面位置大约在 2652m 的深度。由于 d_c指数消除了钻井液密度的影响，比 d 指数更清楚地反映出高异常地层压力过渡带的存在。

3)返出钻井液温度

异常高压过渡带常常伴随异常高温带的出现，在钻遇高异常地层压力过渡带时，地层温度随深度增加而升高的速度远远超过了正常情况。由于热传导性随着上部表层的岩石和钻井液特性变化，异常高压带的高孔隙度页岩就像一个热屏障，会出现地热梯度的局部增加(Fertl，1970)。进入高压层之前或者进入高压层时，可以观察到从井筒出口返出来的钻井液温度突然增高的现象，这个现象可辅助判断是否钻遇了高异常地层压力过渡带。

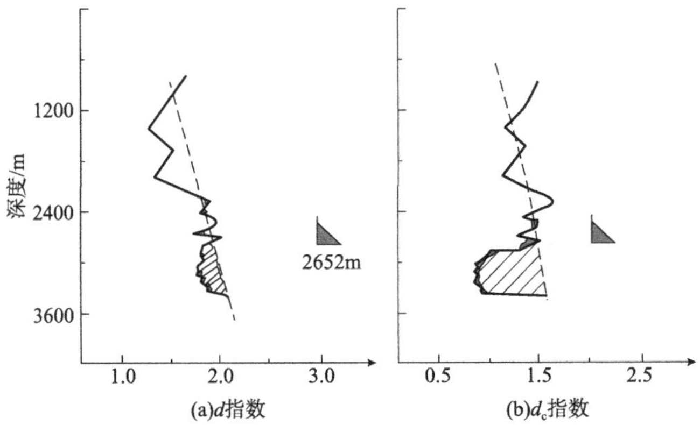

图 6－31　d 指数与 d_c 指数曲线对比

Wilson 和 Bush(1973)给出实例，在钻入超高压井段前，返出钻井液的温度梯度突然增加到 18.2℃/100m。温度梯度突变的地方就是高压异常过渡带的顶部位置。

在一口得克萨斯州预探井中，Fertl(1976)列出了出口温度数据可能应用为半定量压力指示器。图 6－32 显示出声波和这口井出口温度数据类似的评估。

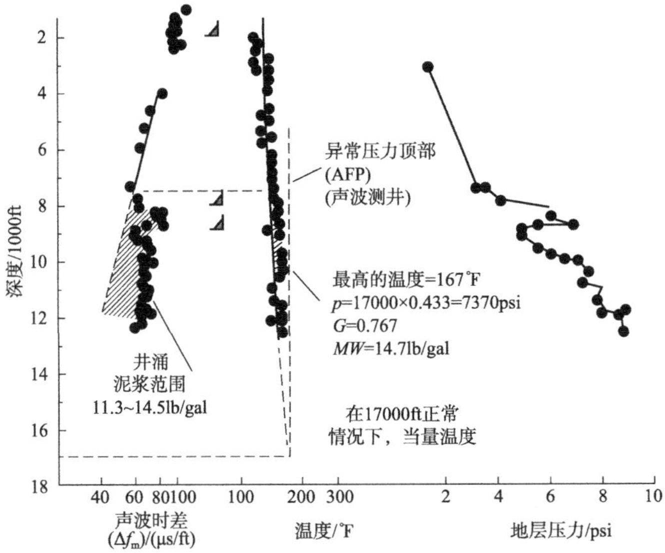

图 6－32　美国得克萨斯州预探井应用出口温度数据定量评估地层孔隙压力
(为了比较，给出声波时差曲线、地层压力随深度变化图)

注：G—静地压力梯度，lb/ft；AFP—异常地层孔隙压力；MW—钻井液密度，lb/gal(Fertl，1976；Chilingarian，1981)。

4)页岩岩屑密度和形状

在钻井过程中，页岩岩屑密度分析是预测异常高压地层过渡带行之有效的方法，因为它不但准确，而且比较及时。如前所述，在异常高压地层过渡带，因页岩欠压实的缘故，页岩岩屑的密度将急剧变小而偏离正常压实趋势线。图 6－33 为页岩岩屑密度与井深的关系曲线。曲线表明，高压异常过渡带的顶部大约在 4114.8m 的地方。

钻井过程中录取的岩屑可立即送到实验室进行密度分析。利用页岩岩屑密度变化曲线来预测异常地层压力方法简便、见效快、精度高。但是，如果页岩中含有大量的碳酸盐矿物和重矿物时，就会影响解释精度，所以，应当对碳酸盐矿物和重矿物的含量进行校正。

在压力过渡带，岩屑的形状是有棱角的和锋利的，不像在正常静水压力环境下的圆滑状。更具代表性的特征是高压地层的岩屑通常较大并呈碎片状。

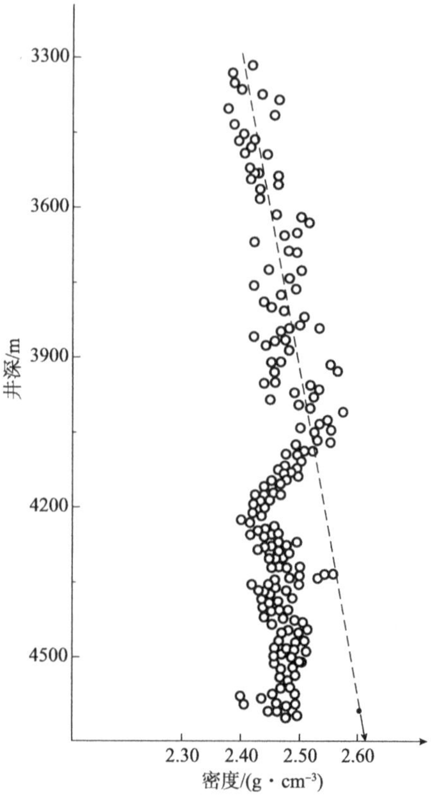

图 6－33 页岩岩屑密度与井深关系曲线

4. 钻井液参数

钻井过程中转盘扭矩突然增加、起钻时阻力加大、井喷、井涌等现象的发生，均可作为钻遇高异常地层压力的显示。

(1)钻井液气侵。钻井液录井有助于评估地层和探测异常高压区。早在 1945 年就已经推荐应用钻井液含气录井作为异常高压的检测器和即将发生井喷的预告(Pixler，1945)。Rochon(1968)提出了在控制钻井液静水压头，地层孔隙压力联系中以钻井液气异常点作为辅助手段。如果地层渗透率非常低，则气侵的程度能够与欠平衡的程度粗略地联系起来(Goldsmith，1972)。

一般，钻井液气侵可以与地层孔隙压力的增加有直接关系，也可以无直接关系。因为钻井液气侵受钻进的地质环境和钻井所应用的钻井技术影响很大(Fertl，1973)。影响钻井液气录井并将其用于监测压力变为复杂的因素包括(Fertl，1973)：①可能的生产层；②渗入井中的天然气；③方钻杆内空气；④停工时间；⑤气体组分；⑥出现褐煤；⑦煤层；⑧钻井液添加剂老化；⑨气冲洗；⑩深层泥火山；⑪断层；⑫页岩气；⑬循环气。

(2)出口钻井液密度。钻井液槽中钻井液密度降低可以作为一个附加的气侵和钻遇可能的异常高压地层的检测器。

(3)井涌。平衡钻井技术需要在有效压力控制和井喷之间有个很小的压力差范围，超过压力差会引起井涌，这表明钻遇了一个高压层。大部分的井涌控制需要增加钻井液密度。高压井发生井涌的影响因素有：①钻井液静液柱压力与地层孔隙压力之差；②气体的热力学特性；③气体与钻井液的相互作用(特别是油基钻井液)；④井底压力和温度；⑥钻井液循环需要的时间(是深度的函数)和传送的压力记录。

5. 压力预测的地球物理方法

在通常情况下，将地球物理方法与其他手段结合起来可以预测油藏压力。利用地球物理方法预测油藏压力的理论基础是油藏压力对地震波(主要是纵波，即 P 波)速度的影响。

地震反射是声阻抗(速度和密度的乘积)的函数，一方面受油藏压力的影响，另一方面，油藏的流体类型也会影响声波速度。横波和纵波对不同流体类型(和岩性)的响应是不同的，同样，其对油藏压力的响应也不同。这些物理现象就促成了两种实用技术的产生：①在钻井之前应用地震速度来预测异常压力；②应用时移(四维)地震研究油藏内的流体运动及油藏压力的动态变化。

利用地球物理资料预测异常油藏压力的基础是：①体密度较低(即地震速度较低)；②孔隙度较高；③应力较小；④油藏温度较高。

声波测井和岩石物理测量的速度被用来校正声波速度。在非烃类饱和的正常压力区域，声波速度随埋深增加而增大，而使速度与深度之间的这种关系发生明显变化的可能原因是异常压力或其他的异常现象(如天然气饱和)。

(四)异常压力研究的意义

渗透性地层内的高压流体是造成钻井工程事故的重要原因，不同成因的高压可造成的危害程度是不同的。

从钻井工程的角度，地层压力的大小不在于其绝对值的高低，而在于压力系数的大小。压力系数越大，流体压力越接近上覆地层的静岩压力，与地层破裂压力的差值越小，对钻井液性质和密度的要求也越高。

对于渗透性超压地层而言，一旦井筒内的钻井液压力小于地层压力，地层流体将流入井筒，造成井涌、井喷等事故，地层压力也因此而降低，地层压力降低所需的时间越长，发生事故的可能性越大，其危害性越大。对于他源高压，流体及其伴随的高压均来自钻遇地层之外，开启的断裂可以向下延伸很深，连通多个超压系统的多个超压地层，造成浅部极高的超压和庞大的超压流体源。

对油气储量、储集层特征和对开采异常高压油气储集岩的重要机理等的分析给予了很大关注。超压气藏使得气藏的储量估算复杂化。多年来观察到许多气藏的产量曲线在气藏开采史的早期表现为快速下降，然后一直保持平稳(图 6－34)。

常压环境中的勘探通常表现为可预测的时间、成本和风险趋势。然而，异常压力的存在，尤其是超压的存在会导致时间、成本和风险急剧增加(图 6－35)。

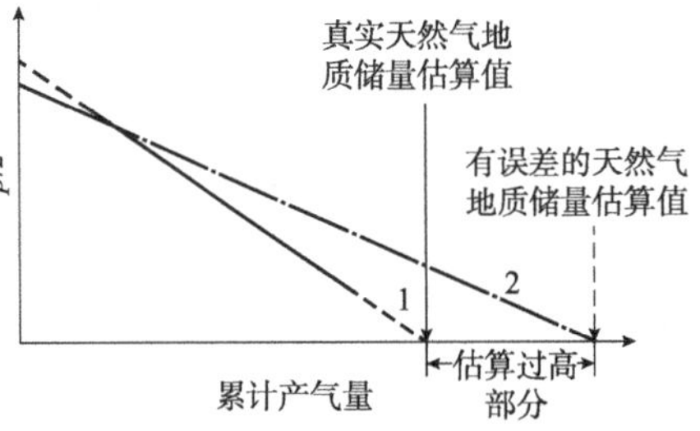

图 6－34　砂－页岩地层中的超压气藏的典型压力/深度(p/z)与累计产气量特性关系图(Chilingarian，2002)

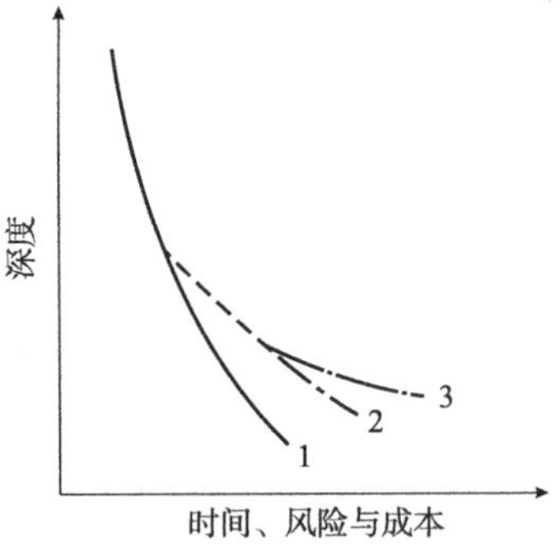

图 6－35　静水和超压环境关键钻井要素普遍趋势(Chilingarian，2002)

1—静水压力；2—超压；3—特超压

以页岩电阻率方法(图6-36)为基础，可以预测商业性油藏分布。(1)大部分可商业开发的砂岩油藏的泥岩电阻率低于相邻页岩。(2)大多数商业性的砂岩气藏的电阻率约为3.0Ω·m或更少，这些井的压力梯度高。(3)具有3.0~3.5Ω·m的电阻率的井可能具有商业性的天然气产量。(4)当一口井的泥岩电阻率达到或超过3.5Ω·m，不具有商业产量。俄罗斯开采的大部分超高压气藏其压力系数小于1.8(Belonin I Slavin，1998)。

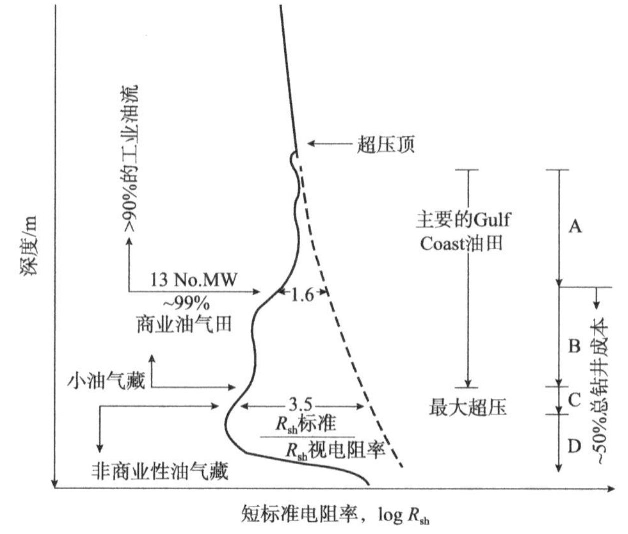

图6-36 美国地区古近系—新近系碎屑岩地层的基于页岩电阻率对数曲线与油气分布的统计关系

对异常压力带进行分析的目的是在钻井之前对这些压力带进行识别和预测。钻井过程中突然钻遇未被识别的高异常地层压力带会造成严重的经济损失。为了认识高异常地层压力的发育与分布，必须全面研究压力成因机制。

四、折算压力

(一)折算压力的概念

在油田投入开发之前，油层压力的大小和分布受构造因素的影响，一般埋藏越深，压力越大。但是，当油田投入开发之后，油层压力主要受开采方式(包括采油速度和采油量等)的影响。为控制开采过程中压力的变化，必须设法消除构造因素的影响。否则，就不容易判断油层压力的变化是由于开采不合理引起的，还是因为埋藏深度不同造成的。因此，必须对油层压力加以换算，以消除构造因素的影响。

另外，由于构造变形或地形起伏的影响，根据地层压力大小的绝对值往往不能判断出何处是高压区，何处是低压区，即不能判断地下流体流动的方向。

往往习惯性地认为地下流体是由地层压力高的地方流向地层压力低的地方。然而，实际的情况是怎样的呢？现在用一个例子说明。

图6-37有2口油井，所钻遇油层分别位于油藏顶部海拔-380m与翼部海拔-470m处。经过一段时期开采后，关井测得1号井的油层静止压力为2.82MPa，2号井油层静止压力为3.25MPa。若油藏的原油密度为0.85×10³kg/m³，经计算后得到1号井井内油柱静

液面海拔高度为 -33m，2 号井井内油柱静液面海拔高度却为 -70m。就油层压力大小而论，2 号井的油层压力比 1 号井多 0.43MPa，但是，就压头而言，1 号井则比 2 号井高 37m。油藏内流体实际上是从 1 号井流向 2 号井，即流体是从压头高的地方流向压头低的地方，而不能说从压力大的地方流向压力小的地方。

在油藏开发过程中，为了正确地掌握油层压力大小、分布及其变化规律，必须消除构造因素，即油层埋藏深度对油层压力的影响，因而提出油层折算压力的概念。

1. 折算压头

折算压头是指井内静液面距某一折算基准面的垂直高度。折算基准面可以是海平面，也可以是原始油水(或油气)界面或任意水平面。如图 6 -38 所示，假设折算基准面为海平面，利用式(6 -24)便可将油井实测的油层压力换算为折算压头：

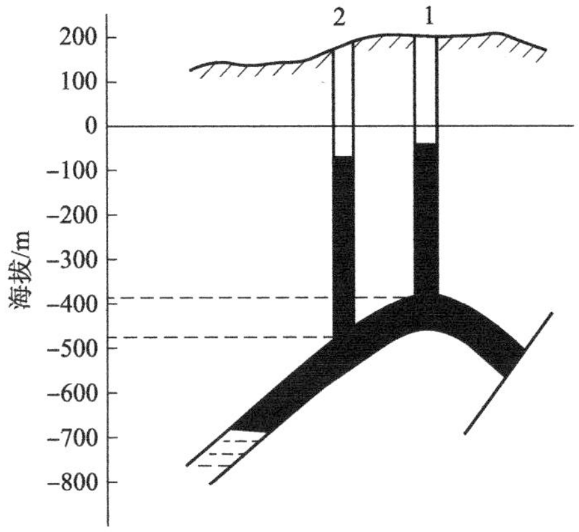

图 6 -37　构造因素对油层压力的影响示意图

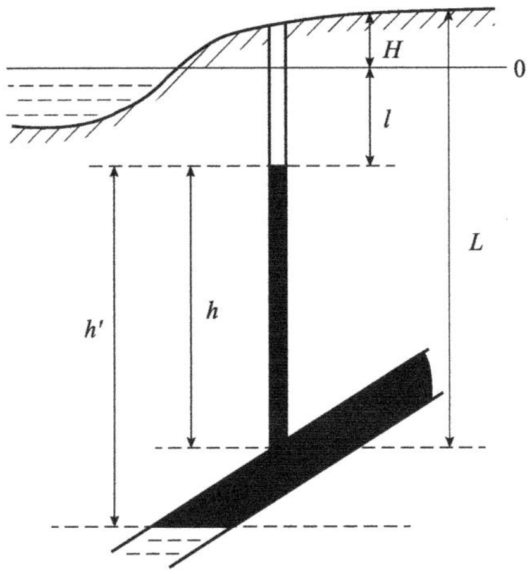

图 6 -38　折算压头换算示意图

$$l = h - L + H \tag{6-24}$$

式中，l 为折算压头，m；h 为静液柱高度，m；L 为井口至油层顶面(或中部)的垂直距离，m；H 为井口海拔高度，m。

若假设折算基准面为油水界面，此时的折算压头即 h'。

当静液面在海平面以上时，折算压头取正值；静液面在海平面以下时，折算压头取负值。

2. 折算压力

折算压力系指折算压头产生的压力，可利用静水压力公式导出。为了对比油藏上各井压头的大小，应将所有的井都折算到同一个基准面上。

对于无泄水区、具统一水动力系统的油藏，油藏未投入开采时，位于油藏不同部位的各油井，其原始油层压力折算到同一个基准面后的折算压力或折算压头相等。油藏一旦投入开发，由于各种因素的影响，油藏上各油井的折算压头或折算压力会发生较大变化，打破原始相等的状态。

所谓折算压力就是为了消除构造因素的影响和正确判断地下流体的流动方向，把所测得的油层真实压力折算到某一基准面而求得的压力。通常选择海平面或油－水界面为折算基准面。图6－38是以海平面为基准面表示折算压力与实测油层压力之间关系的。

折算压力的计算公式为：

$$p_c = p_m + h \cdot \rho \cdot g \tag{6-25}$$

式中，p_c为油层的折算压力，Pa；p_m为油层的实测压力，Pa；g为重力加速度，m/s^2；$h \cdot \rho \cdot g$相当于油层中部至折算基准面之间其液柱所产生的压力，Pa。

当h低于基准面时，取负值；h高于基准面，取正值。若以折算压头表示，则

$$h_c = H - h \tag{6-26}$$

式中，h_c为折算压头，为静液面与基准面之间的高程差，m；H为井内静液柱的高度，m；h为油层中部的海拔高度，m。

(二)折算压力的应用

1. 储层内流体流动方向的确定

图6－39是静水压力条件下的折算压力分析图。图中Ⅰ、Ⅱ两层均以海平面为折算基准面，1号井打穿Ⅰ、Ⅱ两层，2号井只打到Ⅰ层。现分析如下：

对Ⅰ层来说，1号井和2号井的静液面至海平面的高度相等，折算压头均为h_{I}。因此，1、2两井间的流体不能流动；对Ⅰ、Ⅱ两层来说，1号井内的两层静液面至海平面的高度不同，折算压头分别为h_{I}和h_{II}，折算压头差为$h_{\text{I}} - h_{\text{II}} = h_b$，即在折算压差$h_b \cdot \rho \cdot g$的作用下，流体从Ⅰ层向下通过1号井流向Ⅱ层。

上述例子说明，决定地下流体是否流动的关键是折算压差的存在与否。对同一层位来说，如水位面是水平的，即层内各井点的折算压头相等，则层内流体不会流动；对不同层位来说，即使水位面都是水平的，只要折算压差存在，地下流体也会流动。

图6－40是动水压力作用下折算压力分析图。

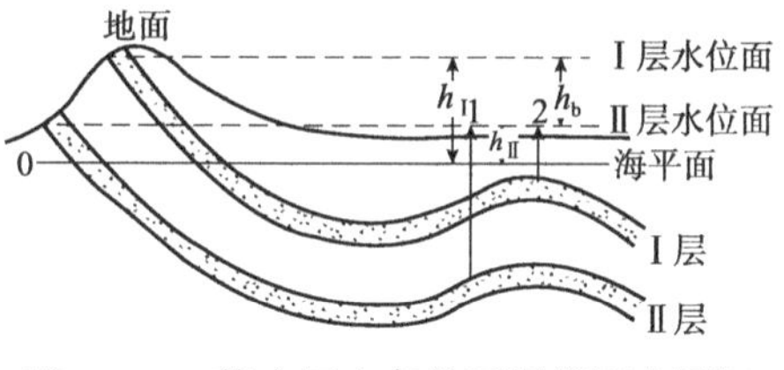

图6－39 静水压力条件下折算压力图解
(据张万选等，1981)

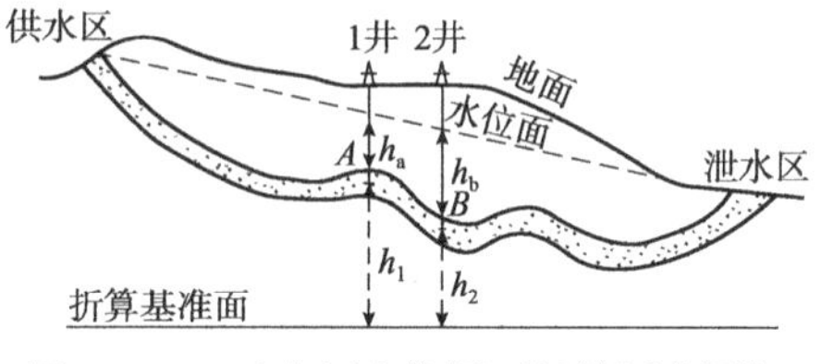

图6－40 动水压力作用下折算压力图解
(据张万选等，1981)

图中以任一水平面为折算基准面，1号井和2号井都打穿同一储集层，但深度不等，分别为A点和B点。现分析如下。

由于储集层的供水区和泄水区海拔高度不同，致使水位面发生倾斜而造成折算压头向倾斜方向有规律的递减，尽管2号井(B点)的地层压力$h_b \cdot \rho_w \cdot g$大于1号井(A点)的地层压力$h_a \cdot \rho_w \cdot g$，但是，流体也不能从B点流向A点；而是从A点流向B点。这是因为流体的流动方向是由折算压力的大小决定的。A、B两点的折算压力分别为：

$$p_A = (h_a + h_1)\rho_w \cdot g \tag{6-27}$$

$$p_B = (h_b + h_2)\rho_w \cdot g \tag{6-28}$$

$$h_a + h_1 > h_b + h_2 \tag{6-29}$$

$$p_A > p_B \tag{6-30}$$

因此，在动水压力的作用下，储集层内的流体沿水位面倾斜方向流动，并不决定于绝对地层压力的大小，而是受折算压力大小控制的。

油田地质和开发工作者们，就是根据上述有关公式，把测得的各井油层压力换算成折算压力后，绘制出折算压力等值图作为油田开发动态分析重要资料的。

2. 折算压力等压图的编制

油层折算压力等压图的编制方法与油层静止压力等压图相同，故不再重述。

图 6－41 为某油藏的折算压力等压图，它的折算基准面为海平面。由图可清楚地看到油藏构造东端与西南端为低折算压力区，而南翼与北翼则为高折算压力区，油藏中的流体无疑是从南、北两翼往轴部及东、西两端流动的。

油层折算压力等压图或油层折算压头等压图比油层静止压力等压图更能直观、准确地反映油藏的开采动态及地下流体的流动状况，因而常常利用它来控制油藏均匀采油和水线均匀推进，利用油层折算压头或压力等值线图上的压头或压力分布与变化特征，可拟定油藏分区的配产、配注方案和分井的技术措施。此外，在判断水动力系统方面，油层折算压力或折算压头是不可缺少的资料之一。正如前所述，若油藏各井原始油层压力的折算压头或折算压力相等，则该油藏应为一个统一的水动力系统，反之，则为多个水动力系统。

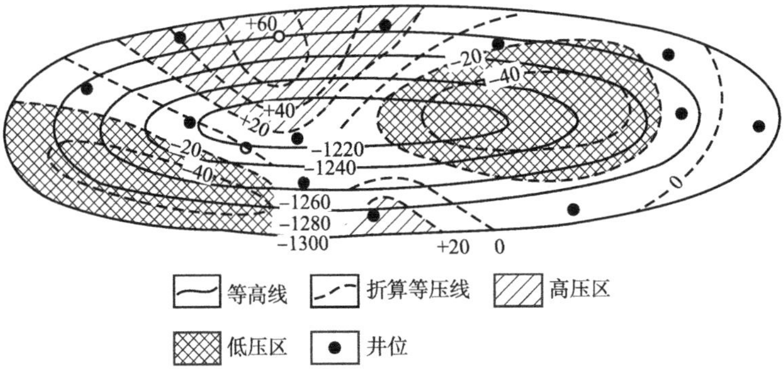

图 6－41　油藏折算压力等压图

第二节　油井生产压力与油藏驱动方式

油气田开发过程中，油井完成之后经过试油，油气能够从地层运移到井底，甚至自喷到地表，这表明地层具有能量。地层能量可以是天然的，也可以是人工补充的。在没有任何人工补充能量的情况下，地层所具有的能量称为天然地层能量。地层能量的大小表现为地层压力的高低，它是油气在油层中流动的动力来源。地层压力高的油井，油气可以自喷到地表。但在自喷开采过程中，如地层得不到人工补充能量，其能量必然逐步衰减，最终油井不能自喷，必须转为其他方法开采。因此，油层能量的大小决定了油气田的开采方法，同时也决定了油气田的开采特征。

一、油井生产压力

(一) 与油井生产压力相关的概念

油井生产中的压力包括油压、套压、回压、油层压力等。

1. 油压

油压就是油流从井底流到井口的剩余压力。测量油压的压力表安装在采油树油嘴前与油管连接的位置上。测得的油压高，说明油井的供液能力强；油压低，说明油井的供液能力弱。

2. 套压

测量套压的压力表安装在采油树套管闸门处，与油管与套管之间的环形空间连通。它的大小反映环形空间压力大小及天然气从油中分离出来的多少。油井在正常生产中，套压就是基本稳定的。

3. 回压

测量回压的压力表安装在油井输油干线上。连接的位置靠近采油树油嘴。回压反映从油井到计量站之间地面管线中的流动阻力。若测得的回压高，说明油黏度高或因油中含蜡较多蜡析出附着在管壁上阻碍了油的流动。

4. 目前油层压力

目前油层压力是指油藏投入开发后某一时期的地层压力。因为油、水井生产和油层中发生的每一点变化都会改变油层压力，所以油层压力的分析就成为地下动态分析的中心工作之一。根据每一时期油层内部的压力分布及其变化，可以对油田地下许多重大问题作出判断。

目前油层压力又分为油层静止压力和井底流动压力。

5. 油层静止压力

在油田投入生产以后，关闭油井，待压力恢复到稳定状态之后，测得的井底压力称为该油井的油层静止压力。该压力在油层的各个地方不一样，在同一地方不同时间也是不一样的，故又称之为动地层压力，常用符号 p_S 表示。油层静止压力应每隔一段时间，定期地进行测量。

6. 井底流动压力

油井生产时测得的井底压力称为井底流动压力(简称井底流压)。代表井口剩余压力与井筒内液柱重量对井底产生的回压，常用符号 p_b 表示。油井生产时，井底流压 p_b 小于油层静止压力 p_S，油层中的流体正是在该压差的作用下流入井筒。

(二) 油层中的天然驱油能量

油层中油、气、水构成一个统一的水动力系统。油层未被打开时，油、气、水处于平衡状态，油层内部承受着较大的压力而具有潜在能量，即天然能量。油气藏的天然能量主要包括以下几种类型。

1. 水柱压力

水柱压力通常是油气流动的主要动力。如果岩层有露头，水源供给充足，而且供水区和含油区连通性好，边水或底水的水柱压头便有能力驱动油流(图6－42)。油藏的水压能量以压力表示：

$$P_{地层} = \rho_{水} \cdot g \cdot H \tag{6-31}$$

式中，$P_{地层}$为原始油层压力，Pa；$\rho_{水}$为油层水的密度，kg/m³；g为重力加速度，g/m³；H为边水或底水的静水头高度，m。

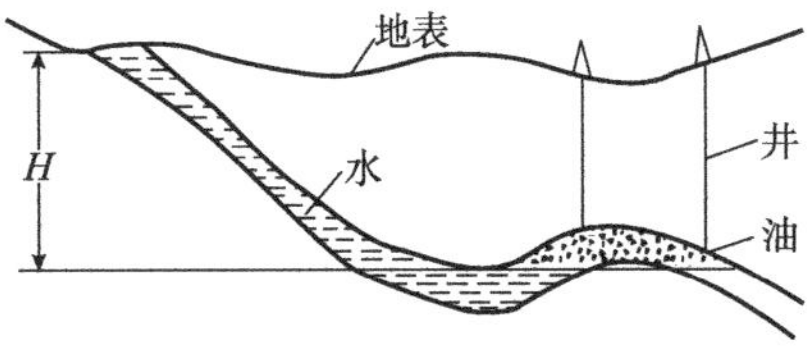

图6－42　驱油的水压力

露头水柱压能的大小和露头与油藏埋藏的深度有关，与露头距离及供水区的渗透率有关。

2. 流体和岩石的弹性能

弹性能是指由于物体的形变而释放(或储存)的能量。对一个油藏来说，油层岩石承受着上覆所有岩层的压力和孔隙中的液压，岩石和流体处在压缩状态。当油层被钻开，井底附近油层压力下降时，压力降落要向外传播。在压力下降的这部分油层内，原来处于压缩状态的岩石和流体的体积就要膨胀。岩石膨胀则使孔隙空间变小。于是，在流体体积增大与孔隙空间变小这两者同时作用下，孔隙中容纳不下原有的流体，就把多余的一部分流体挤入油井。

弹性能量的大小与综合压缩系数、油层的超压程度(油层压力高于饱和压力)、压降及油层体积有关。当采用这种驱动方式时，油层含流体饱和度一般不变化。

3. 溶解气的弹性膨胀能

当油层压力高于饱和压力时，弹性能是驱油的主要能量。但是，当油层压力降落到低于饱和压力时，弹性能仍然起作用，只不过居于次要地位。因为此时溶解在油中的天然气会不断分离出来，并分散在油中。在压力不断下降的过程中，气泡不断发生膨胀，气体膨胀释放出来的能量将油推向井底。油层压力降低得越多，分离出来的气体量也越多，气体的弹性膨胀能也越大。此时油层中含油饱和度不断下降，含气饱和度不断增加。由于气体的压缩系数比综合压缩系数高一个数量级，所以溶解气的弹性膨胀能成为驱油的主要能量。

溶解气的弹性膨胀能大小与地层油的原始气油比、溶解系数、气体及油的组成有关，也与油层的温度和压力有关。

4. 气顶压缩气的膨胀能

当油层中的原油溶解气量达到饱和后，多余的天然气就聚集在油藏顶部形成气顶。气顶气处于高压的压缩状态。当油井生产后，油层压力降低，井底地区呈现出溶解气驱特征。当压力降传递到气顶，且气顶的体积足够大时，气顶就开始膨胀，并推动原油流向井内。气顶较大的含油气层，这种能量也可以是采油的重要能量来源。

5. 地层流体本身的重力

油层中的流体始终受着重力的作用。在采油过程中，其他能量充足时，重力虽不足以作为驱油的主导因素，但也有一定影响。在其他能量趋于枯竭时，重力就成为驱动原油向井底流动的主要能量。特别是地层倾角较大、渗透性较好的油藏，重力驱油效果更加显著。

对于一个具体的油藏来说，只要条件具备，可同时具有几种驱油能量。在实际的采油过程中，往往是几种能量均有一定程度的表现。有的起主导、决定作用，有的起次要作用，有的则微而不显。

(三)油层生产时压力分布研究

1. 油层静止压力分布

研究生产过程中油层静止压力的分布，一般从假定油藏面积上只有1口生产井生产时的最简单、理想情况入手，然后扩大到多口井同时生产时的复杂情况。

1)单井生产时油层静止压力的分布

假定油层是均质、各向同性的，且只有1口井。当油井生产时，油层中的流体便从油井的供给边缘径向渗流入井底。在渗流过程中，流线呈径向分布，压力分布呈规则的同心圆形状，其渗流场如图6-43所示。

假设是刚性流动，则根据径向渗流公式可以计算出油井附近任意一点的压力值：

$$p_f = p_S - \frac{p_S - p_b}{\ln\frac{R}{r_n}}\ln\frac{R}{r} \tag{6-32}$$

或 $$p_f = p_S - \frac{Q\mu}{2\pi Kh}\ln\frac{R}{r} \tag{6-33}$$

式中，p_f 为距井轴 r 处的地层压力，Pa；p_S 为油层静止压力，Pa；p_b 为油井井底流压，Pa；R 为油井供给半径，m；r 为研究点与井筒轴的距离，m；r_n 为井筒半径，m；Q 为油井产量(地层条件下)，m^3/s；μ 为地层原油黏度，Pa·s；K 为油层渗透率，μm^2；h 为油层有效厚度，m。

从式(6-32)和式(6-33)可知，从供给边界到井底，地层中的压力降落过程呈对数关系分布(图6-44)。从空间形态看，形似漏斗，所以习惯上称之为“压降漏斗”。由图可知，平面径向流压消耗的特点是，压力主要消耗在井底附近，这是因为越靠近井底，渗流面积越小，而渗流阻力越大。

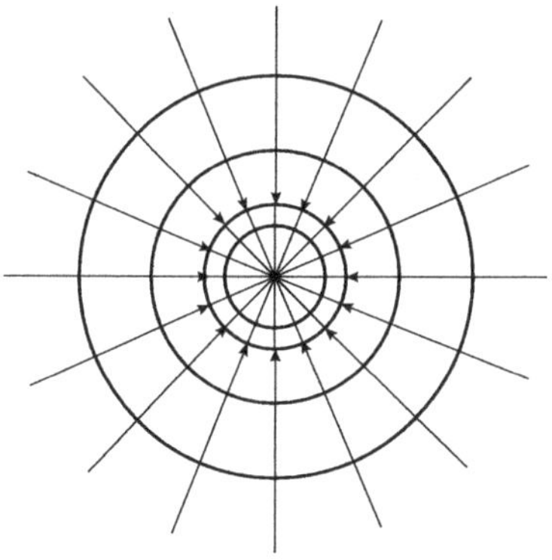

图6-43　平面径向流渗流场示意图

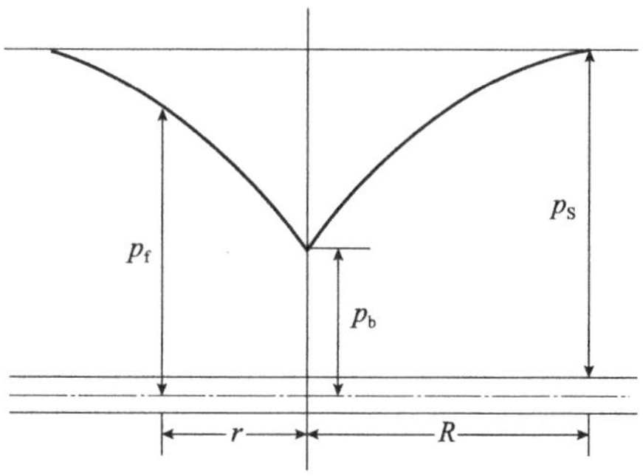

图6-44　压降漏斗示意图

2）多井生产时油层静止压力的分布

油田上总是有大批的井在同时生产，这些井同时工作时彼此就会产生干扰。一旦发生干扰，原有的渗流场就会发生变化，重新形成一个新的渗流场。此时，任意一点处的压力就是油层上各井（产油井、注水井）在该处所引起压力的叠加。

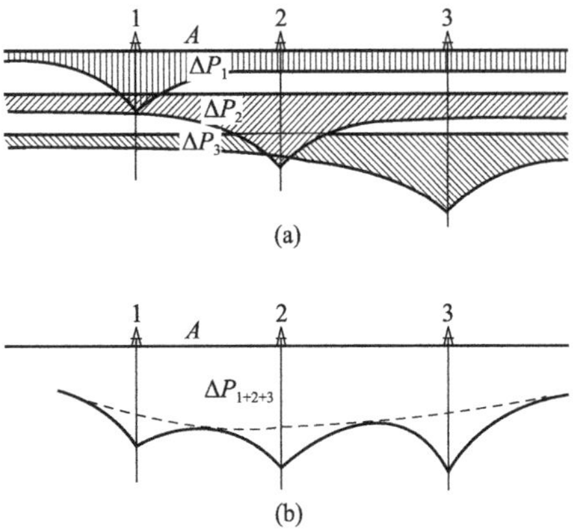

图 6－45　3 口井同时生产油层压力分布示意图

图 6－45 中的油藏有 3 口井同时进行生产，倘若地层是均质的，3 口井的完善系数和采液量基本相同，在每口井的周围都形成了压降漏斗。油藏上任意点 A 的压力降落将是这 3 口井压力降落在这点的叠加，即 $\Delta P_A = \Delta P_1 + \Delta P_2 + \Delta P_3$。油藏上其他任意点的压力降落均可按此法进行叠加。叠加结果，在此 3 口井范围内形成 1 个总的压降漏斗，如图 6－45（b）。

众所周知，油层的地质结构复杂且非均质，各油井的完善系数和采油速度也不尽相同，所以实际的油层静止压力分布是复杂的，而最有效的方法是编制油藏某一开采时期的油层静止压力等压图。

2. 油层静止压力等压图的编制

油层的压力是反映油田驱动能力的重要指标，其在开发过程中具有重要的作用。在油田开发过程中，既要掌握单层压力分布，也要研究全区和全油田的压力分布和各个时期的特点。研究油层压力分布的基本图件就是油层静止压力等压图。

为了准确地绘制油层静止压力等压图，需要定期测得油井和水井的油层静止压力。这些压力数据一般是在关井相当长一段时间以后，用深井压力计直接测得的。关井时间愈长，测得的数据愈接近于真实的油层静止压力。较好的办法是在油井中定期测压力恢复曲线，而在水井中测压力降落曲线。

需要指出的是，要绘制的是某一时刻的等压图（如每季度末），然而，由于仪器和人力安排方面的限制，不可能同时在所有油井和水井中进行测试，而是分批次进行。因此在实际应用这些压力数据时，应该将不同时期的压力值换算为同一作图时期的压力值。换算时多采用油藏平均压力递减曲线法。先将各油井在不同时期内测得的油层静止压力标在以压力与时间为坐标的图纸上，然后从所有的井点中引出一条具有代表性的曲线。可以认为，此曲线代表整个油藏的压力递减情况，为油藏的平均压降曲线（图 6－46）。利用此曲线可以把各井的压力值换算到某一时间的压力值。在油藏平均压降曲线图上，先通过所确定的时期作时间轴的垂线，然后从需换算压力的井点（图 6－46 中 A、B）引出与压降曲线相平行的曲线。此平行曲线与时间垂线相交，其交点的纵坐标值便是该井换算到同一绘图时间的压力值。

在求取相邻两井之间某处的油层静止压力时，一般采用线性内插法。此时，认为在两点之间压力是呈直线变化的。但是，位于油藏构造曲率较大处的油井，流体明显呈径向流动，故井间压力值的内插应采用对数法，如图6－47。对数法内插关系式为：

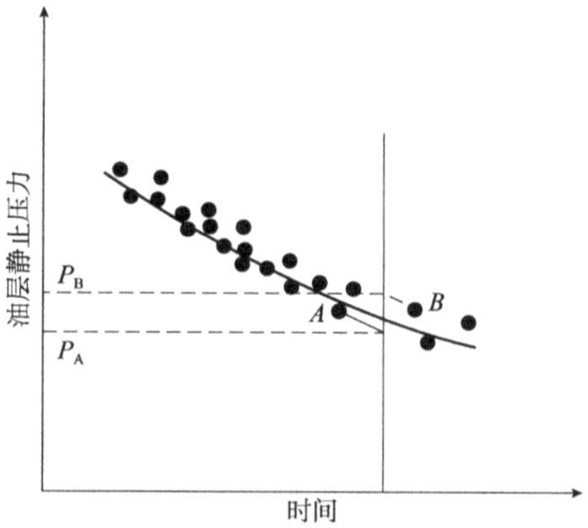

图6－46　油藏平均压降曲线

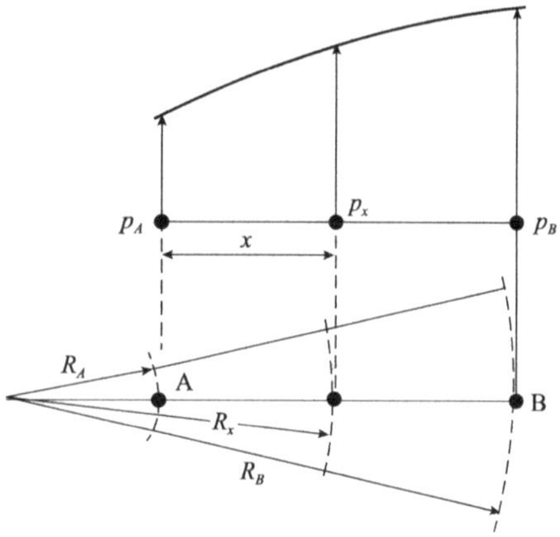

图6－47　对数法公式图解

$$p_x = p_A + \frac{\ln \dfrac{R_x}{R_A}}{\ln \dfrac{R_B}{R_A}}(p_B - p_A) \tag{6－34}$$

将 p_x 值代入下式，则有：

$$x = \exp\left(\frac{p_x - p_A}{p_B - p_A}\ln\frac{R_B}{R_A} + \ln R_A\right) - R_A \tag{6－35}$$

式中，p_A、p_B 分别为 A、B 两点处的压力，Pa；p_x 为距 A 点距离为 x 处的压力，Pa；R_A、R_B分别为 A、B 两点的曲率半径，m；x 为 p_A 与 p_x 两个压力点的距离，m。

在求出各内插点的压力以后，用均匀、圆滑的曲线将压力值相同的点连接起来，就得到了油层静止压力等压图。

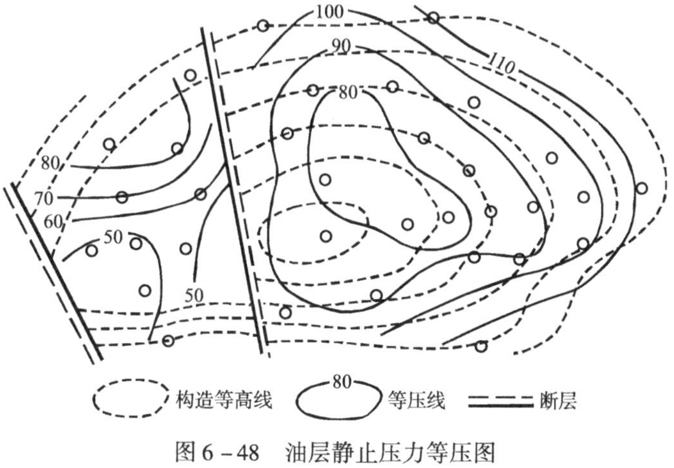

图6－48　油层静止压力等压图

图6－48就是我国某油藏某一时期的油层静止压力等压图。与该油藏的原始油层压力等压图(图6－8)相比，油层压力的分布已发生了较大变化，油层静止压力等压图与构造等高线多呈相交关系。

以上所述是根据实测压力数据绘制等压图的方法。如此得到的等压图叫作油层的实测等压图。另外，在某些情况下，还可以绘制一种理论等压图。绘制这种等压图的前提是假设油层各处的地层及流体参数(流动系数、弹性系数及流体性质等)是不变的，然后在已知各井点产量变化的情况下，计算出地层内各点的理论压力降落数值，绘制出理论等压图。将理论等压图和实测等压图对比，可以发现两者的差异，并获得有关地层地质特征的有价值判断，为进一步开发和调整油田提供依据。

二、油藏驱动方式

油藏的能量类型决定于油藏的地质条件，如油藏的埋藏深度、有无边水、气顶及其大小及连通性等，从而使油藏可能建立某种天然驱动条件。依据起主导作用的驱油能量不同，把油藏划分成不同的驱动类型(或驱动方式)。不同的驱动类型又有着不同的开采特征，从而在油藏的压力、产量和气油比等生产特征曲线上也有不同表现。

(一)油藏驱动类型

1. 水压驱动方式

水压驱动靠油藏的边水、底水或注入水的压力作用把石油推向井底，分为刚性水压驱动和弹性水压驱动。

刚性水压驱动，即依靠水柱压能的驱动方式。刚性水压驱动又可分为天然水压驱动和人工水压驱动(人工注水开发)。

弹性水压驱动，油藏一方面依靠水区和油区的弹性能，另一方面又依靠边水、底水或露头水的压能进行驱动。原因是虽有露头水，但水量供应充足，或是有断层遮挡，或是供水区的渗透率比较低，要保证一定的采油速度必须有一定的压降释放弹性能才行。

在水压驱动作用下，当采出量不超过注入量时，油层的压力、气油比相对稳定，油井的生产能力旺盛，如图6－49～图6－51所示。

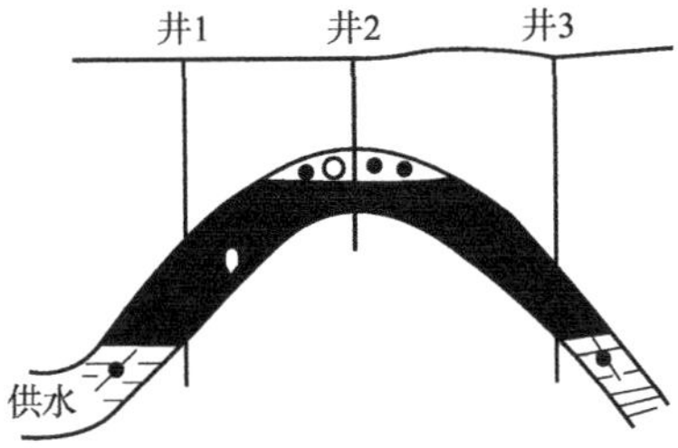

图6－49　边水驱动

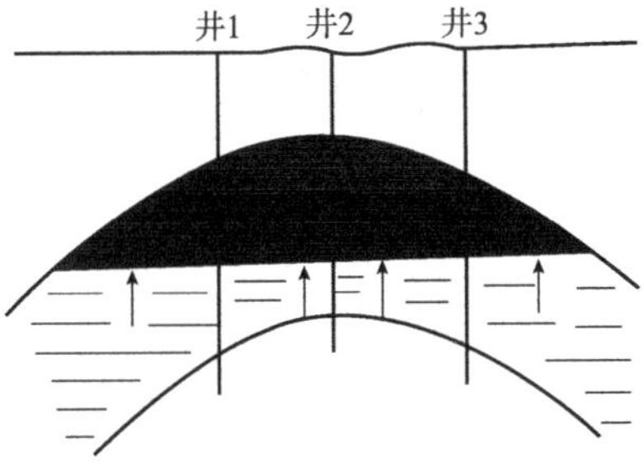

图6－50　底水驱动

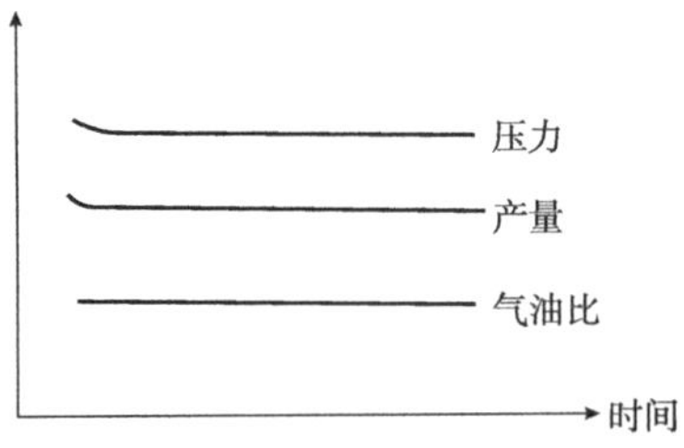

图6－51　水压驱动生产特征曲线

2. 弹性驱动方式

油藏在未开发之前，处于平衡受压状态。当钻开油层之后，井底压力下降，地层与井底之间建立起压差，平衡被打破，岩石、孔隙中的液体都要发生弹性膨胀。在岩石孔隙缩小及液体体积膨胀的共同影响下，把油从油层推向井底。由于压力不断下降，压降漏斗不断向油层纵深发展，油层内部不断释放出弹性能量。当压力降落影响到含水区时，含水区的岩石及水的弹性能也不断释放出来，将水推向油区，驱赶油流向井底，使含油区逐渐减小。

如果驱动油流向井内的动力主要依靠液体(油和水)及岩石的弹性能，则这种驱动方式称为弹性驱动方式。

弹性驱动方式的特点：油层原始压力高，饱和压力低，有广大的含水区，开采时产量、气油比呈平缓的变化。保持一定日采油量开采时，油层压力逐渐下降，当油层压力低于饱和压力时，就转为其他驱动方式。其生产特征曲线如图 6－52 所示。

3. 溶解气驱动方式

依靠原油中溶解气分离后所产生的膨胀能量推动原油流向井底，叫溶解气驱动。

溶解气驱动方式的开采特点是：油层压力不断下降，油层中气饱和度不断增加，相对渗透率不断增加，气产量急剧增高，气油比不断上升，产油量不断下降。当气体耗尽时，气油比又急剧下降，在油层中剩下大量不含溶解气的石油。这些油的流动性差，难以采出，常称为“死油”。这种驱动方式是纯消耗能量的开采方式，油层的采收率很低，一般只有 5% ~20% 。溶解气驱动生产特征如图 6－53 所示。

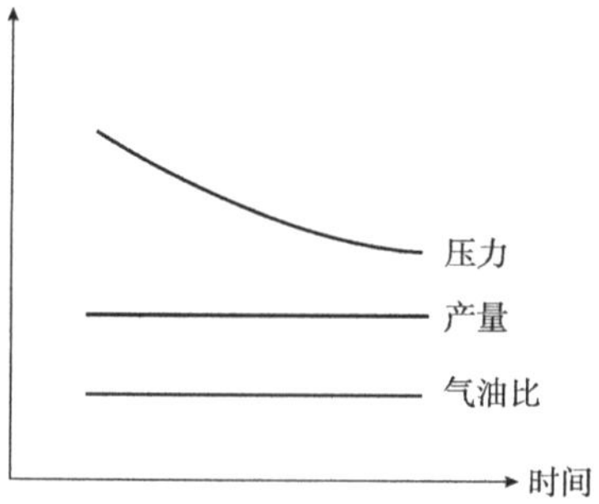

图 6－52 弹性驱动生产特征曲线

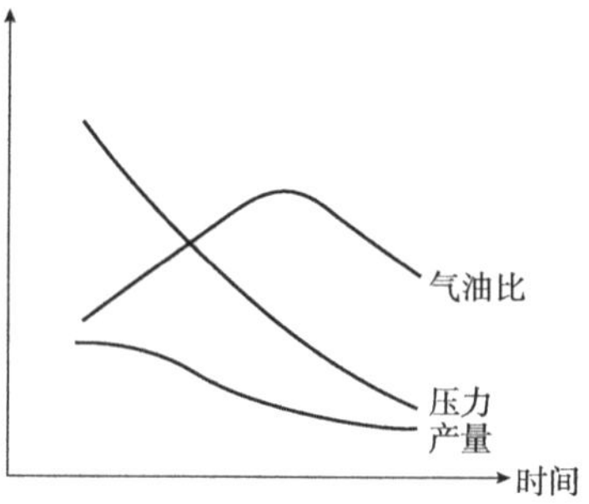

图 6－53 溶解气驱动生产特征曲线

4. 气压驱动方式

依靠油藏气顶压缩气体的膨胀力推动原油流入井底，叫气压驱动，如图 6－54(a)所示。

气压驱动的开采特点是地层压力逐渐下降，气油比逐渐上升，产量逐渐下降。当含气边界突入油井井底时，气油比急剧上升，如图 6－54(b)所示。

5. 重力驱动方式

石油依靠本身的重力由油层流向油井，叫重力驱动。这种驱动方式出现在油田开发的末期，其他能量已枯竭，重力成为主要驱油动力，油井产量已经很低。

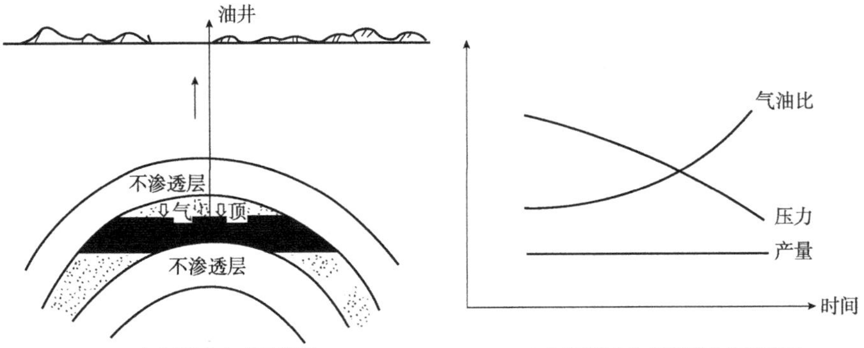

(a)气压驱动方式示意图　　(b)气压驱动生产特征曲线示意图

图 6－54　气压驱动方式及其生产特征曲线

(二)驱动方式的转换

油藏的驱动方式是随着开发进程及开发措施的实施与调整而变化的。在油田开发的某个阶段，驱动方式(即驱动能量类型)可以从一种形式过渡到另一种形式。比如，对于地层压力高于饱和压力的油田(即未饱和油田)，在开采初期没有注水，一般为弹性驱动；如有含水区，开采一段时间后，压力降落扩展到含水区后，呈现天然水压驱动；若边水不充足，或油水接触区域的渗透率很低，即供水不足，采油速度较高，则可能出现弹性水压驱动；如果这个油藏是封闭的，则在弹性驱动后即压力降至饱和压力以下时，便出现了溶解气驱动。一个油藏在开发的每个阶段上，发挥作用的驱油能量可同时有几种，但其中必有一种起主导作用，其他的则处于次要地位。

由于油藏的驱动方式不同，驱动能量大小不同，因此油藏采收率也不同。一般水压驱动方式采收率最高，弹性驱动方式及气压驱动方式次之，而溶解气驱动方式及重力驱动方式的采收率最低。与气相比，水易润湿岩石，能渗入微细孔隙将油驱入孔道；而气驱油时，气体不能润湿岩石，气流首先窜入大孔道将油排出，易留下残余油。再者气体的黏度远小于水的黏度，因此窜流与混流很严重，故而水驱采收率高于气驱采收率。溶解气驱的采收率更低，且产量递减得很快。

认识和识别驱油能量及驱动方式，不仅是为了了解油层，更重要的是为了改造油层。对于一个具体油藏来说，可根据需要创造条件，为油层提供新的能量，使油层驱动方式向有利的方面转化。如有的油田缺少边水或没有气顶，通过人工注水或注气，可以抑制和延缓溶解气驱动的过早出现，而使油藏长期处于人工水(气)压驱动方式下进行开发，以达到提高采收率、合理开发油田的目的。

知识图谱

第七章　石油及天然气储量估算

储量的估算贯穿油气田勘探、评价、产能建设、油藏管理、开发调整、废弃全过程。储量是油气田勘探、开发和管理的重要基础，是制定开发技术政策、编制开发方案和中长期规划最重要的依据。油气储量也影响着石油工程、油气建设工程、油气产品加工、政府决策、社会经济等相关行业和领域。

地层中储存的原油和天然气在地面标准状态下的体积或质量称为原油和天然气地质储量。容积法是一个简单却有效的计算原油和天然气原始地质储量的方法，以油藏静态数据为基础，不需要生产历史资料等油藏动态数据，因此应用广泛。

在常规油气藏中，油气两相都处于压缩状态；对于一些非常规油气藏(如页岩气和煤层气气藏)，大量的气体处于吸附状态，还有一些游离气体在微孔和裂缝中，页岩气藏中的有机质吸附的天然气可以达到总气体含量的80%，利用经典的容积法计算储量时会低估天然气的地质储量。

本章进述常规油气藏和非常规油气藏地质储量的估算，主要回答以下问题。

(1)关于油气储量估算的基本概念都有哪些?

(2)在估算储量的工作中需要哪些数据资料?

(3)确定地质储量的方法有哪些?

(4)对于非常规油气藏原始储量该如何确定?

(5)利用容积法计算储量的准确性如何?

(6)如何确定储量计算中需要的油藏面积?

(7)如何确定储量计算中需要的有效厚度?

(8)非常规油气藏储量确定的关键因素是什么?

第一节　油气储量的分类、估算条件与方法

一、油气矿产资源量和储量的分类

油气矿产资源是指在地壳中由地质作用形成的、可利用的油气自然聚集物。以质量、体积分布来表征，其数量以换算到20℃、0.1MPa的地面条件表达。

根据我国现行标准《油气矿产资源储量分类》(GB/T 19492—2020)，如图7－1所示，依据油气藏的地质可靠程度和开采技术经济条件，油气矿产资源分为资源量和地质储量，其中，地质储量分为预测地质储量、控制地质储量和探明地质储量三级。

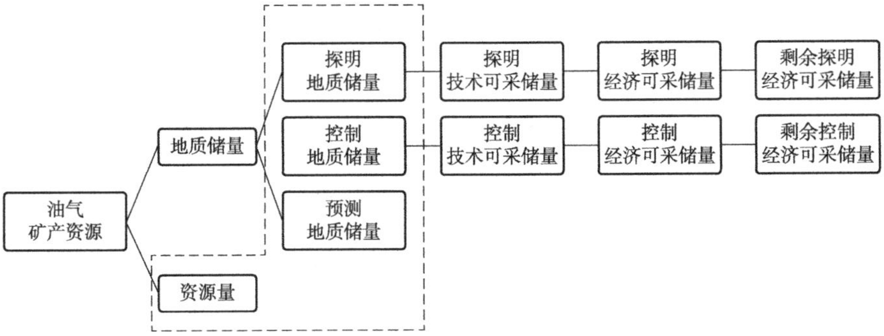

图 7－1　油气矿产资源量和地质储量类型及估算流程图

1. 资源量

资源量是指待发现的未经钻井验证的，通过油气综合地质条件、地质规律研究和地质调查，推算的油气数量。

2. 地质储量

地质储量是指在钻井发现油气后，根据地震、钻井、录井、测井和测试等资料估算的油气数量，包括预测地质储量、控制地质储量和探明地质储量，这三级地质储量按勘探开发程度和地质认识程度依次由低到高排列。

预测地质储量指钻井获得油气流或综合解释有油气层存在、对有进一步勘探价值的油气藏所估算的油气数量，其确定性低。

控制地质储量指钻井获得工业油气流、经进一步钻探初步评价、对可供开采的油气藏所估算的油气数量，其确定性中等。

探明地质储量指钻井获得工业油气流，并经钻探评价证实，对可供开采的油气藏所估算的油气数量，确定性高。

3. 技术可采储量

技术可采储量是指在地质储量中按开采技术条件估算的最终可采出的油气数量，包括探明技术可采储量和控制技术可采储量。

控制技术可采储量指在控制地质储量中依据预设开采技术条件估算的、最终可采出的油气数量。

探明技术可采储量指在探明地质储量中按目前已实施或计划实施的开采技术条件估算的、最终可采出的油气数量。

4. 经济可采储量

经济可采储量是指在技术可采储量中按经济条件估算的可商业采出的油气数量，包括探明经济可采储量和控制经济可采储量。

控制经济可采储量指在控制技术可采储量中按合理预测的经济条件（如价格、配产、成本等）估算求得的、可商业采出的油气数量。剩余控制经济可采储量是指控制经济可采储量减去油气累计产量。

探明经济可采储量指在探明技术可采储量中按合理预测的经济条件（如价格、配产、成本等）估算求得的、可商业采出的油气数量。剩余探明经济可采储量是指探明经济可采储量减去油气累计产量。

我国的资源储量分类经历了5次修正，20世纪50、60年代采用的是A、B、C级的油气储量分类系统；70年代将储量分为探明、基本探明和待探明3级分类系统，基本与苏联的油气储量属于同一分类系统。我国先后于1988年、2004年和2020年发布了《石油天然气资源/储量规范》、GB/T 19492—2004《石油天然气资源/储量分类》、GB/T 19492—2020《油气矿产资源储量分类》。1988年规范将总资源量分为远景资源量和地质储量，其中远景资源量分为潜在资源量和推测资源量，地质储量划分为探明、控制和预测3级；与1988年规范相比，2004年规范的分类主要是将基本探明储量一类删除掉，突出了可采储量；与2004年的规范相比，2020年修改了勘探开发阶段，将区域普查、圈闭预探、油气藏评价、产能建设和油气生产五个阶段，整合为预探、评价和开发三个阶段，修改了资源量、储量分类和估算流程。

我国的储量分类和国际上的储量分类对比如表7－1所示。

表7－1　国内外储量分类对比表

<table>
<tr><td>国家或会议</td><td colspan="8">已发现的：储量</td><td colspan="2">未发现的：资源量</td></tr>
<tr><td rowspan="2">第十一届世界石油会议推荐（1983）</td><td colspan="6">Proved 证实</td><td colspan="2">Unproved 未证实</td><td colspan="2" rowspan="2">Speculative
推测的</td></tr>
<tr><td colspan="3">Developed
已开发</td><td colspan="3">Undeveloped
未开发</td><td>Probable
概算</td><td>Possible
可能</td></tr>
<tr><td rowspan="2">中国规范（1988）</td><td colspan="6">探明</td><td rowspan="2">控制</td><td rowspan="2">预测</td><td colspan="2">资源量</td></tr>
<tr><td colspan="2">已开发</td><td colspan="3">未开发</td><td>基本探明</td><td>潜在</td><td>推测</td></tr>
<tr><td rowspan="2">中国规范（2004）</td><td colspan="6">探明</td><td rowspan="2">控制</td><td rowspan="2">预测</td><td colspan="2">资源量</td></tr>
<tr><td colspan="3">已开发
（Ⅰ类）</td><td colspan="3">未开发
（Ⅱ类）</td><td>潜在</td><td>推测</td></tr>
<tr><td rowspan="2">中国规范（2020）</td><td colspan="6">探明</td><td rowspan="2">控制</td><td rowspan="2">预测</td><td colspan="2" rowspan="2">资源量</td></tr>
<tr><td colspan="3">已开发</td><td colspan="3">未开发</td></tr>
<tr><td rowspan="2">美国SPE等（2007）</td><td>商业</td><td colspan="5">Proved 证实
1P</td><td>Probable 概算
2P</td><td>Possible 可能
3P</td><td colspan="2">远景的</td></tr>
<tr><td>次商业</td><td colspan="5">1C</td><td>2C</td><td>3C</td><td colspan="2"></td></tr>
<tr><td>俄罗斯（2016）</td><td colspan="4">A</td><td colspan="2">B_1
C_1</td><td colspan="2">B_2
C_2</td><td colspan="2">D</td></tr>
</table>

二、地质储量的估算条件

（一）常规石油、天然气储量估算条件

1. 储量起算标准

储量起算标准为油气藏不同埋藏深度下石油和天然气的单井日产量下限，是进行储量

估算应达到的最低经济条件(表7－2和表7－3)。各地区可根据当地价格和成本等测算求得只回收开发井投资的单井日产量下限；也可用平均的操作费和油价求得平均井深的单井日产量下限，再根据实际井深求得不同井深的单井日产量下限。

表7－2　陆上石油、天然气储量起算标准

油气藏埋藏深度/m	石油单井产量下限/(m^3/d)	天然气单井产量下限/($10^4 m^3$/d)
≤500	0.3	0.05
>500～≤1000	0.5	0.1
>1000～≤2000	1.0	0.3
>2000～≤3000	3.0	0.5
>3000～≤4000	5.0	1.0
>4000	10.0	2.0

表7－3　我国近海海域石油、天然气储量起算标准(适用于500m以内水深)

油气藏埋藏深度/m	石油单井产量下限/(m^3/d)	天然气单井产量下限/($10^4 m^3$/d)
≤500	2.5	0.3
>500～≤1000	4	0.5
>1000～≤2000	7.5	1.0
>2000～≤3000	12.5	2.0
>3000～≤4000	17.5	2.5
>4000	25.0	3.5

在我国1988年规范中，用工业油气流标准代表储量估算的起点，工业油气流标准包括油(气)井的工业油气流标准和储集层的工业油气流标准。油、气井的工业油气流标准是指油、气井产油、气下限。储集层的工业油气流标准是指工业油、气井内储集层的产油、气下限，也就是有效厚度的测试下限。

2004及2020年规范中，储量起算标准改为储量计算的单井下限日产量。单井下限日产量是进行储量估算的经济条件，各地区及海域应根据当地价格和成本等测算求得只回收开发井投资的单井下限日产量；也可用平均的操作费和油价求得平均井深的单井下限日产量，再根据实际井深求得不同井深的单井下限日产量。

平均井深的单井下限日产量计算公式：下限油或气产量(t/d或km^3/d)＝固定成本(元/d)/(销售价－税费－可变成本)(元/t或元/km^3)。

2. 勘探开发程度和地质认识程度要求

对于探明地质储量和控制地质储量，要满足含油气范围的单井油气日产量达到储量起算标准，或已获得油气流；对于预测地质储量，应满足单井日产量达到或低于储量起算标准，或钻遇油气层，或预测有油气层，在此基础上，勘探开发程度和地质认识程度符合相关要求(表7－4)。

表 7－4　陆上石油、天然气预测及探明地质储量勘探开发程度和地质认识程度要求

类别		探明地质储量	预测地质储量
勘探开发程度	地震	已完成地震详查，主测线距一般 1～2km	已完成地震普查，主测线距一般 2～4km
	钻井	1. 已有评价井； 2. 主要含油气层段有代表性岩心	1. 已有预探井； 2. 主要目的层有取心或井壁取心
	测井	采用适合本探区特点的测井系列，解释了油、气、水层及其他特殊岩性段	采用本探区合适的测井系列，初步解释了油、气、水层
	测试	已进行油气层完井测试，取得了产能、流体性质、温度和压力资料	油气显示层段及解释的油气层，可有中途测试或完井测试
	分析化验	1. 进行了常规的岩心分析及必要的特殊岩心分析； 2. 取得了油、气、水性质及高压物性等分析资料	进行了常规的岩心分析
地质认识程度		1. 已基本查明圈闭形态，提交了由钻井资料校正的 1：50000～1：25000 的油气层或储层顶(底)面构造图； 2. 已初步了解储层储集类型、岩性、物性及厚度变化趋势； 3. 综合确定了储量计算参数； 4. 已初步确定油气藏类型、流体性质及分布，并了解了产能	1. 证实圈闭存在，提交了 1：100000～1：50000 的构造图； 2. 深入研究了构造部位的地震信息异常，并获得了与油气有关的相关结论； 3. 已明确目的层层位及岩性； 4. 可采储量用类比法确定储量计算参数

估算探明地质储量，应查明构造形态、油气层分布、储集空间类型、油气藏类型、驱动类型、流体性质及产能等；流体界面或最低油气层底界经钻井、测井、测试或压力资料证实；应有合理的钻井控制程度和一次开发井网部署方案，地质可靠程度高。

估算控制地质储量，应基本查明构造形态、储层变化、油气层分布、油气藏类型、流体性质及产能等，或紧邻探明地质储量区，地质可靠程度中等。

估算预测地质储量，应初步查明构造形态、储层情况，已获得油气流或钻遇油气层，或紧邻探明地质储量或控制地质储量区，并预测有油气层存在，综合分析有进一步勘探的价值，地质可靠程度低。

(二)致密油储量估算条件

1. 储量起算标准

致密油是指夹在或紧邻优质生油层系的致密碎屑岩或碳酸盐岩等储层中，未经过长距离运移而形成的石油聚集，一般无自然产能，或自然产能低于经济油流下限，需通过大规模措施改造才能形成工业产能。

致密油储量起算的产量标准是指致密油储量估算应达到的最低经济条件，用试采 6 个月的单井平均日产油量下限表示，如表 7－5 所示。

各地区及海域可以当地价格和成本为依据，在设定的合理生产年限内，测算回收开发井投资所需的单井累计产量。也可根据本地区实际井型(直井、水平井)和生产动态特征转换成单井初期最低相对稳定日产量作为储量起算标准。

表7-5　致密油储量起算产量标准

油藏埋藏深度/m	直井产油量/(m^3/d)
≤500	0.3
>500~1000	0.5
>1000~2000	1.0
>2000~3000	3.0
>3000~4000	5.0
>4000	10.0

2. 勘探开发程度和地质认识程度要求

致密油探明地质储量是指经评价钻探和开发先导试验区生产，证实油藏可提供开采并能获得经济效益后，估算求得的、确定性很大的地质储量，相对误差不超过±20%。探明地质储量的估算应查明了致密油烃源岩质量与分布、储集层空间分布状况、储层特征、流体分布规律及产能等；各项计算参数及储量的可靠程度很高；钻采工艺技术已成熟；开发先导试验区已实施，油井生产规律(递减率)基本清楚，并证实了储量的商业开发价值；已有初步开发方案。综合分析评价区地质条件不差于开发先导试验区。

致密油控制地质储量是指开发先导试验井组试采证实油藏具有商业可开发性后，估算求得的、确定性较大的地质储量，相对误差不超过±50%。控制地质储量的估算，应基本查明致密油烃源岩质量与分布、储集层空间分布状况、储层特征、流体分布规律及产能；各项计算参数及储量的可靠程度较高；钻采工艺技术基本成熟；开发先导试验井组证实了储量的商业可采性；储量升级方案已落实。综合分析评价区地质条件不差于已开发试验井组。

致密油预测地质储量是指单井长周期试采且综合评价表明有进一步评价和商业开发潜力后，估算求得的、确定性较低的地质储量。预测地质储量的估算，应初步查明了致密油烃源岩质量与分布、储集层空间分布状况、储层特征、流体分布规律及产能；各项计算参数及储量的可靠程度较低；初步探索了钻采工艺技术；已有储量升级部署方案。综合分析评价区地质条件不差于试验井。

(三)碳酸盐岩缝洞型油气藏地质储量估算条件

缝洞型碳酸盐岩油气藏储量起算标准，可以本地区价格和成本等为依据，测算求得只回收开发井投资的单井日产量下限，也可用平均的操作费和油价求得平均井深的单井日产量下限，再根据实际井深求得不同井深的单井日产量下限。

(四)页岩气储量估算条件

页岩气是指赋存于富含有机质的页岩层段中，以吸附气、游离气和溶解气状态储藏的天然气，主体上是自生自储成藏的连续性气藏，属于非常规天然气，可通过体积压裂改造获得商业气流。

页岩层段是指富含有机质的烃源岩系，以页岩、泥岩和粉砂质泥岩为主，含少量砂岩、碳酸盐岩或硅质岩等夹层。夹层中的致密砂岩气或常规天然气，按照天然气储量估算规范进行估算，若达不到单独开采价值的，作为页岩气的共(伴)生矿产进行综合勘查、开采。

页岩气储量起算标准，包括试采三个月的单井平均产气量下限、含气量下限、总有机碳含量(TOC)下限、镜质组反射率(R_o)下限、页岩中脆性矿物含量下限等，勘探开发程度和地质认识程度要符合要求。

试采三个月的单井平均产气量下限是进行储量估算应达到的最低经济条件。下限标准如表7－6、表7－7所示；另外，还要满足以下条件：

总有机碳含量(TOC)下限标准：$TOC \geqslant 1\%$；

镜质组反射率(R_o)下限标准：$R_o \geqslant 0.7\%$；

页岩中脆性矿物含量下限标准：脆性矿物含量≥30%。

表7－6 页岩气试采3个月的单井平均产气量下限标准

气藏埋藏深度/m	直井产气量/($10^4 m^3/d$)	水平井产气量/($10^4 m^3/d$)
≤500	0.05	0.5
>500～1000	0.10	1.0
>1000～2000	0.30	2.0
>2000～3000	0.50	4.0
>3000	1.00	6.0

注：试采3个月的单井平均产气量指试采前3个月获得的单井平均日产气量。

表7－7 页岩含气量下限标准

页岩有效厚度/m	含气量/(m^3/t)
>50	1
50～30	2
<30	4

三、储量计算单元划分原则

(一)常规石油、天然气储量计算单元的划分原则

储量计算单元(简称计算单元)一般是单个油(气)藏，但有些油(气)藏可根据情况细分或合并计算。

1. 计算单元平面上一般按区块划分

面积很大的油(气)藏，视不同情况可细分井块(井区)；受同一构造控制的几个小型的断块或岩性油(气)藏，当油(气)藏类型、储层类型和流体性质相似，且含油(气)连片或叠置时，可合并为一个计算单元。

图7－2，某断块区，27条走向不同的小断层将断块区分割为24个小断块，这些小断块油水关系虽然有差异，但多数为满块含油并相连，故平面以断块区为一个计算单元。图7－3某岩性油藏，砂体纵向叠置，含油连片，平面以井区块为一个计算单元。

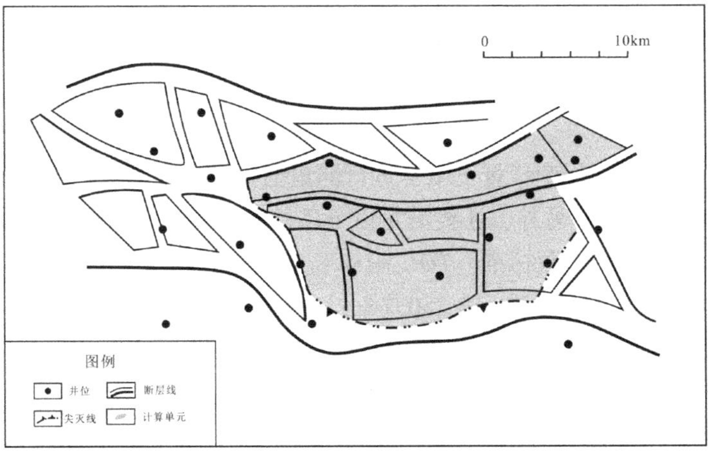

图 7－2　小断块合并计算单元示意图

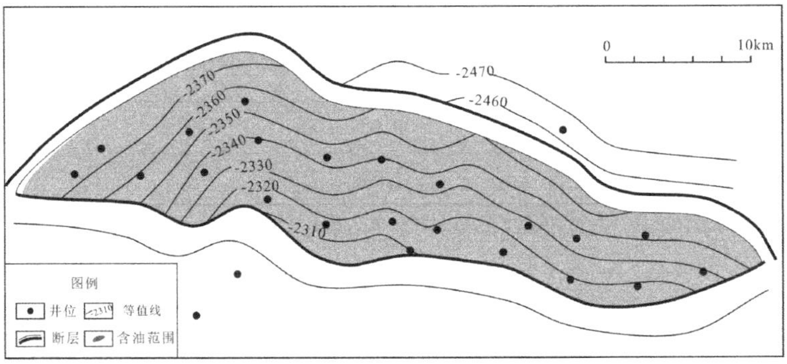

(a)

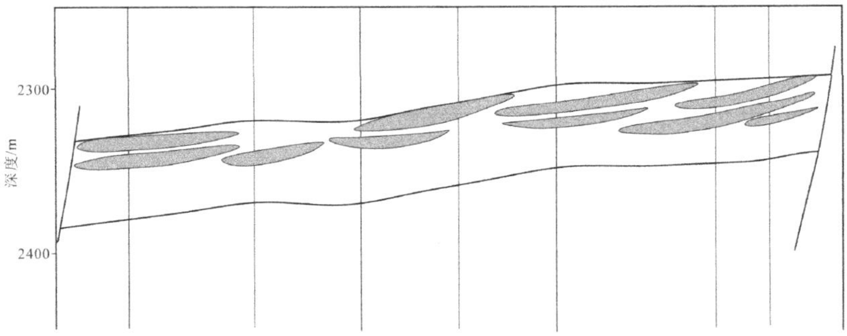

(b)

图 7－3　岩性油藏砂体叠置、含油连片，合并计算单元

2. 计算单元纵向上一般按油(气)层组(砂层组)划分

已查明为统一油(气)水界面的油(气)水系统一般划为一个计算单元(图 7－4)，含油(气)高度很大时也可细分亚组或小层；不同岩性、储集特征的储层应划分独立的计算单元(图 7－5)；同一岩性的块状油(气)藏，含油(气)高度很大时可按水平段细分计算单元；尚不能断定为统一油(气)水界面的层状油(气)藏，当油(气)层跨度大于 50m 时视情况细分计算单元。

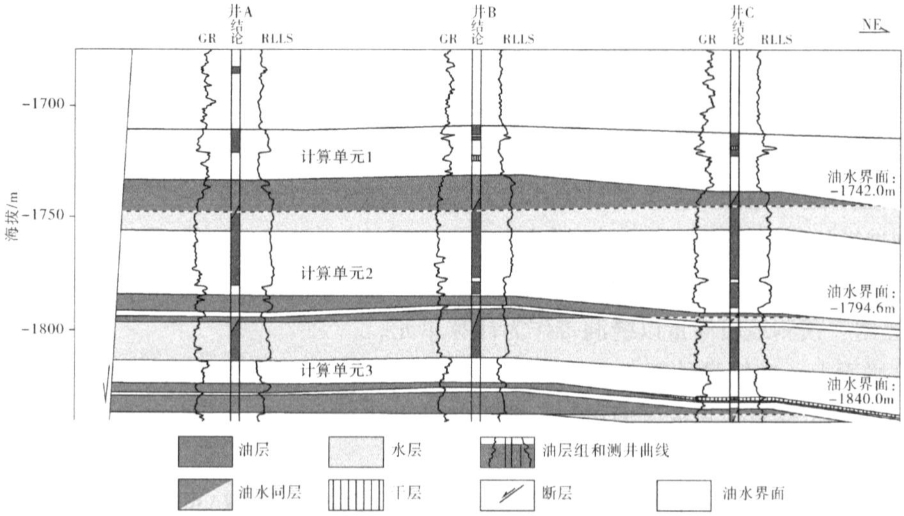

图7－4 查明油水界面的油藏纵向储量计算单元划分示意图

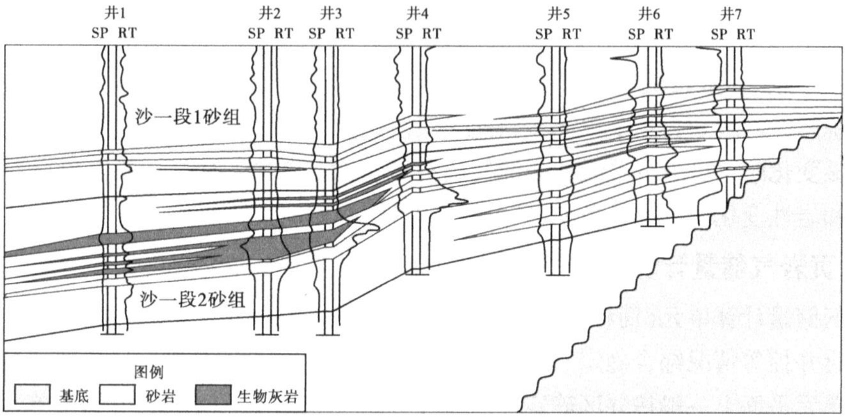

图7－5 不同岩性、储集特征的储层应划分独立的储量计算单元示意图

3. 裂缝性油(气)藏，以连通的裂缝系统细分计算单元

(二)致密油储量计算单元的划分原则

致密油储量计算单元以致密油层段为基本单元，致密层段是指烃源岩内或紧邻烃源岩的致密油储层集中发育段，以碎屑岩或碳酸盐岩储层等连续发育，呈厚层状或与泥页岩薄互层为特征。同一油层组内可根据储集层和泥页岩发育状况划分为若干致密油层段。

致密油层段划分应与措施改造技术波及的范围相匹配，措施改造波及不到的零散油层不能计算储量。储量计算单元划分原则如下。

(1)平面上，在致密油有效储层发育范围内结合矿权证范围、省份、自然保护区等禁止勘查开采区等边界，根据钻井控制程度、储层分布状况和各级储量界定条件分井区确定。

(2)含油面积跨2个及以上的矿业权证范围或省份(海域)的应分开划计算单元。

(3)含油面积与自然保护区等禁止勘查开采区域有重叠的应分重叠区和非重叠区划储

量计算单元。

(4)纵向上，按致密油层段划分，各单元纵向厚度应不超过实际工程压裂波及的最大厚度，一般不超过100m。

(三)碳酸盐岩缝洞型油气藏地质储量计算单元划分原则

碳酸盐岩缝洞型油气藏各储量计算单元按不同储集空间类型(洞穴型、孔洞型、裂缝型)分别进行估算，储量计算单元划分原则如下。

(1)依据缝洞雕刻成果、流体性质、储层类型等，探明地质储量以缝洞系统作为计算单元，控制、预测地质储量以缝洞带作为计算单元。

(2)平面上，在储量估算工区范围内，根据缝洞体雕刻成果划出缝洞带、缝洞系统、缝洞单元，确定储量估算的平面单元。探明储量边部有效井到边界距离过大时，以有效井外推2倍开发井距划定储量估算边界。

(3)含油气面积跨2个及以上的矿业权证范围或省份(海域)的，应分开划储量计算单元。

(4)含油气面积与自然保护区等禁止勘查开采区域有重叠的，应分重叠区和非重叠区划储量计算单元。

(5)纵向上，一般按油气层集中发育段划分储量估算的纵向单元。已查明为统一油、气、水系统的，一般划为一个单元；当油气层段纵向上岩性、物性、储集体特征、流体特征等有明显变化时，可细分单元；当油气层段厚度大于200m时，一般应根据油气层段的发育情况和岩性变化情况细分单元，储层纵向连续性好时可适当放宽。

(四)页岩气储量计算单元

页岩气储量计算单元(简称计算单元)划分应充分考虑构造、页岩气层非均质性等地质条件，结合井控等情况综合确定。

计算单元平面上一般按井区确定：面积很大的气藏，视不同情况可细分单元；当气藏类型、页岩气层类型相似，含气连片或叠置时，可合并为一个计算单元。

纵向上，计算单元一般按含气页岩层段，结合含气量、孔隙度、脆性矿物含量、总有机碳含量和压裂技术(纵向压裂缝长)等因素确定。一般单个计算单元不超过100m。

含气面积跨两个及以上的矿业权证范围或省份的，按矿业权证或省份细划计算单元。

含气面积与自然保护区等禁止勘探开采区域有重叠的，应分重叠区和非重叠区划分计算单元。

四、地质储量估算方法

(一)常规石油、天然气储量估算方法

常规油气地质储量估算主要采用容积法和动态法，也可采用概率法。

1. 容积法

容积法估算油、气储量的实质就是确定地下岩石孔隙中油、气所占的体积，然后用地面的体积单位或重量单位表示。容积法适用于以静态资料为主、油气藏未开发或开发时间

短且动态资料较少情况下的储量估算。

2. 动态法

动态法主要适用于油气藏开发时间长且动态资料丰富情况下的储量估算，以及无法用容积法估算的特殊情形(如裂缝油气藏等)。气藏主要采用物质平衡法和弹性二相法计算天然气地质储量。根据产量、压力数据的可靠程度，划分探明地质储量和控制地质储量。

物质平衡法：采用物质平衡法的压降图(视地层压力与累计产量关系图)直线外推法，废弃视地层压力为零时的累计产量即为天然气地质储量。

弹性二相法：采用井底流动压力与开井生产时间的压降曲线图直线段外推法，废弃相对压力为零时可计算单井控制的天然气地质储量。

3. 概率法

根据构造、储层、油(气)水界面、断层、地层与岩性边界、油(气)藏类型等，确定含油(气)面积的变化范围。根据地质条件、下限标准、测井解释等，分别确定有效厚度和单储系数的变化范围。根据储量计算参数的变化范围，求得储量累计概率曲线，按规定概率值估算各类地质储量。

(二)致密油地质储量估算方法

致密油地质储量估算方法主要采用容积法、类比法、动态法和概率法。

(1)容积法：方法与常规石油地质储量的估算容积法相同，估算参数主要包括含油面积、油层有效厚度、有效孔隙度、原始含油饱和度、原始原油体积系数和地面原油密度等，溶解气油比较高或储量规模大于 $0.1\times10^8m^3$ 时，应估算溶解气地质储量。

(2)类比法：在与相邻已开发成熟区块的地质条件进行充分类比的基础上，利用已开发区的储量参数直接估算目标区的地质储量；也可利用本区已进行较长时间试采并估算的地质储量，结合压裂工程效果和未来开发井网部署估算地质储量。

(3)动态法：在生产动态资料满足估算的情况下，根据驱动类型和开发方式等选择合理的动态方法估算地质储量。

(4)概率法：根据构造、储层、断层、地层与岩性边界、流体分布等，确定含油面积的变化范围。根据地质条件、有效储层下限标准、测井解释结果等，分别确定有效厚度等储量计算参数的变化范围。根据储量计算参数变化范围，求得储量累计概率曲线，按规定概率值估算各类地质储量。

(三)碳酸盐岩缝洞型油气藏地质储量估算方法

碳酸盐岩缝洞型油气藏地质储量估算采用缝洞体雕刻容积法，根据油气藏情况或资料情况也可采用动态法。缝洞体雕刻容积法估算原油、天然气或凝析气储量的公式与常规油气相同。缝洞体雕刻方法包括地震属性体与地震反演体相结合的地震缝洞体雕刻方法和地质建模的地震缝洞体雕刻方法。

地震属性体与地震反演体相结合的地震缝洞体雕刻方法：①依据保幅地震数据体，结合储层井震标定，识别出有效储层的地震反射特征并进行分类；②在地震敏感属性优选与雕刻门槛值测试的基础上，雕刻出不同储层类型地震相的三维几何形态；③开展井震联合反演，求取地震有效孔隙度体；将分类地震相几何形态雕刻成果和对应的地震有效孔隙度体相融合并求取交集，得到分类储层有效孔隙度体；④依据储量计算单元划分成果，用分类储层有效孔隙度体求取储量计算单元内不同储集空间的面积、有效厚度及有效孔隙度，编制图件。

地质建模的地震缝洞体雕刻方法：①结合储层井震标定，识别出有效储层的地震反射特征并进行分类；②在地震敏感属性优选与雕刻门槛值测试的基础上，雕刻出不同储层类型地震相的三维几何形态；③在地质建模思路指导下，将不同储层类型地震相三维几何形态转变为缝洞体三维几何结构模型；④在单井测井建模与地震波阻抗约束建模基础上，结合缝洞体三维几何结构模型，得到缝洞体有效孔隙度地质模型；⑤利用分类储层有效孔隙度体求取储量计算单元内不同储集空间的面积、有效厚度及有效孔隙度，编制图件。

(四)页岩气地质储量的估算方法

页岩气以吸附气、游离气和溶解气三种状态储藏在页岩层段中，页岩气总地质储量为游离气、吸附气和溶解气的地质储量之和；当页岩层段中不含原油时则无溶解气地质储量。

页岩气地质储量估算方法主要采用静态法(体积法和容积法)、动态法、概率法。

静态法精度取决于对气藏地质条件和储层条件的认识，也取决于有关参数的精度和数量，吸附气地质储量采用体积法估算，游离气和溶解气地质储量采用容积法估算。

当页岩气勘探开发阶段已取得较丰富的生产资料时，可采用动态法估算，根据产量、压力数据的可靠程度，划分探明地质储量和控制地质储量。

第二节　容积法估算油气地质储量

容积法是估算油气田(藏)地质储量的主要方法，适用于不同的勘探开发阶段。利用油气田(藏)的静态资料和参数来计算油气储量，故又称为静态法。容积法适合于各种类型的油气藏，包括不同圈闭类型、储集类型和驱动类型的油气藏。

一、容积法基本公式

(一)常规石油与天然气容积法

由于石油和天然气的性质不同，油、气储量计算的公式也有区别。

1. 油藏中原油地质储量估算公式

容积法估算原油地质储量的基本公式为：

$$N = 100A_o h\phi S_{oi}/B_{oi} \tag{7-1}$$

或

$$N = A_o h S_{of} \tag{7-2}$$

式中，N 为原油地质储量，10^4m^3；A_o 为含油面积，km^2；h 为(平均)有效厚度，m；ϕ 为(平均)有效孔隙度，小数；S_{oi}为(平均)原始含油饱和度，小数；B_{oi}为(平均)地层原油体积系数，无量纲；S_{of}为原油单储系数，$10^4m^3/(km^2·m)$。

溶解气地质储量大于0.1×$10^8$$m^3$并可利用时，由下式计算：

$$G_s = 10^{-4} N R_{si} \tag{7-3}$$

式中，G_s为溶解气地质储量，$10^8 m^3$；N为原油地质储量，由公式(7－2)计算获得，$10^4 m^3$；R_{si}为原始溶解气油比，m^3/m^3。

若用质量单位表示原油地质储量时：

$$N_z = N\rho_o \tag{7-4}$$

式中，N_z为原油地质储量，10^4t；ρ_o为平均地面原油密度，t/m^3。

当油藏有气顶时，气顶天然气地质储量按气藏或凝析气藏地质储量计算公式计算。

2. 气藏中天然气地质储量估算公式

容积法估算气藏和油藏气顶地质储量公式为：

$$G = 0.01 A_g h \phi S_{gi} / B_{gi} \tag{7-5}$$

式中，G为天然气地质储量，$10^4 m^3$；A_g为含气面积，km^2；h为平均有效厚度，m；ϕ为平均有效孔隙度，小数；S_{gi}为平均原始含气饱和度，小数；B_{gi}为平均地层天然气体积系数，无量纲。

天然气体积系数为天然气在油藏条件下的体积与地面标准条件下的体积之比(我国地面标准条件指温度20℃，绝对压力0.1MPa)。其数值受压力、温度和原始天然气偏差系数的影响。式(7－5)中B_{gi}用下式求得：

$$B_{gi} = \frac{P_{sc} T Z_i}{T_{sc} P_i} \tag{7-6}$$

式中，P_{sc}为地面标准压力，MPa；T_{sc}为地面标准温度，K；P_i为气藏的原始地层压力，MPa；T为地层温度，K；Z_i为原始气体偏差系数，无量纲。

天然气体积系数中原始地层压力和温度可通过井点资料获得。由于气体受重力分异作用的影响，其密度随气层埋藏深度的增加而增加，气藏的压力系数由构造顶部向边部逐渐减小。计算天然气体积系数时，采用体积权衡法计算气藏平均地层压力，实际计算中采用气藏1/2体积折算深度的压力。

天然气的偏差系数是天然气在给定压力和温度下气体实际占有体积与相同条件下作为理想气体所占的体积之比。一般有三种确定方法：天然气样品测定偏差系数、根据气体组分确定偏差系数、利用气体相对密度确定偏差系数。

3. 凝析气藏天然气地质储量估算公式

凝析气藏是采出天然气和凝析油的气藏，在地层条件下天然气和凝析油呈单一气相状态，并符合逆凝析规律。

凝析气藏中凝析气总地质储量(G_c)可由式(7－5)计算，式(7－6)中Z_i为凝析气的偏差系数。

凝析气藏中凝析油含量大于等于100cm^3/m^3或凝析油地质储量大于等于1×$10^4 m^3$时，应分别计算干气和凝析油的地质储量。计算公式如下：

$$G_d = G_c f_d \tag{7-7}$$

式中，G_d为天然气(干气)的地质储量，$10^8 m^3$；G_c为凝析气藏的总地质储量，可由式(7－

5)计算得到，$10^8 m^3$；f_d为天然气(干气)的摩尔分数，小数。其中

$$f_d = \frac{GOR}{GE_c + GOR} = \frac{GOR}{543.15(1.03 - \gamma_c) + GOR} \quad (7-8)$$

式中，GOR 为凝析气油比，m^3/m^3；GE_c 为凝析油的气体当量体积，m^3/m^3；γ_c为凝析油相对密度，无量纲；凝析气藏中凝析油的原始地质储量计算公式如下：

$$N_C = 0.01 G_c \sigma \quad (7-9)$$

式中，N_C 为凝析油的地质储量，$10^4 m^3$；σ 为凝析油含量，cm^3/m^3；

$$\sigma = 10^6/(GE_c + GOR) \quad (7-10)$$

若用质量单位表示凝析油地质储量时：

$$N_{CZ} = N_C \rho_C \quad (7-11)$$

当气藏或凝析气藏中总非烃类气含量大于15%或单项非烃类气含量大于相关标准(硫化氢含量大于0.5%，二氧化碳含量大于5%，氦含量大于0.1%)，烃类气和非烃类气地质储量应分别计算。具有油环或底油时，原油地质储量按油藏地质储量计算公式计算。

(二)页岩气藏地质储量的容积法

页岩气藏的静态法地质储量估算公式如下：

1. 吸附气地质储量估算方法

估算页岩层段中吸附在泥页岩黏土矿物和有机质表面的吸附气地质储量时，采用体积法，公式为：

$$G_x = 0.01 A_g h \rho_y C_x \quad (7-12)$$

式中，A_g为含气面积，km^2；h 为有效厚度，m；ρ_y为页岩质量密度，t/m^3；C_x为页岩层段中的吸附气含量，m^3/t；G_x为吸附气地质储量，$10^8 m^3$。

2. 游离气地质储量估算方法

估算页岩层段中储集在页岩基质孔隙和夹层孔隙中的游离气地质储量时，采用容积法，公式为：

$$G_y = 0.01 A_g h \phi S_{gi} / B_{gi} \quad (7-13)$$

式中，B_{gi}为原始页岩气体积系数，计算公式同式(7-6)；A_g为含气面积，km^2；h 为有效厚度，m；ϕ 为有效孔隙度，无量纲；S_{gi}为原始含气饱和度，无量纲；G_y为游离气地质储量，$10^8 m^3$。

3. 溶解气地质储量估算方法

当页岩层段含有原油时，采用容积法估算溶解气地质储量，方法与常规油气相同，估算公式同式(7-3)。

4. 页岩气总地质储量估算方法

将上述公式估算的吸附气、游离气和溶解气地质储量相加，即为页岩气总地质储量，公式为：

$$G_z = G_x + G_y + G_s \quad (7-14)$$

当页岩层段不含原油时，不估算溶解气地质储量，将上述公式估算的吸附气和游离气

地质储量相加，即为页岩气总地质储量，公式为：

$$G_z = G_x + G_y \tag{7-15}$$

也可用下式估算页岩层段中吸附气与游离气之和，方法为体积法，公式为：

$$G_z = 0.01A_g h\rho_y C_z \tag{7-16}$$

式中，A_g为含气面积，km^2；h为有效厚度，m；ρ_y为页岩质量密度，t/m^3；C_z为页岩总含气量，m^3/t；G_z为页岩气总地质储量，$10^8 m^3$。

二、容积法公式中计算参数的确定

容积法计算油气储量的重点是求准公式中各项参数，各个参数的误差对储量计算结果的影响程度各不相同。一般来说，公式(7-1)右边的参数对储量精度的影响从左到右依次减弱。

(一)常规石油与天然气容积法计算参数的确定

1. 含油(气)面积

容积法计算油气储量公式中，含油(气)面积的精度对油(气)储量的可靠性有决定性的影响，准确地圈定含油(气)面积是储量计算的关键。

含油(气)面积是指具有工业性油气流地区的面积。在研究油、气、水分布规律和油(气)藏类型的基础上，确定流体界面(气油界面、油水界面、气水界面)及油气遮挡(如断层、岩性、地层)边界，编制反映油气层(储集体)顶(底)面形态的构造等值线图，圈定含油(气)面积。

1)油水边界的确定方法及含油面积的圈定

对于油层均质，岩性、物性稳定，构造简单的油藏来说，含油面积可根据油水边界确定；对于非均质油层，含油面积的大小取决于产油层的圈闭类型、储集层物性变化及油水分布规律。

油水边界为油层顶(底)面与油水接触界面的交线，界面以上产纯油，界面以下油水同出或产纯水。

实际上，油水界面并非是整齐的、油水截然分开的水平面，有时存在一个油水过渡带。如果含水区中存在着区域性的地下水流动，由于水动力梯度关系，油水界面就会沿着水流方向发生倾斜。如果油层岩性和物性不均一，在岩性极差、孔喉变小的地方，由于界面毛细管压力的作用，油水界面就会在这些地方升高，形成了参差不齐、凹凸不平的油水界面。

油水含量渐变带称为油水过渡带，油水过渡带厚度的大小主要受油层渗透性好坏、均匀程度，以及油、水密度差的影响。油层渗透性越好，越均匀，油、水密度差越大，则油水过渡带的厚度越薄；反之，油水过渡带的厚度就越厚。此外，构造倾角的陡缓、油气藏形成时间的早晚等对油水过渡带厚度的影响也是不可忽视的。一般，构造倾角越陡，越有利于油水的垂向分异，形成的过渡带厚度也就越薄；油气藏形成的时间越早，油水分异越完全，油水过渡带的厚度也越薄。油水过渡带较厚的油藏在圈定含油面积时，必须考虑油水过渡带。

含油面积一般指油气藏产油段在平面上的投影。对于边水油藏，外含油边界是含油面

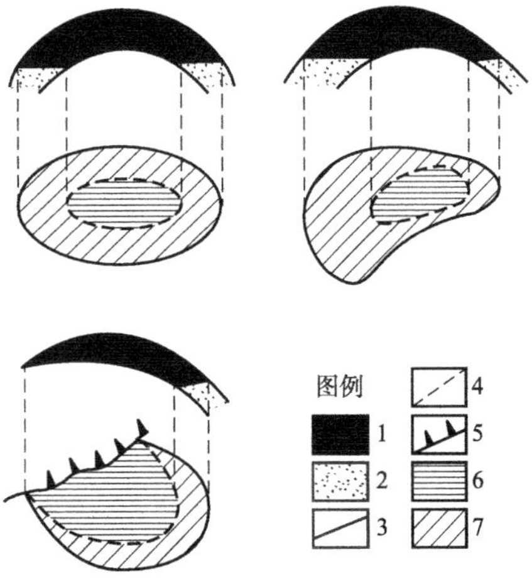

图7－6　油水边界特征图
1—地层产油部分；2—地层饱含水部分；
3—外含油边界；4—内含油边界；
5—尖灭线或储油层相变线；6—油藏纯油带；
7—油水过渡带

积的外界，内含油边界控制了含油部分的纯含油区，内、外含油边界之间的含油部分称为过渡带。对于底水油藏，由于底水存在，只有外含油边界。如果油层厚度变化很小，则内外油水边界和构造线平行。如果油层厚度在平面上有明显变化，内外含油边界不平行，在相变情况下，它们在储油层尖灭位置上合并(图7－6)。

油水界面的确定有以下几种方法。

(1)利用岩心、测井及试油等资料确定油水界面。

岩心是研究油水界面最直观的资料，根据肉眼观察可大致确定油水界面。含水部分的岩心，一般颜色浅，多呈灰白色，不含油或微含油；油层部分的岩心颜色较深，多为黄褐色或棕褐色，含油饱满；气层岩心颜色虽浅，但具浓厚的芳香味。从水层至油层，岩心颜色由浅变深。

根据岩心中钻井液侵入带的颜色可大致判断油水界面。由于钻井液对岩心具有冲刷与侵入作用，致使纯含油及含水产油段的岩心，钻井液侵入环多为呈外浅里深的色环；含油产水段的岩心，钻井液侵入环则为常常呈里浅外深的反环带。

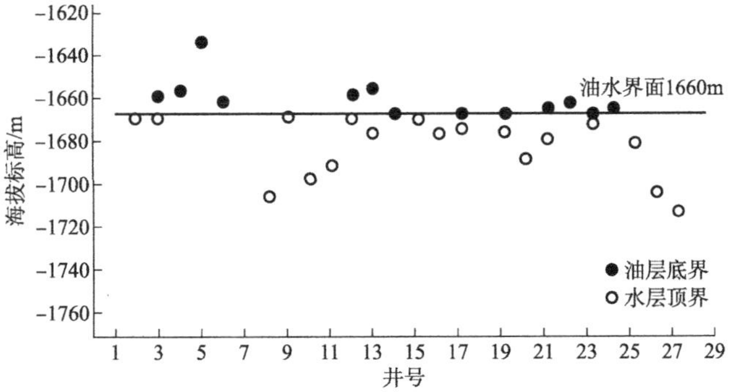

图7－7　确定油水界面图(据韩定荣，1983)

对一个油藏来说，首先要以试油资料为依据，结合岩心资料的分析研究，制定判断油水层的测井标准，然后划分各井的油层、水层和油水同层。在此基础上按油、水系统，根据海拔高度作油底、水顶分布图。如图7－7所示，按剖面将井依次排列起来，在图上点出各井油底、水顶位置，并分析不同资料的可靠程度。在研究油藏油水分布规律的基础上，在油底与水顶之间划分油水界面。当井的资料较少，油底和水顶相距较远时，油水界面应偏向油底，以防止含油面积偏大(单层试油的油水同出资料有特殊意义，它指示油水界面就通过该层)。

(2)应用毛细管压力曲线确定油水界面。

应用油层岩心的毛细管压力曲线，再结合油水相对渗透率曲线，能够较准确地划分出油水界面。如图7－8所示，自上而下，油层被划分为三个带。

产油带：只产油，不产水，水的相对渗透率为零。油层的含水饱和度由大约8%(束缚水饱和度)变化到30%左右，产油带的底面称为油底。

油水过渡带：油水同产，从过渡带的顶至底，含水饱和度由30%增至78%左右。按含水饱和度变化的趋势，又可自上而下将此带划分为两个亚带，即含水产油带与含油产水带。

产水带：此带只产水，不产油，油的相对渗透率为零。含水饱和度由78%增加至100%，产水带顶面称为水顶。

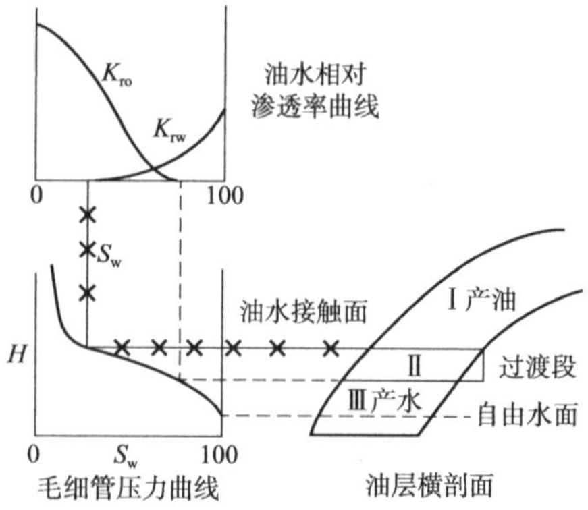

图7－8 利用毛细管压力曲线与相对渗透率曲线划分油水界面示意图

实验室测定的毛细管压力曲线可换算为油藏条件下的毛细管压力曲线，而且纵坐标上的毛细管压力可用油水接触面以上的高度表示。如果一个油田，通过岩心分析、测井解释或其他间接方法取得含油饱和度数值时，就可直接作出含油饱和度随深度的变化图，即油藏毛细管压力曲线。若已知油层饱和度下限标准，就可在曲线上查得油水界面深度。

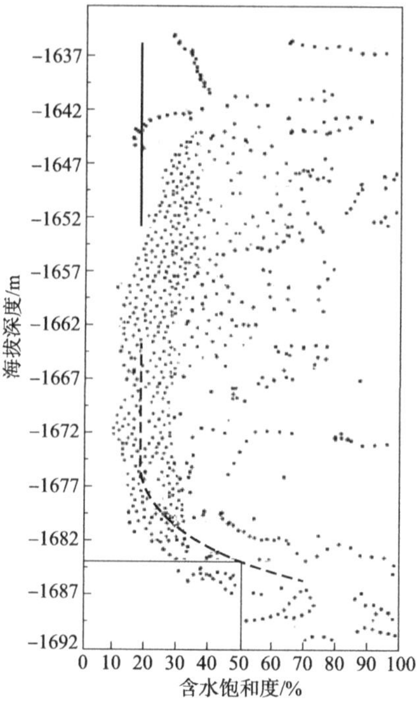

图7－9 利用测井解释的油藏毛细管压力曲线确定油水界面（据范尚炯，1990）

图7－9为埕北油田根据测井解释结果所作出的含水饱和度垂向分布图，并综合成一条油藏条件下的毛细管压力曲线。根据试采结果，确定油层含油饱和度下限为50%，所以在油藏毛细管压力曲线上，含水饱和度50%处所对应的深度1684m，就是该油藏油水界面深度。

(3)利用压力资料确定油水界面。

在一个圈闭上，只要有一口井获得工业性油流，而另一口井打在油层的含水部分，且这两口井通过测试获得了可靠的压力和流体密度的资料，就可以利用油井和水井的压力资料及油、水密度资料计算油水界面。

图7－10所示，1号井钻在油藏的顶部，测得的油层静止压力为P_o，2号井钻在油藏的含水部分，测得的水层静止压力为P_w。在油藏内，水井的地层静止压力P_w为：

$$P_w = P_o + \rho_o g(H_{ow} - H_o) + \rho_w g[\Delta H - (H_{ow} - H_o)] \tag{7-17}$$

式(7－7)经整理可得到油水界面的海拔高度为：

$$H_{ow} = H_o + \frac{\rho_w \Delta H - (P_w - P_o)/g}{\rho_w - \rho_o} \tag{7-18}$$

式中，H_o为油井井底海拔高度，m；H_w为水井井底海拔高度，m；H_{ow}为油水界面海拔高度，m；ΔH为油井与水井海拔高度差，m；ρ_o为油的密度，g/cm^3；ρ_w为水的密度，

g/cm^3；P_o 为油井地层压力，MPa；P_w 为水井地层压力，MPa。

当构造圈闭上只有一口油井，而边部无水井时，可以利用区域的压力资料及水的密度资料代替水井测压资料来计算油水界面。

需要强调指出的是，利用地层压力资料来确定油水界面的方法，只适用于那些具有正常地层压力的油藏。

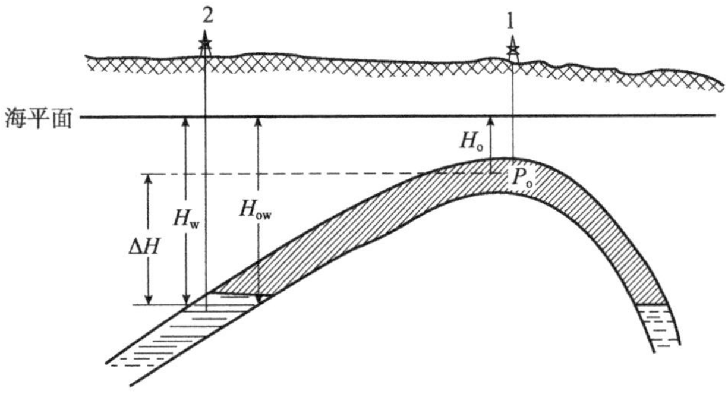

图 7－10　利用测压资料确定油水界面示意图

用上述方法确定了油藏的油水边界的位置与海拔高度以后，可将油水边界投影到油层顶面构造图上，圈出外含油边界；投影到油层底面构造图上，圈出内含油边界；或者按含油内、外边界的海拔高度直接在油层顶面构造图上圈出内、外含油边界。所以，编制准确的构造图是保证含油面积精度的重要基础。如果油砂体连片分布，油层组(或砂层组)顶面图即可代表储集层的形态；如果油层岩性变化很大，尖灭区多，油层组顶面构造图就不能反映油砂体形态的变化，需编制渗透性砂岩顶面高程图，油水接触面投影在这种砂层顶面图上才能反映出岩性油藏的油水边界。圈定探明储量含油面积的构造图，必须是本储量计算单元的油层构造图，不能借用其他层构造图。

如果油水界面不是水平，而是倾斜的，就不能简单地按上述方法来圈定含油面积。需要先编制油水界面等高线图，然后用此图分别与油层顶面构造图与油层底面构造图叠合，取同值等高之交点，并以平滑的曲线将这些交点连接起来，便分别获得油藏的外含油边界与内含油边界。如果油水分布非常复杂，只能以可靠的试油资料为依据，在构造图上分区圈定出含油面积。

(4)压力梯度法识别油水边界。

通过储层中两个或两个以上稳定压力测试点的线性回归，回归线的斜率为储层中流体密度。

如图 7－11 所示，塔里木盆地英买区块某井，井深 5430m，进行 12 点测压，两套不同流体性质储层的回归线交叉点对应深度即为流体界面，即压力梯度分析油水界面为 5399.7m。进行 MDT 产能预测解释，分析认为射开 5384～5391m，采用 7.94mm 油嘴，试油产量 279.8m^3/d。后对 5384～5389m 射开进行试油，试油结果如表 7－8 所示，对比证实 MDT 预测结果完全准确，较完井试油提前 60 天。本实例说明 MDT 快速准确地识别出油气层和预测产能，加快了勘探节奏。

需要注意的是，使用的测压点需压力稳定；同一套流体系统至少需有 3 个稳定压力测试点，压力点越多，压力回归结果的确定性越高。由于致密储层测压普遍存在超压现象，测试地层压力高于真实储层孔隙压力，形成可靠压力梯度难度较大，因此，该方法并不适用于致密储层。当储层孔隙结构复杂且流体类型多样时，测井响应特征复杂，流体识别困难，尤其是低饱和度油气层、高阻水层和缝洞型油气层等。

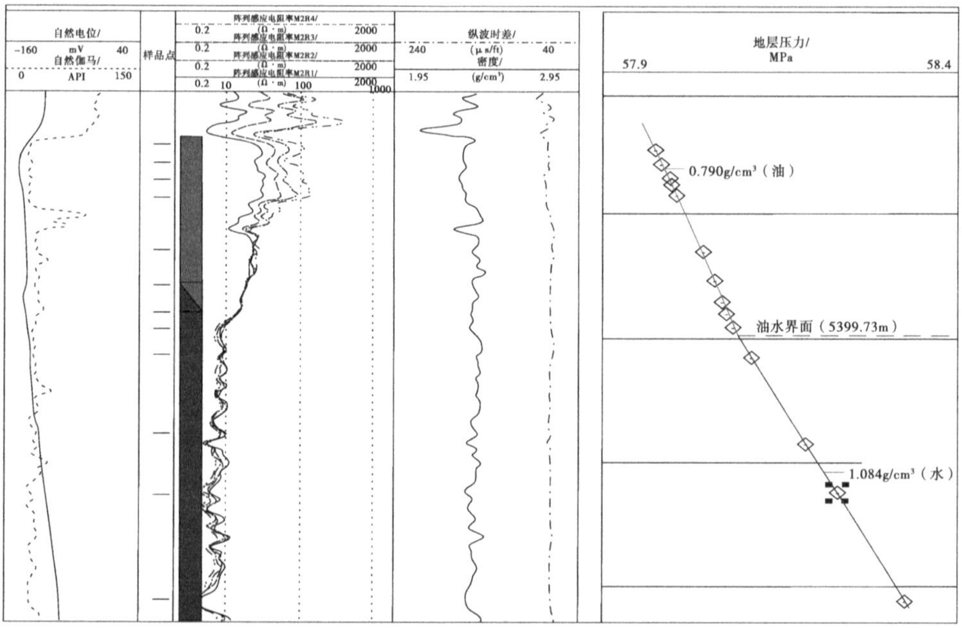

图 7－11　英买某井测井曲线及 MDT 压力剖面

表 7－8　英买某井 MDT 产能预测与 DST 测试结果对照

内容	MDT		DST	
油压/MPa	15	17	9.3～10.1	11.5～11.9
油产量/(m^3/d)	279.8	172.1	297.7	210.6
气产量/(m^3/d)	27420	16866	14760～17185	11075～12864

2）岩性边界的确定

对构造简单、储层均质、物性稳定的油气藏来说，含油气面积可根据油气边界确定。实际上，含油气边界由油水边界、油气边界、岩性边界、断层边界或地层边界等多种边界构成，只有在查明圈闭形态、储层分布规律、断层和岩性尖灭线的位置、油水界面及油气藏类型后，才能较正确地确定含油气边界，圈定含油气面积。

储量估算所指的岩性边界是特指有效储层与非有效储层的分界线，是工业含油边界，边界以内钻的探井应具有工业油流，在另一边即使同层位的地层没有尖灭，也只能是非有效储层，不具工业含油性，没有有效厚度。一般，有效储层为渗透性砂岩、砾岩等，非有效储层为泥岩、钙质致密砂岩或相对低渗透的砂岩等。

确定岩性边界，首先要研究储集层所处的沉积相带和分布形态。以陆相砂岩为例，砂体形态大体可分为三类，第一类为大面积分布、厚度变化稳定的层状砂岩体，如湖相、三角洲相砂岩，这类油层在油田范围内往往找不到岩性边界，含油边界按油水边界圈定；第二类为条带状砂岩体，主要为河流相沉积，岩性变化大，经常出现侧向岩性边界；第三类为面积小，岩性变化大的透镜状砂体，如透镜状浊积砂岩沉积，砂体四周均为岩性边界。

含油面积的岩性边界是按储量计算单元内砂岩集合体的边界圈定的。下面介绍几种圈定岩性边界的方法。

(1)统计法。储量计算中的岩性边界也是有效厚度零线，而砂岩与泥岩的界限称砂岩尖灭线。20 世纪 60 年代，我国大庆油田的地质工作者根据砂层的延伸长度与厚度的关系，利用大量统计资料，建立尖灭距离公式计算砂岩尖灭位置(图 7－12)。

$$X = \frac{L}{h + 1} \tag{7-19}$$

式中，X 为砂层尖灭位置到相邻砂层已尖灭井的水平距离，m；L 为相邻两井的水平距离，m；h 为砂岩厚度，m。

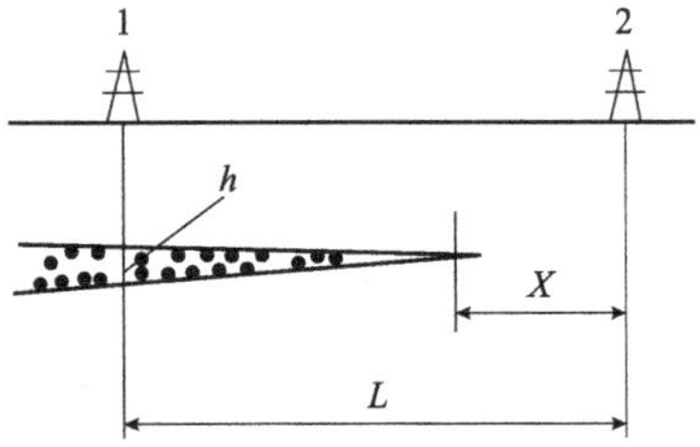

图 7－12　用公式计算岩层尖灭位置示意图

式(7－19)是在井距较小的情况下采用的方法。

确定砂岩尖灭位置后，在尖灭线和有效厚度井之间将零线当作一条等值线勾绘，确定岩性边界。

在掌握了砂层区域性的尖灭规律以后，可直接勾绘砂层尖灭位置。勾绘时，应考虑以下两个因素，即砂层厚度和砂岩的渗透性。砂层厚度越大，砂岩渗透率越好，则尖灭位置就越远；反之，则越近。当井控制较好，井距是开发井距时，可取尖灭井点与有砂岩井点的距离之半，圈定砂岩尖灭线，再由砂岩尖灭线距有效厚度井点的 1/3 处，或取砂岩井点与有效厚度井点之半，圈定有效厚度零线作为油气边界。当油气藏边界无控制井时，可按 1 个或 1/2 个开发井距圈定含油气边界。

(2)统计砂岩体大小，确定井点外推距离。勘探初期探井井距很大，不能用井距之半的办法圈定岩性边界，必须预测本地区砂岩体的大小，确定井点外推距离。

在勘探成熟地区，可以通过统计已发现砂体的大小，确定平均外推井距；对于新探区，可采用与成熟地区类比法，确定一个外推距离。我国长庆油田以河流相和湖沼相沉积为主，曾对四个主要油田进行统计，发现 320 个油藏中以岩性圈闭为主的油藏占 83%，大部分为条带状或透镜状砂岩油藏。砂体平均宽度为 0.5～0.6km，其两侧延伸宽度为 200～300m 的概率最高。

长庆地区土豆状或条带状油藏含油面积的岩性边界，以钻遇井外推距离 200～300m 较合适。对于层状岩体，含油面积较大，形态不固定，详探阶段含油边界可外推 1～1.5km。在新区，没有类比基础的情况下，一般外推不宜超过 500m。在地震地质条件有利的情况下，可采用砂体横向预测技术，预测砂体的大小和分布。此外，利用试井探边测试也有可能获得较可靠的边界位置。

含油边界除了油水边界、岩性边界外，还有断层边界，断层边界可以通过断层组合绘制平面构造图得到。

3)依据油藏类型圈定含油面积

油藏类型在圈定含油面积中起重要的作用。结合钻井、地震资料和区域地质综合研究，初步掌握控制油气水分布规律的油气藏类型后，确定所发现的油气藏是简单背斜油气藏还是复杂断块油气藏？是具有统一油水界面的块状油气藏还是多油水系统的层状油气藏？是储层连片分布还是零星分布的岩性油气藏？对油气藏类型有了正确的估计，并用以指导含油气边界圈定，那么估算的储量就不会因为面积的变化出现大的波动，由面积误差引起的储量误差可能控制在50%以下。下面介绍几种主要类型的油藏圈定含油边界的方法。

(1)简单背斜油藏。包括简单背斜块状油藏和简单背斜层状油藏(图7－13)，只要搞清构造形态，确定出油水界面，就可以较准确地圈定含油面积，如大庆长垣北部的喇嘛甸、萨尔图、杏树岗油田等就属于这一类油藏。

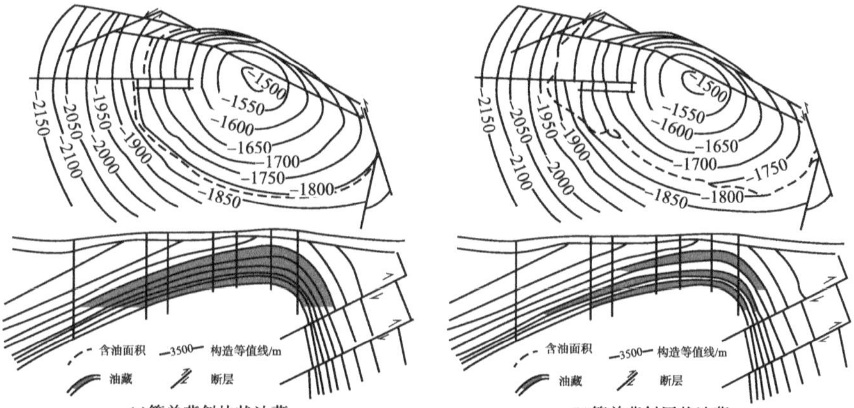

(a)简单背斜块状油藏　　(b)简单背斜层状油藏

图7－13　简单背斜块状油藏和简单背斜层状油藏示意图

决定简单背斜块状油藏和简单背斜层状油藏含油边界的主要因素有两个：构造形态和油水界面。当一个背斜的多套储层受裂缝等因素的影响相互连通时，会形成统一的块状油藏，对块状油藏，一般取钻遇井油底和水顶深度之半；如果存在多套储层且各储层相互不连通，属于具有多个独立压力系统和独立油气水界面的层状油藏，如图7－13所示，如果按钻遇井油底深度确定油水界面可能会偏于保守，此时地层压力、试油等资料的录取就更为重要。

(2)断块油藏。断块油藏的含油边界有断层边界、油水(气)边界，有些还有岩性边界。必须先确定断层在含油构造上的具体位置，然后依据断层与油水边界、岩性边界圈定含油面积。具体常采用剖面投影法，如图7－14所示。

断块油藏圈定含油边界通常不分纯油区和过渡带，一般以外含油边界圈定。

(3)岩性油藏和构造岩性油藏。岩性油藏具有油层分散、各井油层层位不同、储集层封闭性好、常具有高压的特点。

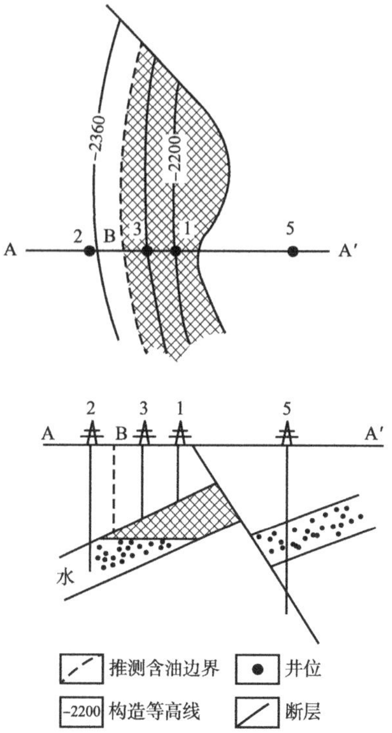

图7－14　断块油藏含油面积圈定示意图

岩性油藏的含油面积仅受岩性边界控制，构造岩性油藏往往受岩性边界和油水边界控制，如图7－15所示。对于这类油藏，按确定岩性边界圈定含油边界。

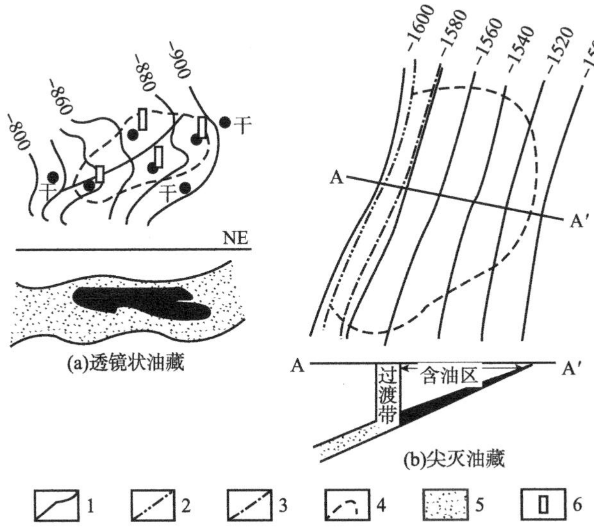

图7－15　岩性油藏含油面积圈定示意图

1—构造等高线；2—内油水边界；

3—外油水边界；4—含油边界线；5—含油面积；6—试油结果

4）不同类别地质储量的含油（气）面积圈定要求不同

（1）预测地质储量含油（气）面积。

依据推测的油（气）水界面圈定溢出点的含油（气）面积；或依据油（气）藏综合分析所确定的油（气）层分布范围，圈定含油（气）面积；或依据同类油（气）藏圈闭油气充满系数类比，或地震约束反演资料圈定的含油（气）面积。

（2）控制地质储量的含油（气）面积。

依据测井解释的油气层底界面，依据钻遇或预测的流体界面圈定含油（气）面积；或探明含油（气）边界到预测含油（气）边界之间圈定含油（气）面积；或依据多种方法对储层进行综合分析，结合油（气）层分布规律确定的可能含油（气）边界圈定含油（气）面积。

（3）探明地质储量含油（气）面积。

已投入开发探明储量的含油（气）面积，根据生产井静态和动态资料综合圈定。在油气藏或区块中，开发井网已实施70%及以上的探明地质储量，含油气面积以油气开发井外推1.0～1.5倍开发井距圈定。

（4）未投入开发探明储量的含油（气）面积。

各种边界的确定需要达到以下条件：①用以圈定含油（气）面积的流体界面，应经测井或测试资料，或钻井取心资料证实，或可靠的压力测试资料确定；②未查明流体界面的油（气）藏，应以测试证实的最低的出油气层（或井段）底界外推圈定含油（气）面积；③油（气）藏断层（或地层）遮挡边界，以油（气）层顶（底）面与断层（或地层不整合）面相交的外含油（气）边界圈定含油（气）面积；④岩性（或物性）遮挡边界，用有效厚度零线圈定含油（气）面积；未查明边界时以开发井距的1～1.5倍外推划计算线；⑤在确定的含油（气）边界内，边部油(气)井到含油(气)边界的距离过大时，可按照油(气)藏开发井距的1～1.5倍外推划计算线；⑥高分辨率地震解释预测的流体界面和岩性边界，经钻井资料约束解释并有高置信度时，可作为圈定含油(气)面积的依据。

(5)特殊情形的含油(气)面积圈定。

对于以下两种特殊情形，应分开圈定含油气面积：①含油气范围跨2个及以上的矿业权证范围或省份的，应以矿业权证范围或省份为界分开圈定。②含油气范围与自然保护区等禁止勘查开采区域有重叠的，按重叠区和非重叠区分开圈定。

2. *有效厚度*

油(气)层有效厚度(简称有效厚度)是指达到储量起算标准的含油气层系中具有产油气能力的那部分储层厚度。

1)作为油(气)层有效厚度必须具备的两个条件

①达到储量起算标准；②具有产油气能力，即油层内具有可动油、在现有工艺技术条件下可供开采。

在工业油流井中无贡献的储层厚度不是有效厚度，不是达到储量起算标准的工业油流井不能圈在含油面积内，不划分有效厚度。

有效厚度的概念，国内外大体一致，在美国称有效厚度为生产层净厚度，有效厚度下限称截止值(Cut Off)，更强调净厚度的商业价值。根据美国储量分类标准，只有目前开采有经济价值的厚度才能估算储量，目前无经济价值的接近边际的或低于边际的厚度，只能算是资源，待油价上涨或开采工艺提高或成本下降后才能升为储量。

2)不同类型的地质储量有效厚度确定要求不同

(1)探明地质储量的有效厚度。

探明地质储量有效厚度标准确定的方法(图7-16)如下：①应分别制定油层、油水同层、气层划分和夹层扣除标准；②以岩心分析资料和测井解释资料为基础，测试资料为依据，在研究岩性、物性、电性与含油性关系后，确定其有效储层划分的岩性、物性、电性、含油性等下限标准(表7-9、表7-10)；③储层性质和流体性质相近的多个小型油藏或气藏，可制定统一的标准；④借用邻近油气藏下限标准应论证类比依据；⑤应使用多种方法确定有效储层下限，并进行相互验证；⑥有效储层标准图版符合率大于80%。

对于有效厚度的划分，以测井解释资料划分有效厚度时，应对有关测井曲线进行必要的井筒环境(如井径变化、钻井液侵入等)校正和不同测井系列的标准化处理；以岩心分析资料划分有效厚度时，油气层段应取全岩心，收获率不低于80%；有效厚度的起算厚度为0.2～0.4m，夹层起扣厚度为0.2m。

(2)控制地质储量的有效厚度。

控制地质储量的有效厚度，可根据已出油气层类比划分，也可选择邻区块类似油气藏的下限标准划分。与探明区(层)相邻的控制地质储量的有效厚度，可根据本层或选择邻区(层)类似油气藏的下限标准划分。

(3)预测地质储量的有效厚度。

预测地质储量的有效厚度，可用测井、录井等资料推测确定，也可选择邻区块类似油气藏的下限标准划分，无井区块可用邻区块资料类比确定。与探明或控制区(层)相邻的预测地质储量的有效厚度，可根据本层或选择邻区(层)类似油气藏的下限标准划分(表7－9、表7－10)。

表7－9　三塘湖油田牛圈湖区块西山窑组储层物性下限标准

类别		参数				岩性	泥质含量/%
		物性		含油性			
		ϕ/%	$k/10^{-3}\mu m^2$	S_o/%	油气显示		
有效储层	油层	≥11	≥0.3	≥46	油斑以上	细砂岩以上粒级	<10
非储层	干层	<11	<0.3	<46	荧光以下	粉砂岩以下	≥10

表7－10　三塘湖油田牛圈湖区块西山窑组储层电性下限标准

类别	电性			
	RD/Ω·m	GR/API	DEN/(g/cm³)	AC/(μs/m)
有效储层	≥48	<89	≤2.46	≥229

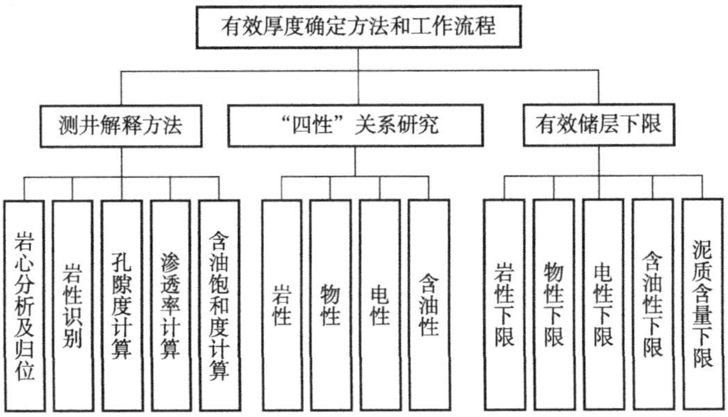

图7－16　有效厚度确定方法和工作流程图

3)有效厚度的下限

(1)有效厚度的物性标准。

一个油层的工业产油能力主要受油层物性(油层的有效孔隙度和渗透率)和油层的含油性(含油饱和度)等因素的影响。在这些因素中，有效孔隙度和含油饱和度的乘积反映了油层的储油能力。而渗透率则反映了油层的产油能力。当油层的有效孔隙度、渗透率和含油饱和度达到一定界限时，油层便具有工业产油能力，这样的界限被称为有效厚度的物性标准。由于一般岩心资料难以求准油层原始含油饱和度，通常用孔隙度和渗透率参数反映物性下限。

确定有效厚度物性下限的方法有试油法、经验统计法、含油产状法、钻井液浸入法等。

①试油法。

试油法是根据试油成果来确定有效厚度物性下限的方法。对于原油性质变化不大，单层试油资料较多的大油田，可直接作每米采油指数和空气渗透率的关系曲线。平均关系曲线与渗透率坐标轴的交点所对应的空气渗透率值，即为油层有效厚度的渗透率值，即为油层有效厚度的渗透率下限(图7－17)。

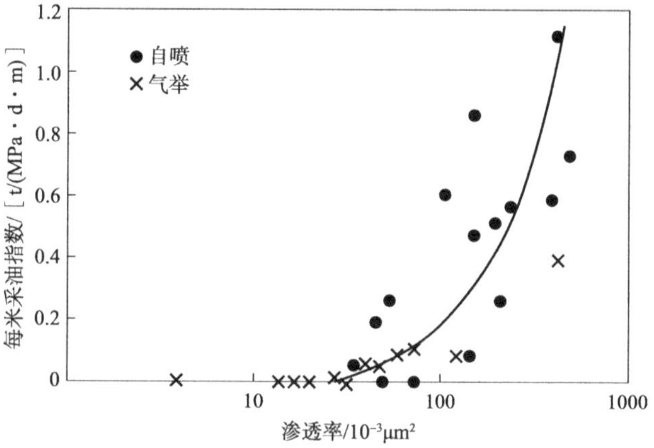

图7－17　单位厚度采油指数与渗透率关系曲线(据大庆油田储量组，1985)

利用单层试油资料与岩心测定的孔隙度、渗透率资料交会图来确定有效厚度的物性下限，如图7－18所示，图中指出产气层渗透率18×$10^{-3}\mu m^2$，孔隙度为17%。

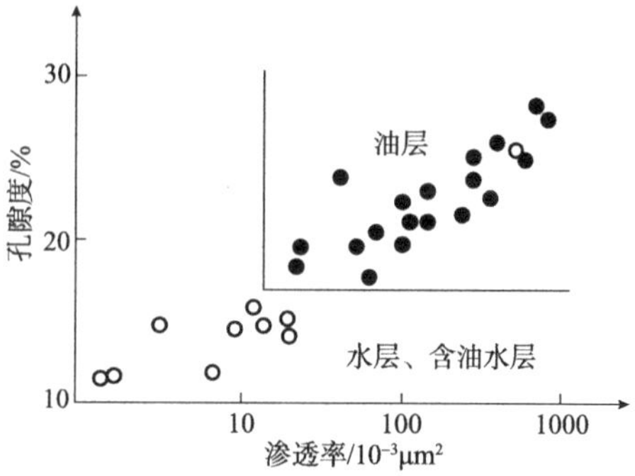

图7－18　试油结果与物性关系图

②经验统计法。

在美国通常使用经验统计法。对于中低渗透性油田，将全油田的平均渗透率乘以5%，就可作为该油田的渗透率下限。对于高渗透性油田，或者远离油水界面的含油层段，则应乘以比5%更小的数字作为渗透率下限。他们认为，渗透率下限值以下的砂层丢失的产油能力很小，可以忽略。

③含油产状法。

我国普遍存在的陆相碎屑岩储集层“四性”关系的一致性较好，即岩性粗、物性好、电性好、含油性好的储油层，储油能力强，产油能力高。反之，则储油能力差，产油能力低甚至没有可动油流出。对于原油性质普遍具有黏度高、凝固点高和含蜡高、颜色深等特点的储油层岩心，在受钻井液冲刷和取至地面压降过程中，所含原油不可能大量溢出，地面岩心的含油产状能很好地反映地下油层的含油产状。而对于原油黏度小、挥发性强、颜色浅的轻质原油，岩心的含油产状不能代表地下油层的含油产状，不能用含油产状法确定有效厚度下限。

一般，砂岩储集层其颗粒越粗，分选越好，岩性越均匀，岩心的含油面积越大，含油越饱满；反之，岩心的含油情况变差。例如，大庆油田储层岩性为细－粉砂级，含油产状为油砂和含油级的岩性一般在粉砂级以上，油浸、油斑级则为泥质粉砂岩。岩心含油产状的级别随着有效孔隙度和空气渗透率的增加而有规律的升高，即油层有效孔隙度和空气渗透率越好，油层含油产状级别越高；反之，则越低。

通过试油确定岩性和含油产状的出油下限。在取心井中，选择一定数量的岩心收获率高，岩性、含油性较均匀，孔隙度、渗透率具有代表性的层，进行单层试油。通过试油搞清岩性、含油性、物性和产油能力的关系。如大庆油田试油资料表明：岩心为粉砂级、含油产状为油浸级及其以上的储油层，试油结果出油；油浸和油斑级泥质粉砂岩，很少有可动油，即使有也是薄层粉砂岩条带在起作用。所以，大庆油田出油下限定在油浸粉砂岩，油浸和油斑泥质粉砂岩为非有效层。

在查明含油产状与含油性和物性关系的基础上，用数理统计方法统计有效油层物性下限，如图 7－19 所示。我国陆相碎屑岩储集层含油产状与物性具有一致变化的规律。

含油产状法控制物性界限最基本的宏观因素是试油确定的有效层的岩性和含油产状，如果有效层的含油产状定得过高，统计的物性下限偏高；反之，则下限偏低。

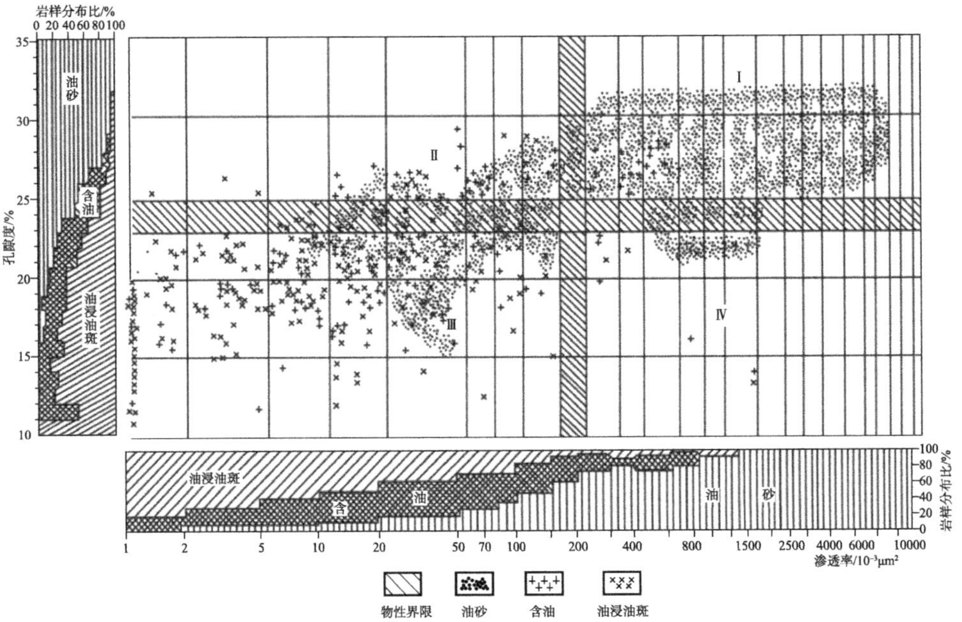

图 7－19　油层物性界限岩样分布图（据大庆油田储量组）

④钻井液浸入法。

在储集层渗透率与原始含油饱和度有一致关系的油田，利用水基钻井液取心测定的含水饱和度可以确定有效厚度物性下限。水基钻井液取心中，钻井液对储油岩层产生不同程度的侵入现象。渗透率较高的储油砂岩，钻井液驱替出原油，使取出岩样测定的含水饱和度增高；渗透率较低的储油岩，钻井液驱替出原油较少；当渗透率降低到一定程度，钻井液不能侵入，取出岩样测定的含水饱和度仍然是原始含水饱和度。因此，含水饱和度与空气渗透率关系曲线上出现两条直线如图 7－20 所示，其交点的渗透率就是钻井液侵入与不侵入的界限。钻井液侵入的储层，反映原油可以从其中流出，因此为有效厚度。钻井液未侵入的储层，反映原油不能从其中流出，因此为非有效厚度。交点处的渗透率就是有效厚度下限。用相同方法也可以确定孔隙度下限。

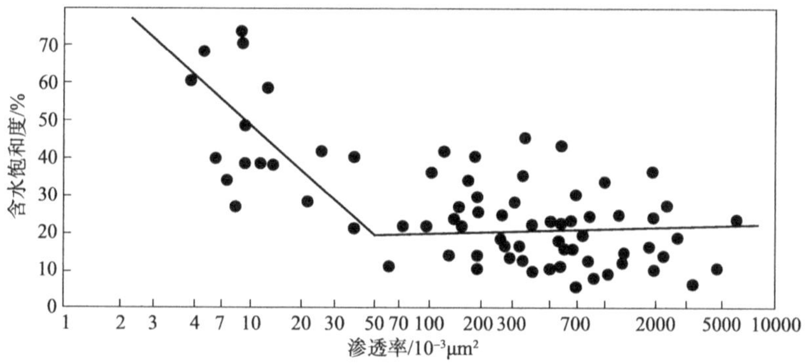

图7－20 钻井液侵入法确定渗透率下限图(据大庆油田储量组，1985)

(2)有效厚度的测井标准。

对于一个油田，取心井非常有限，大量探井和开发井只有测井资料，要划分非取心井段的有效厚度，必须依靠反映储集层岩性、物性和含油性的有效厚度测井标准。

油层的地球物理性质是油层的岩性、物性与含油性的综合反映，能间接反映油层的储油能力和产油能力。当油层的地球物理参数达到一定界限时，油层便具有工业产油能力，这一界限就是有效厚度的测井标准。有效厚度的测井标准一般是在研究区岩性、物性、含油性与电性关系基础上，以正确反映有效厚度物性标准为目的，进行测井资料的定性、定量解释研究工作，制定判断油、气、水层和划分油层、干层及扣除夹层的测井标准。

测井方法多样，可以根据油田不同的地质条件，选择不同的测井系列，建立相应的测井响应方程，定量解释各项地质参数，使确定有效厚度的测井标准可靠性增加，准确地划分油层有效厚度(图7－21)。

目前，我国陆相碎屑岩储集层确定有效厚度的测井系列有以下几种：①反映储集层含油(气)饱和度的主要有感应和深浅侧向测井；②主要反映岩性和孔隙度的有声波和中子测井；③反映储集层渗透性和泥质含量的有自然伽马、自然电位和微电极测井及井径曲线。

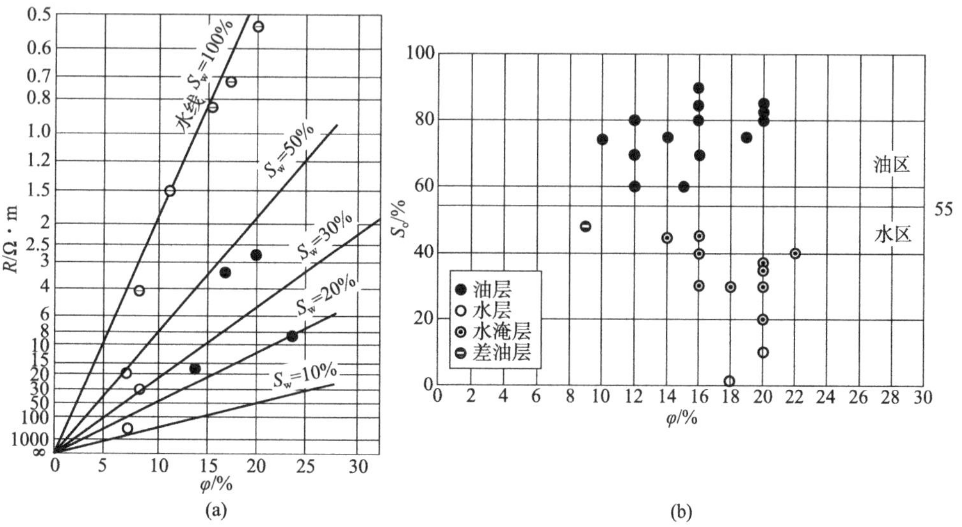

图7－21 测井电阻率－孔隙度下限图版(a)和孔隙度－饱和度下限图版(b)

(3)油层有效厚度的划分。

划分油层有效厚度时，先根据物性与测井标准确定出有效层，然后划分出产油层的顶、底界限，量取总厚度，并从总厚度中扣除夹层的厚度，从而得到油层有效厚度。

在油层岩心收获率很高(大于90%)的情况下，可直接依据岩心资料划分有效厚度。对于一个油田，多数井未取心，主要利用地球物理测井资料划分油层有效厚度。

利用测井资料划分油层顶、底界限，量取油层总厚度时，应当综合考虑能清晰反映油层界面的多种测井曲线，如果各种曲线解释结果不一致时，则以反映油层特征最佳的测井曲线为准。例如，我国东北某大油田，采用微电极、自然电位、视电阻率三条曲线来量取产层总厚度。一般利用收获率高的岩心，确定各类油层相应的测井曲线典型特征，编制油层特征明显的典型测井曲线图版。以此为样本划分油层有效厚度，如图7－22所示。

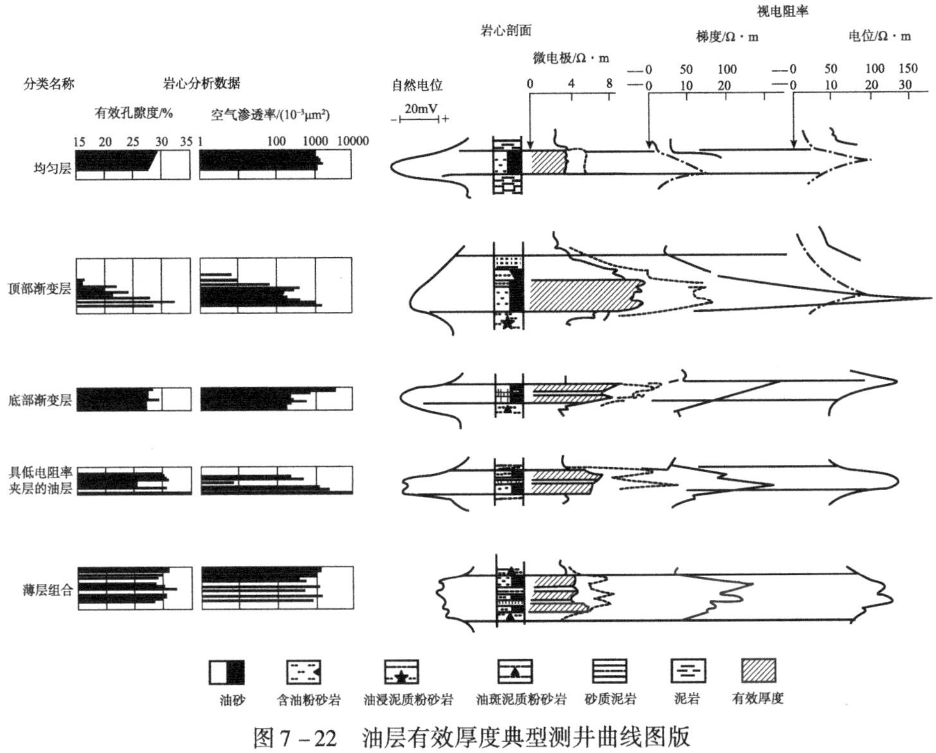

图7－22　油层有效厚度典型测井曲线图版

对层内岩性、物性变化小，含油均匀，顶、底界面清晰可分，具稳定沉积特征，电测曲线形态与理论曲线形态相符，且分层界限较清晰的均匀层，各种曲线解释结果基本一致，可同时利用多种测井曲线如自然电位、视电阻率和微电极曲线划分油层有效厚度。

我国陆相碎屑岩储油层非均质性强，常出现由砂层到泥层的过渡岩性，油层内还夹有泥岩、粉砂质泥岩、钙质层条带，这些渐变层或夹层在工业油气流中不起作用，应予扣除。对于泥质含量增加而形成的顶底渐变层，测井曲线形态明显地失去对称性，由于不同电测曲线对油层顶、底过渡性岩类的鉴别能力不同，故所量取的厚度也各异，一般以不同曲线中所量取的厚度最小为准，如图7－23所示。

对于泥质夹层，在视电阻率和微电极曲线上表现为低阻异常，微电极无幅度差，自然电位较邻层低或与基线一致，故常以自然电位曲线作为泥质夹层判别标志。对于钙质夹层，视电阻率曲线上为高值，在微电极曲线上为明显的尖刀状异常，无幅度差，以后者的尖刀状异常作为判别标志，如图7-24所示。

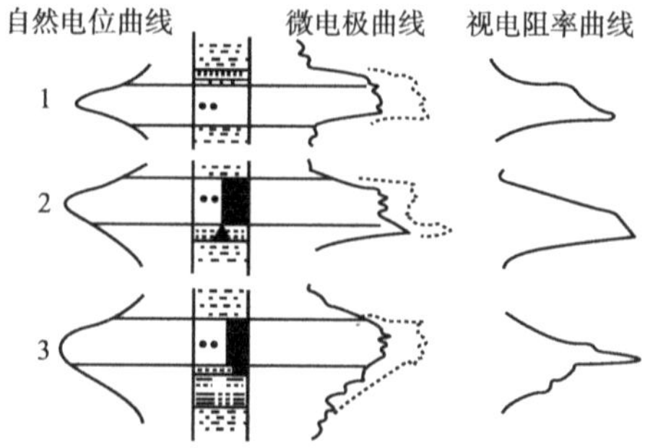

图7-23　油层有效厚度量取方法示意图

1—自然电位量取厚度最小；2—视电阻率量取厚度最小；3—微电极量取厚度最小

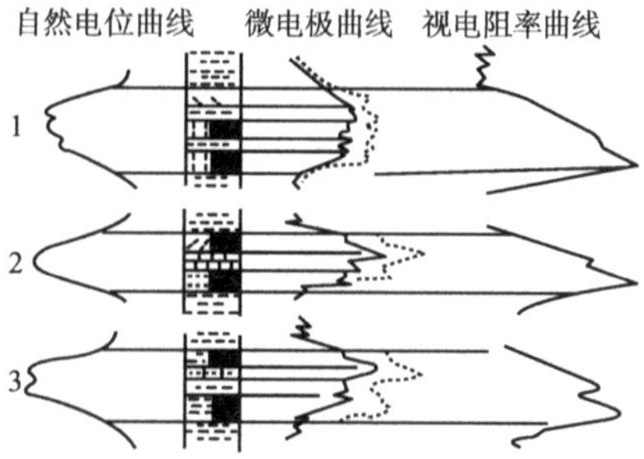

图7-24　扣除夹层示意图

1—低阻夹层；2—高阻夹层；3—高、低阻互层

量取夹层厚度一般在微电极曲线上进行。在油层总厚度中扣除夹层厚度即为油层有效厚度。

我国某油田利用28口井的取心资料与测井资料分别量取油层有效厚度，并将所得结果进行比较，平均误差为-2.4%左右。此结果表明，在岩心收获率较高的基础上，研究油层的岩性、物性、含油性和电性四性之间的关系，进而利用电测资料量取油层有效厚度，可以收到良好的结果。

上述讨论的划分油层有效厚度的方法仅适用于孔隙性的砂岩油层。

对渗透率低、泥质含量高的油层，特别是裂缝、孔洞性的碳酸盐岩油层来讲，油层有效厚度的确定非常困难，应当借助成像测井、倾角测井、毛细管压力曲线、铸体及扫描电镜等技术来确定油层有效厚度。

(4)油层有效厚度起算和夹层起扣标准的确定。

起算厚度是用以计算油、气储量的最小厚度。起扣厚度则指扣除夹层的起始厚度。起算厚度与起扣厚度标准是由射孔精度、地球物理测井资料解释的准确程度，以及薄油层在油气田开采中的价值和作用等因素来确定。射孔精度采用磁性定位跟踪射孔技术后，精度可达到0.2m。测井解释精度与地质条件有关，一般地区可准确解释到0.4~0.6m的油层，沉积稳定的地区可解释到0.2m薄油层。国内起算厚度定为0.2~0.5m，层内起扣厚度为0.2m。

有效厚度测井标准的精度评价，一般用岩心划分的有效厚度检验，具体采用指标有标准误差和划分误差。

标准误差是指有效厚度电性标准确定后，误入界限的非有效层点数与漏在界限外的有效层点数之和与总点数之比。

划分误差也称平衡误差，指在取心井中按测井标准划分的测井有效厚度和按物性标准划分的岩心有效厚度之差，与岩心划分的有效厚度之比。储量规范要求各油田平衡误差必须在±5%以内。

3. 有效孔隙度

储量计算中所用的有效孔隙度是指有效厚度段的地下有效孔隙度。裂缝孔隙型储层必须分别确定基质孔隙度和裂缝、溶洞孔隙度。

有效孔隙度可直接用岩心分析资料，也可用测井解释确定。采用地面岩心分析资料时，应将地面孔隙度校正为地层条件下的孔隙度。

1)岩心分析孔隙度

由于岩石总体积是岩石颗粒体积和孔隙体积之和，测定岩样总孔隙度时，先确定岩样的总体积，然后将岩样碾成细粒，求出颗粒体积，二者之差再除以总体积，即为岩样总孔隙度，是岩样的有效孔隙度。

不同地层的岩样应选择合适的测量方法。国内氦孔隙仪测量结果比煤油法的大0.2%~0.3%。一般，小岩样和小孔隙度岩样产生的误差大，所以低孔隙储层除了采用最先进的分析仪器和最好的操作技术外，还应尽量选择大岩样测定孔隙度。

2)测井解释孔隙度

声波测井、中子测井和密度测井的读数是地层的岩性和孔隙度的综合反映，目前常用这三种测井参数建立孔隙度解释方程定量解释油层有效孔隙度。

3)地面孔隙度压缩校正

一般，由于压力释放、弹性膨胀，钻井取心在地面常压下测量的岩心孔隙度大于地层条件下的孔隙度，计算储量时应将地面孔隙度校正为地层条件下的孔隙度。

目前，利用三轴应力孔隙度数据、人造岩心模型的理论计算值和实际岩心测试数据，制定所研究地区关系图版或建立相关经验公式，可将大量常规岩心分析的地面孔隙度校正为地层孔隙度。

4. 原始含油(气)饱和度

原始含油(气)饱和度是指油(气)层在未开采时的含油(气)饱和度 S_{oi}。一般先确定油(气)层束缚水饱和度 S_{wi}，然后通过 $1-S_{wi}$ 求得原始含油(气)饱和度。

确定含油饱和度的方法有岩心直接测定(密闭取心测定饱和度法、相渗实验法)、测井资料解释(阿尔奇公式法)、毛细管压力资料计算、类比法等方法。

1)岩心直接测定

使用油基钻井液取心，测定束缚水饱和度，然后计算出原始含油饱和度。油基钻井液取心井成本高，钻井工艺复杂。我国一般用密闭取心代替油基钻井液取心，采用的是水基钻井液、双筒取心加密闭液的办法，以避免岩心在取心过程中受到水基钻井液的冲刷。另外，保压密闭取心、海绵取心等也可以取得含油饱和度相当准确的岩心。

对于低渗透油层，采用大直径的水基钻井液取心，钻井液不能侵入到岩心中心部分，仍可取得原始含水饱和度数据。

2)测井解释原始含油饱和度

由于油基钻井液取心和密闭取心成本高，一般一个油区只有几口代表性井，它的饱和度数据不能代表整个油田，因此经常用测井资料解释原始含油饱和度。为了提高测井解释精度，采用油基钻井液取心或密闭取心的岩心资料标定测井资料，寻求测井参数和岩心直接测定的原始含油饱和度的关系，建立测井解释模型，进而求取原始含油饱和度。

3）利用实验室毛细管压力资料计算原始含油饱和度

实验室的毛细管压力曲线是用井壁取心、钻井取心的岩样测定的，而每一块岩样只能代表油藏某一点的特征，只有将油藏上许多毛细管压力曲线平均为一条毛细管压力曲线才能代表油藏的特征，才有利于确定油藏的原始含油饱和度。

J 函数（Leverett，1941）处理是获得平均毛细管压力资料的经典方法。对于给定的储层（孔隙度、渗透率、界面张力和润湿接触角一定）而言，*J* 函数为含水饱和度的函数。通常应用 J 函数对多个毛管压力资料进行分类和平均，求得不同岩类的平均毛管压力曲线，并将室内平均毛细管压力曲线换算为油藏毛细管压力曲线，进而确定油层原始含油饱和度。

确定油藏原始含油饱和度的方法较多，可以相互补充，综合选取采用值。大油田一般以油基钻井液或密闭取心井岩心分析的束缚水饱和度为依据，制定空气渗透率与含水饱和度关系图版和测井解释图版。一方面通过渗透率查出各取心井的束缚水饱和度，算出取心井的原始含油饱和度平均值。另一方面用测井图版解释所有生产井的原始含油饱和度，计算平均值。然后，根据本油田地质情况、测井条件及井所处的构造位置等因素，分析各自的精度和代表性，以一种方法为主选取采用值。

对于没有油基钻井液或密闭取心井的中、小油田，或勘探程度较低的基本探明储量和控制储量的区块，主要依据毛细管压力曲线计算、测井解释等间接方法，并与邻近油田类比确定。

裂缝孔隙型储层可分别确定基质含油（气）饱和度和裂缝、溶洞含油（气）饱和度。

5. 地层原油体积系数

原始原油体积系数指原始地层条件下原油体积与地面标准条件下脱气原油体积的比值。

中型以上油藏，在评价阶段在井下取样或地面配样获得高压物性分析资料求得；原油性质变化较大的油田（藏），应分别取得不同性质的油样做高压性分析求得；小型以下油藏通过建立合理关系式求得。

原始天然气体积系数由（7－6）式求得。原始地层压力（P_i）和地层温度（T）是指折算气藏中部的地层压力和地层温度；原始气体偏差系数（Z_i）可由实验室气体样品测定，也可根据天然气组分和相对密度求得。

6. 气油比

中型以上油田（藏）的原始溶解气比，应在评价勘探阶段从井下取样做高压物性分析测定；凝析气田和小型以下油田（藏），可用合理工作制度下的稳定生产气油比。

7. 原油（凝析油）密度

原油（凝析油）密度应在油（气）田不同部位取得一定数量有代表性的地面油样分析测定。地面原油密度应根据一定数量有代表性的地面样品分析结果确定。原油性质变化较大的油田（藏），应分别取得不同性质的油样做高压性分析求得。

(二)致密油储量估算参数的确定

1. 含油面积

充分利用地质、地震、钻井、测井、测试和生产动态等资料，综合研究致密油分布规律，确定各类地质边界及致密油有效储层边界(“甜点”范围)，并在构造背景下，编制有效厚度等值线图，作为圈定含油面积基础。

1)探明储量含油面积

探明储量含油面积包括探明已开发含油面积和探明未开发含油面积。

(1)探明已开发含油面积，依据生产井静态、动态资料确定的开发井距，沿井外推0.5倍开发井距确定，开发井距大小应与实际压裂工程波及范围相匹配。

(2)探明未开发含油面积，在综合评价确定的“甜点”范围及矿权边界范围内，根据钻井控制程度确定：含油面积边部，结合已批准的开发方案，沿井外推不超过1.5倍开发井距圈定；含油面积内，根据储层横向均质性程度，井间距离不大于3~4倍开发井距，在水平井段延伸方向可适度放宽；含油面积圈定时要充分考虑未来开发可行性，严格扣除因地面条件、水源地保护、环境保护等因素不能开采的范围。

(3)含油范围跨2个及以上的矿业权证范围或省份(海域)的，应以矿业权证范围或省份(海域)为界，分开圈定含油面积。

(4)含油范围与自然保护区等禁止勘查开采区域有重叠的，按重叠区和非重叠区，分开圈定含油面积。

2)控制储量含油面积

在综合评价确定的“甜点”范围及矿权边界范围内，根据钻井控制程度确定，含油面积边部，沿井外推2.5倍开发井距圈定；含油面积内，根据储层横向均质性程度，井间距离不大于5~6倍开发井距，在水平井延伸方向可适度放宽，但不超过2~4口水平井部署需要。

含油面积圈定时要充分考虑未来开发可行性，严格扣除因地面条件、水源地保护、环境保护等因素不能开采的范围。

含油范围跨2个及以上的矿业权证范围或省份(海域)的，应以矿业权证范围或省份(海域)为界，分开圈定含油面积。

含油范围与自然保护区等禁止勘查开采区域有重叠的，按重叠区和非重叠区，分开圈定含油面积。

3)预测范围含油面积

在综合评价确定的“甜点”范围及矿权边界范围内，根据钻井控制程度确定。①含油面积边部，沿井外推3.5倍开发井距圈定；②含油面积内井的资料能基本控制储层的空间分布状况。

含油范围跨2个及以上的矿业权证(范围)或省份(海域)的，应以矿业权证范围或省份(海域)为界，分开圈定含油面积。含油范围与自然保护区等禁止勘查开采区域有重叠的，按重叠区和非重叠区，分开圈定含油面积。

2. 有效厚度

致密油层有效厚度是指经措施后达到储量起算标准的致密油层段中具有产油能力的那部分储层厚度。包括以下 3 个方面。

(1)单井有效厚度下限标准。以岩心分析和测井资料为基础，以测试和试采资料为依据，研究致密油储层岩性、物性、含油性和电性的相互关系，并考虑储层的脆性指数、致密油类型及其源储配置特点，确定划分有效厚度的下限标准。

(2)单井有效厚度划分。以测井解释资料划分有效厚度时，应对有关测井曲线进行必要的井筒环境(如井径变化等)校正和不同测井系列的标准化处理；以岩心资料为主划分有效厚度时，致密油层段关键井应取全岩心，收获率不低于 80%。

(3)单元平均有效厚度确定。采用等值线面积权衡法确定单元平均有效厚度；结合储层分布状况和钻井控制程度，也可采用井点面积权衡法或算术平均法确定；应采用多种方法相互验证后合理选值。

3. 有效孔隙度

有效孔隙度应为有效储集层段地层条件下的平均有效孔隙度。

有效孔隙度取值可直接采用岩心分析资料计算，也可用岩心资料刻度后的测井资料解释结果确定。测井解释孔隙度与岩心分析孔隙度的相对误差不超过 ±8%。对于不同时期、不同方法分析的孔隙度资料，要通过平行取样分析对地面孔隙度进行系统差异校正。应取得岩心覆压孔隙度分析资料，并对地面孔隙度进行覆压校正。

(三)碳酸盐岩缝洞型油气藏地质储量估算参数的确定

1. 估算底界的确定

确定原则如下：①碳酸盐岩缝洞型油气藏计算底界，应以录井、测井资料为基础，以试油等测试资料为依据，并结合油、气、水层压力梯度等资料综合确定；②探明储量以含油气面积内钻穿油气藏估算底界的海拔趋势面或平均值合理确定，控制储量以含油气面积内及邻区钻穿油气藏估算底界的海拔趋势面或平均值合理确定，预测储量含油气面积内若无井钻穿油气藏估算底界，可参考邻区确定。

2. 含油气面积

利用地震、钻井、测井和测试等资料，综合研究油、气、水分布规律和油气藏类型，依据缝洞雕刻成果编制并由钻井资料校正的不同储集空间类型顶(底)面构造图，确定各储集空间类型的含油气面积，确定原则如下。

(1)确定储层面积：在储量估算工区范围内，依据缝洞雕刻及储量计算单元划分结果，确定不同储集空间类型的储层面积。

(2)确定含油气面积：在储层面积范围内依据油气藏地质认识，扣除明确的成藏不利区，分别刻画出不同储集空间类型的含油气面积。

(3)含油气面积内存在水井或干井时，求取水(干)井缝洞单元面积占已钻缝洞单元总面积的比例，按此比例扣除储层面积后的含油气面积即最终的含油气面积。

(4)裂缝性储层含油气面积取洞穴型储层与孔洞型储层的叠合含油气面积。

(5)含油气范围跨2个及以上的矿业权证范围或省份的，应以矿业权证范围或省份为界，分开圈定含油气面积。

(6)含油气范围与自然保护区等禁止勘查开采区域有重叠的，按重叠区和非重叠区，分开圈定含油气面积。

3. 有效厚度

有效厚度的确定包括以下四点。

(1)有效厚度下限标准确定：①应分别制订油层、气层划分标准；②应以岩心分析资料和测井解释资料为基础，以测试资料为依据，在研究岩性、物性、电性与含油性关系后，确定其有效厚度划分的岩性、物性、电性、含油性下限标准；③储层性质和流体性质相近的多个小型油藏或气藏，可制订统一的标准；④借用相似油气藏下限标准时应论证类比依据；有效厚度标准图版符合率大于80%。

(2)有效厚度划分：①按洞穴型、孔洞型、裂缝型不同储集空间类型确定有效厚度；②以测井解释资料划分有效厚度时，应对有关测井曲线进行必要的井筒环境(如井径变化、钻井液侵入等)校正和不同测井系列的标准化处理；③有效厚度的起算厚度为0.2~0.4m，夹层起扣厚度为0.2m。

(3)单井有效厚度确定：单井有效厚度需要综合测井解释、钻井和录井分析、井震反演预测等资料合理求取(单井有效厚度=实钻测井有效厚度+实钻无测井段有效厚度+延拓有效厚度)。具体如下：①油气层井段范围内测井资料齐全、解释可靠时，取测井解释有效厚度；②放空井段直接确定为洞穴型储层，全部放空段为洞穴型储层的有效厚度；发生强烈漏失导致无测井资料时，可根据本区块及邻区类似井段测井解释值标定，结合井震反演预测结果进行综合赋值；③指未钻穿油气层底的井段，结合井震反演预测结果或按延拓段相对应的平均净毛比求取，对延拓段有效厚度要结合本区或邻区资料充分论证合理性；含延拓段的单井有效厚度应不大于本区或邻区有效厚度的平均值。

(4)储量计算单元有效厚度确定：不同储集空间类型的有效厚度，利用单井有效厚度约束的缝洞体雕刻数据体求取。有效厚度确定根据等值线面积权衡法、井点面积权衡法、井点算术平均法或综合求取。

4. 有效孔隙度

储量估算中所用的有效孔隙度应为有效厚度段的地下有效孔隙度。

有效孔隙度的确定包括以下4个方面。

(1)确定有效孔隙度下限标准：①有效储层孔隙度下限应利用岩心、测试、测井等资料，通过多种方法综合确定；②对于预测储量，如果缺乏取心或测试资料可类比邻区确定的有效孔隙度下限。

(2)确定单层有效孔隙度：①缝洞型碳酸盐岩储层必须分不同储集空间类型确定孔隙度；②有效孔隙度可直接利用岩心分析资料，也可用测井解释确定，测井解释孔隙度与岩心分析孔隙度的相对误差不超过±8%；③当无岩心分析孔隙度时，可利用多种测井孔隙度相互对比验证后综合确定。

对预测储量，缺乏取心资料的井采用邻区已建立的经验公式求取或应用测井解释成果求取。

(3)确定单井有效孔隙度：①油气层井段范围内测井资料齐全、解释可靠时，取测井解释有效孔隙度；②钻井发生放空、强烈漏失的井段，孔隙度参数取本区及邻区内放空、漏失段测井解释平均值，本区及邻区内无测井资料时参考钻时确定；③未钻穿油气层底的井段，结合井震反演预测结果确定延拓段有效孔隙度；④单井有效孔隙度采用有效厚度权衡法计算。

对于预测储量有效孔隙度，如果实钻无测井段参数取本区及邻区的测井解释成果求取。

(4)确定储量计算单元有效孔隙度：①探明储量和控制储量，不同储集空间类型的有效孔隙度利用单井有效孔隙度约束的缝洞体雕刻数据体求取；②等值线面积权衡法、井点面积权衡法、井点算术平均法可作为参考；③预测储量，储量计算单元有效孔隙度利用缝洞体雕刻法、等值线面积权衡法、井点面积权衡法、井点算术平均法或综合求取。

5. 原始含油气饱和度

原始含油气饱和度的确定包括以下 4 个方面。

(1)含油气饱和度下限的确定：利用本区或邻区相渗资料确定含油气饱和度下限。

(2)单层含油气饱和度确定：①缝洞型碳酸盐岩油气藏应分不同储集空间类型确定含油气饱和度；②中型以上油气田(藏)用测井解释资料确定含油气饱和度时，应有本区及邻区实测的岩电实验数据及地层水电阻率资料；③裂缝性储层的含油气饱和度根据室内实验结果确定，或者借鉴相似油田，或者利用经验值取值，取值不大于 90%。

(3)单井含油气饱和度确定：①油气层井段范围内测井资料齐全、解释可靠时，取测井解释有效孔隙含油气饱和度；②钻井发生放空、强烈漏失的井段，含油气饱和度参数取本区及邻区内放空、漏失段测井解释平均值，本区及邻区内无测井资料时参考钻时确定；③未钻穿油气层底的井段，结合井震反演预测结果确定延拓段含油气饱和度。

洞穴型、孔洞型储层的单井含油气饱和度采用有效厚度段孔隙体积权衡法求取，裂缝性储层的含油气饱和度采用算术平均法计算，取值不大于 90%。

(4)储量计算单元含油气饱和度确定：含油气饱和度采用井点算术平均法计算，等值线面积权衡或井点面积权衡法作为参考。

三、地质储量计算参数的取值方法

在我国，容积法计算地质储量一般先确定计算单元内各参数的平均值，然后将各参数相乘得到储量值。

应用多种方法(或多种资料)求得的储量计算参数，选用一种有代表性的参数值。计算单元的各项储量计算参数选值如下：①有效厚度采用等值线面积权衡法，也可采用井点控制面积或均匀网格面积权衡法；②有效孔隙度采用有效厚度段体积权衡法；③含油(气)饱和度采用有效厚度段孔隙体积权衡法；④在作图时，应考虑油(气)藏情况和储量参数变化规律；⑤在特殊情况下，也可采用井点算术平均法或权衡法。

1. 油层有效厚度平均值

代表整个油田或区块的油层平均有效厚度，选择计算有效厚度平均值的方法与油田地质条件和井点分布情况有关。

1)算术平均法

对于已开发油田，在开发井网较均匀、油层厚度变化不大的情况下，油层有效厚度平均值可采用算术平均法计算，其值为各井油层组有效厚度累加值除以总井数。则有

$$\bar{h}=\frac{\sum_{i=1}^{n}h_i}{n} \tag{7-20}$$

式中，$\bar{h}$ 为平均有效厚度，m；h_i 为单井油层组有效厚度，m；n 为计算单元内具有有效厚度的总井数。

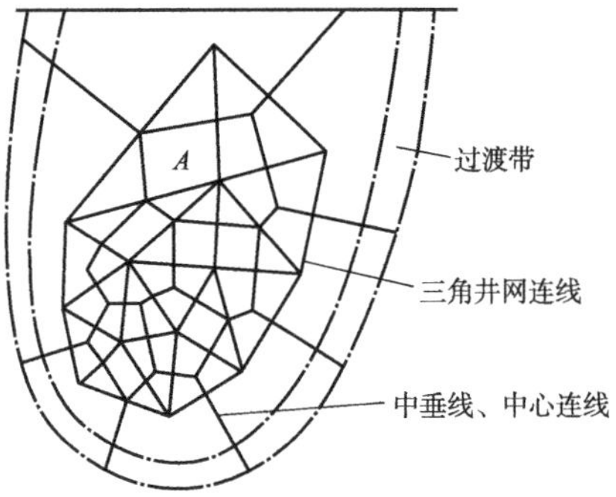

图 7-25　井点面积权衡法示意图
（据张志松，1983）

2)井点面积权衡法

目前，在油层有效厚度平均值计算中越来越多地采用井点面积权衡法(图 7-25)。具体做法如下。

(1)将最邻近的井点依次连接成三角网。

(2)按中垂线划分单井控制面积(A_i)。若中垂线之交点落在三角形之外。则以三角形之中点连线，划分单井控制面积。油水过渡带(内、外含油边界之间)取邻井有效厚度之半。

(3)按下式计算纯含油区平均有效厚度。则有：

$$\bar{h}=\frac{\sum_{i=1}^{n}h_iA_i}{\sum_{i=1}^{n}A_i} \tag{7-21}$$

式中，A_i 为各井点的单井控制面积，km^2；其他符号同式(7-20)。

在油水过渡带，将过渡带各邻井有效厚度之半(若过渡带内有井可用该井全厚度)与对应的过渡带面积相乘累加在纯含油区的各单井控制体积之中，用全油田总面积去除，可获得全油田平均有效厚度。

3)等值线面积权衡法

油层有效厚度平均值计算也可采用等值线面积权衡法。以相邻两条等厚线的面积为权，对计算单元内的有效厚度进行加权平均。则有：

$$\bar{h}=\frac{\sum_{i=1}^{n}\left(\frac{h_i+h_{i+1}}{2}\right)A_i}{\sum_{i=1}^{n}A_i} \tag{7-22}$$

式中，h_i 为第 i 块有效厚度等值线值，m；A_i 为相邻两条等值线间第 i 块面积，km^2；n 为等厚线间隔数。

由于有效厚度等值线按线性变化规律构图，该方法在厚度突变或零线较多的透镜体油

藏中，致使计算的平均值偏小。

对于复杂断块油藏或小透镜体岩性油藏或钻井很少的油水过渡带地区，由于平面上计算单元小，井点资料少，算术平均值又无代表性，可根据油藏地质特征，采用经验估算值作为该块的平均有效厚度。

当利用多口井的相关资料，绘制出厚度、面积×厚度×孔隙度、面积×厚度×孔隙度×饱和度的等值线图，可以有效提高计算的准确度；以上绘制的等值线图分别称为等厚线图、等体积线图及含烃孔隙体积等值图。

典型的地层等厚线图可以显示出油层的总厚度(图7－26)。等厚线图也可根据只存在原油的油藏净厚度值绘制。

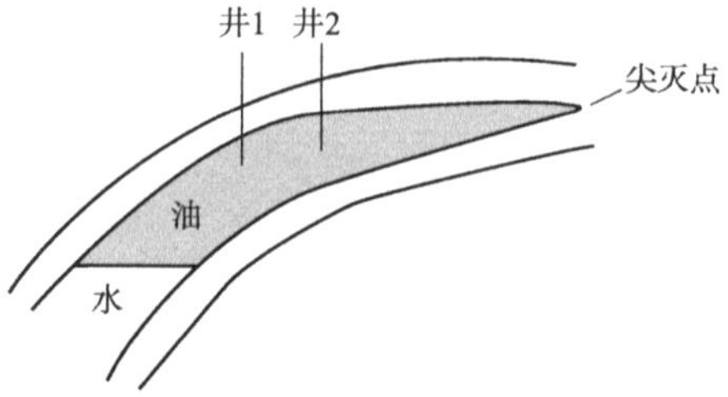

(a)油藏图

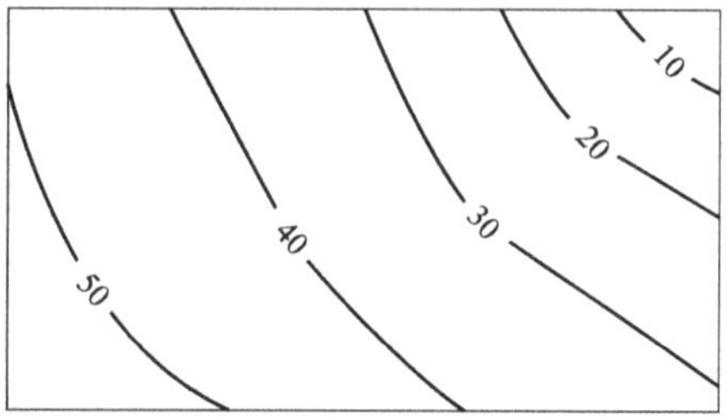

(b)等厚线图表征油层的总厚度(m)

图7－26 尖灭油藏的等厚线图

等厚线图表示地层的总厚度。可以注意到厚度沿尖灭点方向逐渐变小。

2. 油层平均孔隙度

计算应当用油层有效厚度范围内的分析样品数据或测井解释数值。

平均有效孔隙度应采用岩石体积权衡法来求取，一般先用厚度权衡法计算单井平均孔隙度，计算公式为：

$$\bar{\phi}=\frac{\sum_{i=1}^{n}\phi_i h_i}{\sum_{i=1}^{n}h_i} \tag{7-23}$$

式中，$\bar{\phi}$为单井平均孔隙度，小数；ϕ_i 为每块岩样分析孔隙度，小数；h_i 为每块岩样控制的厚度，m；n 为样品块数。

然后用岩石体积权衡法，计算区块或油田平均孔隙度，计算公式为：

$$\bar{\phi}=\frac{\sum_{i=1}^{n}A_i h_i\phi_i}{\sum_{i=1}^{n}A_i h_i} \tag{7-24}$$

式中，$\bar{\phi}$为区块或油田平均孔隙度，小数；A_i 为单井控制面积，km^2；ϕ_i 为单井平均孔隙度，小数；h_i 为单井有效厚度，m；n 为井数。

3. 油层平均原始含油饱和度

只限于应用油层有效厚度范围内的岩样分析数据和测井解释值。油层平均原始含油饱和度计算应采用孔隙体积权衡法，其公式为：

$$\overline{S_o} = \frac{\sum_{i=1}^{n} A_i h_i \phi_i S_{oi}}{\sum_{i=1}^{n} A_i h_i \phi_i} \tag{7-25}$$

式中，$\overline{S_o}$为单层(或油层组或区块或油藏)的含油饱和度平均值，小数；A_i 为单井控制面积，km^2；h_i 为单井有效厚度，m；ϕ_i 为有效孔隙度，小数；S_{oi}为原始含油饱和度，小数。

含油面积为单井控制面积，其他参数为一块样品或一个测井解释值，也可为单井、单层或单井油层组平均值。

4. 平均原油体积系数和平均原油密度

计算平均原油体积系数可采用地下含油体积权衡，平均原油密度可采用地面原油体积权衡，其计算公式分别为：

$$\frac{1}{\overline{B_o}} = \frac{\sum_{i=1}^{n} A_i h_i \phi_i S_{oi} \frac{1}{B_{oi}}}{\sum_{i=1}^{n} A_i h_i \phi_i S_{oi}} \tag{7-26}$$

$$\overline{\rho_o} = \frac{\sum_{i=1}^{n} A_i h_i \phi_i S_{oi} \frac{1}{B_{oi}} \rho_{oi}}{\sum_{i=1}^{n} A_i h_i \phi_i S_{oi} \frac{1}{B_{oi}}} \tag{7-27}$$

式中，$\overline{B_o}$为平均原油地层体积系数，小数；S_{oi}为单井原油地层体积系数，小数；$\overline{\rho_o}$为平均原油地面密度，g/cm^3；ρ_{oi}为单井原油地面密度，g/cm^3。

实际上，一个储量计算单元内，体积系数和原油密度变化不大。体积系数采用高压物性取样、原油密度采用地面原油样品分析的算术平均值即可达到储量计算的精度。

第三节　动态法估算天然气储量

一、压力降落法估算天然气储量

压力降落法是估算天然气储量的常用方法，特别适用于容积法难以估算地质储量的缝洞型气藏，也适用于碎屑岩气藏储量计算。

(一)压力降落法的基本原理

压力降落法又可称为压力图解法，利用气藏压力与累计产气量所构成的压降图确定气藏的储量。利用压降法确定的储量又称为压降储量。实际上，压降图是封闭型气藏物质平衡方程式的图解，而封闭型气藏的物质平衡方程式则是压降图的解析式。

由封闭型气藏的物质平衡方程式可知，封闭型气藏的天然气地质储量为：

$$G = \frac{G_p B_g}{B_g - B_{gi}} \tag{7-28}$$

根据体积系数的定义有：

$$B_g = \frac{p_s ZT}{pT_s};\ B_{gi} = \frac{p_s Z_i T_i}{p_i T_s} \tag{7-29}$$

代入式(7－28)得：

$$G = \frac{G_p \dfrac{p_i}{Z_i}}{\dfrac{p_i}{Z_i} - \dfrac{p}{Z}} \tag{7-30}$$

即：

$$\frac{p}{Z} = \frac{p_i}{Z_i}\left(1 - \frac{G_p}{G}\right) \tag{7-31}$$

式中，G 为天然气地质储量，$10^4 m^3$；G_p 为地层压力降至 p 时的累计产气量，$10^4 m^3$；p_i 为原始地层压力，MPa；p 为目前地层压力，MPa；p_s 为地面标准压力，MPa；Z_i 为地层压力为 p_i 时天然气的压缩因子，无量纲；Z 为地层压力为 p 时天然气的压缩因子，无量纲；B_{gi} 为原始地层压力下天然气的体积系数，无量纲；B_g 为目前地层压力下天然气的体积系数，无量纲；T_i 为原始地层温度，K；T 为目前地层温度，K；T_s 为地面标准温度，K；

式(7－31)表明，对于一个具正常压力的封闭型气藏，视地层压力 p/Z 与累计产气量 G_p 呈直线关系，其中 p_i/Z_i 为直线的截距，$-p_i/(Z_iG)$ 为直线的斜率，如图 7－27 所示。

式(7－31)中，当 $p/Z=0$ 时，$G_p=G$，故将压降图上的直线外推至 $p/Z=0$ 处，直线与 G_p 轴相交，此交点之值便为气藏的原始地质储量即压降储量。

利用压降法还可以求气藏的可采储量。气藏的开采程度应充分考虑合理的经济效益。当气藏开采的最终地层压力取一合理经济的最低极限值时，此地层压力便是废弃压力。将压降曲线外推至与废弃压力线(p_a/Z_a)相交时其值便为气藏的天然气可采储量。

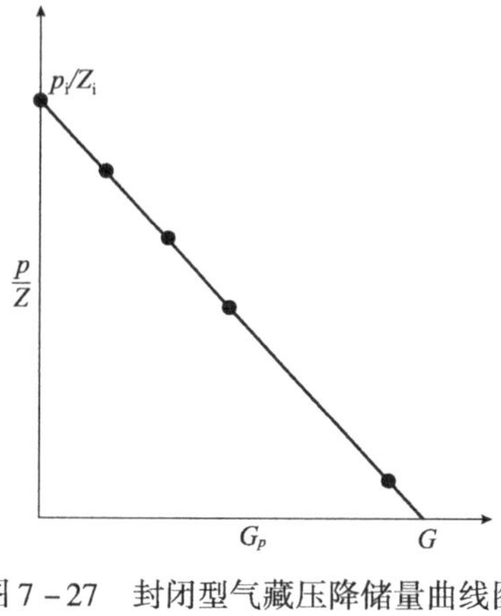

图 7－27　封闭型气藏压降储量曲线图

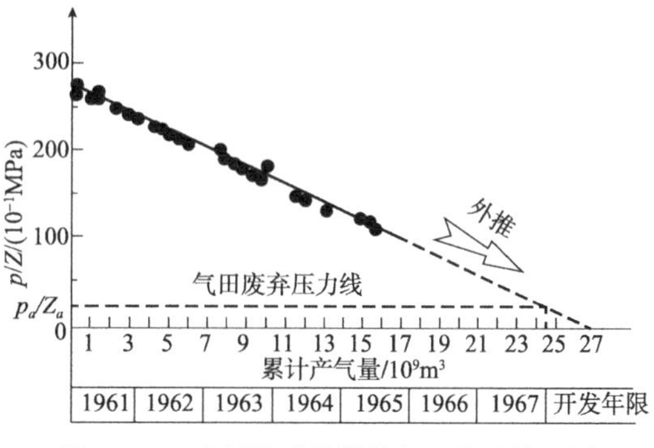

图 7－28　由压降法外推某气田储量关系图
(据陈元千，1979)

图 7－28 为压降法外推某气田储量关系图，使外推压降曲线与 p/Z 为零的横轴相交，可得地质储量为 $270 \times 10^8 m^3$；使外推压降曲线与废弃压力 p_a/Z_a(为 2.5MPa)的横轴相交，得到可采储量为 $245 \times 10^8 m^3$。

(二)压力降落法参数的确定

目前地层压力 p 与相应的累计采气量 G_p 是压降法中的两个关键参数，压降储量是否可靠与这两个参数的准确程度密切相关。

1. 目前地层压力

目前地层压力 p 代表气藏或气藏某一压力系统在某一开采时期的平衡压力。关闭气井，待压力恢复平稳后，下入井底压力计直接测量，或根据气井井口压力计算求得。为了准确、可靠地取得压力资料，要求做到：①测压时井内无积液；②关井时井内无窜失和漏失现象；③压力表与压力计必须经过校验，达到准确无误。

2. 累计产气量

累计产气量 G_p 是气藏或气藏某一压力系统在关井求压时各井点的累计产气量之和，它既包括了正常生产情况下的产气量，又包括了气井投入开采前的放空量。实际上，放空量的估计往往存在较大的误差，故在一定程度上影响了压降储量的精度。

(三)压力降落法的影响因素

在理想情况下，$p/Z-G_p$ 关系曲线应为一条直线，但因种种因素的影响，$p/Z-G_p$ 并非一直线，大体上由三段组成，如图 7－29 所示。

第一段：此段称为初始段，一般出现在开采初期，能量主要来源于井底附近气体的弹性膨胀，压力下降多集中在井底附近。在相当长的时间内，气藏压力不能达到平衡，因此，压力下降速度快，每下降单位地层压力采出之气量急速减小，压降曲线呈弯曲状。

第二段：此段为直线段。这期间，压力下降较前期缓慢，下降单位地层压力采出之气量较初始段增大，并保持为常数，将本段外推至横坐标轴便可得气藏的储量。

第三段：此段为上翘段或下弯段。造成曲线上翘或下弯的因素很多，主要有以下四种情况。

(1)边水或底水供给。具有边水或底水的气藏，即不封闭气藏，在气藏开采初期，边水、底水的作用不甚明显。随着气藏的不断开采，地层压力不断下降，边水或底水逐渐侵入气藏，气藏的压降速度将随着水的侵入而减小，压降曲线向上翘，如图 7－30 所示。在这种情况下，不能直接用外推法求气藏储量。

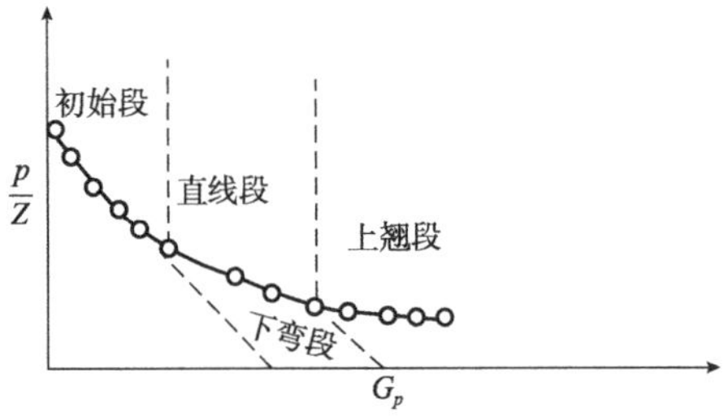

图 7－29　实际的压降曲线图

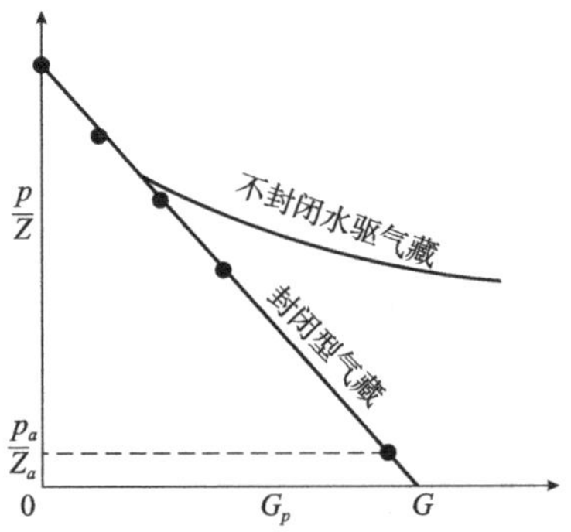

图 7－30　边水侵入的气藏压降曲线图

(2)低渗透率带的补给。在缝洞发育不均匀的裂缝性碳酸盐岩气藏中，往往出现以下情况：在气藏开采初期，采出的天然气主要来自渗透性好的大缝、大洞。但是，到气藏开采的中、后期，压力降落已传递到微缝、微洞，以及基岩孔隙中，于是，这些缝、洞、孔中之气体将起补给作用，导致压力降落的速度减慢，而单位压降的产气量提高，与弹性水压驱动气藏出现的情况一样，压降曲线将偏离直线而向上翘。

(3)异常高压气藏。在异常高压气藏中，$p/Z-G_p$ 关系曲线具有两个明显不同的斜率段，如图 7－31 所示。

图中的第一曲线的斜率较平缓，它出现在压力为高异常的区域内，这种现象可解释为：在上覆岩层的压力作用下，储集层岩石和束缚水具有较大的弹性能量，当地层压力降低时，由于岩石和束缚水的弹性膨胀而产生了附加压力，从而使压力降落迅速减慢。

第二曲线段的斜率较大，它出现在正常地层压力区域内。这是因为一旦气藏压力达到正常值，气体膨胀就超过岩石和束缚水的膨胀，故压力迅速下降。

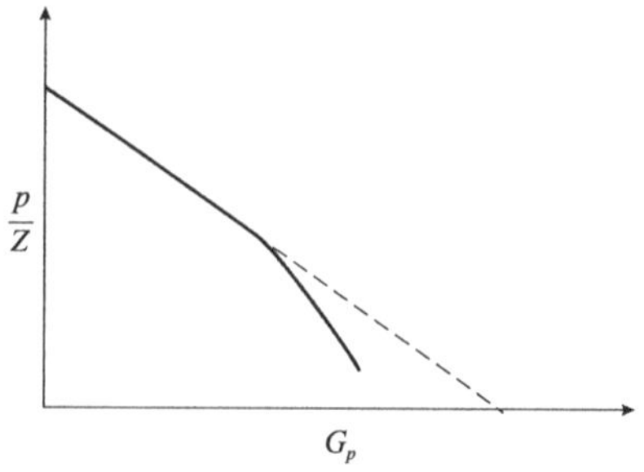

图 7－31　异常高压气藏的压降曲线图

(4)反凝析作用。如果气藏中的天然气接近于它的露点，将出现反凝析现象。这是因为液体密度大于天然气密度，故压降速度加快，$p/Z-G_p$曲线的斜率变陡，曲线与异常高压气藏(图 7－31)相似。

除上述因素外，井身质量不符合要求，测压、求产不准等人为因素也会严重影响压降曲线的形态。在上述各种情况下，如利用 $p/Z-G_p$ 曲线外推天然气储量，会得到不准确的结果。

此外，在气藏开发初期，有无边水或底水活动尚不清楚，根据压降图上的点分布计算储量时，有可能因边水、底水侵入气藏，使所推算的储量偏高。

(四)压力降落法(压降法)的应用条件

压力降落法利用气藏压力和产量间的相互变化规律求储量，是物质平衡法在封闭性气藏中应用的特例。压降法不需要任何地质参数，故对于那些地质结构复杂，无法求准储气空间的气藏，例如碳酸盐岩裂缝性气藏，最好采用压降法计算天然气储量。

一般情况下，应用压力降落法计算天然气储量应满足下列条件。

(1)压力降落法适用于开采期间容积不变的那些气藏，也就是纯气驱气藏，不能用于水压驱动气藏。如果边水不甚活跃，在气藏开采初期，边水还来不及大量侵入气藏，这时就可以计算出单位压降的采气量。然后，根据气藏原始平均压力计算气藏的原始储量。在水驱动不活跃即气层的进水量不大时，虽然可以应用压力降落法计算天然气储量，但需要从计算出的总量中减掉计算时的压力情况下被水侵占的裂缝容积中的气量。

(2)气藏经过一段时间的开采(采出 10% 左右)，获得了大量的产量、压力资料后，可以用压力降落法计算天然气储量。

对于活跃的水压驱动气藏，由于在开采过程中压力不下降(或下降不明显)，因此不能使用压降法。

(3)对边缘有含油气带的气藏，随着压力降低，溶在油中的气体大量析出，加入气藏中。因此，采用压力降落法计算气藏储量，就得不到准确的结果。

(4)用压力降落法计算气藏储量时，要求整个气藏是互相连通的。如果气藏因断层或岩性尖灭被分割成几个互不连通的水动力系统，就应分别对各个水动力系统单独进行储量计算，否则，会得出错误的结果。

二、物质平衡法计算天然气储量

物质平衡法是利用油气藏动态资料来计算油气储量的方法，又称储量计算的动态法。

1936 年希尔瑟斯(Sohilthuis R J)建立了油藏的物质平衡方程式，此后得到了广泛的应用和发展。在油藏工程研究中物质平衡方程式可用于确定油藏的原始地质储量，判断油藏的驱动机理，测算油藏天然水侵量，在给定的产量条件下预测油藏未来压力动态等。

物质平衡方程式既可遵循油气总量平衡原理，又可遵循体积守恒原理。据油藏的体积平衡原理推算，以地下条件表示的地面累计产量应等于油藏中因压力下降引起的流体膨胀率。若一个油藏，其原始压力低于油藏的饱和压力，且有气顶和边水的作用，在开发过程中，随着油藏地层压力的下降，就会引起边水的入侵、气顶膨胀、溶解气的分离和膨胀，这些就是驱油过程中的各种能量。然而，不同的油藏，因其饱和类型和原始外界条件，如有无边、底水和气顶的存在，以及作用于油气层渗流的驱动力情况等的差异，油藏驱动类型不同(表 7－11)，其物质平衡方程式也不同。

表 7－11　油藏饱和类型、原始条件及天然气驱动类型

油藏类型	油藏压力特征	原始条件	天然驱动类型
未饱和油藏	原始地层压力大于饱和压力	封闭型	封闭型弹性驱动
		非封闭型	弹性水压驱动
饱和油藏	原始地层压力等于饱和压力	无气顶，无边、底水活动	溶解气驱动
		无气顶，有边、底水活动	溶解气驱和天然水驱混合驱动
		有气顶，无边、底水活动	溶解气驱和气顶驱混合驱动
		有气顶，有边、底水活动	气顶驱、溶解气驱和天然水驱混合驱动

(1)封闭型弹性驱动油藏物质平衡方程式为：

$$N=\frac{N_{\mathrm{p}}B_{\mathrm{o}}}{B_{\mathrm{oi}}C_{\mathrm{t}}\Delta p} \tag{7－32}$$

式中，N 为地质储量，$10^4\mathrm{m}^3$；N_{p}为累计产油量，$10^4\mathrm{m}^3$；C_{t}为总压缩系数，MPa^{-1}；B_{oi}为在原始地层压力 p_{i}下地层原油的体积系数；B_{o}为在目前地层压力 p 下地层原油的体积系数；Δp 为地层压力降，MPa。

(2)弹性水压驱动油藏物质平衡方程式为：

$$N=\frac{N_{\mathrm{p}}B_{\mathrm{o}}-W_{\mathrm{e}}+W_{\mathrm{p}}B_{\mathrm{w}}}{B_{\mathrm{oi}}C_{\mathrm{t}}\Delta p} \tag{7－33}$$

式中，W_e为累计天然水侵量，10^4m^3；W_p为累计产水量，10^4m^3；B_w为在p下地层水的体积系数。

(3)溶解气驱油藏物质平衡方程式为：

$$N=\frac{N_p[B_t+(R_p-R_{si})B_g]}{B_t-B_{ti}} \tag{7-34}$$

式中，N为溶解气驱油藏的石油原始地质储量，10^4m^3；R_{si}为在p_i压力下天然气的溶解气油比，m^3/m^3；R_p为累计生产气油比，m^3/m^3；R_s为在p压力下天然气的溶解气油比，m^3/m^3；B_{gi}为在p_i压力下天然气的体积系数；B_g为在p压力下天然气的体积系数；B_{ti}为在p_i压力下油气两相的体积系数；B_t为在p压力下油气两相的体积系数。

(4)气顶—溶解气驱油藏物质平衡方程式为：

$$N_g=\frac{N_p[B_t+(R_p-R_{si})B_g]}{B_t-B_{ti}+mB_{ti}\left(\frac{B_g}{B_{gi}}-1\right)} \tag{7-35}$$

式中，N_g为气顶—溶解气驱油藏的石油原始地质储量，10^4m^3；m为在地层情况下，气顶体积与含油体积之比。

(5)溶解气-边水混合驱动油藏物质平衡方程式为：

$$N=\frac{N_p[B_t+(R_p-R_{si})B_g]-W_e+W_pB_w}{B_t-B_{ti}} \tag{7-36}$$

(6)注水保持地层压力下，溶解气-气顶-边水驱动油藏物质平衡方程式为：

$$N=\frac{N_p[B_t+(R_p-R_{si})B_g]-W_e-W_iB_w+W_pB_w}{B_t-B_{ti}+mB_{ti}\left(\frac{B_g}{B_{gi}}-1\right)} \tag{7-37}$$

应用物质平衡法计算油气储量时，其计算结果的精度取决于油气藏地质、开发动态和油藏物理等各项参数的充分和可靠性。在认真查明油藏饱和类型、水动力系统和驱动类型之后，选择合理的物质平衡方程式，并取全取准各项参数，才能计算出有效可靠的储量。

三、产量递减曲线法

不同驱动类型的油、气田其开发全过程中，产量随开采年限或采出程度的变化特征，大体上都可划分为三个大的阶段，即建设阶段、稳定阶段和递减阶段。当油气田进入递减阶段之后，其产量将按照一定的规律随时间而连续递减，将产量和相应的时间数据绘制成关系曲线，可获得产量递减曲线。外推产量递减曲线以计算一口井未来的产油量和最大的累计产油量，即石油的可采储量的方法称产量递减曲线法。

产量递减的大小或快慢，常用递减率表示。递减率是指在单位时间内产量递减量，一般用百分数表示。计算公式为：

$$a=-\frac{\frac{\Delta q}{q}}{\Delta t}=-\frac{\frac{q_2-q_1}{q_1}}{t_2-t_1} \tag{7-38}$$

式中，a为油井产量递减率，1/月；t_1、t_2分别为不同的时间，月；q_1、q_2分别为与t_1、t_2

相应的油井产量，t/月或t/d(月平均)。

油井产量递减的规律共有三种类型，即指数曲线型(又称定值百分比递减曲线型)、双曲线型和调和曲线型。通常根据产量递减率来判断油井的产量递减类型。当 a 不随时间、产量而变时，油井产量递减曲线属指数型；当 a 与产量成正比时，油井产量递减曲线为调和型；当 a 与产量的分数 $n(0<n<1)$ 次方成正比时，油井产量递减曲线属双曲线型。通过建立不同类型曲线的递减方程式，可以预测一口油井未来的产量、累计产量、油井的寿命，以及一口井的可采储量等。

油井产量递减曲线的应用范围较广，既可以计算单井的储量，又可以用来计算一块开发面积上的储量；既适用于水驱油藏，又适用于溶解气驱油藏。产量递减法一般是在油田开采的中期，当油田产量已开始递减，采出程度为15%时采用，与前述计算油、气储量方法比较，产量递减曲线法的精度和可靠性较差。

综上所述，不同的油、气储量计算方法在使用时间、条件、所需的资料和数据及最终计算的油、气储量级别上均有差别，其差异可用表7－12对比说明。

表7－12　几种计算油、气储量方法对比表

方法名称	应用时间	适用条件	计算储量类别	所需资料
容积法	油气田勘探与开发早期和中期	适用于不同驱动方式的砂岩油、气田； 裂缝性灰岩油、气田的可靠性较差	地质储量与可采储量	油气田的面积，油层有效厚度，有效孔隙度，含油气饱和度、油气体积系数和原油密度等
物质平衡法	油、气田采出地质储量约10%的时期	适用于不同驱动方式的砂岩和裂缝性灰岩油、气田	地质储量	油、气田的油、气累计产量、压力、体积系数、压缩系数、侵入水量、气油比
压降法	气田采出地质储量约10%的时期	仅适用于封闭型消耗式开发的砂岩或裂缝性灰岩油、气田	地质储量	气田的累计产气量、地层压力降和相应的气体偏差系数
产量递减法	油、气田开发的后期	适用于不同驱动方式的砂岩和灰岩油、气田	可采储量	油、气田的产量和累计产量
概率法	油、气田勘探与开发的各时期	适用于不同驱动方式的砂岩油、气田	地质储量	油气田的面积，油层有效厚度，有效孔隙度，含油气饱和度、油气体积系数和原油密度等

注：据陈元千资料。

从表7－12可清楚地看到，容积法是计算油、气储量的基本方法。物质平衡法是国内外通常采用的方法之一，它可以利用油、气田生产动态资料去检验容积法计算储量的可靠程度，而且可预测地层压力变化及天然水侵量。压降法是封闭型裂缝性气田进行储量计算的有效方法。产量递减法仅在油、气田开发后期才能采用，它可以预测油、气田的可采储量及最终采收率。概率法以容积法为基础，体现了地下储量的随机性特点，适用于地质储量的计算。矿场不稳定试井法在油、气田的详探阶段采用，仅能提供单井控制的地质储量。

第四节　可采储量的估算

我国储量规范中的可采储量包括控制技术可采储量、探明技术可采储量、控制经济可采储量、剩余控制经济可采储量、探明经济可采储量、剩余探明经济可采储量。从计算油田控制储量开始就要求计算技术可采储量。

一、原油采收率

（一）采收率确定要求

一般是确定目前成熟的可实施的技术如注水、注气或蒸汽吞吐等条件下最终采收率。

计算提高采收率技术增加的可采储量，分为下列情况：提高采收率技术已在本油（气）藏先导试验证实有效并计划实施，或本油（气）田同类油（气）藏使用成功并可类比和计划实施，可划为增加的探明可采储量。

（二）采收率确定方法

油藏原油采收率：根据油藏类型、驱动类型、储层特性、流体性质和开发方式、井网等情况，选择经验公式法、经验取值法（表格计算法）、类比法和数值模拟法求取（SY/T 5367—2019 和 SY/T 6193—2019）。

油藏溶解气采收率：根据油藏的饱和情况和开发方式等情况，选择合理的方法求取（SY/T 6098—2000），或依据溶解气、原油采收率统计规律求取。

气藏天然气采收率：根据气藏类型、地层水活跃程度、储层特性和开发方式、废弃压力等情况，选择经验公式法、经验取值法、类比法和数值模拟法求取（SY/T 6098—2000）。

凝析气藏凝析油采收率：根据气藏特征、气油比和开发方式等，选择经验公式法和类比法等求取。

原油采收率是容积法计算可采储量的一项必不可少的参数，然而也是较难确定的参数。影响原油采收率的因素很多，如油藏地质因素，主要有油藏类型、储层性质、天然能量及驱油机理、原油性质等；开发因素则有开发方案、油井工作制度、采油的工艺技术水平及增产措施等。因此，在确定一个油藏的原油采收率时，往往需要用不同的方法进行估算，然后将各种方法获得的值进行分析、对比，从中选出较为合理的原油采收率值。确定原油采收率的基本方法如下。

1. 根据油藏驱动类型确定原油采收率

在勘探阶段，资料很少的情况下，根据油藏的地质条件和原油性质，以及油藏驱动类型，根据已开发油田的经验值，用类比法初步估计采收率值。

国内外不同驱动类型油藏原油最终采收率的经验值为：水压驱动 30% ~50%；气顶驱动 0% ~40%；溶解气驱 10% ~20%；重力驱动 10% ~20%。

2. 相关经验公式法

相关经验公式法是油田还没投入开发，或者在油田开发初期，利用油藏地质参数和开发参数评价油藏采收率的简易方法。应用该法时，重要的是了解经验公式所依据的油田地质和开发特征及参数确定方法和适用范围。

3. 岩心分析法确定采收率

可以用岩心水驱油实验法分析常规岩心残余油含量。

岩心水驱油实验法是测定油藏水驱油效率的基本方法之一，可直接应用从油层中取出的岩心做实验，也可以用人造岩心做实验。具体方法是将岩心洗净烘干后，用地层水饱和，然后用模拟油驱水，直到岩心中仅有束缚水为止。最后用注入水进行水驱油实验，模拟注水开发油藏的过程，直到岩心中仅有残余油为止。水驱油效率为：

$$E_{\mathrm{D}} = 1 - \frac{S_{\mathrm{or}}}{S_{\mathrm{o}i}} \tag{7-39}$$

式中，E_{D} 为水驱油效率，小数；S_{or}为残余油饱和度，小数；$S_{\mathrm{o}i}$为原始含油饱和度，小数。

取心过程中，钻井液对岩心的冲洗作用，与注水开发油田时注入水的驱油过程相似，可以认为钻井液冲洗后的岩心残余油饱和度，与水驱后油藏的残余油饱和度相当。因此，只需要分析常规取心的残余油饱和度就能求出油藏注水开发时的驱油效率。即：

$$E_{\mathrm{D}} = \frac{S_{\mathrm{o}i} - S_{\mathrm{or}}}{S_{\mathrm{o}i}} - \beta \tag{7-40}$$

式中，β 为校正系数。

除以上方法外，尚可利用相渗透率曲线法来确定水驱油藏采收率。

(三)影响油藏采收率的因素

影响油藏注水采收率的因素很多，首先是油藏的地质特征、孔隙结构、地下流体性质、流体与孔隙结构之间的相互作用、流体在地下的渗滤特征等地质因素，其次是现有技术经济条件下的人为措施。

注水采收率由水驱油效率和注水波及系数组成。对每一个具体油藏来说，水驱油效率基本上是一个定数，采用一般的注水方法和采油工艺措施，是不易改变水驱油效率的。注水波及系数取决于人们对油藏地质特征的认识程度，以及采取的措施是否适应客观实际，在一定的地质条件下，措施效果好一些，注水波及体积可能高一些，反之就差一些。

1. 影响注水采收率的客观地质因素

1)储层的宏观非均质性

一般，注入水沿高渗透层突进；平面上，注入水沿高渗透带舌进，造成油井过早水淹，使一些低渗透层或低渗透区留下死油区，影响注水在储层纵向上和平面上的波及系数，油藏的采收率降低。另外，储层分布不稳定，连续性差，不利于形成完善的注采系统，会导致水驱控制程度差，采收率低。通过合理划分层系，调整井网和采用分层开采工艺技术，可以改变油层非均质性的影响，提高注水波及体积。

储集层被断层切割的复杂程度对注水采收率影响很大，储集层被断层切割愈零碎，愈不易形成完整的注采井网；注水波及体积愈低，石油采收率也就愈低。

2）储层岩性、物性

不同岩性储层孔隙结构的不同、裂缝发育程度的差异、岩石表面特征的不同等，使采收率有很大差异。根据油田开发资料统计，砂岩油藏有较高的采收率，其次为碳酸盐岩油藏，砾岩及火山岩油藏的采收率较低。如大港油田的砂岩油藏采收率一般大于40%、碳酸盐岩（生物灰岩）油藏的采收率一般为35%左右，克拉玛依油田的砾岩油藏和二连油田的火山岩油藏的采收率一般都小于25%（陈元千）。

储层渗透率对油藏采收率影响很大。一般高渗透储层孔隙较发育，孔喉半径大，在注水开发条件下，流体容易流动，有利于提高驱油效率和波及系数。在其他条件大致相同的情况下，渗透率越高，采收率越高（图7－32）。

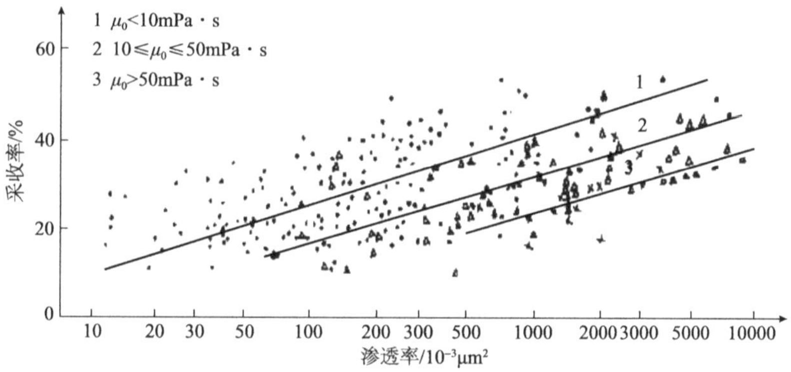

图7－32　不同黏度区间原油采收率与渗透率关系

3）储层的孔隙结构

相同的岩性，由于孔隙结构不同、物性的差别及所含流体物性的差异，油藏采收率悬殊。如砂岩油藏的采收率，高者可以大于50%，低者可以小于10%。

孔隙结构也是影响水驱效率的重要因素，孔隙结构均匀程度、孔喉比、孔喉配位数、孔隙表面粗糙度均影响水驱效率。孔隙越均匀、孔喉比越小、高配位数孔隙越多，水驱后的残余油越少，驱油效率越高，反之越差。

4）储层的润湿性

润湿性岩石，毛细管力促使水进入更小的孔隙空间，黏滞力只能使注入水进入较大孔隙空间，从而提高水的驱油效率，最终提高原油采收率；非润湿性岩石，毛细管力阻止注入水进入更小的孔隙空间，结果形成较高的残余油饱和度，从而使驱油效率降低，影响原油采收率。

5）地下原油黏度

地下原油黏度影响水驱油效率、注水波及体积，对注水采收率影响很大。原油黏度越大，流动越困难，驱油效率越低；相反，黏度越小，阻力越小，地下流动越容易，在注水开采条件下会有较高的驱油效率。如图7－33所示。

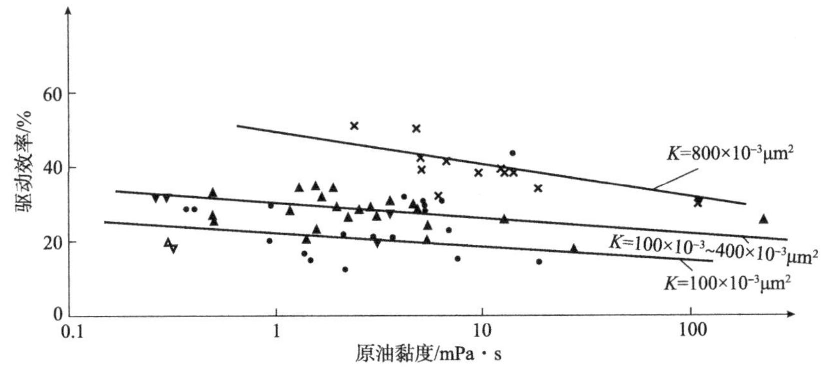

图 7－33　不同渗透率区原油采收率与黏度关系图

2. 影响采收率的人为措施

1)油藏开发层系的划分

根据我国油田开发实践资料，开发层系内的油层数、有效厚度与油田最终采收率有明显的相关关系，随着开发层系内油层数和有效厚度的增加，层间矛盾加剧，油层动用厚度减少，采收率明显降低。

2)井网密度

油层存在不同程度的不连续性和非均质性，一般，陆相储层的非均质性都比较严重，井网密度对采收率有极大的影响，在油田开发后期，影响更为明显。

3)压裂改造油层

对低渗透油藏，压裂改造油层对提高采收率是极为重要的措施。低渗透油藏的油井初产量一般都很低，或者不具有工业开采价值，只有经过压裂改造，改善油层渗流条件，提高油井产量，才可使注水油藏增强注水效果，从而增加可采储量，提高油藏采收率。

4)热采提高稠油油藏采收率

稠油在常规开采条件下，一般采收率都小于10%，甚至无法开采，只有通过油层内部加热(一般采用蒸气吞吐)，才能使油井正常开采，提高采收率。

3. 驱动类型对采收率的影响

由实际资料统计可以看出，油气藏的驱动类型不同，最终采收率相差很大(表 7－13)。

表 7－13　不同驱动类型的采收率(据吴元燕等，1996)

类别	驱动类型	采收率/%
油藏	一次采油	
	弹性驱	2～5
	溶解气驱	10～30
	水驱	25～50
	气顶驱	20～50
	重力驱	30～70

续表

类别	驱动类型	采收率/%
油藏	二次采油	
	注水	25～60
	注气	30～50
	混相驱	40～60
	热力驱	20～50
	三次采油	
	注聚合物、注 CO_2、注碱水、注表面活性剂等类型的驱油剂	45～80
气藏	一次采气	
	弹性驱	70～95
	水驱	45～70
	二次采气	
	回注干气的凝析气藏	65～80

二、技术可采储量估算

（一）探明技术可采储量的估算

1. 探明技术可采储量估算必须满足的条件

已实施的操作技术和近期将采用的操作技术（包括采油气技术和提高采收率技术，下同）；有开发概念设计或开发方案，并已列入或将列入中近期开发计划；以近期平均价格和成本为准，可行性评价是经济的和次经济的。

2. 未开发和开发初期石油（天然气）技术可采储量计算

一般根据计算的地质储量和确定的采收率，按下列公式计算可采储量。

$$N_R = NE_R \tag{7-41}$$

$$G_R = GE_R \tag{7-42}$$

式中，N_R 为原油可采储量，$10^4 m^3$（或 $10^4 t$）；G_R 为天然气可采储量，$10^8 m^3$；E_R 为采收率，小数。

（二）已开发石油（天然气）技术可采储量估算

油（气）田投入开发生产一段时间后，已开发石油（天然气）技术可采储量直接用开发井的生产数据计算，主要计算方法是水驱特征曲线法、产量递减法、物质平衡法和数值模拟法等；也可用探边测试法和其他经验统计法计算。

产量递减法：油（气）田（藏）开采后产量明显递减时，产量与生产时间服从一定的变化规律，如指数递减、双曲线递减或调和递减等，利用这些规律预测到人为给定（经验）的极限产量，可求得可采储量。

物质平衡法：气田(藏)地层压力降低明显和达到一定采出程度时，根据定期的地层压力和气、水累计产量等资料，通过采出量随压力下降的变化关系求得与废弃压力相对应的可采储量。

数值模拟法：油(气)田(藏)根据油(气)藏特征及开发概念设计等，建立油气藏模型，并经历史拟合证实模型有效后，进行模拟计算，可求得可采储量。

水驱特征曲线法：油(气)田(藏)开采中后期水驱特征曲线出现明显直线段时，根据累计产量和含水率等变量的统计关系，计算到人为给定(经验)的极限含水时所求得的累计产量，即为可采储量。

一般，已开发技术可采储量所对应的截止点参数值如压力、产量和含水是人为经验给定的，而非本油田的实际经济参数计算出的。

(三)控制技术可采储量估算

控制技术可采储量的估算条件是在推测可能实施的操作技术(如注水、三次采油等)条件下，可行性评价为次经济以上。

控制技术可采储量的计算公式和计算方法与探明技术可采储量相同。

采收率一般是确定在推测可能实施的操作技术(如注水、三次采油等)条件下的最终采收率。

(四)预测技术可采储量估算

预测可采储量的估算，只考虑技术可采储量，是在推测可能实施的操作技术条件下所作的乐观估计，由于不确定性较大，预测可采储量只能是内蕴经济的。

预测技术可采储量的计算公式和计算方法与探明技术可采储量相同。

采收率一般是确定在乐观推测可能实施的操作技术条件下的最终采收率。

三、经济评价和经济可采储量估算

(一)估算条件

1. 探明经济可采储量的估算条件

以陆上油气探明经济可采储量的估算为例，必须满足下列条件。

(1)经济条件基于不同要求可采用评价基准日的，或合同的价格和成本及其他有关的条件。

(2)操作技术(主要包括提高采收率技术)是已实施的技术，或先导试验证实的并肯定付诸实施的技术，或本油气田同类油气藏实际成功并可类比和肯定付诸实施的技术。

(3)已有开发方案，并已列入中近期开发计划；天然气储量还应已铺设天然气管道或已有管道建设协议，并有销售合同或协议。

(4)与经济可采储量相应的含油气边界是钻井或测井、或测试、或可靠的压力测试资料证实的流体界面，或者是钻遇井的油气层底界，并且含油气边界内有合理的井控程度。

(5)实际生产或测试证实了商业性生产能力，或目标储层与邻井同层位或本井邻层位已证实商业性生产能力的储层相似。

(6) 可行性评价是经济的。

(7) 将来实际采出量大于或等于估算的经济可采储量的概率至少为 80%。

2. 控制经济可采储量估算条件

(1) 与控制技术可采储量的差别，要求可采储量经过经济评价是经济的。

(2) 将来实际采出量大于或等于估算的经济可采储量的概率至少为 50%。

(二) 经济评价方法和参数取值要求

探明、控制技术可采储量一般都应采用现金流量法对油(气)田(藏)开发可行性进行经济评价，其目的是下步确定经济可采储量和储量价值。

勘探投资根据含油面积内的井数和部分设施、设备投资计算，10 年以前的勘探投资可按沉没计算。开发建设投资根据开发概念设计方案或正式开发方案提供的依据测算。

成本、价格和税率等经济指标，一般情况下，应根据本油(气)田实际情况，考虑同类已开发油(气)田的统计资料，确定一定时期或年度的平均值；有合同规定的，按合同规定的价格和成本。价格和成本在评价期保持不变，即不考虑通货膨胀和紧缩因素。

高峰期的产量和递减期的递减率，应在系统试采和开发概念设计的基础上论证确定。

经济评价结果净现值大于或等于零，内部收益率达到企业规定收益率，油(气)田开发为经济的，可进行下步经济可采储量计算。如果达不到上述评价指标，定为次经济可采储量。

(三) 经济可采储量及其价值估算

采用现金流量法，工作包括以下内容。

(1) 预测分年、月度产量。已开发油(气)田(藏)可直接采用产量递减法求得，其他动态法也最好转换为累计产量与生产时间关系曲线求得。不具备条件的通过研究确定高峰期产量和递减期递减率预测求得，应在系统试采和开发概念设计的基础上论证确定。

(2) 投资、成本、价格和税率等经济指标，按上述要求取值。

(3) 测算油(气)藏(田)经济极限。经济极限定义为某个油(气)藏(田)所产生的月净收入等于操作该油(气)藏(田)的月净支出(维护运营的操作成本和税费)时的产量。对海上油田，储量的经济寿命不应超过开发该油(气)藏(田)的平台寿命。

(4) 估算经济可采储量，即从指定日期到产量降至经济极限产量时的累计产量。

(5) 折现率根据各公司基准收益率取值，求得净现值即储量价值。

第八章　储层地质建模

储层地质建模是建立表征储层格架、相及储层参数等地质特征及其非均质性在空间分布及变化的三维数字化模型。建立储层地质模型的目的是要通过对孔隙度、渗透率和储层厚度的定量研究，准确界定有利储层的空间位置及其分布范围，为油藏数值模拟、油田开发方案的制订与调整提供直接地质依据。

本章介绍储层地质建模的部分理论、方法以及基本流程，主要回答以下问题：

(1)储层地质模型的类型和组成有哪些？

(2)建立储层地质模型有何意义？

(3)储层地质建模需要遵循哪些原则？

(4)确定性建模方法有哪些？各有什么特点？

(5)随机建模方法有哪些？其应用范围及效果如何？

(6)不同阶段储层地质建模的工作流程有何差异？

(7)储层地质建模的数据如何进行质量控制？

(8)储层沉积相建模的方法有哪些？适用条件如何？

(9)如何进行模型的不确定性分析？

(10)基于沉积过程正演模拟的地质建模基本流程是什么？需要注意哪些问题？

第一节　储层地质建模概述

一、储层地质模型的分类及组成

不同勘探开发阶段所获取到的地质资料及数据不同，地质建模的目的、任务和目标也不同。建模资料及数据的丰富程度和准确性，以及建模人员的经验决定地质建模的效果。油田从发现到废弃大体会经历油气藏评价阶段、开发早期阶段和开发中后期阶段。不同开发阶段的研究任务所要求的储层地质模型的精细程度不同。

(一)据裘怿楠分类

裘怿楠(1991)将储层地质模型分为三类，即概念模型、静态模型和预测模型。

(1)概念模型是指针对某一沉积(成因)类型的储层，把具代表性的储层特征抽象出来，加以典型化和概念化，建立一个对这类储层在研究区内具有代表意义的储层地质模型。概念模型并不是一个或一套具体储层的地质模型，而是代表某一地区某一类储层的基本面貌，是从沉积模式中抽象和提炼出来的。从油田发现开始，到油田评价阶段和开发设计阶段，主要应用储层概念模型研究各种开发战略问题。这个阶段油田仅有少数大井距的探井和评价井的岩心、测井及测试资料以及二维和三维地震勘探资料，因而不能详细地描述储层细致的非均质特征，只能依据少量信息，借鉴理论上的沉积模式、成岩模式建立工区储层概念模型。概念模型对开发战略的确定至关重要，可避免战略失误。

(2)静态模型是针对某一具体油田(或开发区)的一个或一套储层，将其储层特征在三维空间上的变化和分布如实地加以描述而建立的地质模型。静态模型只是把多井井网所揭示的储层面貌描述出来，井间参数的内插及外推预测精度有限。这一模型主要为编制开发方案和调整方案服务，如确定注采井别、射孔方案、作业施工、配产配注及油田开发动态分析等。20 世纪 80 年代以来，国内外逐步发展出一套利用计算机存储和显示的三维储层静态模型，即把储层网格化后，把各网格参数按三维空间分布位置存入计算机内，形成了三维数据体，可以进行储层的三维显示、任意切片和切剖面，以及进行各种运算和分析。这种模型可以直接与油藏数值模拟相连接，便于油藏管理。

(3)预测模型是比静态模型精度更高的储层地质模型。要求对控制点间(井间)及以外地区的储层参数能做一定精度的内插和外推的预测。在建立静态模型时，也进行了井间预测，但精度不高，这主要是由于技术条件和资料程度所限。地震资料覆盖面广，但分辨率较低不足以确定三维空间任一点的储层参数绝对值，而井资料虽然垂向分辨率高但由于井距的限制不能代表整个三维储层。目前采用的各种井间预测的地质统计学方法亦不能表征井间任意一点的储层参数绝对值。目前，建立预测模型的技术主要是随机建模技术，即将等概率的随机抽样方法(蒙特卡罗)与确定性的插值方法(克里金)相结合，所形成的地质统计学随机算法，产生多个高精度的随机实现图像(预测模型)。因而，目前储层表征的核心就是运用各种资料、采用定量的方法与随机建模技术建立储层的预测模型。

(二)据地质模型的内容分类

根据地质模型的内容，可将储层地质模型分为地质格架模型、储层模型和流体分布模型。

地质格架模型也称构造地层格架模型，主要由断层模型(图 8－1)、层面模型(图 8－2)及层面间的地层模型组成，反映圈闭类型、地层的构造起伏、接触关系、封盖层及断层与储层的空间配置关系、储层层面的变形状态等。

(三)据储层属性及模型所表述的内容分类

按照储层属性及模型所表述的内容，可将储层模型分为三类，即储层相模型(图 8－3)、储层参数模型(图 8－4)及裂缝分布模型等。

储层相模型为储层内部不同相类型的三维空间分布，反映储集体的几何形态、连续性、连通性等，属于离散性模型。包括储层构型模型、流动单元模型及岩相模型。储层构型模型为不同级次构型单元的三维空间分布(图 8－5)，可突出表现砂体内部构型包括夹层的差异分布(图 8－6)。流动单元模型是由许多流动单元块体镶嵌组合而成的模型，反映了单元间岩石物性的差异和单元间边界，还突出地表现了同一流动单元内影响流体流动的物性参数的相似性。岩相模型体现不同岩相单元的三维空间分布特征。

图 8－1　三维断层模型

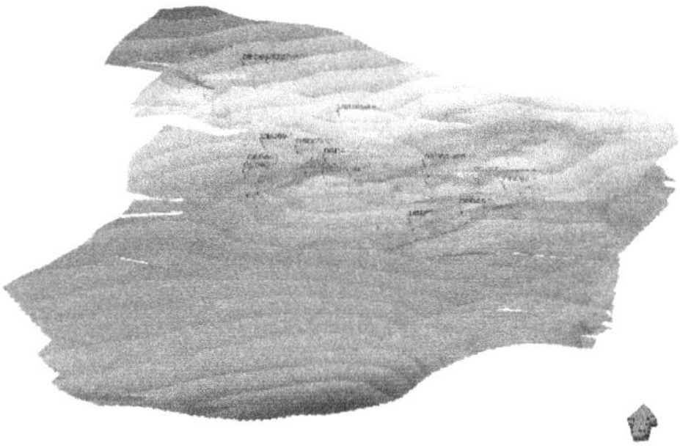

图 8－2　三维层面模型

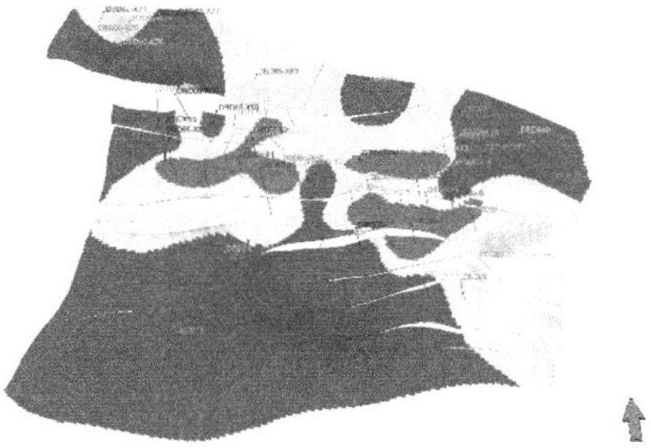

图 8－3　储层相模型

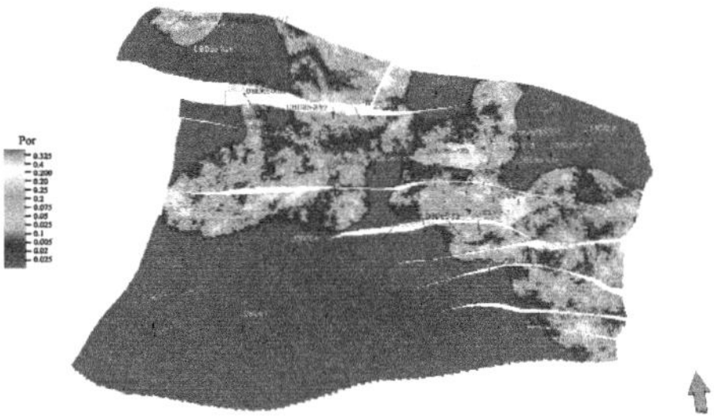

图 8－4　储层参数(孔隙度)模型

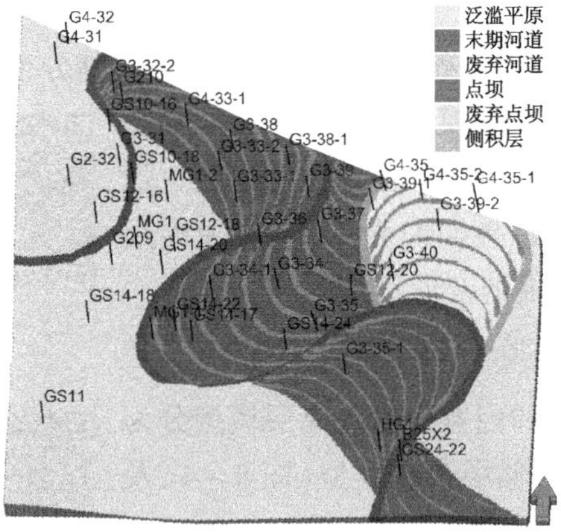

图 8－5　曲流河点坝内部构型模型

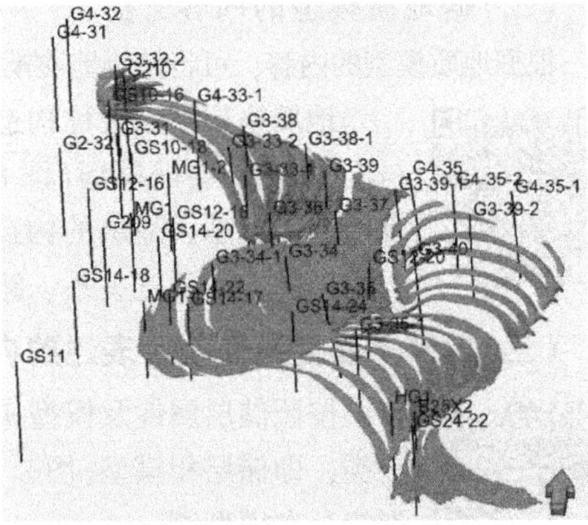

图 8－6　曲流河点坝内部侧积层镂空显示

储层参数模型为储层参数在三维空间上的变化和分布，属于连续性模型。主要包括孔隙度模型和渗透率模型等。

裂缝分布模型可分为两类，其一为三维裂缝网络模型，表征裂缝类型、大小、形状、产状、切割关系及基质岩块特征等；其二为二维裂缝密度模型，表征裂缝的发育程度。

流体分布模型反映地层流体(油、气、水)的性质及分布，一般由离散的含油气水单元模型或连续的含油(气)饱和度模型表达。

二、储层地质模型的意义

储层地质建模是从三维的角度对储层进行定量的研究并建立其三维模型，其核心是对井间储层进行多学科综合一体化、三维定量化及可视化的预测。与传统的二维储层研究相比，三维储层建模具有如下明显的优势。

(1)能更客观地描述储层，克服了用二维图件描述三维储层的局限性。三维储层建模可从三维空间上定量地表征储层的非均质性，有利于合理的油藏评价及开发管理。

(2)可以更精确地计算油气储量。在常规的储量计算中，储量参数(含油面积、油层厚度、孔隙度、含油饱和度等)一般用平均值表示。应用平均值计算储量忽视了储层非均质因素。应用三维储层模型计算储量时，储量的基本计算单元是三维空间上的网格(分辨率比二维储量计算时高得多)。每一个网格均赋有相类型、孔隙度值、含油饱和度值等参数，通过三维空间运算，计算出实际的油砂体体积、孔隙体积和油气体积，计算精度比二维储量计算的高得多。

(3)有利于三维油藏数值模拟。三维油藏数值模拟要求建立一个把油藏各项特征参数在三维空间上的分布定量表征出来的地质模型。粗化的三维储层地质模型可直接作为油藏数值模拟的输入，而油藏数值模拟成败的关键在很大程度上取决于三维储层地质模型的准确性。

在油藏评价至油田开发的不同阶段，均可建立三维储层地质模型，以服务于不同的勘探开发目的。随着油藏勘探开发程度的不断深入，基础资料不断丰富，所建模型的精度也越来越高。在油藏评价阶段及开发设计阶段，基础资料主要为大井距的探井和评价井资料(岩心、测井、测试资料)及地震资料。为了进行开发方案设计，需要建立储层概念模型。

在开发方案实施及油藏管理阶段，开发井网已完成，基础资料丰富，可建立精度相对较高的储层静态模型，主要为优化开发实施方案及调整方案服务，如确定注采井别、射孔方案、作业施工、配产配注及油田开发动态分析等，以提高油田开发效益及油田采收率。

在注水开发中后期及三次采油阶段，基础资料非常丰富，井资料更多(井距更小，在开发井网基础上，又有加密井、检查井等)，该阶段具有大量的动态资料，如多井试井、示踪剂地层测试及生产动态资料等，因而，可建立精度较高的储层模型。然而，由于储层参数的空间分布对剩余油分布的敏感性极强，储层特征及其细微变化对三次采油注入剂及驱油效率的敏感性远大于对注水效率的，因此，为了适应注水开发中后期及三次采油对剩余油开采的需求，对储层模型的精度要求很高，要求在开发井网(一般百米级)条件下将井间数十米甚至数米级规模的储层参数的变化及其绝对值预测出来，建立高精度的储层预测模型。

三、储层地质建模原则

建模工作所涉及的含油气盆地类型繁多，储层成因复杂，非均质性严重。因此，在勘探与开发过程中为了建立尽量符合地质实际情况的储层模型，需要遵循如下建模原则。

(一)多学科综合一体化建模原则

地质信息的丰富会提高建模的准确性。充分应用多学科信息(地质、测井、地震、试井等)进行协同建模将大大降低模型的不确定性，提高模型的精度。值得注意的是，不同资料的分辨尺度不一致，在建模过程中需要对资料进行数据集成与匹配。井眼资料的优点是较准确、精度高(<0.5m)，其缺点是分布局限；地震资料的优点是横向覆盖广，其缺点是垂向分辨率低、多解性强。在综合利用井眼资料和地震资料建立模型的时候，不但要对时深进行匹配，还要对数据相关关系进行匹配(包括地质与测井以及井眼与地震)。

(二)确定性建模与随机建模相结合原则

确定性建模是根据确定性资料，推测出井间确定的、唯一的储层特征分布。随机建模是对井间未知区应用随机模拟方法建立可选的、等概率的储层地质模型。应用随机建模方法，可建立一簇等概率的储层三维模型，可评价储层的不确定性，把握井间储层的变化。在建模过程中，为了尽量降低模型中的不确定性，常应用确定性信息限定随机建模的过程，这就是随机建模与确定性建模相结合的建模思路。

(三)等时建模原则

沉积地质体是在不同地质时期形成的。为了提高建模精度，在建模过程中应进行等时地质约束，即应用高分辨率层序地层学原理确定等时界面，并利用等时界面将沉积体划分为若干等时层。在建模时，按等时层建模，并将其组合为统一的三维沉积模型。同时，针对不同的等时层输入反映各自地质特征的不同的建模参数，这样可使所建模型能更客观地反映地质实际。

(四)成因控制建模原则

沉积相的分布有其内在规律，相的空间分布与层序地层之间、相与相之间、相内部的沉积层之间均有一定的成因关系。在相建模时，为了建立符合地质实际的储层相模型，应充分利用这些成因关系，而不仅仅是井点数据的数学统计关系。相的成因关系主要体现于层序地层学原理及沉积模式方面。相模式体现了相带之间及相带内部的成因关系。在相建模时，不论是确定性建模还是随机建模，均应充分应用层序地层学原理及沉积相模式约束建模过程，应用层序地层学原理确定等时界面及等时地层格架，并在由等时界面限制的模拟单元层内，依据一定的相模式(相序递变、砂体叠加、微相组合方式以及各相几何学特征)选取建模参数，进行沉积相的三维建模研究。

(五)相控建模原则

不同沉积相或成因相类型中储层参数特征的变化规律是不同的，因此在储层属性建模时通常要遵循相控建模原则，即首先建立沉积相、储层结构或流动单元模型，然后根据不同沉积相(砂体类型或流动单元)的储层参数定量分布规律，分相(砂体类型或流动单元)进行井间插值或随机模拟，建立与相分布模型相关的储层参数分布模型。

第二节　储层地质建模的方法

地质建模方法有确定性建模和随机建模两种。确定性建模是从具有确定性资料的控制点(如井点)出发，对井间未知区给出确定性的、唯一的预测结果，确定性建模方法可用于离散属性(如沉积相、成岩相、结构单元、流动单元等)的建模。随机建模是对井间未知区应用随机模拟方法给出多种可能的、等概率的预测结果。采用随机建模方法所建立的储层模型不是一个，而是多个，即一定范围内的多种等概率可能实现，以满足油田开发决策在一定风险范围内的正确性，据此可对油藏开发动态预测的不确定性进行综合分析，从而提高动态预测的可靠性。

一、确定性建模方法

确定性建模方法主要有储层地震学方法、储层沉积学方法及地质统计学克里金方法。

(一)储层地震学方法

储层地震学方法主要是应用地震资料研究储层的几何形态、岩性及储层参数的分布，一般是针对盆地内某区块或有利储集相带的一套含油层段进行研究。研究厚度相对较小，一般在几米至几十米范围内，在地震剖面上主要表现为一个反射同相轴或几个同相轴组成的反射波组。

地震资料在确定性建模过程中的应用主要包括地震属性分析、地震反演、地震油藏监测等。在建模过程中将地震属性参数如层速度、波阻抗、振幅等转换为储层岩性和物性参数。其前提是地震属性参数与地质参数之间具有确定性的关系，如波阻抗与储层孔隙度具有线性相关关系。地震反演数据在建模过程中的应用是将地震反演数据体与储层地质参数建立联系，进行井间约束。地震属性通常可以用于约束相建模和储层物性建模。地震油藏监测资料主要用于建立流体饱和度模型。

(二)储层沉积学方法

储层沉积学方法主要用于建立储层结构模型，建模的主要过程就是井间砂体对比。传统的井间砂体对比主要是依据井对的测井曲线的相似性或差异性进行井间砂体解释(井间砂体连接或尖灭)。实际上，科学的井间砂体对比应是利用多学科方法进行综合一体化的解释过程。

井间砂体对比的重要基础是高分辨率等时地层对比及沉积模式。高分辨率等时地层对比主要为砂体对比提供等时地层框架，沉积模式主要用于指导砂体对比过程。

在对比过程中，可以借助以下资料、方法和技术。

(1)砂岩与泥岩几何形态的地质知识库(砂体宽厚比、长宽比、砂地比、隔夹层密度与频率等)。

(2)通过地层测试(如 RFT、脉冲测试等)获取砂体连续性及连通性信息。

(3)通过地层倾角测井获取砂体定向资料。

(4)通过详细的三维地震和(或)井间地震分析，以获取砂体几何形态及连通性等资料。

(5)应用古地貌资料帮助进行砂体对比。

此外，储层沉积学方法还包括利用地层沉积正演模拟及地层沉积反演模拟结果约束模型井间预测。

(三)插值方法

在确定性的储层参数建模中，主要应用插值方法对空间上每个网格赋予储层参数值，以获得孔隙度、渗透率或含油饱和度等参数的空间分布。井间插值方法可分为传统的数理统计学插值方法和地质统计学估值方法(主要是克里金方法)。

1. 数理统计学插值方法

传统的数理统计学插值方法很多，如三角网插值法、距离反比加权法、径向基函数插值法、多重网格逼近法、离散光滑插值法、样条插值法、最近邻点法、移动最小二乘法等。

插值方法也可分为局部插值与整体插值两大类。局部插值法的特点是每一个插值点只影响其周围的局部区域，如距离反比、B样条插值等；整体插值法则基于整体插值点，一般要求解一个线性方程组，变动或改变一个插值点，就会改变整个插值曲面，如薄板样条插值等。由于传统的数理统计学插值方法(如反距离平方法)只考虑观测点与待估点之间的距离，而不考虑地质规律所造成的储层参数在空间上的相关性，插值精度很低，这种插值方法不适用于地质建模。为了提高对储层参数的估值精度，广泛应用克里金方法进行井间插值。

2. 克里金插值方法

克里金插值方法是地质统计学的核心，是一种主要的地质统计学估值方法，根据待估点周围的若干已知信息，应用变差函数对待估点的未知值做出最优(即估计方差最小)、无偏(即估计值的均值和观测值的均值相等)估计。

1)区域化变量

克里金方法主要应用变异函数和协方差函数研究在空间上既有随机性又有相关性的变量，即区域化变量。从井剖面中获取的储层参数如孔隙度、渗透率、泥质含量均为区域化变量。

在应用克里金法进行井间(点间)估值时，首先是确定待估点周围的已知数量点的参数对待估点的贡献大小(即加权值)，然后进行估值，估值计算的一般算式：

$$Z^*(X) = \sum_{i=1}^{n} \lambda_i Z_i(X_i) \tag{8-1}$$

式中，$Z^*(X)$为待估点的克里金法估计值；$Z(X_i)$为待估点周围某点X_i处的观测值，$i=1, 2, 3, \cdots, n$；λ_i为X_i的权系数，表示X_i点值对估值$Z^*(X)$的贡献大小。

克里金方法较多，如简单克里金、普通克里金、泛克里金、因子克里金、协同克里金、指示克里金等。这些方法可用于不同地质条件下的参数预测。

克里金方法是一种光滑内插方法，实际上是特殊的加权平均法。难以表征井间参数的细微变化和离散性(如井间渗透率的复杂变化)，同时，克里金方法为局部估值方法，对参数分布的整体结构性考虑不够，因而，当储层连续性差、井距大且分布不均匀时，则估值误差较大。因此，克里金方法所给出的井间插值点虽然是确定的值，但并非真实的值，仅是接近于真实的值，其误差大小取决于方法本身的适用性及客观地质条件。然而，就井间估值而言，克里金方法比传统的数理统计方法更能反映客观地质规律，估值精度相对较高，是定量描述储层的有力工具。

2)变差函数

(1)基本概念。

变差函数是区域化变量空间变异性的一种度量，反映了空间变异程度随距离变化而变化的特征。变差函数强调三维空间上的数据构型，从而可定量描述区域化变量的空间相关性，即地质规律所造成的储层参数在空间上的相关性。它是克里金技术及随机模拟中的一个重要工具。

设 $Z(x)$ 是一个随机函数，如果差函数 $Z(x+h)-Z(x)$ 的一阶矩和二阶矩仅依赖于点 $x+h$ 和 x 之差 h[即 $Z(x)$ 为二阶平稳或满足内蕴假设]，那么定义这一差函数的方差的一半为变差函数 $\gamma(h)$，或称为半变差函数(为简明起见，后文均称为变差函数)：

$$\gamma(h)=\frac{1}{2}\mathrm{Var}[Z(x+h)-Z(x)] \tag{8-2}$$

$$\gamma(h)=\frac{1}{2}E\{[Z(x+h)-Z(x)]-E[Z(x+h)-Z(x)]^2\} \tag{8-3}$$

假设 $E[Z(x+h)-Z(x)]=0$，则变差函数可写成：

$$\gamma(h)=\frac{1}{2}E\{[Z(x+h)-Z(x)]^2\} \tag{8-4}$$

变差函数 $\gamma(h)$ 随滞后距 h 变化的各项特征，表达了区域化变量的各种空间变异性质。这些特征包括影响区域的大小、空间各向异性的程度，以及变量在空间的连续性。可通过变差函数图[变差函数 $\gamma(h)$ 随 h 的变化图]的各项参数，即变程、块金值、基台值表示(图 8-7)。

①变程。

变程指区域化变量在空间上具有相关性的范围，在变程范围之内，数据具有相关性；而在变程之外，数据之间互不相关，即在变程以外的观测值不对估计结果产生影响。具体来说，假如某个属性在空间上是各向同性的，也就是说在各个方向上的变化一致，那么，以某一观测点为球心，以变程为半径画一个球体，该观测点与球体内的所有其他数据相关；反之，超出这个范围的数据与该点无关。因此，变程的大小反映了变量空间相关性的大小，变程相对较大，意味着该方向的观测数据在较大范围内相关；反之，则相关性较小。如图 8-8 所示，三幅图像的变程不同，则图像的空间相关性也不同，图 8-8(a)变程最小，其空间相关性也最小，图 8-8(c)变程最大，其空间相关性也最大。变程是地质统计学中一个十分重要的参数。

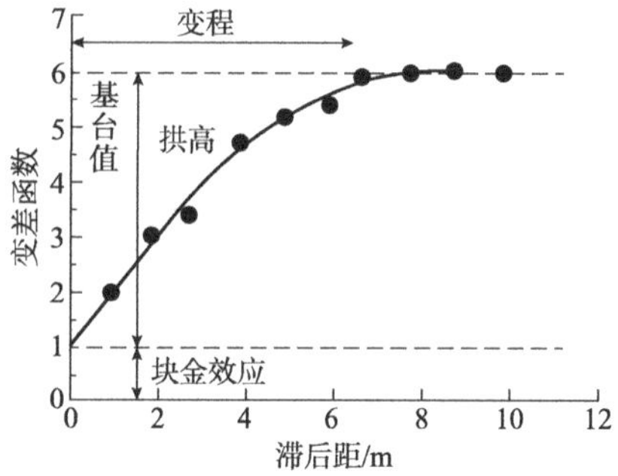

图 8-7　变差函数图

(据 Journel 和 Huijbregts，1978)

②块金值。

变差函数如果在原点间断，这在地质统计学中称为“块金效应”，表现为在很短的距离内有较大的空间变异性。在数学上，块金值相当于变量纯随机性的部分。如果无论 h 多小，两个随机变量都不相关，这种现象称为纯块金效应。

③基台值。

基台值代表变量在空间上总变异性大小，即当 h 大于变程时的变差函数值，其为块金值与拱高之和。拱高为在取得有效数据的尺度上，可观测得到的变异性幅度的大小。当块金值等于 0 时，基台值为拱高。

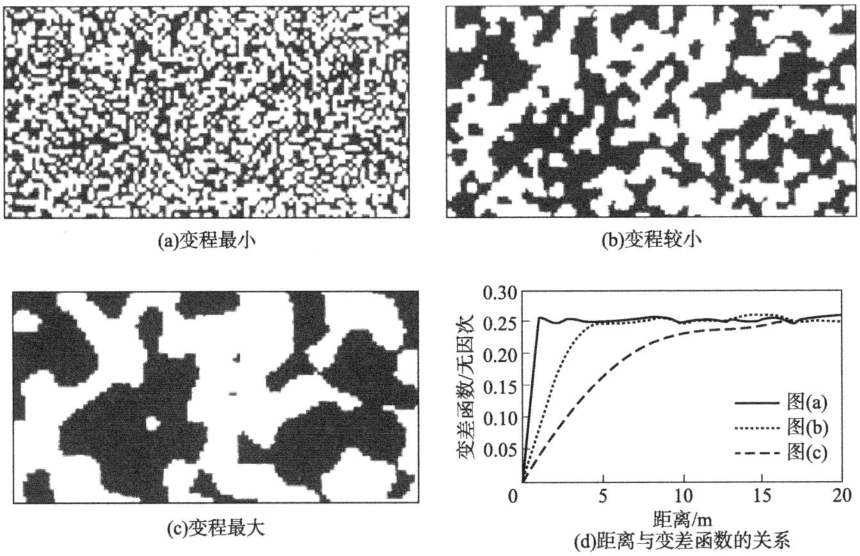

图 8－8　具有不同变程的克里金插值图像(据 Deutsch 和 Journel，1998)

④变差函数与协方差函数的关系。

在二阶平稳假设条件下，变差函数 $\gamma(h)$ 与协方差函数 $C(h)$ 均存在且平稳，此时，两者具有如图 8－9 所示的消长关系。以块金值为 0 的情况为例。在原点处，$\gamma(h)$ 为 0，且随着 h 增大而增大，到变程 a 处达到基台值；而 $C(h)$ 在原点处的值 $C(0)$ 为变差函数的基台值，且随着 h 增大而减小，到变程 a 处趋于 0。

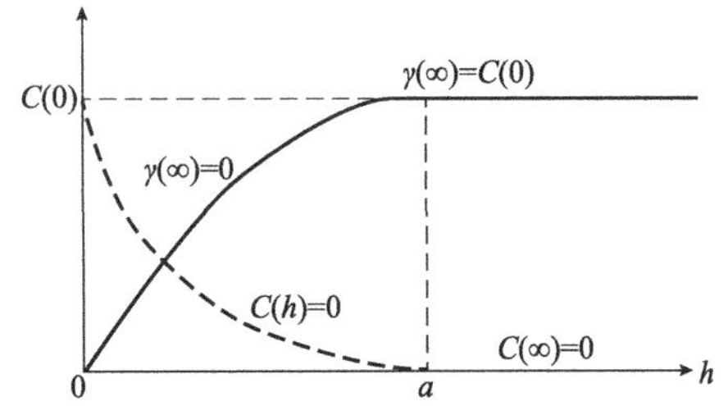

图 8－9　变差函数与协方差函数关系示意图(据王仁铎和胡光道，1988)

$$C(h) = C(0) - \gamma(h) \quad (8-5)$$

(2)变量的各向异性。

不同方向的变差函数可反映变量的各向异性特征，包括有无各向异性及各向异性的类型。如果各个方向的变差图基本相同，则为各向同性，否则为各向异性。

各向异性的特征主要通过变程和基台值来反映。如图 8－10 所示，由于两个图像在垂向和水平方向上的变程均有差异，导致图像形态有很大的差别，其中图 8－10(a)的水平变程小于图 8－10(b)的，其垂向变程又大于图 8－10(b)的。

在大多数沉积环境中，地质变量的相关性在不同的方向是不一样的。在平面上，顺主流线的变程往往大于垂直主流线方向的变程(图 8－11)；而由于地质体的垂向规模通常小于平面规模，垂向变程往往远小于平面各个方向的变程。

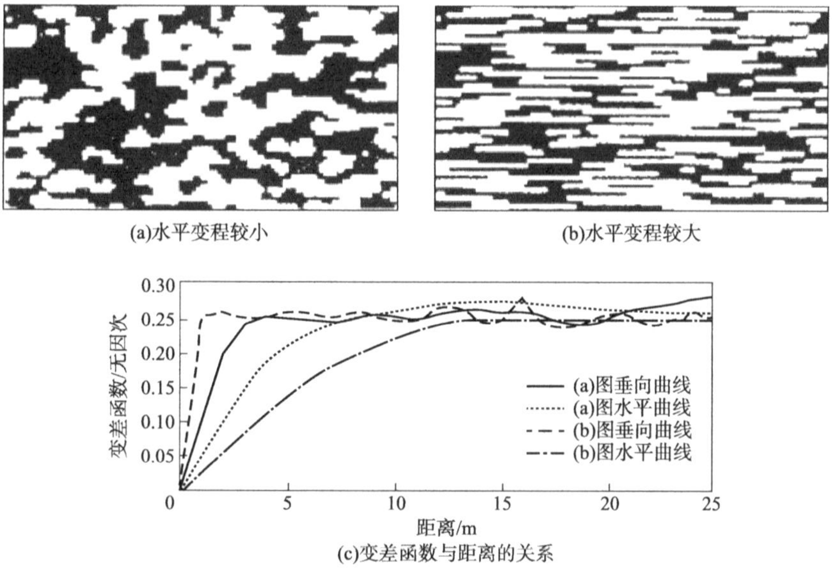

图 8-10 各向异性的影响(据 Deutsch 和 Journel，1998)

各向异性又可分为几何各向异性和带状各向异性。如果变差函数在空间各个方向上的变程不同，但基台值不变(即变异程度相等)，则称其为几何各向异性(图 8-12)，这种情况能用一个简单的几何坐标变换将各向异性结构变换为各向同性结构。如果不同方向的变差函数具有不同的基台值，则称为带状各向异性(图 8-13)，其变程可以相同，也可以不同。这种情况不能通过坐标的线性变换转化为各向同性(结构)。

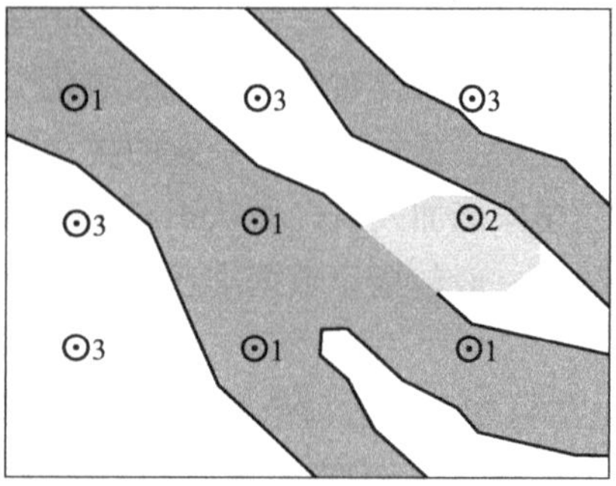

图 8-11 地质变量的各向异性示意图(据吴胜和，2010)

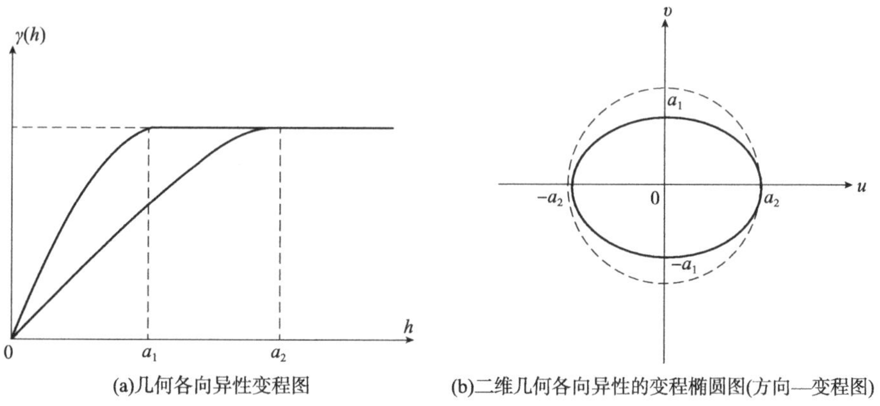

图 8-12 几何各向异性(据孙洪泉，1990)

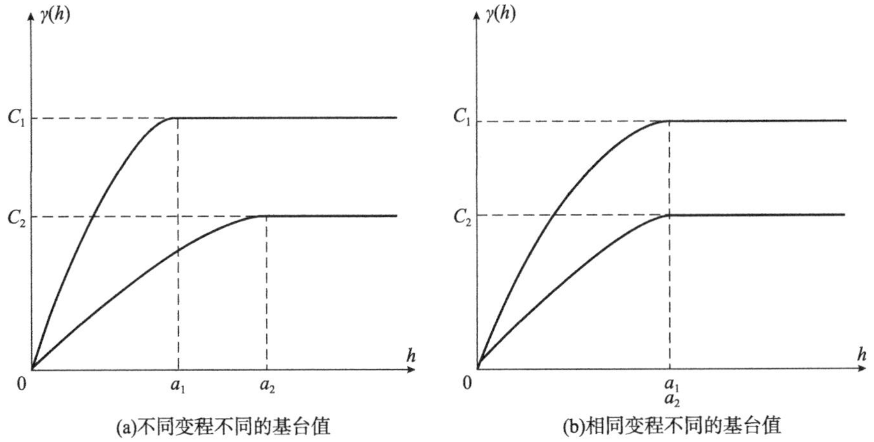

图 8－13　两个方向带状各向异性(据孙洪泉，1990)

(3)变差函数结构分析。

通过有限的区域化变量空间观测值来构建相应的理论变差函数模型，以表征该变量的主要结构特征，即为区域化变量的“结构分析”。结构分析是地质统计学研究的第一步，也是非常重要的一步。在结构分析的基础上，才能做进一步的克里金估值、条件模拟等。结构分析不仅需要对所研究的区域化变量的地质特征有基本的认识，而且要求在选用各种地质统计学工具方面具有一定的技巧和经验。这一方面增加了工作的复杂性，另一方面也使地质学家能加入自己的认识和经验，这也正是克里金技术区别于其他方法的特点所在。结构分析一般包括：数据准备、实验变差函数的计算(一维实验变差函数及二维实验变差函数)。

(4)变差函数理论模型。

假设 $Z(x)$ 为满足本征假设的区域化变量，则常见的理论变差函数主要有球状模型、指数模型、高斯模型及幂函数模型等四类。

①球状模型。

变差函数由一个真实变程 a 和正的方差贡献或基台值 c 确定。

$$\gamma(h)=\begin{cases} c_0 & h=0 \\ c\left[1.5\dfrac{h}{a}-0.5\left(\dfrac{h}{a}\right)^3\right]+c_0 & 0<h\leqslant a \\ c+c_0 & h>a \end{cases} \tag{8-6}$$

式中，c 为基台值；a 为变程；h 为滞后距，m；c_0 为块金常数。

接近原点处，变差函数呈线性形状，在变程处达到基台值。原点处变差函数的切线在变程 2/3 处与基台值相交(图 8－14)。

②指数模型。

变差函数由一个真实变程 a(有效变程 $a'/3$)和正的方差贡献 c 确定。其表达式为：

$$\gamma(h)=c\cdot\exp\left(\frac{h}{a}\right)=c\left[1-\exp\left(-\frac{3h}{a}\right)\right] \tag{8-7}$$

变差函数渐近地逼近基台值。在实际变程 a' 处，变差函数为 $0.95c$。模型在原点处为直线(图 8－14)。

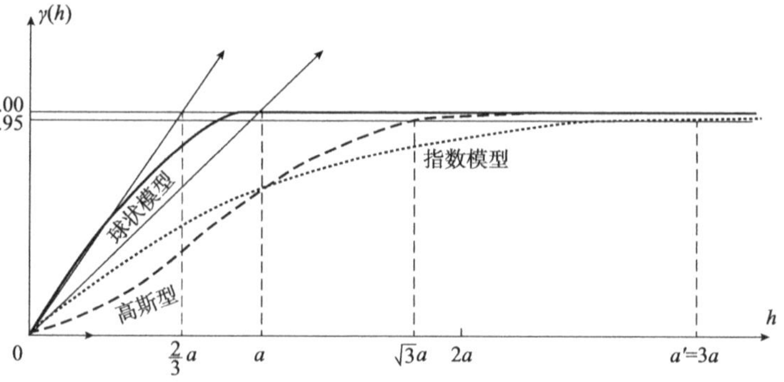

图 8－14 三种有基台值的理论变差函数模型(据孙洪泉，1990)

③高斯模型。

变差函数由一个真实变程 a 和正的方差贡献 c 确定。其表达式为：

$$\gamma(h)=c\left[1-\exp\left(-\frac{(3h)^2}{a^2}\right)\right] \tag{8-8}$$

此处 a 亦不是变程。当 $h=\sqrt{3}a$ 时，变差函数约为 0.95c。模型在原点处为抛物线(图 8－14)，是一种连续性好但稳定性较差的模型。

④幂函数模型。

变差函数由一个幂值 $0<\omega<2$ 和正斜率 c 确定。其表达式为：

$$\gamma(h)=c\cdot h^{\omega} \tag{8-9}$$

幂函数模型为一种无基台值的变差函数模型。这是一种特殊的模型，当参数 ω 改变时，可以表示原点附近的各种形状(图 8－15)。当 $\omega=1$ 时，变差函数为一直线，即为线性模型，这一模型即为著名的布朗运动(其随机函数的理论模型为随机行走过程)的变差函数模型 $\gamma(h)=c\cdot h$；当 $\omega\neq1$ 时，变差函数为抛物线形，为分数布朗运动的变差函数模型。

(5)理论变差函数的最优拟合。

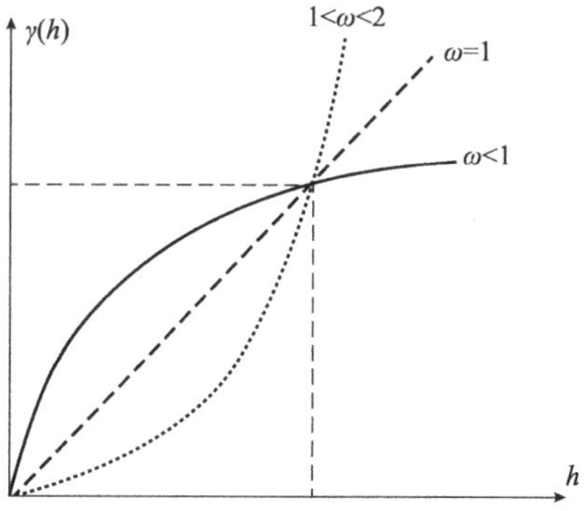

图 8－15 幂函数模型

复杂的区域化变量往往包含各种尺度上多层次、多方向的变化性。大尺度的变化性总是包含着小尺度的变化性，但却不能从大尺度的变化性中区分出小尺度的变化性。例如，对于 200m 宽的河道，在 $h=50$m 的观测尺度上可以将其与河道间的变化性区分出来，但却无法区分层理和矿物成分的变化性(即无法找出更细微的结构)，在 50m 尺度得到的结构上只能作为块金效应出现。如观测尺度为 500m，河道的变化也只能作为块金效应。代表微观变化性的变程极小的球状模型，可近似地看作纯块金效应型。

(6)变差函数最优性检验。

变差函数是否符合实际，应进行检验，一种实用的检验方法称为交叉验证法，检验标准是各实测点的克里金估计值与实测值误差的平方平均值最小。估计误差的平方与克里金估计方差之比越接近1，则变差函数与实际空间变异规律的符合程度越高。实际上，这种方法在检验变差函数的同时，也在检验所使用的克里金方法的适用性。

在结构分析过程中，应充分考虑研究区的地质特征。在计算实验变差函数之前，应首先了解地质情况；在构建出理论变差函数之后，应对其进行初步的地质解释。一般地，较长的变程和较小的基台值表示地质变量具有较大的空间连续性，而且变化平缓。对于同一区域化变量来说，相似的变差函数表明相似的地质成因，而完全不同的变差函数则说明其地质成因截然不同。

二、随机建模方法

地下储层是许多复杂地质过程(沉积作用、成岩作用和构造作用)综合作用的结果，具有复杂的储层结构(储层相)空间配置及储层参数的空间变化。在储层描述过程中，会遇到以下困难：①用于表征储层空间展布、内部(几何)结构和岩石性质在各个范围变化的信息资料不完备；②储集体和相的空间排列复杂；③难以掌握相对于空间位置和方向上岩石性质的变化和变化形式；④不了解岩石物性与用来求取平均值的岩石体积的关系(比例问题)；⑤静态储层资料(井点岩心、测井资料及地震资料)多于动态资料(时间变化效应、岩石结构如何影响采收过程等)；⑥随机模拟方便快捷(Haldorsen，1990)。因此，难以掌握任一尺度下储层的确定且真实的特征或性质，储层描述具有不确定性。这些需要通过“猜测”而确定的储层性质，即为储层的随机性质。

由于储层的随机性，储层预测结果便具有多解性。因此，应用确定性建模方法作出的预测结果便具有一定的不确定性，以此作为决策基础便有风险性。为此，人们广泛应用随机模拟方法对储层进行建模和预测。

所谓随机建模，是指以已知的信息为基础，以随机函数为理论，应用随机模拟方法，产生可选的、等概率的储层模型的方法。这种方法承认控制点以外的储层参数具有一定的不确定性，即具有一定的随机性。采用随机建模方法所建立的储层模型不是一个，而是多个，即一定范围内的几种可能实现(即所谓可选的储层模型)，以满足油田开发决策在一定风险范围的正确性的需要，这是与确定性建模方法的重要差别。对于每一种实现(即模型)，所模拟参数的统计学理论分布特征与控制点参数值统计分布是一致的。各个实现之间的差别则是储层不确定性的直接反映。

随机建模的重要目的便是对储层的不确定性进行评价。每一个随机储层模型可视为一个“确定性”模型，但利用多个等可能随机储层模型则可评价模型中的不确定性。例如，应用一簇模拟实现可得到各相带分布的概率模型，据此可得到在已有条件下对某相带预测的、用定量概率表示的可靠性；应用一簇模拟实现分别进行储量计算，可得到一簇储量值，据此可得到地下油藏储量的最大值、最小值、均值和偏差，而不是一个“确定的”但实际上又难于确定的值，从而可把握勘探和开发的决策风险；另外，依据某一指标(如砂体连通性)对一簇模拟实现进行排序，从中分别选择“最佳”“中等”和“最差”的模拟实现，粗化后进行油藏数值模拟，可以分别得到“乐观”“中等”和“悲观”的动态预测结果，而不是一个“确定的”。但实际上是风险未知的预测结果，据此可有效地把握下一步开发决策的风险。

（一）随机模型

随机模型是指具有一定概率分布理论、能表征研究现象随机特征的统计模型。Haldorsen 和 Danasleth（1990）将随机模型分为三类，即离散模型、连续模型和混合模型。Deutsch 和 Journel（1992，1996）将随机模型分为两大类，即基于目标的和基于像元的随机模型。除此之外，Deutsch 和 Journel（1992，1996）以及 Srivastava（1994）还讨论了不同的模拟算法，如序贯模拟、误差模拟、概率场模拟、矩阵分解、模拟退火等。从实用角度入手，综合考虑模型和算法，随机模型综合分类如表 8－1 所示。

表 8－1　主要随机模型方法、算法及性质表

随机模型模拟方法		算法及模型性质				
		序贯模拟	误差模拟	概率场模拟	优化算法（如模拟退火）	模型性质
基于目标的随机模型	示性点过程（标点过程）				标示性点过程模拟	离散
基于像元的随机模型	高斯域	序贯高斯模拟	转向带模拟	概率场高斯模拟	模拟退火可用作后处理	连续
	截断高斯域		截断高斯模拟		模拟退火可用作后处理	离散
	指示模拟	序贯指示模拟		概率场指示模拟	模拟退火可用作后处理	离散/连续
	分形随机域		分形模拟		可应用模拟退火	连续
	马尔可夫随机域				马尔可夫模拟	离散/连续
	多点统计	多点统计模拟				离散

根据研究现象的随机特征，随机模型可分为离散模型和连续模型。①离散模型：主要用于描述具有离散性质的地质特征，如沉积相分布，砂体位置和大小，泥质（隔）夹层的分布和大小，裂缝和断层的分布、大小、方位等；标点过程、截断随机域、马尔可夫随机域、二点直方图等属于离散随机模型。②连续模型：主要用于描述连续变量的空间分布，如孔隙度、渗透率、流体饱和度、地震层速度、油水界面等参数的空间分布；高斯域、分形随机域等属于连续随机模型。另外，离散模型和连续模型的结合即构成混合模型，亦称两步模型，即：第一步应用离散模型描述储层的大规模非均质特征，如沉积相、砂体结构或流动单元；第二步应用连续模型描述各沉积相（砂体或流动单元）内部的岩石物理参数的空间变化特征。这种建模方法即为“两步建模”方法。

基于目标的随机模拟方法以目标物体为基本模拟单元，如沉积相、流动单元等；基于像元的随机模拟方法以像元为基本模拟单元。

（二）基于目标的随机建模方法

基于目标的随机建模方法主要为示性点过程（标点过程）方法，其基本思路是根据点过

程的概率定律按照空间中几何物体的分布规律，产生这些物体的中心点的空间分布，然后将物体性质(如物体几何形状、大小、方向等)标注于各点之上。从地质统计学角度来讲，标点过程模拟即是要模拟物体点及其性质在三维空间的联合分布。

根据不同的点过程理论，物体中心点在空间上的分布可以是独立的(如 Poisson 点过程，即布尔模型的概率分布理论)，也可以是相互关联或排斥的(如 Gibbs 点过程)。目标点密度在空间上可以是均匀的，也可以根据地质规律赋予一定的分布趋势。目标点位置可以通过以下规则确定：①密度函数(即各相的体积比例及其分布趋势)；②关联(如井间相连通)；③排斥原则(如同相物体或不同相物体之间不接触的最小距离)；④相递变原则(不同相之间的递变关系)，示性点过程的确定是一个“逐步逼近过程”，用各种参数分布和相互作用的多种组合进行迭代，直至最终得到一个满意的图像才结束。

物体性质(Marks)实际上就是物体几何学形态，包括各相的形状、长度、宽度、高度、方向、顶底位置等。一般地，可以确定各种形状，如矩形、椭球体、锥形等。对于各类物体本身的几何学参数(如长、宽、高等)则可利用多元高斯分布来模拟。利用优化算法(模拟退火或迭代算法)可以使模拟实现忠实于井信息、地震信息以及其他指定的条件信息。

从标点过程的理论来看，模拟过程是将物体“投放”于三维空间，亦即将目标体投放于背景相中。因此，这种方法适合于具有背景相的目标(物体或相)模拟，如冲积体系的河道和决口扇(其背景相为泛滥平原)、三角洲分流河道和河口坝(其背景相为河道间和湖相泥岩)、浊积扇中的浊积水道(其背景相为深水泥岩)、滨浅海障壁砂坝、潮汐水道等(其背景相为潟湖或浅海泥岩)。另外，砂体中的非渗透泥岩夹层、非渗透胶结带、断层、裂缝等也可利用此方法模拟。

标点过程一般应用迭代算法或模拟退火进行模拟(图 8－16)。以岩相模拟为例，基本思路如下。

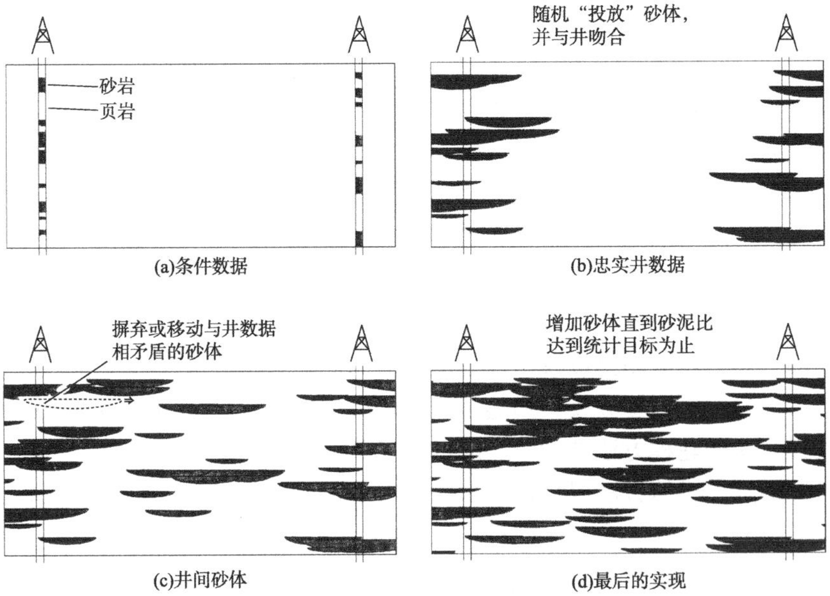

图 8－16　示性点过程模拟示意图(据 Srivastava，1994)

(1)确定一种岩相作为背景相，如在模拟三角洲平原的岩相分布时，可选择分流河道间泥岩作为背景相，而将分流河道砂体及漫溢砂体作为模拟目标体。

(2)选择一种岩相，随机地选择一些位置点，并给定其形态使之满足适当的大小、各向异性和方向。

(3)检查各位置点及其形态，并通过多次增加、取消或替换的过程使模拟形态与先验条件信息吻合。

(4)检查各种相分布是否达到已知比例(或目标函数值)。如果达到已知比例，则认可此次模拟过程；否则，回到上一步继续进行。

作为一种面向对象或基于目标的模拟方法，标点过程具有其独有的优点：使用灵活，一些先验的地质知识可以容易地作为条件信息加入模型中去，如各相占比、砂体宽厚比、各种相空间分布规律等等，这样就可以最大限度地综合地质家的认识，这相当于人机交互式的建模过程。另外，从数学上来说，空间数据不要求服从某种分布。

(三)基于像元的随机建模方法

基于像元的随机模拟方法的基本思路是首先建立待模拟网格的累积条件概率分布函数(ccdf)，然后对其进行随机模拟，即从 ccdf 中随机地提取分位数，便得到该网格的模拟实现。其示意如图 8 - 17 所示。根据随机模型和模拟算法的不同，该类方法又包括很多方法，有高斯模拟方法(主要为序贯高斯模拟)、截断高斯模拟、指示模拟(主要为序贯指示模拟、同位协同指示模拟等)、分形模拟、马尔可夫域模拟、多点统计模拟方法等。目前，常用的方法主要为高斯模拟、截断高斯模拟及指示模拟。

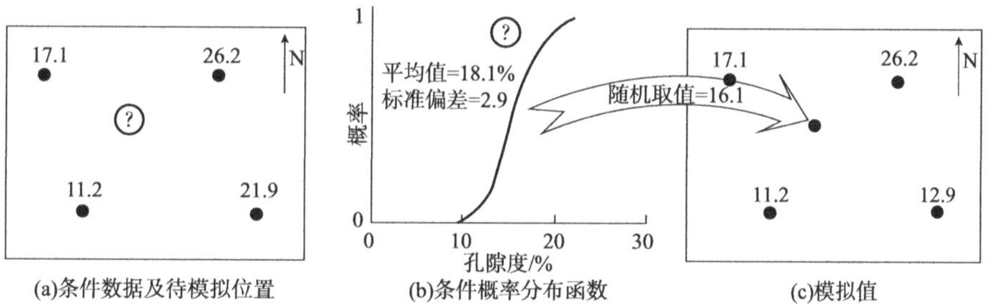

图 8 - 17　基于像元的随机建模示意图(据 Srivastava，1994)

1. 高斯模拟

高斯随机域是最经典的随机函数。该模型的最大特征是随机变量符合高斯分布(正态分布)。对于高斯分布而言，只要得到均值和偏差，便可构建累积条件概率分布函数。当然，大多数地质数据并非对称高斯分布。在实际应用中，可首先将区域化变量(如孔隙度、渗透率)进行正态得分变换(变换成高斯分布)，模拟后，再将模拟结果反变换为区域化变量。构建累积条件概率分布函数的均值和偏差可方便地通过克里金方法求取。

高斯模拟中的随机模拟经常应用序贯模拟，即为序贯高斯模拟。序贯高斯模拟为一种应用高斯概率理论和序贯模拟算法产生连续变量空间分布的随机模拟方法。模拟过程是从一个像元到另一个像元序贯进行的，而且用于计算某像元 ccdf 的条件数据除原始数据外，还考虑已模拟过的所有数据。从 ccdf 中随机地提取分位数便可得到模拟实现。

序贯高斯模拟的输入参数主要为变量统计参数(均值、标准偏差)、变差函数参数(变程、块金效应等)及条件数据等。如果是相控建模，则应输入三维相模型，并且对于每一类相，均应输入相应的变量统计参数和变差函数参数。

高斯模拟是应用广泛的连续性变量的随机模拟方法。传统的、非相控的高斯模拟不适合于数值变异性大且极值分布具方向性的连续性变量的随机模拟，但是，相控建模可克服这一不足。

2. 截断高斯模拟

截断高斯随机域属于离散随机模型，其基本模拟思路是通过一系列门槛值截断规则网格中的三维连续变量而建立离散物体的三维分布。在截断高斯模拟中，有两个关键步骤：①建立三维连续变量的分布；②通过门槛值及门槛规则对连续变量分布进行截断以获得离散物体的模拟实现。三维连续变量分布是通过高斯域模型建立，其中，连续变量(如粒度中值)首先转换成高斯分布(正态分布)，然后通过变差函数模型，应用任一连续高斯域模拟方法建立二维连续变量的分布。另外，通过对离散属性(如不同沉积相)的编码并进行高斯域模拟，亦可得到三维连续变量的分布。

由于离散物体的分布取决于一系列门槛值对连续变量的截断，因此，模拟现实中的相分布将是排序的。这一方法适合于相带呈排序分布的沉积相模拟，如三角洲(平原、前缘和前三角洲)、呈同心分布的湖相(滨湖、浅湖、深湖)、滨面相(后滨、前滨、临滨)的随机模拟。

3. 指示模拟

指示模拟既可用于离散物体(类型变量)，又可用于离散化的连续变量类别的随机模拟。指示模拟的重要基础为指示变换和指示克里金。所谓指示变换，即将数据按照不同的门槛值编码为 1 或 0 的过程。对于模拟目标区内的每一类相，当出现于某一位置时，指示变量为 1，否则为 0。指示变换的最大优点是可将软数据(如试井解释、地质推理和解释)进行编码，因而可使其参与随机模拟。

同所有的基于像元的随机模拟一样，指示模拟方法亦包括两大步：①先建立待模拟网格的累积条件概率分布函数；②再对其进行随机模拟。与高斯类方法不同的是，ccdf 不是通过参数的均值和偏差构建的，而是通过指示克里金求取各类别(如各个微相)的条件概率，并将其归一化后拟合成条件概率分布函数。在具有地震资料的情况下，可通过同位协同指示克里金求取 ccdf，或分别应用指示克里金和地震资料求取各类别的条件概率后，迭合成统一的条件概率，再拟合成 ccdf。

在得到某网格的 ccdf 后，随机提取一个 0 至 1 之间随机数，该随机数在条件概率分布函数中所对应的变量即为该像元的相类型。这一过程在其他各个像元运行，便可得到研究区内相分布的一个随机图像。指示模拟中的这种随机模拟也可以采用多种算法，如序贯模拟、概率场模拟等。实际中经常应用序贯模拟算法，即序贯指示模拟。

指示模拟可用于模拟复杂各向异性的地质现象。由于各个类型变量均对应于一个指示变差函数，也就是说，对于具有不同连续性分布的类型变量(相)，可给定(指定或通过数据推断)不同的指示变差函数，从而可建立各向异性的模拟图像。

因此，指示模拟可用于多向分布的沉积相建模，也可用于断层和裂缝的随机建模。

（四）多点地质统计学随机模拟方法

在随机建模的研究及应用中，发现现有算法在准确表征储层非均质性方面仍存在一些不足。

基于目标的方法（如示性点过程模拟），其最大的优点是根据先验地质知识、点过程理论及优化方法（如模拟退火）表征目标地质体的空间分布，因此可以较好地再现目标体几何形态，但有以下的不足：①每类具有不同几何形状的目标均需要有特定的一套参数（如长度、宽度、厚度等），而对于复杂几何形态，参数化较困难；②由于该方法属于迭代算法，因此当单一目标体内井数据较多时，井数据的条件较困难，而且要求大量机时。

基于像元的方法（如截断高斯模拟、指示模拟），其最大的优点是很容易忠实条件数据（井和地震数据），但由于现有算法均是以变差函数为基础，因而难以精确表征具有复杂空间结构和几何形态的地质体，这也是该类方法的最大不足。变差函数是传统地质统计学中研究地质变量空间相关性的重要工具。然而，变差函数只能把握空间上两点之间的相关性，亦即在二阶平稳或本征假设的前提下空间上任意两点之间的相关性，因而难以表征复杂的空间结构和再现复杂目标的几何形态（如弯曲河道）。同一样本数据可能存在三种不同的空间结构（黑色图元和白色图元的空间分布），图 8－18 在横向上（东西方向）和纵向上（南北方向）的变差函数十分相似，这说明应用变差函数不能区分这三种不同的空间结构及几何形态。

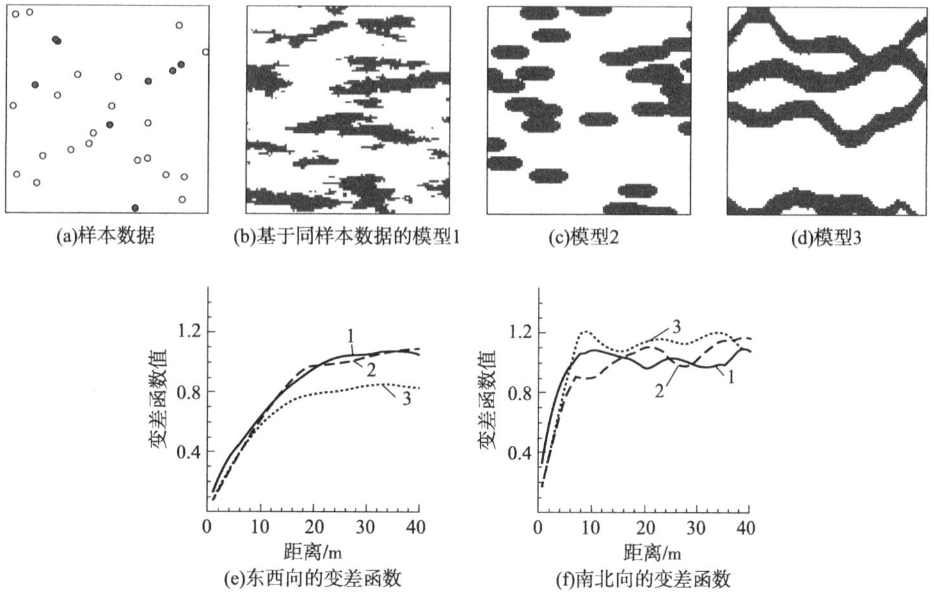

图 8－18　不同非均质性的数据结构具有相图的变差函数（Caers J 和 Zhang T，2002）

多点地质统计学是相对于基于变差函数的二点统计学而言的。由于实际的复杂地质体很难通过两点相关性表达，因此，变差函数难以表达复杂地质体。为此，在多点地质统计学中，应用“训练图像”代替变差函数表达地质变量的空间结构性，可克服传统地质统计学不能再现目标几何形态的不足。同时，由于该方法仍然以像元为模拟单元，而且采用序贯算法（非迭代算法），因而很容易忠实硬数据，并具有快速的特点。因此，多点地质统计学方法综合了基于像元和基于目标的算法优点，同时克服了已有的缺陷（图 8－19）。

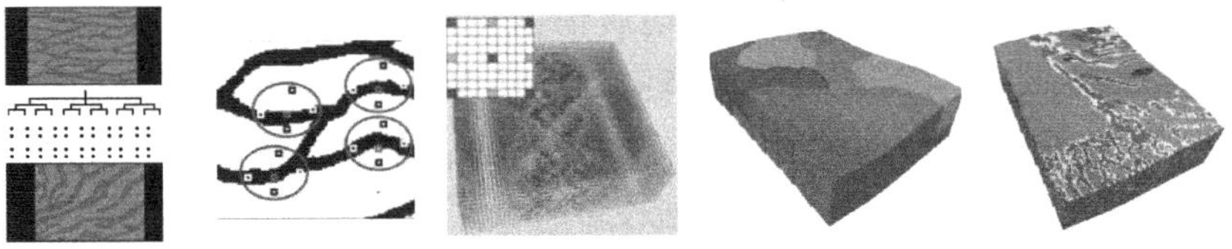

(a)多点模拟理论　(b)训练图像　(c)相分布样式　(d)数据条件及尺度　(e)多点相模拟

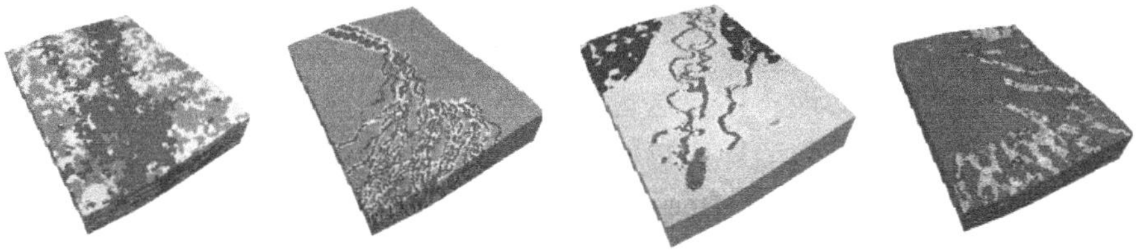

(f)基于像元模拟　(g)基于目标模拟　(h)综合模拟方法　(i)岩石物理模拟

图 8－19　多点地质统计学（上）与二点地质统计学（下）模拟结果对比（据斯伦贝谢培训材料）

多点地质统计学着重表达多点之间的相关性。“多点”的集合则用一个新的概念，即数据事件（Data Event）表述（Strebelle 和 Journel，2001）。

考虑一种属性 S（如沉积相），可取 K 个状态（如不同相类型），即 $\{s_k, k=1, 2, \cdots, K\}$，则一个以 u 为中心，大小为 n 的“数据事件” d_n 由以下两部分组成：

①由 n 个向量 $\{h_a, a=1, 2, \cdots, n\}$ 确定的几何形态（数据构型），亦称为数据样板（Data Template），记为 τ_n；

②n 个向量终点处的 n 个数据值。图 8－20（a）为一个五点构形的数据事件，由一个中心点和四个向量及数值组成。

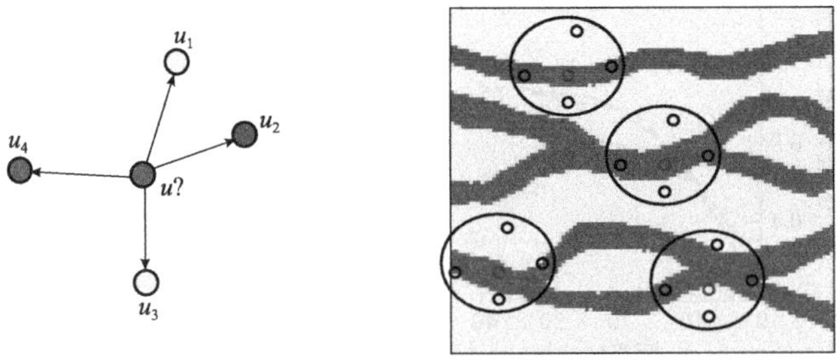

(a)　(b)

图 8－20　数据事件与训练图像示意图

注：（a）数据事件：由中心点 u 和邻近四个向量构成的五点数据事件，其 u_2 和 u_4 表河道，u_1 和 u_3 代表河道间；（b）训练图像：反映河道（黑色）与河道间（灰色）的平面分布。图内四个圆环表示数据事件对训练图像扫描的四个可能的重复。

多点统计则可表述为一个数据事件 $d_n=\{s(u_a)=S_{ka},\ a=1,\ \cdots,\ n\}$ 出现的概率，即数据事件中 n 个数据点 $s(u_1)$，…，$s(u_n)$ 分别处于 S_{k1}，…，S_{kn} 状态时的概率，也可表述为 n 个数据指示值乘积的数学期望，即

$$\mathrm{Prob}\{d_n\}=\mathrm{Prob}\{S(u_a)=S_{ka};\ a=1,\ \cdots,\ n\}=\left[E\prod_{a=1}^{n}I(u_a;\ k_a)\right] \tag{8-10}$$

在实际建模过程中，上述多点统计或概率难以通过稀疏的井资料来获取，而需要借助于训练图像。训练图像为能够表述实际储层结构、几何形态及其分布模式的数字化图像。对于沉积相建模而言，训练图像相当于定量的相模式，不必忠实于实际储层内的井信息，而只反映一种先验的地质概念，如图 8－20(b) 为一个反映河道(黑色，编号为 1) 与河道间(灰色，编号为 2) 分布的训练图像。一个给定的数据事件的概率则可通过应用该数据事件对训练图像进行扫描来获取。

因此，通过扫描训练图像，可获取未取样点处的条件概率分布函数，如图 8－20 所示。图 8－20(a) 为模拟目标区内一个由未取样点及其邻近的四个井数据组成的数据事件，当应用该数据事件对图 8－20(b) 的训练图像进行扫描时，可得到 4 个重复，即 $c(d_n)=4$，其中，中心点为河道(黑色) 的重复为 3 个，即 $c(d_n)=3$，而中心点为河道间(灰色) 的重复为 1 个，即 $c(d_n)=1$，因此，该未取样点为河道的概率可定为 3/4，而为河道间的概率为 1/4。

多点地质统计学随机模拟方法(如 Snesim 算法) 也是基于像元的算法，与传统的二点地质统计学随机模拟方法(如序贯指示模拟 SIS) 的本质差别在于未取样点处条件概率分布函数的求取方法不同。前者应用多点数据样板扫描训练图像以求取条件概率分布函数，而后者通过变差函数分析并应用克里金方法求取参数条件概率分布函数。正是这一差别，使多点地质统计学克服了传统二点地质统计学难以表达复杂空间结构性和再现目标几何形态的不足。

多点地质统计学起源于 20 世纪 70 年代，21 世纪以来有了较大发展，但方法上远未成熟，在训练图像平稳性、目标体连续性、综合地震信息等方面尚需进一步加以完善。多点地质统计学为一个新的学科分支，诸多方面需进一步深入研究，其发展可谓任重而道远。

三、基于沉积正演模拟的储层地质建模

基于沉积过程的建模方法集盆地沉积学和地层学的研究内容于一体，综合利用沉积学、层序地层学(成因地层学) 以及盆地动力学研究成果，定量地模拟盆地内沉积物的充填、沉积层序的形成和地层的展布形式等，是目前地质学和地质工程领域中的一种重要的地质建模方法。这种方法旨在通过对沉积物在不同地质条件下的源－汇及沉积过程进行模拟，帮助认识盆地内沉积体系和沉积相带的形成规律、地层展布形式、沉积相序发育规律、海平面变化和盆地沉降之间的关系等，理解沉积相变化以及古环境演化过程。

(一) 沉积正演模拟

沉积过程正演模拟涉及沉积物的形成至沉积的整个过程及盆地沉降、全球气候变化和海平面升降等控制因素。这些参数之间相互依赖、相互影响，每一参数又由若干个变量构成，共同作用，控制沉积盆地地层的形成与分布。

1. 沉积正演模拟的基本原理

沉积过程的正演模拟在20世纪60年代中期至70年代初得到了初步发展，晚于地质统计学建模方法。最早是由Sloss(1962)提出的概念性模型，认为碎屑岩沉积过程主要由四个变量控制，即：盆地泥沙供应量、盆地基准面演化过程、沉积体系内泥沙通量以及沉积物构造及组成；Schwarzacher(1966)将Sloss(1962)的概念模型定量化，利用1D模型验证了沉积速率与水深间的关系。随后，多个二维基于沉积过程的模拟程序被开发出来，这些程序和算法可以用于模拟与反射地震、测井和露头数据观测一致的沉积情景。20世纪末期和21世纪初期，各种三维基于沉积过程的算法开始面世，例如基于水动力学方程的代表性程序Sedsim，基于扩散方程的代表性程序Dionisos，基于解析解的Carbon 3D、CarbSim和CarboCAT等。近年来，基于沉积过程的沉积正演模拟随着深度学习和强化学习算法的大潮来临，正在逐渐改变其建模策略，朝着为深度学习和强化学习提供三维初始地质模型的领域发展，目前正处在快速革新阶段。

基于沉积过程的正演模拟的核心原理是质量守恒，即进入模型的泥沙量+被侵蚀的泥岩量=流体中的泥沙+沉积的泥沙+流出的泥沙。构建上述几何模型质量守恒的算法较为简单，难点在于要符合泥沙运输规律。目前，泥沙模拟算法的动力学方程包括上述所讲的水动力学算法、扩散方程算法以及模糊逻辑算法。其中，水动力学方程主要是通过简化Navier–Stokes方程，利用流体力学的物理原理模拟泥沙的搬运以及沉积过程，能够实现质量守恒和能量守恒，模拟结果比仅仅考虑质量守恒的几何模型在泥沙三维空间分布上具有更好的表现，可以应用于河流三角洲、浅海以及深海沉积环境的模拟。扩散方程算法主要是基于菲克扩散定量，即认为稳态扩散条件下，单位时间内通过垂直于扩散方向的单位截面积的泥沙通量与该截面的泥沙浓度梯度成正比，在非稳态条件下时，泥沙浓度随时间而变化。因此，扩散方程在模拟水深、能量、温度和沉积物浓度方面特别有效，在碳酸盐沉积模拟方面应用较成功，近年来也不断修正，用于碎屑岩模拟。模糊逻辑算法的优势在于能够将一些定性的地质观察和描述转化为定量的信息进行数值处理，在模拟碳酸盐和有机沉积物的沉积方面较有效。

2. 模拟采用的主要参数

沉积盆地的充填过程和层序发育受到多种因素影响，这些因素总体上可以归结为两大类：一类为控制盆地可容空间的变化，主要包括初始湖盆空间、构造升降、沉积基准面变化、沉积物压实等；另一类主要为控制沉积物的剥蚀、搬运和沉积过程的因素，通常包括重力流占比、风和波浪作用、古地貌特征、沉积物源方向、沉积物供应量、水流通量和携沙量。

1)可容空间

沉积基准面是判断沉积物沉积或剥蚀的假想面。因此，要模拟沉积充填过程，在侵蚀基准面之下必须存在可供沉积物沉积的空间，称之为可容空间。在大陆边缘，基准面主要受控于海平面，并且大致相当于海平面。沉积盆地的可容空间是海平面升降和构造沉降量的函数，影响海平面变化的因素有：全球气候变化、大陆冰川的形成与消融、大洋中脊的扩张速率等；而影响基底构造沉降过程的因素有：沉积物的压实作用、构造活动以及热沉降等。

2)沉积物供应

一般来说，沉积物供应量是由沉积物供给速率与河流水体携沙量控制的(Jervey，1988)。然而，在基于沉积过程正演模拟中，沉积物供应量需要通过源－汇系统进行估算。沉积物供应量与可容空间共同控制了盆地内的沉积地层的层序结构、岩性展布等。此外，注入沉积盆地中的沉积物总量受全球气候变化、构造运动、盆地古地理、盆地物源区岩性及剥蚀速率、汇水面积以及地层等因素控制。

一般基于沉积过程正演模拟需要输入下述参数：岩性及组成、初始基底水深、物源岩性组成及供应速率、物源方向及不同物源的供应量占比、沉积物搬运方式及搬运速率、海/湖平面变化、波浪参数、气候参数、水流通量及携沙量、基底岩性及剥蚀速率、基底沉降量等。

3. 沉积过程正演模拟的主要步骤

沉积过程正演模拟一般包括如下几个主要过程，即：①构建初始沉积盆地，或者称为原型盆地；②确定模拟地质历史时期内的剥蚀速率、沉积物搬运以及沉积速率；③可容空间变化过程，包括基底沉降、海(湖)平面变化、初始湖平面位置等；④服从质量守恒和能量守恒等。图8－21示意了基于沉积过程的正演模拟的上述4个主要过程。基于沉积过程的正演模拟可以重现地质历史时期的盆地充填过程、沉积物堆积和叠加方式，并且可以提供盆地演化过程中特定位置的沉积物沉积速率等。模拟的最终结果是一套包含岩性、沉积相和年代地层信息的四维数据体，这对于盆地内油气勘探、储层三维表征具有重要的作用。

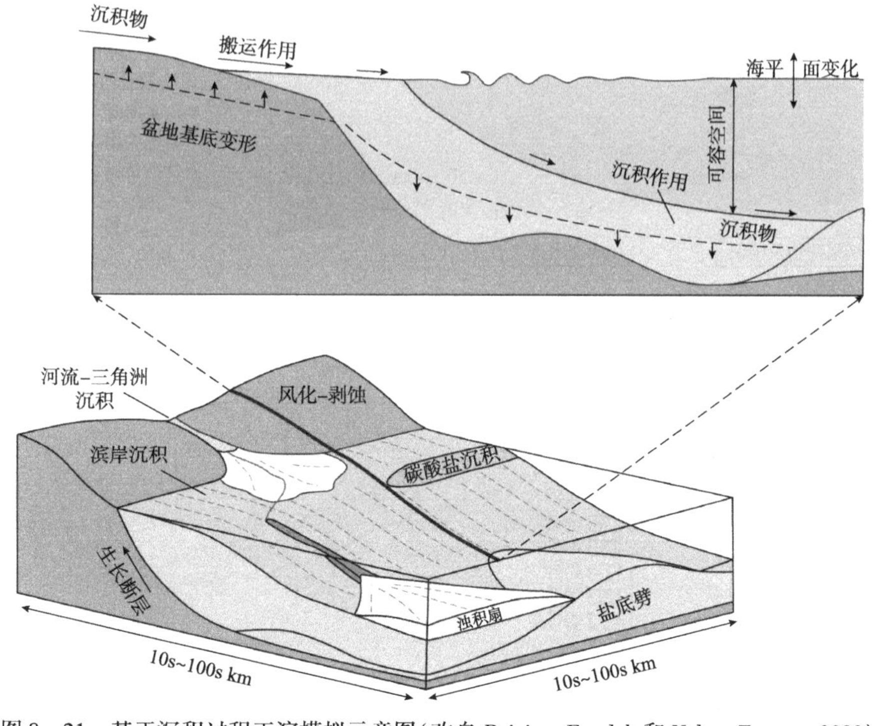

图8－21　基于沉积过程正演模拟示意图(改自 Beicip－Franlab 和 Nalcor Energy，2020)

不同沉积正演模拟软件、不同地质背景的基于过程的沉积正演模拟流程稍有差异，图 8－22 为 Dionisos 软件建立准噶尔盆地某地区正演模拟实际案例流程。一般来说，正演模拟包含以下几个主要步骤。

1）数据获取和处理

针对研究靶区获取钻井、测井及录井数据，地震资料层位解释数据，岩性及地震属性数据，对这些数据进行处理，获取岩性、厚度、地层倾角及层序界面等关键信息。

2）构建初始盆地模型

基于前面处理好的数据，分析研究区岩相古地理特征，利用源汇思路、地层厚度印模以及压实校正等方法技术，分析靶区待模拟层段原型盆地特征、古水深特征、物源方向、物源供给量及各物源供应量占比、古气候及湖（海）平面相对演化曲线等初始地质模型。

3）沉积物理模型构建

基于岩性及原型盆地分析结果，确定盆地边界条件，估算陆相和海相的地形坡度角，输入不同岩性的粒度范围，估算并输入河流通量、水流携沙量等沉积参数。通常河流通量、水流携沙量及古水深、各物源供给量及配比、古气候及湖（海）平面相对演化曲线等参数，很难利用现有地层沉积记录进行精确恢复，在模拟时，通常采用试错法确定参数范围。

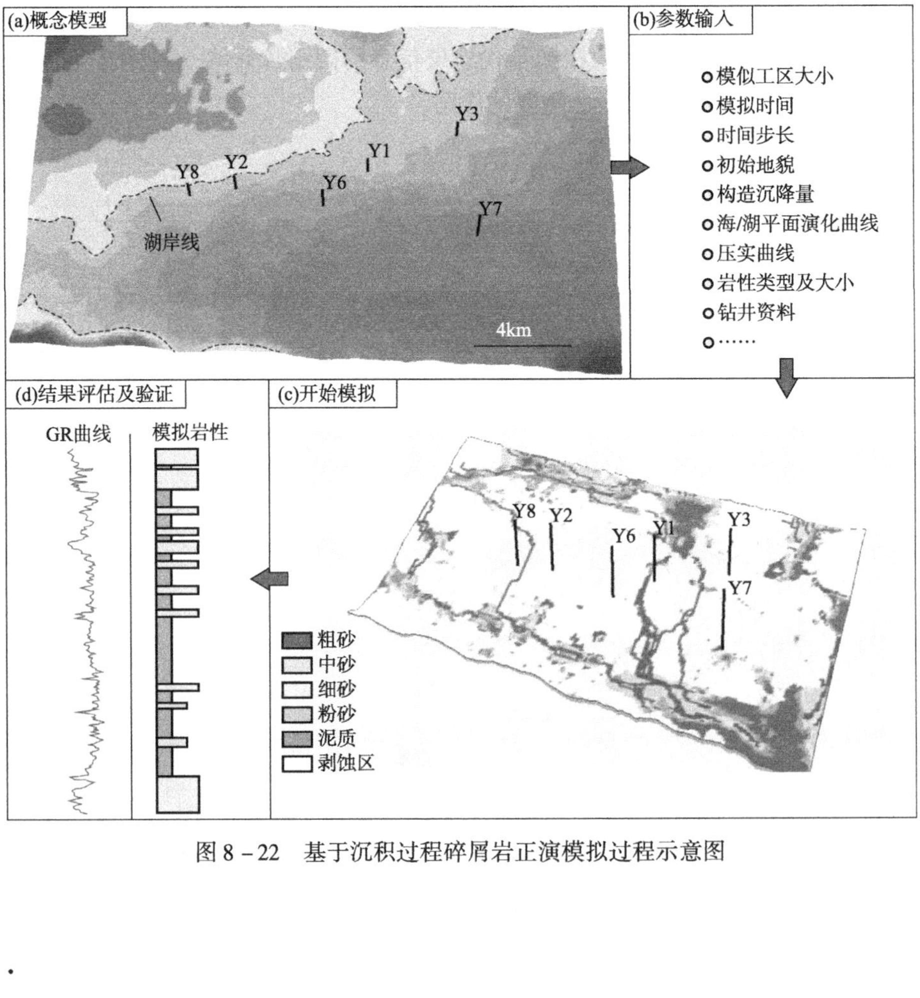

图 8－22　基于沉积过程碎屑岩正演模拟过程示意图

4)沉积过程模拟

通常靶区的大小、待模拟层段的时间跨度以及岩性特征存在较大差异，不同沉积背景水动力学条件差异较大，因此开展沉积正演模拟时，需对模拟算法进行一些初步判断。对于碎屑岩沉积正演模拟，模拟的时间跨度在几个百万年、地层厚度较大、沉积速率较快的三角洲至湖(海)相沉积，基于扩散方程的 Dionisos 在模拟效率及精度上具有一定的优势；对于时间跨度较小(几千年至几十万年)、小尺度的、地层厚度较薄的三角洲至湖(海)相沉积，基于水动力学方程的 SedSim 在模拟精度上具有优势；对于河流相沉积，目前模拟精度相对较高的为 Delft3D。

5)地层模型生成、验证与应用

在上述模拟完成以后，根据模拟结果，生成地层模型。此外，同时可将模型导入到地质建模软件中进行可视化，或进行更多的数据处理和分析，服务后续模型的检验与评价。

地层沉积正演模拟的验证与模拟通常交互进行。第一步通常是验证地层格架模型的准确性，包括地层厚度、岩性空间展布、层序界面特征、沉积相特征与岩相古地理研究成果的吻合度等；第二步通常包含利用模拟结果抽提单井的岩心剖面与实际钻井资料对比，分析建模精度；第三步通常包括模拟结果与地震资料所揭示岩性平面及空间展布规律的吻合度验证，如图 8－23 所示。地层沉积正演模拟通常是上述验证过程与模型调参交互进行，不断提高模型精度，揭示靶区目的层的沉积过程。

(二)基于沉积过程正演模拟的储层地质建模

通过基于沉积过程的正演模拟可加深对层序发育和构成特征的认识，揭示层序形成演化的控制因素，动态分析盆地构造、海/湖平面、沉积物供给等变化对沉积层序的形成过程、几何形态及沉积体系分析的控制作用，检验并预测沉积地层、沉积相和沉积体系的分布和配置规律。同时，也可以为储层地质建模提供参数。

沉积正演模拟通过参数的详细调节，模拟结果实际上可以应用于勘探初期或井震资料品质较差的勘探区块的岩性和层序结构的预测，岩相古地理分析结果的可靠性验证、源－汇系统分析结果的可靠性预测等。然而，随着现今不同类型储层地质建模技术的逐渐发展，基于沉积过程的正演模拟结果的应用逐渐发生改变。

1. 基于沉积过程正演模拟结果应用于地质统计学建模

传统的地质统计学能够快速、简单地建立一系列模型精确、信息丰富的详细储层构型参数、岩相分布参数、相带占比等信息。然而，传统的地质统计学结果通常是依据已有钻井资料和地震资料开展，钻井在目标选择时本身具有一定的相带优势，因此统计结果可能存在一定的不准确性。基于沉积正演模拟结果，利用已钻井和虚拟井位置的模拟结果，可以修正传统地质统计学所获得的参数，并重新更正传统地质统计学建模结果，这已经成为基于沉积过程正演模拟的一个重要应用方向。

另外，根据基于沉积过程模拟的结果计算非平稳统计数据，如趋势和局部可变方位角等，并将其应用于传统的地质统计学模型，可以利用这些结果在非结构化设计方面进行优化。

2. 基于沉积过程模拟生成训练图像应用于深度学习 CGAN 建模

多点统计、新兴的深度学习 CGAN 建模等需要详尽、丰富的训练图像来计算特定数据的条件概率。因此，考虑使用基于沉积过程的模拟结果，提供丰富的训练图像也是该方法一个重要应用。然而，经验表明，在不考虑训练图像中的非平稳性的方法中，训练图像的非平稳性和复杂性可能会降低多点统计或深度学习实现的质量。因此，提供给 CGAN 或多点统计建模的训练图像应当要相对简单，并在模拟过程中施加非平稳性或分区模拟。这要求在利用基于沉积过程模拟结果生成训练图像时需要格外小心。此外，也可以直接从模拟结果中提取常规的空间连续性模型(对非平稳性不太敏感)，如半变差函数、指示变差函数或转移概率等，直接应用于多点统计或深度学习建模。如图 8－23 所示。

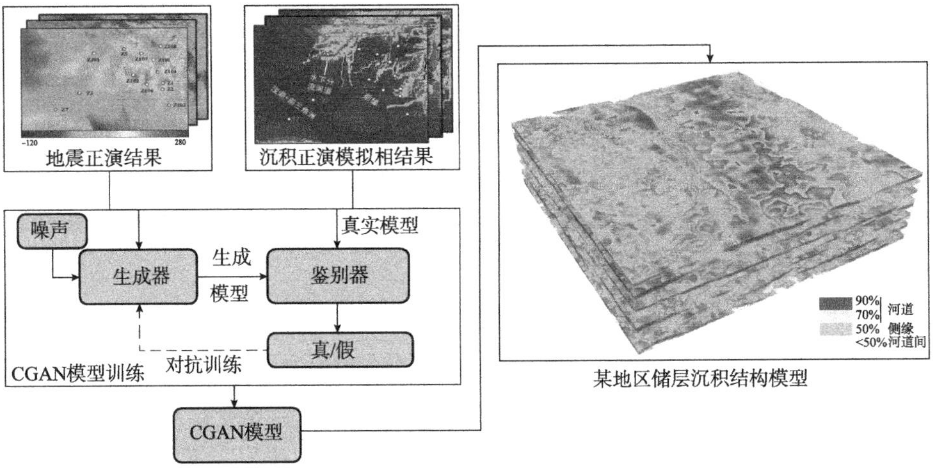

图 8－23　基于沉积正演模拟的深度学习 CGAN 建模过程示意图

第三节　储层地质建模的过程

一、储层地质建模的工作流程

储层地质模型建立的思路主要为：应用岩心、露头、测井资料处理结果，利用井点储层参数，以地层格架模型和沉积微相为控制条件，以地质统计学为手段，应用先进的条件模拟技术，预测出井间储层参数的变化，从而得到储层参数分布的三维数据体。采用地质条件约束下的条件模拟方法建立储层参数模型，即前期研究取得的构造地层格架、沉积相和厚砂层构型解剖研究成果都将成为储层参数模型的约束条件。地层格架模型将作为随机模拟算法必须遵循的界面，井间储层砂体及其物性预测只能局限在同一地层沉积单元内。沉积微相与构型要素控制了储层建模的边界条件，储层井间砂体的连通性及物性参数的变化规律必须符合沉积相分布规律。在地质条件约束的基础上，针对不同的储层参数，依据其分布规律和实验变差函数的计算结果，选用合适的理论模型进行拟合，得到最优的储层建模方法，建立孔隙度、渗透率、净毛比(NTG)等储层参数的三维地质模型。

根据地质建模的目标不同，建模流程稍有差异。但是，主要的地质建模流程(图 8－24)基本相同，主要包括数据准备及输入、构造地层格架建模、相建模、裂缝建模、属性建模和模型粗化六个步骤。值得注意的是，不管是地质格架建模，还是属性建模，都需要根据岩心、露头、测井、地震等数据，对模型结果进行质量控制(Pyrcz 和 Deutsch，2014；吴胜和，2010；段太忠，2019)。

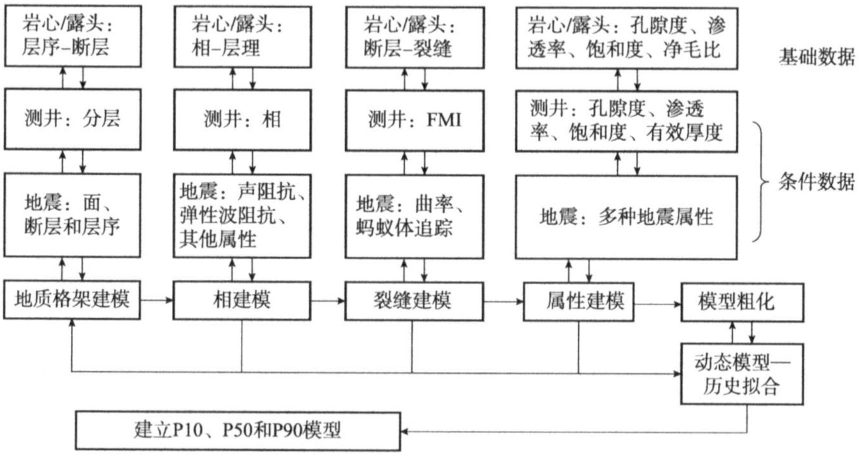

图 8－24　地质建模流程图(据段太忠，2019)

通常三维储层建模过程包括 4 个主要环节，即数据准备及加载、地质格架建模、储层建模和属性建模。

二、储层地质建模的数据准备

储层地质建模以数据库为基础，数据的丰富程度及其准确性在很大程度上决定所建模型的精度。建模所需资料类型多而繁杂，原始数据的准确性是建立合理储层模型的先决条件，因此储层地质建模工作的第一步是对不同来源的数据进行有效的分类、检查和校正，并实时进行有效的数据质量控制，为下一步建立高质量的储层地质模型打下良好的基础，从而加深和提高对油藏认识的全面性和科学性(Deutsch，1992)。

(一)数据类型

从数据来源来看，建模数据包括静态数据和动态数据两方面，静态数据包括：单井数据、岩心数据、测井数据、录井数据、射孔数据、试油试井数据、地震数据(原始地震数据体、地震解释成果数据、地震层面解释数据、地震解释断层数据、地震属性数据、地震反演数据等)；动态数据主要是开发动态、生产检测等方面的数据。在数据准备阶段，需要对数据进行检查和格式的整理。根据数据内容，建模的基本数据类型包括以下几类。

1. 井相关数据

井数据包括很多种类型，如井基本信息、测井数据、录井数据、解释成果数据、分层数据、断点数据等。

1)井基本信息

包括井名、井位坐标(X 坐标、Y 坐标或经度、纬度)、补心海拔、完钻井深、井别等。通常模型中的井深度数据都以测量深度数据导入。

2)井斜数据

井斜数据通常也称为井轨迹数据，井斜数据的格式有多种，通常采用测点深度、井斜角、方位角的数据格式导入，也可以通过偏移量来导入。测深数据需要从 0m 开始，井斜角和方位角要符合地质认识的范围。

3)分层数据

分层数据对于构造建模是非常重要的数据类型，一方面可划分地层，建立等时地层关系，另一方面，在建立构造模型时，也需要用单井分层数据进行校正，保证点(单井)—线(连井剖面线)—面(构造面)三者之间吻合。地质分层的数据都可以整理到数据库中，包括含油层系分层、油层组分层、砂层组分层、小层分层、单层分层、砂体顶底、夹层数据等。一般根据所描述的储层单元，采用该储层单元最细分的分层数据对储层的结构进行精细表征。一些特殊的分层数据如不整合面、过断层井，需要尤其注意，井分层数据可能会有缺失，需要利用前期地质认识取得的成果，确定不整合面或者断层面的边界点，并且和井分层数据进行核实，最终确立合理的井分层数据。分层数据必须经过补心海拔校正和井斜校正转换为层面真海拔之后才可用于构造建模。值得注意的是，钻井断点深度数据通常也包含在井点分层数据中，在加载分层数据时以断点数据的格式一并加入分层数据库中，为断层模型的准确建立提供数据基础。

4)测井数据

测井数据包括原始测井曲线数据及测井解释成果数据。原始测井曲线数据一般有自然电位(SP)、自然伽马(GR)、井径(CAL)、中电阻率(ILM)、深电阻率(ILD)、声波时差(AC)、密度(DEN)、中子(CNL)等，根据这些原始测井曲线数据进行计算，可得到孔隙度、渗透率、含水饱和度等测井曲线解释数据；另外，时深转换资料“时深对”(Checkshot)数据也当作测井曲线数据进行加载应用。测井曲线是连续性数据，常见的格式即为“las”格式，在设置好模板后，可直接利用测井曲线在建模前期进行地质分层、岩性解释等。

解释成果数据的类型较丰富，如电测解释的孔隙度、渗透率、饱和度、泥质含量、有效厚度、沉积相、岩相、油气水流体测井解释结论等单井解释数据，其中孔隙度、渗透率、饱和度、泥质含量属于连续数据，是属性建模的井点数据基础，有效厚度、沉积相、岩相、构型要素类型、油气水测井解释结果等属于离散数据。以沉积相数据为例，通过对测井曲线形态进行分析，划分出不同离散数据类型，并赋予相对应的离散数据代码，最终以井为载体，通过深度和离散数据代码相结合的方式表征。值得注意的是，离散类型的测井数据在加载的时候需要选择离散类型的测井模板。如沉积相数据加载，可选择 Facies 测井类型、岩性或岩相数据加载可选择 Lithologies 测井类型、砂体数据加载可选择 Bodies 数据类型等，这些都是属于离散类型的测井模板。

5)录井数据

录井数据一般不直接应用到建模中，但可通过离散数据的形式采集到建模数据库中。

通过录井数据可迅速搞清地下地层、构造及含油气情况，如钻时录井可帮助判断地层岩性变化及缝洞发育情况；岩心录井可研究地下储层岩性、物性、电性、含油性等；气测录井可判断地层流体性质，间接评价储层；这些数据可提供地下储层宏观认识，为建立符合地质实际的三维地质模型奠定基础。

6）射孔、试油数据

射孔数据包括井名、射孔井段、射孔次序等，本身是一种离散性数据。试油数据包括井名、试油顶底深、试油内容等，是利用专用的设备和方法，对通过地震勘查、钻井录井、测井等间接手段初步确定的可能含油（气）层位进行直接的测试，并取得目的层的产能、压力、温度、油气水性质等资料，可作为判断油层、水层的直接证据，可对模型的油水界面进行校正。

7）生产动态资料

生产动态资料主要有采油井单井资料和注水井单井资料，对于分析油水在地下的运动规律和地下地质特征都具有重要的价值。

采油井单井资料除了日、月、年的产油量、产气量、产液量等，还包括压力、水淹状况等资料。注水井的动态资料主要有月注水天数、注水方式、注水泵压、注水井油管压力、注水井套管压力、日注水量、月注水量、累计注水量等，另外还有实测油层压力数据、增注措施数据等。

利用生产动态数据，可以判断井间连通性，为模型提供支持。另外对地震分辨率不能识别的小断层，单井未过断点的断层，生产动态资料可以辅助验证是否存在断层，建立高精度的断层模型。

2. 地震数据

地震数据包括地震波在储层中传导时记录、处理等所得到的各类数据，具有横向分辨率高、横向信息丰富的特点，可充分发挥地震数据横向资料覆盖面广的优势，地震数据在地质建模中得到了越来越重要的运用。地震数据包括地震体数据、地震属性数据、地震层面及断层数据、反演数据、速度体数据及其他数据。

在建立模型的过程中，将三维地震精细解释的数据应用进来，可大大提高三维地质模型的构造质量，提高模型的精度；在建立岩相、沉积相和储层属性模型的时候，利用地震反演、属性等预测出来的储层信息，可以减少井间不确定性因素的影响，使三维地质模型与实际的地质情况吻合。

1）地震数据体

地震资料在建模过程中具有重要的作用，能够精确地测绘地下构造形态，了解地下构造特点。同时，通过地震反演等技术，可以直观地圈定储层，研究储层的空间分布，分析横向变化和连通性、断层对砂层的切割和封堵性，也可对裂缝性储层或碳酸盐岩储层进行预测。用于解释地层及构造信息的地震数据体，包括三维地震体和二维数据体两类，格式一般为 SEG－Y 格式，可以直接加载到建模软件中，通常多用叠后地震数据体（图 8－25）。

2)地震解释成果数据

利用地震反射波传播时间、地震反射同相性特征、地震波速度等信息，研究地层界面分布范围及起伏形态、断层发育情况及分布状况，并利用地震剖面，绘制地质构造图，为油气藏建模提供基础构造资料，包括地震解释的层面数据、断层数据等，断层数据包括断层多边形、断层线、断层棍等(图8－26)。

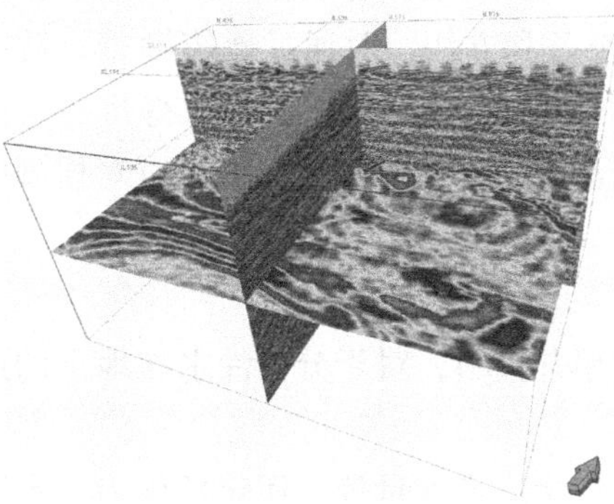

图8－25　三维地震数据体

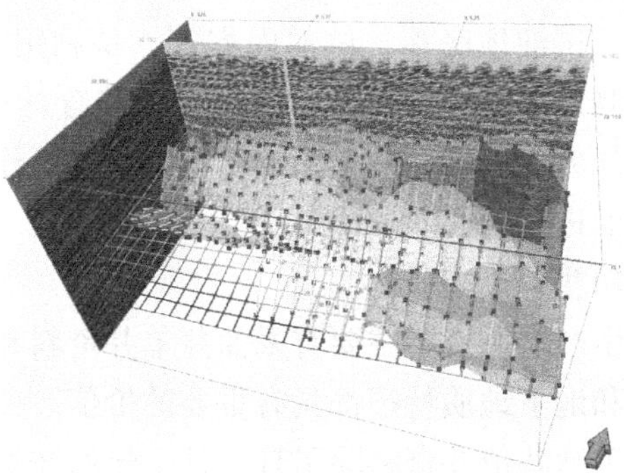

图8－26　地震解释层面及断层数据

3)地震属性数据

地震属性描述和量化了地震数据特征，是地震资料所包含全部信息的子集。通常可以从数学意义上将地震属性划分为几何学、运动学、动力学及统计学属性。这些地震属性数据可以由地球物理人员解释，直接应用到建模工区，有些大型一体化建模软件也有此类功能，可以直接在工区内进行计算生成。地震属性资料具有多解性，一般作为软数据，协同约束硬数据参与建模，提高井间及垂向上的预测精度。

4)地震反演数据

地震反演数据通常是通过地震反演技术对地震数据的地下空间结构和物理性质进行成像分析获得的结构，通过计算分析得到地下介质模型，将界面型的地震资料转换为岩层型的波阻抗、速度等资料，使其能与钻井、测井资料进行直观的对比。通常，地震反演数据也作为软数据，协同约束硬数据参与建模，提高模型的预测精度。

3. 其他类型数据

除了常规数据，一些辅助数据也可以应用到建模中，如带空格和Tab分界的数据都能通过普通ASCII浮点数据进行应用，数据类型包括：

①线数据，包括断层多边形、数字化的等值线、边界数据等；

②点数据，包括厚度点、地层对比的断点、等值点等，点数据和线数据常常可以互相转换；

③函数数据，即两组数据之间的函数关系式；

④网格数据，如ECLIPSE生成的流体模拟网格数据；

⑤属性数据，包括Gslib、VIP、ECLIPSE、CMG等生成的属性数据；

⑥约束图，包括沉积相图、孔隙度、渗透率、饱和度等数字化后的等值线图可以引入到建模过程中；

⑦图片数据，图片也可直接加载进工区中，图片包括 BMP、JPG、TIF、GIF、TIFF 和 PNG 等格式。

井眼储层数据为岩心和测井解释数据，包括井内相、砂体、隔夹层、孔隙度、渗透率、含油饱和度等数据(即井模型)，这是储层建模的硬数据，即最可靠的数据；地震储层数据主要为速度、波阻抗、频率等，为储层建模的软数据，即可靠程度相对较低的数据。试井(包括地层测试)储层数据包括两个方面：其一为储层连通性信息，可作为储层建模的硬数据；其二为储层参数数据，因其为井筒周围一定范围内的渗透率平均值，精度较低，一般作为储层建模的软数据。

(二)数据集成及质量检查

数据集成是多学科综合一体化储层表征和建模的重要前提。集成各种不同比例尺、不同来源的数据(井数据、地震数据、试井数据、二维图形数据等)，形成统一的储层建模数据库，以便于综合利用各种资料对储层进行一体化分析和建模。

对不同来源的数据进行质量检查亦是储层建模十分重要的环节。为了提高储层建模精度，必须尽量保证用于建模的原始数据特别是硬数据的准确可靠性，而应用错误的原始数据进行建模不可能得到符合地质实际的储层模型。因此，必须对各类数据进行全面的质量检查，如岩心分析的孔渗参数的奇异值是否符合地质实际，测井解释的孔、渗、饱等参数是否准确，岩心－测井－地震－试井解释结果是否吻合等。可以通过不同的统计分析，如直方图、散点图等方法对数据进行检查，还可以在三维视窗中直观地观察各种来源数据的匹配关系并对其进行质量检查和编辑。

三、储层地质建模的主要内容

(一)地质格架建模

地质格架模型反映储层的空间格架，是储层地质建模的基础。在建立储层属性的空间分布之前，应先进行地质格架建模。地质格架决定了地质模型的空间范围和总的岩石体积，对地质储量起决定性的作用。地质格架模型主要包括断层模型和层面模型。

断层模型实际为三维空间上的断层面，主要根据地震解释和井资料校正的断层文件，建立断层在三维空间的分布。断层建模通过地震解释等获取的断层线和断层柱，井上获取的断点，构造图获取的断层参数(包括断层类型、产状、发育层位、断层间接触关系等)，采用插值方法，建立与井断点吻合的断层面。在断层接触关系复杂的情况下，需设置并调整断层之间的接触关系，使断层模型真实地反映实际的断层系统。

层面模型是地层界面在三维空间的展布。叠合的层面模型即为地层格架模型。层面建模通过地震解释的层面数据(一般为关键层面)，结合地质分层数据，在网格中建立反映地质实际的地层界面。一般是通过插值法(亦可应用随机模拟方法)，应用分层数据，生成各个等时层的顶、底层面模型(即层面构造模型)，然后将各个层面模型进行空间叠合，建立储层的空间格架。在没有地震层面解释数据的情况下，次一级的地层界面，通常依据地质分层数据，采用一定的插值方法来建立。将建立的层面模型按照实际地层的发育模式叠合起来，每个层内部按照研究需要划分为一定数量的模拟层，并与断层模型耦合，即得到油气藏地质格架模型。

地质格架模型的质量决定整个地质模型的质量。地质格架模型建立后，检查模型构造层位与井上层位是否匹配；通过检查并校正，保证井的分层与模型分层一致。检查模型层面与原始构造面的残差图差异，保证构造模型层面与地震构造面之间深度差异小，与原始构造面保持一致。同时，在地层格架模型的基础上建立储层几何模型(如网格高度、网格体积等)，并对地质格架模型进行修正。

(二)储层相建模

储层相建模通常是指在地质格架模型基础上，建立的沉积(微)相模型，其他离散地质属性(包括储层构型、岩相、流动单元等)模型也可采用相建模的方法建立，并可用于约束储层属性模型。

相建模主要包括沉积相和岩相建模，岩石类型等模型的建立也属于相建模的范畴。

相模型一般对储层属性具有控制作用，因此，相模型的质量，对属性建模具有决定性影响。相建模可分为基于基础资料相研究成果的相数据分析、相建模方法选取和相模型结果对比优选等步骤(图 8－27)。

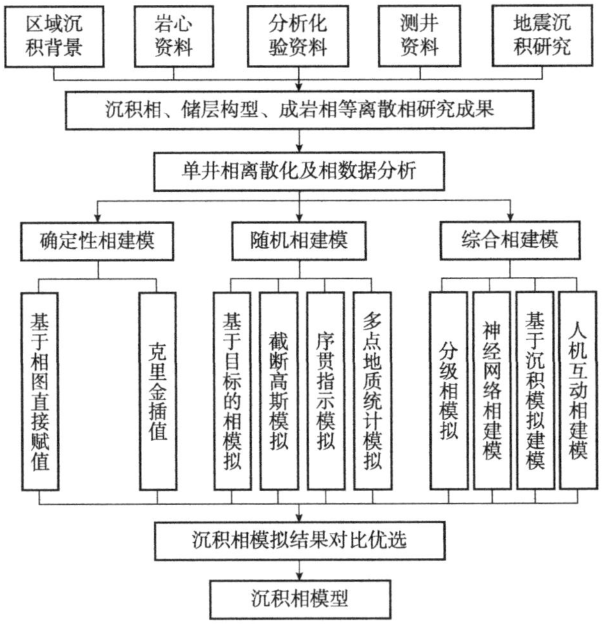

图 8－27　相建模流程

相数据分析是进行相建模的基础。首先需对测井相数据按照模型网格尺寸进行粗化，并在地质研究的基础上，对离散化的相数据进行统计分析，包括垂向相比例、概率、相厚度等。在做统计分析时，应当根据地质认识对相数据进行质量控制，分析结果用于确定相模拟中的条件约束关系。然后分析相与其他属性的相关关系，包括地震属性、储层物性等。通过相数据分析和相关关系分析，建立对工区的初步认识。

相建模方法应该根据油气藏表征的研究程度、数据的丰富程度和建模方法的适应性选取，并根据所选建模方法对参数的要求，如两点地质统计建模方法的变差函数、多点地质统计建模的数据模板等，进一步分析相数据。依据建模方法，设置建模所需参数，即可进行相建模。

鉴于相模型对属性模型的控制作用，应对相模型进行质量控制。相模型的质量满足如下要求：相模型中相的分布与地质模式具有一致性，相模型的相统计特征与单井相统计特征，与地震约束资料具有一致性。

储层建模是储层地质建模中最为关键也是最难的环节。关键在于赋值精度，这决定着模型的精度。影响模型精度的因素很多，但主要为以下三个方面。

(1)资料丰富程度及解释精度：不难理解，资料丰富程度不同，所建模型精度亦不同。一方面，对于给定的工区及给定的赋值方法，可用的资料越丰富，所建模型精度越高。另一方面，对于已有的原始资料，其解释的精度亦影响储层模型的精度。

如沉积相类型的确定，涉及应用何种地质概念模式建立储层三维相模型；储层孔隙度、渗透率、含油饱和度的测井解释精度则决定储层参数建模所依赖的硬数据的可靠性。

(2)赋值方法：赋值方法很多，就井间插值(或模拟)而言，有传统的插值方法(如中值法、反距离平方方法等)、各种克里金方法、各种随机模拟方法等。不同的赋值方法将产生不同精度的储层模型。因而，建模方法的选择是储层建模的关键。

(3)建模人员的技术水平，包括储层地质理论水平及对工区地质的掌握程度、计算机应用水平及对建模软件的掌握程度。

(三)储层裂缝建模

裂缝性储层是除孔隙型储层以外的一类重要的储层类型，裂缝建模既要建立裂缝性储层的连续属性也要建立其中的离散属性，建立连续属性通常采用等效连续裂缝建模方法，建立裂缝离散属性采用离散裂缝网络建模方法。目前国内外对裂缝性储层建模的方法较多，如基于离散元裂缝扩展法、基于空间剖分的裂缝建模、离散裂缝网络建模、基于变差函数的裂缝建模、基于多点地质统计学的裂缝建模和基于分形特征迭代的裂缝建模等。

裂缝建模的步骤主要包括数据准备、裂缝性质分析、裂缝参数表征、裂缝概念模型约束、离散裂缝网络建模、动态校准和离散裂缝网络模型粗化等。建立裂缝模型前需要收集有关裂缝的静态资料与动态资料，包括野外露头、岩心、地质、地震、测井(包括成像测井)、地应力、试井、干扰试井、压裂、生产测井、示踪剂及生产动态等数据。基于裂缝参数的表征和对裂缝分布的预测结果开展裂缝建模(图8－28)。

裂缝性质分析是根据岩心观测数据、成像测井解释数据、常规测井数据以及由这些数据得到的二次分析数据等进行单井裂缝发育特征分析，如裂缝的纵向和平面特征分析、裂缝的分组及各组系的参数统计和裂缝密度及强度的计算；同时，与单井动态分析数据进行对比研究，宏观上定性分析裂缝的平面分布特征，并且需采用已有的单井开发动态信息对该裂缝密度体进行验证分析。

离散裂缝地质模型建立过程中可利用裂缝概念模型约束，采用“模式拟合、尺度分析、多维互动、多重约束、动静验证”的建模策略，基于多源数据融合，多尺度条件下确定性建模和随机建模相结合的离散裂缝建模方法，建立裂缝储层模型。大尺度裂缝采用确定性建模方法，充分利用叠前、叠后的地震属性信息，优选蚂蚁体、相干体、曲率及各向异

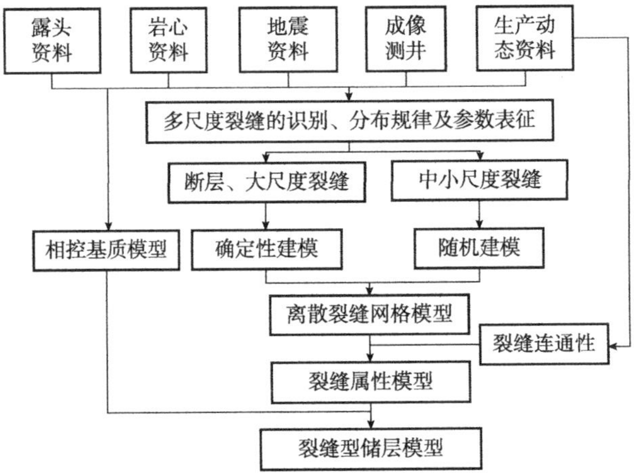

图 8－28　裂缝建模流程

性、最大似然体等属性，刻画断层及大尺度裂缝，并分析大尺度裂缝的组系、参数及分布特征，直接获得裂缝分布进行建模；对于井间中小尺度裂缝，将单井裂缝数据转换为单井裂缝密度曲线，分析裂缝密度曲线与基质模型、地震属性体的相关性，优选裂缝密度的控制条件，采用随机建模方法，建立裂缝密度模型。根据成像测井和岩心裂缝识别结果，按组系或期次、尺度建立单井裂缝发育强度曲线；根据裂缝主控因素分析结果，构建三维裂缝强度地质模型；将地质力学预测裂缝密度结果导入地质模型中，以井点实测结果为约束对裂缝强度模型进行校正；优选裂缝特征参数表征模型，如 Binghanm 模型等，建立裂缝产状、长度、开度、连通率等参数模型，以露头、岩心统计分析结果为关键，对长度和连通率模型进行修正，以地质力学预测裂缝开度和产状为关键，以井点实测结果及动态测试数据为约束对裂缝地质模型进行校正，使其符合地下地质特征，保证动静态数据一致，最终构建多尺度、多组系离散裂缝地质模型。

(四)储层属性建模

属性建模也称为储层参数建模，表征储层属性参数在三维空间的分布，通常包括储层的孔隙度、渗透率、饱和度、净毛比等的建模。

属性参数的分布往往受岩相、成岩作用、构造等因素的控制而在空间中呈现出某种规律。例如，不同的沉积相其储层展布的范围、相序组合关系、优质储层的分布不同，对应地，其孔隙度、渗透率等物性参数的大小以及在平面和纵向上的非均质程度具有较大差异。因此，在进行储层属性建模过程中，首先要明确该类相模型中其属性参数的变化规律和影响因素。储层参数建模应遵循的原则，即相控原则和趋势控制原则，尽可能使模型中储层属性参数的分布满足相应的地质规律。

通常沉积相或其他离散相类型(岩相、构型单元、流动单元等)是储层孔隙度、净毛比等属性在空间展布的控制因素，因此，需要采用相控约束的方法建立储层属性模型。在属性建模之前，应该首先对储层特征进行充分研究，获取储层属性分布的控制因素，如沉积相、趋势面等，然后将这些属性分布控制因素作为属性建模的约束条件，采用适当的井间插值或随机模拟方法，建立属性模型。

在储层参数建模之前，首先需要将井点的孔隙度、渗透率、含油饱和度或净毛比数据离散化到三维模型的过井网格，不同的属性应选用不同的离散化算法，如孔隙度、饱和度、净毛比数据宜采用有权重的算术平均法，渗透率宜采用调和平均或几何平均法等。然后对井点网格离散化后的储层参数进行数据分析与变换。数据变换类型主要包括截断变换、减小偏度变换、全局地质趋势变换和局部地质趋势变换(表8－2)。

表8－2 基本数据变换类型(据吴胜和，2010)

类别	数据变换	简单描述
截断变换	原始数据截断	在建模前根据门限值对原始数据进行截断，大于或小于门限值的数值被变换为门限值
	结果数据截断	在建模后根据门限值对建模结果数据进行截断，大于或小于门限值的数值被变换为门限值
减小偏度变换	对数变换	将数据取对数，从而减小数据分布范围
	正态变换	将数据进行标准正态变换(数学期望为0，方差为1)
全局地质趋势变换	压实趋势变换	沿垂直深度方向的物性趋势变换(一般由压实作用引起)
	沉积趋势变换	沿垂向网格坐标方向的沉积成因物性趋势变换
	1D横向趋势变换	在大地坐标系下平面沿一个方向的趋势变换
	2D横向趋势变换	一般的2D面趋势变换
局部地质趋势变换	地质体内部垂向趋势变换	在地质体范围内，受地质体顶底面控制的垂向趋势变换
	地质体内部横向趋势变换	在地质体范围内，受地质体边界或轴线控制的横向趋势变换

数据分析可解释储层参数的分布规律，数据变换则是对数据分布进行灵活处理以便满足相应建模算法的要求，也就是，最终进入地质统计学算法的数据必须服从正态分布。地质统计学计算完成后，还要将数据进行对应的反变换。如选择沉积相控的储层参数建模，则应分相进行数据分析和变换。

1. 孔隙度模型

沉积相对孔隙度具有较强的控制关系，从而孔隙度建模可采用沉积相模型进行约束。以测井孔隙度数据为基础，在沉积相三维模型的约束下，分相进行数据分析和变换后，采用序贯高斯模拟或整合地震数据的孔隙度序贯高斯模拟方法建立相控孔隙度三维分布模型。

2. 渗透率模型

孔隙度模拟是在相模型基础上建立的(相控原则)，可直接用来评价孔隙体积、孔隙分布以及孔隙连通性，而渗透率模型的确定还需要利用孔隙度来进行流体分析。渗透率模拟主要有三种方法，包括孔隙度－渗透率转换、渗透率的高斯模拟和序贯指示模拟。目前被广泛应用于渗透率模拟的是序贯高斯模拟技术、孔隙度－渗透率转换、云变换、双变量方法，序贯指示技术只在具有充足数据条件的时候使用。

3. 饱和度模型

油藏含油饱和度的分布，除受岩相、孔隙度和渗透率等多重因素的影响外，更与岩石的微观结构(尤其是岩石毛细管压力)有关。含油饱和度模型的建立，一般不采用随机模拟建模方法，而是基于含油饱和度参数与岩相、孔隙度、渗透率，以及毛细管压力的物理关系建立。当资料数据足够时，采用 J 函数建模方法计算含油饱和度，当资料数据不充分时，则采用较简单的含油饱和度—高度函数方法建立含油饱和度模型。

(五)地质模型不确定性分析

不确定性是油气藏勘探开发和油气藏定量地质建模最显著的特征之一。根据不确定性因素对油气藏定量表征与建模的影响程度和类型，将不确定性因素进行分级和分类。设定不确定性因素评价的标准，分析不确定性因素对评价指标的敏感性程度。对不确定性敏感分析得到的不确定性变量进行实验设计，从大量的随机概率模型里抽取最少量的模型描述所有可能的结果。针对不同的研究区，理论上每个不确定性因素在其变化范围内都可以取无数个值，实际操作中，通常取不确定性因素的三种值：最大值(代表“乐观”值)、中间值(代表最可能值)、最小值(代表“悲观”值)。采用样本代表总体的实验设计方法，将不确定性因素与其取值水平进行设计，作出模型优选方案表。

根据模型优选方案表，建立各方案设计所需要的三维定量地质模型。绘制不确定性因素评价标准对应的概率密度图和累积概率分布曲线，选择累积概率分布曲线上概率为10%、50%和90%所对应储量下的模型，即“乐观”、最可能和“悲观”的地质模型。

知识图谱

第九章　非常规油气地下地质研究

非常规油气是指在现有经济技术条件下，不能用传统技术开发的油气资源。非常规石油资源包括致密砂岩油、致密灰岩油、重(稠)油、油砂油、页岩油等；非常规天然气资源主要包括致密砂岩气、页岩气、煤层气、天然气水合物等。

从20世纪70年代开始，美国的非常规油气(致密气和致密油)、加拿大的油砂、委内瑞拉的重油勘探开发取得了很大进展。

根据油气分布状态和源－储关系，非常规油气聚集划分为连续型(也称为弥散型)、准连续型和源－储共生型油气聚集。其中，连续型油气聚集是指大面积连续分布的一种油气聚集，受水动力效应影响不明显，边界模糊。准连续型油气聚集是指大范围分布的油气聚集，是介于连续型和非连续型之间的油气聚集资源，多数为源－储分离型油气聚集。源－储共生型油气聚集是指源岩层系及与其大面积接触的致密砂岩储集层系中的油气，是非常规油气资源的主体，包括源－储一体型和源－储接触型两种基本类型。源－储一体型油气聚集是指烃源岩生成的油气没有排出，而是滞留于烃源岩层内部，包括页岩油、致密油、页岩气、致密气、煤层气等；源－储接触型油气聚集是指与烃源岩层系共生的各类致密储集层中聚集的油气，包括致密油和致密气。

本章主要以致密砂岩油气藏和页岩油气为例，讨论非常规油气藏的地质特征和地下地质研究的主要内容，主要回答以下问题。

(1)什么是非常规油气？非常规油气的类型有哪些？

(2)致密砂岩油气藏的地质特征有哪些？

(3)致密砂岩油气藏与常规油气藏地下地质研究的差异性有哪些？

(4)如何开展致密砂岩油气藏地质静态描述？

(5)页岩油气的概念和类型。

(6)页岩油气开发地质的研究内容有哪些？

(7)如何开展页岩油气的综合评价？

第一节　致密砂岩油气藏开发地质研究

一、致密砂岩油气藏的含义

致密是针对储层的，一般是指孔隙度和渗透率低下的储层，致密砂岩储层也可以称为低渗透砂岩储层。

目前，世界上对低渗透－致密油气层(藏)并无统一的标准和界限，不同的国家根据不同时期的石油资源状况和技术经济条件制订其标准和界限，变化范围较大。随着认识程度的提高，低渗透油气层(藏)的标准和概念也在不断地发展和完善，并且油藏和气藏的划分标准不同。如，在20世纪50年代，低渗透的渗透率概念是小于$100\times10^{-3}\mu m^2$；60年代，是小于$50\times10^{-3}\mu m^2$(苏联)；70年代，是小于$20\times10^{-3}\mu m^2$(中国)；80年代初，是小于$10\times10^{-3}\mu m^2$(中国和美国)；80年代末，是小于$5\times10^{-3}\mu m^2$；90年代中期，是小于$1\times10^{-3}\mu m^2$；到了21世纪初，低渗透率的概念推延到[0.1(气)～0.2(油)]$\times10^{-3}\mu m^2$(中国)。

根据我国行业标准和贾承造等(2012)对致密油气的定义，致密油(Tight Oil)为储集在覆压基质渗透率小于等于$0.2\times10^{-3}\mu m^2$(空气渗透率小于$2\times10^{-3}\mu m^2$)的致密砂岩、致密碳酸盐岩等储集层中的石油(表9－1)；单井一般无自然产能或自然产能无法达到工业油流下限标准，但在一定经济条件和技术措施下可获得商业开采，这些措施通常包括酸化压裂、多级压裂、水平井和多分支井等。

表9－1　低渗透砂岩油气的划分标准(据贾承造等，2012)　　$10^{-3}\mu m^2$

分类	高渗透	中渗透	低渗透	特低渗透	致密
覆压基质渗透率	>50	>10～50	>1～10	0.1～1	≤0.1(气) ≤0.2(油)

二、致密砂岩油气藏的地质特征

(一)致密砂岩油气藏"甜点"的概念

非常规致密砂岩油气以连续、弥散状的方式分布在盆地斜坡或中心部位，缺乏常规的、以浮力为动力进行油气聚集的圈闭。"藏"的概念在非常规油气中是不适用的(邹才能等，2013)。

致密砂岩油气在油气显示和产能分布上具有明显的非均质性，表现为在普遍低产背景下，存在不连续的、局部富集的高产"甜点"。

"甜点"(Sweet Spot)(Surdam等，1995)是指在大面积分布的致密气层，储层物性普遍较差－致密，且天然气的产能普遍较低(低于天然气开发产能下限)的背景下，局部发育相对高孔渗的砂岩体。这些相对高产的区块在大面积低产致密砂岩储层中的分布相对局限、不连续，往往呈斑点状分布，称之为"甜点"。

"甜点"主要受构造、沉积、成岩和油气充注等因素的控制。在油气聚集过程中，生烃形成的超压是油气排烃的动力，致密孔喉产生的高毛细管力是重要的封堵力，使得大量可动油气封闭在受构造、沉积和成岩因素控制的"甜点"中，形成非常规油气"甜点"。致密砂岩油气"甜点"的描述、表征和评价是致密砂岩油气勘探开发的关键，是研究的核心内容。

从开发的角度来看，"甜点"油气层是在普遍低产的致密砂岩油气层背景上，存在的相对高产的油气区域或层段。

（二）致密砂岩“甜点”油气藏地质特征

基于“甜点”储层的储集空间类型和岩石学机制可对其进行分类。例如，可将“甜点”分为孔隙型、裂缝型和孔隙－裂缝型三类，或原生型和次生型两类，或以异常高孔带和裂缝发育带为基础进行分类。

蔡勋育等(2020)以控制“甜点”储层形成、分布的主要地质作用为线索，将“甜点”分为相控型、缝控型和壳控型3类。其中，相控型又可依据沉积类型进行细分。如图9－1所示。

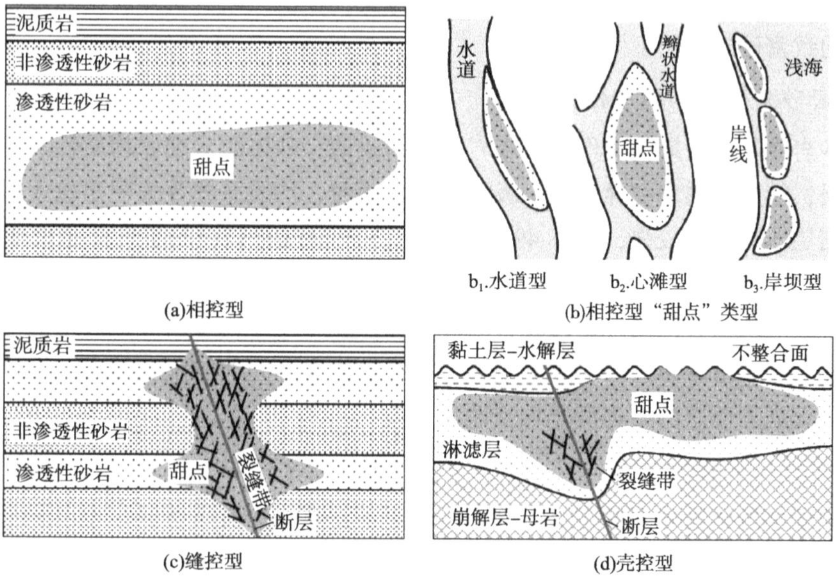

图9－1　致密砂岩主要“甜点”类型示意图(蔡勋育等，2020)

致密砂岩油气的砂体一般大面积分布，单砂体厚度中等(3～5m)，但是叠加厚度大(20～60m)，圈闭界限不明确。油气分布具有连续性，砂体普遍含油气，但是产能较低，含水。高产井主要分布在储层质量较好的“甜点”之中。致密砂岩“甜点”油藏具有如下基本特征。

1. 储层岩性变化较大

致密砂岩储层的砂岩颗粒粒径范围较宽，既可以是砾岩，也可以是不同粒级的砂岩，包括粗砂岩、中砂岩、细砂岩和粉砂岩等；致密砂岩储层的矿物成分较复杂、变化较大，成分成熟度从高到低均有分布。如新疆玛湖油田发育砂砾岩致密储层，大牛地气田上古生界下石盒子组的致密储层为砾岩、含砾粗砂岩等，塔河油田东河塘组的致密储层为细砂岩、塔河油田柯坪塔格组致密油层为粉砂岩。四川盆地元坝地区须家河组的主要优质储层类型有砂砾岩、高声波时差石英砂岩和中－粗粒岩屑砂岩，优质储层厚度薄、分布散、裂缝分布非均质性强。

2. 储层砂体的沉积相类型多

致密砂岩储层可以发育在陆相、海相和海陆过渡相的各种相带中，但从目前国内外发现的大型致密砂岩油气田来看，较有利的多为河流相、三角洲相、滨岸相等砂岩储层。北美落基山地区大型致密气储层主要为砂岩和砾岩，沉积相类型有辫状河、三角洲分流河道、滩坝、障壁岛、潮汐水道、浪成三角洲等。在艾伯塔盆地深层 Falher 组，一些被煤系烃源岩直接覆盖的海岸障壁砂体是致密气充注最好的单元。在我国，塔里木盆地库车坳陷侏罗、白垩系主要为瓣状河三角洲相，塔河油田上古生界东河塘组致密石英砂岩为滨岸砂体；四川盆地须家河组发育大型湖相浅水三角洲沉积；鄂尔多斯盆地山西组致密气田发育于河流、三角洲前缘水下分流河道，太原组致密气田形成于浪控滨岸的障壁岛，下石盒子组主要是辫状河沉积，延长组长 6 和长 7 段发育块状厚层、以砂质碎屑流为特色的深水重力流沉积的致密砂岩储层。

3. 致密砂岩储层非均质性强

致密砂岩储层受后期构造作用和成岩作用的改造，砂体的宏观非均质性和储层微观非均质性较强，储层渗透率变异系数、级差、突进系数、均质系数等表现出较大的差异。苏里格气田储层非均质性较强，如苏 49 区块盒 8 下亚段致密储层的层内渗透率突进系数为 1.9、级差为 12.9。马立元(2020)认为镇泾地区延长组长 8 段致密砂岩储层非均质性极强，即使在同一厚层块状砂体内，物性和含油性也存在较大差异，多期河道砂体的削蚀截切改造、细粒隔夹层、富软岩屑砂岩和钙质致密胶结砂岩在空间上的配置关系和石油的选择性充注决定了碎屑岩储层的结构型非均质性。

4. 构造特征变化大

大面积叠加的致密砂岩储层可以分布在断层不发育、构造平缓区，也可以分布在断块区。鄂尔多斯盆地上古生界的致密砂岩气储层和中生界上三叠统延长组致密砂岩油层，一般大面积分布在构造平缓区，断层不发育；渤海湾盆地沙河街组四段、松辽盆地扶余油层等致密砂岩油藏，断层发育，构造起伏大；四川通南巴地区马路背须家河组高产稳产气田分布在褶皱枢纽裂缝发育区与优质储层发育有利区的叠合部位；川中广安、安岳等千亿立方米级大气田或含气构造，大多数与岩性圈闭有关，主要为背斜－岩性气藏和断背斜－岩性气藏。

5. 储层孔喉结构复杂

常规砂岩储层的物性较好，孔喉结构相对简单，孔－渗关系密切。低渗－致密砂岩储层物性差[孔隙度 5%～15%、渗透率(0.01～10)×$10^{-3}\mu m^2$]，毛细管压力高、孔隙喉道半径小、孔喉结构复杂、孔－渗关系较差。

一般，致密砂岩中黏土杂基及自生矿物含量高、成岩作用强烈、次生孔隙发育。储集空间包括孔隙、裂缝(包括层理缝)，孔隙有残余粒间孔隙、次生孔隙(以溶蚀孔和微孔隙为主)，储层孔隙与喉道的大小、分布、组合类型较为复杂，往往具有“双重孔隙结构”。

Nelson(2009)在分析了来自世界不同盆地、不同年代和不同岩性 172 块样品的压汞数据和常规物性数据之后，指出，常规储集层的孔喉值(直径)通常大于 2μm，致密含气砂岩储集层孔喉值为 2～0.03μm，页岩孔喉值为 0.1～0.005μm，而沥青分子 0.01μm、甲烷分子 0.00038μm，展示了常规碎屑岩储层、致密含气砂岩储层、页岩的孔喉，以及微观液体和气体分子的直径值近似连续分布情况，提出了“连续谱”的概念(图9－2)。

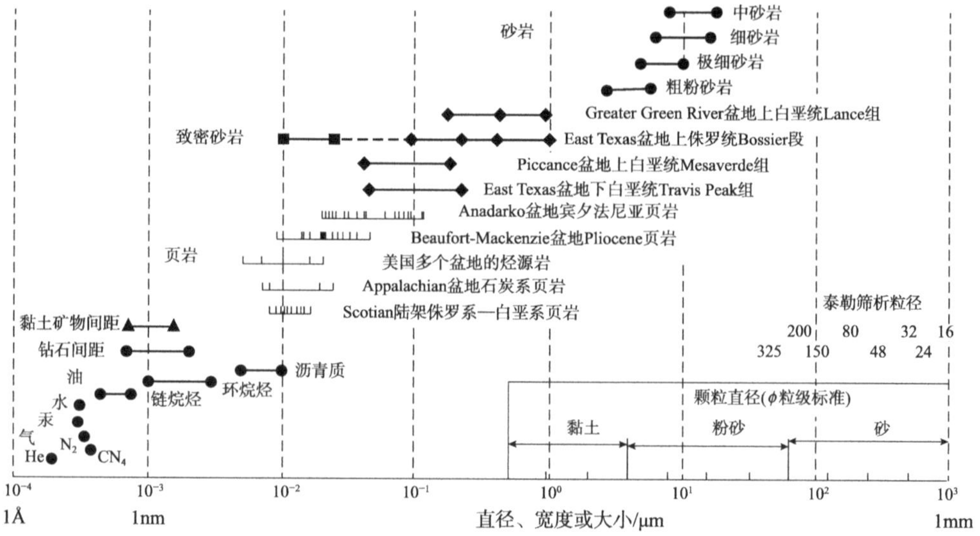

图9－2　不同分子直径和碎屑岩中孔喉直径值的连续谱(Nelson，2009)

6. 储层流体分布与可动流体

一般，致密砂岩储层受油气充注和后期改造的影响，油气层亲油性，油气的相对渗透率明显增强；低渗透砂岩油气层的含油饱和度下限明显低于常规砂岩储层的。我国绝大多数致密砂岩油气层的含油气饱和度下限低于50%，最低甚至可以低于20%，仍然有出工业油流的可能性。

低渗－致密砂岩油层的可动流体和可动油的饱和度整体上较低，油层含油丰度低。致密砂岩储层中的流体分布主要受油气充注强度、后期油层改造、储层成岩作用、复杂的孔喉结构以及裂缝控制。如果裂缝发育，则储层渗透率较高、可动流体饱和度较高。对于致密基质砂岩储层，孔喉结构控制储层流体渗流能力和产能特征，粒间孔发育的具有相对较高的可动流体饱和度和渗透率，以粒内孔为空间主导的孔喉结构较差。

7. 生产动态特征

致密砂岩储层的应力敏感性较强，在钻井和增产措施中，易受到伤害。

致密砂岩油气测试产能低、变化大，存在类型多样的高产“甜点”储层。由于储层致密，能量补充困难，在生产过程中，致密砂岩油层产能快速下降；在裂缝发育段，容易水窜而水淹。致密砂岩油气常采用弹性驱开采方式，采收率低。根据统计，国内外的致密油气藏的采收率一般为5%～40%，很少超过40%。

三、致密砂岩(甜点)油气藏地下地质研究的主要内容

与常规砂岩油气藏不同，致密砂岩油气藏往往普遍含油气，但油气饱和度较低，没有明显的油水界面，很少有统一的压力系统，经典的“藏”的特征不明显，油气产量普遍较低，但相对高产、广覆式分布的低渗－致密砂岩储层中存在不连续的“甜点”分布。

一方面，“甜点”油层发育受沉积、成岩及构造(裂缝)的共同影响。沉积作用是储层

质量的最基本因素，决定了后期成岩作用的强度和类型；成岩作用是改造储层的关键，具有两面性；构造作用是形成裂缝型低渗透“甜点”储层的决定性因素。岩性、物性及孔喉结构是基质储层评价的核心要素。另一方面，由于致密砂岩油气藏不具有明显的圈闭特征，砂岩储层中油水分异差、普遍含油、含油饱和度低、油层普遍含水，纯产油的油层几乎不存在。受局部鼻状构造、断层、裂缝、优质储层、优质烃源岩发育以及源－储大面积接触等多种因素控制，致密砂岩储层中发育多种类型的“甜点”，具有不同产能及生产特征。

对致密砂岩油气“甜点”描述的内容和技术流程与常规油气藏明显不同。针对致密砂岩“甜点”发育的地质格架、“甜点”储层(包括裂缝)特征分类描述、表征与评价等是致密砂岩(甜点)油藏静态描述的核心内容；针对致密砂岩“甜点”的油藏建模、油藏评价、产能评价、开发动态描述与表征以及开发策略优化是致密砂岩(甜点)油藏动态描述的核心内容。

(一)非常规致密砂岩(甜点)油气藏静态地质特征研究

静态地质特征研究的主要内容包括：①“甜点”储层的地层格架研究；②有效储层的沉积微相或成因单元分析；③“甜点”储层的成岩演化；④致密砂岩储层的微观孔隙结构表征与分类评价；⑤致密储层裂缝发育识别及表征；⑥“甜点”油层测井识别与分类评价；⑦致密砂岩“甜点”油气藏三维地质建模及评价。

1.“甜点”储层的地层格架研究

地层格架研究是通过小层及单砂体的划分对比建立精细描述的等时地层格架。在地层格架内，以岩心沉积微相分析为基础，测井相分析为手段，在区域沉积学研究基础上，建立小层及单砂体级别的沉积微相展布模式。

以井震结合为手段，结合小层对比，开展断层的追踪、断点组合、断层三维建模，结合区域构造和构造应力场特征，刻画断层几何特征，分析断层性质。以鄂尔多斯盆地上古生界和上三叠统延长组为例，在低缓的伊陕斜坡，大面积叠加分布低渗透致密砂岩，发育低缓的鼻状构造，受复杂构造作用及应力场演化影响，普遍发育各种走滑断层及其控制的裂缝带；同时，受沉积作用和构造作用的影响，砂岩普遍发育水平层理缝。油气在断层控制的裂缝带中聚集，形成断层裂缝型“甜点”。

2. 有效储层的沉积微相或成因单元分析

致密砂岩“甜点”储层类型多样，既有基质型“甜点”，也有裂缝型(包括层理缝)“甜点”，还有孔缝复合型“甜点”。对于基质型“甜点”，其发育受沉积微相和成岩作用的控制。

开展沉积微相研究、建立沉积模式是致密气开发重要的基础地质工作之一。致密砂岩物性总体较差，仅物性相对较好的部分砂岩可形成有效储层，需开展微相或岩相研究才能确定有效储层的成因、分布模式与控制因素。例如，苏里格气田盒8段主体为辫状河沉积，平面上分为辫状河体系叠置带、辫状河体系过渡带和辫状河体系间洼地，沉积微相为心滩和辫状河道。研究表明，有效储层主要为心滩中下部、辫状河底部的中粗粒岩相部分，形成于强水动力沉积环境。有效储层厚度仅占砂体厚度的约1/3，空间上分散分布，剖面上呈现出"砂包砂"的二元结构(图9－3)。

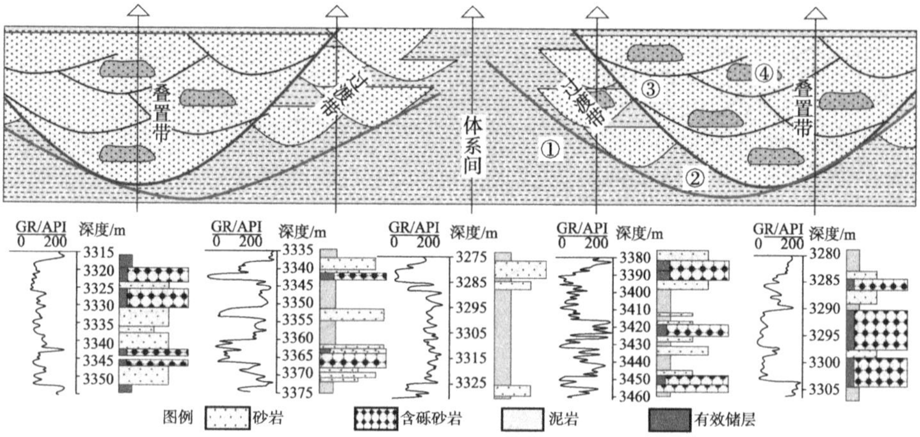

图9－3　辫状河体系发育模式图(据贾爱林等，2022)

注：①二级构型(河道)：辫状河体系；②三级构型(河道)：辫状河叠置带；③四级构型(河道)：单河道；④五级构型：河道砂坝(心滩)。

致密砂岩油气藏表现出大面积广泛分布的特征，平面上存在差异性，部分地区致密油气呈现层数多、厚度大、储层丰度高的特点，即所谓的"甜点"区。

3."甜点"储层的成岩演化

储层质量在时间和空间上的变化受众多地质因素控制，原始沉积环境特征在宏观上控制了储层成因类型、沉积厚度、规模及时空展布特征，同时也在微观上控制了沉积物原始组分、粒度、成熟度、分选、磨圆、杂基含量等特征，造成了储层具有不同的原始孔隙度和渗透率及储层非均质性(朱筱敏，2018)。"甜点"储层的成岩演化主要研究以下方面：①砂岩储层的岩石组分和结构；②砂岩储层的成岩作用、成岩阶段以及成岩相；③砂岩储层物性及主控因素。

成岩作用是一个十分复杂、综合的物理和化学过程。差异致密化是相对优质储层形成的关键因素，压实作用和胶结作用致使储层原生孔隙遭受明显破坏，通常是储层致密的主要机制；溶蚀作用和破裂作用是主要的建设性成岩作用，形成次生孔隙或(微)裂缝，可有效改善储层质量，形成致密储层的"甜点"。

以川中须家河组为例，"差异致密控储"表现为碎屑组分、碎屑颗粒粒度、粒间孔绿泥石包壳等差异性，导致粒间孔隙与粒内溶蚀孔发育程度的差异，多种因素叠加的致密化差异性造成现今的储层在整体致密背景下发育相对优质储层(图9－4)。

4. 致密砂岩储层的微观孔隙结构表征与分类评价

致密砂岩储层的非均质性强、喉道狭小，以微－纳米级孔喉系统为主，具有多尺度孔喉发育的特征。多尺度的孔喉既作为油气的储集空间，又是油气的渗流通道。裂缝型致密砂岩储层双重孔喉(缝)结构特征是影响储层流体(油、气、水)的储集能力和油、气开采主要因素，对裂缝型致密砂岩储层孔隙结构的研究尤其重要。

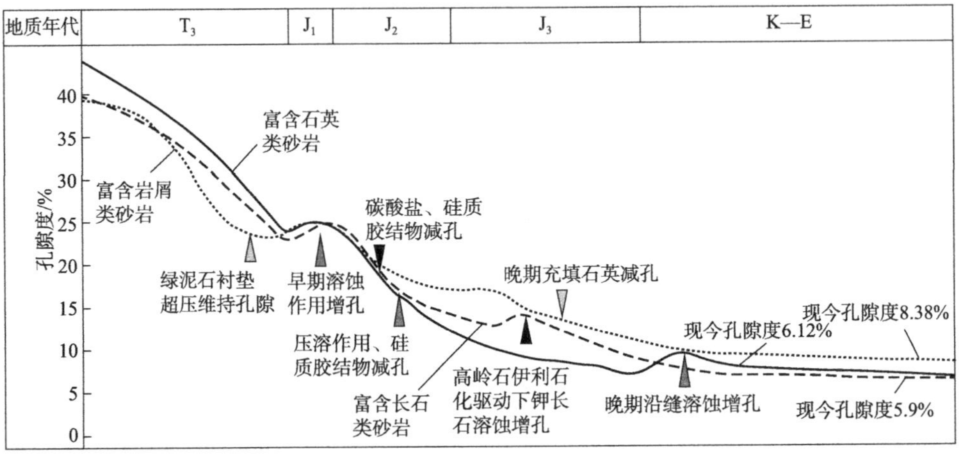

(a)不同组分砂岩

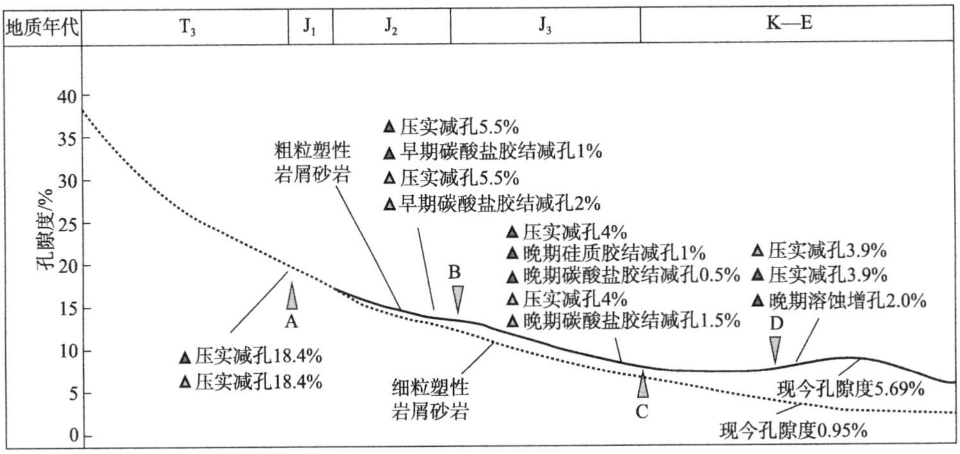

(b)不同粒度砂岩

图9－4　川西坳陷中段须家河组不同类型储层致密化的差异性(郑和荣，2021)

致密砂岩储层孔喉特征的表征方法主要包括铸体薄片图像分析、高压压汞、恒速压汞、氮气吸附测试、扫描电镜、核磁共振实验、Micro CT 扫描成像、场发射电镜、聚焦离子束显微镜、小角度和超小角度中子散射测试等高精度、高分辨率的方法和技术，可定量识别描述孔隙体积、孔径分布、形态及连通性，开展纳微米尺度的孔喉结构描述与表征，进行砂岩储层的孔喉结构分类等研究。对致密砂岩储层微观孔隙结构的表征，从对孔隙的定性评价，到孔隙微观结构特征的二维精细刻画，到对孔隙微观结构三维空间模拟表征，已建立了岩心－孔隙表征系统(图9－5)，可选取不同岩性岩相孔隙度、渗透率、流体饱和度、孔喉半径等储层参数，分析参数分布特征及相关性，由点到面再到体，对致密储层微观结构进行空间构建。

付金华等(2018)针对鄂尔多斯盆地致密油储层具有微尺度孔隙和常规尺度共存的特征，把常规测试技术与高精度的非常规测试技术相结合，形成了致密油储层微－纳米级多尺度孔喉精细识别及表征系列方法。

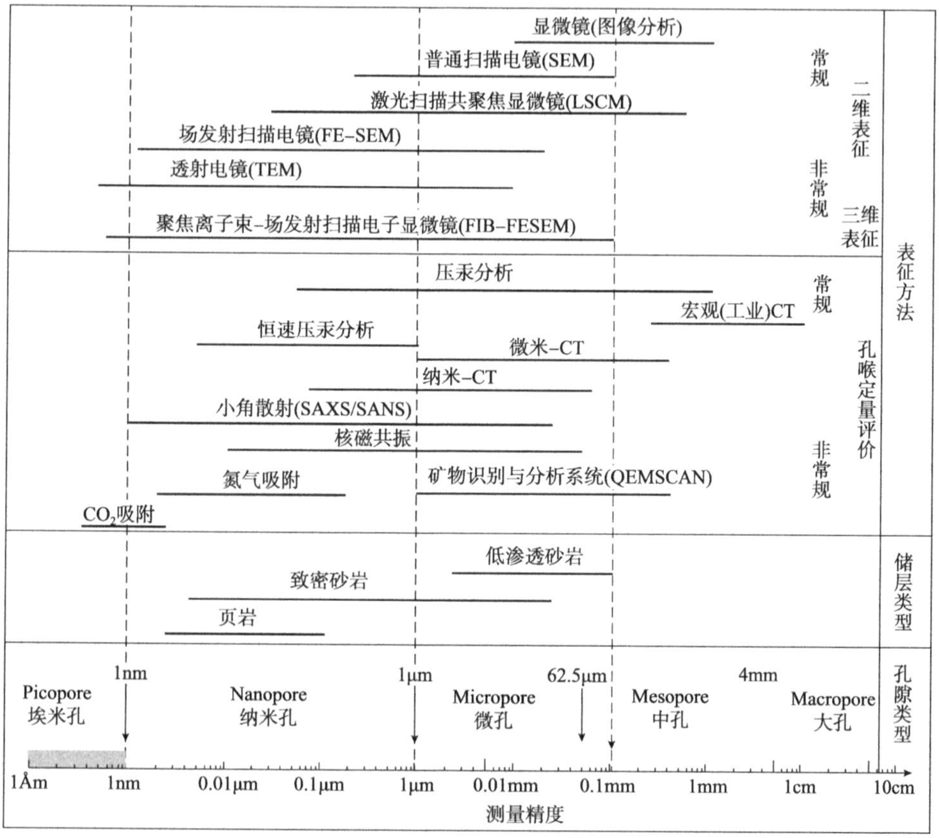

图 9－5　致密砂岩等储层孔隙(喉道)分布及各类测试技术研究尺度范围

5. 致密储层裂缝发育识别及表征

裂缝是致密砂岩储层重要的储集空间和运移通道，裂缝的识别表征、形成机制、评价及模拟预测一直是地质学家们关注的重点和难点。裂缝发育带往往是致密储层中具有较高有效孔隙度和渗透率的高产带，裂缝的发育程度影响致密储层是否高产和稳产。

按照裂缝成因，可以分为构造裂缝和非构造裂缝，构造裂缝一般成组出现、走向稳定，与构造应力场密切相关；非构造裂缝包括溶蚀缝、压实缝、风化缝、层间缝等。此外，还有人工压裂裂缝。受多期构造运动及不同形式的应力作用，多期构造裂缝分布在同一个地层，彼此相交、切割、改造，形成地下裂缝网络。

裂缝的识别主要以薄片、岩心、测井及地震资料为依据，借助肉眼直接观察、高分辨率测井(FMI 等)、场发射扫描电镜、纳米 CT 扫描成像技术、核磁共振技术等对储层的宏观裂缝、微裂缝及纳微米级裂缝进行定性和定量观察；从点－线－面－体多维度，对不同尺度的裂缝性质、几何特征、裂缝储层参数进行描述、表征与分类评价(图 9－6)。

利用测井资料识别裂缝是应用最广泛，也是最重要的方法，常规测井方法包括电阻率测井、声波测井、补偿中子测井、密度测井及地层倾角测井等。裂缝的存在会影响测井参数的响应，如地层声波时差增大，测井密度值降低等，从而建立储层裂缝与常规测井之间的响应模式，或根据经验公式对裂缝参数如类型、产状、起始位置、方向、密度、开度及充填程度等进行描述和统计。成像测井法(FMI)则是直接获取井壁垂向上连续的储层裂缝发育剖面，利用岩心刻度裂缝技术，建立储层成像测井裂缝识别图版，对裂缝进行特征描述及定量解释。由于地震资料质量和分辨率限制，一般对高角度裂缝及具有一定发育规模的裂缝带的识别有效。

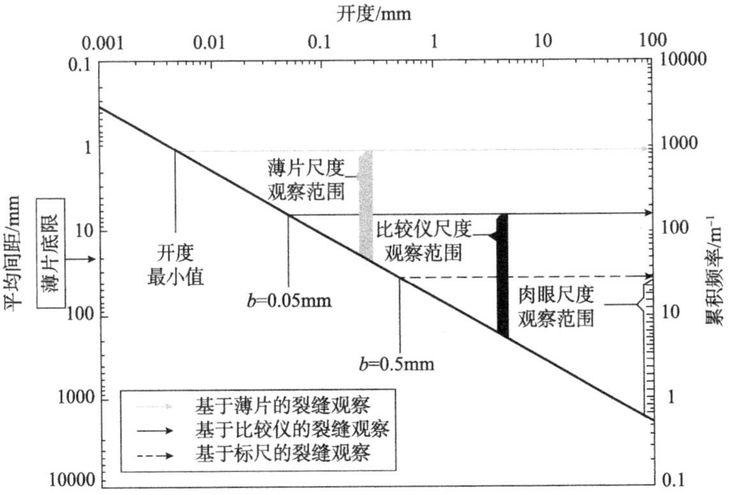

图 9-6 不同裂缝开度条件下裂缝密度参数分布特征图(Ortega O J，2006)

储层中裂缝的形成多与构造作用有关，不同性质的应力作用可形成不同类型的构造裂缝，如剪切裂缝、张裂缝及张剪缝。通过构造地质学，特别是构造应力场综合研究可以预测较大尺度的裂缝系统。结合地应力场模拟，分析裂缝的分布规律，确定裂缝发育的主控因素。

目前，对于裂缝的预测主要是在露头、岩心、薄片资料等地质观察基础上，从构造地质学、地质力学角度对裂缝进行系统分析，利用地层构造曲率分析技术、能量法与岩石破裂法、地震纵波各向异性分析技术、分形分维法等，对储层裂缝分布及特征进行预测研究，并结合岩石损伤力学实验分析、岩石破裂准则及构造应力场数值模拟等方法，建立储层裂缝的分布发育三维定量模型，预测致密储层的“甜点”发育层段。

6. “甜点”油层测井识别与分类评价

致密砂岩储层性质和流体分布复杂，测井响应对油层的辨识度低，油层测井识别和评价困难。“甜点”油层测井识别与分类评价，需要研究不同致密砂岩储层类型的流固性质、“四性”关系，开展不同孔喉结构砂岩储层的岩电实验，分类型建立油层测井解释模型，确定不同类型砂岩储层的测井解释参数，分类建立油层识别模式，进而建立“甜点”油层的测井识别评价标准。

7. 致密砂岩“甜点”油气藏三维地质建模及评价

“甜点”油气藏三维地质建模步骤：首先进行致密砂岩基质油气藏(“甜点”)的三维建模，包括砂体建模、属性建模；其次进行裂缝“甜点”建模。

在“甜点”油层建模基础上，按小层或单砂体进行不同类型“甜点”油层分布评价，确定储量计算参数，计算小层和(或)单砂体不同类型“甜点”油层储量。

根据储量计算结果，结合“甜点”油气藏地质研究成果，总结“甜点”油气藏成藏模式，进行“甜点”油气藏评价。

(二)非常规致密砂岩(“甜点”)油气藏动态地质特征研究

1. 致密砂岩油层流体及渗流特征研究

致密砂岩的孔喉系统复杂、内部非均质性强烈，导致束缚流体饱和度较高、可动流体饱和度低、可动油饱和度低、储层产能低、油气开发效果差。

研究储层可动流体特征，包括：①分析致密砂岩油层中原油和地层水性质；②根据地温梯度、油藏温度、地层压力、地层压力梯度、原油饱和压力、溶解气油比等，确定油藏驱动类型；③根据水驱油实验的相渗曲线，研究致密砂岩油藏的两相渗流规律，分析水驱油效率；④确定致密砂岩油藏(甜点)的开发分类。

可动流体的研究主要依赖核磁共振实验，通过测量饱和与离心的束缚水分布对应的横向弛豫时间(T_2)谱变化，分析可动流体的饱和度。

2. “甜点”油层产能评价

致密砂岩油层由于复杂的储层、流体和流固性质，产能普遍低下甚至为干层。加强致密砂岩油层产能评价研究，可以为合理有效地动用这类难动用储量，制订开发方案提供依据。

在致密砂岩油层非达西渗流规律认识的基础上，建立直井和水平井分段压裂开采方式下的产能方程，以试油(气)为依据，结合油藏数值模拟技术，检验产能方程的预测能力，进而分析低渗透砂岩油层的高产主控因素。

3. “甜点”油层开发特征与开发策略

“甜点”油层开发特征研究包括以下三个方面：一是根据开发评价区块的单井生产数据编制开发曲线，同时结合开发层段的“甜点”油层类型进行单井开发动态分析，重点分析产油、产液、产水特征，含水率变化，压力变化等特征；二是总结不同类型“甜点”油层的典型开发特征；三是总结不同类型“甜点”油层在开发中存在的问题，分析开发技术政策的合理性。

“甜点”油层开发策略研究包括四个方面：一是以油藏数值模拟技术为基础，建立不同类型“甜点”油藏的概念地质模型；二是在不同生产制度下，模拟不同类型“甜点”油藏的开发动态，并以此为依据开展不同类型“甜点”油藏开发技术政策的研究(开采方式，井网及井网参数，开发技术政策及注水战略等)；三是建立实际油藏的双重介质地质模型，以试采井生产动态为依据，进行开发动态历史拟合，进行“甜点”油藏开发技术政策的研究；四是结合数值模拟开发技术政策研究成果和开发中存在的问题，优化和评价开发调整方案。

(三)致密砂岩(“甜点”)油气藏地下地质研究的思路

致密砂岩(“甜点”)油气藏地质研究包括静态地质特征和动态地质特征研究。“甜点”

油藏静态地质特征研究，首先是"甜点"油气藏发育的地质背景（地层格架、构造背景、断层分布、沉积微相及砂体宏观非均质性）；其次，重点研究致密砂岩储层的岩性、物性、微纳米孔喉结构和微裂缝的发育。在此基础上，开展动态地质特征研究，探讨微纳米孔喉结构和微裂缝与可动流体、可动油以及储层渗透率之间的关系，优化表征致密砂岩裂缝储层参数，进行致密砂岩裂缝储层的分类评价。

致密砂岩（"甜点"）油气藏地下地质研究的技术路线如图9－7所示。

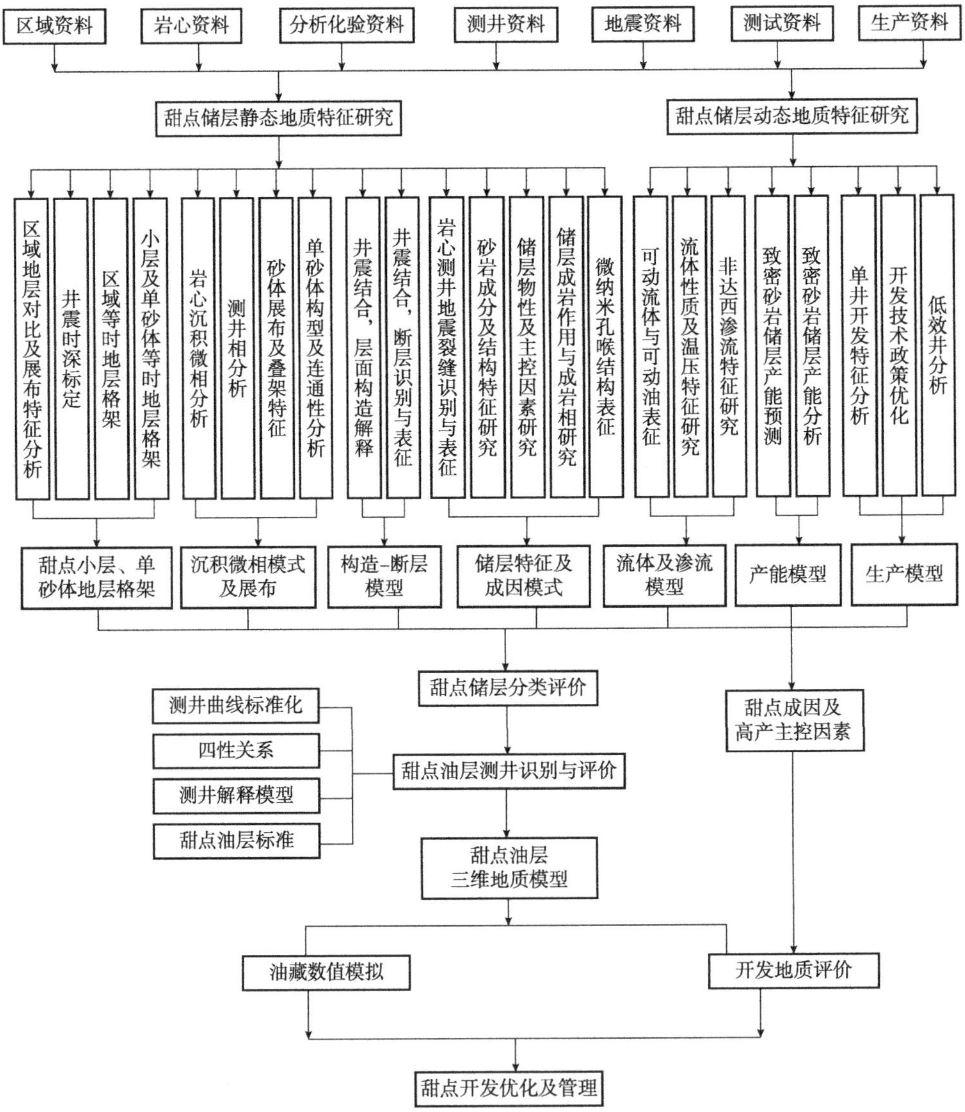

图9－7　致密砂岩油气藏（"甜点"）地下地质研究技术路线（据赵彦超等，2018，修改）

第二节　页岩油气开发地质研究

北美的页岩油气革命改变了世界能源的格局，对全球能源产业产生了重大的影响。中国陆相页岩油、海相页岩气资源潜力巨大，是中国常规油气的重要战略接替资源，松辽盆地大庆油田古龙、渤海湾盆地大港油田沧东和胜利油田济阳、鄂尔多斯盆地长庆、准噶尔盆地吉木萨尔、北部湾盆地涠页－1井、四川盆地涪陵等多个区块实现了勘探开发的重大突破，展现了陆相页岩油气广阔的发展前景。

中国陆相页岩油横向分布变化大、相变频繁、非均质性较强、热演化程度较低、孔隙结构和类型复杂，原油密度大、黏度高、含蜡量高，流动能力较差，单井日产与单井累计采出量低。陆相断陷盆地页岩油具有洼陷分隔明显、岩相类型多样、断裂系统复杂、地应力复杂等鲜明特色(杨勇，2023)。中国海相富有机质页岩主要发育在南方和西部古生界的寒武系、奥陶系、志留系和泥盆系，具有分布面积大、沉积厚度稳定、构造演化复杂、热演化程度高、地表地貌复杂等特点，以扬子克拉通地区最典型。海相页岩气主要发育在扬子、华北、塔里木等板块约束下的多期次活动构造背景中，页岩形成时代和环境、保存状态、有机地球化学条件、储集物性参数及含气性等均表现出了变化的复杂性和较大不确定性，单井产量差异大。

一、页岩油气的概念

页岩：一种具有页状或片状层理，粒径小于0.0625mm的细粒沉积岩。

页岩油：赋存于富有机质页岩层系中的石油。富含有机质页岩层系内粉砂岩、细砂岩、碳酸盐岩单层厚度不大于5m，累计厚度占页岩层系总厚度比例小于30%。自然产能低于工业石油产量下限，需采用特殊工艺技术措施才能获得工业石油产量。

页岩气：是以游离态、吸附态为主，赋存于富有机质页岩层段中的天然气。主体上为自生自储的、大面积连续型天然气聚集。在覆压条件下，页岩基质渗透率一般小于或等于 $0.001\times10^{-3}\mu m^2$，单井一般无自然产能，需要通过一定技术措施才能获得工业气流。(据国标 GB/T 31483—2015)

页岩油气聚集区：成因上有联系的连续页岩油气富集区域，具有相似的烃源岩、储集层、储盖组合与保存条件，具有明确的地质界线。

“甜点”段：含油气性好，储集条件优越，可改造性强，在现有经济技术条件下，具有商业开发价值的页岩油气层段。

“甜点”区：含油气性好，储集条件优越，可改造性强，在现有经济技术条件下，具有商业开发价值的页岩油气聚集区。

二、页岩油气的类型

金之钧(2023)总结了中国陆相页岩油分类方案变化历程(图9－8)，立足于勘探开发实际，建立了一套简化的陆相页岩油分类评价标准。依据页岩油储集岩石类型和赋存空间，将其分为夹层型、裂缝型和纯页岩型。依据纯页岩型页岩油的沉积构造，将其划分为纹层状、层状和块状页岩油。用岩石热解滞留烃含量(S_1)代替了有机质丰度和成熟度指标，将页岩油划分为低含油、中等含油和高含油3类。依据研究划分方案定义了陆相页岩油一类、二类和三类“甜点”。其他常用分类有以下3种。

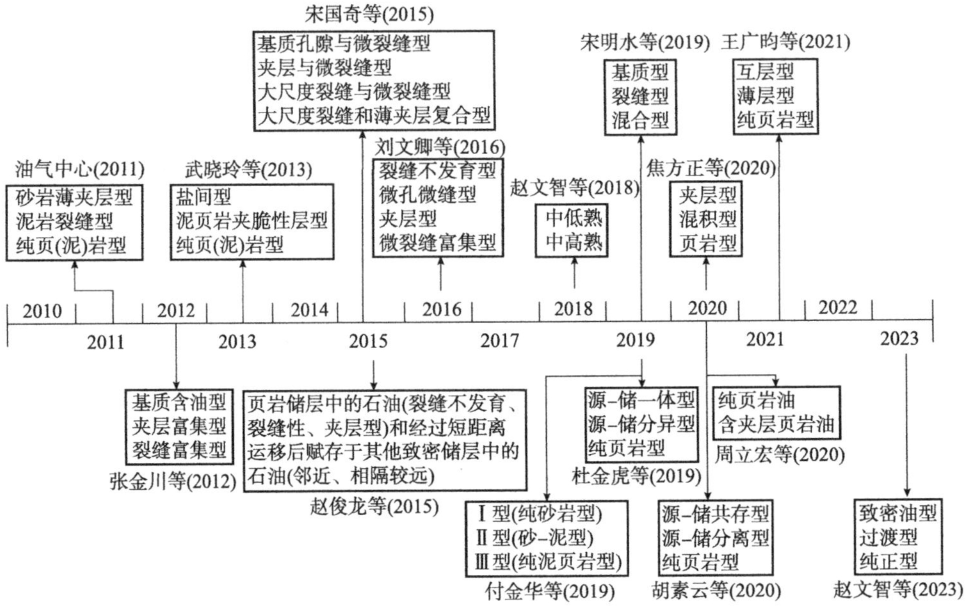

图9-8　中国陆相页岩油分类方案变化历程(金之钧，2023)

1. 按有机质成熟度分类

按有机质成熟度演化阶段分中-低成熟度页岩油、中-高成熟度页岩油。R_o 值为0.5%~1.0%，为液态滞留烃、未转化有机质和多类沥青排烃共同作用段，为中-低成熟度页岩油生成窗口期；R_o 值为1.0%(含)~1.6%是液态烃大量生成阶段，油质较轻、气油比很高，为中-高成熟度页岩油生成窗口期；R_o 值大于1.6%，是天然气广泛生成和液态烃大规模裂解阶段，为页岩气生成阶段。

2. 按照储集特征

按照储集特征，中国页岩油划分为夹层型、混积型、基质型、裂缝型等4种类型(图9-9)，其中大庆古龙、大港沧东主要为基质型页岩油，鄂尔多斯盆地长7段为夹层型页岩油，准噶尔盆地芦草沟组为混积型页岩油，济阳坳陷发育上述四种类型的页岩油(杨勇，2023)。

基质型页岩油主要赋存于有机质和黏土矿物的粒间孔、粒内孔、溶蚀孔及各种微裂缝中，部分吸附在有机质、岩石颗粒表面，原油富集程度与有机质丰度、类型、成熟度等因素密切相关，分布相对稳定。美国福特沃斯盆地Barnett页岩、大庆古龙、济阳均以该类页岩油为主。

夹层型页岩油指的是在泥页岩层段中夹有不同厚度的粉砂岩、细砂岩、碳酸盐岩及火山岩等夹层，生成的原油经过极短距离的运移进入夹层内聚集成藏，孔隙度和渗透率等物性条件相对较好，且夹层岩性较脆易于储层改造。

裂缝型页岩油分为传统的泥页岩裂缝型页岩油，另一种为断裂系统发育的构造裂缝型页岩油，该类页岩油一般发育在断层附近，构造裂缝发育，含油饱和度高，具有富集和采出条件好、可开采程度高的特点。

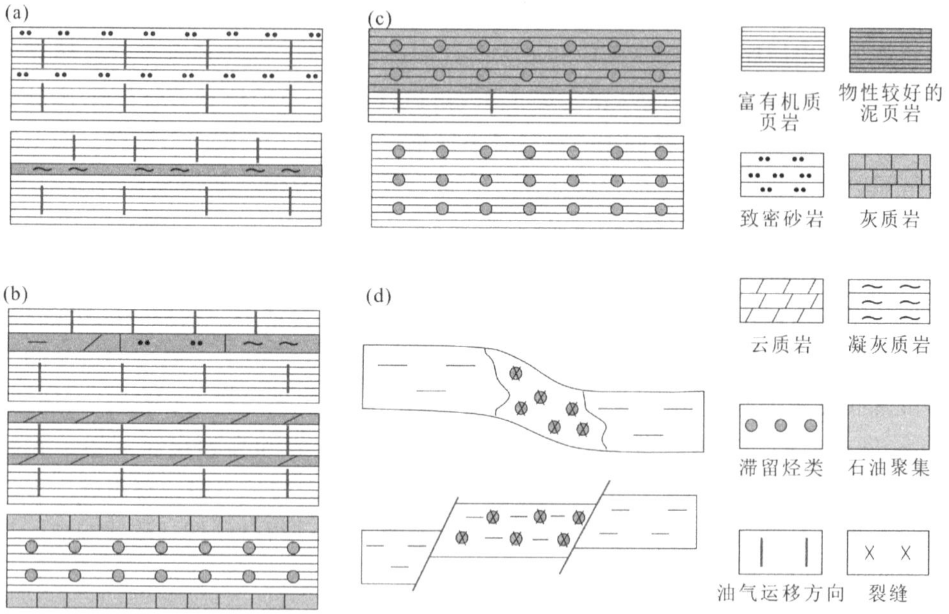

图9-9 陆相页岩油分类及源储组合样式(印森林，2022)

3. 按源储结构类型划分

根据页岩层系内致密储集层与烃源岩分布位置特点以及源储构型组合差异，可将我国陆相页岩油划分为源井储分离型、源井储共存型和纯页岩型3类(胡素云，2020)。

页岩气的分类多以天然气成因和地层压力为主要依据，按照天然气成因可分为生物成因页岩气、热解成因页岩气及混合成因页岩气。按照地层压力条件可分为高压页岩气、常压页岩气等。例如，美国密执安盆地泥盆系 Antrim 页岩富含生物成因页岩气，福特沃斯盆地上石炭统 Barnett 页岩富含热解成因页岩气，伊利诺斯盆地泥盆系 New Albany 页岩富含生物成因和热成因的混合气。我国四川盆地涪陵地区古生界五峰-龙马溪组多发育高压页岩气藏，南川地区多发育常压页岩气藏。

三、页岩油气开发地质研究

李阳等(2022)在总结分析中国陆相页岩油与北美海相页岩油的地质、开发特征差异基础上，梳理了中国陆相页岩油开发评价方法，阐述了在有利岩相识别、储集性表征、可动性评价、可压性评价、产能评价及地质建模-数值模拟一体化“甜点”分析等方面的研究进展。

(一)层序和体系域划分与对比

最大洪泛面通常是地层对比的首选地层界面，它标志着近陆地层向近海地层的转换和海岸线的最大陆地范围。目前，岩心和露头描述中，广泛使用手持式X射线光谱仪(XRF)直接测量化学元素及丰度，构建化学地层剖面，实现地层精细识别和对比。

对于钻井剖面，由于缺乏高频率的年代地层，常用自然伽马测井响应特征、动物群落变化、矿物学和有机质(总有机碳和地球化学生物标志物)及地震响应特征(如高位体系域对最大海泛面的下超）等标志识别不同尺度、不同级别的叠置地层序列。

自然伽马值由层序底部到凝缩段和最大海泛面逐渐增加，高位体系域内自然伽马值逐渐减小。海侵体系域/凝缩段通常富含黏土矿物和有机质，高位体系域往往富含粗粒的碳酸盐碎屑和（或）石英颗粒。横向上，海侵体系域沿水平沉积或稍微向海倾斜，而上部高位体系域沉积更易下超，尤其是在上倾区域。在地震反射记录中，如果垂直分辨率足够高，可以识别高位体系域的下超模式。

以泥盆纪 Barnett 页岩为例（图 9－10、图 9－11）。Barnett 页岩位于得克萨斯州福特沃斯堡盆地，厚度达到几百米，不整合覆盖于 Ellenburger 灰岩之上，构成了二级沉积旋回。高伽马值、富有机质的层段直接覆盖于不整合面之上，在此层段上，地层的伽马测井响应较低。Barnett 页岩由 14～16 个高频旋回组成，为三级层序（平均约 1.5Ma）。二级层序内，Forestburg 灰岩将 Barnett 页岩分为上下两段。Forestburg 灰岩和高频层序下超于底部有机质、高自然伽马曲线层段之上。Barnett 组上段主要为钙质泥岩，下段主要为硅质泥岩。由于钙质泥岩和化石向上增加，三级层序表现为向上变"干净"的自然伽马测井响应，显示水体向上变浅的沉积过程。

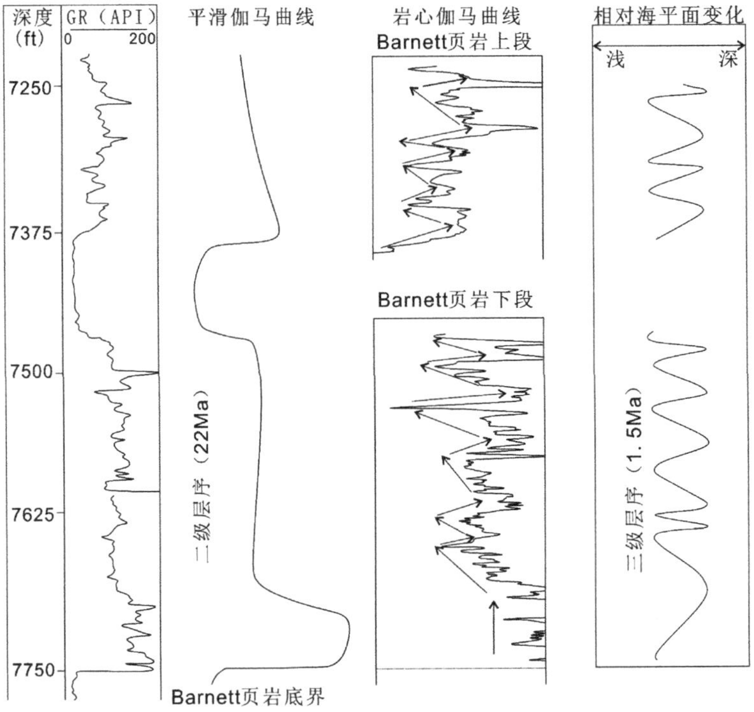

图 9－10　Barnett 页岩测井曲线和岩心伽马扫描（据 Slatt 等，2012 修改）

图 9－12 给出了一个完整海平面升降旋回内垂向和平面地层分布及层序地层格架中富/贫含有机质和脆/塑性地层分布。海侵体系域（TST），高生物成因石英带沿海岸线向陆地移动。高位体系域（HST），碎屑成因石英和黏土带沿海岸线向海洋迁移。高 *TOC* 与最大海泛面（MFS）和浓缩段相关。层序地层格架及其对地层的预测可以降低勘探开发钻井的风险及事故率。

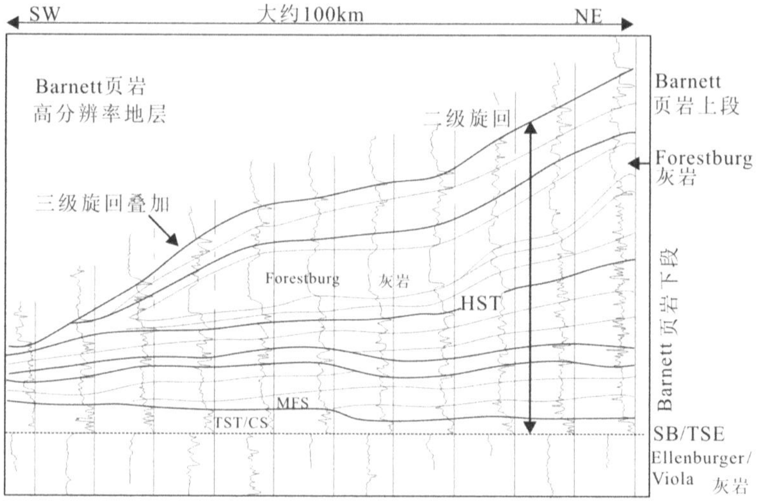

图 9－11　美国得克萨斯州沃斯堡盆地 Barnett 页岩地层横剖面(据 Singh，2008 修改)

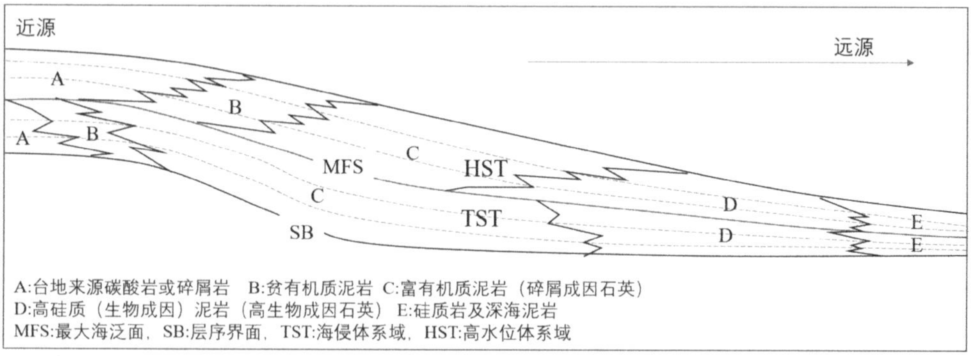

图 9－12　适用于二级至四级海平面旋回的层序概念模型（Thomas Dewers，2020）

(二)岩相识别与分布预测

岩相是指一定沉积环境中形成的岩石或岩石组合。岩相直接影响页岩油气的储集性、赋存状态、含油气性和可压性，岩相的多样性和差异性导致页岩油气“甜点”类型的多样性，在开发评价中岩相评价至关重要。

1. 岩相划分方法

页岩是一种细粒岩，含黏土矿物、石英、长石、重矿物等很多岩石矿物组分。从薄片和岩心描述来看，页岩可以分出很多岩相，在垂向上，页岩的矿物组成及岩相类型的非均质性强。

岩相是综合了岩性特征和相特征的混合变量，是沉积标志；岩相控制岩石物理特性，通常，不同岩相的孔隙度和渗透率变化范围不同。岩相具有双重特性，一是代表了储层属性的性质，二是在多尺度储层非均质性的描述工作中可以作为建模单元。依据岩心解释、X 射线全岩衍射矿物组分分析、元素俘获谱等新测井方法能给出的矿物组成信息等，可以对岩相或岩石类型进行分类。

按照传统岩石学命名方法，以长石 + 石英(长英质)矿物、黏土矿物和碳酸盐矿物为 3 个基本端元，以矿物含量 50% 为岩石主名边界确定一级分区，划分为泥质岩、粉砂岩、灰云岩和混合岩 4 大类，再以 25 % 为界进行次一级分区，岩相类型为 12 种：①黏土质泥页岩；②粉砂质泥页岩；③灰质泥页岩；④粉砂岩；⑤泥质粉砂岩；⑥灰质粉砂岩；⑦灰云岩；⑧泥质灰云岩；⑨粉砂质灰云岩；⑩长英黏土质混合岩；⑪黏土碳酸盐质混合岩；⑫长英碳酸盐质混合岩。

基于矿物组成和有机质含量，页岩划分为有机质页岩、非有机质页岩、硅质页岩或泥质页岩，还可以多级分类。图 9 - 13 解释了岩相及岩石类型的多级分类。

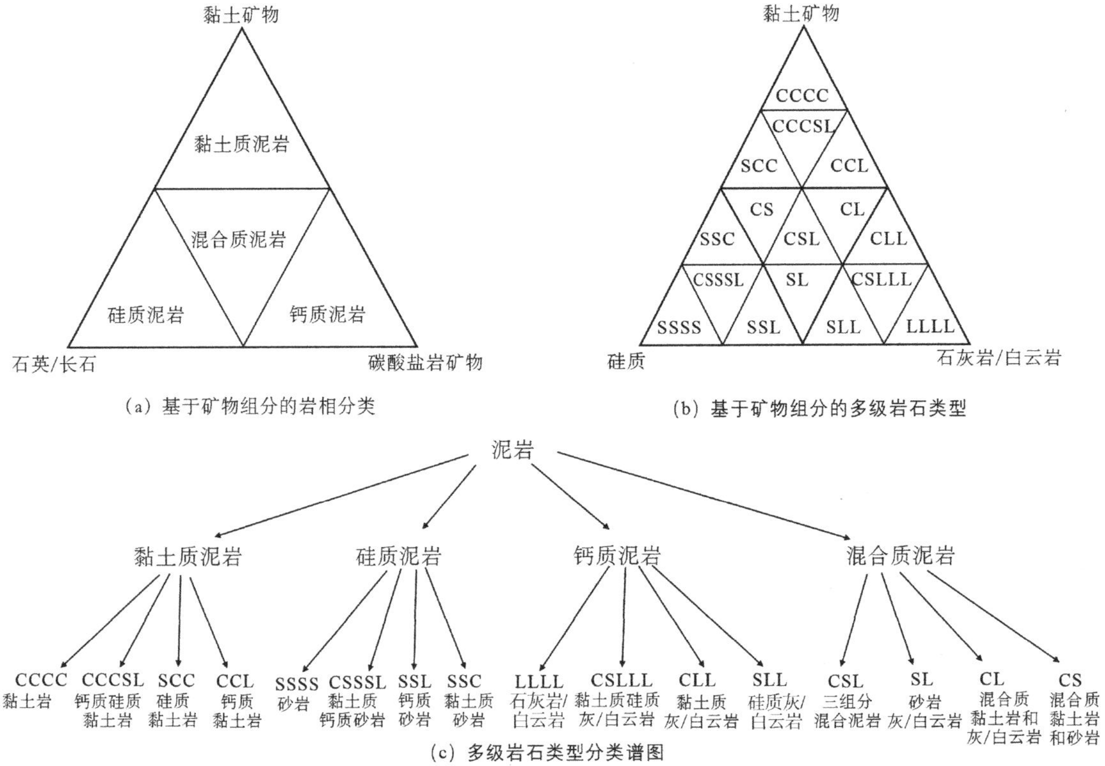

(a) 基于矿物组分的岩相分类

(b) 基于矿物组分的多级岩石类型

(c) 多级岩石类型分类谱图

图 9 - 13　岩相及岩石类型的多级分类

以胜利油田为例，形成了一套基于岩石组分、沉积构造、岩石结构、有机质等关键岩相参数的“三端元四要素”陆相页岩岩相类型划分方法(宋明水，2019，2020)。依据石英、长石、黏土和碳酸盐矿物进行定量分类，以砂岩类、泥岩类和碳酸盐岩类为三端元，以含量 25%，50%，75% 为界，进行页岩岩相划分；通过岩心和薄片观察将沉积构造划分为纹层状(纹层厚度小于 1mm)、层状(纹层厚度大于等于 1mm)、块状(纹层不发育)三类；依据岩石结构特征，将济阳坳陷页岩灰质结晶程度划分出粗晶、细晶和隐晶；依据有机质丰度划分为富有机质(有机质丰度大于等于 2%)、贫有机质(有机质丰度小于 1%)、含有机质(有机质丰度介于二者之间)。依据上述划分方案，将济阳坳陷沙四上亚段 - 沙三下亚段页岩划分出 16 种主要岩相类型，常见的有 6 种，分别为富有机质亮晶纹层状灰质页岩、富有机质隐晶纹层状灰质页岩、富有机质隐晶纹层状灰质泥页岩、富有机质隐晶层状灰质泥页岩、含有机质隐晶层状灰质泥页岩、含有机质隐晶块状灰质泥岩。

2. 岩相识别

通常采用岩石薄片观察、偏光显微镜观察、场发射环境扫描电子显微镜结合背散射电子衍射成像和 X 射线能谱分析系统、微区矿物定量分析（QEMSCAN）等方法进行岩相识别。依据页岩岩心实验分析数据，明确不同岩相矿物成分、含量和岩性特征，识别岩相标志，建立取心井段的岩相划分方案。

将取心井段不同岩相的实验分析数据与测井曲线进行相关性分析，标定和刻度测井资料，优选敏感曲线，总结不同岩相的测井响应特征，利用测井响应准确识别整个剖面的页岩岩相。

3. 岩相的分布预测

在取心井段岩相分析的基础上，结合高精度地震资料和测井响应特征，在构造解释、古地貌恢复基础上，开展页岩沉积相带的划分，建立沉积相控约束的反演模型，通过多属性融合和敏感曲线重构的岩性反演，实现页岩油有利岩相的预测，确定优势页岩油“甜点”目标靶区。

中国陆相页岩主要形成于半深水－深水湖相沉积环境，发育淡水和半咸－咸水两类烃源岩；受气候影响显著，页岩层系分布面积整体较小、岩相类型多样、不同岩相大致围绕盆地几何中心呈环带状分布。

（三）孔隙结构、储集性表征及评价

页岩的复杂性主要在于其超低的渗透率、高黏土矿物含量，以及非均质性，研究岩石特性（孔隙几何形状、渗透率和流体分布等）对确定页岩的储集和开采性能是必不可少的。

1. 储层品质指标及储层品质评价内容

储层品质指标有岩性、矿物组成、化学元素、孔隙结构、裂缝、孔隙度、覆压基质渗透率。储层品质评价，基于露头、岩心、实验分析、录井、测井、地震资料，依据岩性、岩相、孔隙类型和微观特征、孔隙度和渗透率参数，评价页岩层系储层质量，确定有利储层分布。

2. 孔隙表征

1）孔隙类型

页岩孔隙包括有机质孔隙、无机矿物基质孔隙、裂缝孔隙（图 9－14），有机质孔隙又分为有机质粒内孔隙与有机质－基质间孔隙；无机矿物基质孔隙（简称无机孔）根据孔隙发育在矿物内还是矿物间，分为粒内孔与粒间孔，济阳坳陷泥页岩发育的方解石粒内溶蚀孔、黄铁矿晶间孔、石英粒内孔、黏土矿物晶间孔、粒缘缝等均为无机孔。

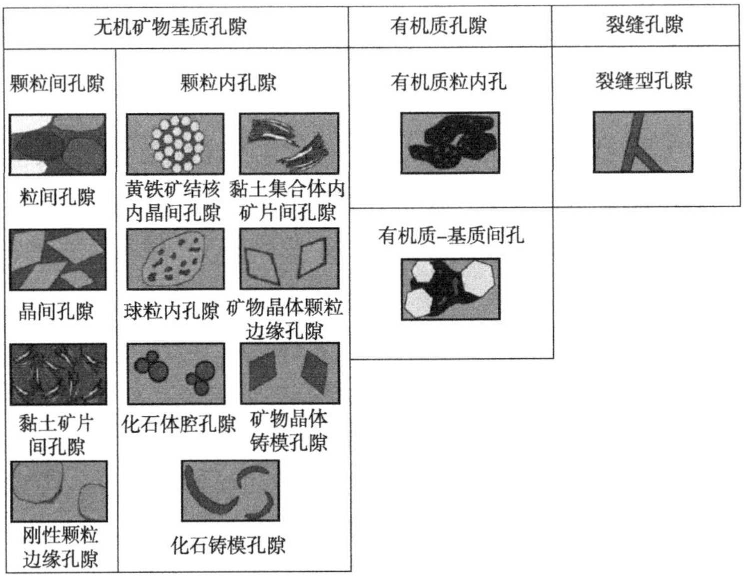

图 9-14　泥页岩孔隙类型划分(据 Loucks 等，2012)

2)表征方法

页岩储集空间以微纳米孔隙为主，发育多尺度多类型的微裂缝。页岩储集空间表征方法主要有直接观察法、定量表征法和测井法等。

通过多尺度定性观察和定量评价，对页岩储集空间类型、大小、形态、分布及连通性等特征进行评价，是研究页岩油赋存特征及可动性等开发评价工作的基础。

直接观察法主要有薄片、显微荧光、扫描电子显微镜(SEM)、透射电镜(TEM)、场发射环境扫描电镜(FE-SEM)、小角度中子散射(SANS)、微纳米三维 CT 等图像分析技术。结合数学形态学和数字图像学方法，可定量计算面孔率、喉道半径、配位数等孔隙结构参数，SEM、FE-SEM 和 CT 法识别孔径下限为 2nm。

利用高压压汞法、氮气吸附法、核磁共振法等方法，可以定量表征页岩孔隙比表面积、孔体积、孔径分布及孔喉连通性等孔隙结构参数。不同表征方法存在一定的局限性，常采用多种分析技术联合表征孔径/孔喉分布、总孔隙度/有效孔隙度。

高压压汞、低场核磁共振(LFNMR)和氮气(N_2)吸附实验等都能分析页岩样品的微观结构特征。压汞和氮气吸附是有损的孔径分布测试技术。压汞实验能够表征中孔(5nm < 孔径 < 50nm)和宏孔(孔径≥50nm)，氮气吸附可以用于表征小于 2nm 的孔隙。核磁共振是一种室内的无损孔径分析技术。对于孔径分布，压汞仅能分辨管状的“连通”孔喉，核磁孔共振能够提供孔隙几何形状的实验特征，孔隙与喉道的比值能够用来表征孔隙系统的连通性。聚焦离子束-场发射扫描电子显微镜(FIB-FESEM)测试方法能够对经过铣削的光滑表面上的孔隙清晰成像，可在二维或三维空间上测量孔隙的分布和连通性，能够识别有机质埋藏和成熟过程中形成的颗粒有机物中的孔隙和微观结构(连通性)。

页岩储集层非均质性强，储集空间具有孔缝并存的特征，发育微纳米无机质孔及有机质孔，砂岩和碳酸岩普遍应用的孔隙度和渗透率标准分析技术难以适用于孔隙尺寸更细小的页岩。

页岩渗透率测试方法包括压汞、破碎样品氦比重测试、核磁共振（NMR）、Dean－Stark 萃取、脉冲衰减法、破碎样品压力脉冲衰减法及其他各种组合方法。

测井技术也是页岩储集层评价的主要方法之一，核磁共振测井在页岩孔隙度计算中应用效果较好，结合密度测井、中子测井和声波测井曲线多元回归计算的孔隙度精度较高。成像测井通过高分辨率二维图像直接识别裂缝信息，并可对天然裂缝组系、方位、倾角、密度、开度、规模、孔隙度和渗透率等定量参数以及裂缝成因类型、力学性质、充填程度和有效性等定性参数进行表征。

（四）生烃品质研究

1. 生烃品质指标

生烃品质指标主要包括：有机碳含量（TOC）、镜质体反射率（R_o）或最高热解温度（T_{max}）、氢指数（HI）、游离峰（$S1$）、热解峰（$S2$）、干酪根镜检、干酪根元素、有机显微组分。

2. 生烃品质评价

基于露头、岩心、实验分析、测井、地震资料，依据 TOC、R_o 或 T_{max}、HI、$S1+S2$、干酪根镜检参数，评价生油能力，确定富有机质页岩分布。

中国陆相页岩有机质类型以Ⅰ、Ⅱ型为主，热演化程度中等偏低，R_o 值为 0.5%～1.4%，有机质含量差异大，TOC 值为 0.2%～38.0%。中国海相页岩有机质类型以Ⅰ、$Ⅱ_1$型为主，热演化程度普遍较高，R_o 值最高可达 3.5%，有机质含量较高。页岩北美典型页岩层系有机质类型以Ⅱ型为主，热演化程度中等偏高，R_o值为 0.4%～2.0%，TOC 值整体较高，主体为 1.5%～20.0%。

（五）工程力学品质研究及评价

（1）工程力学品质指标：杨氏模量、泊松比、水平两向主应力差、孔隙压力系数。

（2）岩石力学参数测定：开展岩石密度测试、岩石劈裂实验、岩石三轴压缩及变形实验，测定杨氏模量、泊松比、水平两向主应力差、孔隙压力系数。

（3）工程力学品质评价：基于露头、岩心、实验分析、测井、地震资料，依据脆性指数、地应力、泊松比与杨氏模量参数，评价页岩层系可压性，确定有利区分布。

脆性是表征岩石破裂能力的一种度量。目前，应用较多的页岩可压性评价方法是基于脆性矿物含量或岩石力学参数计算脆性指数，但不同区域页岩可压裂性影响因素差异较大。

影响页岩脆性的因素主要有矿物组分、力学性质及天然裂缝发育程度。

一般，通过编制页岩储层的石英、黏土矿物总量和碳酸盐矿物总量三角图，显示矿物组分的变化。黏土矿物能够影响页岩的孔隙结构。非黏土矿物，尤其是石英的含量对岩石脆性的影响非常大。脆性与岩性、矿物组分、总有机碳、有效应力、储层温度、成岩作用、热成熟度、孔隙度和流体类型之间存在一种复杂的关系。根据 Jarvie 等（2007）对 Barnett 页岩的研究，脆性最大的 Barnett 页岩含大量石英，脆性最小的页岩则含有大量的黏土矿物，含大量碳酸盐矿物的页岩脆性中等。页岩层的脆性可以按照矿物组分定义，公式如下：

$$B_{I矿物}=石英/(石英+碳酸盐+黏土)\times100\% \qquad (9-1)$$

页岩的力学性能的评价非常重要，可以作为确定水力压裂潜力层段的一种判别指标，进而圈定页岩油气“甜点”区水力压裂。岩石的杨氏模量和泊松比是两个重要的应力属性，可表征页岩储层的脆性。这两个参数可以在实验室通过岩石样品的测试(静态法)确定，或者使用偶极声波测井数据计算得出。

通过对岩石露头天然裂缝的测量可以认识地下裂缝特征。Slatt 和 Abousleiman(2011)指出，Woodford 页岩中燧石/高硅质页岩和富含黏土有机质页岩交替分布，为“脆－塑互层”组合模式。富含生物成因沉积物的页岩会经历埋藏成岩作用形成脆性易压裂地层，富含碎屑沉积物的页岩通常形成塑性不易于压裂地层(图 9－15)。富含石英(放射虫岩)地层裂缝通常垂直地层方向发育，但不会延伸至相邻富含黏土有机质地层。岩性与裂缝发育及地层厚度也存在明确的相关关系。

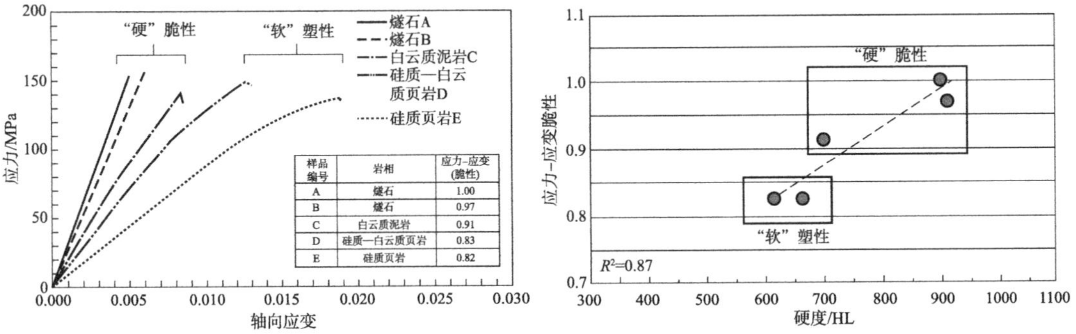

图 9－15　室内无围压条件下脆性和塑性岩石应力－应变关系(Becerra，2017)

(六)页岩油含油性、流动性及产能评价

页岩油的渗流比页岩气困难和复杂得多。因此，页岩的含油性、可动性及产能评价是目前研究的重点和难点。

1. 含油性评价

含油性指标包括含油饱和度、原油密度和黏度、气油比、可动油饱和度。含油性评价是基于岩心、实验分析、录井、测井、地震资料，依据含油饱和度、可动油饱和度、原始地层温度压力条件下原油黏度、气油比参数，评价页岩层系含油性，确定有利区分布。

2. 可动性评价

页岩油的赋存状态通常以游离态、吸附态和互溶态形式共存。页岩油可动性受储集层物性(孔隙大小、润湿性)、游离油含量、流体性质、岩性等因素控制。

利用核磁共振、数字岩心和分子动力学模拟等方法评价页岩油可动性，根据核磁共振横向弛豫时间谱求取可动油饱和度和动用孔隙半径。结合弹性开发、渗吸采油、注 CO_2 吞吐等物理模拟实验，核磁共振技术可分析不同开采模式下页岩油的动用程度及不同尺度孔隙原油动用率。

数字岩心技术能够获得岩心孔隙结构特征参数，研究孔隙尺度流体流动规律。数字岩心技术是利用聚焦离子束扫描电镜或 CT 扫描等表征手段，重构页岩岩心真实三维孔隙结构，提取建立孔隙网络模型，开展流动模拟研究。

多孔介质微观润湿性对多相多组分微观渗流及动态赋存行为具有控制性作用，对赋存空间及其连通性、可动油可动孔径下限或游离油赋存孔径下限、微观赋存形式、赋存状态（游离、吸附和溶解）、赋存机理、不同赋存状态转换条件等开展了广泛研究。

评价页岩油动态赋存状态，首先要掌握页岩油的微观润湿性及其演化机制，在地质时间尺度，页岩油多组分烃－水体系与岩石复杂矿物和有机质的表面、孔隙结构和物理化学性质的耦合演化，以及不同烃分子的差异吸附、解吸、扩散、重力分异和分子间作用力产生的累积效应。实验室常用的润湿性定量测量方法有接触角法，测量尺度与页岩油孔隙差若干个数量级，反映平均润湿性或宏观润湿性。另外，在测量过程中饱和油或饱和水的顺序不同，页岩油接触角测量会出现一定的差异，即油－岩动态作用会影响润湿性。

3. 产能评价

常用的产能评价方法主要包括经验法、现代产量递减法、解析法和数值模拟法。中国石化胜利油田页岩油研究团队探索建立了基于生产数据分析和油藏工程方法的产能评价方法。该方法基于微压裂测试监测的压力历史数据，开展压前试井分析，获取地层压力、地层应力和渗透率等储集层参数，评估页岩储集层的渗流能力（李阳，2023）。

（七）地质建模－数值模拟一体化"甜点"分析

地质建模－数值模拟一体化"甜点"分析可以提高"甜点"区预测精度。基于区域三维地震和水平井测录井等数据，利用多参数交会分析、离散随机模拟等方法，构建精细三维地质模型和地质力学模型；结合压裂复杂缝网模型，应用非结构化网格剖分技术和多尺度流动耦合差分求解技术，开展产能模拟；实时更新油藏动态监测和生产数据，循环迭代优化地质模型、裂缝模型和油藏模型，大幅度提高模型质量和精度，指导页岩"甜点"区优选（李阳，2023）。

四、页岩油气综合评价

（一）资源评价及选区评价

页岩油资源评价和选区的主要内容包括：①确定评价区面积、储层有效厚度、有效孔隙度、原油体积系数、含油饱和度、原油密度、井控面积；②采用容积法、类比法和质量含油率法评价资源潜力；③计算页岩油地质资源量和资源丰度；④对全区可能的页岩油有利区、潜力区和远景区进行系统评价，优选排队；⑤页岩油选区评价，根据生烃品质、储层品质、工程力学品质和含油性评价成果，综合优选有利页岩油聚集区。

页岩气的资源评价是在区域地质研究基础上，运用露头、地震、钻井、测井、取心、分析测试等资料进行综合研究，查明富有机质页岩空间展布，确定页岩气形成与富集条件，评价页岩气区的地表条件，优选有利页岩气区，采用成因法、容积法、类比法、含气量法、单井最终可采储量（EUR）法等方法预测页岩气资源潜力。

页岩气的选区评价是综合生气潜力、厚度、储层物性、岩石脆性、含气性、保存条件等指标，按照选区标准，结合页岩地层压力、产能测试成果，确定页岩气形成关键条件与主控因素，预测页岩气富集有利区。

(二)页岩油气“甜点”段、“甜点”区评价

1.“甜点”段评价

基于岩心、录井、测井、测试资料，评价页岩层系生烃品质、储层品质、工程力学品质和含油气性，综合确定页岩油气“甜点”段。

2.“甜点”区参数叠合综合评价

选取表征页岩层系生烃品质、储层品质、工程力学品质和含油气性等的关键参数进行叠合成图。根据叠合区，确定页岩油气“甜点”区分布。

(三)产能预测

根据试油试气测试资料，确定试油试采产量及油气井生产动态特征和递减规律，计算单井预测最终可采储量。

石油公司采用许多不同的方法(工作流程)表征不同的含气页岩。图9－16描述了一个典型的非常规含气页岩综合表征流程图，可以用于水平井部署和人工裂缝处理。

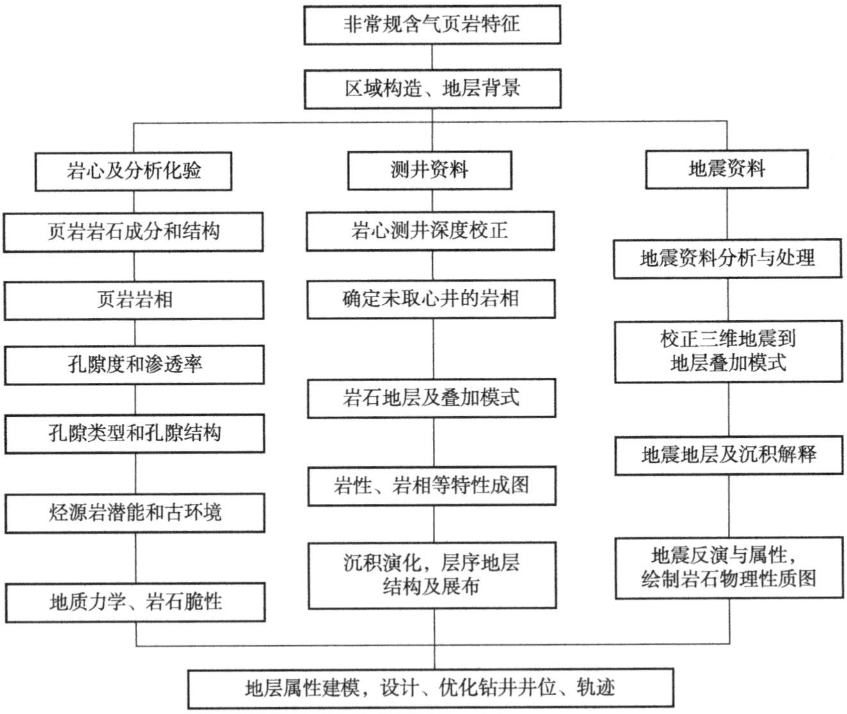

图9－16　非常规含气页岩综合表征流程图

知识图谱

第十章　剩余油的成因与分布

剩余油是指在某一时刻，经一定程度开采后尚未采出的原油。剩余油包含两种类型，一种是尚未动用的油层或油层区域；另一种是油层已动用，但仍尚未采出的微观孔隙中的原油。已动用油层的剩余油，按其存在方式分为不可动的残余油和可动剩余油。

剩余油与油田采收率呈负相关关系。采收率越高，剩余油越少，反之亦然。认识和掌握剩余油分布规律及其与储层特征、注采状况等之间的关系，是提高驱油效率及原油采收率的前提和基础。据统计，我国油田水驱总平均采收率为33%，目前地质储量采出程度为23%左右，尚有3/4地质储量的剩余油。据估计，如果世界上所有油田的采收率提高1%，相当于增加2~3年的石油消费量。

剩余油分布研究是油田开发中后期的重要研究内容，也是高含水期精细油藏描述的根本目的和落脚点。以油藏地质特征研究为基础，以寻找剩余油富集区为核心内容，综合应用地质、测井、数值模拟、油藏工程等多种手段，预测地下流体在储层空间的分布及变化特征，指导油藏剩余油挖潜及开发调整决策。

本章主要简要介绍宏观剩余油的成因及分布规律、探讨微观剩余油形成的机理和控制因素，以及剩余油研究的主要方法技术。主要回答以下问题。

(1)什么是剩余油?

(2)宏观剩余油的成因类型有哪些?

(3)微观剩余油形成机理及研究方法有哪些?

(4)剩余油形成与分布的控制因素有哪些?

第一节　剩余油宏观成因类型与分布

一、剩余油的概念

剩余油的概念，有广义和狭义之分。

(一)广义

广义的剩余油是指油田开发过程中尚未采出而滞留在地下油藏中的原油，通常是指注水开发油田处于中高含水期时，剩余在油藏中的原油。

(二)狭义

狭义的剩余油是指应用目前正在实施的采油方法和措施无法采出的地下原油。按存在方式，可将剩余油分为不可动的残余油和可动剩余油两部分。

残余油，微观上是指在已开发油层内油的相对渗透率为零时剩余在储层孔隙中的原油，属于不可动油，宏观上是指产层的油水比达到开采经济极限时残存在水驱前缘后面的油。剩余油的多少可以用剩余地质储量、剩余可采储量和剩余油饱和度等参数定量表达，其意义和规律不一样。

剩余地质储量是指油藏投入开发后某个时间点地下油藏中尚未采出的油气地质储量。剩余可采储量是指在现有经济技术条件下可以开采但尚未采出的油气地质储量。

剩余油饱和度为油藏产量递减期内某一时刻的含油饱和度，一般指二次采油末期，油田处于高含水期时油层中的原油饱和度。残余油饱和度(S_{or})为油层条件下油的相对渗透率为零时的饱和度(即不可流动油的饱和度)，是剩余油饱和度的一种特殊情况。随着油层开发时间的增加，剩余油饱和度将越来越接近残余油饱和度，但往往大于残余油饱和度。

地质特征在一定程度上决定了储层中原油的流动方式，构造、沉积特征及成岩作用等共同作用形成油气向生产井流动的路径及隔层和夹层，均会加速或延缓原油流向生产井。流动的原油必须通过迷宫般的复杂三维地质体才能被开采出来，且并非所有的油都能被采出，一些油会滞留在死油区，一些则因为流动缓慢而无法经济、有效地采出。基于地质因素建立的储层构型能帮助寻找不同井网条件下的剩余油。

剩余油主要分布在注入水未波及的或者波及程度比较低的部位。国外大量研究资料表明，剩余油的分布形式有 6 种，依次为：①低渗透层和注入水绕过带中的剩余油；②滞留带中的剩余油，形成于压力梯度小、原油不流动的油层部位；③未被开发井钻到的透镜体中的剩余油；④毛细管力束缚的残余油；⑤以薄膜状存在于岩石表面上的残余油(薄膜油)；⑥局部不渗透遮挡(微断层、隔挡层)造成的剩余油。剩余油的分布表现为宏观和微观两种形式，其中①、②、③、⑥属于宏观分布。

二、剩余油的宏观分布类型

我国各类碎屑岩储集层可动剩余油分布差别很大，大庆油田综合运用各种动静态资料深入开展了特高含水期的剩余油研究，划分出 10 种类型的富集区。包括：①井网控制不住型；②成片分布差油层型；③注采不完善型；④二级受效型；⑤单向受效型；⑥滞留区型；⑦层间干扰型；⑧层内未水淹型；⑨隔层损失型；⑩断层遮挡处的剩余油。胜利油田根据河流相剩余油的分布特点，将河流相油藏中的剩余油分布模式总结为 6 种类型：①水洗区剩余油；②弱水洗区剩余油层；③未动用的薄油层；④开发工程原因造成的剩余油层；⑤微型圈闭内的剩余油；⑥已开发断块外延断棱型剩余油。

韩大匡(1995)在总结全国各油田特高含水期剩余油分布特点的基础上，根据剩余油富集区的形成条件将其划分为以下 8 种类型：①不规则大型砂体的边角地区，或砂体被各种泥质遮挡物分割所形成的滞留区；②岩性变化剧烈，主砂体已大面积水淹，其周围呈镶边或搭桥形态存在的差储层或表外层；③现井网控制不住的砂体；④断层附近井网难以控制的部位；⑤断块的高部位，微构造起伏的高部位；⑥井间的分流线部位；⑦正韵律厚油层的上部；⑧注采系统本身不完善，如有注无采、有采无注或单向受效等而遗留的剩余油。

在前人分类的基础上，从层间、平面和层内角度总结了宏观剩余油分布的类型、特点和控制因素。

(一)层间剩余油

1. 未射开油层

有时会发现在生产井中只有一部分储层段有射孔，在未射孔层段会存在未被开采的油气。例如：易碎砂岩层存在出砂的风险，在早期不进行射孔，但随着时间流逝未打开的油层易被忘记；未射孔的“贼层”也是存在剩余油的典型例子之一，为避免注水突进造成油井水淹，一般早期不对“贼层”射孔，当油井达到一个较高的含水率值、离关井不远的时候，就是增加“贼层”射孔的最佳时期，增加射孔将促进产量的提高。

2. 未识别的低阻油层

有时泥质砂岩层的测井数据具有迷惑性，无法从测井数据中解释存在的油层，如高含水饱和度可能是黏土中含有大量束缚水所导致(Hurst 和 Nadeau，1995)，这样的层段称为低阻油层，但也能够产出比预期更多的原油(图 10－1)。在我国黄骅坳陷、苏北盆地、准噶尔盆地、吐哈盆地、鄂尔多斯盆地、南海珠江口盆地等发现大量低阻油气层，地层电阻低于 2Ω·m，但仍具商业开采价值。

Sneider(2003)列出了低阻油层的几种情况，包括：①净砂岩与泥岩、粉砂岩或泥质砂岩互层；②颗粒发育黏土薄膜的砂岩；③含海绿石砂岩；④含黄铁矿砂岩；⑤含黏土充填线状孔的砂岩；⑥含大量泥质碎屑的砂岩；⑦含高矿化度共生水的细粒砂岩。

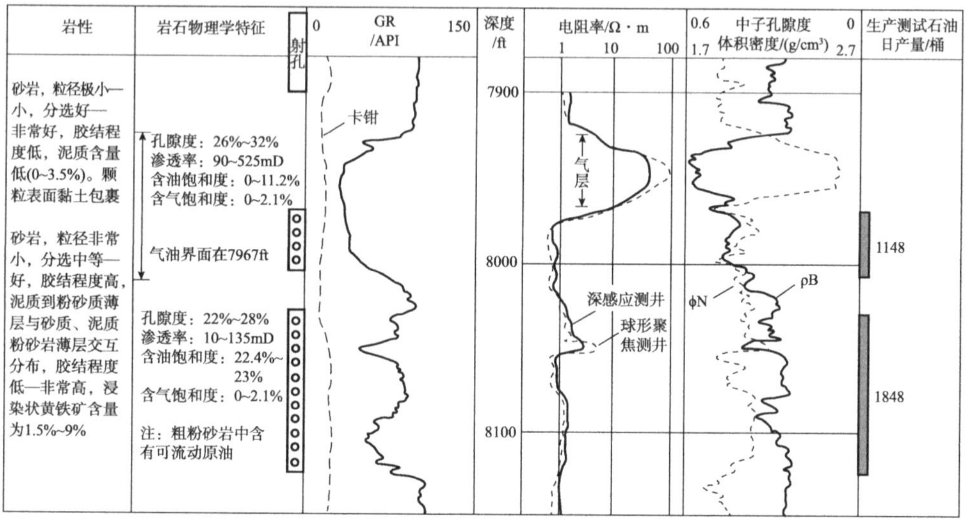

图 10－1　西非海上探井的低阻油层(Sneider，2003)

新疆准噶尔盆地三工河组砂层普遍发育低阻油层，岩心含油级别以油浸为主，含油饱和度偏低。受岩石颗粒偏细与黏土矿物含量较高影响，油层具有较高矿化度的地层水、较高的束缚水饱和度、复杂孔隙结构及储层亲水性特征，电阻率下限小于 4Ω·m。南海东部西江油田低阻油层为三角洲前缘亚相沉积，粒度较细、黏土矿物含量较高，以蒙脱石和伊蒙混层为主，吸附性强，束缚水饱和度高达 60%，油层电阻率下限为 2Ω·m。

渤海 LD 油田馆陶组与东营组中均发现与相邻水层电阻率相近的低阻油层，仅从常规测井响应特征上难以和水层进行区分(图 10－2)。馆陶组低阻油层的形成是因蒙脱石为主的黏土矿物导致束缚水饱和度较高所致，东营组低阻油层主要受岩石组构变化、砂泥岩混积作用的影响，导致储层孔隙结构变差，从而形成了较高的束缚水饱和度(徐锦绣，2022)。

美国密西西比州的 Little Greek 油田也是低阻油层的例子之一。该河流相储层中，50%以上的孔隙是与绿泥石颗粒包裹相关的微孔隙。油层段的电阻率低于 10Ω · m，平均含水饱和度大于 55%。尽管含水饱和度如此之高，但由于绿泥石中的束缚水无法移动，产出液体的含水饱和度较低。

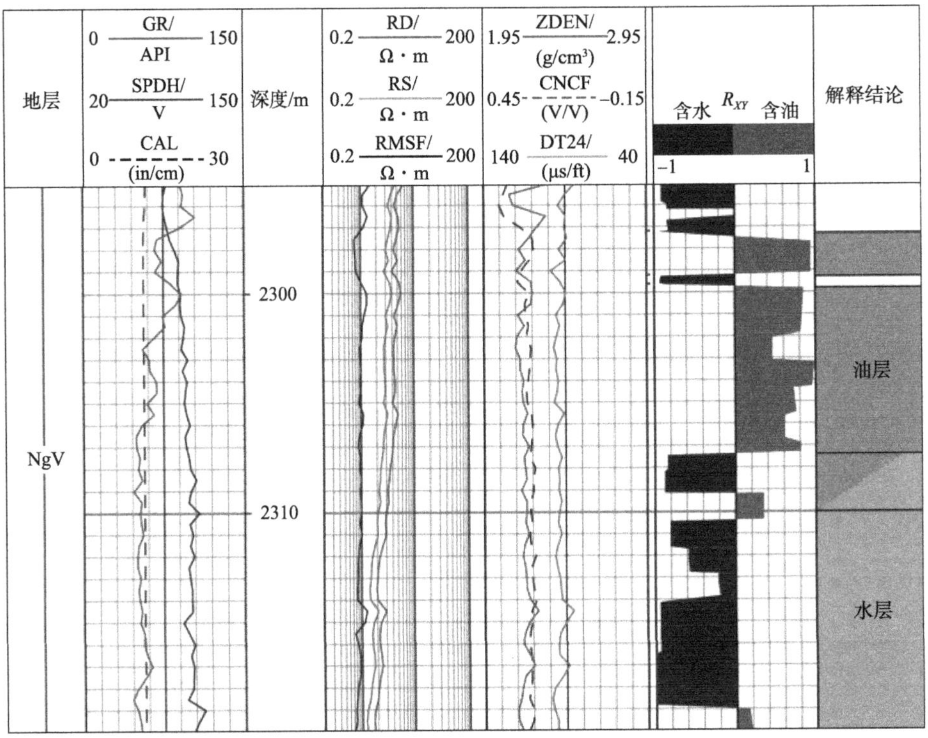

图 10－2　渤海 LD 油田 A4 井低阻油层特征(徐锦绣，2022)

3. *层间干扰*

在油气藏投入开发之前，会进行开发层系的划分，将同一油层组或砂层组内的油层划归为一个开发层系，并设计一套开发井网进行开发。每一口井钻遇的同一开发层系内的多个油层被同时射开，以获得一个可观的原油产量，实现采油速度的目标。但是，室内实验和矿场生产实践均表明，如果同时射开的多个油层存在渗透率上的差异，具有很大的渗透率级差和变异系数，相对低渗透层的原油动用程度会低于或者远低于相对高渗透层的。同时，随着渗透率差异程度的增加，动用程度的差距也会越大。当渗透率差异达到一定程度后，相对低渗透层的原油将无法得到动用，即原油无法被采出。这种现象叫层间干扰，即渗透率的差异干扰了相对低渗透油层的原油开发，导致剩余油的相对富集。造成这种现象的原因是，相对高渗层具有更高的流体渗透率和更大的压力传导能力，致使油水井之间的井底压力差，会优先推动相对高渗层内的流体流向油井井底，压力也得到相应的释放，而相对低渗透层由于孔喉更小，流体流动需要克服更大的毛细管力，导致其内流体无法得到驱动，剩余油相对富集。

(二)平面剩余油

1. 断层遮挡剩余油

断层性质、断层组合对剩余油分布有非常明显的影响。一般，断层带附近剩余油分布富集，会形成断层分割控油。断层分割控油是指由于封闭性断层的遮挡作用而在断层附近形成剩余油富集区的控油方式。李阳等(2017)建立了断棱分割、交叉夹角分割、平行夹持分割和微小断块分割4种断层分割控油模式(图10－3)。

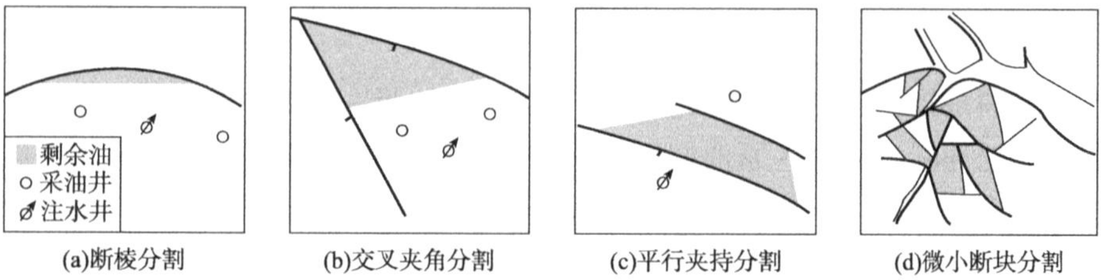

图10－3　断层分割与剩余油分布模式(李阳等，2007)

断棱分割控油是指在三级断层断棱附近或弧形段形成剩余油富集，尤其断层拐弯处也是剩余油富集区。交叉夹角分割控油是指两组断层的夹角部位是构造高部位，往往不能形成有效水驱，导致剩余油富集。平行夹持分割控油是指两条平行断层夹持部位剩余油富集。微小断块分割控油是指在复杂断块区低级序断层控制的小断块剩余油相对富集。

物理模拟、数值模拟研究均表明，无论是均质、正韵律或反韵律储层模型，还是低级序断层均控制着剩余油的分布，并形成剩余油富集区。断层封闭长度越长，分割形成的剩余油富集区的储量越大，在相同的断层规模和形式下，正韵律油层断层封堵的剩余可采储量较大；在同一韵律性油层中，平行井排断层封堵的剩余可采储量大于垂直井排断层所封堵的剩余可采储量。

2. 沉积相平面变化形成的低渗透单元剩余油

平面上，不同沉积微相及同一微相不同部位的储层存在物性差异，会导致地下储集体中流体运动规律的非均一性，进而控制了水驱油效率及剩余油的形成与分布。注入水总是就近优先进入较高渗透率的储集体或储集部位，并沿着高压力梯度方向突进，直到该方向压力梯度变小，才向两侧低渗透储集体或储集部位扩展。

一般，油藏在平面上会有多个不同微相成因的砂体叠置，也代表不同的水动力单元，其中的强水动力单元一般厚度大、渗透率高，是生产井产量的主要贡献者；相反，弱水动力单元渗透率低、注水效果差、原油产量极低，以至于在生产井的生命周期过后仍有大量油气未产出。如果能够加速弱水动力单元中流体流动的速度，就能及时将油气采出。常用的技术是在弱水动力单元钻水平井，尽管渗透率低，但只要射孔长度足够长，仍能保证获得合理的产能。

3. 井网未控制区域剩余油

常见有井间分流线附近和井网控制差的部位、驱替搁置油等类型。

1)井间分流线附近和井网控制差的部位

注采关系不完善和井网对油层控制较差部位、生产井排两侧附近剩余油饱和度普遍较高，会形成井网控制不住型剩余油，即在原井网虽然钻遇，但未射孔，或是原井网未钻遇而新加密井钻遇的油层中的剩余油。根据孤岛油田小层生产动态分析资料分析，一般位于油井和水井之间的中间略偏油井一侧部位为剩余油相对富集区。剩余油形成与富集的影响因素很多，包括井距、储集体厚度、层内非均质性等，部署在井间分流线上的油井也并非均能达到预期的理想效果。在井网控制不住的边角部位剩余油相对集中的位置可以钻一些加密调整井，这部分剩余油约占可采储量的15%。

2)驱替搁置油

驱替搁置油是指注水将油冲至断层或砂岩尖灭的边缘，导致原油超出了生产井的波及范围，且不断地冲刷导致这些原油搁置或被隔离。Pranter等(2004)描述了位于美国新墨西哥州的Vacuum油田封闭性断层附近的驱替搁置油，储量多至可以满足一口水平井的目标产量。

4. 微构造剩余油

油层微型构造对剩余油分布和油井生产具有明显的控制作用。一般，处于微断鼻和微背斜上的油井，各个方向均为向上驱油，剩余油相对富集，对油井生产有利。在注水开发过程中，油井在平面上有四个可能的水驱油方向，垂向上有向上和向下两个水驱油方向。微型构造的性质影响不同方向上水驱油数量上的变化。

正向微构造剩余油，正向微型构造包括小背斜(小高点)、小鼻状构造、小断块等，处于油层局部高处，在多个方向上均为向上驱油。正向微构造顶部高于油田已钻井的最高产层或者某个特别的油藏分区，是驱替良好的油藏中常见的剩余油靶区类型[图10-4(b)]。另外，还存在一些孤立断块，没有生产井得不到开发，导致油气残留[图10-4(a)]。

负向或斜面微型构造剩余油，负向微型构造中的小向斜(小低点)、小凹槽，处于低部位，在多个方向上均为向下驱油。斜面微型构造、小构造阶地或小挠曲，两个方向为水平驱油，一个方向为向上驱油，另一个方向为向下驱油。负向或斜面微型构造剩余油，通常指聚集在比附近生产井位置低的负向微型构造、斜面微型构造中[图10-4(c)、(d)]。

在密井网注水条件下，在构造很平缓的区域背景下，超低幅度微型构造对油井生产的影响较小，而动态因素影响大，但幅度较大的微型构造仍对油井生产发挥有利作用。

在水动力等动态条件一定的情况下，受其驱油方向的影响，位于正向微型构造的油井生产一般好于负向油井。对底水油层，油在微型构造顶部最厚，向外逐渐减薄，进入底水区，油层厚度与砂层厚薄无关。在同一部位，如构造翼部或边部，相邻井间的油层厚度受微型构造的影响，正向微型构造区油层因上凸而加厚，负向微型构造区油层因下凹而减薄。

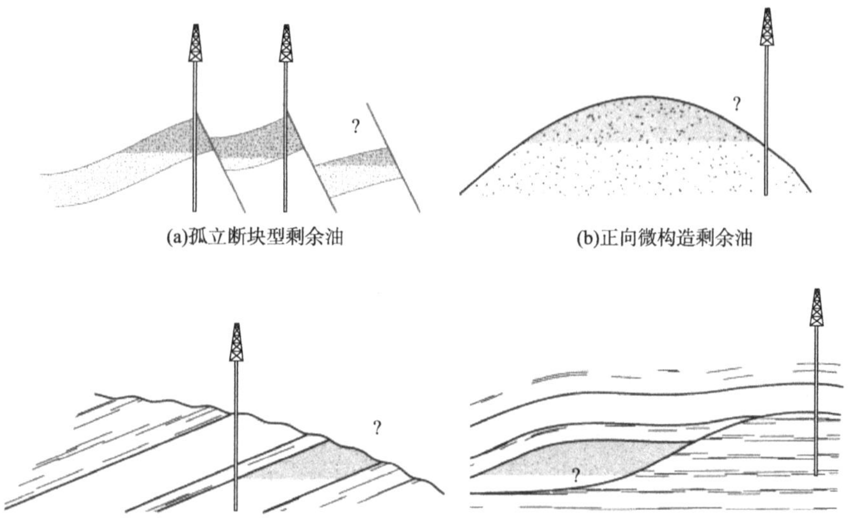

(a)孤立断块型剩余油　　(b)正向微构造剩余油

(c)斜面微型构造剩余油　　(d)负向微型构造剩余油

图 10－4　不同类型的微构造可能造成的死油区

随着油井注水开发程度的变化，储层微构造配置模式对油井生产的影响也发生变化。在含水率不高的情况下，储层微构造模式对油井生产的影响较大；在含水率很高的情况下，超低、低幅度的微构造对油井的影响显著减小，而受动态因素的影响明显增强，但起伏幅度较大的微构造仍对油井生产有影响。

(三)层内剩余油

1. *油层韵律控制的剩余油*

对于厚层油层，一般划分为正韵律、反韵律、复合正韵律、复合反韵律 4 种不同的韵律组合形式，不同韵律组合形式对厚油层开发效果影响较大(图 10－5)。一般在水驱过程中，反韵律油层的采收率比正韵律油层的高，反韵律的开发效果最好，复合反韵律模型的开发效果好于复合正韵律模型和标准正韵律模型的。

1)正韵律模型

水驱一开始，水就沿着底部高渗透层向前推进，中部和顶部低渗透层波及面积非常小。重力的作用、油水黏性窜流和毛细管压力的作用使这一突进过程加剧，纵向水洗厚度比较小。开采中，主要是底部高渗透段发挥作用。当高渗透层见水时，中部和顶部推进距离短，水流波及面积小。正韵律水驱开采过程中，层内矛盾突出，底部水洗严重，水洗厚度小，强水洗段出现得早，总的驱油效率不高。

2)反韵律模型

水驱开始时，水线首先沿高渗透层向前推进，但由于重力的作用，纵向水洗厚度大。在水驱结束时，顶部高渗透层和中部中渗透层的水线推进都比较快，在顶部高渗透层见水时，中部水线前沿推进距离为顶部的 0.8～0.9，但由于渗透率比顶部渗透率小，波及面积没有顶部高渗透层波及面积大。重力作用有利于反韵律模型水洗厚度的扩大，也有利于水驱效率的提高，在一定程度上改变了注入水沿顶部高渗透段突进的趋势。

3）复合韵律

复合韵律油层的开发效果不如反韵律油层的开发效果好。但复合反韵律油层的开发效果好于复合正韵律油层的。无论是复合正韵律还是复合反韵律，水线均沿高渗透层向前推进。

渗透率级差对复合韵律油层的开发影响较大，在复合韵律模型中，如果相邻两层的渗透率相差很大，水流几乎波及不到渗透率较小的层位。如果复合韵律各层的渗透率相差较小，其水洗特征与反韵律模型的相似。

高渗透层厚度不同对水驱开发效果影响较大，当高渗透正韵律油层底部存在一个高渗透条带时，会加剧水线前沿沿底部高渗透层的推进，底部水淹速度加快，导致层间矛盾更加突出，水驱效果明显降低。对于底部存在高渗透条带的正韵律油层，调剖堵水及注聚合物等措施能更有效地提高采收率。反韵律油层中，高渗透层的厚度影响水驱开发效果及调剖注驱效果，重力作用缓和层间矛盾。

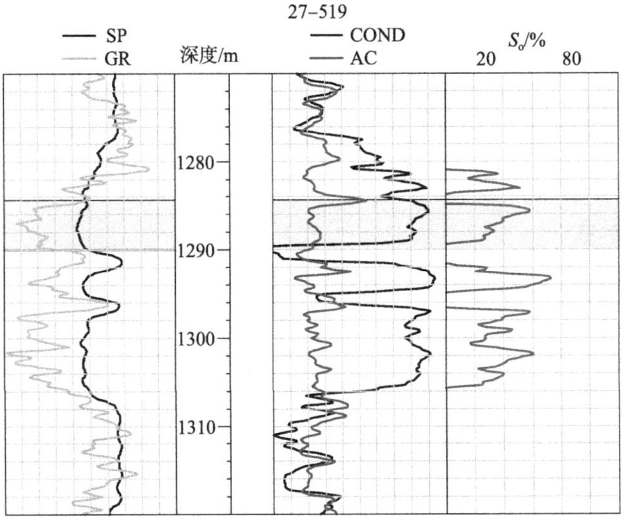

图 10－5　不同韵律组合的含油饱和度对比图(孤岛油田)

2. 夹层控制的剩余油

对于复合韵律型油藏，夹层可以明显改善厚油层的开发效果(图 10－6)。夹层的存在可以明显改善由于重力作用引起的水线向底部指进，有效地改善顶部低渗透层的开发效果，提高厚油层纵向波及程度，对于提高厚油层的采收率是非常有用的。

3. 优势通道影响的剩余油

优势渗流通道是指由于地质及开发因素导致在储层局部形成的低阻渗流通道，注入水沿此通道形成明显的优势渗流而产生大量无效水循环。在优势渗流通道的作用下，劣势渗流的部位水驱效果差，有的甚至未被波及而形成剩余油富集区(图 10－7)。

李阳等(2007)通过对概念模型模拟计算结果的分析表明：有优势渗流通道时，底部优势渗流通道的形成导致大量的无效水循环，在顶部劣势渗流区形成剩余油富集区。

王浩南等(2022)分析了辫状河层状砂岩油藏在天然水体与人工注水协同开发时优势渗流通道分布规律与分布模式。优势渗流通道多与物源呈顺河道方向平行或小角度相交，发育于层间渗透率突进系数高、层间渗透率变异系数较高、层间渗透率级差大的高渗砂岩层。在高渗透层内，优势渗流通道优先发育于正韵律砂体底部，厚层致密泥岩隔夹层促进优势渗流通道发育并限制纵向延展(图 10－7)。优势渗流通道分布模式可分为砂组间水体控制、砂组隔层控制和砂岩层内韵律性控制 3 个层次。

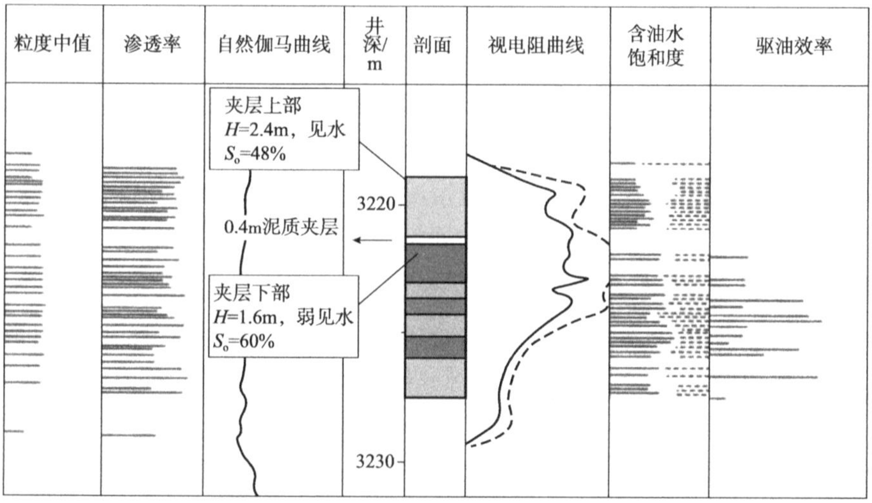

图 10－6　多夹层控油模式(李阳等，2007)

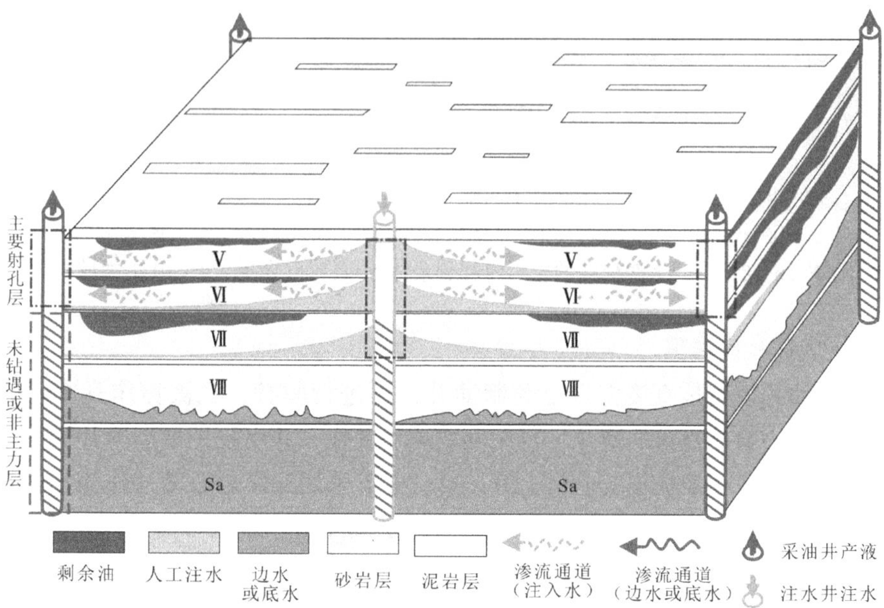

图 10－7　层状砂岩油藏砂组间优势渗流通道纵向分布模式(王浩南等，2022)

第二节　剩余油的微观赋存状态与形成机理

一、微观剩余油研究方法

常用的微观剩余油研究分为物理实验技术和数值模拟方法两种类型。物理实验技术主要包含传统光学技术、扫描电镜技术、激光共聚焦技术、CT 技术、核磁共振成像技术等，数值模拟方法最主要的是数字岩心技术。

(一)物理实验技术

1. 微观仿真模型

微观仿真模型反映的是储层孔隙网络，根据制作工艺不同，可以分为指定孔隙网络模型和岩石刻蚀模型。根据研究需要制作指定孔隙网络模型，或者根据显微镜下储层孔隙结构网络分布(孔隙及喉道大小、形态、连通情况等)，在玻璃上刻画出相同孔隙特征的模型。实验设备是一套高温高压驱替设备，主要包括计量泵、恒温箱以及图像采集系统等。

2. 岩心驱替荧光薄片观察

以油藏具有代表性的岩心为实验研究对象进行驱替实验，观察、描述剩余油的形成机理、赋存量以及空间分布。孙廷彬(2013)对储层真实岩心进行水驱油实验，再将驱替后对岩心截取的三个横断面制成薄片，利用磨片荧光分析技术进行分析，研究微观剩余油分布特征。通过统计，给出高、中、低不同强度水淹部位的微观剩余油赋存量和空间分布规律(图 10－8)。

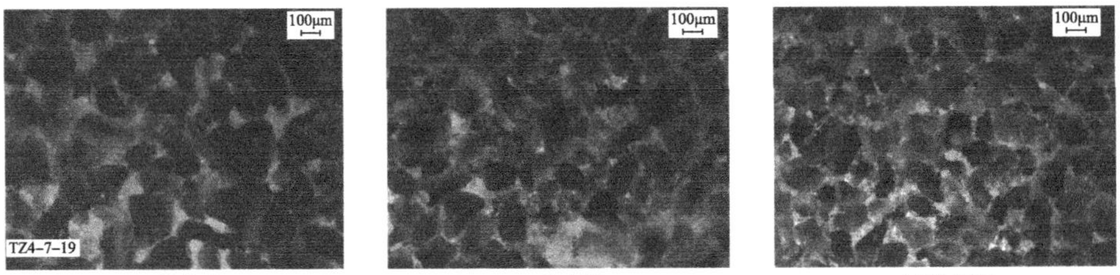

(a)强水洗　　(b)中水洗　　(c)弱水洗

图 10－8　不同水洗程度的岩心内部剩余油分布特征(荧光，4×10 倍视域)

3. 真实砂岩薄片模型

真实砂岩薄片模型是直接将岩心磨制薄片，再进行驱替，也被称作真实砂岩微观模型。将全直径岩心磨成很薄的薄片，再用两块玻璃夹住，并用胶把模型薄片周围的缝隙空间黏结起来，进行水驱油模拟实验(图 10－9)。由于采用实际岩心薄片作为水驱油物理模型，该方法能较真实地模拟不同含水阶段的油水分布特征。

4. CT 扫描岩心驱替系统

在对岩心驱替过程进行在线 CT 扫描的同时采集驱替过程中的进出口流量、压力。由于实验中的油水 CT 值相差较小，需要在驱替液和实验用油中添加 CT 增强剂区分油水信

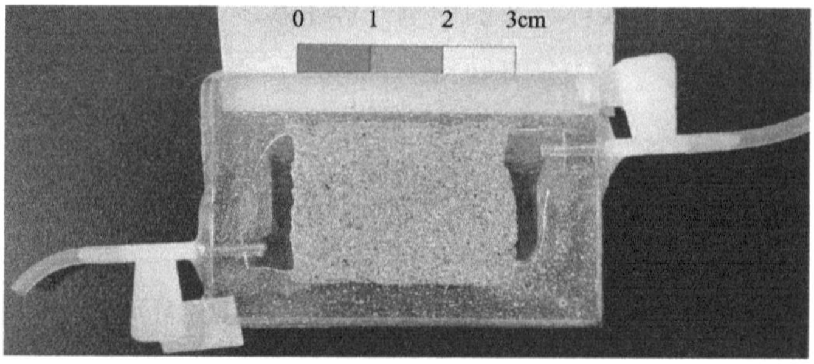

图 10-9　真实砂岩可视化流体驱替实验模型

号。应用 CT 扫描设备对驱替过程中的岩心进行扫描，可以直观表征微观剩余油分布，还能够深入了解采油机理、监测流体分散与窜流特性、认识聚合物驱对提高波及效率影响和揭示地层伤害机理等。

X 射线 CT 技术可以研究常规微观剩余油气在孔隙中的分布特征，而且能够直接观测甲烷水合物的形成与空间分布，为水合物形成机理和空间分布特征提供重要依据。该技术具有快速、无损和较高分辨率的优势，在微观剩余油研究中应用广泛。

5. 核磁共振成像技术

核磁共振成像技术(NMRI)可以获取任选岩心切面内毫米级甚至微米级的流体分布特性，也可以直观描述岩石孔隙结构特性。由于油水的分子结构不同，而且水分子的 1H 弛豫率比油分子的 1H 弛豫率快，当水溶性 Mn^{2+} 添加到水中时，水分子的 1H 弛豫率更强而油分子 1H 弛豫率不变。利用核磁共振成像技术可以区分油水信号，可以定量研究微观剩余油赋存量和空间分布规律。

6. 激光共聚焦技术

激光共聚焦技术不仅在储层孔隙、微裂缝、有机质分布等领域应用广泛，也可以对岩石含油性、微观剩余油分布规律进行研究。白振强等(2013)通过分析激光共聚焦扫描激发荧光剩余油分布微观三维图像，得到聚合物驱替过程中微观孔隙中原油轻质和重质组分变化规律及微观分布特征，并研究了剩余油分布与黏土矿物之间的关系。Krummel 等(2013)使用共聚焦技术直接对玻璃球模型进行驱替实验的三维可视化分析，在水驱油过程中，润湿相在狭窄裂隙中挤压油，形成了不连通的俘获油滴。构建油滴的三维结构模型，发现随着毛细管数(Ca)的增大，剩余油总量减小，该现象说明了润湿相流体黏滞压力与毛管压力的相互作用可以促使油滴通过孔隙。该技术的空间分辨率是几百个纳米，可以直观地反映微小孔隙内和岩石粗糙表面上剩余油结构形态。

7. 冷冻扫描电镜技术

冷冻扫描电镜技术需要将样品快速冷冻，以保持样品内部的流体分布，减少冰晶的产生，再进行油水分布的扫描观测。Sutanto 等(1990)研究了强水湿砂岩和混合水湿砂岩在驱替和渗吸的不同阶段微观剩余油分布的特点，利用冷冻扫描电镜技术清晰地展示了黏土分布的不同对油水在孔隙中分布的影响。Vizika 等(1998)利用该技术研究了不同润湿性条件下，油气水三相流存在时微观剩余油分布。该技术可以直观显示颗粒表面润湿性薄膜，为研究注气过程中化学参数对流体分布的影响开辟了新的途径。

(二)数字岩心

1. 数字岩心重建

数字岩心是基于激光共聚焦激光扫描、CT 扫描、数值重建法等发展起来的一项新的技术。

激光共聚焦激光扫描是利用激光扫描共聚焦显微镜(LSCM)对注入环氧树脂染色的样品扫描，环氧树脂在被激光照射时发出荧光，荧光会被光电倍增管(PMT)聚焦并收集荧光显示在计算机上(灰度)。通过计算机精确控制，探测样品不同深度区域，获得数字岩心。通常，共聚焦激光扫描的分辨率可以达到微米亚微米尺度。但是，这种方法中样品的大小、厚度有限制，环氧树脂无法注入到孤立或者较小的孔隙中，会导致部分孔隙无法被识别。

1990 年初，Dunsmuir 提出微 CT 法在石油勘探领域的应用。Coenen 等采用显微 CT 技术构建了亚微米简单数字岩心，韩文学、张挺等构建致密砂岩储层以及页岩等复杂储层的高精度三维数字岩心。相较于其他物理建模方法，X 射线 CT 扫描技术耗时短、成本低、可以得到较大规模数字岩心模型且不破坏样品，该方法成为目前数字岩心建模的主流方法。

数值重建法主要是根据不同的数学方法构建数字岩心，常见的数值重构法包括：高斯随机场法、模拟退火法、基于综合模拟岩石沉积成岩等一系列作用的过程法以及多点地质统计法。相较于 X 射线 CT 扫描和激光共聚焦扫描等物理实验法，数值重构法重建数字岩心相对来说更加便捷、高效，成本更低且灵活性较高，但等效代替真实的数字岩心模型，与真实数字研究还存在差别。

2. 渗流模拟

多孔介质中的流体渗流通常包括四个尺度，即分子尺度、孔隙尺度、REV 尺度和宏观油藏尺度，各个尺度的数值模拟理论具有较大差异。

油藏尺度模拟主要以连续多孔介质为基础，通过达西定律 *R* 渗流模型，建立各组分的质量守恒方程，结合多孔介质状态方程建立油藏尺度宏观数学模型，求解渗透率、孔隙度、流体黏度、速度和压力等宏观统计参数之间的关系。REV 尺度模拟相当于孔隙尺度模拟的“粗化”，其所需要的模拟参数往往可以通过孔隙尺度模拟获得。分子尺度数值模拟主要建立在经典力学和量子力学的理论框架上，进行分子级别的运动状态模拟，可以较精确地解释流体微观运动机理。

孔隙尺度模拟介于 REV 尺度与分子尺度之间，孔隙尺度多孔介质渗流模拟技术主要包括孔隙网络模型(PNM)，格子 Boltzmann 方法(LBM)和传统计算流体力学(CFD)方法。PNM 方法的优点是速度快、模拟的尺度较大，但由于其基于等效网络模型进行模拟，忽略了真实数字岩心模型的物理细节，无法模拟流体的流动细节。LBM 为一种介观尺度上的伪粒子方法，通过跟踪某一组粒子分布函数的演化过程求解，具有成熟的多孔介质边界处理格式，其易于并行的特点对于

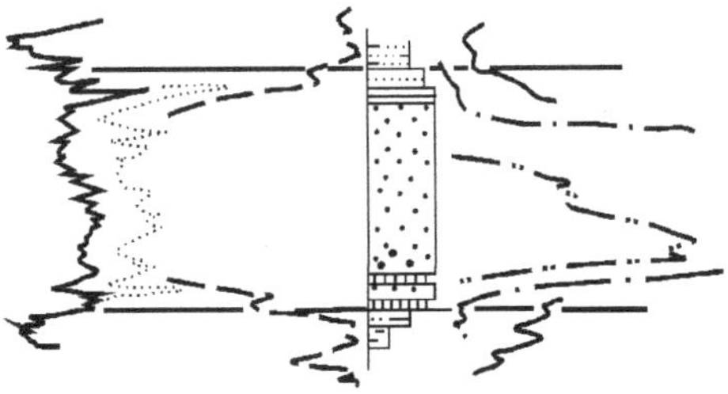

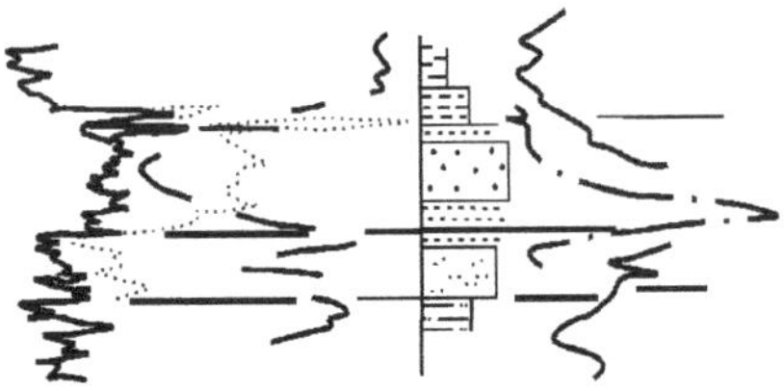

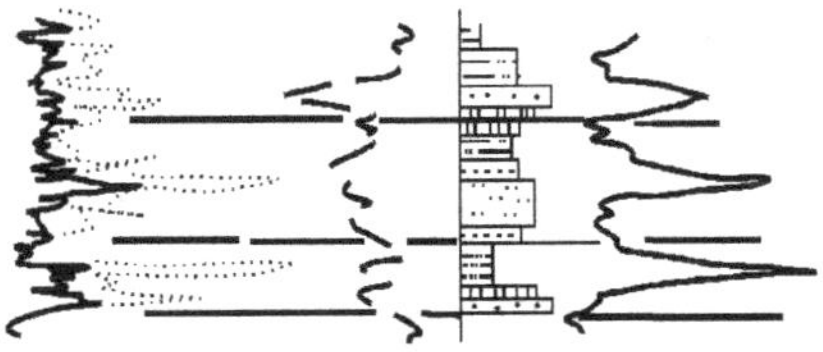

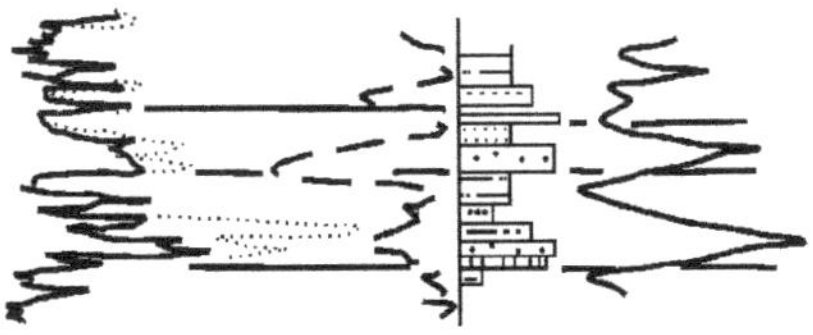

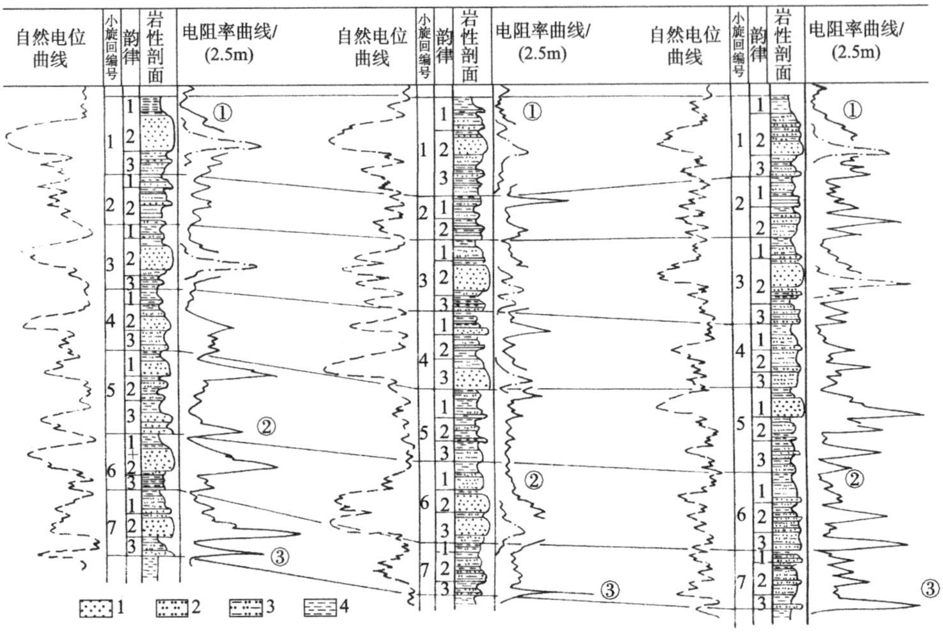

图 2－9　油层组及砂层组对比示意图

1—砂岩；2—粉砂岩；3—泥质粉砂岩；4—泥岩

4. 连接对比线

油层对比不仅表示油层的层位关系，而且还要将油层的厚度变化、连通状况表示在对比图上。这项工作是通过连接对比线来完成的。由于砂层的连续性和厚度稳定性的变化很大，因此用简单方法很难将砂层的真实面貌表示出来，常用的对比线连接形式如图 2－10 所示。

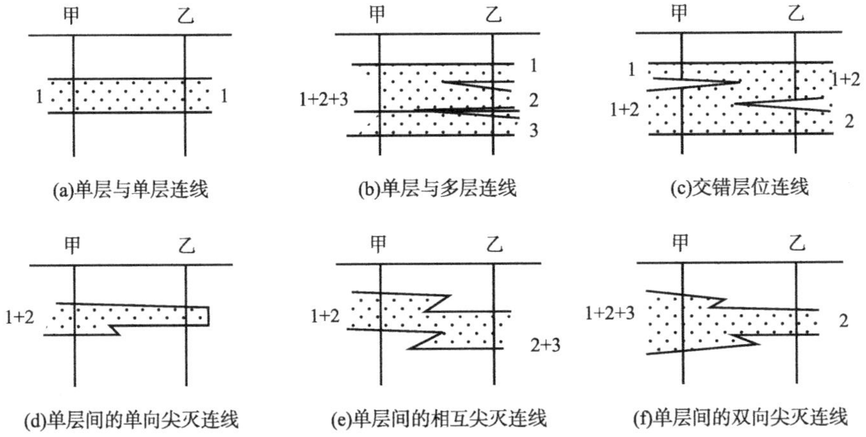

(a)单层与单层连线　(b)单层与多层连线　(c)交错层位连线

(d)单层间的单向尖灭连线　(e)单层间的相互尖灭连线　(f)单层间的双向尖灭连线

图 2－10　砂层连线的形式

(二) 油层对比的流程

沉积储层按其旋回性进行细分，主要依据是岩心和标准测井曲线。一般应细分为含油层系、油层组、砂层组、单油层。

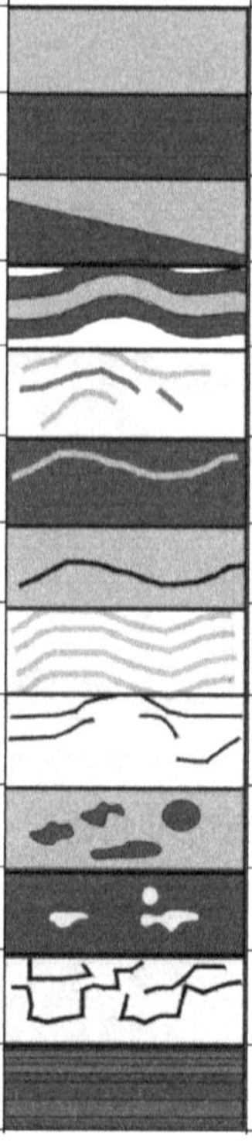

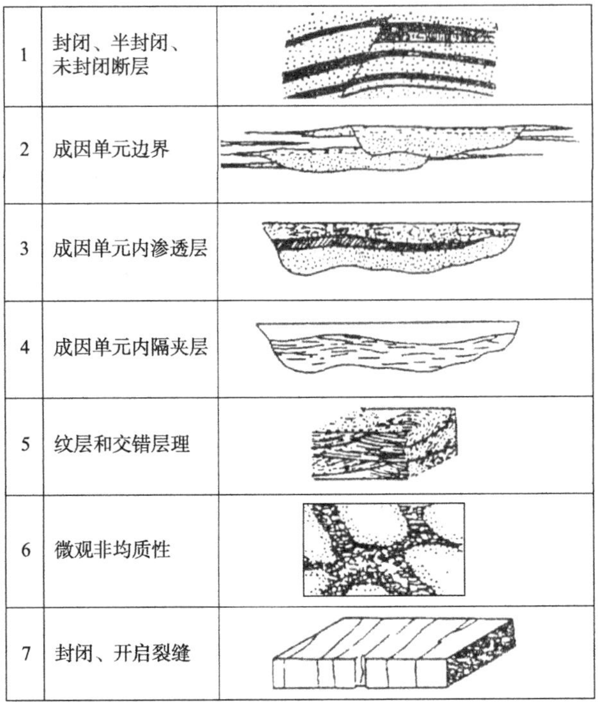

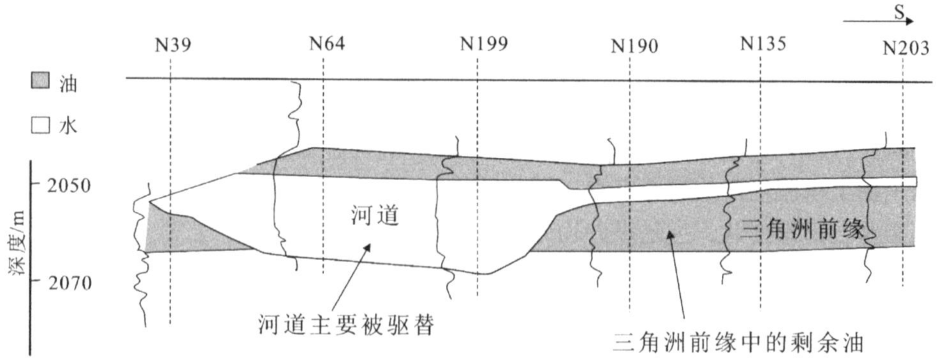

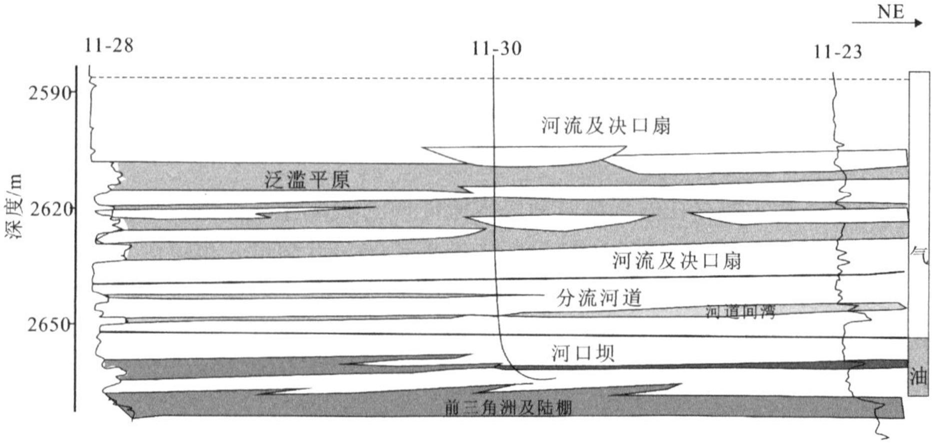

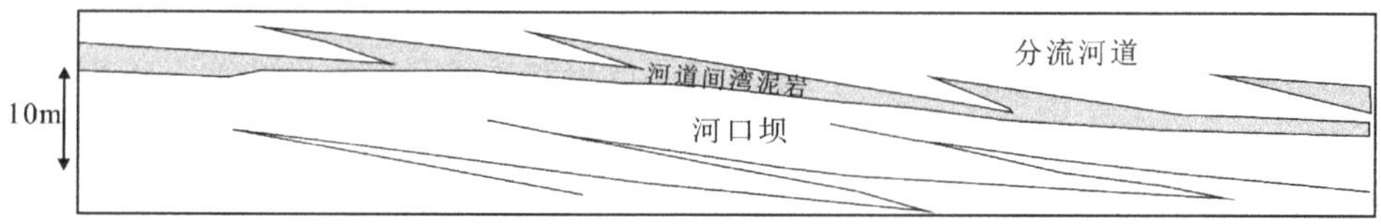

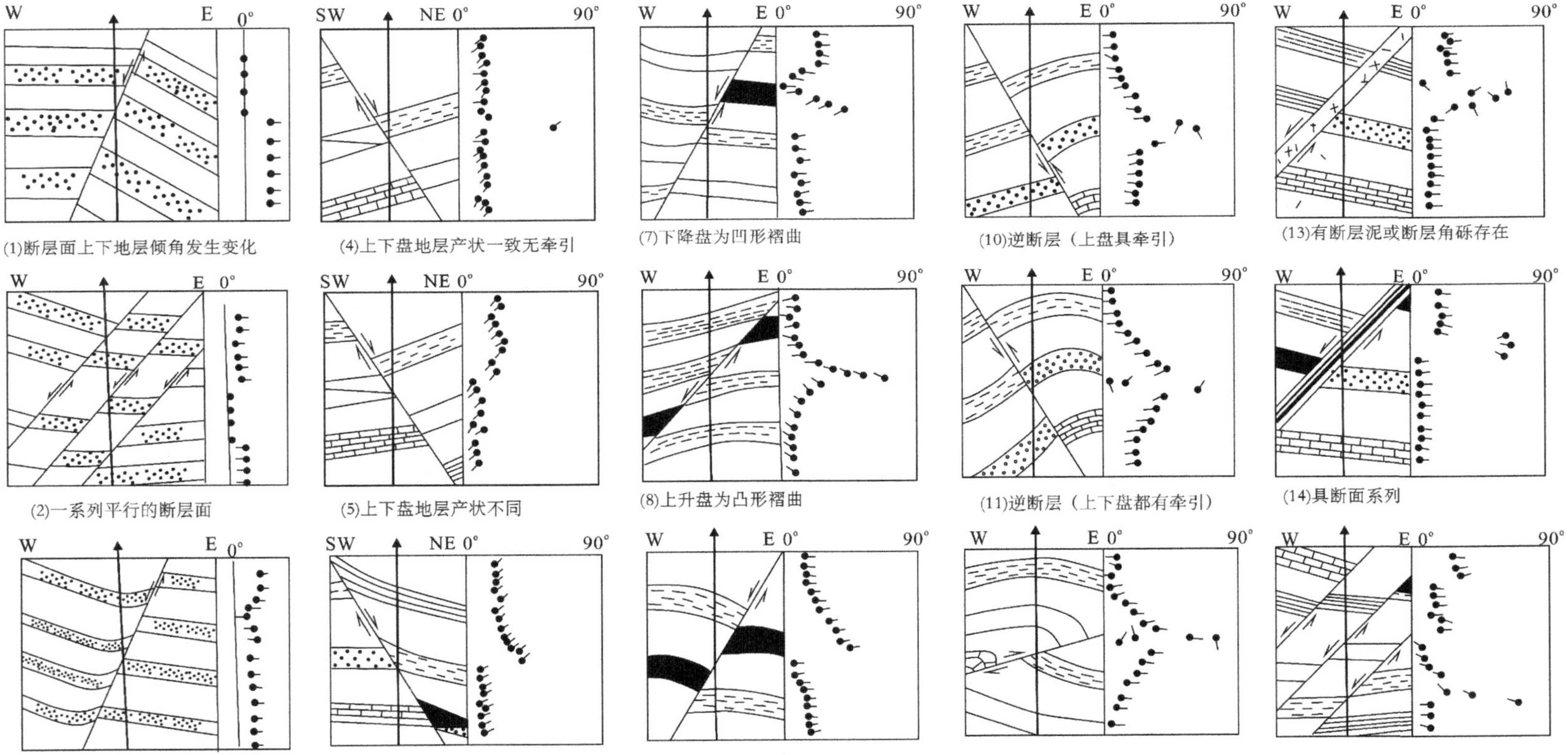

(1)断层面上下地层倾角发生变化
(2)一系列平行的断层面
(3) 正断层上盘地层沿断面发生一定的牵引现象
(4)上下盘地层产状一致无牵引
(5)上下盘地层产状不同
(6)上盘具牵引下盘无牵引
(7)下降盘为凹形褶曲
(8)上升盘为凸形褶曲
(9)滚动构造（逆牵引）
(10)逆断层（上盘具牵引）
(11)逆断层（上下盘都有牵引）
(12)逆掩断层
(13)有断层泥或断层角砾存在
(14)具断面系列
(15)阶梯状断层

图 5 - 23　不同类型断层的倾角矢量特征图(据 Schlumberger，1970)

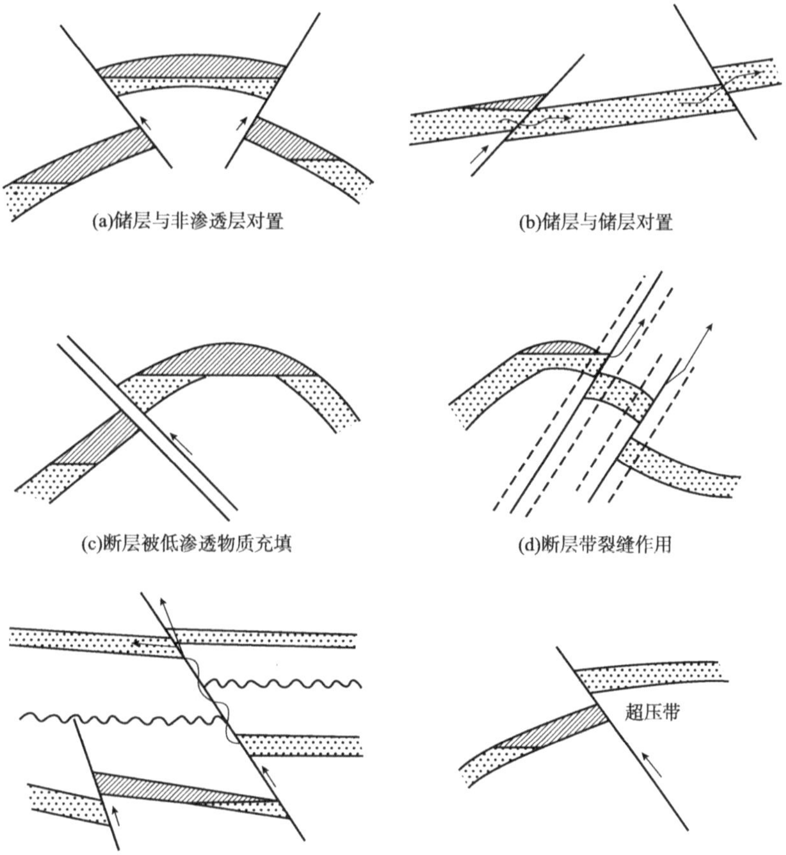

(a)储层与非渗透层对置　(b)储层与储层对置

(c)断层被低渗透物质充填　(d)断层带裂缝作用

(e)断层复活或切至浅层　(f)储层与超压带对置

图 5－32　封闭性主要影响因素总结(据 Harding 和 Tuminas 修改，1989)

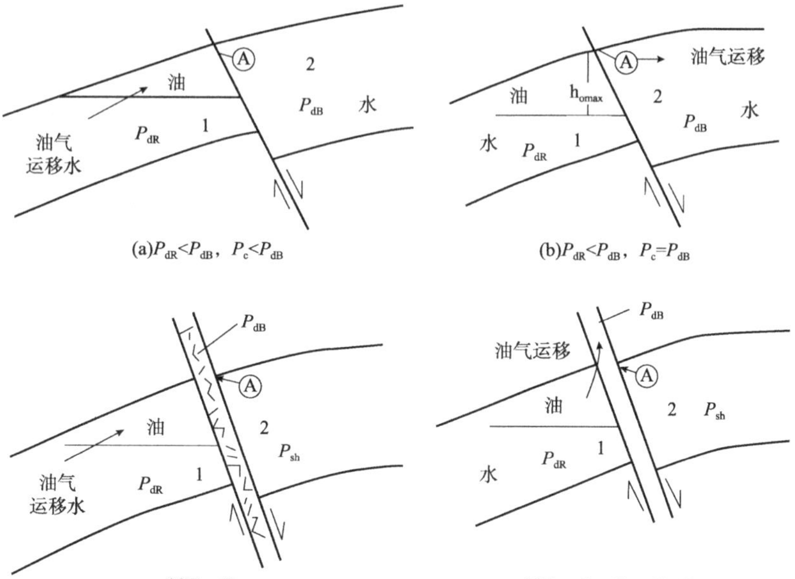

(a)$P_{dR}<P_{dB}$，$P_c<P_{dB}$　(b)$P_{dR}<P_{dB}$，$P_c=P_{dB}$

(c)$P_{dR}<P_{dB}$　(d)$P_{dR}<P_{dB}<P_{sh}$，$P_c=P_{dB}$

图 5－33　断层两侧岩层和断面物质不同，引起断层封闭或开启的示意图(据 Smith，1966)

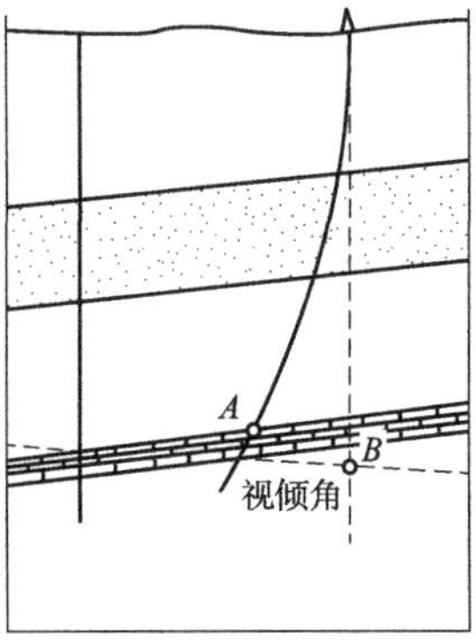

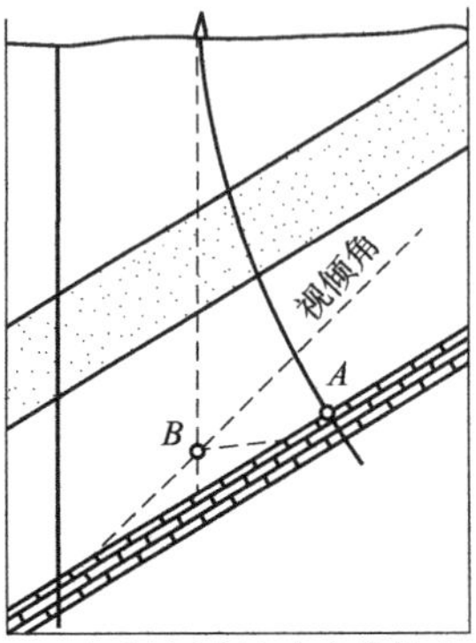

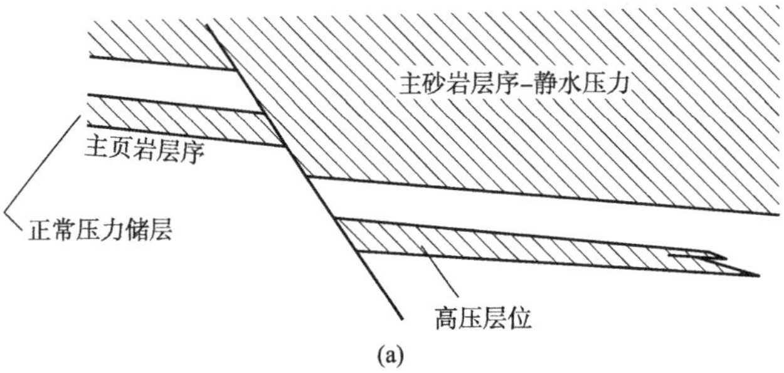

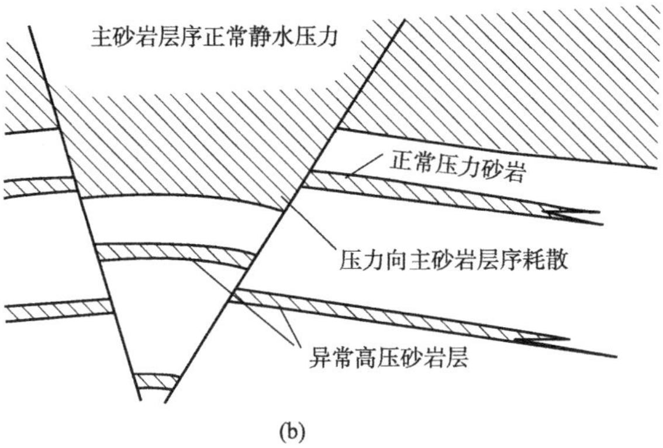

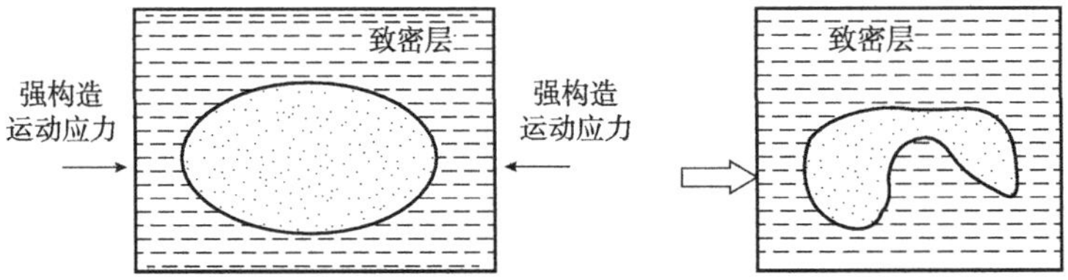

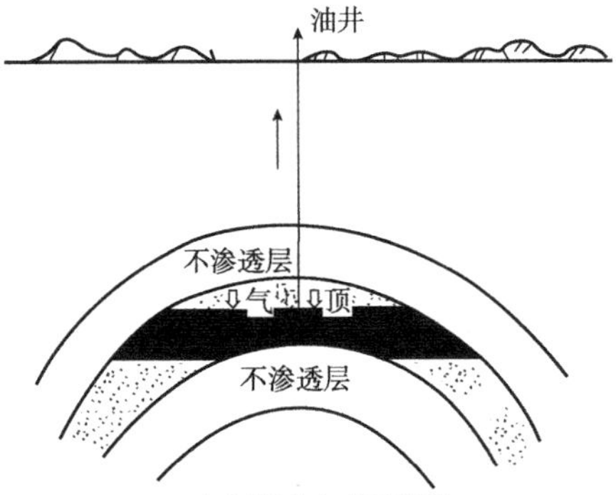

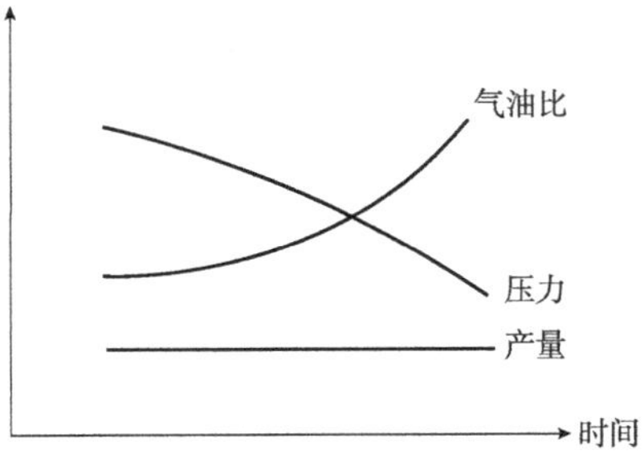

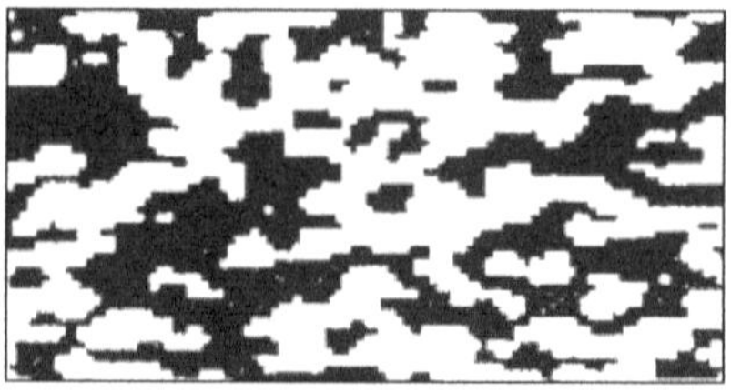
(a)水平变程较小

(b)水平变程较大

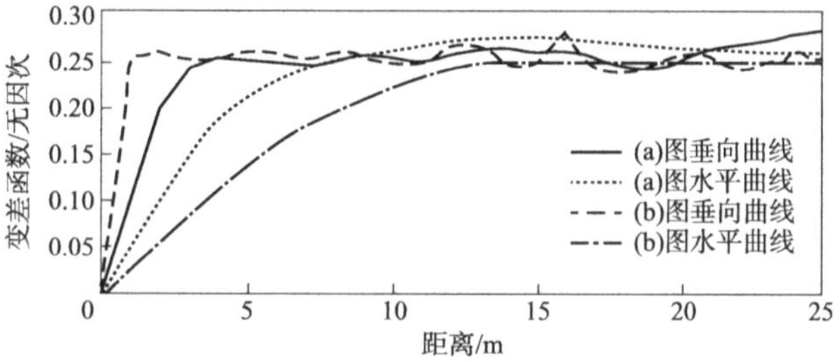

(c)变差函数与距离的关系

图 8－10　各向异性的影响(据 Deutsch 和 Journel，1998)

各向异性又可分为几何各向异性和带状各向异性。如果变差函数在空间各个方向上的变程不同，但基台值不变(即变异程度相等)，则称其为几何各向异性(图 8－12)，这种情况能用一个简单的几何坐标变换将各向异性结构变换为各向同性结构。如果不同方向的变差函数具有不同的基台值，则称为带状各向异性(图 8－13)，其变程可以相同，也可以不同。这种情况不能通过坐标的线性变换转化为各向同性(结构)。

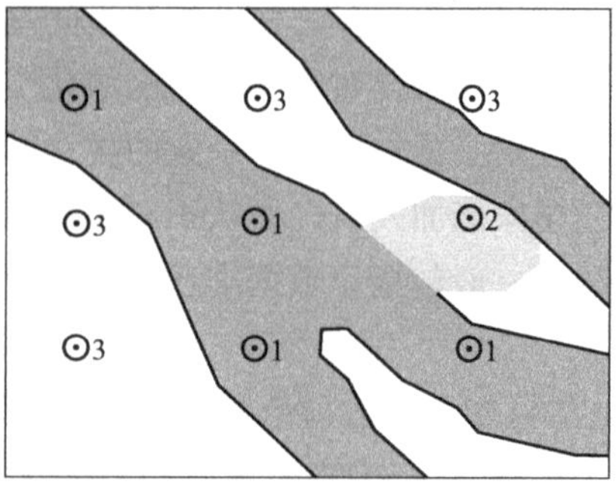

图 8－11　地质变量的各向异性示意图(据吴胜和，2010)

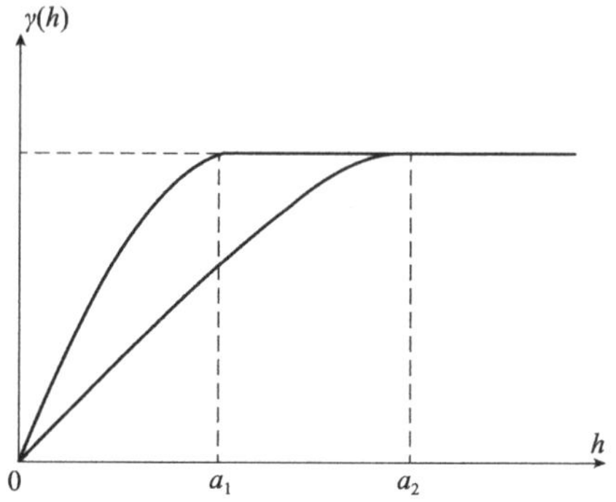

(a)几何各向异性变程图

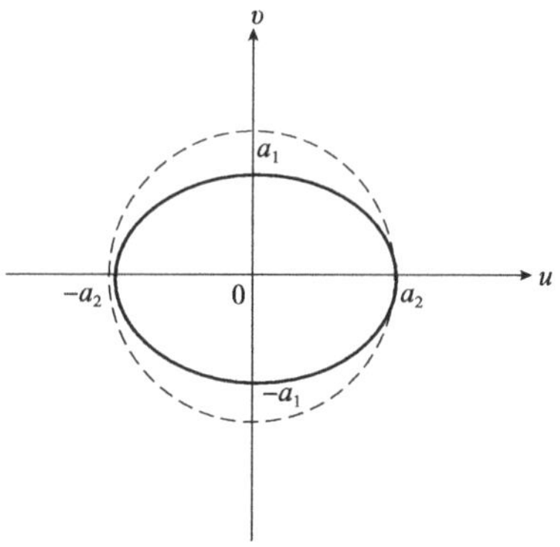

(b)二维几何各向异性的变程椭圆图(方向—变程图)

图 8－12　几何各向异性(据孙洪泉，1990)

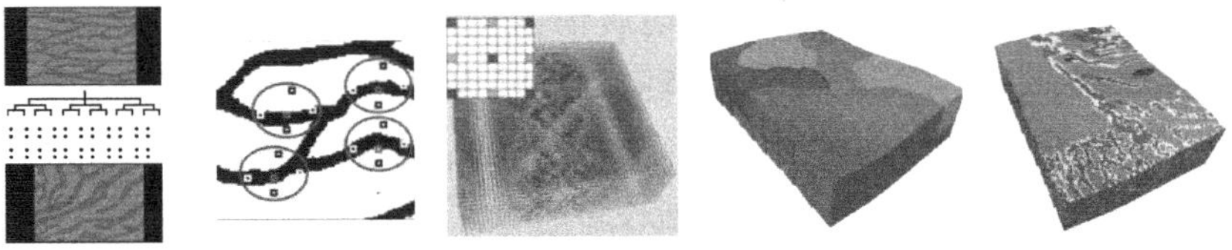

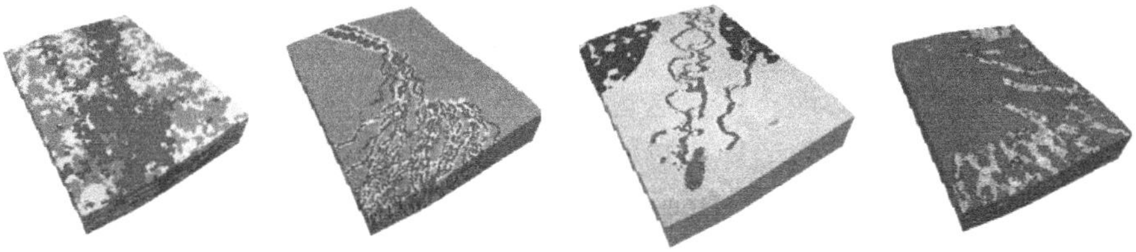

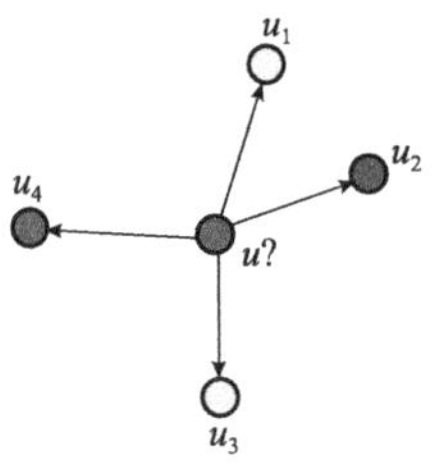

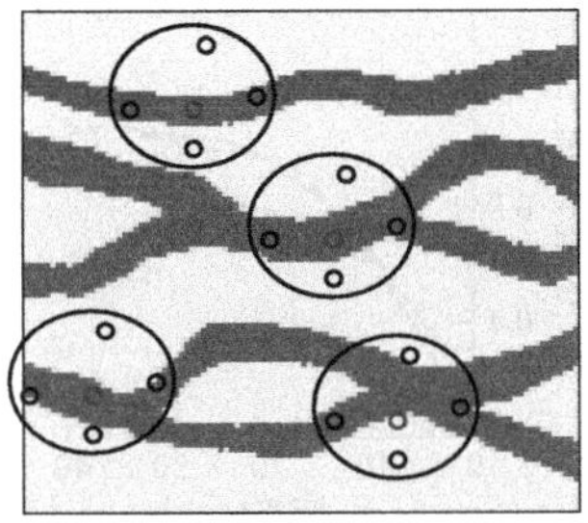

数值模拟巨大的计算量来说是巨大的优势，LBM 是复杂多孔介质多相流研究的一条有效途径(图 10－10)。

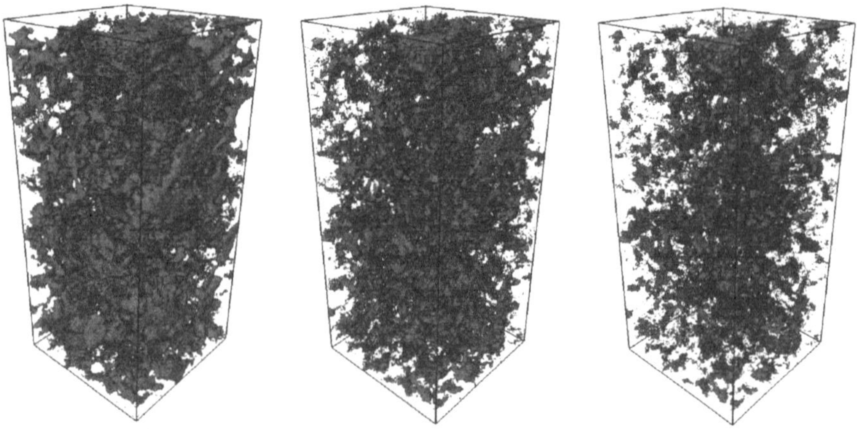

图 10－10　不同时刻的油相三维分布(据吴玉其，2021)

二、微观剩余油赋存状态

(一)微观剩余油类型

剩余油的微观分布指当水驱过程结束时，在客观上未被注入水波及驱扫的孔隙中的油。在岩石孔隙网络中，常见的剩余油赋存状态有孤岛状、索状、球状(或滴状)、悬垂状、簇状油块等 5 种形式(图 10－11)。大庆油田的研究表明，微观剩余油按其分布状况可分为两类：第一类是注入水的微观指进与绕流而形成的微观团块状剩余油；第二类是滞留于微观水淹区内的残余油，这部分微观剩余油与微观团块状剩余油相比，在孔隙中更为分散，形状更为复杂。亲水孔隙中剩余油的典型位置有并联式孔隙、H 形孔隙、死胡同孔隙、封闭式孔隙和由胶结物形成的孔隙 5 种(图 10－12)。

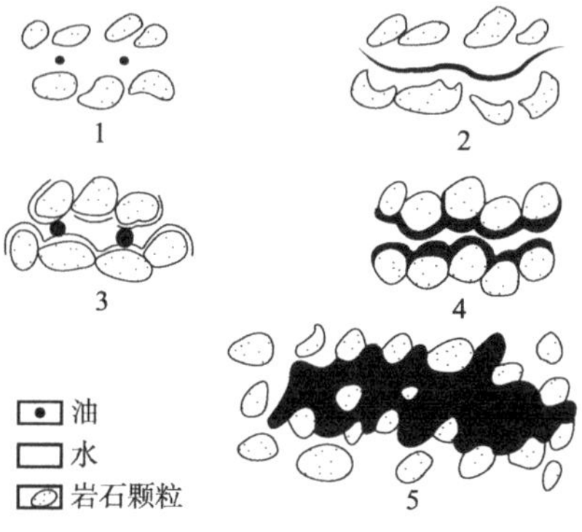

图 10－11　剩余油在孔隙中的赋存状态

1—孤岛状；2—索状；3—球状；
4—悬垂状；5—簇状油块

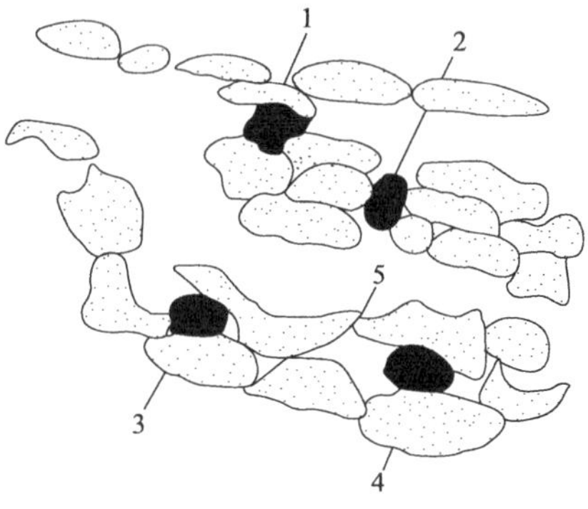

图 10－12　亲水孔隙中剩余油的典型位置

1—并联式；2—H 形；3—死胡同；
4—封闭式；5—由胶结物形成的孔隙

(二)不同渗透率砂岩油层微观剩余油特征

1. 高渗透层剩余油类型与成因

1)剩余油类型

(1)大孔道中的油斑。在一些大孔道中，大部分原油被驱走，由于在大孔道中流入水流速度较低、冲刷能力较小，孔隙的上下喉道之间一旦形成连续水相，一些附着在大孔道空的油滴不易被驱走，形成油斑或油膜，最终形成残余油。

(2)与流向垂直孔道中的原油段塞。储层孔隙网络系统中，有许多与驱替方向成某一角度的孔道，这些孔道的两端与平行孔道连通，平行孔道与驱替方向平行，存在较大的驱替压差，形成流速较高的主流道，而垂直孔道的两端，流动压差较小，甚至为零，其中的原油不易被驱出。当然，在复杂的孔隙网络结构中，流动是不均匀的，压力分布也是变化的，所以有不少垂直孔道中的原油参与流动，被水驱走，但是与平行孔道相比，分布有更多的剩余油。

(3)盲孔中的剩余油。储层中有不少盲孔或不规则孔道的角落处，这是储存剩余油的重要场所，对于高渗透层，由于连通性较好，所以盲孔较少，剩余油量也少。

2)成因分析

(1)水驱前缘推进较均匀。由于高渗透储层孔径较大、连通性好、孔隙分布较均匀，微观非均质性较小、流动阻力小，所以水驱前缘推进相对较均匀。在水驱油的过程中，水容易波及各个孔道。水驱前缘往往呈分头并进的状况。

(2)较细小孔道易被驱替水波及。水驱前缘过后，在两相流动阶段，主流道的驱替水容易波及周围较小的孔道，高渗透层水驱油过程，油水分布较均匀、水洗面积大、驱油效率较高。

(3)渐变孔有利于驱油。储层中有较多的渐变孔，即孔喉结构不十分明显，孔径是逐渐变化的，呈喇叭口状。这种结构有利于驱出较多的原油，水沿孔隙壁逐渐向前推进，不会形成过多的剩余油。

(4)水的夹带作用。在一些大孔道中，油水两相流动时，经常形成油水并进的情况，在驱替水的作用下油被拉成细长油带或油丝，夹在驱替水中间，随水一起流动。

(5)油水段塞。一些较小孔道中容易形成大小不等的油水段塞，在驱替压差足够大时，则可以流动，由于高渗透储层孔隙直径较大、流动阻力小，所以孔隙中的原油段塞容易流动。

2. 中渗透层剩余油类型与成因

1)剩余油类型

(1)微观局部死油区。由于渗透率较低，储层连通性不好，或者有一些细小孔道的网络结构，在水驱的过程中，水不易进入这些细小孔道网络，而是绕过这些细小孔道，沿较大孔隙流过，这部分细小孔隙网络中的原油，最终成为剩余油。这些情况在渗透率较低的储层则出现较多，是水驱采收率低的重要原因。

(2)细小孔道中的原油。渗透率较低的储层中细小孔道的流动阻力大，在水驱的过程中需要有较大的驱替压差才能将其中的原油驱出。孔道越细小，其中的原油越难被驱出。因此，有相当一部分细小孔道中的原油，最终也难以被驱出，形成剩余油。

(3)油斑、油膜。渗透率较低的储层孔隙孔道细小、岩石比面大、在孔隙壁形成的油膜及油斑量也大，均增加了剩余油量。

2)成因分析

(1)水驱前缘推进不均匀。渗透率较低的储层由于孔道细小、流动阻力大、渗流速度较低。同时，由于渗透率低往往伴随着严重非均质性，水驱前缘并不能较均匀地向前推进，水首先从连通较好的较大孔隙向前推进。而渗流阻力较大的细小孔道，水则不易向前推进，水的指进较突出。

(2)较细小孔道中的原油不易被驱出。一些细小的孔道，由于流动阻力较大，驱替水不易将其中的原油驱出，在两相流动的过程中，水经常绕过细小的孔道，沿较大孔道流过。渗透率较低储层中的较大孔道是水向前突进的通道，而细小孔道则不易被水波及。

(3)突变孔不利于水驱效率的提高。较低的渗透率储层喉道细小，往往造成孔喉较大，出现较多的所谓突变孔，该孔喉结构，对驱替效果不利。驱替水从喉道流入孔隙，易在孔隙的中部形成水泡，当水泡扩展到下一个喉道形成连续水相后，孔隙边缘和角落处的原油则很难再继续流动。

(4)细小孔道中的油水段塞。在细小孔道中不易形成油水并进或水的夹带现象，更多的是形成油水相间的段塞。这种结构增大了流动阻力，使细小孔道中的原油不易被驱出来。

三、微观剩余油形成机理

(一)剥离作用

在孔隙中驱动动力 P_1 > 毛细管阻力($P_{c1}-P_{c2}$)的情况下，驱替速度 $V_1<V_2$，驱替液连接水膜后首先沿两侧水膜推进，沿水膜突进速度快，孔隙中央推进速度较慢。当两侧驱替液到达出口喉道后，水相厚度增加，在毛细管力作用下，油相发生卡断，滞留在孔隙中，形成孔内半充填剩余油(图 10－13、图 10－14)。

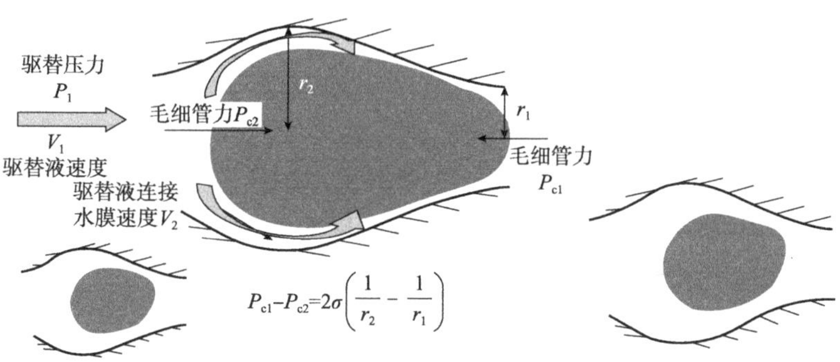

图 10－13　剥离作用机理分析图

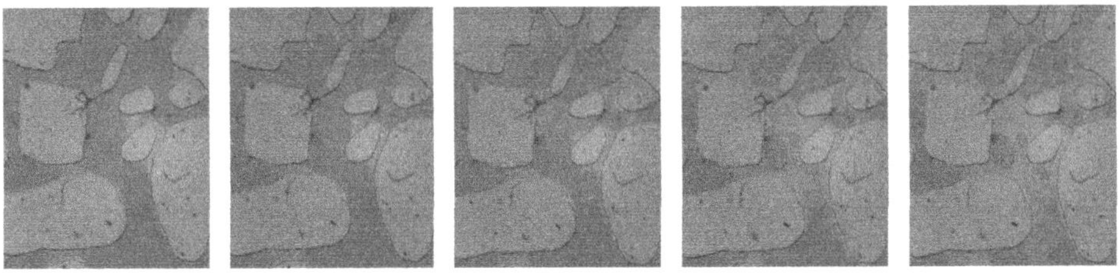

图 10－14　剥离作用过程图(微观仿真模型)

(二)突进分隔作用

当孔隙中的驱动力≫毛细管阻力($P_{c1}-P_{c2}$)时，所产生的驱替速度V_1≫驱替液连接水膜速度 V_2，驱替液从孔隙中央迅速突破至喉道出口，形成通道，造成孔隙两侧油相发生卡断，在孔隙内发生滞留(图 10－15)，形成孔内油滴状、分散油滴状剩余油(图 10－16)。

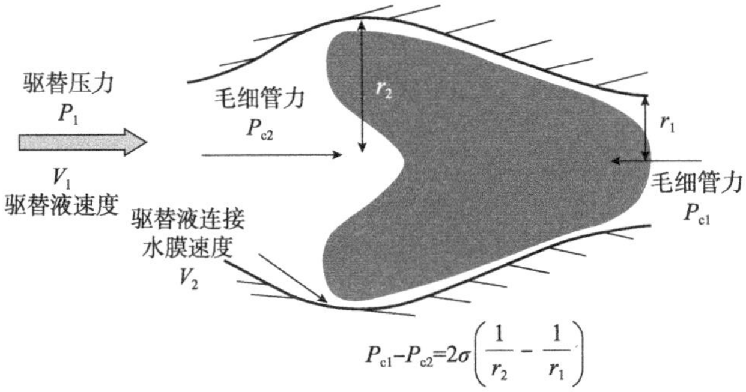

图 10－15　突进分隔作用机理

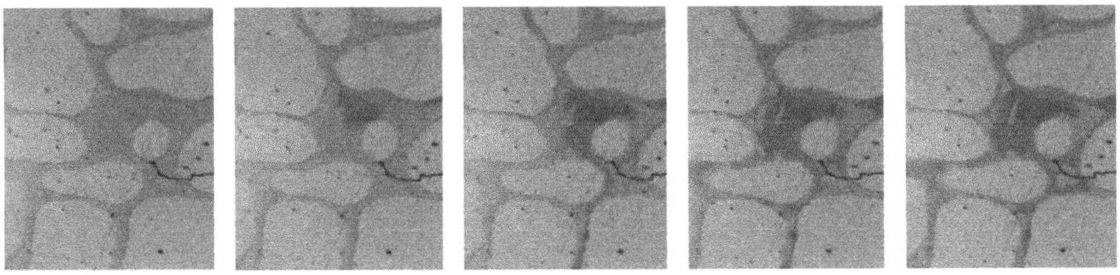

图 10－16　突进分隔作用过程图(微观仿真模型)

(三)毛细管绕流作用

该作用较为常见，多发生在孔喉分布不均一的非均质孔隙结构中。如图 10－17 所示，驱替液优先从喉道粗、毛细管阻力小的孔道中驱替。在中部的小孔细喉中，由于毛细管阻力大，驱替液难以对油相形成有效驱替，形成毛细管力封堵的小规模剩余油富集(图 10－18)。

(四)捕获作用

捕获作用是指在驱动力大于毛细管阻力的正常驱替条件下，受孔隙、喉道形态、结构或孔壁性质的影响而发生油相被动滞留。实验发现了 3 种捕获作用。

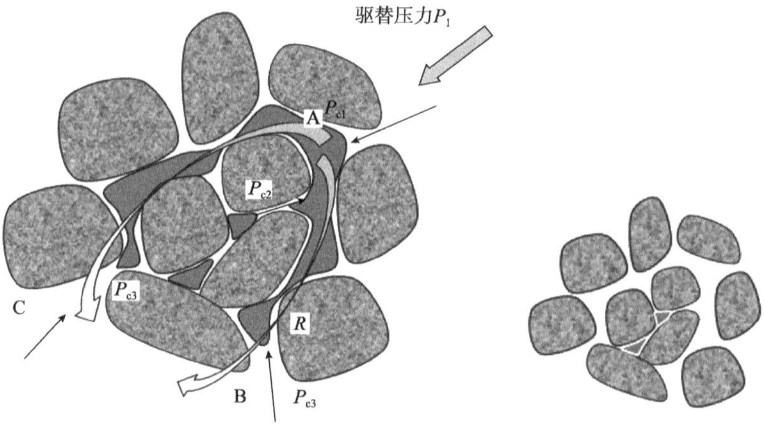

图 10-17　毛细管绕流作用机理

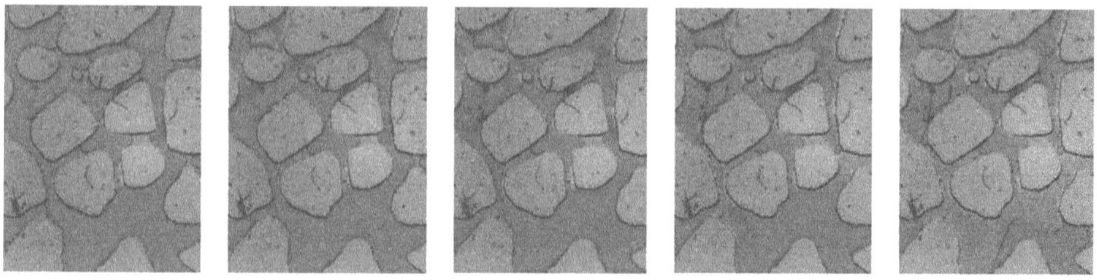

图 10-18　毛细管绕流作用过程图(微观仿真模型)

1. 孔壁油润湿捕获作用

由于岩石内部不同部位矿物类型差异、黏土矿物附着等因素造成润湿差异性，油润湿和水润湿共存。水润湿岩心内部往往存在着局部的油润湿孔隙。水驱油过程中，驱替压力P_{c3}大于毛细管阻力($P_{c1}-P_{c2}$)(图 10-19)，孔内油相大部分被驱走，而孔壁附着的油相受到孔壁的附着力影响，难以驱替，沿孔壁呈薄膜状分布。

2. 孔隙角隅捕获作用

该作用主要发生在形态复杂的孔隙中，局部的边角远离孔内流体渗流主流线。驱替过程中，驱替液波及不到边角区域而形成剩余油(图 10-20)。

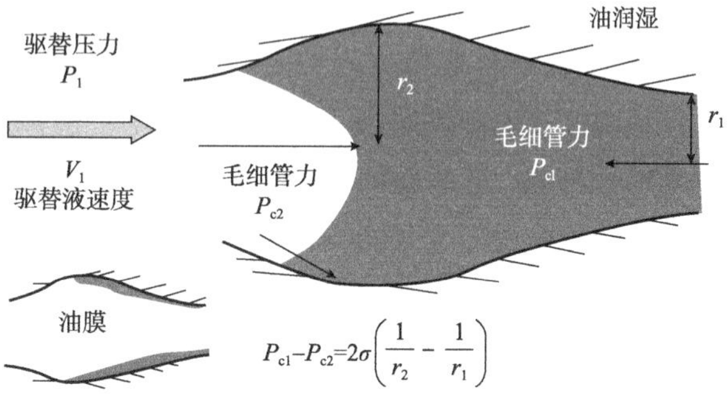

图 10-19　孔壁油润湿捕获作用机理分析图

3. 细喉道捕获作用

在较大驱替速度下，驱替力较大，成为主要的驱动力类型。在粗喉道中毛细管力小，驱替液在驱替力作用下快速推进；而细喉道中毛细管力大、流速较慢。当粗喉道中驱替液到达出口后，细喉道的油相被卡断，残留在细喉道中(图 10-21)。该作用多发生在喉道半径大小不一的孔隙结构中，剩余油多为小油珠或是油段。

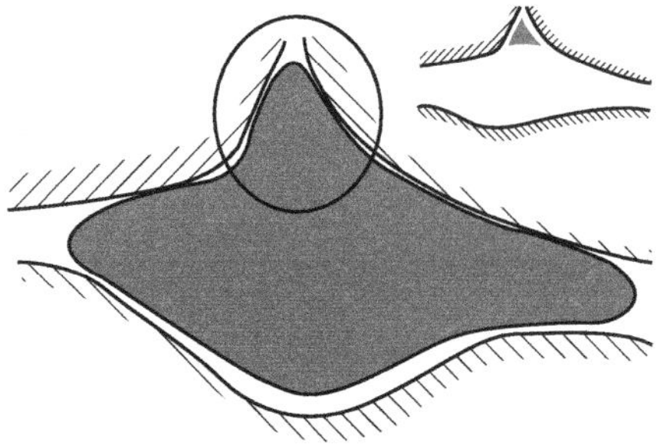

图 10－20　孔隙角隅捕获作用机理分析图

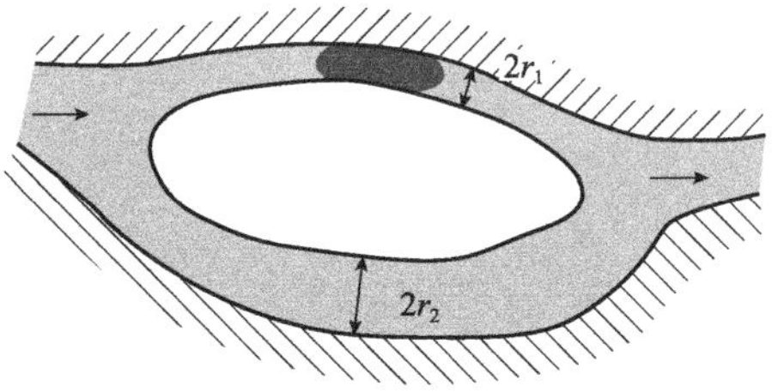

图 10－21　细喉道捕获作用机理分析图

四、微观剩余油形成的影响因素

1. 孔隙结构

孔隙结构是影响剩余油分布的重要因素，不同类型的孔喉结构中剩余油分布特征不同。

大孔粗喉结构的储层孔隙喉道配位数较大，一个大孔周围有几个连通喉道，水驱油时，水从多个喉道进入大孔，剩余油以珠状或长棒状存在于孔隙中央或细长孔隙中。这种孔隙结构中剩余油最少，驱油效率高，剩余油多位于大孔的中心部分。

大孔中喉结构的储层孔喉较大、连通性较差。水驱过程中，由于岩石的亲水性，在喉道部位自吸较强，在喉道处为活塞式驱油，水较易进入喉道。剩余油多以凝块状富集在这些未形成连接水相的喉道和孔壁附近或以环状存在于已形成连接水相的孔壁周围。这种孔隙结构驱油效率较低，孔隙中大部分的原油很难被驱出，形成较多的剩余油。

与粗孔中喉结构类似，中孔中喉结构储层的水驱方式一般为活塞式，但由于孔隙体积较小，孔壁对水的作用较强，使水沿孔壁运动，又有出口喉道的吸力，使水尽快从进口到出口，二力相合，则使其中大部分原油易于驱动，驱油效率较高，剩余油含量较少。

小孔细喉结构的储层孔隙连通性差，油很难进入这类孔隙，其原始含油饱和度很低。在水驱过程中，水也很难进入这种孔隙结构，这里的油最终只能以残余油状态存在。

2. 碎屑成分和结构

在陆源碎屑对砂岩剩余油分布的影响中，结构是首要的因素，是通过影响砂岩物性影响剩余油分布的。砂岩粒间孔的大小与粒度大小和分选性的关系十分密切，即组成岩石的颗粒越粗、分选越好，其间的孔喉半径也越大。这虽对孔隙度的影响不大，但对渗透率的影响却非常之大。一般情况下，砂粒的形状越趋近于球形者，砂岩的孔隙度越高，颗粒形态对流体产生的阻力小。即在同等条件下，物性好、碎屑磨圆度高的砂岩有利于油的驱替。

碎屑矿物成分是影响剩余油分布的重要因素。石英、石英岩屑、石英岩状砂岩岩屑和以石英为主的结晶岩屑及燧石等碎屑颗粒的性质坚硬，支撑力强、不易变形、化学性质稳定，在孔隙水的性质发生改变时，颗粒稳定、不容易发生化学反应。酸性斜长石、钾微斜长石和长石质结晶岩屑、酸性喷出岩岩屑，性质接近于石英质的碎屑颗粒。泥质岩屑、千枚岩岩屑、中基性喷出岩岩屑、云母和云母片岩岩屑、碳酸盐岩岩屑及风化较深的长石等，可塑性强、易变形、化学性质不稳定，在孔隙水发生变化时，易蚀变、溶解、自生矿物沉淀等，另外，塑性岩屑或颗粒表面粗糙，内部多发育微孔，比表面积大，易吸附油、被油浸，形成束缚油。

3. 黏土矿物

黏土矿物成分和含量直接影响剩余油在孔隙中的分布。黏土矿物含量低，占据粒间孔隙少；黏土矿物含量高，占据粒间孔隙多。这不仅对孔隙度和渗透率有影响，更重要的是对剩余油在孔隙中分布的影响极大。泥质含量较高时，渗透率较低，剩余油主要分布于微孔中。

黏土矿物的总含量和成分比率与沉积微相有关系。以孤东油田馆上段曲流河相储层为例，水动力条件弱的相带(如河流相天然堤微相)蒙皂石含量高、高岭石含量低；水动力条件强的相带(河道微相)蒙皂石含量低、高岭石含量高。蒙皂石遇淡水容易膨胀，而高岭石或集合体具有较强的迁移性。对于高孔渗油层，黏土矿物迁移可加剧油层纵向渗透性级差的扩大以及润湿性向亲水方向的转化，整体驱油效率的提高；对于相对较低孔渗的油层，如天然堤，黏土矿物含量高，微孔隙比例高，束缚油含量高，黏土矿物的迁移和膨胀，会造成渗透率的降低，驱油效率提升的难度加大。

黏土矿物的产状影响砂岩的孔隙分布。河流相滞留沉积往往含有一些泥砾，会导致油层孔隙分布不均、喉道变细、渗透性变差。分散状的粒间自生高岭石黏土矿物，使粒间孔隙变为众多的晶间微孔隙，呈分散状，固着力弱、速敏性强，还会引起油层湿润性向亲水方向转化。长石和喷出岩屑蚀变会形成自生高岭石、绿泥石黏土矿物，形成微孔隙，增加颗粒比表面积和束缚油的含量，颗粒表面对流体的阻力增大。

4. 润湿性

岩石的润湿性不同，会影响剩余油存在的方式、分布状况及流体的流动能力。一般，岩石表面亲水的部分会被水膜包围，亲油部分为油膜包裹。不同润湿性储层的流体渗流微观机理不同，剩余油微观形成和分布规律存在差异。

亲水储集层，亲水岩石表面易吸附水分子而排斥油分子，水驱油实验中，一部水易沿孔壁推进，使水沿着大孔道的中部推进驱油，另一部分水沿着孔道壁驱油，使原油被剥离其附着的岩石颗粒表面。当水驱速度大于水剥离油膜速度时，形成水进不均匀，并在储集体局部留下斑块状剩余油；当水驱速度太慢时，在储层大孔道中因注入水沿着阻力小的孔道向前推进而形成指进剩余油，若多股指进水流在储层局部相汇，水流就会绕过细小含油孔道，将其中的油圈起来形成油斑、油滴、油珠等剩余油形态。

亲油储集层，亲油岩石表面易吸附油分子而排斥水分子，水驱油实验中常观察到注入水沿着大孔道的中轴部位驱替原油，孔喉网络壁上有一层油膜沿孔壁推移流动，在小孔道中也残留一部分未驱动原油，随着水驱时间增长，含水程度增加，孔壁上油膜会变薄、变少。在大孔道矿物颗粒壁上形成油膜，流动阻力大，形成残余油。

参考文献

[1]陈淦 . 21 世纪的油田开发地质学[J]. 石油科技论坛，1998(5)：26 – 31.

[2]陈永生 . 油田非均质对策论[M]. 北京：石油工业出版社，1993.

[3]陈立官 . 油气田地下地质学[M]. 北京：地质出版社，1983.

[4]陈丽华，姜在兴 . 储层实验测试技术[M]. 东营：石油大学出版社，1994.

[5]曹凤俊 . 气测录井资料的影响分析及校正方法[J]. 录井工程，2008，19(1)：22 – 24.

[6]程国建，郭文惠，范鹏召 . 基于卷积神经网络的岩石图像分类[J]. 西安石油大学学报：自然科学版，2017，32(4)：116 – 122.

[7]迪基 . 石油开发地质学[M]. 闵豫，石宝珩，译 . 北京：石油工业出版社，1991.

[8]地质监督与录井手册编辑委员会 . 地质监督与录井手册[M]. 北京：石油工业出版社，2001.

[9]段太忠，王光付，廉培庆，等 . 油气藏定量地质建模方法与应用[M]. 北京：石油工业出版社，2019.

[10]范存辉，秦启荣，郭旭升，等 . 低渗透储层裂缝表征与预测[M]. 北京：科学出版社，2018.

[11]方少仙，侯方浩 . 石油与天然气储层地质学[M]. 北京：石油大学出版社，1998.

[12]付金华 . 鄂尔多斯盆地致密油勘探理论与技术[M]. 北京：科学出版社，2018.

[13]冯杏芬，刘志刚，林莉，等 . 应用荧光数字图像技术分析岩屑含油性[J]. 录井工程，2007，18(1)：18 – 20.

[14]高成军，陈科贵，卫杨安 . 碳酸盐岩储层测井与录井评价技术[M]. 北京：石油工业出版社，2008.

[15]国家能源局 . 油气探井钻井地质设计规范：SY/T 5965—2017 [S]. 北京：石油工业出版社，2017.

[16]国家能源局 . 油气储层评价方法：SYT 6285—2011 [S]. 北京：石油工业出版社，2011.

[17]国家能源局 . 页岩油储量计算规范：SY/T 7463—2019 [S]. 北京：石油工业出版社，2019.

[18]国家能源局 . 油气藏三维定量地质模型建立技术规范：SY/T 7378—2017 [S]. 北京：石油工业出版社，2017.

[19]国家市场监督管理总局，国家标准化管理委员会 . 油气矿产资源储量分类：GB/T 19492—2020[S]. 北京：中国标准出版社，2020.

[20]国家市场监督管理总局，国家标准化管理委员会 . 致密油地质评价方法：GB/T 34906—2017 [S]. 北京：中国标准出版社，2017.

[21]国家市场监督管理总局，国家标准化管理委员会 . 页岩油地质评价方法：GB/T 38718—2020[S]. 北京：中国标准出版社，2020.

[22]郭建春 . 油气藏开发与开采技术[M]. 北京：石油工业出版社，2013.

[23]国景星，李红南，张立强 . 油田开发地质学[M]. 北京：石油工业出版社，2017.

[24]胡灿辉 . 基于数字岩心的渗流模拟及微观剩余油研究——以大庆喇嘛甸油田为例[D]. 大庆：东北石油大学，2023.

[25]胡钦红，张宇翔，孟祥豪，等 . 渤海湾盆地东营凹陷古近系沙河街组页岩油储集层微米 – 纳米级孔隙体系表征[J]. 石油勘探与开发，2017，44(5)：681 – 690.

[26]胡素云，赵文智，侯连华，等 . 中国陆相页岩油发展潜力与技术对策[J]. 石油勘探与开发，2020，47(4)：819 – 828.

[27]韩如冰，高严，魏晨吉，等 . 实用油藏地质建模与数值模拟手册[M]. 北京：石油工业出版社，2023.

[28]何更生. 油层物理[M]. 北京：石油工业出版社，1994.
[29]胡见义，黄第藩. 中国陆相石油地质理论基础[M]. 北京：石油工业出版社，1991.
[30]胡道雄，蒲国强. 录井技术手册[M]. 北京：石油工业出版社，2015.
[31]贾爱林. 精细油藏描述与地质建模技术[M]. 北京：石油工业出版社，2010.
[32]贾爱林，位云生，郭智，等. 中国致密砂岩气开发现状与前景展望[J]. 天然气工业，2022，42(1)：83－92.
[33]贾承造，邹才能，李建忠，等. 中国致密油评价标准、主要类型、基本特征及资源前景[J]. 石油学报，2012，33(3)：343－350.
[34]纪友亮，张立强. 油气田地下地质学[M]. 上海：同济大学出版社，2007.
[35]纪友亮，等. 油气储层地质学[M]. 北京：石油工业出版社，2016.
[36]纪友亮，张世奇. 层序地层学原理及层序成因机制模式[M]. 北京：地质出版社，1998.
[37]贾承造，邹才能，李建忠，等. 中国致密油评价标准、主要类型、基本特征及资源前景[J]. 石油学报，2012，33(3)：333－350.
[38]焦方正，邹才能，杨智. 陆相源内石油聚集地质理论认识及勘探开发实践[J]. 石油勘探与开发，2020，47(6)：1067－1078.
[39]姜在兴，张文昭，梁超，等. 页岩油储层基本特征及评价要素[J]. 石油学报，2017，35(1)：184－196.
[40]蒋有录，查明. 石油天然气地质与勘探[M]. 北京：石油工业出版社，2006.
[41]金之钧，张谦，朱如凯，等. 中国陆相页岩油分类及其意义[J]. 石油与天然气地质，2023，44(4)：801－819.
[42]郎东升，岳兴举. 油气水层定量评价录井新技术[M]. 北京：石油工业出版社，2004.
[43]吕晓光，王德发，姜洪福. 储层地质模型及随机建模技术[J]. 大庆石油地质与开发，2000，19(1)：10－16.
[44]李宁. 中国海相碳酸盐岩测井解释概论[M]. 北京：科学出版社，2013.
[45]李阳，赵清民，吕琦，等. 中国陆相页岩油开发评价技术与实践[J]. 石油勘探与开发，2022，49(5)：955－964.
[46]李阳，吴胜和，侯加根，等. 油气藏开发地质研究进展与展望[J]. 石油勘探与开发，2017，44(4)：569－579.
[47]李阳. 我国油藏开发地质研究进展[J]. 石油学报，2007，28(3)：75－97.
[48]李阳，刘建民. 油藏开发地质学[M]. 北京：石油工业出版社，2007.
[49]李阳. 河道砂岩储层非均质模型[M]. 北京：科学出版社，2001.
[50]李丕龙. 陆相断陷盆地隐蔽油气藏形成[M]. 北京：石油工业出版社，2004.
[51]李兴国. 油层微型构造新探[J]. 石油勘探与开发，1996，23(3)：80－86.
[52]李政宏，刘永福，张立强，等. 数据挖掘方法在测井岩性识别中的应用[J]. 断块油气田，2019，26(6)：713－718.
[53]刘丁曾，等. 大庆多层砂岩油田开发[M]. 北京：石油工业出版社，1994.
[54]刘敬奎，等. 中国油田开发实例[M]. 北京：石油工业出版社，1989.
[55]刘泽容，等. 油藏描述原理与方法技术[M]. 北京：石油工业出版社，1993.
[56]刘宝和. 中国石油勘探开发百科全书：勘探卷[M]. 北京：石油工业出版社，2008.
[57]刘敬寿，丁文龙，肖子亢，等. 储层裂缝综合表征与预测研究进展[J]. 地球物理学进展，2019，34(6)：2283－2300.
[58]刘晓，方锡贤，牛书立. PDC 钻头钻进条件下录井方法探讨[J]. 断块油气田，2002，9(4)：26－30.

[59]刘宗林，翟慎德，慈兴华，等．录井工程与管理[M]．北京：石油工业出版社，2008.
[60]卢松，潘和平，彭曙光，等．沉积微相和测井相研究及自动识别系统——以曲流河环境沉积为例[J]．工程地球物理学报，2009，6(3)：332－337.
[61]罗蛰潭．油层物理[M]．北京：地质出版社，1985.
[62]罗晓容，杨计海，王振峰．盆地内渗透性地层超压形成机制及钻前压力预测[J]．地质论评，2000，46(1)：22－31.
[63]罗晓容．断裂成因他源高压及其地质特征[J]．地质学报，2004，78(5)：641－648.
[64]罗晓容，张立强，张立宽，等．碎屑岩输导层非均质性与油气运聚成藏[J]．石油学报，2020，41(3)：253－272.
[65]M N 马克西莫夫．油田开发地质基础[M]．魏智，何庆森，译．北京：石油工业出版社，1980.
[66]马永生，田海芹．碳酸盐岩油气勘探[M]．东营：石油大学出版社，1999.
[67]裘怿楠，等．油气储集层评价技术[M]．北京：石油工业出版社，1997.
[68]裘怿楠．油藏描述[M]．北京：石油工业出版社，1996.
[69]裘怿楠．石油开发地质方法论(一)[J]．石油勘探与开发，1996，23(2)：43－47.
[70]裘怿楠．储层地质模型[J]．石油学报，1991，12(4)：55－61.
[71]强子同．碳酸盐岩储层地质学[M]．东营：石油大学出版社，1998.
[72]R A 纳尔逊．天然裂缝性储层地质分析[M]．2版．刘春，等，译．北京：石油工业出版社，2022.
[73]石油工业部开发生产司编．中国油田开发实例[M]．北京：石油工业出版社，1989.
[74]孙龙德，江同文，王凤兰，等．关于油田寿命的思考[J]．石油学报，2021，42(1)：56－63.
[75]孙龙德，赵文智，刘合，等．页岩油“甜点”概念及其应用讨论[J]．石油学报，2023，44(1)：1－13.
[76]孙洪泉．地质统计学及其应用[M]．徐州：中国矿业大学出版社，1990.
[77]孙廷彬，林承焰，王玲．塔里木盆地石炭系海相碎屑岩油藏微观剩余油形成机理与分布特征[J]．石油与天然气地质，2021，42(6)：1334－1343.
[78]唐泽尧．气田开发地质[M]．北京：石油工业出版社，1994.
[79]王家华，张团峰．油气储层随机建模[M]．北京：石油工业出版社，2001.
[80]王仁铎，胡光道．线性地质统计学[M]．北京：地质出版社，1988.
[81]王允诚．裂缝致密油气储集层[M]．北京：地质出版社，1992.
[82]王行信，周书欣．砂岩储层黏土矿物与油层保护[M]．北京：地质出版社，1992.
[83]王敬，齐向生，刘慧卿，等．缝洞型油藏水驱剩余油形成机制及换向注水增油机理[J]．石油勘探与开发，2022，49(5)：965－976.
[84]吴玉其．低渗透储层数字岩心分析及微观剩余油研究[D]．青岛：中国石油大学(华东)，2021.
[85]吴元燕，陈碧钰．油矿地质学[M]．北京：石油工业出版社，1996.
[86]吴元燕．油气储层地质[M]．北京：石油工业出版社，1996.
[87]伍友佳，蔡正旗．油藏地质学[M]．北京：石油工业出版社，2000.
[88]吴崇筠．中国含油气盆地沉积学[M]．北京：石油工业出版社，1992.
[89]吴胜和．储层表征与建模[M]．北京：石油工业出版社，2010.
[90]夏位荣，张占峰，程时清．油气田开发地质学[M]．北京：石油工业出版社，2000.
[91]信荃麟．油藏描述与油藏模型[M]．东营：石油大学出版社，1995.
[92]肖何，张超谟，苏向群．应用测井资料定量识别碳酸盐岩沉积微相——以川东北元坝地区长兴组为例[J]．科学技术与工程，2020，20(7)：2573－2582.
[93]熊琦华，王志章，吴胜和，等．现代油藏地质学理论与技术篇[M]．北京：科学出版社，2009.
[94]薛培华．河流点坝相储层模式概论[M]．北京：石油工业出版社，1991.

[95]杨通佑. 石油及天然气储量计算方法[M]. 北京：石油工业出版社，1998.
[96]尹艳树，吴胜和，张昌民，等. 基于储层骨架的多点地质统计学方法[J]，中国科学D辑：地球科学，2008，38(增刊Ⅱ)：157－164.
[97]尹艳树，吴胜和. 储层随机建模研究进展[J]. 天然气地球科学，2006，17(2)：210－216.
[98]闫伟超，孙建孟. 微观剩余油研究现状分析[J]. 地球物理学进展，2016，31(5)：2198－2211.
[99]张一伟. 陆相油藏描述[M]. 东营：石油大学出版社，1997.
[100]张金川，林腊梅，李玉喜，等. 页岩油分类与评价[J]. 地学前缘，2012，19(5)：322－331.
[101]张金亮，谢俊. 油田开发地质学[M]. 北京：石油工业出版社，2011.
[102]张立强，鲍丙生，黄根炉，等. 油气田地质实习指导书[M]. 东营：中国石油大学出版社，2011.
[103]张立强，严一鸣，罗晓容，等. 库车坳陷依奇克里克地区下侏罗统阿合组致密砂岩储层的成岩差异性特征研究[J]. 地学前缘，2018，25(2)：170－178.
[104]赵杏媛，王行信，张有瑜，等. 中国含油气盆地黏土矿物[M]. 北京：中国地质大学出版社，1995.
[105]赵文智. 中国天然气地质与开发基础理论研究[M]. 北京：科学出版社，2019.
[106]曾洪流. 地震沉积学[M]. 朱筱敏，曾洪流，董艳蕾，等，译. 北京：石油工业出版社，2011.
[107]中国石油天然气总公司科技发展部. 储层评价研究进展[M]. 北京：石油工业出版社，1994.
[108]中国石油学会编. 碳酸盐岩油气田开发[M]. 北京：石油工业出版社，1990..
[109]中国石油学会编. 陆相碎屑岩油田开发[M]. 北京：石油工业出版社，1988.
[110]中国矿业权评估师协会编. 油气矿产勘查与资源储量估算[M]. 北京：中国大地出版社，2023.
[111]中华人民共和国自然资源部. 海上石油天然气储量估算规范：DZ/T 0252—2020 [S]. 北京：地质出版社，2020.
[112]中华人民共和国自然资源部. 石油天然气储量估算规范：DZ/T 0217—2020[S]. 北京：地质出版社，2020.
[113]中华人民共和国自然资源部. 石油天然气地质勘查总则：DZ/T 0344—2020 [S]. 北京：地质出版社，2020.
[114]中华人民共和国自然资源部. 石油天然气探明储量报告编写规范：DZ/T 0334—2020[S]. 北京：地质出版社，2020.
[115]中华人民共和国自然资源部. 碳酸盐岩油气藏缝洞体雕刻法资源储量估算规范：DZ/T 0332—2020 [S]. 北京：地质出版社，2020.
[116]中华人民共和国自然资源部. 页岩气探明储量报告编写规范：DZ/T 0333—2020 [S]. 北京：地质出版社，2020.
[117]中华人民共和国自然资源部. 页岩气资源量和储量估算规范：DZ/T 0254—2020[S]. 北京：地质出版社，2020.
[118]中华人民共和国自然资源部. 致密油储量估算规范：DZ/T0335—2020[S]. 北京：地质出版社，2020.
[119]中华人民共和国自然资源部. 煤层气储量估算规范：DZ/T 0216—2020[S]. 北京：地质出版社，2020.
[120]邹才能，陶士振，侯连华，等. 非常规油气地质[M]. 北京：地质出版社，2013.
[121]朱筱敏，潘荣，朱世发，致密储层研究进展和热点问题分析[J]. 地学前缘. 2018，25 (2)：141－145.
[122]朱如凯，白斌，崔景伟，等. 非常规油气致密储集层微观结构研究进展[J]. 古地理学报，2013，15(5)：615－623.
[123]BP. BP energy outlook 2020[EB/OL]. (2020－09－14)[2020－11－12]. https：//www. bp. com/en/

global/corporate/news – and – insights/press – rel eases/bp – energy – outlook – 2020. html.

[124] Caers J, Zhang T. Multipl e – point geostatistics: a quantitative vehicle for integrating geologic analogs into multiple reservoir models [J]. Stanford University, Stanford Center for Reservoir Forecasting, 2002, 1 – 24.

[125] Deutsch C V, Journel A G. GSLIB: geostatistical software library and user'guide. [M]. 2ed. New York: 0xford University Press, 1998.

[126] Kamenski A, Cvetkovi M, Moilac I K, et al. Lithology prediction in the subsurface by artificial neural networks on well and 3D seismic data in clastic sediments: astochastic approach to adeterministic method[J]. GEM – International Journalon Geomathematics, 2020, 11(1).

[127] Loucks R G, Reed R M, Ruppel S C, et al. Spectrum of pore types and networks in mudrocks and a descriptive classification for matrix – related mudrock pores[J]. AAPG Bulletin, 2012, 96(6): 1071 – 1098.

[128] Liqiang Zhang, Junjian Li, Wei Wang, et al. Diagenetic facies characteristics and quantitative prediction via wireline logs based on machine learning Southeastern Sichuan Basin, Southwest China[J]. Frontiers in Earth Science, 2022, 10: 1018422.

[129] Mike Shepherd. Oil field production geology[M]. Tulsa: AAPG Memoir 91, 2009.

[130] Nelson P H. Pore-throat sizes in sandstones, tight sandstones, and shales[J]. AAPG Bulletin, 2009, 93 (3): 329 – 340.

[131] Ortega O J, Marrett R A, Laubach S E. A scale – independent approach to fracture intensity and average spacing measurement[J]. AAPG Bulletin, 2006, 90(2) : 193 – 208.

[132] Pattnaik S, Chen S, Helba A, et al. Automatic carbonate rock facies identification with deep learning [C]// SPE Annual Technical Conference and Exhibition, 2020.

[133] Pyrcz J, Michael, Deutsch V. Clayton. Geostatistical reservoir modeling[M]. New York: Oxford University Press, 2014.

[134] Roger M, Slstt. Stratigraphic reservoir characterization for petroleum geologists, Geophysicists (Developments in Petroleum Science 61)[M]. Elsevier, 2013.

[135] Saporetti C M, Pereira E, Goliatt L. Neural network boosted with differential evolution for lithology identification based on well logs information[J]. Earth Science Informatics, 2021, 14(1).

[136] Srivastava R M. An overview of stochastic methods for reservoir characterizaton. In: Yarus and chamber (eds.). Stochastic Modeling and Geostatistics: Principles, Methods, and Case Studies[J]. AAPG Computer Application in Geology , 1994(3): 3 – 20.

[137] Ai Xiao, Wang Hongyu, Sun Baitao. Automatic identification of sedimentary facies based on a support vector machine in the aryskum Graben, Kazakhstan[J]. Applied Sciences, 2019, 9(21).

[138] Ma Y Z. Quantitative geosciences: Data Analytics, Geostatistics, Reservoir Characterization and Modeling [M]. Springer Nature Switzerland, 2019.

[139] Zhang T, Du Y, Huang T, et a1. Stochastic simulation of patterns using ISOMAP for dimensionality reduction of training images[J]. Computers & Geosciences, 2015, 79(C): 82 – 93.

[140] Zhang T, Switzer P, Journel A. Fiher – based classification of training image patterns for spatial simulaton [J]. Mathematical Geology , 2006, 38(1): 63 – 80.